LED照明应用与施工技术450问

史志达 主 编
陈晔 曾辉 副主编

化学工业出版社
·北京·

本书为介绍LED基础和照明应用施工技能的基础读物，书中收集和整理了LED照明灯具设计（如LED荧光灯、台灯、射灯，LED汽车照明、景观亮化，LED路灯、隧道灯等）、驱动电路、智能控制系统等方面的各类问题，将基础知识和技能融会贯通，为读者全面了解LED应用技术和提高施工技能扫清障碍。

本书可供LED行业工人、技术人员和即将入行的初学者阅读。

图书在版编目（CIP）数据

LED照明应用与施工技术450问/史志达主编. —北京：化学工业出版社，2016.6
ISBN 978-7-122-26619-4

Ⅰ.①L… Ⅱ.①史… Ⅲ.①发光二极管-室内照明-工程施工-问题解答②发光二极管-室外照明-工程施工-问题解答 Ⅳ.①TU113.6-44

中国版本图书馆CIP数据核字（2016）第061234号

责任编辑：刘丽宏　　文字编辑：孙凤英
责任校对：王　静　　装帧设计：刘丽华

出版发行：化学工业出版社（北京市东城区青年湖南街13号　邮政编码100011）
印　　装：三河市延风印装有限公司
787mm×1092mm　1/16　印张21¾　字数517千字　2016年8月北京第1版第1次印刷

购书咨询：010-64518888（传真：010-64519686）　售后服务：010-64518899
网　　址：http://www.cip.com.cn
凡购买本书，如有缺损质量问题，本社销售中心负责调换。

定　　价：69.00元

前言

LED被称为第四代照明光源或绿色光源，具有节能、环保、寿命长、体积小等特点，广泛应用于各种指示、显示、装饰、背光源、普通照明和城市景观照明等领域。世界上一些国家围绕LED的研制展开了激烈的技术竞赛。美国从2000年起投资5亿美元实施“国家半导体照明计划”，欧盟也在2000年7月宣布启动类似的“彩虹计划”。我国科技部在“863”计划的支持下，2003年6月首次提出发展半导体照明计划。多年来，LED照明以其节能、环保的优势，已受到国家和各级政府的重视，纷纷出台相关政策和举措加快LED灯具的发展，大众消费者也对这种环保新型的照明产品渴求已久。

为提升广大LED技术人员的整体业务水平，使之能够适应LED产业的飞速发展，笔者结合自己多年的工作经验，并组织了多位LED照明企业的专业技术人员，根据我国LED光源应用情况及技术走向，编写了本书。

本书全面介绍了LED施工与照明应用所涉及的各项技术和技能，重点解答了LED照明系统设计、各种照明灯具设计（如LED荧光灯、台灯、射灯，LED汽车照明、景观亮化，LED路灯、隧道灯等）、LED智能控制系统设计与应用等方面的各项技术问题。全书图文并茂，通过大量的灯具结构图、驱动电路原理图以及新型驱动芯片应用图片的展示，并配以详尽的文字讲解，方便读者透彻理解，并应用于实际工作。

本书由史志达主编，陈晔、曾辉副主编，参加本书编写的还有冯惠、黄振泳、冯翔、孟凡新、汪永杰、姜海云、姚继先、温国喜、狄爱静、毕继承、侯凯、汪振远、刘亚东、孔凡泽、张振宝等，全书由张伯虎统稿。

在本书编写过程中，借鉴了大量的书刊和有关资料，在此成书之际也向有关书刊和资料的作者一并表示衷心感谢！

由于编者水平有限，书中不足之处难免，恳请读者批评指正。

编　者

前言

目录

第1章 初识LED光源 1

第2章 LED光源驱动技术基础 22

第 3 章 LED 驱动电源的 PFC 电路

第4章 LED驱动电源的调光电路和保护电路 93

第 5 章 LED 照明灯具基础

第 6 章 民用 LED 照明灯具设计 149

第8章 LED景观照明驱动电路

第 9 章 汽车 LED 照明设计 311

参考文献 333

第 1 章

初识LED光源

1. 什么是LED？

在很多年前人们发现了半导体材料可产生光线，通用电气公司的尼克·何伦亚克开发出第一种实际应用的可见光发光二极管（Light Emitting Diode，LED）。LED基本结构是一块电致发光的半导体材料，置于一个有引线的架子上，然后四周用环氧树脂密封（即固体封装），就能起到保护内部芯线的作用，因此LED的抗震性能更好。LED的核心部分是由P型半导体和N型半导体组成的晶片，在P型半导体和N型半导体之间有一个过渡层，称为PN结。在某些半导体材料的PN结中，注入的少数载流子与多数载流子复合时会把多余的能量以光的形式释放出来，从而把电能直接转换为光能。PN结施加反向电压时，少数载流子难以注入，故不发光。这种利用注入式电致发光原理制作的二极管称为发光二极管，通称LED。当它处于正向工作状态时（即两端加上正向电压），电流从LED阳极流向阴极时，半导体晶体就发出从紫外到红外不同颜色的光线，光的强弱与电流有关。

2. 白光LED的特点是什么？

LED的内在特征决定了它是最理想的光源去代替传统的光源，它有着广泛的用途。

① 体积小。LED基本上是一块很小的晶片被封装在环氧树脂里面，所以它非常小，非常轻。

② 耗电量低。一般来说LED的工作电压是2～3.6V，工作电流是0.02～0.03A，这就是说LED消耗的电不超过0.1W。

③ 使用寿命长。在恰当的电流和电压下，LED的使用寿命可达10万小时。

④ 高亮度、低热量。LED比HID或白炽灯的热辐射更少。

⑤ 环保。LED由无毒的材料制成，不像荧光灯含汞会造成污染，同时LED也可以回收再利用。

⑥ 坚固耐用。LED被完全封装在环氧树脂里面，它比灯泡和荧光灯管都坚固。灯体内也没有松动的部分，这些特点使得LED不易损坏。

⑦ 可控性强。LED可以实现各种颜色的变化。

3. LED如何分类？

（1）按LED发光颜色分类　按LED发光颜色分，LED可分为红色LED、橙色LED、绿色（又细分黄绿、标准绿和纯绿）LED、蓝光LED等。另外，有的LED中包含两种或三种颜色的芯片。根据LED出光处掺或不掺散射剂、有色还是无色，上述各种颜色的LED还可分为有色透明LED、无色透明LED、有色散射LED和无色散射LED四种类型。散射型LED还适合作指示灯用。

（2）按LED出光面特征分类　按LED出光面特征分为圆形灯、方形灯、矩形灯、面发光管、侧向管、表面安装用微型管等。圆形灯按直径分为 ϕ2mm、ϕ4.4mm、ϕ5mm、ϕ8mm、ϕ10mm及 ϕ20mm等。国外通常把 ϕ3mm的LED记作T-1，把 ϕ5mm的LED记作T-1（3/4），把 ϕ4.4mm的LED记作T-1（1/4）。

由半值角大小可以估计圆形灯发光强度角分布情况。从发光强度角分布图来分有三类：

① 高指向性。一般为尖头环氧封装，或是带金属反射腔封装，且不加散射剂。半值角为5°～20°或更小，具有很高的指向性，可作局部照明光源用，或与光检出器联用以组成自动检测系统。

② 标准型。通常作指示灯用，其半值角为20°～45°。

③ 散射型。这是视角较大的指示灯，半值角为45°～90°或更大，散射剂的量较大。

（3）按LED结构分类　按LED的结构分为全环氧包封、金属底座环氧封装、陶瓷底座环氧封装及玻璃封装等结构。

（4）按LED发光强度和工作电流分类　按发光强度和工作电流分为普通亮度LED（发光强度100mcd）、高亮度LED（发光强度在10～100mcd之间）。一般LED的工作电流在十几毫安至几十毫安，而低电流LED的工作电流在2mA以下（亮度与普通发光管相同）。

4. 什么是光谱？什么是LED晶片？

光谱是复色光经过色散系统（如棱镜、光栅）分光后，被色散开的单色光按波长（或频率）大小而依次排列的图案。晶片的不同，其产生颜色光不同。

LED晶片为LED的主要原材料，LED主要依靠LED晶片来发光。LED晶片主要由砷（As）、铝（Al）、镓（Ga）、铟（In）、磷（P）、氮（N）、锶（Sr）这几种元素中的若干种组成。LED晶片按发光亮度可以分为：

① 一般亮度：R、H、G、Y、E等。

② 高亮度：VG、VY、SR等。

③ 超高亮度：UG、UY、UR、UYS、URF、UE等。

④ 不可见光（红外线）：R、SIR、VIR、HIR。

⑤ 红外线接收管：PT。

⑥ 光电管：PD。

LED晶片按组成元素可以分为：

① 二元晶片（磷、镓）：H、G等。

② 三元晶片（磷、镓、砷）：SR、HR、UR等。

③ 四元晶片（磷、铝、镓、铟）：SRF、HRF、URF、VY、HY、UY、UYS、UE、HE、UG。

5. LED晶片的特性是什么？

LED晶片的特性见表1-1。

表1-1　LED晶片特性表

LED晶片型号	发光颜色	组成元素	波长/nm	LED晶片型号	发光颜色	组成元素	波长/nm
SBI	蓝色	InGaN/SiC	430	HY	超亮黄色	AlGaInP	595
SBK	较亮蓝色	InGaN/SiC	468	SE	高亮橘色	GaAsP/GaP	610

续表

LED 晶片型号	发光颜色	组成元素	波长/nm	LED 晶片型号	发光颜色	组成元素	波长/nm
DBK	较亮蓝色	Ga_nN/Ga_n	470	HE	超亮橘色	AlGaInP	620
SGL	青绿色	InGaN/SiC	502	UE	最亮橘色	AlGaInP	620
DGL	较亮青色	InGaN/GaN	505	URF	最亮红色	AlGaInP	630
DGM	较亮青色	InGaN	523	E	橘色	GaAsP/GaP	635
PG	纯绿	GaP	555	R	红色	GaAsP	655
SG	标准绿	GaP	560	SR	较亮红色	GaAl/As	660
G	绿色	GaP	565	HR	超亮红色	GaAlAs	660
VG	较亮绿色	GaP	565	UR	最亮红色	GaAlAs	660
UG	最亮绿色	AlGaInP	574	H	高红外线	GaP	697
Y	黄色	GaAsP/Ga	585	HIR	红外线	GaAlAs	850
VY	较亮黄色	GaAsP/GaP	585	SIR	红外线	GaAlAs	880
UYS	最亮黄色	AlGaInP	587	VIR	红外线	GaAlAs	940
UY	最亮黄色	AlGaInP	595	IR	红外线	GaAs	940

6. LED 光源按应用分几类？

LED 光源按应用主要分三类：LCD 屏背光、LED 照明、LED 显示。

① 小尺寸 1.5～3.5in（1in＝2.54cm，下同）LCD 屏的背光。例如手机、PDA、MP3/4 等便携设备的 LCD 屏都需要 LED 来背光。

② 大尺寸 LCD 屏的背光。目前大部分 LCD TV/Monitor、笔记本电脑的 LCD 屏采用 CCFL 荧光灯管作为背光。由于 CCFL 寿命、环保等不利因素，目前正朝向采用 LED 背光发展。按 LCD 屏的尺寸大小一般需要数十个到上百个白光 LED 作为背光，而其 LED 驱动芯片市场潜力将会很大。

③ 7in LCD 屏的背光。例如数码相框。

④ LED 手电筒。小功率 LED 手电筒、强光 LED 手电筒、LED 矿灯。

⑤ LED 显示。在公交车、地铁里及各种门头广告屏都能看到各样的 LED 字幕显示屏，并且在室外也有不少大屏幕 LED 点阵显示屏幕，从远处看就是一个比较清晰的超大屏幕电视机。这需要用到专用的 LED 显示控制芯片。

⑥ LED 照明。照明经过白炽灯、荧光灯，到现在比较普遍的节能灯，再下个阶段应该就是 LED 照明灯的普及，这需要超高亮度的 LED。超长寿命、极低功耗将是 LED 灯很大的优势。

7. LED 发光原理是什么？

LED 是半导体二极管的一种，可以把电能转化成光能。LED 与普通二极管一样由一个 PN 结组成，也具有单向导电性，即正向导通特性、反向截止特性和击穿特性。在一定条件上，它还具有发光特性。

LED 通常是由Ⅲ-Ⅴ族化合物半导体（直接带隙）发光材料（如 GaAs、GaN-InN-AlN 和 GaP 等）制成的。如果在硅（Si）单晶的一半中渗入Ⅲ族元素镓（Ga），就形成 P 型半导体材料；而在硅单晶的另一半中掺杂Ⅴ族元素砷（As），则形成 N 型半导体材料。Ga 被称为受主杂质，而As则被称为施主杂质，两块材料结合在一起就得到PN结。N型半导体中有余量的电子，P型半导体中有余量的空穴，如图1-1所示。电子会从N区扩散到P区，空穴则从P区扩散到N区，电子和空穴相互扩散于是在PN结处形成一个耗尽层。耗尽层具有一定的势垒，能阻止电子和空穴的进一步扩展，于是使PN结处于平衡状态。

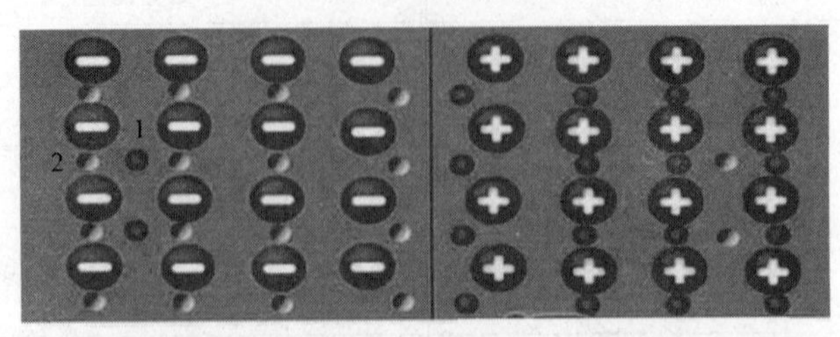

（a）空穴和电子

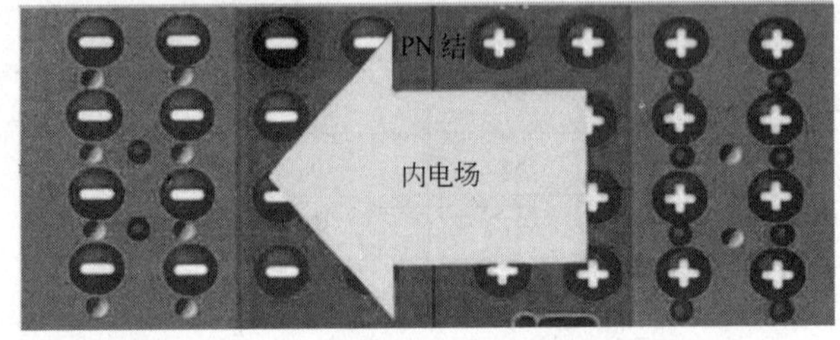

（b）PN结和内电场

图1-1　PN结

1—电子，P区；2—N区，空穴

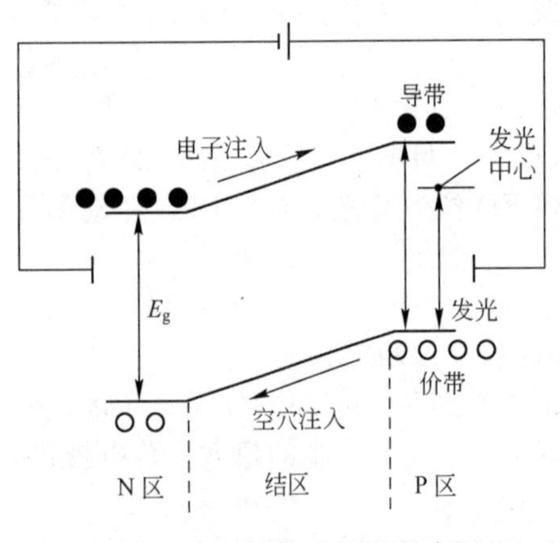

图1-2　LED发光机理示意图

如果给PN结外加一个正向偏置电压，PN结的势垒将会减小，N型半导体中的电子将会注入到P型半导体中，P型半导体中的空穴则会注入到N型半导体中，从而出现非平衡状态。这些注入的电子和空穴在PN结处相遇发生复合，复合时将多余的能量以光能的形式释放出来，从而可以观察到PN结发光。这就是PN结发光的机理，如图1-2所示。当电子和空穴发生复合时，还有一些能量以热能的形式散发出来。

如果给PN结加反向电压，PN结的内部电场被增强，电子（负离子）与空穴（正离子）难以注入，故不发光。

通过电子（负离子）与空穴（正离子）的复合电发光原理制作的二极管，就是常说的发光二极管，即LED。调节电流，便可以调节光的强度，通过调整材料的能带结构和带隙，可以改变发光颜色。

图1-2中的E_g为势垒高度，亦称禁带宽度，单位是电子伏（eV）。光的波长λ与选用的半导体材料的E_g有关，并可以表示为$\lambda=1239/E_g$。

可见光的波长范围一般在380～780nm，相应的半导体材料E_g为3.26～1.63eV。人眼感受和观察到的可见光分为红、橙、黄、绿、青、蓝和紫7种颜色的光，这些光均为单色光。白光并不是一种单色光，在可见光的光谱中是不存在白光的。白光LED发出的白光，是数种颜色的单色光混合而成的一种复合光。

LED也可以发不可见光（其波长范围为850～1550nm），这类LED被称为不可见光LED。

像波长在 850～950nm 范围的红外线 LED，就是一种不可见光 LED。

8. LED 芯片结构与封装是什么？

图 1-3 所示为彩色 LED 芯片的结构。芯片两端是金属电极（阳极和阴极），底部是衬底材料，在基片上通过外延工艺生长一定厚度的 N 型层、发光层和 P 型层。当芯片工作时，P 型半导体和 N 型半导体中的空穴和电子分别注入到发光层并发生复合而产生光。实际的 LED 芯片因制造工艺不同，结构也存在一些差别。

蓝光和紫外光 LED 芯片需加配 YAG 荧光粉或三基色荧光粉才能获得白光，也可将红（R）、绿（G）、蓝（B）三色或更多颜色的 LED 芯片封装在一起，将它们各自发出的光混合来产生白光。

传统 LED 一般用透明环氧树脂将 LED 芯片与导线架（Lead Frame）包覆封装，封装后的镜片状外形可将芯片产生的光线集中辐射至预期的方向。由于圆柱形状类似于炮弹，因此称之为炮弹形 LED。这种 LED 芯片主要由支架、银胶、晶片、金线和环氧树脂 5 种物料组成，如图 1-4 所示。

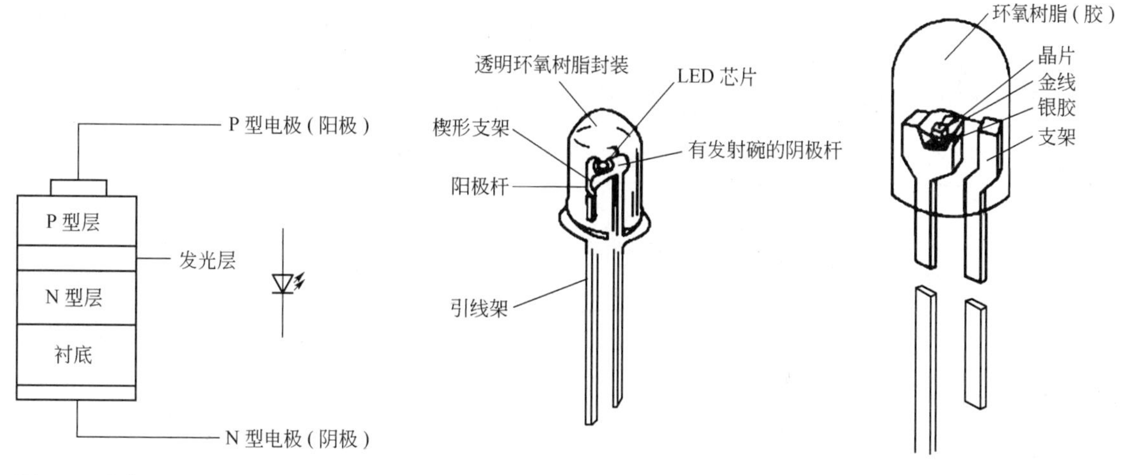

图 1-3 彩色 LED 芯片结构示意图

图 1-4 传统 LED 结构

9. LED 晶片的作用、 组成结构分别是什么？

（1）LED 晶片的作用 它是 LED 灯具的主要组成部分，是发光的半导体材料。

（2）LED 晶片的组成 LED 晶片由磷化镓（GaP）、砷镓铝（GaAlAs）或砷化镓（GaAs）、氮化镓（GaN）等材料组成，其内部结构具有单向导电性。

焊单线正极性（P/N 结构）晶片或双线晶片。晶片的尺寸单位为 mil（密耳，1mil＝0.0254mm）。LED 晶片的基本结构如图 1-5 所示。图 1-5（a）所示为正装结构的 LED 晶片。传统的蓝宝石衬底的 GaN 基晶片的热通道相对比较长，而且蓝宝石的热导率较小，使其导热能力较低。图 1-5（b）所示为垂直结构的 LED 晶片，垂直结构的 GaN 基晶片的热通道比传统的正装晶片短，而且采用高导热金属材料作为基板，具有非常高的热导能力；此外，由于上下电极的结构，从而减小了出光面的金属电极面积，使更多的光得到有效利用。

（3）晶片的焊垫 一般为金垫或铝垫，其形状有圆形、方形、十字形等。

（4）晶片的发光颜色 晶片的发光颜色取决于波长，常见的可见光大致有暗红色［700nm（纳米，$1nm = 10^{-9}m$）］、深红色（640～660nm）、红色（615～635nm）、琥珀色（600～

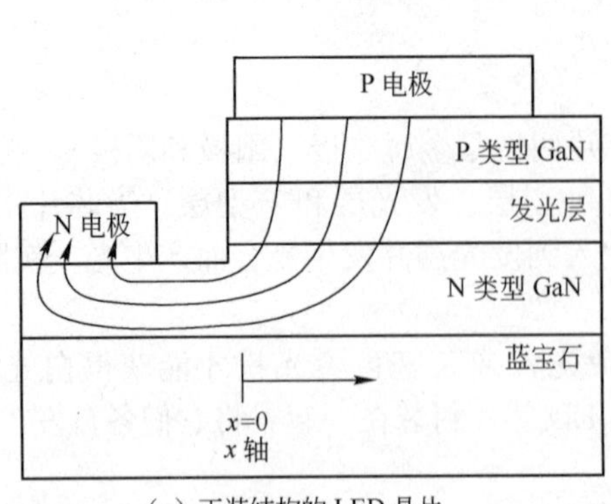

（a）正装结构的LED晶片

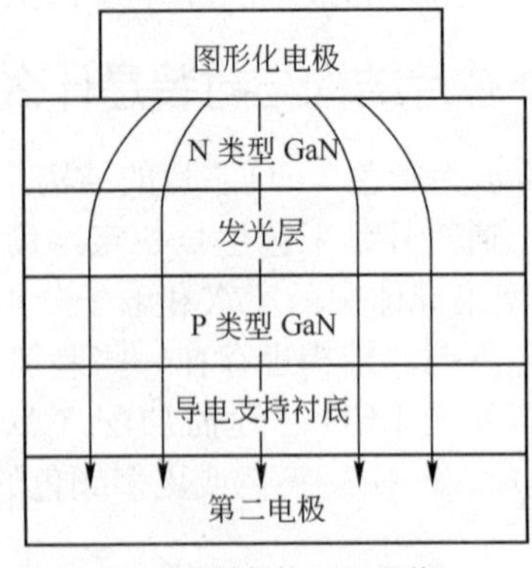

（b）垂直结构的LED晶片

图1-5 LED晶片的基本结构

610nm）、黄色（580～595nm）、黄绿色（565～575nm）、纯绿色（500～540nm）、蓝色(450～480nm）及紫色（380～430nm）。

白光和粉红光是光的混合效果，最常见的是由蓝光和黄色荧光粉或蓝光和红色荧光粉混合而成的。

（5）LED晶片的技术参数 LED晶片的主要技术参数见表1-2。

表1-2 LED晶片的主要技术参数

技术参数	说明
伏-安特性	用于描述试验时对晶片施加的电压与电流的关系
正向电压（V_F）	施加在晶片两端使晶片正向导通的电压。此电压与晶片本身和测试电流存在相应的关系。V_F过大，会使晶片击穿
正向电流（I_F）	晶片在施加一定电压后所产生的正向导通电流。I_F的大小与正向电压大小有关。晶片的工作电流为10～20mA
反向电压（V_R）	施加在晶片上的反向电压
反向电流（I_R）	晶片在施加反向电压后所产生的一个漏电流。该电流越小越好，该电流太大容易造成晶片反向击穿
亮度（I_V）	光源的明亮程度。单位换算关系为1cd=1000mcd
波长	反映了晶片的发光颜色，不同波长的晶片的发光颜色也不同

10. 什么是发光强度？

发光强度简称光度，指光源的明亮程度，是指从光源一个立体角（单位为sr）所放射出来的光通量，也就是光源或照明灯具所发出的光通量在空间选定方向上分布密度，也即表示光源在一定方向和范围内发出的可见光辐射强弱的物理量，单位是坎［德拉］（cd）。

1mcd=1000μcd

1cd=1000mcd

发光强度是针对点光源而言的，或者发光体的大小与照射距离相比较小的场合，这个量表明发光体在空间发射的会聚能力。可以说，发光强度描述了光源的亮度，因为它是光功率与会聚能力的一个共同描述。发光强度越大，光源看起来就越亮。同时在相同条件下被该光源照射后的物体也就越亮。

11. 什么是光通量？

光通量为一光源所放射出光能量的速率或光的流动速率，为说明光源发光能力的基本量，即光源每秒所发出的可见光量之总和，单位为流明（lm）。

光通量是对光源而言的，是描述光源发光总量的大小的，与光功率等价。光源的光通量越大，则发出的光线越多。对于各向同性的光（即光源的光线向四面八方以相同的密度发射），则 $\Phi=4\pi I$（π 为发光角度）。也就是说，若光源 I 为 1cd，则总光通量为 $4\pi=12.56$lm。

光强是衡量 LED 性能优劣的另一个重要参数，通常用字母 I_V 来表示。光强的定义是，光在给定方向上，单位立体角内发了 1lm 的光为 1 烛光，其单位用坎［德拉］（cd）表示。光强的计算公式为

$$I_V=\mathrm{d}\Phi/\mathrm{d}\Omega$$

式中，Φ 的单位为 lm；I_V 的单位为 cd；$\mathrm{d}\Omega$ 是单位立体角，单位为（°）。一个超亮 LED 芯片的法向光强在 30～120mcd，封装成器件后其法向光强通常要大于 1cd。

12. 什么是光效？

光效是指光源发出的光通量除以光源的功率。它是衡量光源节能的重要指标，是以光源所发出光的光通量除以其耗电量所得之值，单位为每瓦流明（lm/W），即光效（lm/W）＝光通量（lm）/耗电量（W）

也就是每一瓦电力所发出光的量，其数值越高表示光源的效率越高，也越节能。所以光效通常是要考虑的一个重要因素。通常白炽灯与荧光灯的光效分别为 15lm/W 与 60lm/W，灯泡的功率越大，光通量越大。对于一个性能较高的 LED 器件，光效为 20lm/W，实验室水平也有达到 100lm/W 的。

13. 什么是照度？

照度即受照平面上接受光通量的密度，可用单位面积内的光通量来测量。例如，1lm 的光通量均匀分布 $1\mathrm{m}^2$的表面，即产生 1 勒克斯（lx）的照度；1lm 的光通量落在 $1\mathrm{ft}^2$（平方英尺）的表面，其照度值为 1 尺烛光（Foorcandle，FC）。桌面、工作面的照度不应少于 150lx。起居室的照明采用光线柔和的半直接型照明灯具较理想，其平均照度应达到 100lx 左右。阅读和书写用的灯具功率可大些，照度应达到 200lx。

在照明应用中，往往要知道当用 LED 作照明光源时，希望知道这种光源照射在接收面上某一点处的面元上的光通量 Φ。很显然，不同面元的面积，其照射效果不一样，于是人们用一个照度来规范这一情况下光源的性能。

14. 什么是亮度和发光角度？

亮度是指物体明暗的程度，定义是单位面积的发光强度，单位为 $\mathrm{cd/m^2}$（该单位曾称为尼特，符号为 nt）。

LED 的发光角度是 LED 应用产品的重要参数。二极管发光角度也就是其光线散射角度，主要靠二极管生产时加散射剂来控制。

LED 发光强度的空间分布又称为配光曲线，如图 1-6 和图 1-7 所示。可见 LED 发光强度的空间分布不均匀。LED 辐射的空间特性取决于封装半导体芯片结构及封装形式，封装好的 LED 内可能带有内部反射杯、透镜以及一些散射剂和滤色材料。

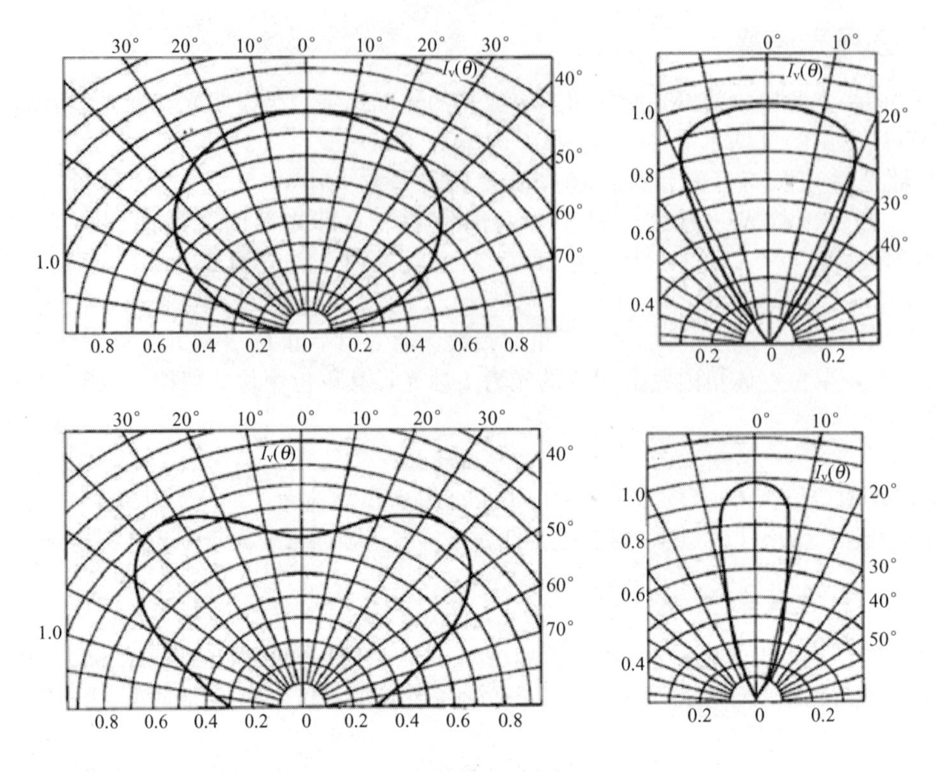

图 1-6　发光面和角分布（1）

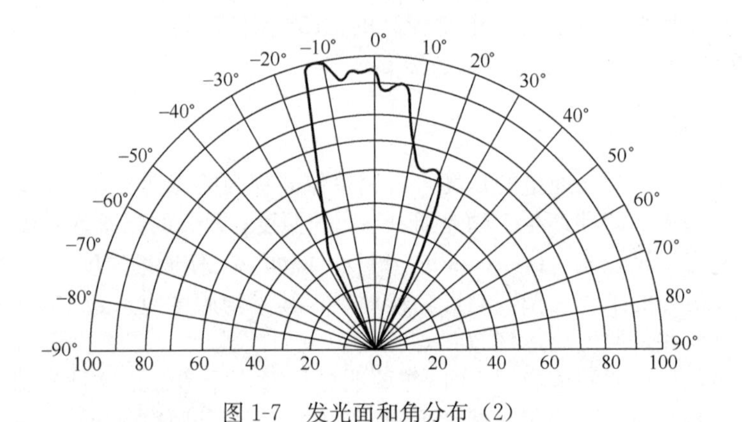

图 1-7　发光面和角分布（2）

15. 什么是光衰？影响光衰的因素是什么？

LED 的光衰是指 LED 经过一段时间的点亮后，其发光强度会比原来的发光强度低，而低了的部分就是 LED 的光衰。一般 LED 封装厂家作测试是在实验室条件下（25℃常温下），以 20mA 的直流电连续点亮 LED1000h 来对比其点亮前后的发光强度。

LED 的光衰主要受两大因素影响。首先是 LED 产品本身品质问题，采用的 LED 芯片品质不好，亮度衰减较快，或者生产工艺存在缺陷，LED 芯片散热不能良好地从引脚导出，导致 LED 芯片温度过高而使芯片衰减加剧。其次是 LED 使用条件问题，LED 为恒流驱动，但有部分 LED 采用电压驱动，导致 LED 衰减增大，或者驱动电流大于额定驱动条件。

16. 什么是色温？

光源发射光的颜色与黑体在某一温度下辐射光色相同时，黑体的温度称为该光源的色温。以热力学温度来表示，单位是 K。把标准黑体加热，温度升高到一定程度时该黑体颜色开始逐渐改变为深红、浅红、橙黄、白、蓝，某光源与渐变黑体的颜色相同时，我们把黑体此时热力学温度称为该光源的色温。

一般 LED 的色温分布在 4600～15000K 之间，其色温比白炽灯高，与荧光灯和氙气灯（HID）的色温相近。目前色温为 2500～4600K 的仿白炽灯色的 LED 产品也有销售。从这个意义来说，LED 在设计上具有很大的自由度。

17. 色温的特性是什么？

色温具有以下特性：

① 在高纬度地区，色温较高，所见到的颜色偏蓝。

② 在低纬度地区，色温较低，所见到的颜色偏红。

③ 在一天之中，色温也有变化。当太阳光斜射时，能量被云层、空气吸收得较多，所以色温较低；当太阳光直射时，能量被吸收得较少，所以色温较高。

不同光源环境的相关色温见表 1-3。

表 1-3　不同光源环境的相关色温　　K

光　源	色　温	光　源	色　温
清晨天空	4400	高压钠灯	1950～2250
北方晴空	8000～8500	烛光	2000
夏日正午阳光	5500	高压汞灯	3450～3750
夏日下午日光	4000	卤素灯	3000
冷色荧光灯	4000～5000	钨丝白炽灯	2700
暖色荧光灯	2500～3000	LED 路灯	5500～6000

光源色温不同，光色也不同。色温在 3300K 以下时有稳重的气氛、温暖的感觉；3000～5000K 为中间色温，有爽快的感觉；色温在 5000K 以上时有冷的感觉。不同光源的不同光色组成最佳环境，色温与人的感觉见表 1-4。

表 1-4　色温与人的感觉

色温范围	光色类型	人的感觉	光源举例	适用场所
＞5000K	冷色（带蓝的白色）	光源接近自然光，有明亮的感觉，使人精力集中	日光色荧光灯、蓝色太空	适用于办公室、会议室、教室、绘图室、设计室、图书馆的阅览室、展览橱窗等场所
3000～5000K	中间色（白）	光线柔和，使人有愉快、舒适、安详的感觉	太阳、冷白色荧光灯	适用于商店、医院、办公室、饭店、餐厅、候车室等场所
＜3300K	暖色（带红的白色）	给人以温暖、稳重、健康、舒适的感觉	白炽灯、暖色荧光灯	适用于家庭住宅、宿舍、医院、宾馆等场所，或温度比较低的地方

通常在气温较高的地区，人们多采用色温高于 4000K 的光源；在气温较低的地区，则多用 4000K 以下的光源。在高色温光源照射下，如亮度不高，则给人一种阴冷的气氛；在低气温光源照射下，如亮度过高会给人一种闷热的感觉。在同一空间使用两种光色相差很大的光

源，其对比会出现层次效果。光色对比大时，在获得亮度层次的同时，又可获得光色的层次。

18. 什么是显色性？

光源对物体的显色能力称为显色性，通常用显色指数来量度。白炽灯色 LED 的显色指数为 80，一般白光 LED 的显色指数为 60～80，与荧光灯大致相同。近来开发出的短波长和 RGB 三基色荧光粉结合的 LED，其平均显色指数已达到 90。

由于光线中光谱的组成有差别，因此即使光色相同，灯的显色性也可能不同。

LED 的显色指数与功率无关，但与采用的芯片性能有关，芯片性能好的显色指数就高。此外，LED 封装技术对显色指数也有影响，封装技术比较好的 LED 的显色指数可达 90。

19. 显色分几种？

显色分为忠实显色和效果显色两种。

（1）忠实显色　忠实显色能正确表现物质本来的颜色，需使用显色指数高的光源，其数值接近 100 时显色性最好。

（2）效果显色　要鲜明地强调特定色彩，表现美的生活，可以利用加色法来加强显色效果。

① 采用低色温光源照射，能使红色更鲜艳。

② 采用中色温光源照射，能使蓝色具有清凉感。

③ 采用高色温光源照射，能使物体有阴冷的感觉。

20. 什么是光谱特性？

一般而言，LED 发出的光辐射往往由许多不同波长的光所组成，而且不同波长的光在其中所占的比例也不同。LED 的光谱分布与制备所用化合物半导体种类、性质及 PN 结构（外延层厚度、掺杂杂质）等有关，而与器件的几何形状、封装方式无关。图 1-8 给出了几条由不同化合物半导体掺杂制得的 LED 的光谱响应曲线。某一个 LED 所发的光并非单一波长。由图 1-8可见，LED 所发的光中某一波长（λ_0）的发光强度最大，该波长则为峰值波长。

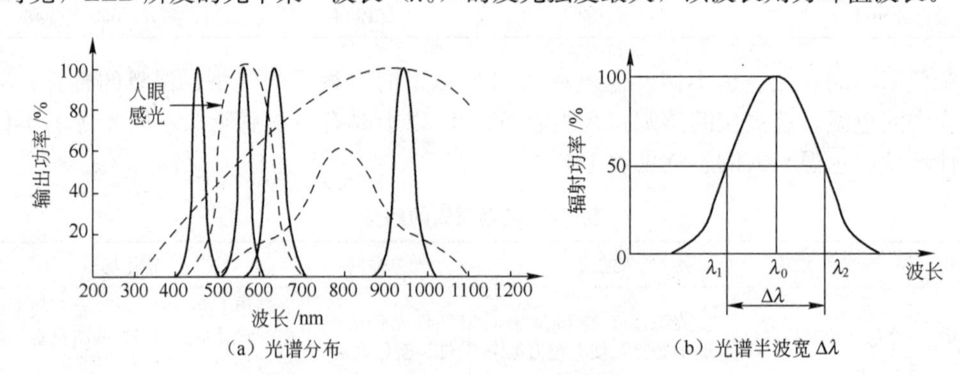

图 1-8　LED 光谱分布和峰值波长

21. 电流-光输出特性是什么？

LED 的光通量与电流成正比，若电流超过额定值则会出现过热等问题。因此，发光量不再成比例增加，即出现饱和现象，但在额定值范围内，一般光通量与电流成正比。图 1-9 所示为 LED 的电流-光输出特性的示例。

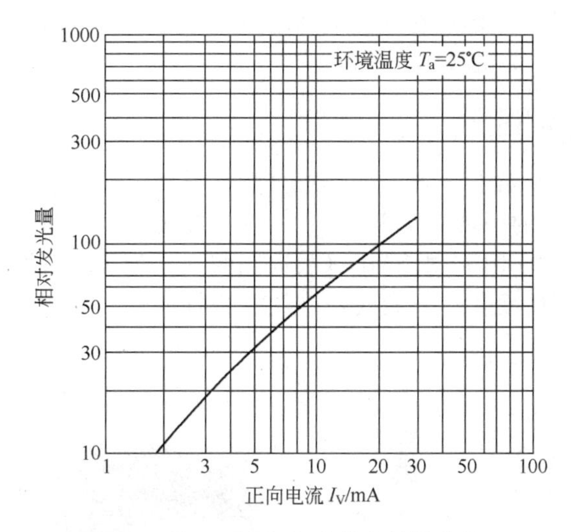

图 1-9 LED 的电流-光输出特性曲线

22. LED 的热性能参数有哪些？温度对 LED 性能有何影响？

LED 的热性能参数主要有两个，即结温和热阻。

① 结温与最高结温。LED 的 PN 结温度简称结晶，LED 的最高结温是指 LED 的 PN 结所能承受的最高临界温度。LED 的最高结温与 LED 所使用的半导体材料和封装结构、封装材料有关，这个温度通常为 120～150℃。一旦 LED 的 PN 结温度超过最高结温，将导致 LED 永久性失效。

② 热阻（R_0 或 R_{th}）。它一般是指 LED 的 PN 结到壳体表面之间的热阻，它等于 PN 结和壳体表面之间的温度差与产生这个温度差的热耗散功率之比，单位为 K/W 或℃/W。热阻是表征 LED 散热性能的参数。

与传统光源一样，LED 在工作时也会产生电热量。LED 在外加电场作用下，电子与空穴大量复合，除了小部分能量以光能的形式释放外，其他大部分的能量以非辐射的形式释放，于是造成半导体晶格的振动，并产生热量，造成 LED 结温的升高。随着 LED 芯片结温的升高，PN 结内部的电子和空穴浓度、禁带宽度及电子迁移率等微观参数都会发生变化，从而影响 LED 的光电参数。例如，LED 随着温度的升高，光通输出会减少，如图 1-10 所示。再如，LED 的正向压降会随结温的升高而降低。

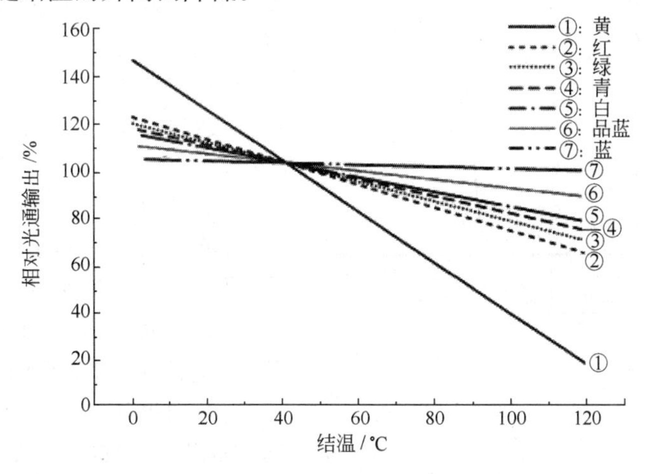

图 1-10 不同光色 LED 结温与光通输出的关系曲线

为保证LED工作时PN结温度在一定范围之内，解决LED的散热问题极为重要，它是关系到半导体照明发展的一个关键技术。

23. LED的极性如何区分？

LED的内部结构是PN结半导体，芯片的P型半导体一侧为正极，N型半导体一侧为负极。因此在使用时，“+”的一端接正极，“−”的一端接负极，如图1-11所示。一般炮弹形LED的正极稍长，而大功率LED和SMD（表面贴装式）型LED的负极有标记。但需注意，产品在不同情况下可能有所变化。安装时，应注意极性问题。如果正、负极接错，不但灯不亮，还会损坏LED。

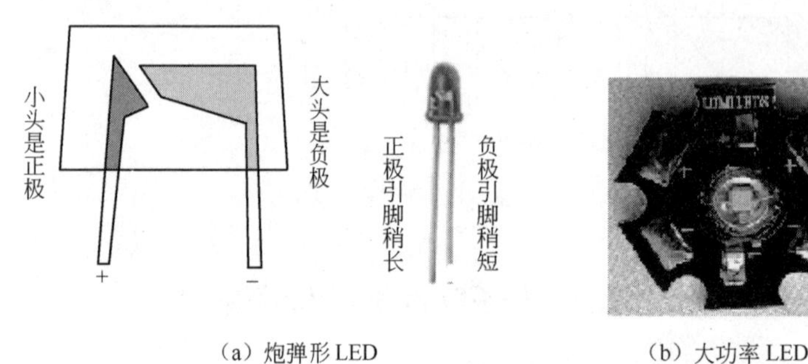

（a）炮弹形LED

（b）大功率LED

（c）SMD型LED

图1-11　LED引脚极性的识别

> **【提示】** LED的反向耐压仅为几伏，不能直接与交流电相接。如果设计需要将LED用于交流电路，则必须接入反向二极管。

24. LED的伏-安特性（电压-电流特性）是什么？

由于LED的核心是一个PN结，因此它具有半导体二极管的电气特性。图1-12所示是LED的伏-安（V-I）特性曲线。LED具有非线性和单向导电性，只有给LED外加一个正向偏置电压，LED才会导通而发光。

图1-12所示a点对应于开启电压（即导通门限电压）。当外加电压$V<V_a$时，LED呈现高阻抗，不会发光。不同材料制备的不同光色的LED，其开启电压也不相同。小功率彩色LED的开启电压通常为1～2.5V，而白光LED的开启电压高于彩色LED的开启电压。

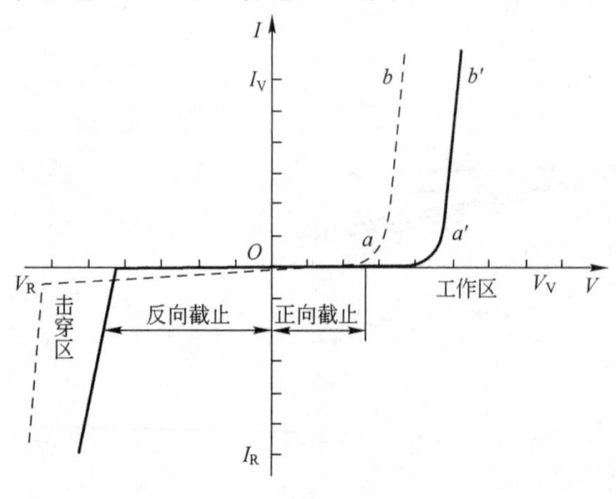

图1-12　LED的伏-安特性曲线

当外加电压$V<V_a$时，LED进入正向工作区，通过LED的电流与外加电压呈指数关系。

当LED反向偏置时，则进入反向截止区，只有一个很小的反向电流通过LED，LED不会发光。在截止区，曲线的反向拐点电压V_R被称为反向击穿电压，此时通过LED的电流I_R即为反向电流。

当外加电压$V<-V_R$时，LED则进入反向击穿区，反向电流急剧增大。

根据LED的伏-安特性，LED的主要电

气特性参数归纳为以下几种：

① 正向（工作）电流 I_F。正向工作电流是指 LED 在正常发光时的正向电流值。普通 LED 的正向电流 I_F 通常仅为 10～20mA，而大功率白光 LED 的 I_F 通常 0.35～1.5A。

② 正向（工作）电压 V_F。正向工作电压是指 LED 通过正向电流 I_F 时在其两个电极之间产生的电压降。传统小功率彩色 LED 的正向工作电压大多为 1.4～2.8V（I_F＝20mA）时，而白光 LED 的正向工作电压通常为 3～4V。

③ 反向（击穿）电压 V_R。反向击穿电压是指被测 LED 通过规定反向电流（如 10μA）时在两极间所产生的电压降。由于制作 LED 芯片所使用的半导体材料不同，V_R 值也就不同。例如 InGaN LED 的 V_R＝7V，而 AlInGaP LED 的 V_R 达 20V。

④ 反向电流 I_R。反向电流是指在 LED 两端施加确定的反向电压时，流过 LED 的反向电流。该电流一般不大于 10μA。

⑤ 允许功耗 P。允许功耗是指保证 LED 安全工作的最大功率耗散值。在 LED 应用设计时，LED 的实际功耗（$P=I_FV_F$）应不大于 LED 的允许功耗。

LED 芯片的伏-安特性会受到发光芯片材料的影响。LED 与传统光源最大的不同在于具有二极管的特征。从伏-安特性曲线可以看出，电压稍加变动，电流就会立刻增大，从而导致 LED 亮度不移稳定。因此，当外加电压有可能超过正向电压时，建议接入限流电压，如图 1-13所示；否则，当外加电压发生波动时，会导致正向电压过电压，形成过电流并通过 LED，从而造成 LED 损坏。

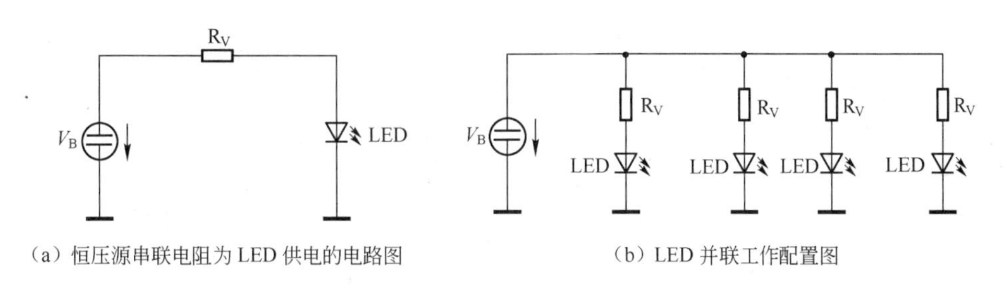

（a）恒压源串联电阻为 LED 供电的电路图　　（b）LED 并联工作配置图

图 1-13　最基本的 LED 应用电路

即使 LED 以并联方式连接也一样。LED 的伏-安特性随产品会有偏离，在并联情况下，正向电压将是其中电压最低的 LED 的电压值。这时电压低的 LED 中将会有更大的电流通过，而电压高的 LED 中仅有少量电流通过，这样就会导致 LED 之间存在亮度差，有时这会成为问题。如果电流差过大，则有可能导致 LED 损坏。当必须并联连接时，应使用具有相近伏-安特性的 LED 产品。

虽然 LED 具有二极管的特性，但是没有整流二极管那样的反向耐压（一般为几伏），因此在某些产品的内部装有防静电的防护二极管。这些产品如果加了反向电压就会短路，因此使用中如存在反向电压的可能，则必须接入反向二极管。

25. 什么是 LED 的响应时间？

LED 的响应时间是标志 LED 反应速度的一个重要参数，尤其在脉冲驱动或电调制时显得非常重要。响应时间是指输入正向电流后 LED 开始发光（上升）和熄灭（衰减）的时间。LED 的上升时间随着电流的增大近似按指数规律衰减。直接跃迁材料（如 $GaAs_{1-x}P_x$）的响应时间仅为几纳秒，而间接跃迁材料（如 GaP）的响应时间则为 100ns。

从使用角度来看，LED 的响应时间就是 LED 点亮与熄灭所延迟的时间，如图 1-14 中的

t_r、t_f。图 1-14 中的 t_0 值很小，可忽略不计。LED 的响应时间主要取决于载流子寿命、器件的结电容及电路阻抗。

① LED 开始发光时间 t_r（上升时间）。t_r 是指从接通电源使发光强度达到正常值的 10%开始，一直到发光强度达到正常值的 90%所经历的时间。

② LED 熄灭时间 t_f（下降时间）。t_f 是指从正常发光减弱至原来的 10%所经历的时间。

用不同材料制造的 LED 的响应时间各不相同，如 GaAs、GaAsP、GaAlAs LED 的响应时间小于 10^{-9} s，GaP LED 为 10^{-7}s。因此，它们可应用于 10～100MHz 的高频系统。

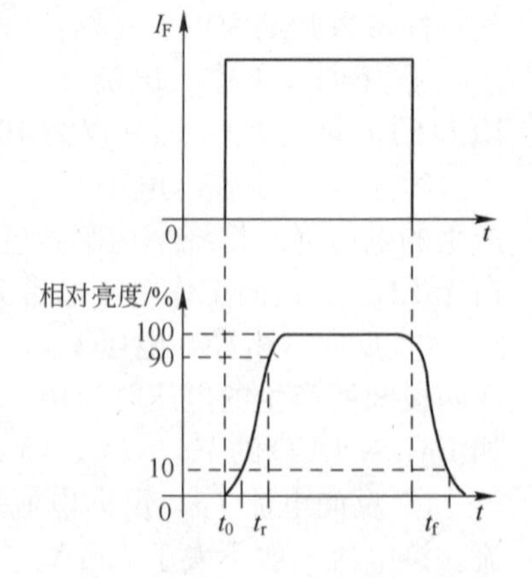

图 1-14　LED 响应时间特性图

26. 什么是 LED 封装？

LED 封装是指发光芯片的封装，相比集成电路封装有较大不同。就是将 LED 芯片用绝缘塑料或陶瓷材料打包，使芯片与外界隔离，以防止空气中的杂质腐蚀芯片电路而造成电气性能下降，封装后的芯片更便于安装和运输。LED 封装不仅要能够保护灯芯，还要能够透光。所以 LED 封装对封装材料有特殊的要求。封装技术的差异直接影响 LED 的质量，良好的封装技术和散热技术可以使 LED 工作在 60℃以下，寿命可以超过 5 万小时。

27. LED 荧光粉的作用是什么？

荧光粉是通过吸收 LED 发出的某种特定波长的光后，将其中一部分能量转化成可视效率较高的可见光并输出（发光）的物质。荧光粉吸收 LED 发出的蓝光后，可将其转化为绿色、黄色或红色的光输出。

荧光粉属无机化合物，其一般为 1μm 至数十微米的粉状颗粒。为获得荧光物质，一般在被称为母体的适当化合物 A 中添加被激活剂（也称发光中心）的元素 B，通常用符号 A∶B 来表示荧光粉的种类。

LED 使用的荧光粉按发光颜色可分为红色荧光粉、绿色荧光粉、蓝色荧光粉，按荧光粉组成基质可分为硅酸盐、氯硅酸盐、铝酸盐、氮氧化物、氮化物、钨酸盐、钼酸盐、硫氧化物等，目前主要使用的是硅酸盐或氮氧化物绿色、YAG 黄粉、氮化物红粉。

目前采用荧光粉产生白光有 3 种方式：蓝光 LED 芯片配合黄色荧光粉，蓝光 LED 芯片配合红色、绿色荧光粉，UV-LED 芯片配合红、绿、蓝三基色荧光粉。用不同荧光粉产生白光的 LED 的优缺点见表 1-5。

表 1-5　用不同荧光粉产生白光的 LED 的优缺点比较

产生白光的方式	优点	缺点
蓝光 LED 配合黄色荧光粉	单一芯片即可发出白光，成本低，制作简单	效率低，显色性有待提高，低色温难以实现，光色随电流变化，容易有月晕现象
蓝光 LED 配合红色、绿色荧光粉	光谱为三波长分布，显色性较好，光色及色温可调	光色随电流变化，容易有月晕现象，但不明显
UV-LED 配合红、绿、蓝三基色荧光粉	显色性好，光色及色温可调，使用高转换效率荧光粉提高发光效率，光色均匀性不随电流变化	粉体混合较为困难，高效率的荧光粉有待研制

28. LED 封装胶水应如何使用？

LED 封装胶水一般采用环氧树脂 AB 胶，其主要成分为合成的低黏度环氧树脂、助剂、酸无水物。使用时，AB 胶的配胶比例一定要掌握好，并混合搅拌，正确控制固化及老化温度，使 AB 胶固化完全。

29. 什么是 LED 引脚封装？

在 2002 年以前，引脚式封装是 LED 封装采用的主要技术。引脚式封装主要常用 $\phi3$～5mm 封装结构，一般用于电流较小（20～30mA）、功率较低（小于 0.1W）的 LED，它采用引线架作为各种封装外形的引脚。典型的传统 LED 安置在能承受 0.1W 输入功率的包封内，其 90%的热量由负极的引脚架散发至 PCB，再散发到空气中。

目前引脚式 LED 的设计已相对成熟，品种繁多，技术成熟度较高，封装内结构与反射层仍在不断发展，被大多数客户认为是目前显示行业中最方便、最经济的解决方案，但在衰减寿命、光学匹配、失效率等方面存在一定的问题，从而制约了它的发展。

沿袭小功率 DIP LED 封装思路的大尺寸环氧树脂封装如图 1-15 所示。

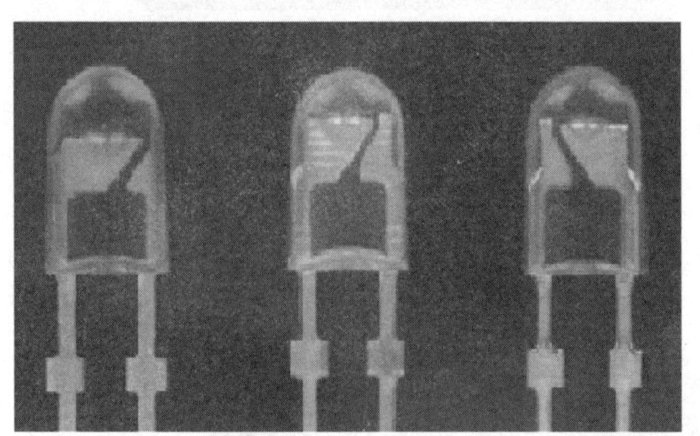

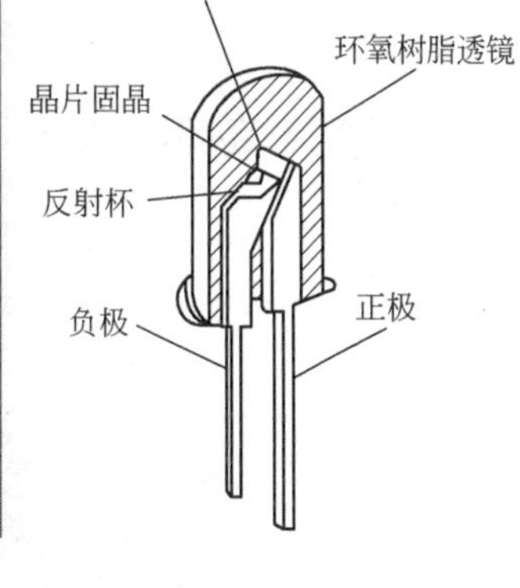

图 1-15 LED 直插式封装

30. 食人鱼 LED 封装有哪些特点？

食人鱼是一种正方形的透明树脂封装形式，负极处有一个缺脚。食人鱼 LED 属于散光型 LED，发光角度大于 120°，发光强度很高，而且能承受更大的功率。

食人鱼封装模粒的形状也是多种多样的，有 $\phi3$mm 圆头和 $\phi5$mm 圆头，也有凹形形状和平头形状的。根据出光角度的要求，可选择各种封装模粒。食人鱼封装 LED 的散热性好，相对于 $\phi5$mm 的普通 LED，其光衰小、寿命长，这样可以节省各费用。这种封装方式的缺点是体积要比 $\phi5$mm LED 大一点儿。由于发光角度大，若用制作全彩的 RGB 混光，效果倒不如草帽状 $\phi5$mm LED 好。仿食人鱼式环氧树脂封装如图 1-16 所示。

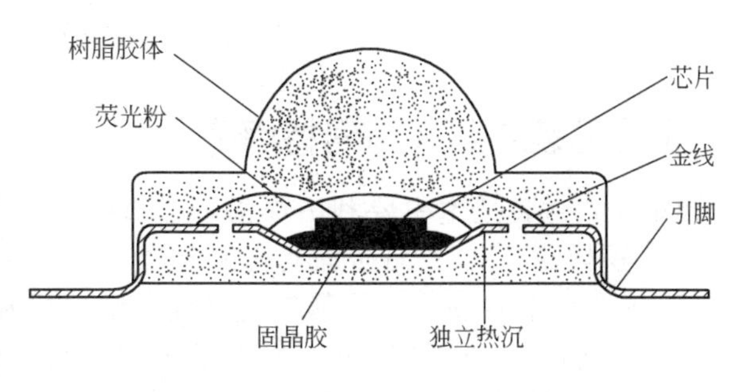

图 1-16 仿食人鱼式环氧树脂封装

31. 铝基板式封装有何特点？

铝基板（MCPCB）式封装采用铝基印制电路板封装，可以较好地解决大功率 LED 的散热问题，提高 LED 的工作稳定性和可靠性。如图 1-17 所示，LED 的底部散热窗口采用回流焊方式直接固定在绝缘层上，通地立体长条形的铝基板直接散热，LED 仍然用两根电极引出，与电路层焊接在一起。

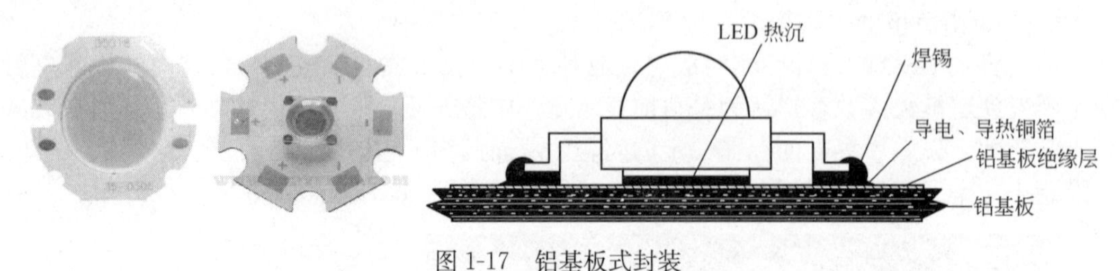

图 1-17　铝基板式封装

32. TO 式封装有何特点？

TO（Transisto Out-line）的中文意思是“晶体管外形”，这是一种早期的晶体管封装规格。近年来，借鉴大功率晶体管封装思路，采用 TO 式封装的 LED 产品占一定的市场份额，如图 1-18 所示。

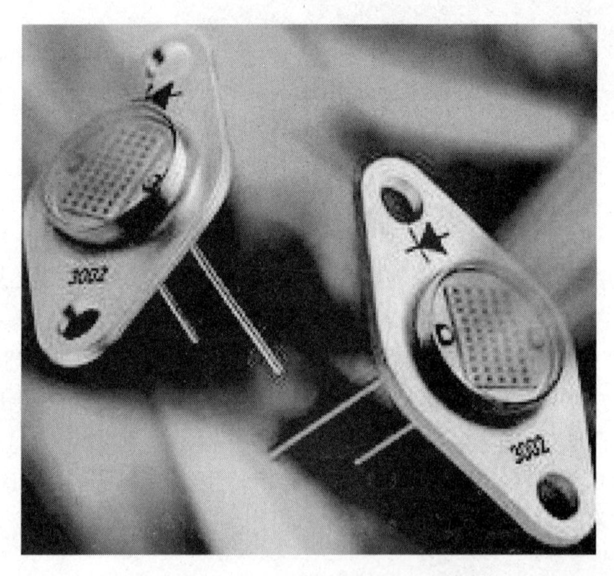

图 1-18　TO 式封装形式的 LED

33. 表面贴装式封装有何特点？

表面贴装式封装技术主要利用焊锡熔融再凝固的方式安装在元器件载板上，形成 SMD LED 产品。这样的 LED 产品质量上有很大提升，更便于集成化，且生产效率很高。近些年，SMD LED 成为一个发展热点，其应用设计灵活，很好地解决了亮度、视角、平整度、可靠性、一致性等问题。采用更轻的 PCB 和反射层材料，显示反射层需要填充的环氧树脂更少，并去除了较重的碳钢材料引脚，通过缩小尺寸，可轻易地将产品重量减轻一半，最终使应用更趋完美。尤其是顶部发光（TOP）型 SMD 号 LED 处在不断发展之中，封装支架尺寸、封装结构设计、材料选择、光学设计、散热设计等不断创新，具有很大的技术潜力，所以，SMD LED 有加速发展的趋势，并将逐渐替代引脚式 LED。

虽然表面贴装式封装式技术在封装技术中占有一定的份额并有加速发展的趋势，但是表面贴装过程要用到大量的焊球和焊膏。一直以来，铅锡合金在焊料中占主导地位，但铅及铅化合物属剧毒物质，对人体及牲畜具有极大的毒性，会造成严重的污染。所以，研发使用优质低价的无铅焊料成为其发展道路上的一个关键。

表面贴装式封装（SMD）封装 LED 如图 1-19 所示。

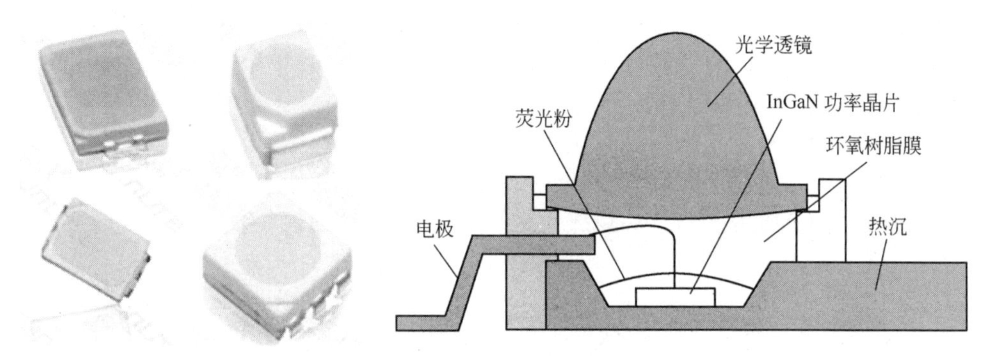

图 1-19　SMD 封装

34. 功率型封装有何特点？

国内功率型 LED 封装在 20 世纪 90 年代就开始采用，它主要应满足两点要求：一是封装结构要有高的取光效率，二是热阻尽可能低，这样才能保证功率型 LED 的光电性能和可靠性。

功率型 LED 分为小功率 LED 和大功率 LED 两种。由于小功率 LED 具有光衰严重、安装成本高等缺点及对 LED 大的耗费功率、大的发热量和高的出光效率等要求的提出，大功率 LED 成为未来照明的核心。世界上各大公司投入了很大力量对 LED 封装技术进行研究开发，国外在功率型封装的研究成果比较突出，5W 系列、Luxeon 系列、Norlux 系列产品在 LED 行业具有很强的竞争力。

流明公司的大功率 LED 封装如图 1-20 所示。

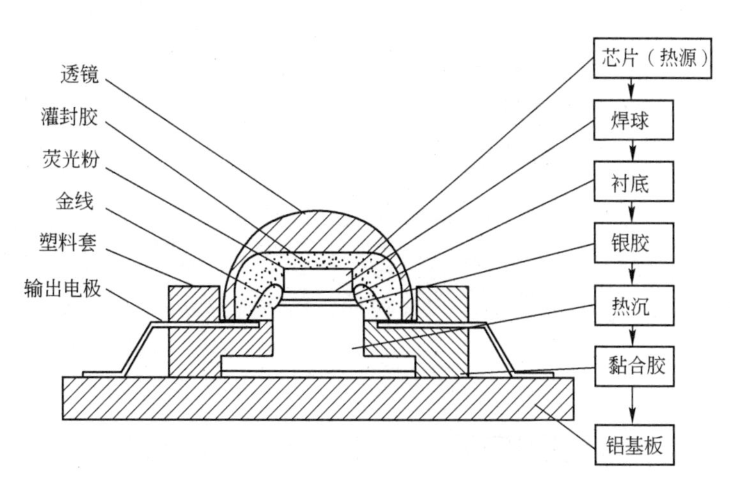

图 1-20　流明公司的大功率 LED 封装

功率型大尺寸芯片制造技术还处于发展之中，功率型 LED 的结构、光学、材料、参数设计也处于发展之中，不断有新型的设计出现。大功率 LED 的封装方法和封装材料并不能简单地套用传统的小功率 LED 的封装方法与封装材料。大的耗散功率、大的发热量以及高的出光效率，对 LED 封装工艺、封装设备和封装材料提出了更高的要求。

35. 多芯片集成化封装有何特点？

大尺寸芯片封装存在发光的均匀性和散热等问题亟待解决。为避免这些问题，可采用小尺寸芯片集成的方法来增加单管最大的光通量。小芯片技术相对成熟，芯片内量子效率的提高会导致产生的热量减少，芯片有源层的有效电流密度将大幅上升，单个芯片效率的提高使多芯片集成化封装成为可能。

多芯片集成化封装是近年来发展较快的一种封装技术。它把若干个芯片组装在一块电路板上，构成多芯片组件，它是 LED 组件功能实现系统级的基础。所有芯片都布置在一个平面上，其基板内的布线采用三维方式布置。集成化封装 LED 器件的热聚集效应使 LED 器件的整体导热效率变得更好，如图 1-21 所示。

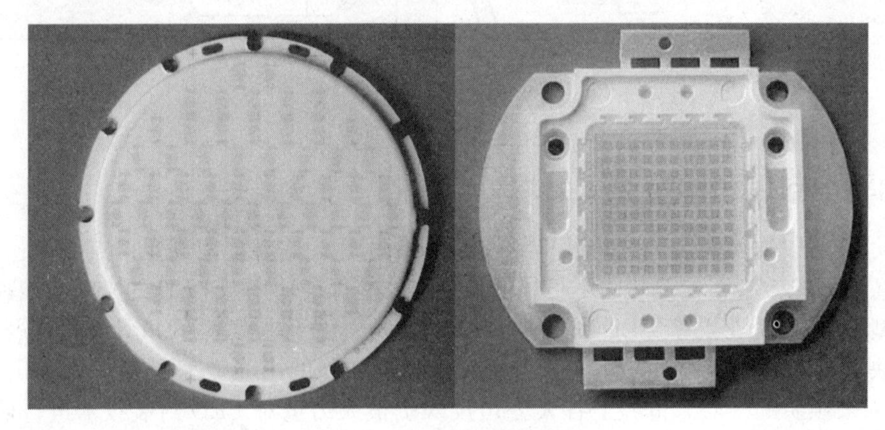

图 1-21　多芯片集成化封装

36. 数显式封装有何特点？

LED 数码管以 LED 作为发光单元，其封装方法如图 1-22 所示。

图 1-22　数显式封装

37. 四侧无引脚扁平（QFN）封装有何特点？

如图 1-23 所示，陶瓷无引线片式 LED 现已在一些手机及笔记本电脑中得到应用。

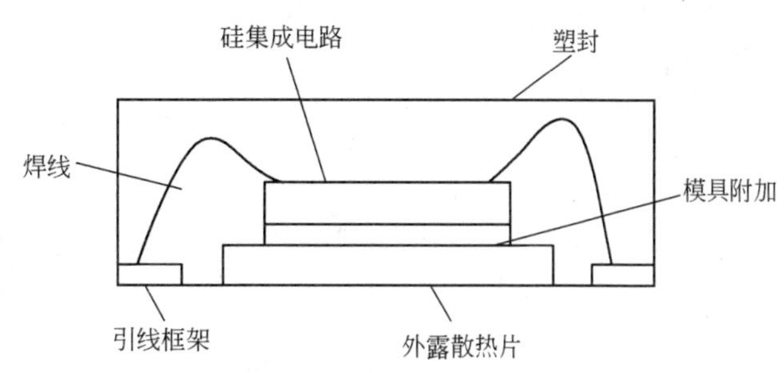

图 1-23　QFN 式封装

38. 高压 LED 有什么优势？

高压 LED 相比低压 LED 有两大明显竞争优势：

第一，在同样输出功率下，高压 LED 所需的驱动电流远远小于低压 LED。如以晶元公司的高压蓝光 1W LED 为例，它的正向压降高达 50V，也即它只需 20mA 驱动电流就可以输出 1W 功率；而普通正向压降为 3V 的 1W LED，则需要 350mA 驱动电流才能输出 1W 功率。因此，同样输出功率的高压 LED 在工作时耗散的功率要远小于低压 LED，这意味着散热铝外壳的成本可大大降低。

第二，高压 LED 可以大幅降低 AC/DC 转换效率损失。以 10W 输出功率为例，如果采用正向压降为 50V 的 1W 高压 LED，输出端可以采取 2 并 4 串的配置，4 个串联 LED 正向压降为 200V，也就是说只需从市电 220V 交流电利用桥式整流器降低 20V 即可。但如果采用正向压降为 3V 的 1W 降压到 DC 30V。输入和输出压差越低，AC/DC 的转换效率就越高。可见，如采用高压 LED，变压器的效率就可以得到大幅度提高，从而可大幅度降低 AC/DC 转换时的功率损失，这一热耗的减少又可进一步降低散热外壳的成本。

因此，如采用高压 LED 来开发 LED 通用照明灯具产品，总体功耗可以大大降低，从而大幅度降低对散热外壳的设计要求，如采用更薄更轻的铝外壳就可满足 LED 灯具的散热需求。由于散热铝外壳的成本是 LED 照明灯具的主要成本组成部分之一，铝外壳成本的有效降低也意味着整体 LED 照明灯具成本的有效降低。由此可见，高压 LED 可以带来 LED 照明灯具成本和质量的有效降低，但其更重要的意义是大幅度降低了对散热系统的设计要求，从而有力扫清了 LED 照明灯具进入室内照明市场的最大技术障碍。因此，高压 LED 将主导未来的 LED 通用照明灯具市场。

39. 什么是 AC LED 光源、 DC LED 光源？

于 20 世纪 60 年代问世、目前被广为应用的 LED，都是直流（DC）驱动的 LED，因此将其称为“DC LED”。2005 年 1 月，韩国首尔半导体公司在全球率先推出交流（AC）市电电源直接驱动的“AC LED”。我国台湾地区很快也掌握了 AC LED 技术，并在芯片和封装技术上有重大创新。

40. AC LED 的特点是什么？

目前的 LED 光源是低电压（$V_F=2\sim3.6V$）、大电流（$I_F=200\sim1500mA$）工作的半导体器件，必须提供合适的直流电流才能正常发光。直流（DC）驱动 LED 光源发光的技术已经越来越成熟，当 DC LED 用于住宅照明、街道和道路照明、建筑和景观照明、广告牌和室外大屏幕显示等领域时，通常都利用工频市电电源（110V/120V、60Hz，或 220V/230V、50Hz）供电。在此情况下，为使 DC LED 正常工作，需将 AC 电源进行 AC/DC 变换，并需要附加一个 DC/DC 变换器电路，为 DC LED 提供一个恒定和合适的 DC 工作电压，具体方案如图 1-24 所示。

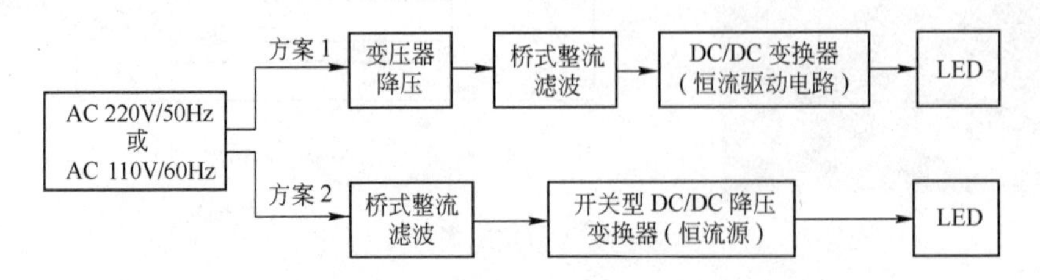

图 1-24　AC 市电电源供电的 DC LED 驱动方案

在 AC/DC 和 DC/DC 变换过程中，电力损耗达 20%乃至 30%以上，致使系统效率很低。如果不在桥式整流器之后配置功率因数校正（PFC）电路，线路功率因数难以超过 0.6，造成电源利用率低下，并产生过量的 AC 输入电流谐波。在电源转换电路中，需要十几个乃至几十个元器件，像变压器、电感、铝电解电容及功率晶体管等又大而笨重，因此在设计 LED 灯泡造型时难度较大，非常有限的空间难以容纳这些元器件，并且还要解决散热问题。为了保证驱动电源的性能，电路又不能过于简单。所使用的电路元器件越多，占位面积和空间也就越大，成本也就越高，可靠性也相应降低。虽然目前 DC LED 的寿命都达 3 万小时以上，但是在实际应用中，远远低于 3 万小时的 LED 就不能再点亮了。其实 LED 本身并没有失效，而是驱动电路中的电解电容或功率晶体管等元器件损坏所致。

AC LED 仅需串接一个限流电阻就可以利用 AC 市电电源来直接驱动，不必再进行 AC/DC 变换，也不需要 DC/DC 降压式恒流源驱动电路，应用方便，设计简单，尺寸极小，完全颠覆了传统 LED 的应用方案。

41. AC LED 的驱动电路如何连接？

AC LED 通常只需串联一个限流电阻，就可以由 AC 电源直接驱动，如图 1-25 所示。当 AC LED 为 AN2200/AW2200 时，AC 电源电压应为 100V/110V。在此情况下，生产商提供的 V_F 分挡和推荐的限流电阻值见表 1-6。

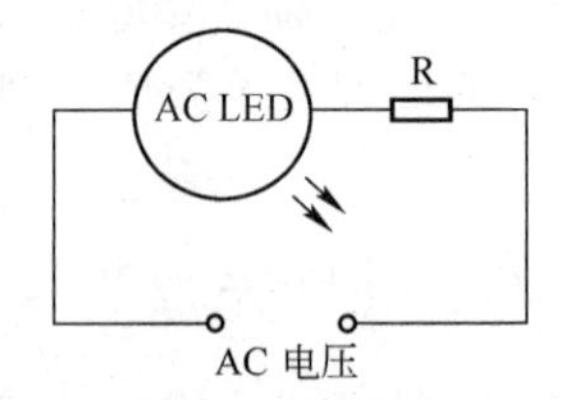

图 1-25　AC LED 典型驱动电路

表 1-6　AN2200 /AW2200 的 V_F 分挡与限流电阻值

V_F 分挡	100V	110V
A	720Ω	1120Ω
B	540Ω	1020Ω
C	440Ω	940Ω
D	400Ω	860Ω

如果 AC LED 是 AN3200/AW3200 或 AN3220/AW3220，工作电压 V_F 分挡等级和限流电阻值见表 1-7。

表 1-7　AN3200/AW3200 和 AN3220/AW3220 的 V_F 分挡和限流电阻值

V_F 分挡	AN3200/AW3200			AN3220/AW3220		
	驱动电流：40mA			驱动电流：20mA		
	电阻 R/Ω			电阻 $R/k\Omega$		
	100V	110V	120V	220V	230V	240V
A	300	500	750	2.2	2.6	3
B	250	450	700	1.9	2.35	2.75
C	200	400	650	1.63	2.1	2.55
D	—	350	600	1.36	1.85	2.3

两个 100V/110V 的 AC LED（如 AN2200/AW2200）可以串联在一起并接入限流电阻，用 220V/230V 的 AC 电源驱动，如图 1-26 所示。AN2200/AW2200 的 V_F 分挡和推荐的限流电阻值见表 1-8。

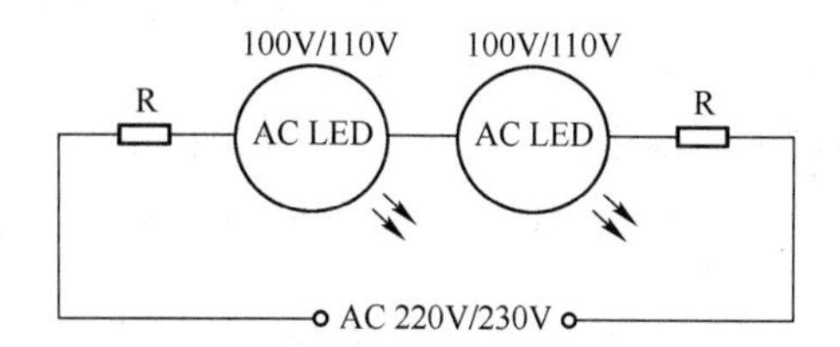

图 1-26　AC220V/230V 电源驱动两个串联的 100V/110V AC LED

表 1-8　AN2200/AW2200 的 V_F 分挡和限流电阻值

V_F 分挡	220V	230V
A	2.2kΩ	2.7kΩ
B	2kΩ	2.4kΩ
C	1.8kΩ	2.2kΩ
D	1.6kΩ	2kΩ

第 2 章

LED光源驱动技术基础

1. LED如何驱动？

LED发光是有条件的。将正向电压加在其PN结两端，使PN结本身形成一个能级（实际是一系列的能级），电子在这个能级上跃变并产生光子来发光。所以，需要由加在PN结两端的电压来驱使LED发光。又由于LED是特性敏感的半导体器件，具有负温度特性，因而在应用过程中需要对LED进行工作状态稳定和保护，从而产生了LED“驱动”的概念。

LED的正向伏-安特性曲线非常陡（正向动态电阻非常小），要给LED供电就比较困难，不能像普通白炽灯那样直接用电压源供电，否则电压波动稍增，电流就会增大到将LED烧毁的程度。为了稳定LED的工作电流，保证LED正常可靠工作，各种各样的LED驱动电路就应运而生。

LED驱动电路有的简单（仅用1～2个镇流元件），有的复杂（用若干个电子元器件构成）；有的适用于小功率LED阵列，有的适用于大功率LED阵列；有的采用直流供电电源，有的采用交流供电电源；有的性能良好，使用寿命长；有的性能不佳，故障率高，殃及LED的使用寿命。

2. 高亮度LED驱动电路有何特点？

① LED是单向导电器件，因此就要用直流电流或者单向脉冲电流给LED供电。

② LED是一个具有PN结构的半导体器件，具有势垒电势，这就形成了导通门限电压。加在LED上的电压超过门限电压时，LED才会充分导通。LED的门限电压一般在2.5V以上，正常工作时的管压降为3～4V。

③ LED的伏-安特性是非线性的，流过LED的电流在数值上等于供电电源的电动势减去LED的势垒电势后再除以回路的总电阻（电源内阻、引线电阻和LED体电阻之和）。因此，流过LED的电流和加在LED两端的电压不成正比。

④ LED的PN结温度系数为负值，温度升高时LED的势垒电势降低。由于这个特点，LED不能直接用电压源供电，必须采用限流措施，否则随着LED工作时温度的升高，电流会越来越大，以致损坏LED。

⑤ 流过LED的电流和LED的光通量的比值也是非线性的。LED的光通量随着流过LED的电流增加而增加，但不成正比增加，越到后来光通量增加得越少。因此，应该使LED在一个发光效率比较高的电流下工作。

3. 高亮度LED驱动电路的主要技术是什么？

（1）电压变换技术　电源是影响LED光源可靠性和适应性的一个重要组成部分，必须作为重点考虑。目前，我国的市电采用220V交流电，而LED光源属半导体光源，通常用直流低电压供电，这就要求在这些灯具中或外部设置AC/DC转换电路，以适应LED电流驱动的特征。目前，电源选择的途径有开关电源、高频电源、电容降压后整流电源等多种，根据电流稳定性、瞬态过冲以及安全性、可靠性的不同要求作不同选择。

(2) 电源与驱动电路的寿命与成本　虽然单个LED本身寿命长达100000h，但是LED应用时必须搭配电源转换电路，故LED照明器具整体寿命必须从光电整合应用加以考虑。但对照明用LED，为达到匹配要求，电源与驱动电路的寿命必须超过100000h，使之不再成为半导体照明系统的瓶颈因素。在考虑长寿命的同时又不能增加太多的成本，电源与驱动电路的成本通常不宜超过照明系统总成本的三分之一。在半导体照明灯具产品发展的初期，必须平衡好电源与驱动电路的寿命与成本的关系。

(3) 驱动程序的可编程技术　LED用作光源的一个显著特点就是在低驱动电流条件下仍能维持其流明效率。同时对于R、G、B多晶型混光而形成白光来说，通过开发一种针对LED的数字RGB混合控制系统，使用户能够在很大范围内对LED的亮度、颜色和色调进行任意调节，给人以一种全新的视觉享受。在城市景观亮化应用方面，LED光源可在微处理器控制下按不同模式加以变化，形成夜晚千姿百态的动态效果，在这方面将体现LED相对于其他光源所具有独特的竞争优势。

(4) 电源与驱动电路的效率　LED电源与驱动电路，既要有一定的供LED所需的接近恒流的正向电流输出，又要有较高的转换效率，电光转换效率是半导体照明的一个重要因素，否则就会失去LED节能的优势。目前，商业化开关电源的效率约为80%，作为半导体照明用电源，其转换效率仍需进一步提升。

4. 如何实现低电压驱动？

低电压驱动是指用低于LED正向导通压降的电压驱动LED，如一节普通干电池或镍镉-镍氢电池，其正常供电电压为0.8～1.65V。低电压驱动LED需要把电压升到足以使LED导通的电压值。对于LED这样的低功耗照明器件（如LED手电筒、LED应急灯、节能台灯等），这是一种常见的使用情况，由于受单节电池容量的限制，一般不需要很大功率，但要求有最低的成本和比较高的转换效率。另外，考虑到有可能配合一节5号电池工作，还要有最小的体积，它主要采用升压式DC/DC转换器或升压式（或升降压式）电荷泵转换器，少数采用LDO（低压差线性稳压器）电路的驱动器，最佳技术方案是采用电荷泵式升压变换器。

5. 如何实现过渡电压驱动？

过渡电压驱动是指给LED供电的电源电压在LED管压降附近变动，这个电压有时可能略高于LED管压降，有时可能略低于LED管压降。如一节锂电池或者两节串联的铅酸电池，满电时电压在4V以上，电快用完时电压在3V以下。用这类电源供电的典型应用有LED矿灯等。过渡电压驱动LED的电源转换电路既要解决升压问题又要解决降压问题，为了配合一节锂电池工作，也需要有尽可能小的体积和尽量低的成本，一般情况下功率也不大，其最高性价比的电路结构是反极性电荷泵式变换器。

6. 如何实现高电压驱动？

高电压驱动是指给LED供电的电压始终高于LED管压降，如6V、9V、12V、24V蓄电池。典型应用有太阳能草坪灯、太阳能庭院灯、机动车的灯光系统等。高电压驱动LED要解决降压问题，由于高电压驱动一般由普通蓄电池供电，会用到比较大的功率

（如机动车照明和信号灯光），因此应有尽量低的成本。变换器的最佳电路结构是串联开关降压电路。

7. 如何实现市电驱动？

这是一种对LED照明应用最有价值的供电方式，是半导体照明普及应用必须要解决好的问题。用市电驱动LED要解决降压和整流问题，还要有比较高的转换效率、较小的体积和较低的成本。另外，还应解决安全隔离问题；考虑到对电网的影响，还要解决好电磁干扰（EMI）和功率因数问题。对中小效率的LED，其最佳电路结构是隔离室单端反激变换器；对于大功率LED的应用，应该使用桥式变换电路。

8. LED驱动电路按负载连接方式可分几类？ 如何实现？

（1）串联方式　串联接法如图2-1（a）所示，恒压驱动时要求驱动电压较高，任一LED短路将导致余下LED容易损坏。当某一LED断路时，则无论是恒压驱动还是恒流驱动，串联在一起的LED将全部不亮。解决办法是在每个LED两端并联一个导通电压比LED高的稳压二极管即可。

（2）并联方式　并联接法如图2-1（b）所示。恒流驱动时要求电流较大，任一LED断路将导致余下LED容易损坏。解决办法是尽量多并联LED，当断开某一LED时，分配在余下LED的电流不大，不影响其正常工作。所以，在功率型LED作并联负载时，不宜选用恒流式驱动器。当某一LED短路时，无论是恒压驱动还是恒流驱动，则所有的LED将不亮。

（3）混联方式　混联接法有两种：一种接法如图2-2（a）所示，串并联的LED数量平均分配，分配在一串LED上的电压相同，通过同一串每个LED上的电流也基本相同，LED亮度一致，同时通过每串LED的电流也相近；另一种接法如图2-2（b）所示，将LED平均分配后分组并联，再将各组串联，要求与单组串联或并联相同。

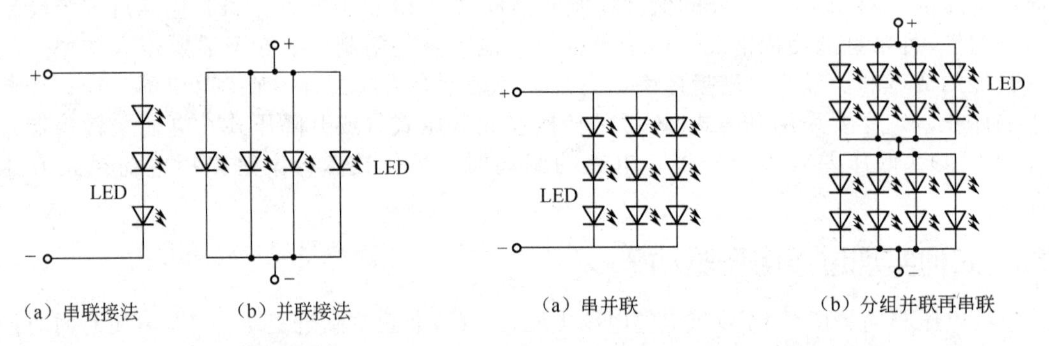

（a）串联接法　（b）并联接法

图2-1　LED的简单串联和并联

（a）串并联　（b）分组并联再串联

图2-2　LED的混联

另外，应用中通常会使用多个LED，这就涉及多个LED的排列方式问题。在各种排列方式中，首先驱动串联的单串LED，因为这种方式不论正向电压如何变化、输出电压（V_{OUT}）如何“漂移”，均提供极佳的电流匹配性能。当然，用户也可以采用并联、串联-并联组合及交叉连接等其他排列方式，用于需要“相互匹配的”LED正向电压的应用，并获得其他优势。在交叉连接中，如果其中某个LED因故障开路，则电路中仅有1个LED的驱动电流会加倍，从而尽量减少对整个电路的影响。

LED各种排列方式优缺点见表2-1。

表 2-1 LED各种排列方式比较

<table>
<tr><th colspan="2">特性
连接形式</th><th>优点</th><th>缺点</th><th>应用场合</th></tr>
<tr><td rowspan="2">串联</td><td>简单串联</td><td>电路简单，连接方便；LED的电流相同，亮度一致</td><td>可靠性不高，驱动器输出电压高，不利于其设计和制造</td><td rowspan="2">LED背光光源、工业LED交流指示灯、应急灯照明</td></tr>
<tr><td>带旁路串联</td><td>电路较简单。可靠性较高；保证LED的电流相同，发光亮度一致</td><td>元器件数量增加，进而体积加大；驱动器输出电压高，设计和制造困难</td></tr>
<tr><td rowspan="2">并联</td><td>简单并联</td><td>电路简单，连接方便；驱动电压低</td><td>可靠性高，要考虑LED的均流问题</td><td rowspan="2">手机等LED屏的背光源、LED手电筒、低压应急照明灯</td></tr>
<tr><td>独立匹配并联</td><td>可靠性好，适应性强，驱动效果好；单个LED保护完善</td><td>电路复杂，技术要求高，占用体积大，不适合数量多的LED电路</td></tr>
<tr><td rowspan="3">混联</td><td>先并联后串联</td><td rowspan="2">可靠性好，适应性强，驱动器的设计制造方便，总体效果较高；适用范围较广</td><td rowspan="2">电路连接较为复杂，并联的单个LED或LED串联之间需要解决均流问题</td><td rowspan="3">LED平面照明、大面积LED背光源、LED装饰照明灯、交通信号灯、汽车指示灯、局部照明</td></tr>
<tr><td>先串联后并联</td></tr>
<tr><td>交叉阵列</td><td>可靠性好，总体效果较高，应用范围较广</td><td>驱动器设计较复杂，每组并联的LED需要均流</td></tr>
</table>

9. LED驱动电路按驱动方式可分几类？

若按LED驱动方式分类，可分为两种：恒压驱动和恒流驱动。

(1) 恒流式驱动

① 恒流驱动电路输出的电流是恒定的，而输出的直流电压却随着负载阻值的大小不同在一定范围内变化。负载阻值越小，输出电压就越低；负载阻值越大，输出电压也就越高。

② 恒流电路允许负载短路，但严禁负载完全开路。实际使用的LED恒流驱动电源一般均具有恒压、恒流功能，因此负载完全开路对驱动电源没影响。

③ 恒流驱动电路驱动LED是较为理想的，但相对而言价格较高。

④ 应注意所使用的最大承受电流及电压值限制了LED的使用数量。

(2) 恒压式驱动

① 恒压电路允许负载开路，但严禁负载完全短路。

② 以恒压驱动电路驱动LED，每串需要加上合适的电阻才能使每串LED显示亮度平均。

③ 亮度会受整流而来的电压变化影响。

10. 开关电源工作原理是什么？

根据调整管的工作状态，常把稳压电源分成两类：线性稳压电源和开关稳压电源。

线性稳压电源是指调整管工作在线性状态下的稳压电源；而在开关电源中则不一样，开关管（在开关电源中，人们一般把调整管称为开关管）是工作在开、关两种状态下的，开时电阻很小，开关管管压降近似为零；关时电阻很大，开关管管压降近似为输入直流电压。

开关稳压电源是一种新型电源。它具有效率高、质量小、输出电压可实现升压/降压、输出功率大等优点。但是由于电路工作在开关状态，所以噪声比较大，因此在电路中必须加入噪声抑制电路。

通过图2-3，简单介绍降压型开关电源的工作原理。电路由开关S（实际电路中为功率型晶体管或MOSFET）、续流二极管VD、储能电感L、滤波电容C和负载电阻R等构成。当开关闭合时，电源通过开关S、电感L给负载供电，并将部分电能储存在电感L和电容C中。由于电感L的自感作用，在开关闭合后，电流增大得比较缓慢，即输出电压不能立刻达到电源电压值。经一定时间后开关断开，由于电感L的自感作用（可以比较形象地认为电感中的电流有惯性作用），将保持电路中的电流不变，即从左往右继续流。这个电流流过负载，从地线返回，流到续流二极管VD的正极，经过二极管VD，返回电感L的左端，从而形成了一个回路。通过控制开关闭合与断开的时间（即PWM，脉冲宽度调制）就可以控制输出电压。如果通过检测输出电压来控制开、关的时间，以保持输出电压不变，这就实现了稳压的目的。

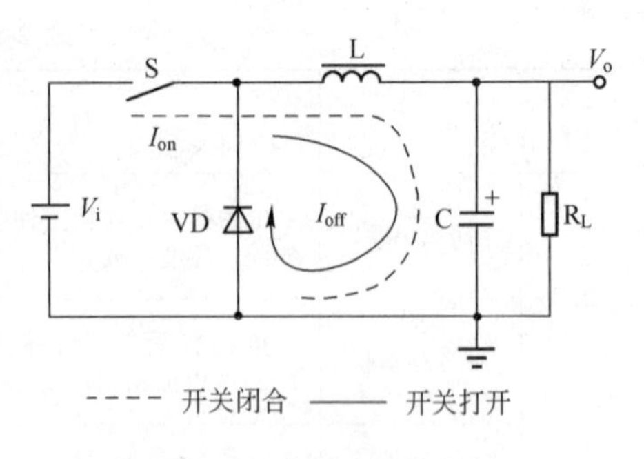

图2-3　降压式开关电源

在开关闭合期间电感存储能量，在开关断开期间电感释放能量，所以电感L称为储能电感。二极管VD在开关断开期间，负责给电感L提供电流通路，所以二极管VD称为续流二极管。

在实际的开关电源中，开关S由三极管或MOSFET代替。当开关断开时电流很小，当开关闭合时电压很小，所以发热功率就会很小，这就是开关电源效率高的原因。

简单地说，开关电源的工作原理是：

① 交流电源输入经整流滤波成直流电（AC/DC转换）。

② 通过高频PWM信号控制开关管，将整流后的直流电加到开关变压器一次侧上（DC/AC转换）。

③ 开关变压器二次侧感应出高频电压，经整流滤波供给负载（AC/DC转换）。

④ 输出部分通过一定的电路反馈给控制电路，控制PWM占空比，以达到稳定输出的目的（输出电压反馈控制）。

交流电源输入时一般要经过扼流圈一类元件，以过滤掉电网上的干扰，同时也过滤掉电源对电网的干扰。在功率相同时，开关频率越高，开关变压器的体积就越小，但对开关管的要求就越高。开关变压器的二次侧可以有多个绕组或一个绕组有多个抽头，以得到需要的输出。开关电源一般还应该增加一些保护电路，如空载、短路、过电压等保护，否则可能会烧毁开关电源。

11. 什么是开关变换器的拓扑结构？

开关变换器拓扑结构是指能用于转换、控制和调节输入电压的功率开关器件和储能元件的不同配置。开关变换器拓扑结构可以分为两种基本类型：非隔离型（在工作期间输入源和输出负载共用一个电流通路）和隔离型（能量转换是通过一个相互耦合磁性元件变压器来实现的，而且从电源到负载的耦合是借助于磁通而不是共同的电流回路）。变换器拓扑结构根据系统造价、性能指标和输入及输出负载特性等诸多因素进行选定。

12. 非隔离开关变换器有几种拓扑结构？

非隔离开关变换器有四种基本拓扑结构。

（1）降压拓扑结构　降压式开关电源典型电路如图2-4所示。当开关管VT导通时，二极管VD截止，输入的整流电压经VT和L供C充电，这一电流使电感L中的储能增加；当开关管VT截止时，电感L感应出左负右正的电压，经负载R_L和续流二极管VD释放电感L中存储的能量，维持输出直流电压不变。电路输出直流

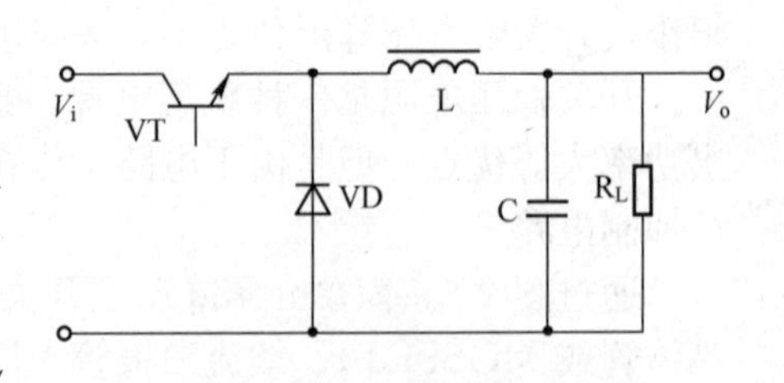

图2-4　降压式开关电源典型电路

电压由加在VT基极上的脉冲宽度确定。

这种电路使用元器件数量少，只需要利用电感、电容和二极管即可实现。降压变换器将输入电压变换成较低的稳定输出电压。输出电压（V_o）和输入电压（V_i）的关系为

$$\frac{V_o}{V_i}=D$$

$$V_i>V_o$$

式中，D为占空比。

（2）升压拓扑结构　升压式开关电源稳压电路如图2-5所示。当开关管VT导通时，电感L储存能量。当开关管VT截止时，电感L感应出左负右正的电压，该电压叠加在输入电压上，经二极管VD向负载供电，使输出电压大于输入电压，形成升压式开关电源。升压变换器将输入电压变换成较高的稳定输出电压。

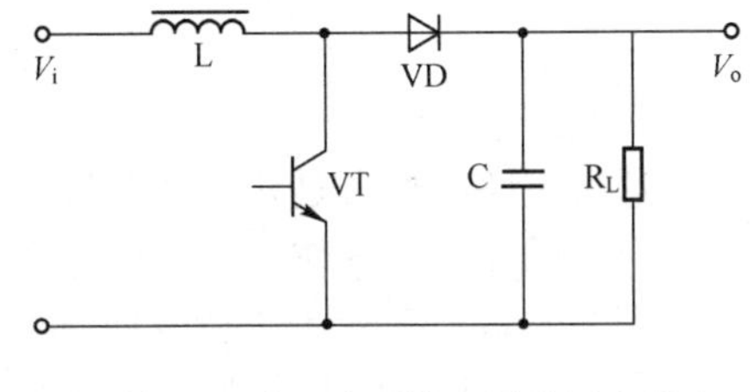

图2-5　升压式开关电源稳压电路

（3）逆向拓扑结构　逆向变换器将输入电压变转成较低的反相输出电压，输出电压与输入电压的关系为

$$\frac{V_o}{V_i}=-\frac{D}{1-D}$$

$$V_i>V_o$$

（4）反转式拓扑结构　反转式开关电源典型电路如图2-6所示，这种电路又称为升降压式开关电源。无论开关管VT之前的脉动直流电压高于或低于输出端的稳定电压，电路均能正常工作。

当开关管VT导通时，电感L储存能量，二极管VD截止，负载R_L靠电容C上的充电电荷供电；当开关管VT截止时，电感L中的电流继续流通，并感应出上负下正的电压，经二极管VD向负载供电，同时给电容C充电。

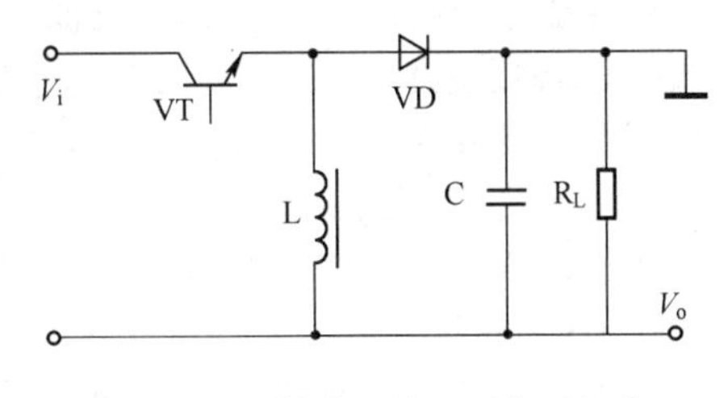

图2-6　反转式开关电源典型电路

反转式变换器将输入电压变换成较低或较高的反相输出电压（电压值取决于占空比）。输出电压和输入电压的关系为

$$\frac{V_o}{V_i}=-\frac{D}{1-D}$$

$$V_i>V_o，D<0.5$$

$$V_i<V_o，D>0.5$$

13. 隔离开关变换器有几种？

隔离开关变换器常用的有逆向变换器、正向变换器和推挽变换器。在这些电路中，从输入电源到负载的能量转换是通过一个变压器磁通耦合或其他磁性元件实现的。

（1）推挽变换器与半桥变换器　推挽变换器与半桥变换器是典型的逆变整流型变换器，电路结构如图2-7所示。加在变压器一次绕组上的电压幅度为输入电压V_i，宽度为开关导通时间t_{on}的脉冲波形，变压器二次电压经二极管VD_1、VD_2全波整流为直流电压。

推挽变换器的电路结构如图2-7（a）所示。它属于双端式变换电路，高频变压器的磁芯工作在磁滞回线的两侧。电路使用两个开关管VT_1和VT_2，两个开关管在外激励方波信号的控制下交替导通与截止，在变压器二次绕组得到方波电压，经整流滤波变为所需要的直流电压。

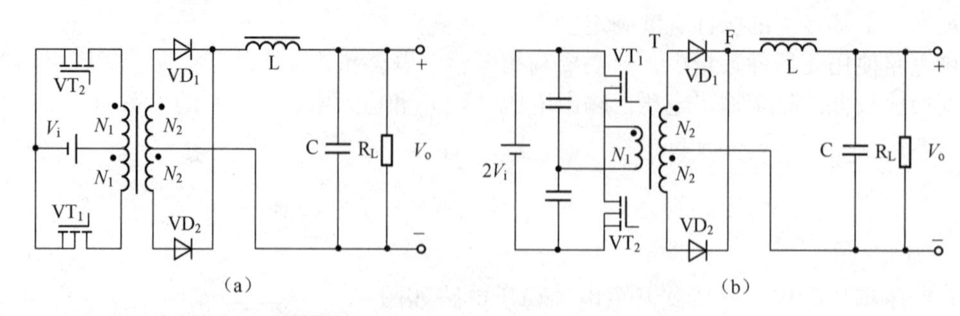

图 2-7　推挽变换器与半桥变换器的电路结构

这种电路的优点是两个开关管容易驱动，主要缺点是开关管的耐压要达到两倍电路峰值电压。电路的输出功率较大，一般在 100～500W 范围内。

图 2-7（b）所示为半桥变换器的电路结构，如只从输出侧滤波器来看，工作原理和降压型变换器完全相同，二次侧滤波电感用于存储能量，电压变换比 m 与降压型变换器相类似，即

$$m=\frac{D}{n}$$

式中，n 为变压器的匝数比，$n=\frac{N_1}{N_2}$，N_1 为一次绕组的匝数；N_2 为二次绕组的匝数。

（2）单端激励型变换器

① 单端反激式变换器。单端反激式变换器典型电路如图 2-8 所示。电路中所谓单端是指高频变换器的磁芯仅工作在磁滞回线的一侧。所谓反激是指当开关管 VT 导通时，高频变压器 T 一次绕组的感应电压为上正下负，整流器二极管 VD 处于截止状态，在一次绕组中储存能量；当开关管 VT 截止时，高频变压器 T 一次绕组中存储能量，通过二次绕组及 VD 整流和电容 C 滤波后向负载输出。

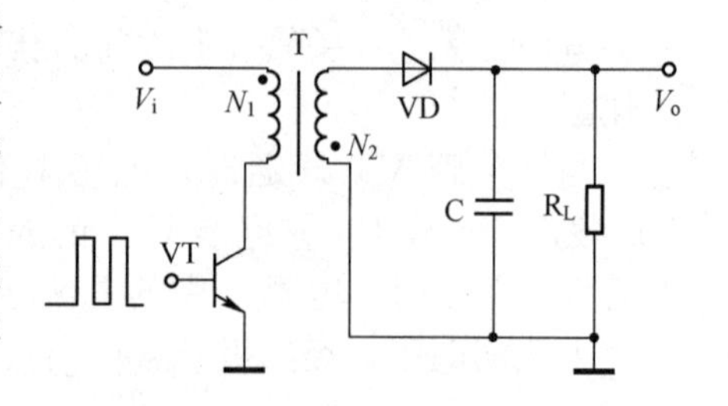

图 2-8　单端反激式变换器典型电路

单端反激式变换器是一种成本最低的电源电路，输出功率为 20～100W，可以同时输出不同的电压且有较好的电压调整率。单端反激式变换器唯一的缺点是输出纹波电压较大，外特性差，适用于相对固定的负载。

单端反激式变换器使用的开关管 VT 承受的最大反向电压是电路工作电压的两倍，工作频率在 20～200kHz 之间。

② 单端正激式变换器。单端正激式变换器典型电路如图 2-9 所示。这种电路在形式上与单端反激式电路相似，但工作原理不同，当开关管 VT 导通时，VD_2 也导通，这时电网向负载传送能量，滤波电感 L 储存能量；当开关管 VT 截止时，电感 L 通过续流二极管 VD_3 继续向负载释放能量。它是采用变压器耦合的降压变换器电路，与推挽变换器一样，加在变压器一次侧（一半）的电压振幅为输入电压 V_i，宽度为开关导通时间 t_{on} 的脉冲波形，变压器二次电压经二极管全波整流器流变为直流电压，电压变换比为 $m=D/n$。

开关断开时，变压器释放能量，二极管 VD_3 和绕组 N_3 就是为此而设，能量通过它们反馈到输入侧。开关断开时，绕组 N_1 中存储的能量转移到绕组 N_3 中，为防止变压器饱和，在开关断开期间内变压器必须全部消磁，则 $I_{re}\leqslant(1-D)T_s$。

在电路中还设有钳位线圈 L 与二极管 VD_1，它可以将开关管 VT 的最高电压限制在两倍电源电压之间。为满足磁芯复位条件，即磁通建立和复位时间应相等，所以电路中脉冲的占空

比不能大于50%。

由于这种电路在开关管VT导通时，通过变压器向负载传送能量，所以输出功率范围大，可输出50～200W的功率。电路使用的变压器结构复杂，体积也较大，正因为这个原因，这种电路的实际应用较少。

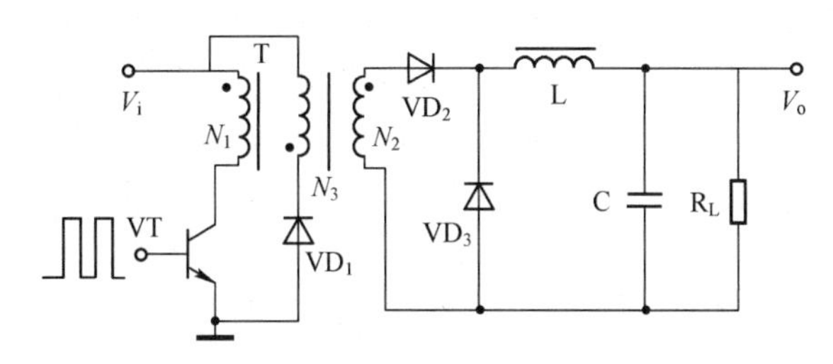

图2-9 单端正激式变换器典型电路

③ 隔离型CuK变换器。隔离型CuK变换器典型电路如图2-10所示。开关VT断开时，电感L_1的电流I_{L1}对电容C_{11}充电，同时C_{12}也充电（二极管VD导通）。开关VT导通时，二极管VD变为截止状态，C_{12}通过L_2向负载放电。

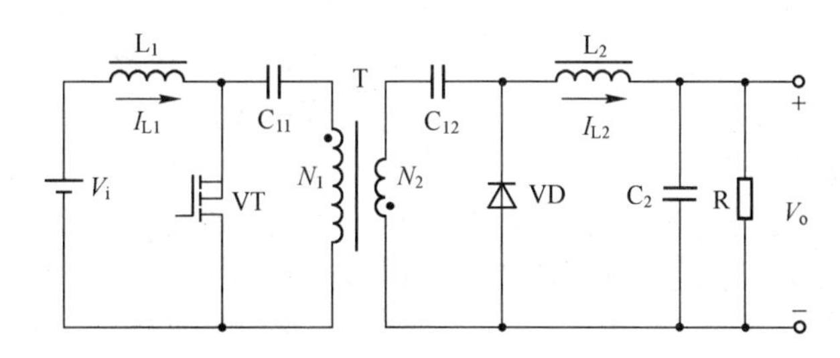

图2-10 隔离型CuK变换器典型电路

④ 电流变换器。电流变换器典型电路如图2-11所示，它是逆变整流型变换器。图2-11（a）是能量回馈方式，开关VT（VT_1或VT_2）导通时，电感L的一次侧电压为V_d-nV_o（式中$n=N_1/N_2$），电感L励磁并储存能量；VT断开时，储存在电感L中的能量通过二极管VD_3反馈到输入侧。对于图2-11（b）所示的变换器，两只开关同时导通时，加在电感L上的电压为V_i，电感L励磁并储存能量。任意一只开关断开时，反向电压（nV_o-V_d）加到电感L上，电感L释放能量，其工作原理与升压变换器类似。

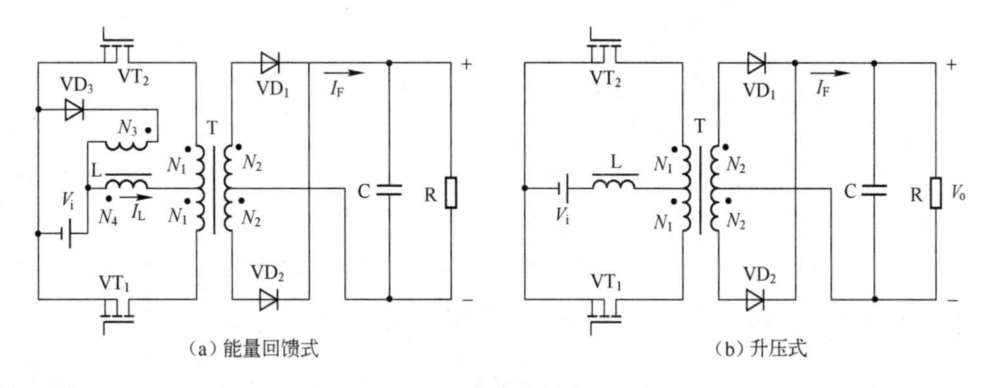

图2-11 电流变换器典型电路

⑤ 全桥变换器。全桥变换器典型电路如图2-12所示，VT_1、VT_3及VT_2、VT_4是两对开

关管，重复交互通断，但两对开关管导通有时间差（即死区时间），所以变压器一次侧加的电压 V_{AB} 为脉冲宽度等于其时间差的方形波电压，变压器二次侧的二极管将此电压整流变为方波，再经滤波器变为平滑直流电供给负载。电压变换比为 $m=D/n$。

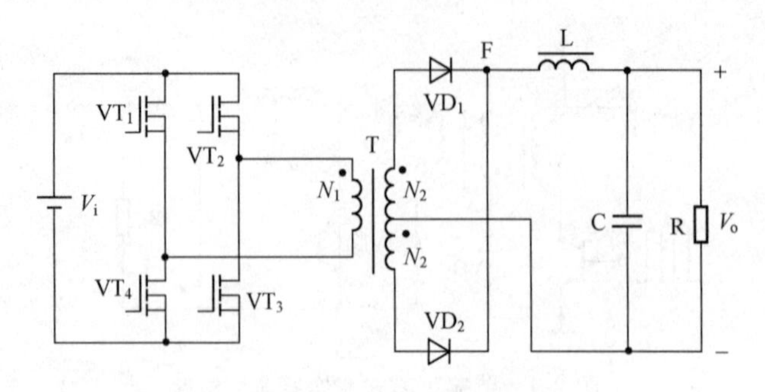

图 2-12　全桥变换器典型电路

⑥ 准谐振变换器。在 PWM 电路中接入电感和电容的谐振电路。流经开关的电流以及加在开关两端的电压波形为准正弦波，这种电路称为准谐振变换器。图 2-13 所示为电流谐振开关和电压谐振开关基本电路及工作波形。

如图 2-13（a）所示，谐振电感 L_r 和开关 VT 串联，流经开关的电流为正弦波的一部分。当开关导通时，电流 i 从零以正弦波形状上升，上升到电流峰值后又以正弦波形状减小到零。电流变为零之后，开关断开，波形图如图 2-13（a）所示。开关再次导通时，重复以上过程。由此可见，开关在零电流时通断，这样动作的开关称为零电流开关（Zero-Current Switch，ZCS)。在零电流开关中，开关通断时与电压重叠的电流非常小，从而可以降低开关损耗。采用电流谐振开关时，寄生电感可作用谐振电路元件的一部分，这样可以降低开关断开时产生的浪涌电压。

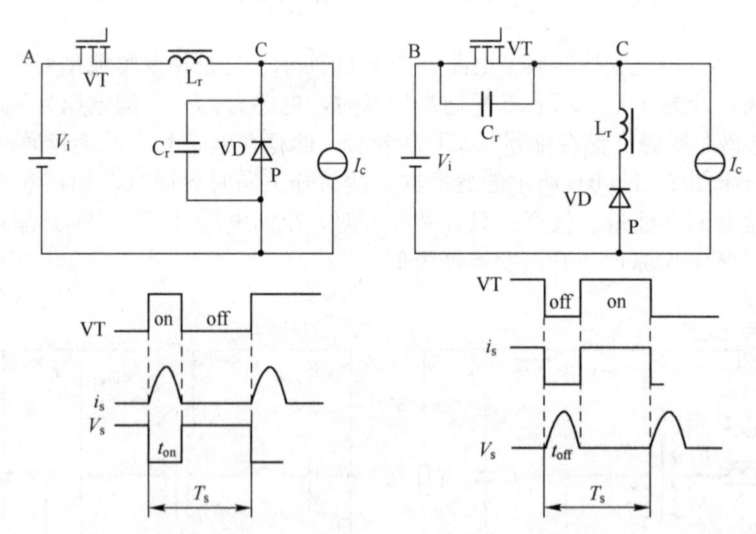

（a）电流谐振开关基本电路及工作波形　　（b）电压谐振开关基本电路及工作波形

图 2-13　电流谐振开关和电压谐振开关基本电路及工作波形

如图 2-13（b）所示，谐振电容 C_r 与开关并联，加在开关两端的电压波形为正弦波的一部分。开关断开时，开关两端电压从零以正弦波形状上升，上升到峰值后又以正弦波形状下降为零。电压变为零之后，开关导通，波形图如图 2-13（b）所示。开关再断开时，重复以上过程。

可见开关在零电压处通断，这样动作的开关称为零电压开关（Zero-Voltage Switch，ZVS）。在零电压开关中，开关断开时与电流重叠的电压非常小，从而可以降低开关损耗。这种开关中断寄生电感与电容作为谐振元件的一部分，可以消除开关导通时的电流浪涌与断开时的电压浪涌。

电流谐振开关中开关导通时电流脉冲宽度 t_{on} 由谐振电路决定，为了进行脉冲控制，需要保持开关导通时间不变，改变开关的断开时间；电压谐振开关中开关断开时的电压脉冲宽度 t_{off} 由谐振电路决定，为了进行脉冲控制，需要保持开关的断开时间不变，改变开关的导通时间。在以上两种情况下，改变开关工作周期，则谐振变换器就由改变开关工作频率进行控制。

在图 2-13 所示电路中，开关的电压波形或电流波形为半波，但也可以为全波，因此谐波开关又可分为半波谐振开关和全波谐振开关两种。

⑦ 自激式开关稳压电源。自激式开关稳压电源典型电路如图 2-14 所示。这是一种利用间歇振荡电路组成的开关电源，也是目前广泛使用的基本电源之一。

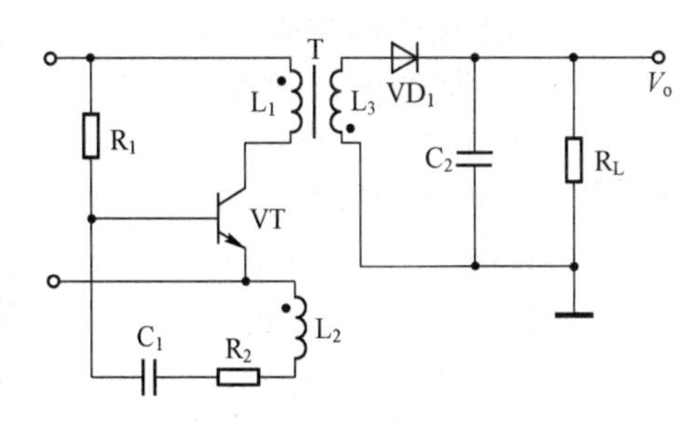

图 2-14　自激式开关稳压电源典型电路

当接入电源后 R_1 给开关管 VT 提供启动电流，使 VT 开始导通，其集电极电流 I_{c1} 在 L_1 中线性增长。在 L_2 中感应出使 VT 基极为正、发射极为负的正反馈电压，使 VT 很快饱和。与此同时，感应电压给 C_1 充电，随着 C_1 充电电压增高，VT 基极电位逐渐变低，致使 VT 退出饱和区，I_C 开始减小，在 L_2 中感应出使 VT 基极为负、发射极为正的电压，使 VT 迅速截止，这时二极管 VD_1 导通，高频变压器 T 一次绕组中的储能释放给负载。在 VT 截止时，在 L_2 中没有感应电压，直流供电输入电压又经 R_1 给 C_1 反向充电，逐渐提高 VT 基极电位，使其重新导通，再次翻转达到饱和状态，电路就这样重复振荡下去。这里就像单端反激式开关电源那样，由变压器 T 的二次绕组向负载输出所需的电压。

自激式开关电源中的开关管起着开关及振荡的双重作用，也省去了控制电路。电路中由于负载位于变压器的二次且工作在反激状态，具有输入和输出相互隔离的优点。这种电路不仅适用于中功率电源，亦适用于小功率电源。

14. 开关型稳压电源有哪些优势？

普通开关型稳压电源的主要优越性有：

① 效率高。开关型稳压电源调整晶体管工作在开关状态，则开关晶体管功率损耗很小，效率可大大提高，其效率通常可达 80%～90%。

② 质量小。开关型稳压电源通常采用电网输入的交流电压直接整流，去除了笨重的电源变压器，使电源的质量减少到原传统同等功率稳压电源的五分之一左右，而且体积也大大缩小。

③ 稳压范围宽。开关型稳压电源在输入交流电压从 90～264V 变化时，都能达到良好的稳压，输出电压的变化可保证在 2%以下，而且在输入交流电压变化时始终保持稳压电路的高效率。

④ 可靠安全。在开关型稳压电源中设计有保护电路，在负载出现故障或短路时能自动切断电源，保护功能灵敏可靠。

⑤ 滤波电容容量小。由于稳压电路中的开关晶体管多采用较高的开关频率，因此滤波电容的容量可大大减小，易于小型化。

⑥ 功耗小。由于开关晶体管工作在开关状态，功率损耗小，不需要采用大的散热器，机内温升也小，周围元器件也不致因长期工作在高温环境而损坏。因此，采用开关型稳压电源还能有助于提高整机的可靠性。

15. 如何实现恒压驱动和恒流驱动？

高亮度LED是由电流驱动的器件，其亮度与正向电流呈比例关系。因此，驱动高亮度LED的主要目标是产生正向电流通过器件，这可采用恒压源或恒流源来实现。有两种常用的驱动方法可以控制高亮度LED的正向电流。第一种方法是根据高亮度LED的伏-安特性曲线来确定产生预期正向电流所需要向LED施加的电压，其实现方法是采用带限流电阻的恒压电源，其电路示意图如图2-15所示。这种方法存在两个缺点：第一，由于温度和工艺的因素，难以保证每个LED的正向压降V_F绝对相同，因此尽管可以保证LED稳定的Ra一致性，但V_F的微小变化仍然带来较大的I_{VD}变化。比如：如果额定正向电压为3.6V，则图2-15中LED的电流为20mA，若温度或工艺改变让正向电压变为4.0V（仍在正常的范围内），正向电流将下降至14mA。换言之，正向电压只要改变11%，正向电流就会出现30%的大幅度变动。第二，限流电阻的压降和功耗使系统效率降低。这两个缺点是许多应用无法接受的。第二种方法是首选高亮度LED驱动方法，就是利用恒流源来驱动LED，恒流源驱动可消除温度和工艺等因素引起的正向电压变化所导致的电流变化，因此可产生恒定的LED亮度。产生恒流电源需要调整通过电流检测电阻上的电压，而不是调整输出电压，图2-16所示是其电路示意图。参考电压V_{FB}和电流检测电阻R_{sense}的值决定了LED电流的大小。在驱动多个LED时，只需把它们串联就可以在每个LED上实现恒定电流，驱动并联LED需要在每串LED中放置一个限流电阻。

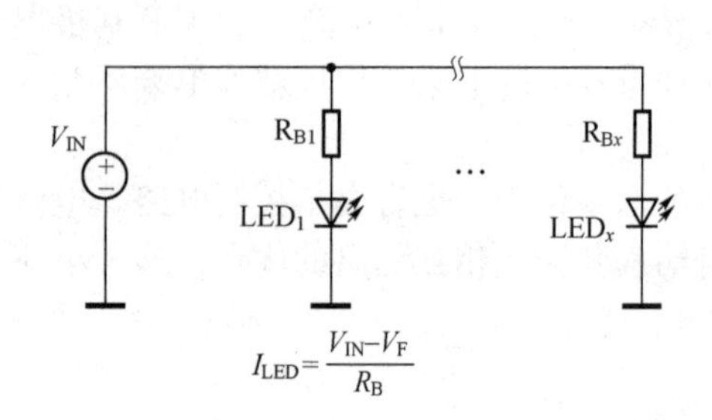

图2-15 带限流电阻的恒压源驱动电路

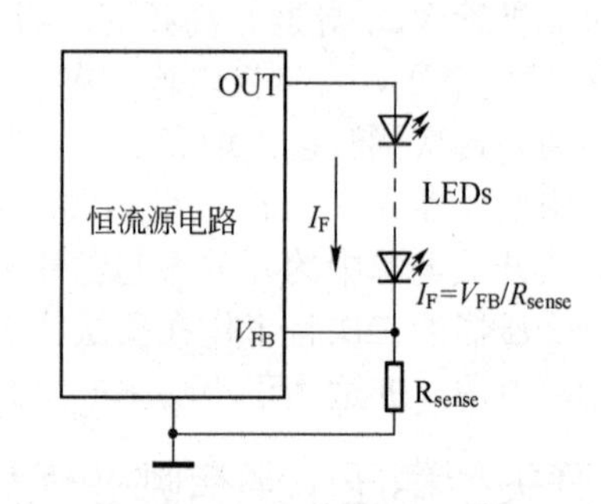

图2-16 驱动LED的恒流器电路

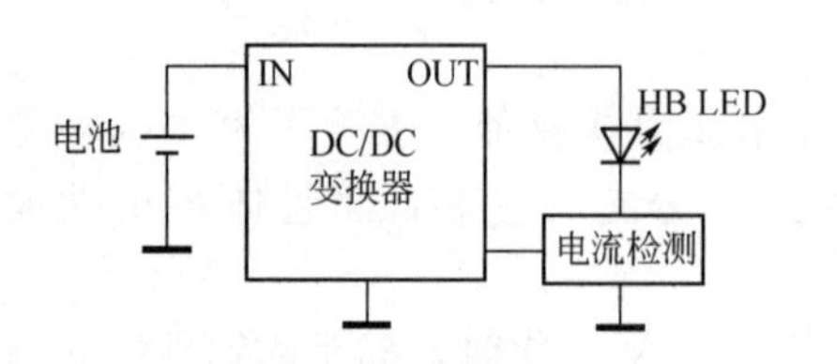

图2-17 高亮度LED驱动电路的一般原理

高亮度LED的驱动设计必须充分考虑系统的需求。一方面，使用高亮度LED为系统大多采用电池供电，如手机中的3.6V锂电池、汽车中的12V蓄电池等，提供的电压不适合直接驱动高亮度LED；另一方面，高亮度LED应该工作在稳定电流下。因此，现代高亮度LED驱动电路从原理上来说应具备两个基本要素：一是直流变换，二是恒流。高亮度LED驱动电路的一般原理如图2-17所示。

从图2-17可以看到，驱动电路主要由DC/DC变换器、电流检测电路组成，DC/DC变换器将电池电压变换成适合驱动高亮度LED的直流电压，电流检测电路检测输出电流，通过反馈环路控制DC/DC变换器输出电压，将LED电流稳定在一个预设值。

16. 恒流驱动有几种方式？

采用 DC/DC 电源的 LED 照明应用中，高亮度 LED 常用的恒流驱动方式有电阻限流、线性调节器以及开关调节器三种。

17. 电阻限流 LED 驱动电路原理是什么？

如图 2-18 所示，电阻限流驱动电路是最简单的驱动方式，电阻限流方式按下式：

$$R=\frac{V_{\mathrm{IN}}-yV_{\mathrm{F}}-V_{\mathrm{D}}}{xI_{\mathrm{F}}}$$

式中，V_{IN}为电路的输入电压；I_{F} 为 LED 的正向电流；V_{F} 为 LED 在正向电流 I_{F} 时的压降；V_{D} 为防反二极管的压降（可选）；y 为每串 LED 的数目；x 为并联 LED 的串数。

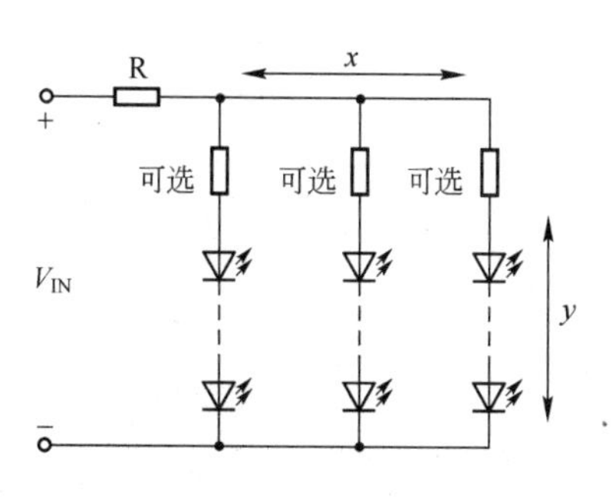

图 2-18　电阻恒流驱动电路

由图 2-18 和上式可知，电阻限流驱动电路虽然简单，但是在输入电压波动时，通过 LED 的电流也会随其变化，因此使调节性能变差。另外，由于电阻 R 的接入，损失的功率为 xRI_{F}，因此效率较低。

18. 线性恒流型 LED 驱动原理是什么？

线性恒流型 LED 驱动是一种降压驱动，其基本原理如图 2-19 所示。该电路由串联调整管 PE、采样电阻 Rsense、带隙基准电路和误差放大器 EA 组成。采样电压加在误差放大器 EA 的同相输入端，与加在反相输入端的基准电压 V_{REF} 相比较，两者的差值经误差放大器 EA 放大后，控制串联调整管的栅极电压，从而稳定输出电流。线性恒流型 LED 驱动的优点是结构简单、电磁干扰小、噪声低、对负载和电源的变化响应迅速、尺寸较小及成本低廉。线性恒流型 LED 驱动的缺点主要是：第一，驱动电压必须小于电源电压，因此在锂电池供电系统中的应用受到限制；第二，调整管串联在输入、输出之间，效率相对较低。

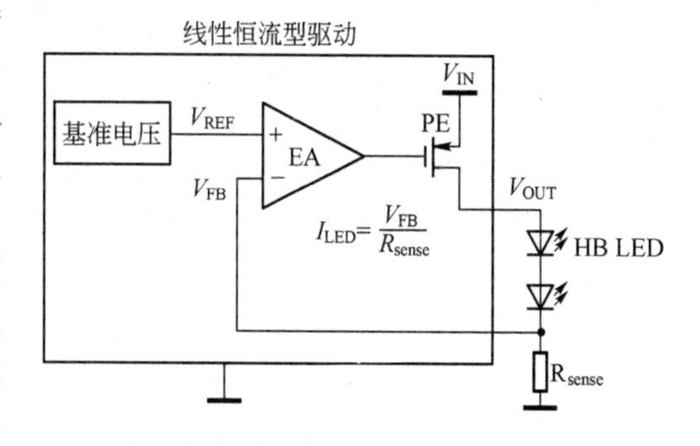

图 2-19　线性恒流型 LED 驱动电路的原理

线性恒流调节器的核心是利用工作在线性区的功率晶体管或 MOSFET 作为一个动态电阻来控制负载。线性恒流调节器有并联型和串联型两种。

图 2-20（a）所示为并联型线性调节器又称为分流调节器，它采用功率管与 LED 并联的形式，可以分流负载的一部分电流。分流调节器也同样需要串联一个限流电阻 R_{sense}，与电阻限流电路相似。当输入电压增大时，流过负载 LED 上的电流增加，反馈电压增大使得功率管 VT 的动态电阻减小，流过 VT 的电流将会增大，这样就增大了限流电阻 R_{sense} 上的压降，从而使得 LED 上的电流和电压保持恒定。

由于分流调节器需要串联一个电阻，所以效率不高，并且在输入电压变化范围比较宽的情况下很难做到保持电流恒定。

图 2-20（b）所示为串联型线性调节器，当输入电压增大时，使功率管的调节动态电阻增大，以保持 LED 上的电压（电流）恒定。由于功率管或 MOSFET 都有一个饱和导通电压，因此输入的最小电压必须大于该饱和电压与负载电压之和，电路才能正常工作，使得整个电路

的电压调节范围受限。这种控制方式与并联型线性调节器相比，由于少了串联的线性电阻，使得系统的效率较高。

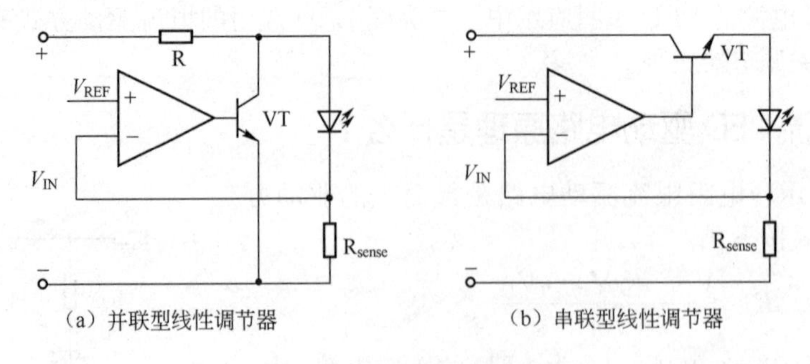

图 2-20　线性调节器电路图

驱动 HB LED 的最佳方案是使用恒流源，实现恒流源的简单电路是用一个 MOSFET 与 HB LED 串联，对 HB LED 的电流进行检测并将与基准电压相比较，比较信号反馈到运算放大器，进而控制 MOSFET 的栅极，这种电路如同一个理想的电流源，可以在正向电压、电源电压变化时保持固定的电流。目前，一些线性驱动芯片（如 MAX16806 芯片）在内部集成了 MOSFET 和高精度电压基准，能够在不同照明装置之间保持一致的亮度。

线性驱动器相对于开关模式驱动器的优点是电路结构简单、易于实现；因为没有高频开关，所以也不需要考虑 EMI 问题。线性驱动器的外围元器件少，可有效降低系统的整体成本。例如 MAX16806 所要求的输入电压只需比 LED 总压降高出 1V，利用外部检流电阻测量 LED 的电流，从而保证在输入电压和 LED 正向电压变化时，MAX16806 能够输出恒定的电流。

线性驱动器的功耗等于 LED 电流乘以内部（或外部）无源器件的压降。当 LED 电流或输入电源电压增大时，功耗也会增大，从而限制了线性驱动器的应用。为了减少照明装置的功耗，MAX16806 对输入电压进行监测，如果输入电压超过预先设定值，它将减小驱动电流以降低功耗。该项功能可以在某些应用中避免使用开关电源，如汽车顶灯或日间行车灯等，这些应用通常会在出现不正常的高电源电压时导致灯光熄灭。

19. 开关型 LED 驱动电路原理是什么？

线性恒流驱动技术不但受输入电压范围的限制，而且效率低。在用于低功率的普通 LED 驱动时，由于电流只有几毫安，因此损耗不明显；而当作用电流有几百毫安甚至更高时，功率的损耗就成为比较严重的问题。

开关电源作为能量变换中效率最高的一种方式，效率可以达到 95%以上，其明显的缺点是输出纹波电压大、瞬时恢复时间较长，会产生 EMI。

大多数的 LED 驱动电路都属于下列拓扑类型：降压型拓扑、升压型拓扑、降压-升压型拓扑、SEPIC 拓扑和反激式拓扑，见表 2-2。

表 2-2　LED 驱动电源的拓扑

拓扑结构	输入电压（V_{IN}）总大于输出电压（V_{OUT}）	输入电压（V_{IN}）总小于输出电压（V_{OUT}）	输入电压（V_{IN}）大小或者小于输出电压（V_{OUT}）	隔离模式
降压拓扑	√			
升压拓扑		√		
降压-升压拓扑			√	

续表

拓扑结构	输入电压（V_{IN}）总大于输出电压（V_{OUT}）	输入电压（V_{IN}）总小于输出电压（V_{OUT}）	输入电压（V_{IN}）大小或者小于输出电压（V_{OUT}）	隔离模式
SEPIC 拓扑		√	√	
反激式拓扑	√	√	√	√

开关电源作为 LED 驱动电源从结构上看，其优点是有 BOOST、BUCK 和 BUCK-BOOST 等形式，都可以用于 LED 驱动电路的设计。为了满足 LED 的恒流驱动，打破传统的反馈输出电压的形式，采用检测输出电流进行反馈控制，并且可以实现降压、升压和降压-升压的功能。另外，价格偏高和外围元器件复杂是开关电源型驱动相对其他类型 LED 驱动的缺点。

在驱动 LED 时常用的三种开关型基本电路拓扑为降压拓扑结构、升压拓扑结构以及降压-升压拓扑结构。采用何种拓扑结构取决于输入电压和输出电压的关系。

开关型 LED 驱动是利用开关电源原理进行 DC/DC 直流变换的，其原理如图 2-21 所示，L_1 和 C_{OUT} 为储能元件，MOSFET 和整流二极管 VD 为开关元件，MOSFET 不断开启和关闭，使输入电压 V_{IN} 升高至输出电压 V_{OUT}，从而驱动 LED，升压比由开关管占空比决定。

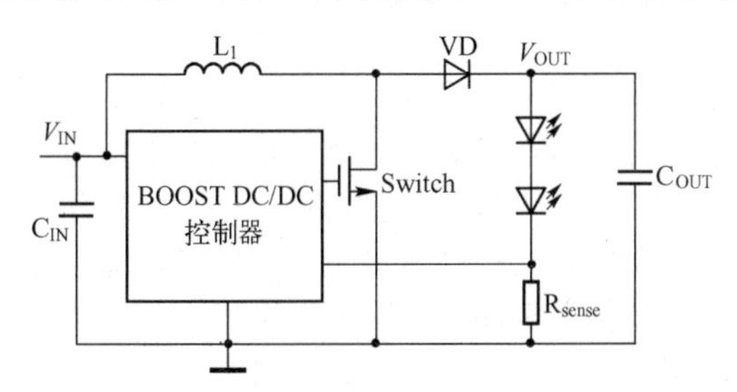

图 2-21　开关电源型高亮度 LED 驱动电路原理

BOOST DC/DC 控制器能根据 R_{sense} 反馈的电压自动调节开关占空比，从而调节输出电压，使 LED 电流稳定在预设值。

图 2-22（a）所示为采用 BUCK 变换器的 LED 驱动电路，与传统 BUCK 变换器不同，开关管 VT 移到电感 L 的后面，使得 VT 源极接地，从而方便了 VT 的驱动。LED 与 L 串联，而续流二极管 VD 与该串联电路反并联。该驱动电路不但简单而且不需要输出滤波电容，降低了成本。但是，BUCK 变换器是降压变换器，不适用于输入电压低或者多个 LED 串联的场合。

降压变换器 BUCK＃2 如图 2-22（b）所示。在此电路中，VT 对接地进行驱动，从而大大降低了驱动电路要求。该电路可通过监测 VT 电流或与 LED 串联的电流感应电阻来感应 LED 电流。后者需要一个电平移位电路来获得电源接地信息，但会使简单的设计复杂化。

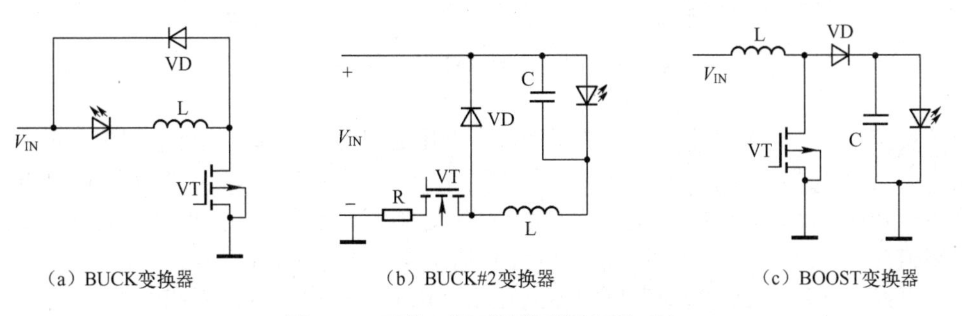

图 2-22　开关电源不同类型原理图（1）

图 2-22（c）所示为BOOST变换器的LED驱动电路，能过电感储能将输出电压泵至比输入电压更高的期望值，实现在低输入电压下对LED的驱动，在结构上与传统BOOST变换器结构基本相似，只采用LED负载的反馈电流信号，以确保恒流输出。其缺点是由于输出电容通常取得较小，LED上的电流会出现断续。通过调节电流峰值和占空比来控制LED的平均电流，从而实现在低输入电压下对LED的恒流驱动。

图 2-23（a）所示为采用BUCK-BOOST变换器的LED驱动电路，与BUCK电路相似。该电路中VT的源极可以直接接地，从而方便VT的驱动。

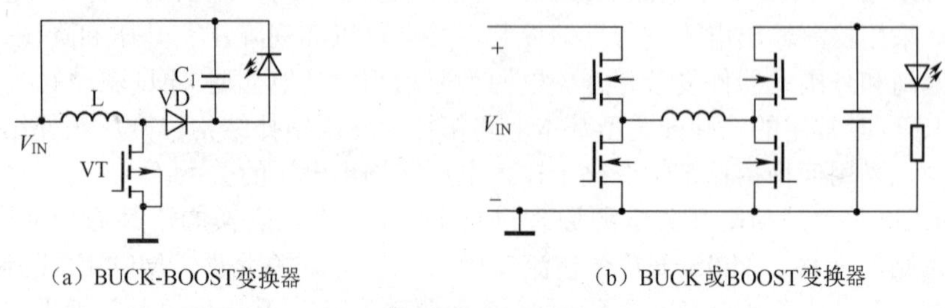

（a）BUCK-BOOST变换器　　（b）BUCK或BOOST变换器

图 2-23　开关电源不同类型原理图（2）

该降压-升压方法的一个缺陷是电流相当高。例如，当输入电压和输出电压相同时，电感和电源开关电流则为输出电流的2倍，这会对效率和功耗产生负面的影响。在许多情况下，图 2-23（b）中的“降压和升压型”拓扑将缓和这些问题。在该电路中，降压功率级之后是一个升压。如果输入电压高于输出电压，则在升压级刚好通电时，降压级会进行电压调节；如果输入电压低于输出电压，则升压级会进行调节而降压级则通电。通常要为升压和降压操作预留一些重叠，因此从一个模型转到另一模型时就不存在静带。

当输入电压和输出电压几乎相等时，该电路的好处是开关和电感电流也近乎等同于输出电流。电感纹波电流也趋向于变小。即使该电路中有四个电源开关，通常效率也会得到显著的提高，在电池应用中这一点至关重要。

图 2-24 所示为SEPIC拓扑和FLYBACK拓扑，此类拓扑要求较少的FET，但需要更多的无源组件，其好处是简单的接地参考FET驱动器和控制电路。此外，可将双电感组合到单一的耦合电感中，从而节省空间和成本。但是像降压-升压拓扑一样，它具有比“降压或升压”和脉动输出电流更高的开关电流，这就要求电容可通过更大的RMS电流。

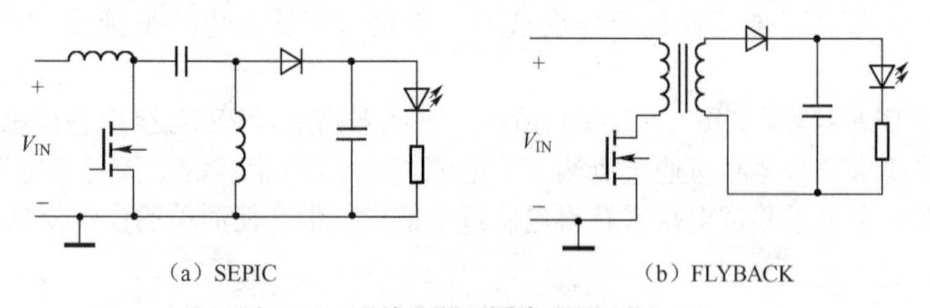

（a）SEPIC　　（b）FLYBACK

图 2-24　开关电源不同类型原理图（3）

出于安全考虑，可能规定在离线电压和输出电压之间使用隔离。在此应用中，最具性价比的解决方案是反激式变换器，它要求所有隔离拓扑的组件数最少。变压器匝数比可设计为降压、升压或降压-升压输出电压，这样就提供了极大的设计灵活性。但其缺点是电源变压器通常为定制组件。此外，在FET以及输入电容和输出电容中存在很高的组件应力。在稳定照明应用中，可通过使用一个“慢速”反馈控制环路（可调节与输入电压同相的LED电流）来实现功率因数校正（PFC）功能。通过调节所需的平均LED电流以及与输入电压同相的输入电流，即可获得较高的功率因数。

对上述 BOOST、BUCK 和 BUCK-BOOST 三种电路，所有工作条件下最低输入电压都大于 LED 串最大电压时采用降压结构，如采用 DC24V 驱动 6 个串联的 LED；与之相反，所有工作条件下最大输入电压都小于最低输出电压时采用升压结构，如采用 DC12V 驱动 6 个串联的 LED；而输入电压与输出电压范围有交叠时可采用降压-升压结构或 SEPIC 结构，如采用 DC12V 或 AC12V 驱动 4 个串联的 LED，但这种结构的成本及能效最不理想。

20. 电荷泵型 LED 驱动原理是什么？

电荷泵型 LED 驱动是一种直流升压驱动方式，如图 2-25所示。通过电荷泵将输入直流电压 V_{IN} 按固定升压比升压至 V_{OUT}，用来驱动 LED。LED 电流通过检测电阻 R_{sense} 采样后反馈给模式选择电路，根据输出电流的大小自动调节电荷泵工作在 1×、1.5×或 2×等模式下，使 LED 电流稳定在一个范围内，从而在不同负载下均能达到较高的转换效率。

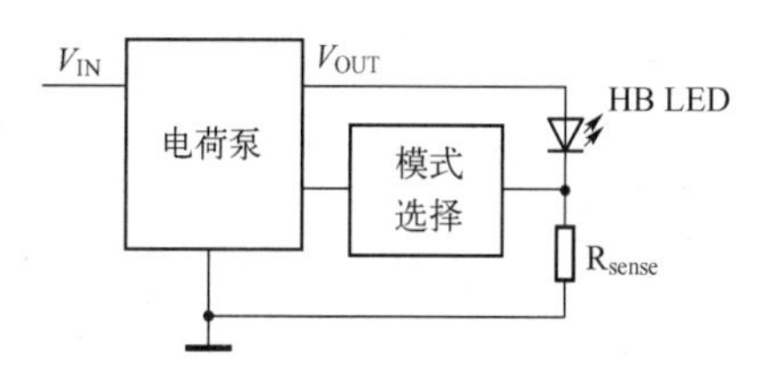

图 2-25 电荷泵型 LED 驱动原理图

电荷泵通过开关电容阵列、振荡器、逻辑电路和比较器实现升压，其优点是采用电容储能，不需要电感，只需要外接电容，开关工作频率高（约 1MHz），可使用小型陶瓷电容（1μF）等。电荷泵解决方案的主要缺点有两个：第一，升压比只能取几个固定值，因此调节电流能力有限；第二，绝大多数电荷泵 IC 的电压转换比率最多只通达到输入电压的 2 倍，这表示输出电压不可能高于输入电压的 2 倍，因此若想在锂电池供电系统中利用电荷泵驱动一个以上的高亮度 LED，就必须采用并联驱动方式，这时必须使用限流电阻来防止电流分配不均，但这些电阻会缩短电池的寿命。

如电流大于 500mA 的大电流应用中采用开关稳压器，因为线性驱动器限于自身结构，无法提供这样大的电流；而在电流低于 200mA 的低电流应用中，通常采用线性稳压器及电阻型驱动器；而在 200～500mA 的中等电流应用中，既可以采用线性稳压器，也可以采用开关稳压器。

21. PFM 控制模式的特点是什么？

PFM 是通过调节脉冲频率（即开关管的工作频率）的方法实现稳压输出的技术。它的脉冲宽度固定而内部振荡频率是变化的，所以滤波比 PWM 困难。但是 PFM 受限于输出功率，只能提供较小的电流，因而 PFM 控制方式用在输出功率要求低、静态功耗较低的场合。

22. PWM 控制模式的特点是什么？

PWM 的原理就是在输入电压、内部参数及外接负载变化的情况下，控制电路通过被控制信号与基准信号的差值进行闭环反馈，调节集成电路内部开关器件的导通脉冲宽度，使得输出电压或电流等被控制信号稳定。PWM 的开关频率一般为恒定值，所以比较容易滤波。但是 PWM 由于受误差放大器的影响，回路增益及响应速度受到限制，尤其是回路增益低，很难用于 LED 恒流驱动。尽管目前很多产品都采用这种方案，但是普遍存在恒流问题，在要求输出功率较大而输出噪声较低的场合可采用 PWM 控制方式。

23. 电荷泵控制模式的特点是什么？

电荷泵解决方案是利用分立电容将电源从输入端送至输出端，整个过程不需要使用任何电感。电荷泵的主要缺点是只能提供有限的电压输出范围（输出电压一般不会超过输入电压的 2 倍），原因是当多级电荷泵级联时，其效率下降很明显。用电荷泵驱动一个以上的白光 LED

时，必须采用并联驱动方式，因而只适用于输入电压、输出电压相差不大的场合。

24. 数字PWM控制模式的特点是什么？

采用数字PWM（数字脉宽调制）通过对独立数字控制环路和相位的数字化管理，实现对DC/DC负载点电源转换进行监测、控制与管理，以提供稳定的电源，减少传统供电模组的电压波幅造成系统的不稳定，而且数字PWM并不需要采用传统较高量的液态电容起到储能及滤波作用。数字PWM控制技术，能够使得MOSFET运行在更高的频率下，有效地缓解了电容所受到的压力。数字PWM适用于大电流密度，其响应速度很快，但回路增益仍受到限制，目前成本相对较高，因此其在LED恒流驱动上的应用仍需进一步研究。

25. FPWM控制模式的特点是什么？

FPWM（强制脉宽调制）是一种以恒流输出为基础的控制方式。它的工作原理是：无论输出负载如何变化，总是以一种固定频率工作，高侧FET在一个时钟周期打开，使电流流过电感，电感电流上升，产生通过感抗的电压降，这个压降通过电流感应放大器放大。来自电流感应放大器的电压被加到PWM比较器的输入端，和误差放大器的控制端信号作比较，一旦电流感应信号达到这个控制电压，PWM比较器就会重新启动，关闭高侧FET开关的逻辑驱动电路，低侧FET在延迟一段时间后打开。在轻负载下工作时，为了维持固定频率，电感电流必须按照反方向流过低侧FET。

26. 交流供电驱动电路结构（AC/DC驱动）是什么？

LED驱动器的主要功能就是在一定的工作条件范围下限制流过LED的电流，而无论输入电压及输出电压如何变化。LED驱动器的基本工作电路示意图如图2-26所示。其中所谓的“隔离”表示交流线路电压与LED（即输入与输出）之间没有物理上的电气连接，最常用的是采用变压器来电气隔离，而“非隔离”是指在负载端和输入端有直接连接，即没有采用高频变压器来电气隔离，触摸负载有触电的危险。

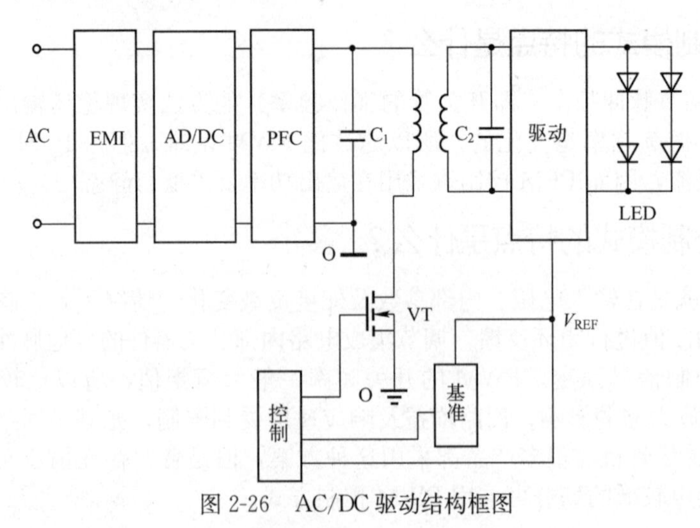

图2-26 AC/DC驱动结构框图

27. AC/DC驱动器基本结构有几种？

LED驱动器的基本工作电路示意图如图2-27所示。

在LED照明设计中，AC/DC电源转换与恒流驱动这两部分电路可以采用不同配置：

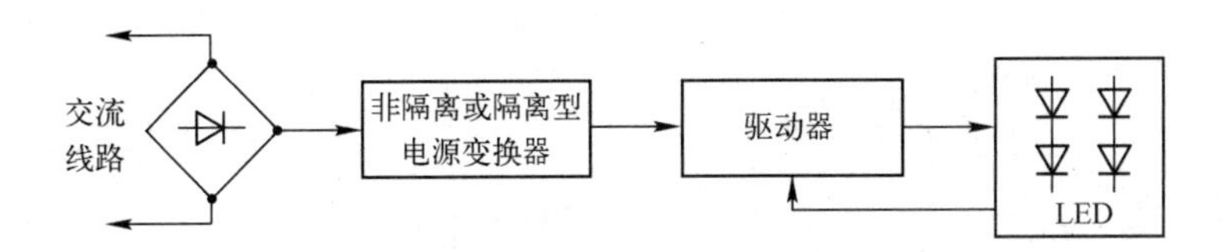

图 2-27 LED 驱动器的基本工作电路示意图

① 整体式（Integral）配置，即两者融合在一起，均位于照明灯具内。这种配置的优势包括优化能效及简化安装等。

② 分布式（Distributed）配置，即两者单独存在。这种配置简化安全考虑，并增加灵活性。

28. 非隔离 AC/DC LED 驱动器的设计方法有几种？

非隔离 LED 驱动器有两种设计方法：一种是采用高耐压电容降压，另一种是采用高压芯片直接和市电连接。

电容降压简易电源的基本电路如图 2-28 所示。C_1 为降压电容，同时具有限流作用；VD_5 是稳压二极管，R 为关断电源后 C_1 的电荷泄放电阻。

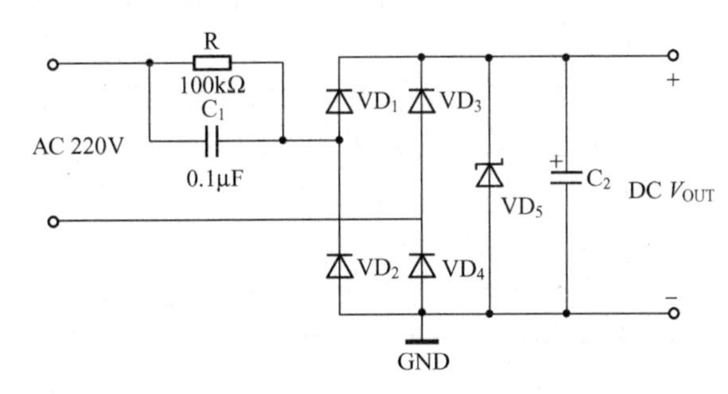

图 2-28 非隔离 AC/DC 转换电路

通过 C_1 的电流 I_{C1} 为

$$I_{C1}=V_{AC}/2\pi f_{AC}C_1$$

交流电压为 220V、50Hz 条件下，I_{C1} 为

$$I_{C1}=69C_1$$

电容降压 LED 驱动的优点是体积小、成本低；其缺点是带负载能力有限，效率不高，输出电压降因电网波动而变化，使 LED 亮度不稳定，所以只能应用于对 LED 亮度及精度要求不高的场合。

高压 LED 驱动芯片降压是整个驱动电路直接和市电电路相联系，以 HV9910 为例，图 2-29所示为高压芯片 HV9910 直接和市电连接电路图。HV9910 是一款 PWM 高效率 LED 驱动芯片。它允许电压从 DC8V 一直到 DC450V 而对 HB LED 有效控制。

通过一个可升至 300kHz 的频率来控制外部的 MOSFET，该频率可用一个电阻调整。LED 串受到恒定电流的控制而不是受电压控制，如此可提供持续稳定的光输出和提高可靠度。输出电流调整范围可从毫安级到 1.0A。HV9910 使用了一种高压隔离连接工艺，可经受高达 450V 浪涌输入电压的冲击。对一个 LED 串的输出电流能被编程设定在 0 与最大值之间的任何值，它由输入到 HV 线性调光器的外部控制电压所控制。另外，HV9910 也提供一个低频的 PWM 调光功能，能接受一个外部达几千赫的控制信号在 0～100％的占空比下进行调光。高压芯片恒流电路特点是电路简单，所需元器件数量少，但恒流精度不高，一旦失控则烧毁 LED 灯串。

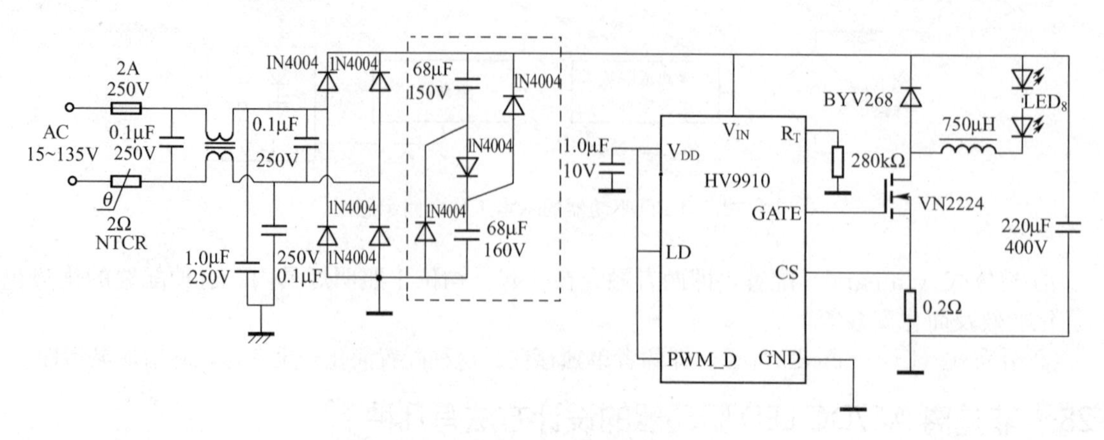

图 2-29　HV9910 非隔离 LED 驱动器原理图

29. 市电隔离 AC/DC LED 驱动器有几种结构？

市电隔离 AC/DC LED 驱动器有两种结构：一种是采用变压器降压 LED 驱动电路，另一种是采用 PWM 控制方式开关电源。

采用变压器降压 LED 驱动电路由降压变压器、全波整流电路、电容滤波电路和 LED 驱动电路构成。变压器降压 LED 驱动电路的特点是采用工频变压器，转换效率低；另外，限流电阻上消耗功率较大，电源效率很低。

PWM 控制方式开关电源主要由四个部分组成，即输入整流滤波、输出整流滤波、PWM 控制单元和开关能量转换。PWM 控制方式开关电源的特点是效率高，一般可在 80%～90%，输出电压和电流稳定，可加入各种保护，属于可靠性电源，是比较理想的 LED 电源。

30. 隔离型 LED 驱动电源的拓扑结构分为几种？

在采用 AC/DC 电源的 LED 照明应用中，电源转换的构建模块包括二极管、开关管（FET）、电感及电容、电阻等分立元件用于执行各自功能，而脉宽调制（PWM）稳压器用于控制电源转换。电路中通常加入了变压器的隔离型 AC/DC 电源转换，包含反激、正激及半桥等拓扑结构，图 2-30 所示是反激型开关电源拓扑结构，图2-31所示是正激型开关电源拓扑结构，图 2-32 所示是 LLC 半桥谐振型开关电源拓扑结构。其中，反激拓扑结构是功率小于 30W 的中低功率应用的标准选择，而半桥结构则最适用于提供更高能效/功率密度。就隔离结构中的变压器而言，其尺寸的大小与开关频率的高低有关，且多数隔离型 LED 驱动器基本上都采用“电子”变压器。

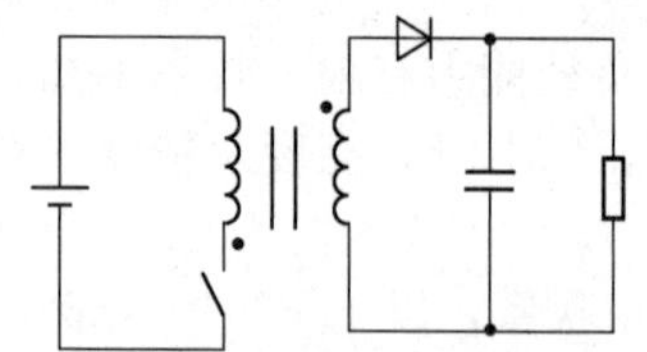

图 2-30　反激型开关电源拓扑结构

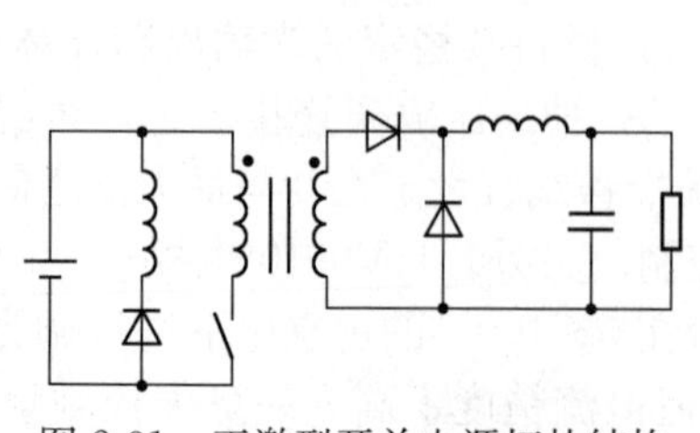

图 2-31　正激型开关电源拓扑结构

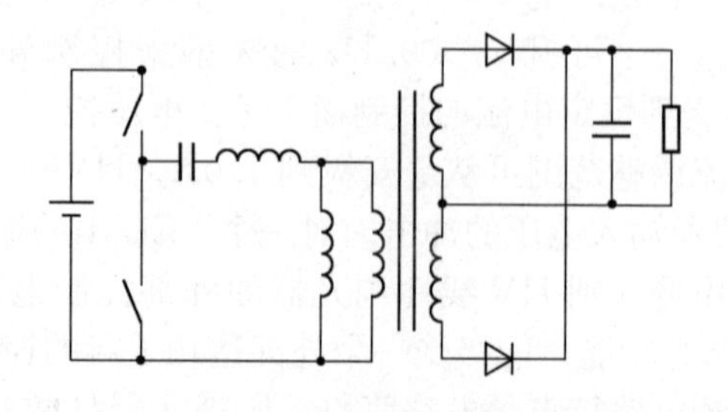

图 2-32　LLC 半桥谐振型开关电源拓扑结构

31. LED 驱动电路的架构有几种？

不管 LED 照明系统的输出功率有多大，LED 驱动器电路的选择都将在很大程度上取决于输入电压范围、LED 串本身的累积电压降以及足以驱动 LED 所需的电流。这导致了多种不同的可行 LED 驱动器拓扑结构，如降压型、升压型、降压-升压型和 SETIC 型。每种拓扑结构都有其优点和缺点，其中，标准降压型转换器是最简单和最容易实现的方案，升压型和降压-升压型转换器次之，而 SEPIC 型转换器则最难实现，这是因为它采用了复杂的磁性设计原理，而且需要设计者拥有高超的开关模式电源设计专长。

总之，终端产品的应用决定 LED 的拓扑结构，然后再根据 LED 的拓扑结构和输入电源合理选择 BUCK、BOOST、SEPIC 或 BUCK-BOOST 结构。

32. 小于 25W 的 LED 照明电路拓扑如何选择？

一般来说，小于 25W 的 LED 照明系统不要求进行功率校正，因此可以采取简单一些的拓扑架构，如 PSR 或 BUCK 拓扑。小于 25W 功率范围主要针对小型设计，强调设计的简单性。小于 25W 的 LED 灯具主要应用于室内照明，它们主要采用低成本的反激型拓扑结构。安森美半导体的 NCP1015 和 NCP1027 单片变换集成电路集成了内置高压 MOSFET 和 PWM 控制器，可以有效地减小 PCB 的面积和灯具的体积，提供最大 25W 的功率输出（AC230V 输入）。

33. 25～100W 的 LED 照明电路拓扑如何选择？

25～100W 的 LED 照明应用要求进行功率校正，因此一般采用单级 PFC、准谐振（QR）PWM 或反激式拓扑。从效率角度来看，LLC 和 QR 性能更好；而 PSR 方案无需次级反馈，设计简单，尺寸也比其他方案小，适合用于单级 PFC。

25～100W 功率范围的典型 LED 照明应用街道照明（小区道路）和像停车场这样的公共场所。功率转换效率、PFC 功能的高性价比实现及高颜色品质是目前最重要的三大技术挑战。例如，在商业照明和街道照明应用中，更长的使用寿命和由此产生的更低维护成本帮助克服较高初始成本的进入障碍。25～100W 的 LED 照明应用有功率因数的要求，因此需要增加 PFC 电路，这种电路可以采用传统的两段式结构，即有源非连续模式 PFC 电路加 DC/DC PWM 变换电路，可采用功率因数校正控制器 NCP1607。NCP1607 的外围电路非常简单并可以提供很好的性能。对于高效率、低成本和小体积的 LED 方案而言，值得推荐的是单段的 PFC 电路，它可以同时实现功率因数和隔离的低压直流输出，并具有显著的成本优势，必将成为中等功率 LED 照明的主流方案。安森美半导体的 NCP1652 为实现单级的 PFC 电路提供了最优的控制方案。

34. 大于 100W 的 LED 照明电路拓扑如何选择？

100W 以上 LED 照明应用适合采用 LLC、QRPWM、反激式拓扑设计，一般采用效率更高的 LLC 拓扑双级 FPFC。100W 以上的 LED 应用包括主要道路和高速公路照明（这里需要高达 20klm 或以上的亮度以及 250W 的电源输入）和专业应用，如舞台灯光照明和建筑泛光灯照明。在高功率应用中使用 LED 的一个关键驱动力是可靠性和低功耗带来的低拥有成本。例如，其系统效率可与金属卤化物和低压钠灯相比。初始成本可能在短期内继续是该市场进入门槛。

对于大于 100W 的 LED 应用，可以采用传统的有源非连续模式 PFC 电路和半桥谐振 DC/DC 转换电路。例如采用一种新型的集成控制器，它集成了有源非连续模式功率因数控制器和具有高压驱动的半桥谐振控制器。该半桥谐振控制器工作在固定的开关频率和固定的占空比，并且该电路不需要输出侧的反馈控制回路。这使得半桥谐振 DC/DC 转换电路工作在效率最高的 ZVS 和 ZCS 状态。直流输出电压将跟随 PFC 电路的输出。

35. LED 驱动器开关管应如何选型？

LED 驱动器有多种方式，其中高压类驱动器常用外置开关管的方式，而低压类驱动器则常用内置开关管的方式。当然这也不是绝对的，主要取决于驱动功率的大小。

外置开关管常用 N 沟道 MOSFET。原因是该类 MOSFET 具有导通电阻小、取材容易的优点，因此应用较为广泛，也符合 LED 驱动设计要求。所以开关电源和 LED 恒流驱动的应用中，一般都用 N 沟道 MOSFET。在下面介绍中，也多以 N 沟道 MOSFET 为主。

36. 功率 MOSFET 的开关特性是什么？

MOSFET 是用栅极电压来控制漏极电流的，因此它的一个显著特点是驱动电路简单，驱动功耗小，如图 2-33 所示；其第二显著特点是开关速度快，工作频率高。功率 MOSFET 的工作频率在下降时间主要由输入回路时间常数决定，影响其开关频率的主要因素也是由极间电容所造成的。

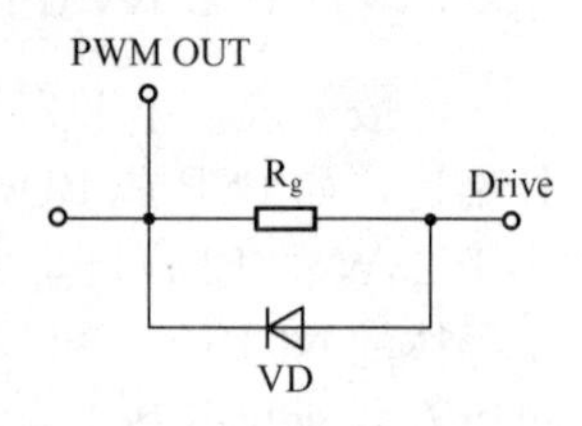

图 2-33　常用驱动电路

MOSFET 三个引脚之间有寄生电容存在，是由于存在制造工艺的限制而产生的。如图 2-34 所示，三个极间电容与输入电容 C_{iss}、输出电容 C_{oss} 和反馈电容 C_{rss} 关系为

$$C_{iss} = C_{GS} + C_{GD}$$
$$C_{oss} = C_{DS} + C_{GD}$$
$$C_{rss} = C_{GD}$$

寄生电容的存在使得在设计或选择驱动电路时要麻烦一些，且没有办法避免。MOSFET 漏极和源极之间有一个寄生二极管，这个二极管称为体二极管。在驱动感性负载时，体二极管很重要。体二极管只在单个的 MOSFET 中存在，在集成电路芯片内部通常是没有的。体二极管在关断过程中与一般二极管一样存在反向恢复电流。此时，体二极管一方面承受着漏-源极间急剧上升的电压，另一方面又有反向恢复电流通过，并有可能注入寄生晶体管的基极中（见图 2-35），使基区具有更多的过剩载流子。变小的集电极导电区承受过大电流可能形成类似二次击穿的过热点。所以在关断时，漏-源极间加的电压变化率为 $\frac{dV_{DS}}{dt}$，在体二极管上引起反向恢复电流变大的可能性必须充分注意到，因为它使安全工作区缩小了。

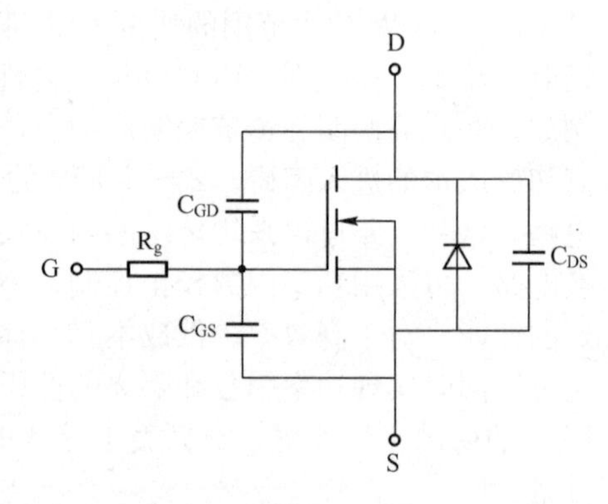

图 2-34　MOSFET 等效输入结电容

为了限制体二极管反向恢复 $\frac{dV_{DS}}{dt}$，可采用串并联缓冲电路方式，也可不采用体二极管。为此在电路中串联一个肖特基二极管，再并联上一个超快速二极管，如图 2-36 所示。增加上述肖特基管，使体二极管不会正向导通，因此也就不存在反向恢复、存储电荷抽走等问题。为了提供无功功率的通路，只得外加超快速二极管。

MOSFET 属于电压驱动器件，基本不需要激励级获取能量。但是功率 MOSFET 和双极型晶体管不同，它的栅极电容比较大，在导通之前要先对该电容充电，当电容电压超过阈值电压（$V_{GS(TH)}$）时 MOSFET 才开始导通。因此，栅极驱动器的负载能力必须足够大，以保证在系统要求的时间内完成对等效栅极电容（C_{GS}）的充电。

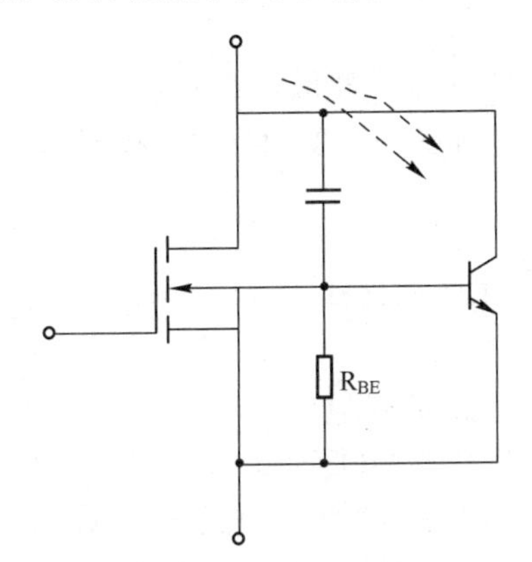

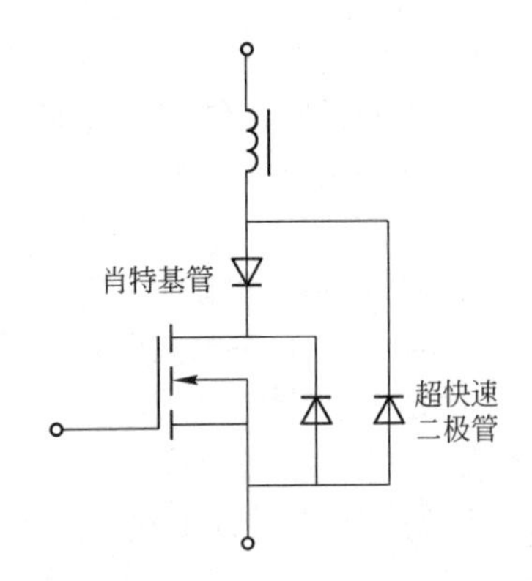

图 2-35　功率 MOSFET 体二极管对动态影响图　　图 2-36　使体内二极管无效的电路图

37. 什么是开关管 MOSFET 损耗？

不管是 N 沟道 MOSFET 还是 P 沟道 MOSFET，导通后都有导通电阻存在，这样电流就会在这个电阻上消耗能量，这部分消耗的能量称为导通损耗，选择导通电阻小的 MOSFET 会减小导通损耗。现在的小功率 MOSFET 导通电阻一般在几十毫欧左右，也有几毫欧的。

MOSFET 导通和截止时，一定不是在瞬间完成的。MOSFET 两端的电压有一个下降的过程，流过的电流有一个上升的过程。在这段时间内，MOSFET 的损耗是电压和电流的乘积，称为开关损耗。通常开关损耗比导通损耗大得多，而且开关频率越快，损耗也越大。在 LED 恒流源设计中要注意频率的选择，降低损耗但也要兼顾噪声的出现。

导通瞬间电压和电流的乘积很大，造成的损耗也就很大。缩短开关时间可以减小每次导通时的损耗，降低开关频率可以减小单位时间内的开关次数，这两种办法都可以减小开关损耗。

38. 开关管 MOSFET 输出的要求是什么？

因为 MOSFET 一般都连接着感性电路，所以会产生比较强的反向冲击电流。另外一个需要注意的问题是对瞬间短路电流的承受能力，对于高频 SMPS 尤其如此。瞬间短路电流的产生通常是由于驱动电平脉冲的上升或下降过程太长，或者传输延时过大。瞬间短路电流会显著降低电源的效率，是 MOSFET 发热的原因之一。

39. 如何估算结区温度？

一般来说，即使源极/漏极电压超过绝对的最大额定值，功率 MOSFET 也很少发生击穿。功率 MOSFET 的击穿电压（BV_{DSS}）具备正向的温度系数。因此，温度越高，击穿器件所需的电压越高。在许多情况下，功率 MOSFET 工作时的环境温度超过 25℃，其结区温度会因能量耗散而升至高于环境温度。

当击穿真正发生时，漏极电流会大得多，而击穿电压甚至比实际值还要高。在实际应用中，真正的击穿电压会是额定低电流击穿电压的 1.3 倍。尽管非正常的过电压尖峰不会导致器件击穿，但是为了确保器件的可靠性，功率 MOSFET 的结区温度应当保持在规定的最大结区温度以下。

器件的稳态结区温度可表达为

$$T_{J}=P_{D}R_{JC}+T_{C}$$

式中，T_{J} 为结区温度；T_{C} 为管壳温度；P_{D} 为结区能耗；R_{JC} 为稳态下结区至管壳的热阻。

不过在很多应用中，功率 MOSFET 中的能量以脉冲方式耗散，而不是以直流方式耗散，当功率脉冲施加于器件时，结区温度峰值会随峰值功率和脉冲宽度而变化。在某指定时刻的热阻称为瞬态热阻，并由下式表达：

$$Z_{JC}(t)=r(t)R_{JC}$$

其中，$r(t)$ 是与热容量相关随时间变化的因子。对于很窄的脉冲，$r(t)$ 非常小；但对于很宽的脉冲，$r(t)$ 接近 1；而瞬态热阻接近稳态热阻。

有时输入电压并不是一个固定值，它会随着时间或者其他因素而变动。这个变动导致 PWM 电路供给 MOSFET 的驱动电压是不稳定的。为了让 MOSFET 在较高的门电压下安全工作，很多 MOSFET 内设置了稳压二极管强行限制门电压的幅值。在这种情况下，当提供的驱动电压超过稳压二极管的电压时，就会引起较大的静态功耗。同时，如果简单地用电阻分压的原理降低门电压，就会出现输入电压比较高时 MOSFET 工作良好，而输入电压降低时门电压不足，引起导通不够彻底，从而增加功耗。

MOSFET 导通时需要栅极电压大于源极电压，而高端驱动的 MOSFET 导通时源极电压与漏极电压（V_{CC}）相同，所以这时栅极电压要比 V_{CC} 大 4V 或 10V。4V 或 10V 是常用的 MOSFET 的导通电压，设计时需要选择合适门电压，使得导通时间快，导通电阻小。目前市场上也有低电压驱动 MOSFET，但耐压都较低，可以选择用在串接要求不是很高的场合。对 LED 灯具的输入电压是 220V 的场合，由于在有浪涌时 600V 的 MOSFET 很容易被击穿，最好选用耐压超过 700V 的 MOSFET。

表 2-3 是推荐 LED 驱动器常用的 MOSFET。

表 2-3 LED 驱动器常用的 MOSFET

型　号	耐压/V	电流/A	导通电阻/Ω	封装
SUD50N04-37P	40	8	0.0037（V_{GS}=10V）	TO-252
S14124DY	40	20.5	0.009（V_{GS}=10V）	SO-8
IRFL014	55	1.9	0.16（V_{GS}=10V）	SOT-223
FQP13N50	500	12.5	0.43（V_{GS}=10V）	TO-220F
IRFB20N50K	500	20	0.21（V_{GS}=10V）	TO-220AB
2SK2545	600	6	0.9（V_{GS}=10V）	TO-220

40. LED 驱动电源芯片的选型依据是什么？

首先确定以下几个参数；需要驱动 LED 的数量、预计驱动电流值、允许的供电电压范围和 LED 作为负载采用的串并联方式。只有这样，才能合理地配合设计，保证 LED 正常工作。

（1）确定 LED 连接的匹配方式　LED 作为大功率照明灯具，通常都是由多个 LED 组成的，少则十几个，多则上百个。如此多单独的 LED 组合在一起来组成发光组件构成照明灯具。

按需要驱动的 LED 数量定义串并联方式，因 LED V_F 值问题，在小功率 20mA 以下要求不是很高的情况下并联是可以接受的，大于 100mA 的 LED 不建议并联设计。串接 LED V_F 值的总和是选择芯片需要驱动的负载电压，负载电压应在一定范围内，主要是应对 LED 不同的 V_F 值所带来的负载电压的不同。

在选择并联方式时，若电路需要串接电阻，最好将电阻变为若干个小阻值的电阻串接在

LED中间，在中间线路同电位处多短接几次，会起到平衡每路电流的作用，减少LED V_F 值的影响。

（2）预计驱动电流值 预计驱动电流是选择驱动芯片的重要条件之一，在选择驱动电流时，要给IC预留一定余量，特别是内置MOSFET的芯片，一般选择最大驱动电流的70%左右，结合驱动压差、电流和效率，计算出芯片的最大功耗，查厂家提供的驱动芯片参数表找到即将使用的芯片封装可以承受的热量，多出的功耗需要设计散热器完成。

（3）允许的供电电压范围 一般驱动芯片只能适应一定的电压范围，在一定的电压范围内变化时会影响LED的负载电流。这是目前驱动芯片设计的通病，技术有待提高。设计人员要避免输入电压短时间内变化太大，如果电路实在是不能避免，则要有条件地接受负载变化范围。

输入电压结合输出LED驱动电压值，确定驱动电路采用降压、升/降压驱动方式还是采用升压驱动方式。要仔细了解驱动芯片是否支持上述工作方式，并注意不要被驱动芯片规格书及宣传资料误导。有的驱动芯片采用不同的外围电路，既可以做成升压型的，也可以做成降压型的。例如PAM2842就是这样的。

（4）根据输入电压类型设计 假如输入是交流电，那么就要选用专门为交流电而设计的驱动芯片。这里又分成两种：一种是非隔离型的降压型，典型的代表就是HV9910，它可以对40个以上串联的1W LED供电；另一种则是隔离型的，这时通常需要采用反激式电路，所用的驱动芯片又有很多。

（5）其他特殊要求 特殊要求一般指工作效率、工作频率、PFC、封装等。工作效率是有条件的；规格书一般是指在最理想的情况下，一般设计受条件限制不一定能达到；工作频率会不会干扰其他设备等特殊问题。

41. 驱动芯片有几种驱动模式？

目前，LED作为绿色环保的清洁光源得到了广泛的认可和应用，许多IC公司均有自己的驱动IC产品推向市场。从LED驱动电源市场的需求来分析，主要有4种驱动模式：低电压类IC、全电压AC/DC类IC、中等电压类IC和可编程类IC。

（1）低电压类IC（Low Voltage ICs） 所谓低电压类IC是指其输入电压低，一般不超过DC15V。可实现低电压类驱动的IC型号较多，几乎大多数的IC公司均有相似的产品。每个LED驱动IC既有共同点又有各自特色，有的驱动IC可接受外接PWM调光控制，有的在IC内部集成了过温度控制功能，结合外电路采样可实现对LED工作电流与温度的监控，还有的则加入了频率抖动功能，以改装EMI特性。低电压类IC主要性能见表2-4。

表2-4 低电压类IC主要性能

型号	电路类型	$V_{IN(DC)}$/V	$V_{OUT(maxDC)}$/V	$I_{OUT(max)}$/mA	供应商
LM2623A	升压电路	0.8～14	14	1000	国家半导体
LM2700	升压电路	2.2～12	17.5	1000	国家半导体
LM3551	升压电路	2.7～5.5	12	700	国家半导体
NCP1422	升压电路	1～5	5	800	安森美
NCP1450A	升压电路	0.8～6	6	外部设定	安森美
SP6641B	升压电路	1～5	6	500	Sipex
SP6648	升压电路	0.7～4.5	4	400	Sipex
SP7648	升压电路	2.7～4.5	2.7～5.5	800	Sipex
L6920	升压电路	0.6～5.5	8	500	ST

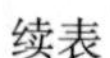

续表

型号	电路类型	$V_{IN(DC)}$/V	$V_{OUT(maxDC)}$/V	$I_{OUT(max)}$/mA	供应商
ZXSC310E5	升压电路	0.8～8	8	外部设定	Zetex
ZXSC400E6	升压电路	1.8～8	8	外部设定	Zetex
SP6652	降压电路	2.7～5.5	5	1000	Sipex
SP6655	降压电路	2.7～5.5	5	400	Sipex
NCP5030	降压/升压	2.7～5.5	2.2～5.3	1200	安森美
STCF02	降压/升压	2.7～5.5	2.5～5.3	600	ST
SP7685	充电泵	2.5～5.5	5	800	Sipex
LM2754	充电泵	2.8～5.5	5	800	国家半导体
SP7686	充电泵	2.5～5.5	5	500	Sipex
ST890	线性	2.2～5.5	5	1200	ST

从表2-4所列低压类驱动IC可见，目前低电压类IC主要以构成DC/DC LED驱动为主。电路主要有降压式（Step Down）与升压式（Step Up）之分，降压式电路又有线性降压（Liner Down）与开关降压（Switching Down），升压式电路多数采用BOOST电路，一般来讲升压转换电路可选择的专用驱动IC较多。几乎每个电源类IC供应商均有对应的产品，在设计该类电路时要注意IC最低启动电压、最高开关频率，内部功率管是晶体管还是MOSFET（或直接用外置MOSFET），因为内置功率管的不同在转换效率上存在一定的差异；而充电泵电路则一般转换功率较小，比较适合用于对空间要求严格的场合。若采用线性降压模式，电路转换效率较低，尤其是当输入电压DC12V转成3.5V/0.35～0.7A时，转换效率更是低至20%～30%。如此低的转换效率严重影响了电路的可靠性，给LED灯饰产品长期可靠工作带来了极大的隐患。采用线性降压式电路除转换效率低外，往往其PCB存在严重焦黑现象，无论是在降压开关电路还是升压开关电路中，其续流二极管的排板位置是否正确对电路的输出特性有较大的影响。同样续流电感的电感量与输出电容量最值是否合理，对LED输出电压上叠加的纹波电压有极大关系。因为较高的交流纹波电压叠加在直流输出电压上，使LED产生的交流损耗大于直流损耗，从而对LED的发热与光衰产生一定的影响。

（2）全电压AC/DC类IC（Universal AC-DC ICs）　所谓全电压AC/DC类IC是指其输入电压为国际电压，即AC85～265V，该电压范围能满足世界各国的电网电压要求，由该类IC组成的驱动器给使用者带来了极大的方便。可实现全电压类驱动的IC型号较多，其主要性能见表2-5。

可实现小功率交流转直流的方案较多，如阻容降压电路、非隔离电路、反激式隔离电路等，应使用场合的不同而会采用不同的拓扑形式。由于电路的输出功率较小，综观市场上该类产品，非隔离电路由于具有体积小、成本低廉、取材容易等优点而成为首选。目前非隔离电路主要运用在人体不能直接触摸的地方，如室外景观灯、LED路灯等场合。该类转换器具有转换效率高、成本低、加工生产简便等优点。隔离电路的典型应用为在LED台灯上。

表2-5　全电压AC/DC类IC主要性能

型号	电路类型	$V_{IN(DC)}$/V	$V_{OUT(maxDC)}$/V	$I_{OUT(max)}$/mA	供应商
FAN7554	隔离电路	85～265	可调整	外部设定	飞兆
TNY2XX	隔离电路	85～265	5～30	外部设定	Powerint

续表

型号	电路类型	$V_{IN(DC)}$/V	$V_{OUT(maxDC)}$/V	$I_{OUT(max)}$/mA	供应商
NCP101X	隔离电路	85～265	30	450	安森美
VIPER12	隔离电路	85～265	16	<1000	ST
VIPER22	隔离电路	85～265	32	<1000	ST
VIPER53	隔离电路	85～265	48	<1000	ST
NCP1651	隔离 PFC 电路	85～265	<100	外部设定	安森美
IRS2540	非隔离电路	<200	可调整	外部设定	国际整流器
IRS2541	非隔离电路	<600	可调整	外部设定	国际整流器
NCP1216	非隔离电路	85～265	<250	外部设定	安森美
LM3445	非隔离电路	85～265	可调整	外部设定	National
SSL2101	隔离电路	85～265	可调整	外部设定	NXP

几乎所有的 PWM 控制 IC 均能构成交流转换成直流类拓扑，只是目前 LED 的消耗功率还较低，因此与之配合使用的驱动器也无需较大的输出功率。正因为输出功率不大，所以恒流电路的设计尤为重要，特别是在输出低电压、大电流时，若采用简单的电阻采样加晶体管控制方式，在取样电阻上消耗了大量的功率，使电阻发热严重，导致驱动电路的输出电流发生漂移现象，对 LED 灯饰产品的亮度及一致性带来了影响，并使电路的整体转换效率大大降低，降低了产品的可靠性。比较合理的电流采样方式是采用毫欧级电阻加电流放大器的形式，在输出电流为 700mA 时，在同样的输出功率情况下，理论与实践证明电阻取样方式比电流放大器采样方式效率低 3%～8%。

全电压输入式 LED 驱动器在作安规认证时要特别注意一个问题，即谐波（Harmonic），谐波测试时按 EN61000-3-2 条款测试。因为传统灯饰类电子变压器基本采用自激式半桥电路，在交流桥式整流器后加一个容量很小的电容，对输出电压与输入电流的相位影响较小，该项测试较容易通过。从成本及输出功率等因素考虑，LED 驱动器大多采用单端反激式拓扑，同时目前在全世界范围内针对该类 LED 驱动器还没有真正的法规，各测试公司基本参照灯饰条款，因此需要作谐波测试。由于在电路结构上存在着差异，单端反激式拓扑通常在桥式整流电路后的滤波电容较大，一般在全电压输入情况取值为 2～3μF/W。正因为滤波电容的加大，造成输入电流在相位上严重滞后于输入电压，使谐波测试不易通过。设计工程师在设计初期必须充分考虑可能的解决方法，不然造成费时、费力又费钱而延误商机的结果。

(3) 中等电压类 IC（Medium Voltage ICs） 该类 IC 主要可用作以电池为输入电压源，LED 灯饰产品主要以汽车为主，如汽车阅读照明、刹车灯、转向灯等。中等电压类 IC 以采用开关型降压电路居多，同时为减小续流电感的尺寸，开关频率一般较高。输出电压与输出电流通常可根据使用条件的需要而作相应调整。实现中等电压类驱动的 IC 型号较多，其主要性能见表 2-6（输入电压范围可理解输入中等电压的含义）。

表 2-6 中等电压类 IC 主要性能

型号	电路类型	$V_{IN(DC)}$/V	$V_{OUT(maxDC)}$/V	$I_{OUT(max)}$/mA	供应商
CS5171/3	升压电路	2.7～30	40	1000	安森美
MLX10803	降压电路	6～32	30	外部设定	Melexis
LM3402	降压电路	6～42	41	500	国家半导体

续表

型号	电路类型	$V_{IN(DC)}$/V	$V_{OUT(maxDC)}$/V	$I_{OUT(max)}$/mA	供应商
LM3402HV	降压电路	6～75	74	500	国家半导体
LM3404	降压电路	6～75	74	1200	国家半导体
LM3489	降压电路	4.5～35	可调整	外部设定	国家半导体
SP6137	降压电路	3～20	3～15	外部设定	Sipex
L6902	降压电路	8～36	34	1000	ST
ZXLD1350E5	降压电路	9～30	30	350	Zetex
ZXLD1360	降压电路	9～30	30	1000	Zetex
LM2734	降压电路	3～20	18	1000	国家半导体
NCP3163	降压或升压电路	2.5～40	40	3000	安森美
LM317	LDO	40	37	1500	安森美
NUD4001	LDO	8～30	28	400	安森美
SP7615	LDO	4.5～16	V_{IN}－0.5	500	Sipex
SPX2941	LDO	4～16	3～15	1000	Sipex
LM3478	SEPIC，升压，反激	2.97～40	可调整	外部设定	国家半导体

（4）可编程类IC（Programmable ICs） 实现可编程类IC的选择性相对较少，其主要性能见表2-7。

表2-7 可编程类IC主要性能

型号	电路类型	$V_{IN(DC)}$/V	内存	ADC	供应商
PIC12F629/675	MCU-8bit	2.0～5.5	1kB Flash	10bit A/D	微芯半导体
CY8C21×23	PSoC-8bit	2.4～5.25	4kB Flash	10bit A/D	Cypress半导体
CY8C24XXXA	PSoC-8bit	2.4～5.25	4kB Flash	14bit A/D	Cypress半导体
CY8C21×34	PSoC-8bit	2.4～5.25	8kB Flash	10bit A/D	Cypress半导体
ST7DAL1	MCU-8bit	2.4～5.5	8kB Flash	10bit A/D	ST半导体
MC68H908QT/QYXA	MCU-8bit	3.0～5.0	1.5～4kB Flash	10bit A/D	飞思卡半导体
MC908QB	MCU-8bit	3.0～5.0	4～8kB Flash	10bit A/D	飞思卡半导体
MC9S08QG	MCU-8bit	1.8～3.6	4～8kB Flash	10bit A/D	飞思卡半导体
MC9RS08KA2	MCU-8bit	1.8～5.5	1～2kB Flash	模拟比较	飞思卡半导体

在LED灯饰产品内，除了常规的白光LED产品外，在室外景观照明、装饰照明中RGB变色类产品所占比例较高，因此需要使用专门的驱动IC进行编程控制。

42. LED专用恒流驱动芯片有几种？

恒流驱动方式是比较理想的LED驱动方式，它能避免LED正向电压的改变所引起的电流变化，同时恒定的电流使LED的亮度稳定。随着LED应用范围扩大，为了提升产品的品质，许多集成电路厂家都相继推出了各种LED专用恒流驱动电路，功率从几十毫瓦到几十瓦。目前，恒流集成电路已被广泛使用。

目前，中国台湾点晶（SITI）、中国台湾聚积（MBI）、中国台湾全泰（APEX）、美国德州仪器（TI）、意法半导体（ST）、日本东芝（TOSHIBA）等主流厂家都可提供恒流驱动集成电路。

（1）8bit 恒流源　8bit 恒流源有 ST2221A、DM114、DM115、MBI5001、MBI5168、TLG5902、AP83515、TB62725AF 等，其中广为中国大陆厂家选用的器件为 ST2221A 和 MBI15168。这两款器件的性价比高，工作稳定。ST2221A-1、MBI5168CNS、TB62725 的引脚完全兼容，可以直接替换。

适用范围：全彩电子显示屏、美耐灯、护栏灯及其他灯饰。

（2）16bit 恒流源　16bit 恒流源主要有 ST2221C、DM134、DM135、MBI15026CF、TLG5921、AP83510TBG、TB62726AF 等，其中 TB62726AF、MBI5026CF、AP83510TBG 的引脚完全兼容，可以直接替换。而 ST2221C、DM134、DM135、TLG5921 则采用不同的封装形式，故需要重新对 PCB 图进行设计。ST2221C-3、MBI5026CP 有相同的引脚定义，可以直接替换使用。另外，AP83510TBG 采用 120mA 电流，在应用方面有其特殊的优势。

适用范围：全彩电子显示屏、双色电子显示屏。

（3）特殊恒流源　特殊恒流源集成电路是指在恒流以外增加了一些特殊应用的集成电路。目前生产此类芯片的代表厂家为中国台湾点晶公司和中国台湾聚积公司。

中国台湾聚积公司的产品 MBI5027CF、MBI5028CF，在功能和应用方面基本上与点晶公司的产品有异曲同工的效果。

43. LED 驱动电源电感变压器如何选型？

在许多替换灯的使用场合，LED 驱动器拓扑主要有降压式、升压式及 SEPIC 等之分，具体选用何种电路拓扑取决于输入电压范围、输出电压范围、输出功率、体积和成本等诸多因素的综合考虑。在降压型拓扑中又存在 PWM 调制与迟滞转换的区别，PWM 调制具有控制电流精度高和输出电压/电流纹波小的优点，但存在电路复杂的缺陷；而迟滞转换器则正好与前者相反。目前在降压电路中迟滞转换器普遍应用于 LED 驱动器。在现有拓扑中，使用的方便性和拓扑结构的固有稳定性使它成为有效的电感开关稳压器解决方案的首选。这种简单的拓扑结构能应用在许多不同的配置中，有时还超出了其计划的使用范围。然而，还是有些困难需要克服，理解它们的局限性有助于充分发挥系统性能。

迟滞转换器从本质上讲属于开关拓扑，它能使用在 BUCK/BOOST 或 BUCK-BOOST 结构，但是它固有稳定性适合于许多 Step-Down LED 应用。既然迟滞转换器适合于内部有一个振荡器，在实例中一般 PWM 控制器需要大约十个周期来调整。在控制结构中迟滞转换器的优点在于精确性、频率、占空比和传播延迟。

如图 2-37 所示，控制器是围绕着预先设定迟滞性的比较器。通常通过 LED 电流在电阻上的上升和下降是由比较器来设置的。设置的值要考虑测量的精率对噪声的敏感性和效率。典型的迟滞电压设置在 50～250mV 之间。

振荡器频率与许多因素有关，其中电感的选择是最重要的。关于迟滞转换器的振荡频率有一个重要的条件就是自激振荡器。产生这种频率的方法与输入电压有关，还与 LED 的电流和数量有关。无论哪种情况它们都工作在连续模式，重要的是绝不能让电感进入饱和状态，或者是有大的漏电流。迟滞转换器在宽电压输入范围内具有固有的稳定性且无需外部补偿元件。它们与许多 PWM 拓扑一样也不能限制占空比范围。

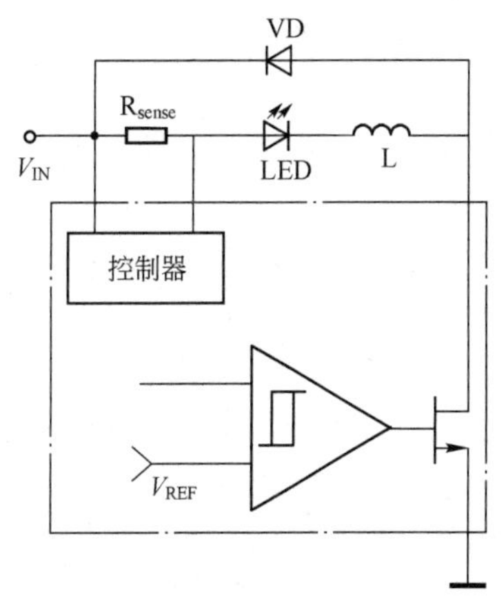

图 2-37　降压式迟滞转换器

然而，占空比的精度受到限制。占空比从本质上讲是受输入电压与输出电压限制的，占空比通常受驱动LED的数量与输入电压的影响。例如，在高输入电压如DC30V时，驱动一个3V的LED，其占空比仅为1∶5左右。但是，用9个3V的LED（正向电压为27V）时，其在30V电压上的占空比为90%。第二种情况是有许多有效的解决方案。这两个极端的问题是，LED中的电流是被迟滞（纹波）感应电压平均的，该电压为50%占空比，大约是一个相等三角形。在占空比的两个极端，例如传播延迟和过冲的结果最终将导致电流偏离要求。严格的电流控制通常不可能在占空比小于20%和大于80%时实现。因此迟滞转换器较适合用于工作在负载及输入电压变化范围小的场合。

44. PWM控制器输出电感的选择方式是什么？

电感的RMS电流额定值必须大于最大负载电流和饱和电流30%以上。为了具有最高效率，串联电阻值至少要小于0.2Ω。最适合的电感值可根据实际使用情况而作出选择。电感量大的电感能提供更高的负载电流，并且减少输出电流纹波电压。如果负载电流比最大负载电流小许多，那么可以降低电感值，却工作在高的负载纹波电流下，这样可以减小电感的尺寸，或者选用低电感量的电感而具有更高的效率。最大负载电流与输入电压有关，此外低感应系数的电感使转换器工作在继续模式，同时也进一步降低了最大负载电流。

电感电流属于三角波，其平均值等于负载电流。峰值开关电流等于输出电流+电感纹波电流峰-峰值的一半。因此PWM控制器最大电流由控制IC的开关电流、电感值和输入电压决定。当开关关闭时，输出电压等于储存在电感中的能量通过二极管的电压降。电感提供的纹波电流峰-峰值为

$$\Delta I=\frac{V_{\mathrm{OUT}}+V_{\mathrm{F}}}{Lf_{\mathrm{SW}}}$$

式中，f_{SW}为开关频率；V_{F}为二极管的正向压降；L为电感值。

峰值电感开关电流为

$$I_{\mathrm{L(PK)}}=I_{\mathrm{OUT}}+\frac{\Delta I_{\mathrm{L}}}{2}$$

因此选择的电感值要具有小的纹波电流，同时具有最大的输出电流且在开关电流限制值附近。

45. 迟滞控制器输出电感的选择方式是什么？

在设计LED恒流源时为保持严格的滞环电流控制，电感必须足够大，保证在高输入电压导通期间，能向负载供应能量，避免负载电流显著下降，导致平均电流跌到期望值以下。

首先，介绍电感的影响，假设没有输出电容（C_{OUT}）存在，这样负载电流和电感电流完全一致，能更清楚地说明电感的影响。图2-38给出了在输入电压的变化范围内电感值对频率的影响。可以看出，输入电压对频率的影响很大，电感值在输入低电压时对降低频率有很大影响。

图2-38所示是不同电感值下的频率响应。图2-39所示说明了电感减小时，在输入电压的变化范围内，负载电流的变化明显增大。图2-40所示是输出电压与频率的关系，在恒流输出范围内，相同的电感量会产生不同的工作频率，呈现两头低中间高的“馒头”形。图2-41所示是输出电压与输出电流的关系，电感量越大则输出电流的稳定性（即恒流精度）越高。

LED驱动电路能产生人耳听得见的噪声（Audible Noise，或者Microphonicnoise）。通常白光LED驱动器都属于开关电源器件（降压BUCK、升压BOOST和充电泵Charge Pump等)，其开关频率都在1MHz左右，因此在驱动器的典型应用中是不会产生人耳听得见的噪声。但是当驱动器进行开关调节时，如果PWM信号频率正好落在200Hz～20kHz之间，白光

LED 驱动器周围的电感和输出电容就会产生人耳听得见的噪声，所以设计时要避免使用 20kHz 以下低频段。

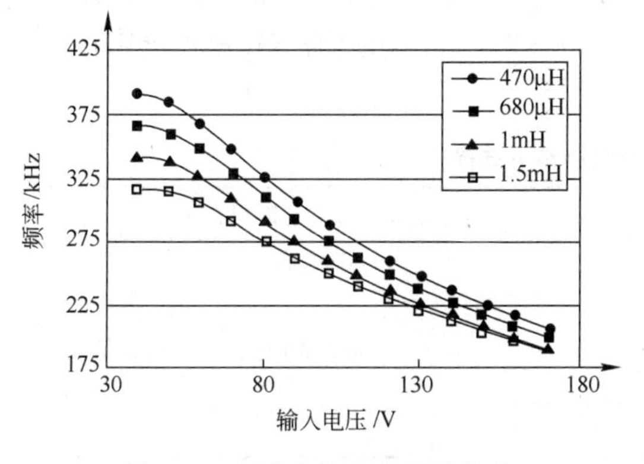

图 2-38 频率和输入电压的关系

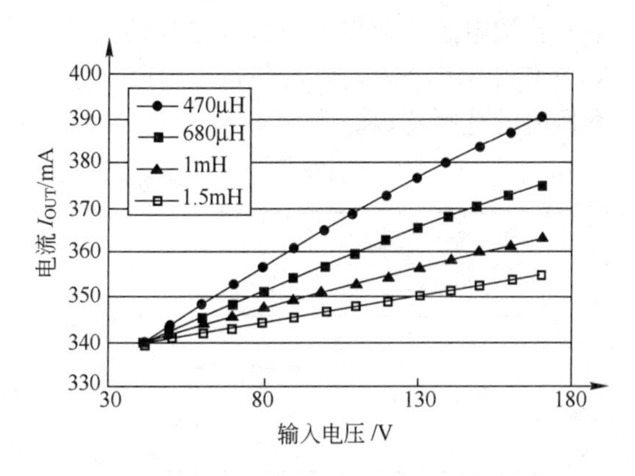

图 2-39 输入电压与电流 I_{OUT} 的关系

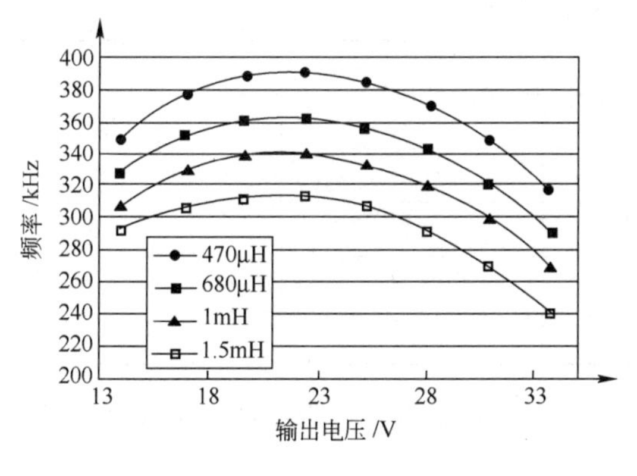

图 2-40 输出电压与频率的关系

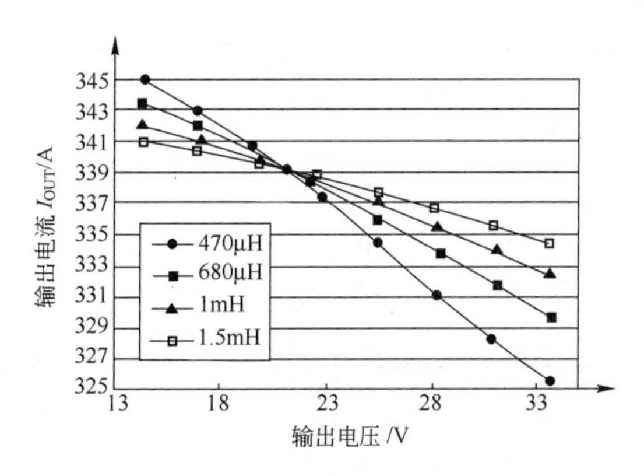

图 2-41 输出电压与输出电流的关系

一个低频的开关信号作用于普通的绕线电感（Wire Winding Coil），会使得电感中的线圈之间互相产生机械振动，该机械振动的频率正好落在上述频率，电感发出的噪声就能够被听见。电感产生了一部分噪声，另一部分噪声则来自输出电容。

选择电感值大小在参考设计范围影响最多的是工程师经验值，合理地选择电感值主要考虑的条件是：电路工作在合适的频率范围，合适的开关频率减少 MOSFET 开关次数，减少 MOSFET 发热量，避免与同 PCB 电路之间产生同频干扰；选择合适的电感内阻（内阻是电感发热的主要因素），从而提高电路效率；选择合适的电流值，有时体积和成本是制约主要因素，但要大于峰值电流的 2 倍（通常在 65%），就算在板面空间不足情况下也要保证 30%预留空间余量，这样可以有效地减小内阻，减小发热量；质量差、绕制松散的电感元件也会有噪声；未屏蔽的电感在金属外壳安装时会发生电路振荡频率改变，从而产生噪声，这时需要将电感屏蔽；另外，当被屏蔽干扰信号的波长正好与金属机壳的某个尺寸接近时，金属机壳很容易变成一个大谐振腔，即电磁波在金属机壳内来回反射，并产生互相叠加。

为了获得最佳的效率，应选用铁氧体磁芯电感，应选择的电感在处理必需的峰值电流情况下不引起饱和，确保该电感具有低的铜线电阻，以便减小 I^2R 功耗。切记电感铜线绝缘层耐不了 160℃或长时间高温温度环境，SMT 有时也会有影响，会使得电感量发生严重变化，要仔细了解供应商产品温度忍耐限度要求。

迟滞型转换器推荐使用的电感参数范围为 27～100μH。电感的饱和电流必须要比输出电流高 30%～50%。LED 输出电流越小，建议采用的电感值越大。在电流能力满足要求的前提下，希望电感值取得大一些，这样恒流的效果会更好一些。电感在 PCB 排板时应靠近输入端 VIN 和开关端 SW，以避免寄生电阻所造成的效率损失。表 2-8 给出迟滞型转换器电感在实际案例时的选择建议。

表 2-8　迟滞型转换器电感参考选择

输出电流/A	电感值/μH	饱和电流
$I_{OUT}>1$	27～33	大于输出电流 1.3～1.5 倍
$0.8<I_{OUT}\leqslant 1$	33～47	
$0.4<I_{OUT}\leqslant 0.8$	47～68	
$I_{OUT}\leqslant 0.4$	68～100	

表 2-9 是以 Coil Craft 公司产品为例，可以选择以下型号电感。

表 2-9　Coil Craft 公司电感产品性能

型号	电感量 L/μH	直流阻抗 R_{DC}/Ω	饱和电流 I_{SAT}/A	制造厂商
MSS1038-273	27	0.089	2.48	CoilCraft
MSS1038-333	33	0.093	2.3	
MSS1038-473	47	0.128	2	
MSS1038-683	68	0.213	1.6	
MSS1038-104	100	0.304	1.3	

电感的选型还应注意满足控制器应用的最大工作频率规格范围，可为设计应用提供参考。

SW“导通”时间为

$$T_{on}=\frac{\Delta IL}{V_{IN}-V_{LED}-I_{avg}(R_S+r_L+R_{SW})}$$

SW“截止”时间为

$$T_{off}=\frac{L\Delta I}{V_{LED}+V_D+I_{avg}(R_S+r_L)}$$

式中，L 为电感值，H；r_L 为电感寄生阻抗，Ω；R_S 为限流电阻阻值，Ω；I_{avg} 为 LED 平均电流，A；ΔI 为电感纹波电流（峰-峰值），A（设置为 $0.3I_{avg}$）；V_{IN} 为输入电压，V；V_{LED} 为总的 LED 导通压降，V；R_{SW} 为开关管导通阻抗，Ω（0.6Ω 典型值）；V_D 为正向导通电压，V。

46. EMC 电感选择应注意哪些问题？

EMC 电感用在输入滤波器和输出滤波器可以用来减少传导干扰，用于低于 EMC 标准的限制设计。所有的电感都需要粉磁芯而非铁氧体。在它饱和之前，可以处理更大电流，需要依据负载选择合适的电流值。

制作滤波电感选用何种磁芯材料，除了必须注意防止磁芯饱和问题之外，还必须考虑到磁芯的恒磁导电特性。需要指出的是，有些设计人员往往只注意电感量的指标，选择磁导率高的材料，以减少线圈的匝数；而对于电感额定电流较大时，电感量是否减少，减少到什么程度，会不会达到饱和，对这些因素考虑较少，这是应该注意避免的。由于铁粉芯具有饱和磁通密度高、恒磁导电特性好、价格便宜的优点，因而得到了广泛应用。

47. LED 驱动电源输出电容如何选择？

输出可使用输出电容以达到目标频率和电流的精确控制。电容能在整个输入电压范围内减小频率，一个 4.7μF 电容就能显著减小频率。如图 2-42 所示，输出端不加电容与加 4.7μF 电容，驱动器的工作频率相差近 10 倍的数量级，再加大输出电容量对工作频率的影响则无明显降低，电流的调整率也能因为电容值的增加而得到改善。从图 2-43 中可以很容易看到，图上存在一个拐点，再增加电容值，对操作频率和输出电流的调整影响不大。

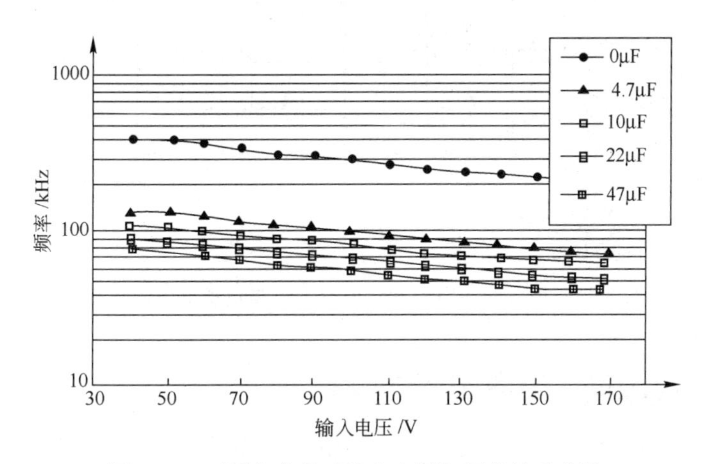

图 2-42 不同电容量时输入电压与频率关系曲线

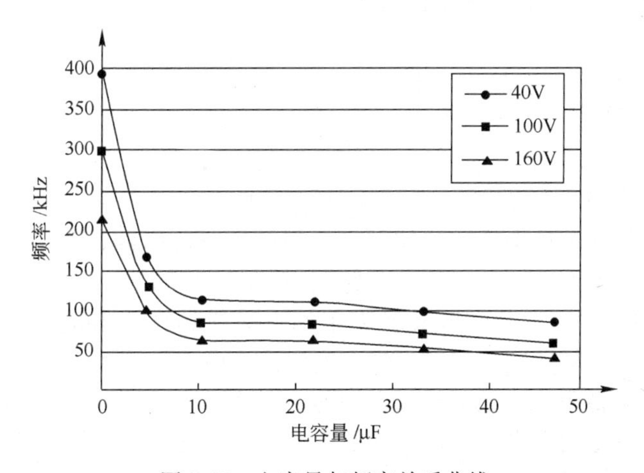

图 2-43 电容量与频率关系曲线

增加输出电容（C_{out}）从本质上来说是增加了输出级所能储存的能量，也就意味着能供应电流的时间延长了。因此通过减慢负载的 di/dt 瞬变，频率显著减小。有了输出电容（C_{out}）之后，电感电流将不再和负载电流保持一致。电感电流仍将是完美的三角形形状，负载电流有相同的趋势，只不过所有尖锐的拐角都变得圆滑了，所有的峰值明显减小，如图 2-44 所示。

应用设计在输出端上采用低 ESR（等效串联电阻）陶瓷电容，以最大限度地减小输出波纹。采用 X5R 或 X7R 型材料电介质与其他电介质相比，这些材料能在较宽的电压和温度范围内维持其容量不变。对于大多灵敏的高电流设计，采用一个 4.7～10μF 输出电容就足够了，具有较低输出电流的转换器只需要采用一个 1～2.2μF 的输出电容。输出电容值合理选取取决于输出电流、允许尺寸和成本之间的综合考虑。

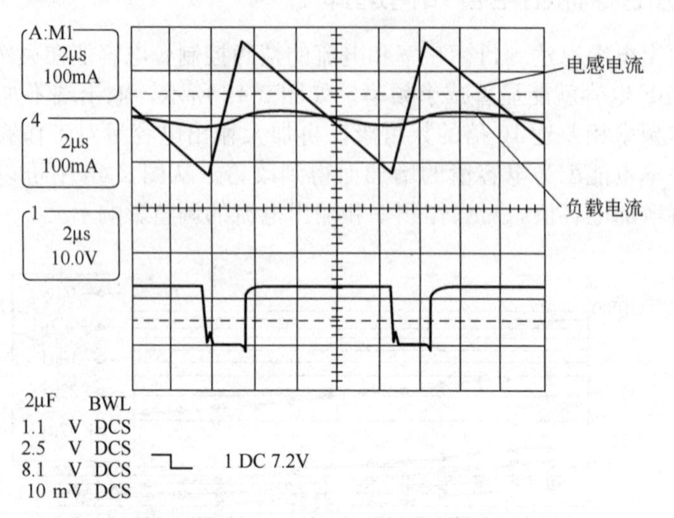

图 2-44　加入输出电容后，电感电流与负载电流关系曲线

48. LED 驱动电源输入电容如何选型？

一般在驱动 IC 输入端设置一个电容，主要用于解决电路开关频率对供电优先触发的 EMI 问题，如图 2-45 所示。有时人们误认为是为电源滤波而设置的，事实上并非如此。因为其整流二极管广泛使用，价格变得非常低廉而稳定，集成到 IC 内部没有成本优势，所以大多将整流滤波部分不予以整体考虑。

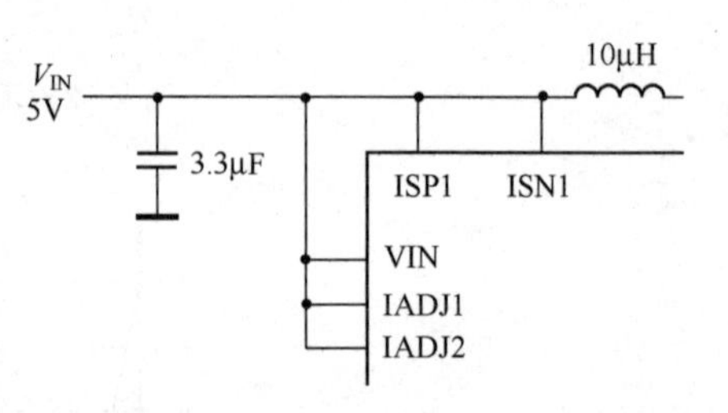

图 2-45　输入滤波电容

如果采用电解电容提供了附加的通路或使输入电源阻抗很低，则采用一个较小且价格低的 Y5V 电容器也会有很好的效果。一般恒流器件会有非常快的上升时间和下降时间，脉冲从输入电源吸收电流。输入电容为了减小输入端的合成电压纹波，并强制该开关电流进入一个严密的本机环路，从而最大限度地减低 EMI。输入电容在开关频率条件下必须具有低阻抗，以高效完成这项工作；而且，它必须具有一个足够的额定纹波电流。通常纹波电流不会大于负载电流的 1/2。

陶瓷电容小尺寸和低阻抗（低 ESR）特征而成为优选方案。低 ESR 产生了非常低的电压纹波，与数值相同的其他类型电容相比，陶瓷电容能够处理更大的纹波电流，因此应选用 X5R 或 X7R 型陶瓷电容。可以选用参考值多于 1/3 容值的电解电容代替，但是体积和寿命等因素并不很合适与 LED 匹配。钽电容会因浪涌电流过大，易出现故障，也不建议在此使用。

49. 电解电容与 LED 驱动器的寿命有何关系？

LED 照明的一个重要考虑因素，就是 LED 驱动电路与 LED 本身的工作寿命应能够相提并论。虽然影响驱动电路可靠性的因素很多，但是其中电解电容对总体可靠性有至关重要的影响。为了延长系统工作，需要有针对性地分析应用中的电容，并选择恰当的电解电容。实际上，电解电容的有效工作寿命在很大程度上受到环境温度以及由作用在内部阻抗上的纹波电流导致内部温升的影响，电解电容制造商提供的电解电容额定寿命是根据暴露在最高额定温度环境及施加最大额定纹波电流条件下得出的。在 105℃时，典型电容额定寿命可能是 5000h，电容实际所遭受的工作应力相比额定电平越低，有效工作寿命也就越长。因此，一方面，选择额定工作寿命长及能够承受高额定工作温度的电解电容，当然能够延长工作寿命。另一方面，根据实际的应力和工作温度，仍然可以选择较低额定工作温度和额定寿命的电容，从而提供更低成本的解决方案。换个角度说，在设计中考虑保持适当的应力和工作温度，可以有效地延长电解电容的工作寿命，使其更能与 LED 寿命相匹配。

举例来说，安森美半导体公司符合“能源之星”固态照明标准的离线型 LED 驱动器 Green Pint 参考设计松下公司的 ECA-1EM102 铝电解电容，其额定值为 1000μF、25V、850mA、2000h 及 85℃。在假定环境温度为 50℃ 的条件下，这种电容的可用寿命超过 120000h。因此，尽量使 LED 驱动电路工作在适宜的温度条件下并妥善处理散热问题，就能解决 LED 驱动电路与 LED 工作寿命的匹配问题。

总之，如果 LED 驱动电路中必须使用电解电容，则必须努力控制电容所受的应力及工作温度，从而最大限度地延长电容工作寿命，以期与 LED 寿命匹配；另一方面，设计人员也应尽可能避免使用电解电容。

50. LED 驱动电源常用电容的主要参数包括哪些？

表 2-10 是常用输入/输出电容的主要参数。

表 2-10　常用输入/输出电容的主要参数

电容量	耐压值/V	封装	供应商料号
220nF	16	0603	Tayo Yuden EMK107BJ224
220nF	50	0805	Tayo Yuden UMK212BJ224
470nF	35	0805	Tayo Yuden GMK212BJ474
1μF	10	0603	Tayo Yuden LMK107BJ105
1μF	16	0805	Tayo Yuden EMK212BJ105
1μF	25	1206	TDK C3216X7RIE105
1μF	35	1206	Tayo Yuden GMK316BJ105

51. LED 驱动电源续流二极管如何选型？

通常开关转换型 LED 恒流驱动芯片在 MOS 管关断期间传导电流，所选二极管反向耐压要针对电路最高输出电压脉冲来确定，需要大于这个值。二极管的正向电流不必与开关电流限值相等。续流二极管的平均电流是 I_F 是开关占空比的一个函数，因此应选择一个正向电流 $I_F=I\ (1-D)$的二极管。通常二极管在功率开关管关断时传导电流占空比小于 50%，选择电流值与驱动电流相等即可。如果需要采用 PWM 调节灰度，则需要考虑 PWM 低电平期间来自输出的二极管泄漏，这一点或许也很重要。

升压型转换器中的输出二极管在开关管关断期间流过电流，二极管要承受反向电压等于稳压器输出电压。正常工作电流等于负载电流，峰值电流等于电感峰值电流。二极管的平均电流为

$$I_{\text{diodr(RMS)}}=\sqrt{I_{\text{OUT}}I_{\text{pcsk}}}$$

二极管消耗功率为

$$P_{\text{D}}=I_{\text{OUT(max)}}V_{\text{D}}$$

保持较短的二极管引线长度并遵循正确的开关节点布局，以免振铃过大和功耗增大。耐压

不是越高越好，而是要合适，高耐压肖特基二极管 V_F 值也会高些，功耗会大，价格也会高。相对耐压低、电流大的型号，V_F 值会低些，成本也会稍有增加，没有成本压力时可以考虑。表 2-11 是经常使用的二极管。

表 2-11　经常使用的二极管参数

型号	电流/A	电压/V	V_F/V	封装	供应商
1N5817	1	20	0.45	DO-41	Vishay
1N5819	1	40	0.6	DO-41	Vishay
CMSH1-60M	1	60	0.7	SMA	Central
CMSH1-100M	1	100	0.85	SMA	Central
BYV26A	1	200	2.5（max)	SOD-57	Vishay
BYV26B	1	400	2.5（max)	SOD-57	Vishay
BYV26C	1	600	2.5（max)	SOD-57	Vishay
BYV26D	1	800	2.5（max)	SOD-57	Vishay
SB220E	2	20	0.5	DO-15	Panjit
SB240E	2	40	0.5	DO-15	Panjit
SB2100	2	100	0.85	DO-15	Panjit
SB320	3	20	0.5	DO-201AD	Panjit
SB3100	3	100	0.85	DO-201AD	Panjit
UPS340e3	3	40	0.5	Powermite3	Microsemi
8ETU04	8	400	1.19	TO-220AC	IR

52. LED 驱动电源运算放大器如何选型？

在 LED 驱动器电路中，需要根据 LED 的伏-安特性对 LED 的工作电流进行恒流控制。恒流控制电路可以工作在一次侧电路中，也可以设计于二次侧电路中。通常对于需要安全隔离的驱动器，恒流控制电路设置在二次侧电路中。二次侧恒流控制电路可以由电阻、TL431 及放大器等构成。若以电阻构成，则当输出电流大时，在电阻上的功耗也同步上升，因此对驱动器的整体转换效率影响很大，电阻发热后其电阻值也会发生变化，进一步影响电流精度；若采用放大器，则采样电阻值可根据需要来设置（一般在电阻上的取样电压设置为 0.1V，太高则影响转换效率；太低则对噪声太敏感，对系统的稳定性不利)，而且恒流精度明显地提高，同时在采样电阻上的功耗基本可忽略不计。

其实运算放大器是将半导体、电阻、电容及连接它们的导线等集成在一块硅片上，电路中的各个元器件成为不可分割的固体块，构成一个多级直接耦合的放大电路。也就是说，一个运算放大器相当于多个晶体管放大组合。通常包括输入级、中间级和输出级及偏置电路等。它具有体积小、质量小、可靠性高等优点。

运算放大器是具有高放大倍数和深度电压负反馈的直接耦合放大器，稳定性高，并且具有晶体管负反馈放大器的优点，因此在线性系统中得到了广泛的应用。LED 驱动器中应用的放大器，多数用在普通电压放大器、电压比较器及波形变换电路或振动电路中。

运算放大器的使用方法与晶体管放大器相同。但是，由于运算放大器开环放大倍数（增益）特别大，通常为 10^4～10^6，因此运算放大器在使用中必须接反馈电阻，产生深度的电压负反馈，运算放大器才能正常工作；否则，放大器因输出过大而无法工作。运算放大器亦是由输入信号控制输出信号，输出信号与输入信号成比例地变化，这是线性应用的基础。运算放大器输入基本上有两种连接方式，即反相输入和同相输入。不论信号的输入方式如何，输出电压总是通过网络加到运算放大器的反相输入端，以实现深度负反馈。

运算放大器有两个输入端，当输入信号以“－”端输入、“＋”端接地（或通过电阻接地）时，则输出信号与输入信号反相，为反相输入；反之，当输入信号从“＋”输入、“－”端接地（或通过电阻接地）时，则输出信号与输入信号同相，为同相输入。同相输入与反相输入均属于单端输入。如果输入信号电压同时加入反相及同相两个输入端，则称为双端输入，输入信号为两者的差值。

基本运算放大器的电路如图 2-46 所示，图 2-46（a）所示为反相输入放大器，R_i 为外接输入电阻，R_f 跨接在输出端与输入端之间，为反相电阻，输入信号为 U_i，输出信号为 U_o。它的工作原理是通过输入信号 U_i 控制输出信号 U_o，当 U_i 增大时 U_o 随之增大，但 U_o 与 U_i 反相，放大倍数为

$$\text{Avf}=-\frac{R_f}{R_i}$$

由于深度负反馈，输入端电位压近似等于零，无法用万用表测量，只能用示波器观测。

图 2-46（b）所示为同相输入放大器，R_i 与 R_f 的意义与图 2-46（a）相同，输出信号 U_o 与输入信号 U_i 成比例变化，闭环电压放大倍数为

$$\text{Avf}=1+\frac{R_f}{R_i}$$

同相输入电路基本上是共模输入方式，两个输入端的电位都近似等于输入电压。

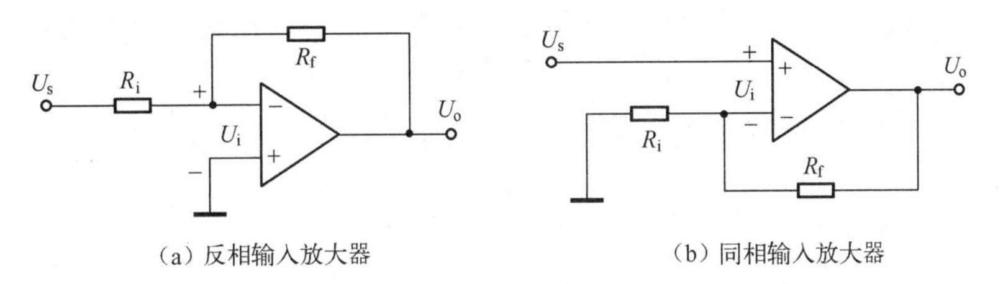

图 2-46 基本运算放大器电路

运算放大器在使用时，必须外加直流电压，为内部晶体管提供直流电源，外加电压的数值取决于运算放大器的型号，可由产品手册查得。一般有单电源与双电源之分，可根据实际使用情况作出正确选择。常用的产品有 LM358、OP177、AD620、OP297 等。

53. LED 驱动电源 PCB 应如何布线？

细致的 PCB 布线对获得低开关损耗和稳定的工作状态至关重要，应尽可能使用多层板以便更好地抑制噪声干扰。大电流回路、输入旁路电容地线和输出电容地线采用单点连接（即星形接地方式），进一步降低接地噪声，正常工作状上一般有两个大电流回路：一个是 MOSFET 导通回路，由 IN→电感→LED→MOSFET→检测电阻→GND；另一个是电感→LED→续流二极管。为了降低噪声干扰，每个回路的面积应尽量小。

当散热条件超出所选用驱动芯片封装允许范围时，需要设计外加散热器。若超出的热量不多，可以在设计 PCB 时加宽引脚铜箔，延伸散热，驱动芯片的引脚散热是有效的，小型封装驱动芯片很多散热器在底部，贴片后靠铜箔散热，为了使铜箔更好散热，可以将绿油层剥掉；有效的过孔将热量传导到 PCB 背面散热；在散热量较大时，可以选择铝基板设计，在密封环

境下显得非常重要，铝基板可以直接贴装到产品外壳上，会有很好的散热效果。

54. LED驱动器的设计流程是什么？

LED应用的关键技术之一是提供与其特性相适应的电源或驱动电路。因此LED驱动器的科学设计对LED照明灯尤为重要。又由于LED驱动器的结构与LED的数量和连接方式密切相关，因此在LED驱动器设计前应完成下列工作。

（1）确定照明目的　LED照明必须满足或超过目标应用的照明要求。因此，在建立设计目标之前就必须确定照明要求。对于某些应用，存在现成的照明标准，可以直接确定要求。对其他应用，确定现有照明的特性是一个好方法。具体来说，包括以下内容：照明功用，光输出、光分布、CCT、CRI、操作温度、灯具尺寸和电源功率。

（2）确定设计目标　照明要求确定之后，就可以确定LED照明的设计目标。与定义照明要求时一样，关键设计目标与光输出和功耗有关。确保包含了对目标应用可能重要的其他设计目标，包括工作环境、材料清单（BOM）成本和使用寿命。首先要确定照明面积，即确定需要照明区域的各边长或半径；然后确定照明距离，决定需要照明区域的用光量和光的照射角度，这是决定照明系统的关键；最后确定照明角度，即决定需要照明的区域要多宽角度的光，选择光源的照射角度。

（3）估计光学系统、热系统和电气系统的效率　设计过程中最重要的参数之一是需要多少个LED才能满足设计目标，其他设计决策都是围绕LED数量展开的，因为LED数量直接影响光输出、功耗以及照明成本。

查看LED数据手册列出的典型光通量，用该数除以设计目标光通量，这种方法方便，然而太简化了，依此设计将满足不了应用的照明要求。LED的光通量依赖于多种因素，包括驱动电流和结温。要准确计算所需要的LED数量，必须首先估计光学系统、热系统和电气系统的效率。

（4）计算需要的LED数量和工作电流　根据LED数量、连接方式和工作电流，选择驱动器的类型和拓扑结构。

在完成上述工作后，就可以设计驱动器了。下面以非隔离型反激LED驱动器设计为例，叙述LED驱动器的设计过程。

第一步，根据设计目标确定LED驱动器拓扑结构，并选择驱动芯片。

在本例中设计的LED照明灯具主要用于LED轨道照明和通用LED照明设备等。因为反激型LED驱动器结构要以用于输入电压高于或低于所要求的输出电压。此外，当反激电路工作在非连续电感电流模式时，能够保持LED电流恒定，无需额外的控制回路。选择反激型LED驱动器，这里选择高度集成的MAX16802 PWM LED驱动芯片。

该MAX16802 PWM LED驱动芯片有以下特征：

10.8～24V输入电压范围。

为单个3.3V LED供电，提供350mA（典型）电流。

29V（典型值）阳极对地的最大开路电压。

262kHz开关频率。

逐周期限流。

通/断控制输入。

允许使用低频PWM信号调节亮度。

可以调整电路以适应多种形式的串联、并联LED配置。

高集成度所需的外围元器件很少。

高达262kHz开关频率。

微小的8引脚，μMAX封装。

较小的检流门限，降低损耗。

相当精确的振荡频率，有助于减小 LED 电流变化。

片上电压反馈放大器可用于限制输出开路电压。

MAX16802 典型应用电路如图 2-47 所示。

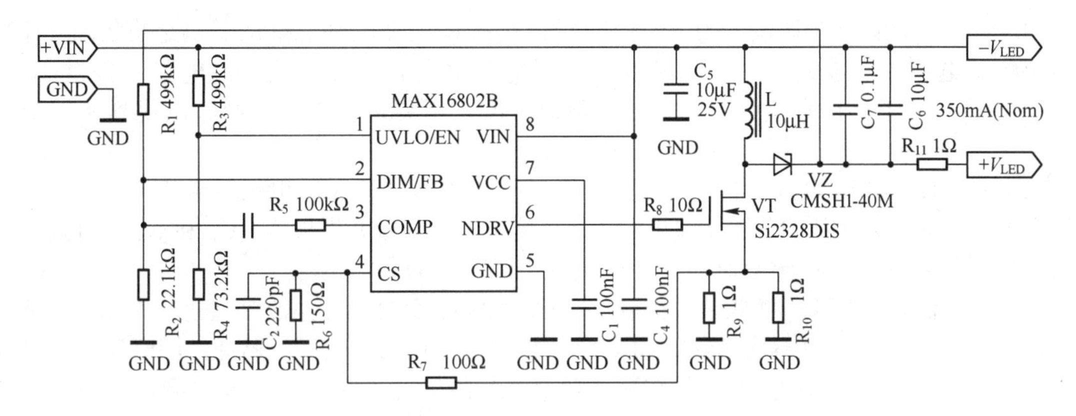

图 2-47 MAX16802 典型应用电路

【提示】 当$+V_{LED}$和$-V_{LED}$不与 LED 连接时，请勿给电路供电。

给定 LED 参数为 $I_{LED}=350$mA，$V_{LED}=3.3$V，$V_{iscsis}=10.8$V，$V_{ismax}=24$V。

第二步，计算最小输入电压下最佳占空比的近似值：

$$D_{on}=\frac{V_{LED}+R_hI_{LED}+V_D}{V_{IN(min)}+V_{LED}+R_bI_{LED}+V}$$

式中，R_b 为整流器电阻，与应用电路中的 R_{12} 相同，在本应用中设定为 1Ω；V_D 为整流二极管 VZ 的正向压降。

将已知数值代入上式得到 $D_{on}=0.291$。

第三步，计算峰值电感电流的近似值：

$$I_p=\frac{k_f2I_{LED}}{1-D_{on}}$$

式中，k_f 为临界误差系数，这里设为 1.1。

将已知值代入上式得到 $I_p=1.058$A。

第四步，计算所需电感的近似值，并选择小于并最接近于计算值的标准电感：

$$L=\frac{D_{on}V_{IN(min)}}{fI_p}$$

式中，L 为应用电路中 L_1 电感量；f 为开关频率，$f=262$kHz。

将已知值代入上式得到 $L=10.566\mu$H。低于该值且接近的标准值为 10μH。

第五步，通过反激工作过程传递到输出端的功率为

$$P_{IN}=\frac{1}{2}LI_p^2f$$

输出电路的损耗功率为

$$P_{OUT}=V_{LED}I_{LED}+V_DL_{LED}+R_bI_{LED}^2$$

根据能量守恒原理，即可得到一个更精确的峰值电感电流：

$$I_p=\sqrt{\frac{2I_{LED}(R_bI_{LED}+V_{LED}+V_D)}{Lf}}$$

式中，L 为实际选择的标准电感值。

将已知数值代入上式可得 $I_p=1.037A$。

第六步，计算检流电阻，由 R_9 和 R_{10} 并联而得；计算电压检测分压电阻（如果需要），由 R_6 和 R_7 组成。

MAX16802 的限流门限电压为 291mV。因此选择 R_9、R_{10}、R_6 和 R_7，满足步骤四所计算的电感峰值电流。这步完成后，即可得到应用电路中的各个元件值，该电路可提供 12V、350mA 输出。由于存在寄生效应，因此电阻值（R_r）需要进行适当调整，以得到所期望的电流。

第七步，R_1 和 R_2 可选。它们用于调查$+V_{LED}$至 29V。这在输出端出现意外开路时非常有用。如果没有上述元件的分压，输出电压有可能上升，导致元件损坏。C_1 和 R_5 也可选，用于稳定电压反馈环路，对于当前应用，可以不使用这些元件。

第八步，低频 PWM 亮度调节。控制 LED 灯光源亮度的最好办法是通过一个低频 PWM 脉冲调制 LED 电流。使用这种方法，LED 电流根据占空比的变化触发脉冲，同时保持电流幅度恒定。这样，器件发出的光波波长在整个调节范围内保持不变，利用图 2-48 所示电路可实现 PWM 亮度调节。

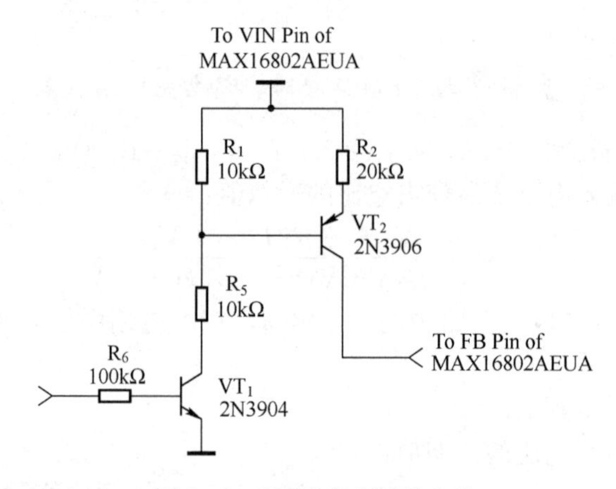

图 2-48　PWM 亮度调节电路

第 3 章

LED驱动电源的PFC电路

1. 为什么要进行 PFC？

与荧光灯交流（AC）电子镇流器和普通离线（Of-lime）式开关电源一样，普通照明用 LED 离线式 AC/DC 驱动电源通常采用全波桥式整流电路和大容量铝电解电容滤波电路来实现高压 AC/DC 转换，为下游级联的变换器供电。由于整流二极管具有单向导电性，只有在正向偏置时才会导通，也就是在 AC 输入电压的半周期中，只是在 AC 电压峰值附近，AC 输入电压才能高于电容 C 上的电压［见图 3-1（a）］，整流二极管才会导通。当 AC 输入瞬时电压低于滤波电容上的电压时，整流二极管就会因反向偏置而截止。因此，在 AC 线路电压的半周期内，每对二极管 VD_1、VD_4 或 VD_2、VD_3 的导通角非常小，往往仅为 60°～70°。虽然 AC 输入电压仍能保持正弦波波形（只是在其峰值附近出现一点微小下垂），但是 AC 输入电流出现严重畸变，呈幅度很高的尖峰状脉冲，如图 3-1（b）所示。发生严重失真的 AC 输入电流波形的基波成分很小，而谐波含量却非常高。

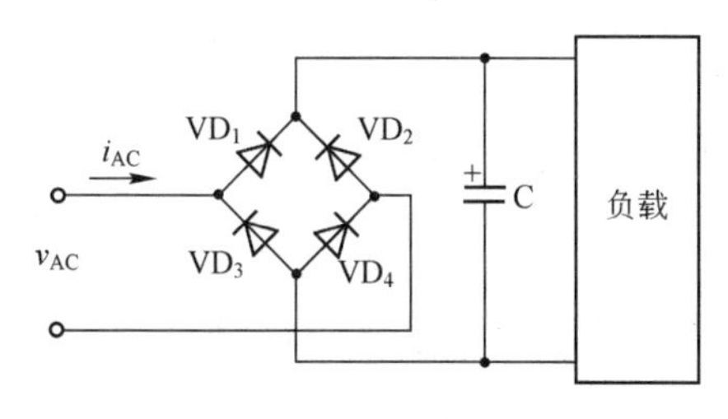

（a）桥式整流电容滤波电路

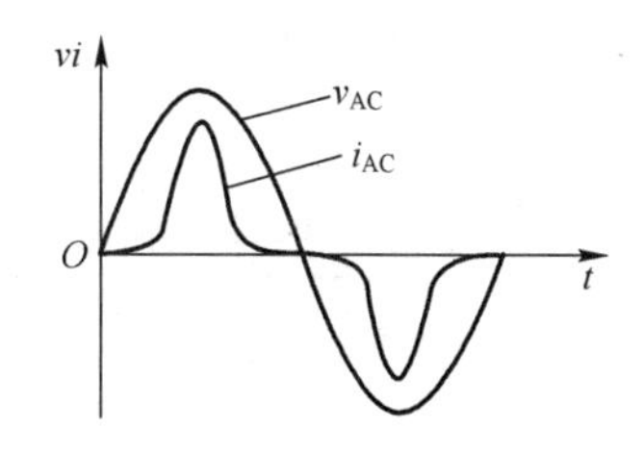

（b）AC 输入电压与输入电流波形示意图

图 3-1　全波桥式整流滤波电路及 AC 输入电压与电流波示意图

AC 线路输入端产生的谐波电流会对电网造成污染，影响电网质量和供电品质，也会对系统本身及连接在同一电源网络中的其他电气设备产生干扰。另一方面，由于 AC 线路输入电流波形的严重失真，线路功率因数很低，一般仅为 0.5～0.6，影响电源的利用率，对电能造成巨大浪费。为了减小或避免谐波电流的危害，IEC61000-3-2 和欧盟 EN61000-3-2 以及我国的国家标准 GB 17625.1-1998 等都对照明电器和开关电源的谐波电流值作出了限制要求。

对于采用桥式整流和大容量电容滤波的系统来说，线路功率因数 λ 可以表示为

$$\lambda = \frac{I_{1(\mathrm{rms})}}{I_{\mathrm{rms}}}\cos\theta_1$$

式中，θ_1 为基波电流与 AC 输入电压之间的相位角；$\cos\theta_1$ 为相移功率因数：$I_{1(\mathrm{rms})}$ 和 I_{rms} 分别为均方根值基波电流和均方根值输入电流；$I_{1(\mathrm{rms})}/I_{\mathrm{rms}}$ 为失真因数。

AC 输入电流的失真和谐波失真用总谐波失真（THD）来表示。THD 为各次谐波电流（基波除外）均方根值与基波电流均方根值之比，即

$$\mathrm{THD}=\frac{\sqrt{I_{\mathrm{rms}}^{2}-I_{1(\mathrm{rms})}^{2}}}{I_{1(\mathrm{rms})}}$$

根据上式，可以得到功率因数 λ 与 THD 之间的关系为

$$\lambda=\frac{1}{\sqrt{1+\mathrm{THD}^{2}}}\cos\theta_{1}$$

对于采用桥式整流电路和大容量电容滤波电路的电子系统，THD 往往超过 100%（以基波电流为 100%计算），即使 $\cos\theta_1=1$，根据上式计算，λ 也难以达到 0.7。

为了减小 AC 输入电流谐波含量，提高线路功率因数，就必须采用功率因数校正（PFC）技术。PFC 的目的是通过采取专门电路对发生失真的 AC 输入电流进行“校正”或“整形”，尽可能使其保持正弦波波形，并使其与 AC 输入电压趋于同相位，从系统输入侧看到的等效电阻尽可能呈现纯电阻性。PFC 也称为“谐波滤波”，采用 PFC 不仅提高线路功率因数，还限制各次尤其是奇次谐波电流值及其总含量。

2. 填谷式无源 PFC 电路可分几类？

PFC 有很多分类方法。按 PFC 电路是使用无源元件还是使用有源元件，可分为无源 PFC（PPFC）和有源 PFC（APFC）两种类型。

无源（亦称被动式）PFC 电路只使用廉价的二极管、电阻、电容和电感等无源元件。虽然无源 PFC 效果远不及基于控制芯片有源 PFC，但具有拓扑结构简单和成本低的明显优势。

在无源 PFC 电路中，填谷式无源 PFC 拓扑结构最具有代表性。填谷式无源 PFC 电路被置于桥式整流器输出端，通常由 3 个二极管（VD_6、VD_7、VD_8）和 2 个铝电解电容（C_1、C_2）组成，如图 3-2 所示。图中，VD_5 是隔离二极管，与 VD_7 串联的电阻 R（4.7Ω/2W）用于在开机时限制 C_1 和 C_2 上的冲击电流。

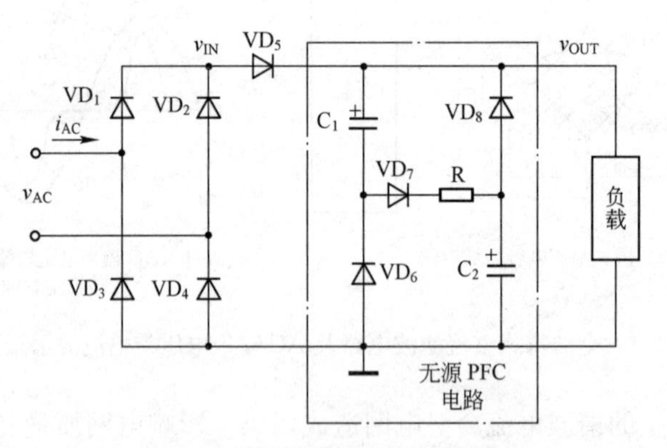

图 3-2 填谷式无源 PFC 电路

填谷式无源 PFC 电路的特点是，C_1 和 C_2 以串联方式充电，而以并联方式放电。这种无源 PFC 电路的工作过程如下所述：

① 在 AC 电压正半周的电压上升阶段，由于全波流电压 V_{BR} 大于填谷式电路的输出电压 V_{OUT}（也可以视为是输入电压），VD_1、VD_5、VD_7 和 VD_4 均导通，电流对 C_1 和 C_2 充电，同时也向负载提供电流。由于 VD_7 的正向电阻和 R 的电阻值都很小，C_1 和 C_2 的充电速度很快。

② V_{OUT}（C_1 和 C_2 上的电压之和）达到 AC 输入电压峰值 V_{PK} 时，由于 $C_1=C_2$，C_1 和

C_2 上的电压相等，并都等于 $V_{PK}/2$，即 $V_{C1}=V_{C2}=V_{PK}/2$。

③ 一旦 V_{OUT} 从 V_{PK} 开始下降，VD_7 截止，立刻停止对 C_1 和 C_2 的充电。

④ 当 V_{OUT} 降于 $V_{PK}/2$ 时，VD_5 截止，VD_7 仍然处于关断状态，而 VD_6 和 VD_8 导通，C_1 和 C_2 上的电荷分别通过负载和 VD_6 及负载和 VD_8 进行并联放电。

AC 输入电压进入负半周后，在 VD_5 导通之前，C_1 和 C_2 仍可对负载进行并联放电，使负载电流基本保持恒定。当 AC 电压约达到 210V 时，C_1 和 C_2 放电停止，电网又开始对填谷式无源 PFC 电路供电，对 C_1、C_2 再次进行充电，如图 3-3 所示。

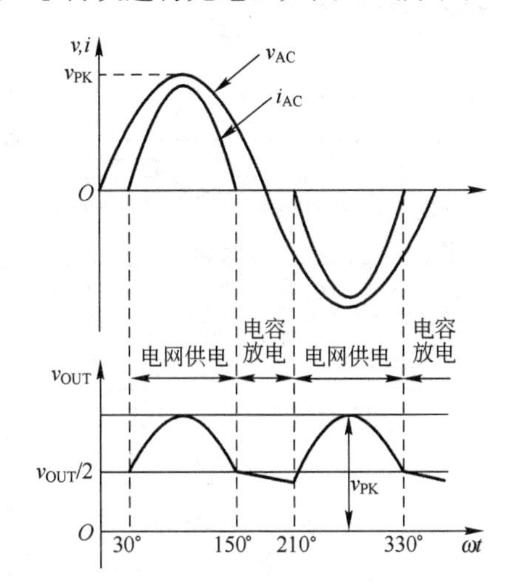

图 3-3 AC 输入电压、输入电流和输出电压波形

对于普通全波桥式整流滤波电路，整流二极管在 AC 输入正半周的导通角仅约 60°（从 60°到 120°），加入填谷式无源 PFC 电路之后，整流二极管的导通角扩大到 120°（从 30°到 150°）。在 $\theta=30°$时，对应于 $V_{OUT}=V_{PK}\sin30°=V_{PK}/2$；在 $\theta=150°$时，对应于 $V_{OUT}=V_{PK}\sin150°=V_{PK}/2$。同理，在 AC 输入的负半周，整流二极管的导通角扩展到 120°～330°。这样，AC 输入电流波形的“死区时间”大大缩短，由窄脉冲变为比较接近正弦波，“填平”了一大部分先前尖峰脉冲电流波形中的谷底区，故将这种无源 PFC 电路称为“填谷式无源 PFC 电路”。填谷式无源 PFC 电路能使线路功率因数达到 0.92～0.96，输入电流 THD 由普通整流滤波电路的 120%以上降至 45%以下。

填谷式无源 PFC 电路早就在一些节能灯电子镇流器中采用。由于这种电路的输出电压极不平滑，灯电流波峰比（灯电流峰值与有效值之比）达 2 以上，远远超出标准规定的“不得超过 1.7”的要求。但是，对 LED 照明电源来说，输出为直流电，而不是电子镇流器输出的高频，因此不存在波峰比问题，只存在输出直流电的纹波问题。

为了增强 PFC 性能，可以采用图 3-4 所示的三级填谷式电路。三级填谷式电路使用 3 个等

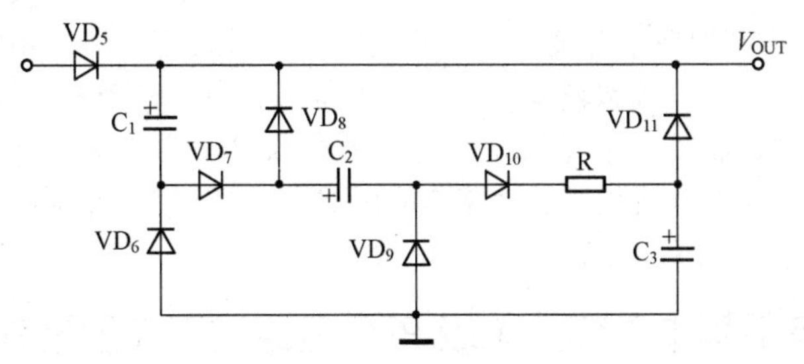

图 3-4 三级填谷式电路

容量电解电容和 6 个二极管及 1 个限流电阻。这种电路对 3 个串联电容充电；在 VD_5 反向偏置时，3 个电容并联放电。含 2 个电容的两级填谷式电路中每个电容上的峰值电压为 $V_{PK}/2$，而含 3 个电容的三级填谷式电路中电容上的峰值电压减小到 $V_{PK}/3$（即 $V_{AC(rms)}\times\sqrt{2}/3$）。

3. 低成本高次谐波抑制电路的原理是什么？

不带 PFC 的传统反激式变换器，其变压器一次绕组直接连接到前置级桥式整流滤波电路。三肯电气（上海）有限公司发明了一种高次谐波对策电路，如图 3-5 所示。

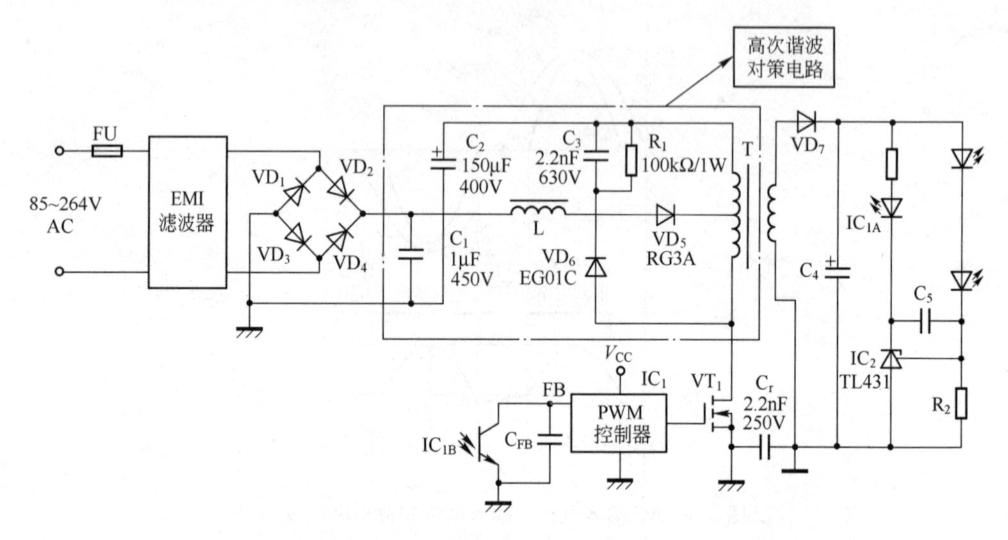

图 3-5　带高次谐波对策电路的隔离反激式 LED 照明开关电源

三肯电气（上海）有限公司的高次谐波对策专利电路是一种无源 PFC 网络，它是在变压器一次绕组上引出一个抽头，一次绕组高端通过一个大容量电容 C_2 接地。在桥式整流器输出端和变压器抽头之间连接一个电容 C_1、一个电感 L 和一个二极管 VD_5。R_1、C_3 和 VD_6 实际上是传统反激式变换器一次侧的电阻-电容-二极管（RCD）钳位电路元器件。值得注意的是，电容 C_1 的容量很小，仅为 1μF，对全波整流的 DC 脉冲电压不起平滑作用，只是用于高频旁路。如果 C_1 换成大容量平滑电容，PFC 电路的作用将会失效。由于 $VD_1\sim VD_4$ 输出端并未直接连接平滑电容，所以 AC 输入电流波形基本上不会出现畸变，使高次谐波被大大抑制。这个高次谐波对策电路，能确保 AC 输入线路功率因数高于 0.9，并且成本很低。除了变压器一次绕组线引出一个抽头使变压器结构略有变化外，高次谐波对策电路只是比传统反激式变压器一次侧多出一个电容、一个电感和一个二极管。

4. 什么是单级 PFC 电路？

单级 PFC 电路是指利用单个开关即可为开关电源反激式变换器等拓扑提供 PFC 功能。单级单开关拓扑结构电路简单，成本较低，并具有较高的效率。典型的单级 PFC 照明用 LED 驱动电源与开关电源一样，需要一个专门设计的单级有源 PFC 控制器。不过，利用一些反激式开关电源一次侧 PWM 控制器或集成了功率 MOSFET 的 PWM 控制器，将其外部元器件或电路稍作变动，也可以提供 PFC 功能。

5. 保持反馈电平基本不变的单级 PFC 电路的工作原理是什么？

图 3-6 所示为一种普通反激式隔离型变换器电路。其中，IC_1 是安森美公司生产的集

PWM 控制电路和一个 700V/450mA 的功率 MOSFET 于同一芯片上的 NCP1014，它在 100kHz 的固定频率上工作。

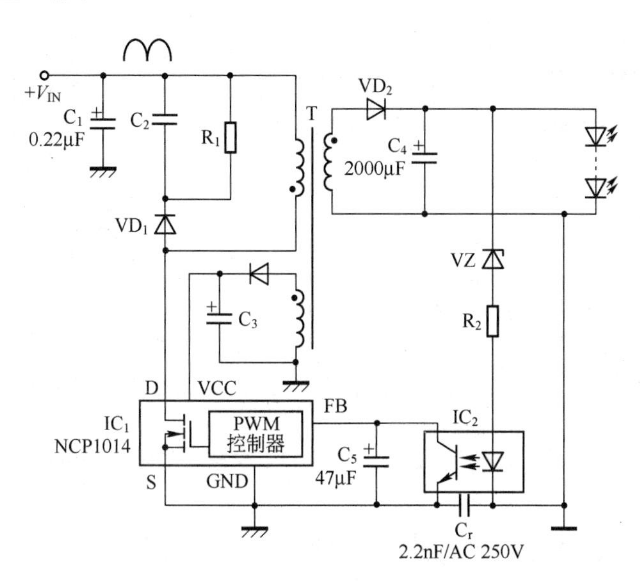

图 3-6 保持反馈输入恒定的单级 PFC 反激式 LED 照明电源示意图

在图 3-6 所示电路中，C_1 是输入电容，它连接在桥式整流器输出端。由于 $C_1=0.22\mu F$，不是一个平滑电容，因此反激式变换器一次侧输入 DC 电路呈正弦半波波形，频率为 AC 线路频率（50Hz 或 60Hz）的 2 倍（即 100Hz 或 120Hz）。能量传送到输出负载，是呈正弦平方（Sine Squared）形状的电流与电压的乘积，负载上的纹波频率也为 2 倍的 AC 线路频率，这与填谷式电路非常类似。为减小 100Hz 或 120Hz 的输出纹波，将输出电容 C_4 的电容量增加到 2000μF（可以将 2 个 1000μF 的电容并联在一起）。IC_1 反馈端 FB 上的电容 C_5 选择 22～47μF 的大容量电容，使反馈环路响应变缓，反馈输入电平在一个 AC 线路半周期中接近于恒定。固定的反馈电平，表示在功率开关中的电流对应于在 AC 线路半周期内传送到 LED 上的平均能量。由于 IC_1 在固定频率上工作，在开关周期或导通时间结束之前，电流增加不会超出一定的范围。当 AC 输入电压增加时减小开关电流，当 AC 输入电压减小时则增加开关电流。其结果是使出现在输出端上的纹波最小化，并且 AC 输入电流时刻跟踪输入电压的变化，使 AC 输入电流接近于正弦波波形，从而实现 PFC 功能。当 AC 输入电压在 90～265V 变化时，线路功率因数保持在 0.9～0.7 之内。

6. 保持开关占空比恒定的单级 PFC 电路的工作原理是什么？

图 3-7 所示为保持开关占空比恒定的单级 PFC 反激式 LED 照明电源电路示意图。图中，IC_1 选用 TOPSwitch-GX 系列器件。IC_1 的操作占空比随控制端 C 上的电流变化而变化。为使进入引脚 C 上的电流恒定，就必须增加电容 C_6 的电容量。但是，如果 C_6 容量过大，会延长启动时间，并引起一个较大的启动过冲。为解决这个问题，配置了一个由光电耦合器 IC_2 中的光电晶体管驱动的射极跟随器 VT，并且在 VT 基极上经电阻 R_3 连接一个电容 C_5。如果 VT 的电流增益为 h_{FE}，从 VT 发射极看，电容 C_5 等效于 C_5h_{FE}，它与 C_6 一起，可以保证流入 IC_1 引脚 C 上的电流保持不变。在一个 AC 线路周期内，IC_1 中功率 MOSFET 的开关占空比恒定，从而实现大于 0.9 的高功率因数，满足“能源之星”固态照明工业环境最低功率因数为 0.9 的要求。

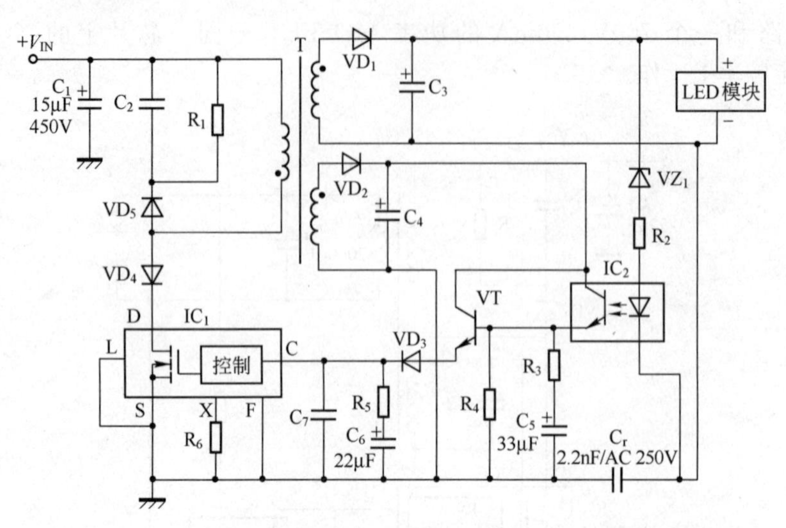

图 3-7　保持开关占空比恒定的单级 PFC 反激式 LED 照明电源示意图

7. 基于降压-升压和降压拓扑的单级 PFC 电路的工作原理是什么？

基于降压-升压（BUCK-BOOST）和降压（BUCK）拓扑结构的 LED 照明驱动电源电路如图 3-8 所示。图中，二极管 VD_1、VD_4 和电感 L_1、电容 C_3 组成降压-升压输入级电路，VD_2、VD_3、L_2 和 C_4 组成降压式输出级电路。两级电路共用一个开关 VT，组成单级 PFC 电路。

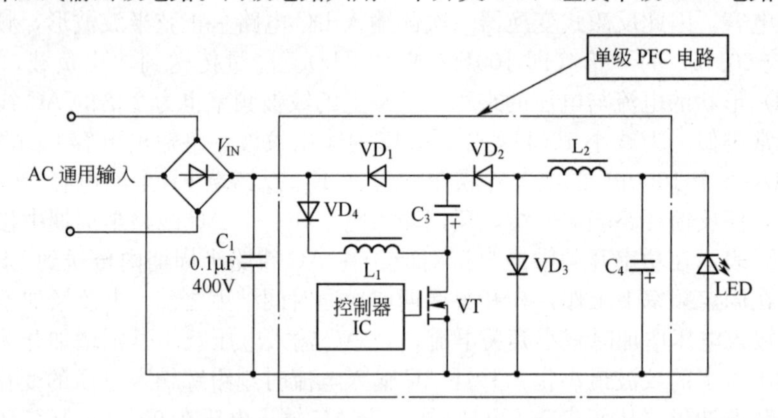

图 3-8　基于降压-升压和降压拓扑的单级 PFC 电路

在图 3-8 所示的电路中，$C_1=0.1\mu F$，用作高频旁路，而不是平滑电容。因此，单级 PFC 电路输入为频率是 AC 线路频率 2 倍的正弦半波 DC 电压。当 VT 导通时，电流通过 VD_4、L_1 和 VD_1 返回输入电源负端，电流从零开始线性增加。与此同时，降压电容 C_3 为 LED 加电，电流流向为 C_3 正极→VT→LED→L_2→VD_2→C_3 负极，如图 3-9（a）所示。当然，在此过程中，C_4 也被充电，在图 3-9（a）中未标明。

当 VT 被关断时，L_1 中存储的能量释放，L_1 放电，电流通过 C_3 和 VD_1，并且从峰值线性衰减。同时，L_2 放电，放电电流通过 VD_3 和 LED，如图 3-9（b）所示。在此过程中，C_4 的放电电流也通过 LED。

L_1 中的电流降为零后，VD_1 反向偏置，VT 仍然截止，而通过 LED 的电流继续流动，如图 3-9（c）所示。一旦通过 L_2 的电流 I_{L2} 降至零，VT 则再一次导通，开始下一个开关周期。

图 3-10 所示为单级 PFC 电路的电压波形和电流波形。

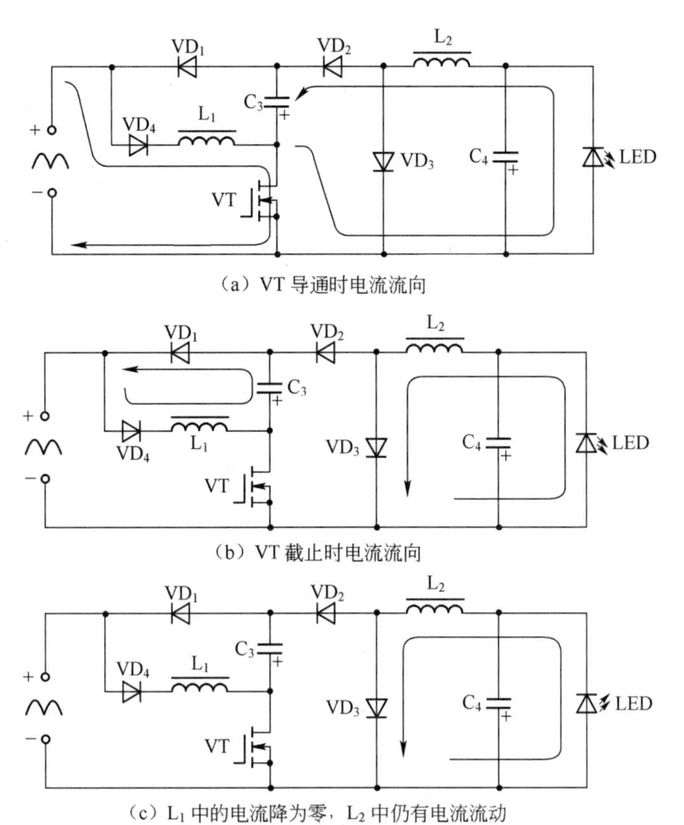

图 3-9　变换器开关状态下的电流流向示意图

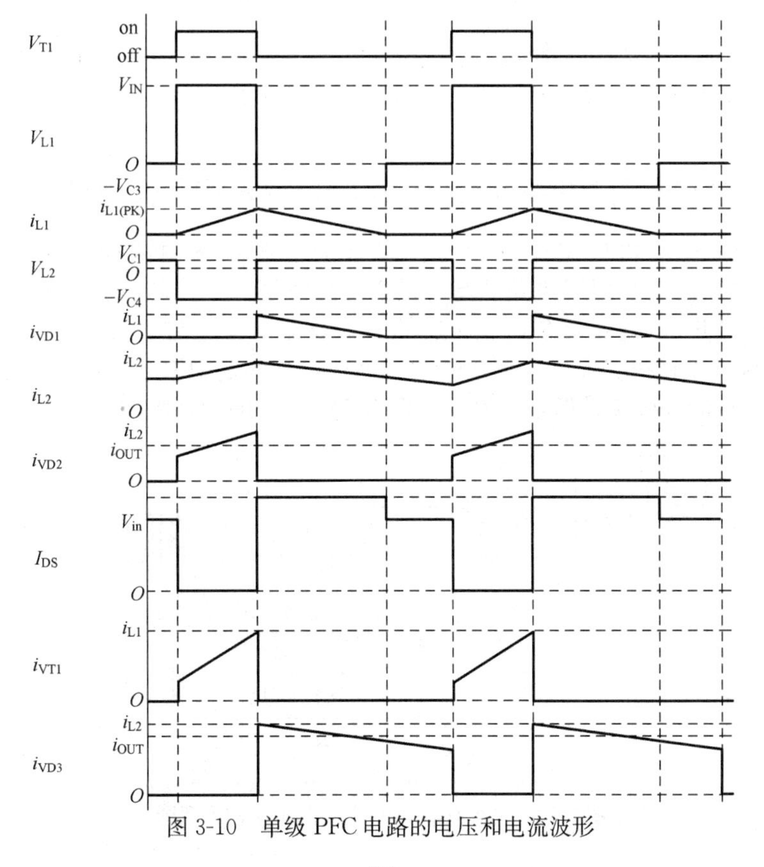

图 3-10　单级 PFC 电路的电压和电流波形

为了减小桥式整流器输出电压纹波，C_3 的电容量应当足够大。在一个 AC 线路周期内，可以认为开关频率 f_{SW} 和开关占空比 D 是不变的，L_1 的峰值电流 $i_{L1(PK)}$ 可以表示为

$$i_{L1(PK)}=\frac{v_{IN}D}{L_1 f_{SW}}$$

输入电流 i_{IN} 为

$$i_{IN}=\frac{1}{2}Di_{L1(PK)}=\frac{D}{2L_1 f_{SW}}v_{IN}$$

由上式可知，流过 L_1 的峰值开关电流与输入电压 v_{IN} 成正比，输入电流 i_{IN} 也与 v_{IN} 成正比，呈正弦波波形（见图 3-11），从而实现了功率因数校正。

基于降压-升压和降压变换器的单级 PFC 电路，线路功率因数可达 0.95 以上，THD 可低于 20%。

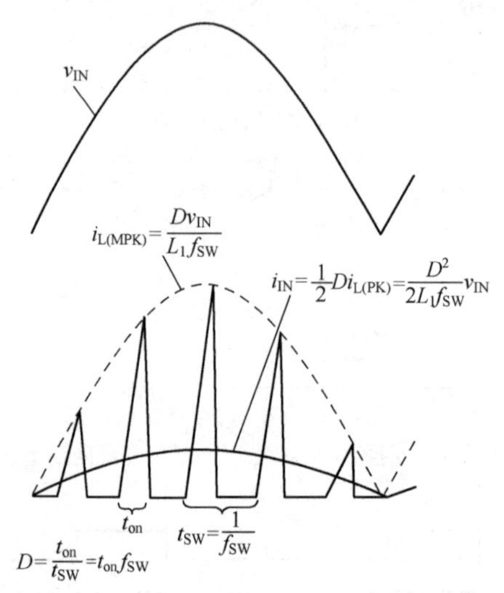

图 3-11　变换器输入电压 v_{IN}、电感 L_1 中电流及平均输入电流的波形

8. 基于有源 PFC 专用控制器的单级 PFC 电路的工作原理是什么？

典型的高性能单级 PFC 电路采用专门设计的有源功率因数控制器，如 NCP1651 和 AP1662 等。这类有源单级 PFC 电路的基本架构是只使用一个控制器和一个功率开关（MOSFET），同时履行 PFC 控制和反激式变压器的驱动及输出恒流调整功能，如图 3-12 所示。单级有源 PFC 架构可以轻松实现高于 0.9 的功率因数，并满足 IEC 61000-3-2 电流波限制标准，同时具有 90%以上的高效率，但是一般不适合 100W 以上的大功率应用。

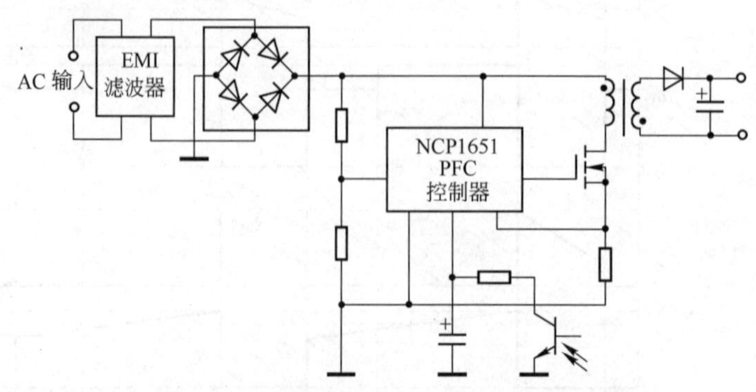

图 3-12　单级有源 PFC 电路基本架构示意图

9. 两级架构的有源 PFC 电路的工作原理是什么？

对于像 100W 以上的 LED 路灯等照明应用，单级 PFC 拓扑难以同时兼顾 PFC 控制和反激式变换器输出恒流调节，在此情况下需要两级电路架构来实现这一目标。带有源 PFC 电路的两级 LED 照明电源，第一级是工作在连续电流模式（CCM）的有源 PFC 升压变换器，第二级通常为 PWM 驱动的反激式变换器，使用两个触立的控制器（即 PFC 控制器和 PWM 控制器）和两个功率开关，如图 3-13 所示。

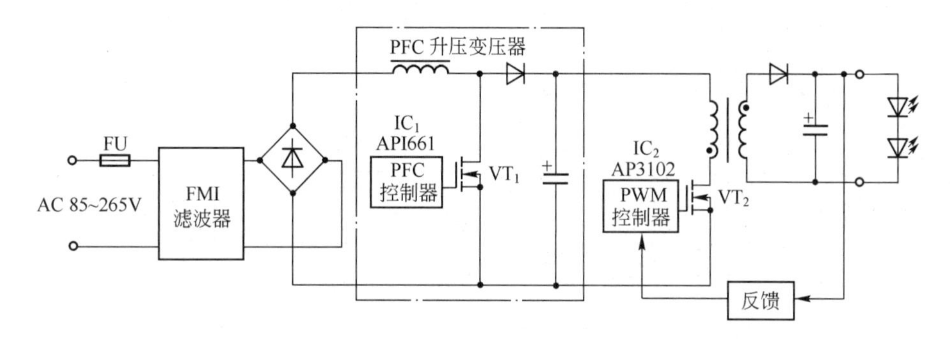

图 3-13　有源 PFC＋PWM 反激式两级架构 LED 照明电源电路示意图

有源 PFC 电路两级架构的离线式 LED 照明电源，输出功率可达数百瓦，线路功率因数达 0.980～0.995，AC 输入电流 THD 小于 10%乃至小于 6%，但是系统效率不如单级 PFC 拓扑高。即使每级变换器的效率是 90%，两级电路的总工作效率也只有 81%。两级架构电路比较复杂，成本较高，系统可靠性也会变差。

在 150W 以上的 LED 照明应用中，有源 PFC 电路通常与下游半桥 LLC 谐振变换器相级联，LLC 谐振变换器比反激式变换器的输出功率更大，效率也较高。

在 50～200W 的照明应用中，可以选用 PFC＋PWM 二合一控制芯片，如图 3-14 所示。使用 PFC/PWM 组合 IC，仍需用两个功率开关（MOSFET）。

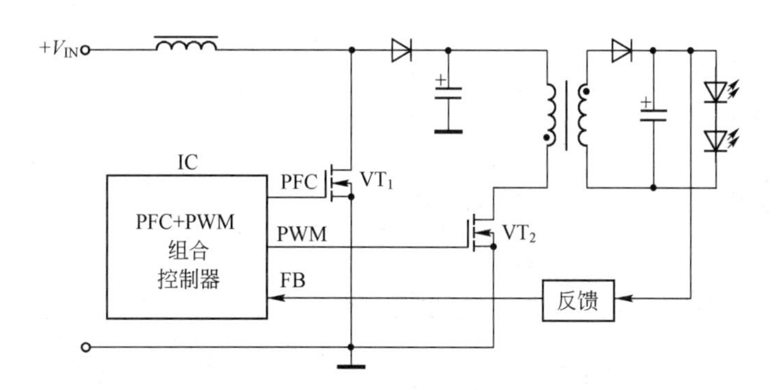

图 3-14　采用 PFC/PWM 组合 IC 的两级架构 LED 照明电源电路示意图

10. 由 TOP250YN 构成的单级 PFC 驱动电路如何组成？

采用离线式电源开关调整器 TOP250YN 并带单级 PFC 的 75W 恒压/恒流输出反激式 LED 驱动电源电路如图 3-15 所示。该 LED 驱动电源的 AC 输入电压为 208～277V，DC 输出电压为 24V 和 3.125A。

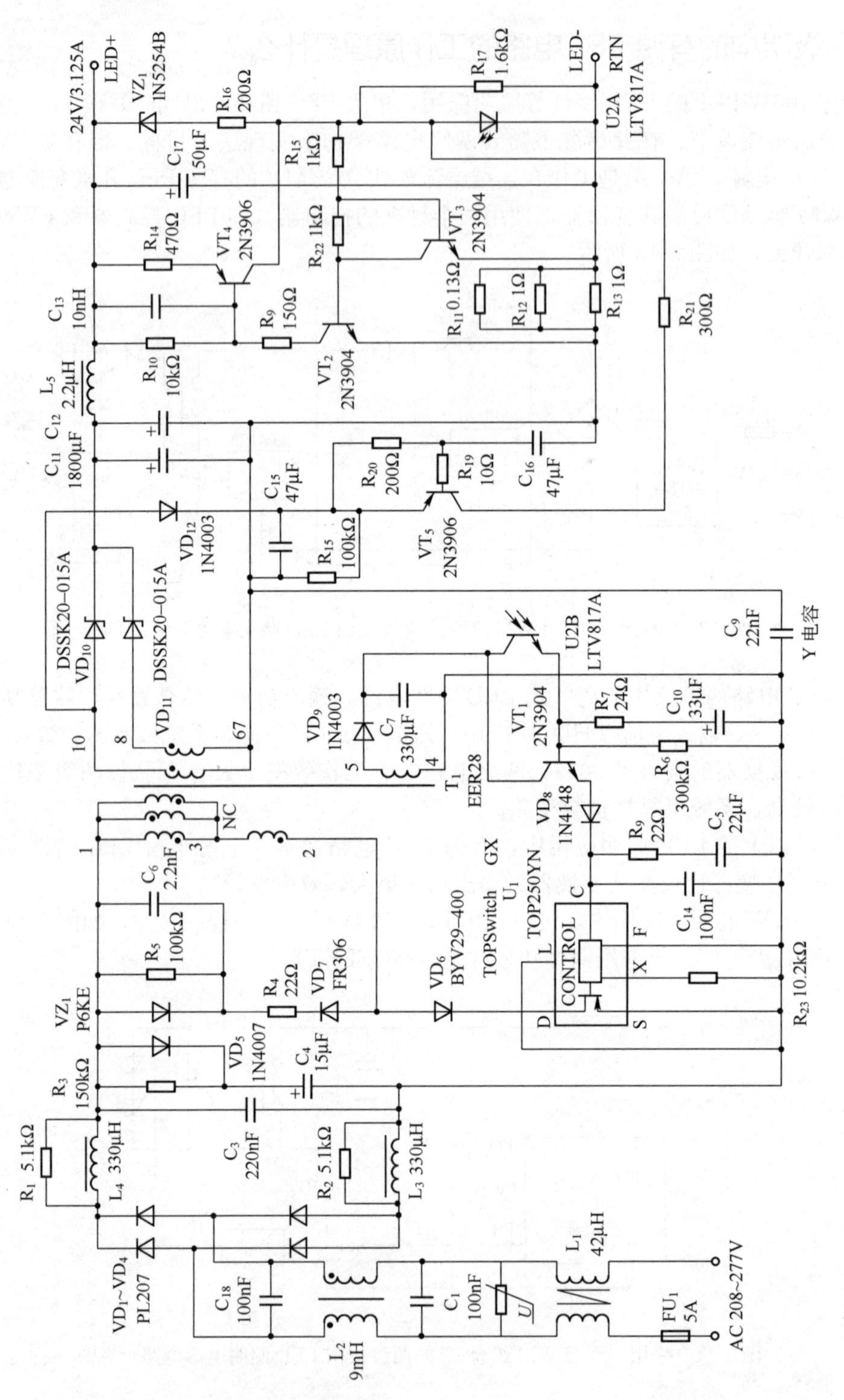

图 3-15　基于 TOP250YN 的单级 PFC 反激式 75WLED 驱动电源电路

11. TOP250YN 构成的单级 PFC 电路的基本结构是什么？

图 3-15 所示电路的核心器件是 TOP250YN。TOP250YN 是 PI 公司生产的 TOPSwitch-GX 系列中的一种器件，采用 TO-220-TC 封装，内置 PWM 控制电路、保护电路和一个 700V

并带低导通态电阻 $R_{DS(on)}$ 的 N 沟道功率 MOSFET，适用于全球通用 AC 线路输入。

在桥式整流器（VD_1～VD_4）输入电路中的共模电感 L_2 和 X 电容（C_1/C_2）组成标准型 EMI 滤波器。共模滤波由 L_1、L_2 和连接在一次侧地与二次侧地之间的 Y 电容 C_9 提供。连接在 VD_1～VD_4 输出端上的 L_3 和 L_4 提供附加的差模滤波，并能提高抗浪涌能力，并联在 L_3 和 L_4 两端的 R_1 和 R_2 有助于减小传导和辐射 EMI。

VD_5、R_3 和 C_4 组成 DC 总线电压钳位电路。R_3 在掉电时为 C_4 放电提供通路，VD_5 在电路进入稳态工作时对电容起退耦作用，这样就可以不影响线路功率因数。

U_1（TOP250YN）、变压器 T、VD_{10}和 VD_{11}、C_{11}和 C_{12}以及光电耦合器 U_2 和 VT_1 等组成反激式变换器。连接在 T 一次绕组上的 R_5、C_6 和 VD_7 等组成钳位电路，稳压二极管 VZ_1 仅在电路启动和负载瞬变时才会导通，并设定上限钳位电压。250ns 的快速恢复二极管 VD_7 用作恢复一些泄漏能量。R_4 用作衰减高频振铃以改善 EMI 性能。VD_6 用于防止 U_1 反向偏置。

T 二次侧整流二极管 VD_{10}和 VD_{11}连接在两个分开的绕组上，可以减小其功率耗散，提高整流效率，并改善 VD_{10}和 VD_{11}之间的电流分配。C_{11}和 C_{12}为滤波电容。L_5 和 C_{17}为后置滤波器，用作减小开关频率纹波，并提高抗干扰能力和恒流设定点的稳定性与可靠性。27V 的稳压二极和 VZ_2、R_{16}和 U_2、VT_1 等组成二次侧到一次侧的反馈电路。

12. TOP250YN 构成的单级 PFC 电路的工作原理是什么？

（1）单级 PFC 的实现　U_1（TOP250YN）本身并不含有 PFC 控制功能，单级 PFC 的实现基于在一个 AC 线路周期内 U_1 中功率 MOSFET 的开关占空比保持不变。由于开关占空比随 U_1 控制引脚 C 上的电流变化而改变，为使流入 U_1 引脚 C 上的电流恒定，则要求电容 C_5 的电容量足够大。但是，如果 C_5 的电容量过大，会延长启动时间，而且会产生一个较大的启动过冲。为了解决这个问题，增加了 U_{2B}驱动的射极跟随器 VT_1，并在 VT_1 基极上经 R_7 连接一个 33μF 的电容 C_{10}。从 VT_1 的发射极看，C_{10}的容量则增加了 h_{FE}（即电流增益）倍，它与 C_5 一起，便可以保持 U_1 引脚 C 上流入的电流不变，从而使开关占空比恒定。

C_{10}和 R_6 电路的主极点设置在 0.02Hz，R_7 提供环路补偿，并在 200Hz 的频率上产生一个零点。增益交叉频率设置在 30～40Hz，远低于 100Hz 的全波整流电压频率。C_5 和 VD_8 共同确定 U_1 引脚 C 上的启动时间。

（2）恒压（CV）与恒流（CC）操作

① 恒压（CV）操作。一旦输出电压超过由 VZ_2（27V）、R_{16}和 U_{2A}（LED）的正向电压所确定的值，反馈环路就使能。随 AC 线路和负载的变化，通过反馈增加或减小 PWM 占空比，来对输出电压进行调节，从而使 DC 输出电压保持稳定。VZ_2 和 R_{16}将无载时的输出电压限制在约 28V 的最大值上。

② 恒流（CC）操作。电流感测电阻 R_{11}～R_{13}和晶体管 VT_2～VT_4 与 U_{2A}等构成恒流电路，并将输出电流设定在 3.1A（±10%）上。VT_3 和 U_{2A}中 LED 的正向电压降为 VT_2 产生一个基极偏置电压。在 R_{11}～R_{13}上产生的电压降对 VT_2 也是需要的。一旦 VT_2 导通，VT_4 也会导通，VT_4 集电极电流流入 U_{2A}，从而提供反馈。R_{10}限制 VT_4 的基极电流，R_{14}设置恒流环路的增益。在 VT_2 导通之前，R_{10}保持 VT_4 截止。C_{13}提供环路补偿。

（3）软启动　连接在 T 二次绕组（引脚 10）上的 VD_{12}和 C_{15}组成一个独立的整流滤波电源。在输出达到稳定之前，C_{15}上的电压增加速率比主输出电路中滤波电容 C_{11}和 C_{12}上的电压上升快得多，致使 VT_5 迅速导通。VT_5 集电极电流经 R_{21}流入 U_{2A}，使 U_{2B}导通，并对电容 C_{10}充电，从而可以防止在启动期间的输出过冲。一旦输出电压达到稳定值，VT_5 则被关断。

13. TOP250YN构成的单级PFC电路的主要元器件应如何选型？

（1）L_1（用于行高频率共模噪声的滤波）的选择　L_1 选用 Fair-Rite Toroid 公司的 5943000201 铁氧体磁芯，用 26AWG（线径为 ϕ0.442～0.462mm）绝缘电磁线并行重叠各绕 12 匝，电感量为 42μH。图 3-16 所示为 L_1 的电气图与实物图。

共模电感 L_2 选用松下公司的 ELF15N005A 扼流圈，电感量为 19mH，额定电流为 0.5A。

L_3 和 L_4 选用 Tokin 公司的 SBC3-331-511，尺寸为 9mm×11.5mm，电感量为 330μH，额定电流为 0.55A。

输出滤波电感 L_5 选用 Coilcraft 公司的 RFB0807-2R2L，电感量和额定电流分别是 2.2μH 和 6.1A。

（2）变压器的选择　变压器 T 采用 TDK 的 EER28 磁芯和 EER28（引脚 10）骨架。磁芯有效截面积 A_c=0.821cm^2，有效通路长度 L_e=6.4cm，骨架绕组宽度 B_W=16.7mm。变压器 T_1 的电气图如图 3-17 所示。

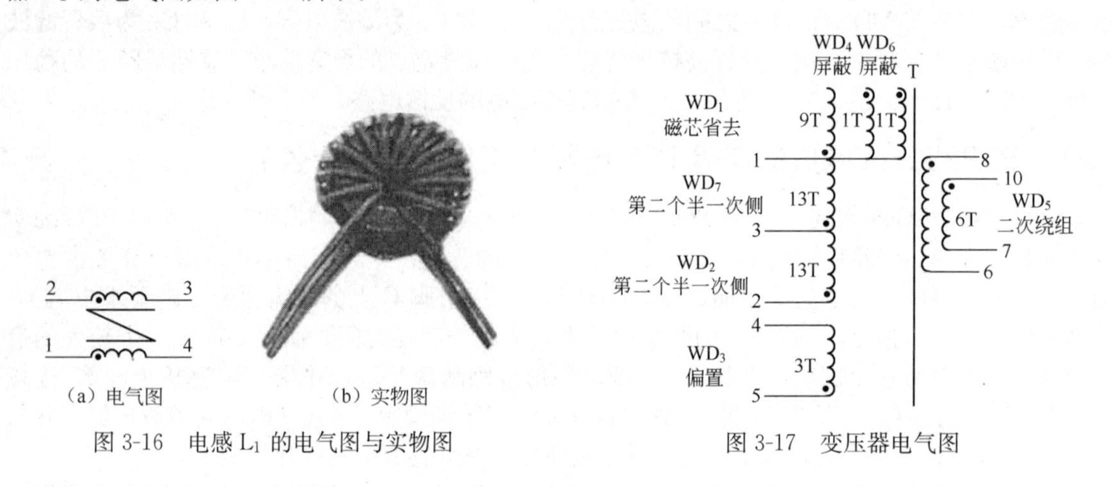

图 3-16　电感 L_1 的电气图与实物图

图 3-17　变压器电气图

图 3-17 所示绕组（WD）号即为绕制时的顺序号，变压器绕组结构见表 3-1。

表 3-1　变压器绕组结构

绕组	绝缘电磁线规格	匝数	说明
WD_1	26AWG（ϕ0.45mm）	9T（三线）	从 1 脚开始，从左到右缠绕，结束后切断，再绕一层 14.7mm 宽的绝缘带
第二个半一次侧 WD_2	25AWG（ϕ0.505mm）	13T（双线）	从 2 脚开始，到 3 脚结束，再绕一层 14.7mm 宽的绝缘带
偏置 WD_3	28AWG（ϕ0.365mm）	3T	从 5 脚开始，到 4 脚结束，再绕一层 14.7mm 宽的绝缘带
屏蔽 WD_4		1T（铜带）	从 1 脚开始，用 14mm 宽的铜箔绕 1 匝后，再绕一层 14.7mm 宽的绝缘带
二次侧 WD_5	28AWG	6T	从 8 脚和 10 脚开始，从左到右并绕 6 匝，到 7 脚和 6 脚结束，再绕一层 14.7mm 宽的绝缘带
屏蔽 WD_6		1T（铜带）	用 14mm 宽的铜箔从左（不连接）到右绕 1 匝，最后连接到 1 脚，再绕一层 14.7mm 宽的绝缘带
第二个半一次侧 WD_7	25AWG	13T（双线）	从 3 脚开始，从左到右到 1 脚结束，再绕一层 16.7mm 宽的绝缘带

变压器一次侧电感量为 171μH，漏感≤3μH，谐振频率≥1.2MHz。

（3）晶体管的选择　VT_1、VT_2 和 VT_3 选用 NPN 型小信号晶体管 2N3904，VT_4 和 VT_5 选用 PNP 型小信号晶体管 2N3906。这些晶体管都采用 TO-92 塑料封装，额定电压/电流为 40V/0.2A。

14. 由 NCL30000 构成的单级 PFC 反激式驱动电路有几种控制方式？

采用单级有源 PFC 控制器芯片的 LED 照明用电源，一般都采用反激式变换器电路拓扑。按一次侧电感电流流动方式，主要分为临界导电模式（Critical Conduction Mode，CrM）和连续导电模式（CCM）两种类型。CrM 单级 PFC 反激式电源适合 10～60W 的低功率应用；CCM 单级 PFC 反激式电源输出功率通常为 75～150W，甚至可达 250W。

目前有源单级 PFC 控制器芯片有很多，例如安森美半导体公司的 NCP1651、NCP1652、NCL30000 和 BCD 半导体公司的 AP1661 等。

15. NCL30000 的结构和引脚功能、 特点分别是什么？

NCL30000 是安森美半导体公司生产的一种适用于低中功率 LED 照明用电源的可调光单级 PFC 控制器。NCL30000 采用 8 引脚 SOIC 封装，引脚排列如图 3-18 所示，图 3-19 所示为 NCL30000 的内部结构框图。

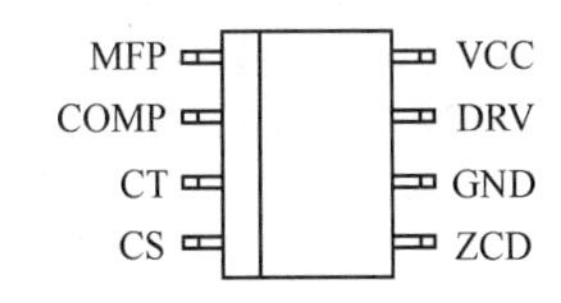

图 3-18　NCL30000 引脚排列

表 3-2 列示了 NCL30000 各个引脚的功能。

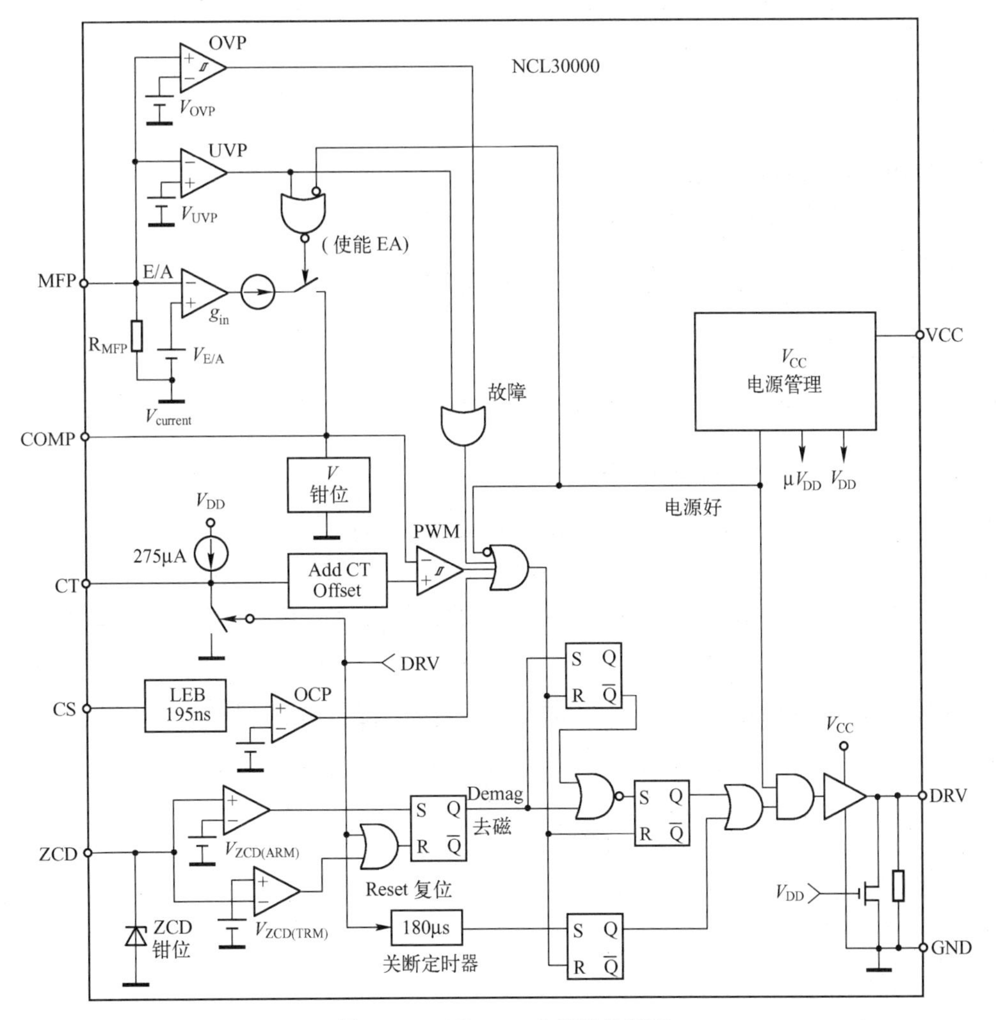

图 3-19　NCL3000 内部结构框图

表 3-2 NCL30000 引脚功能

引脚号	名称	功能
1	MFP	多功能引脚，连接内部误差放大器反相输入端。当该引脚上的电压低于 V_{UVP}=0.31V，IC 将被禁止，该引脚还连接内部过电压比较器的同相输入端，当该引脚上的电压一旦超过 V_{REF}（2.5V）的 108%（即 2.7V），过电压保护（OVP）功能即被激活
2	COMP	误差放大器的输出端。在该引脚与地之间连接一个补偿网络设置环路带宽（B_W）。为实现高功率因数和低 THD，通常设置 B_W=10～20Hz
3	CT	该引脚流出一个 275μA 的电流时外部的定时电容充电，通过对定时电容上的电压与内部来自 $V_{CONTRAL}$的电压进行比较，PWM 电路控制开关的导通时间，在导通时间结束时，定时电容放电
4	CS	外部功率 MOSFET 的瞬时开关电流感测输入端。电流感测信号被内部一个 195ns 的前沿消隐（LEB）电路滤波
5	ZCD	零电流检测（ZCD）绕组电压传感输入端。一旦 ZCD 控制电路检测到 ZCD 绕组已经退磁，外部 MOSFET 则导通
6	GND	IC 地
7	DRV	大电流推拉式 MOSFET 栅极驱动器输出端
8	VCC	IC 正电源电压输入端。该引脚的导通门限为 12V，欠电压关闭门限是 10.2V，启动之后的工作电压范围为 10.2～20V

NCL30000 的主要特点如下：

① NCL30000 是一种低成本反激式单级 PFC 控制器，工作在 CRM，进行恒定导通时间 PWM 控制。

② 启动电流低至 24μA，栅极驱动器源出电流为 500mA，灌入电流达 800mA。

③ 电流感测门限仅为 500mV，在外部电流感测电阻上有最小的功率耗散。

④ 无需输入电压感测。

⑤ 提供逐周电流保护、使能功能和过电压保护。

⑥ −40～125℃的宽工作结温范围。

⑦ 可利用 TRIAC 调光器实现对 LED 的调光。

⑧ 采用符合 RoHS 指令的无铅、无卤素等有害物质的绿色封装。

16. NCL30000 工作原理是什么？

图 3-20 所示为由 NCL3000 组成的单级 PFC 隔离型反激式 LED 驱动电源电路。

在图 3-20 中，U_1 履行单级反激式变换器驱动和 PFC 控制，二次侧上的 U_2（NCS1002）是恒压/恒流控制器，U_2 用作感测 LED 平均电流和输出电压，并且通过光电耦合器接口为一次侧提供一个反馈信号。

17. NCL30000 单级 PFC 实际电路的主要技术指标是什么？

采用 NCL30000 的 1.75W 单级 CrM-PFC 反激式 LED 照明电源电路如图 3-21 所示。这种高性能电源的主要技术指标如下。

AC 输入电压 v_{IN}：90～305V。

线路功率因数：>0.98。

输出电流 I_{OUT}：350mA。

LED 负载电压 V_{OUT}：12～50V。

满载效率 η：>83%。

最大输出功率 P_{OUT}：17.5W。

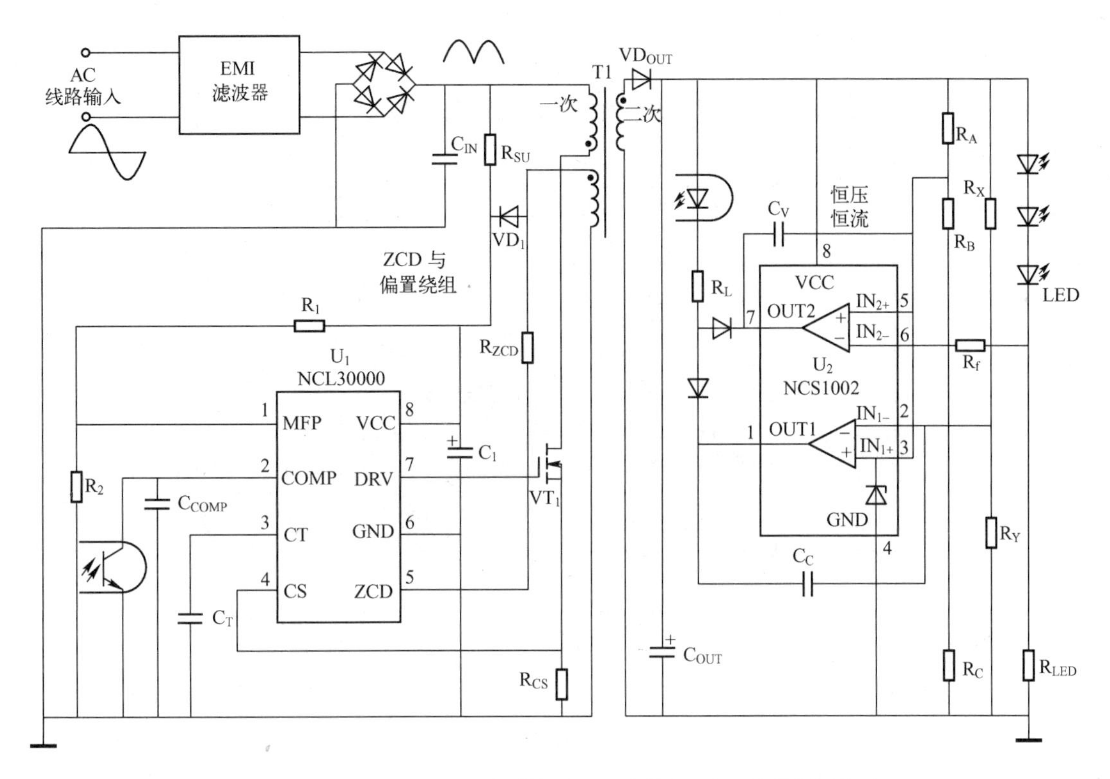

图 3-20 基于 NCL30000 的单级 PFC 反激式 LED 照明电源电路

图 3-21 所示为电源电路组成及主要元器件。

18. EMI 滤波器的作用是什么？应如何选择？

EMI 滤波器用作衰减开关电流，将高频谐波降低到传导发射限制之内。通过线与线之间的 X 电容引入一个电流相位移，可以不降低功率因数。由 27mH 的共模电感 L_1 和两个 2.2mH 的差模电感 L_2 和 L_3 及 47nF 的电容 C_1 和 C_2 等组成的多级 EMI 滤波器，为通过 B 类传导发射要求提供充分衰减。

差模电感 L_2 和 L_3 显示自谐振特性，电阻 R_2 和 R_3 用作阻尼谐振，提供平滑的滤波性能。在谐振点上的频率 f_{res} 约为 500kHz，在该频率上 L_2 和 L_3 的阻抗均为

$$X_L = 2\pi f_{res} L = 2 \times 3.14 \times 500 \times 10^3 \text{Hz} \times 2.2 \times 10^{-3} \text{H} = 6.9\text{k}\Omega$$

R_2 和 R_3 的电阻值应稍低于 X_L，可以选择 $R_2 = R_3 = 5.6\text{k}\Omega$。

连接在变压器一次侧与二次侧之间的 Y 电容 C_{10} 用作旁路共模电流。

由于反激式变换器输入电容 C_4 仅为 100nF，因此输入端不必使用浪涌电流限制元器件。

FU 为熔断器，RV 用作线路过电压保护。

19. 启动与一次侧偏置电路的作用是什么？启动电阻应如何选择？

连接在整流输出高压总线上的 R_{start}（$R_{13A} + R_{13B}$）是启动电阻，U_1 引脚 8 上的 C_8 为 V_{CC} 电容。系统加电后，流经 R_{start} 的电流通过 VT_2 的 BE 结对 C_8 充电。当 C_8 上的充电电压达到 12V 时，引脚 VCC 导通，U_1 内部参考和逻辑电路被激活，器件开始操作。V_{CC} 电压有一个 2.5V 的滞后（即 $V_{hyst} = 2.5\text{V}$），以有足够的时间使 C_8 接收来自偏置绕组的电流。U_1 的启动时间 $T_{start} = 8\text{ms}$，运行电流 $I_{run} = 3\text{mA}$，C_8 的电容量可按照下式进行计算：

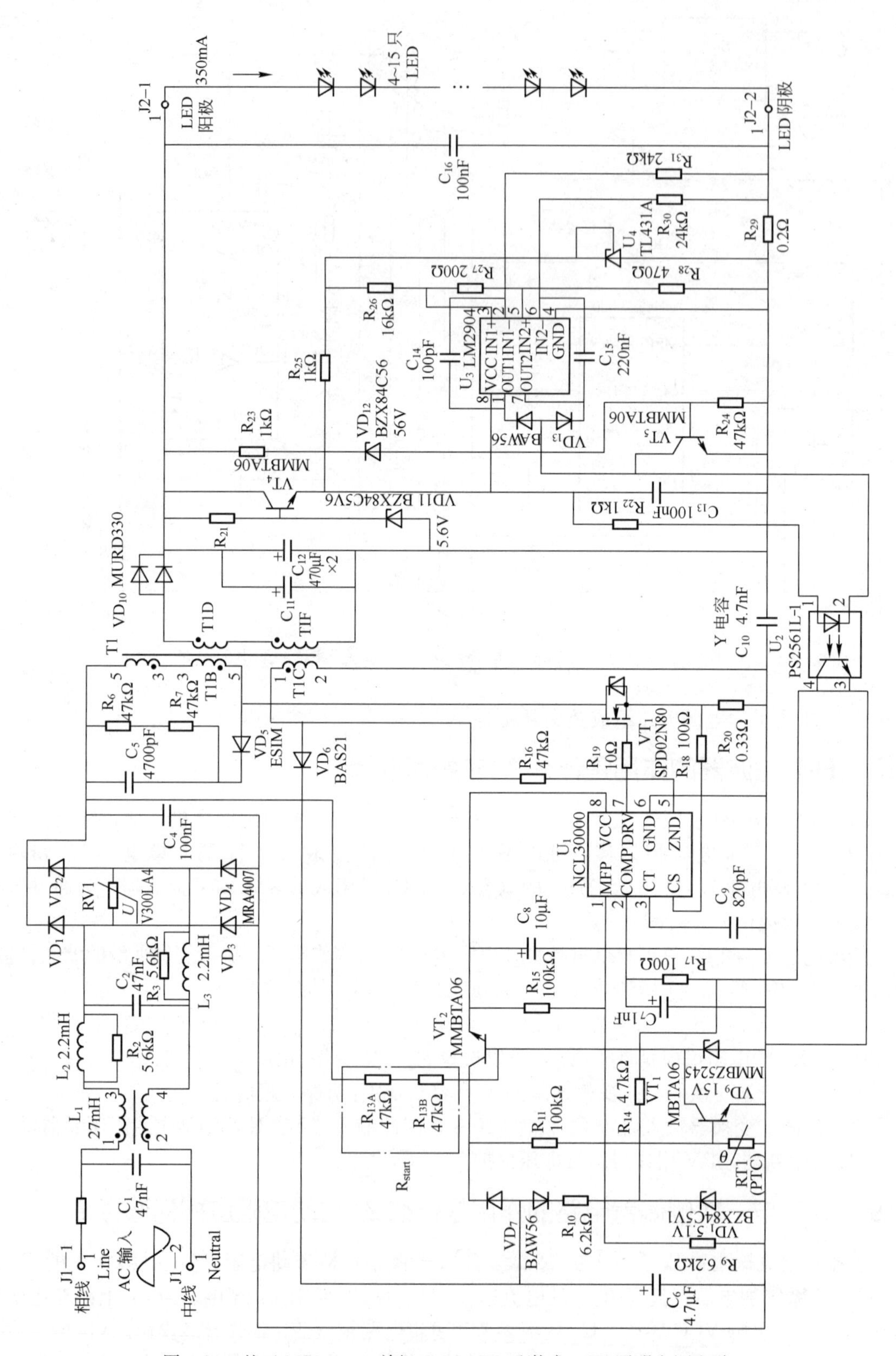

图 3-21　基于 NCL30000 单级 CrM-PFC 反激式 LED 照明电源电路

$$C_8(C_{start})=\frac{I_{run}t_{start}}{V_{hyst}}=\frac{3\times10^{-3}\text{A}\times8\times10^{-3}\text{s}}{2.5\text{V}}\approx10\mu\text{F}$$

U_1 在启动时的最大电流为 35μA，R_{11} 和 R_{15} 需要的电流约为 12V/（$R_{11}//R_{15}$）= 240μA，所汲取的总电流 I_d=240μA+35μA=275μA。通过启动电阻的电流对启动电容 C_8 的充电目标时间 dt 设定在 250ms，最低 DC 总线电压 $V_{IN(min)}=90\text{V}\times\sqrt{2}=127\text{V}$，启动电阻值的计算方法为

$$R_{start}\leqslant\frac{V_{IN(min)}}{\frac{C_8\text{d}V_{start}}{\text{d}t}+I_d}=\frac{127\text{V}}{\frac{10\text{MF}\times12\text{V}}{0.25\text{s}}+275\mu\text{A}}\approx168\text{k}\Omega$$

启动电阻值选择 94kΩ，即可保证可靠启动。因此可以选择 $R_{BA}=R_{BB}$=47kΩ。

T 辅助绕组 T_{1C}、VD_6、C_6、隔离二极管 VD_7、15V 的稳压二极管 VD_9、晶体管 VT_2 和 C_8 等组成 U_1 的偏置电源电路。其中，VD_9 和 VT_2 等组成线性稳压器。V_{CC}电压将低于其最大额定值（20V），并被限制在 18V 以下。

20. 热关闭电路的作用是什么？

R_{11}、正温率系数（PTC）热敏电阻 RT 和晶体管 VT_1 等组成热关闭电路。RT 紧靠功率 MOSFET（VT_3），当温度过高时 RT 电阻急剧增加，使 VT_1 导通，从而关断 VT_2，于是 U_1 停止开关。一旦 RT 冷却，电路将恢复到正常操作模式。

21. 零电流检测（ZCD）的作用是什么？

T 一次侧偏置绕组 T_{1C}同时为 U_1 引脚 5 提供 ZCD 信号，限流电阻 R_{16}选择 47kΩ，将 U_1 引脚 5 上的电流限制在±10mA，并且提供所需要的门限电平。

22. 变压器 T 应如何设计？

对于 17.5W 的 LED 负载，变压器 T 必须能够处理 2.5 倍的平均输出功率，即 T 峰值功率为 17.5W×2.5=43.75W。

对于 17.5W 的输出应用，功率开关 VT_1 选用 DPAK 封装的 SPD02N80，其最大漏极额定电压为 800V。选择一个 0.8 的降额系数，VT_1 的漏、源极之间的电压 V_{DS}=800V×0.8=640V。最高 DC 输入电压 $V_{IN(max)}=305\text{V}\times\sqrt{2}=430\text{V}$，最高 DC 输出电压 $V_{OUT(max)}$=50V，T_1 一次绕组、二次绕组最大匝数比 n_{max}为

$$n_{max}=\frac{V_{DS(max)}-V_{IN(max)}}{V_{OUT(max)}}=\frac{640\text{V}-430\text{V}}{50\text{V}}=4.2$$

T 二次侧整流二极管 VD_{10}的正向电流应为输出电流的 5～10 倍，VD_{10}选用 300V、3A 和 50ns 的 MURD330 快速恢复二极管。反向电压加一个 0.8 的系数，最高反向击穿电压 V_R= 300V×0.8=240V。T 一次侧与二次侧的最小匝数比 n_{min}则为

$$n_{min}=\frac{V_{IN(max)}}{V_R-V_{OUT(max)}}=\frac{430\text{V}}{240\text{V}-50\text{V}}\approx2.26$$

在本设计中，T 选用 EFD25 磁芯，匝数比 η 选择 3.8。

在 AC90V 输入时，开关频率 f_{SW}选择 39kHz。反激式变换器最低 DC 输入电压 $V_{IN(min)}$= $90\text{V}\times\sqrt{2}\approx127\text{V}$。开关导通时间 t_{on}可按照下式来计算：

$$t_{on}=\frac{1}{f_{SW}\left(\frac{V_{IN(min)}}{nV_{OUT(max)}}+1\right)}=\frac{1}{39\times10^3\text{Hz}\times\left(\frac{127\text{V}}{3.8\times50\text{V}}+1\right)}\approx15.4\mu\text{s}$$

一次绕组电感值 L_p 按照式计算：

$$L_p=\frac{f_{SW}V_{IN(min)}^2 t_{on}^2}{4.94P_{OUT}}=\frac{39\times10^3 Hz\times(127V)^2\times(15.4\mu s)^2}{4.94\times17.5W}\approx1.72mH$$

一次侧峰电流 $I_{p(PK)}$ 为

$$I_{p(PK)}=\frac{V_{IN(min)}t_{on}}{L_p}=\frac{127V\times15.4\mu s}{1.72\times10^{-3}Hz}\approx1.137A$$

VT_3 选用 2A 的 SPD02N80 是适宜的。该器件的导通电阻是 2.7Ω，输出电容为 13pF。

T 二次侧峰值电流 $I_{s(PK)}$ 则为

$$I_{s(PK)}=I_{p(PK)}n=1.13A\times3.8\approx4.3A$$

EFD25 磁芯最大磁通密度 $B_{max}=3650Gs$，横截面积 $A_c=0.58cm^2$。一次绕组匝数按照下式计算：

$$N_p=\frac{L_p I_{p(PK)}10^8}{B_{max}A_c}=\frac{1.72\times10^{-3}H\times1.13\times10^8}{3650Gs\times0.58cm^2}=92T$$

二次绕组匝数 N_s 为

$$N_s=N_p/n=92T/3.8\approx24T$$

输出 LED 灯串最少 LED 数量是 4 个，每个 LED 的正向电压降是 3V，因此 T 二次侧最低电压 $V_{s(min)}=12V$。U_1 引脚 VCC 上的最低电压是 10.2V，加上 2V 的 VD_7 和 VT_2 所需要的电压，偏置绕组上的最低电压 $V_{b(min)}=12.2V$。偏置或 ZCD 绕组匝数 N_b 为

$$N_b=N_s\frac{V_{b(min)}}{V_{s(min)}}=24T\times\frac{12.2V}{12V}=24.4T$$

选择 $N_b=22T$。

变压器 T 的主要参数如下。

磁芯类型：EFD25/13/9-3C90。

骨架类型：10 引脚卧式 CSH-EFD25-1S-10P。

一次绕组：$N_p=N_{T1A}+N_{T1B}=46T+46T=92T$。

电感量 $L_p=1.72mH$

二次绕组：$N_s=N_{T1D}+N_{T1E}=12T+12T=24T$。

偏置与 ZCD 绕组：$N_B=N_{T1C}=22T$。

磁芯间隙（1.72mH 时）：0.36mm（即 0.0143in）。

从一次侧到二次侧的隔离电压：3kV（1min 时）。

23. 导通时间电容和一次侧电流感测电阻应如何选择？

（1）导通时间电容选择　U_1 引脚 CT 上的 C_9 是导通时间电容。C_9 上的充电电流 $I_{CHG}=297\mu A$，最大门限电压 $V_{CT(max)}=4.775V$，功率变压器及二次侧的效率 $\eta=87\%$，C_9 的电容量按照下式计算：

$$C_9=C_T=\frac{4.94L_p P_{OUT} I_{CHG}}{\eta V_{IN(min)}^2 V_{CT(max)}}\left(\frac{V_{IN(min)}^2}{nV_{OUT(max)}}+1\right)$$
$$=\frac{4.94\times1.72\times10^{-3}\times17.5\times297\times10^{-6}}{87\%\times127^2\times4.775}\times\left(\frac{127^2}{3.8\times50}+1\right)F$$
$$\approx1.1nF$$

选取 $C_9=820pF$。

（2）电流感测电阻选择　VT_3 源极上串联的 R_{20} 为一次侧电流感测电阻。一次侧峰值电流 $I_{p(PK)}=1.13A$。U_1 引脚 CS 上的门限电压是 0.5V，因此 $R_{20}=0.5V/1.13A\approx0.44\Omega$。考虑到

电流感测信号在 R_{18} 上的衰减等因素，R_2 选用 0.33Ω/0.5W 的电阻。在 $R_{20}=0.33\Omega$ 的情况下，一次侧峰值限制电流为 0.5V/0.33Ω≈1.5A。

24. 二次侧电路与反馈的作用分别是什么？

VD_{10} 和 C_{11}、C_{12} 为二次侧整流滤波电路。U_3 是恒压/恒流控制器，稳压二极管 VD_{11} 和晶体管 VT_4 提供约为 5V 的偏置电压。56V 的稳压二极管 VD_{12} 和晶体管 VT_5 提供输出开路保护。

R_{29} 为输出电流感测电阻，在 R_{29} 上的电压降为 350mA×0.2Ω=70mV。U_4 提供一个 2.5V 的电压参考，R_{26}～R_{28} 组成的电阻分压器为 U_3 提供正输入（IN1＋和 IN2＋），R_{29}～R_{31} 分别为 U_3 提供负输入（IN1－和 IN2－）。U_3 的输出经光电耦合器 U_2 反馈至 U_1，以进行 PWM 控制。

25. iW2202 的封装及引脚功能分别是什么？

iW2202 是 iWatt 公司生产的世界首款数字开关电源单级 PFC 控制器。由其组成的 150W 带有 PFC 的开关电源，符合“蓝天使”（Blue Angel）等节能标准。

iW2202 采用 8 引脚 SO 封装，引脚排列如图 3-22（a）所示。iW2202 芯片集成了波形分析、控制逻辑和驱动器等电路，其组成框图如图 3-22（b）所示。

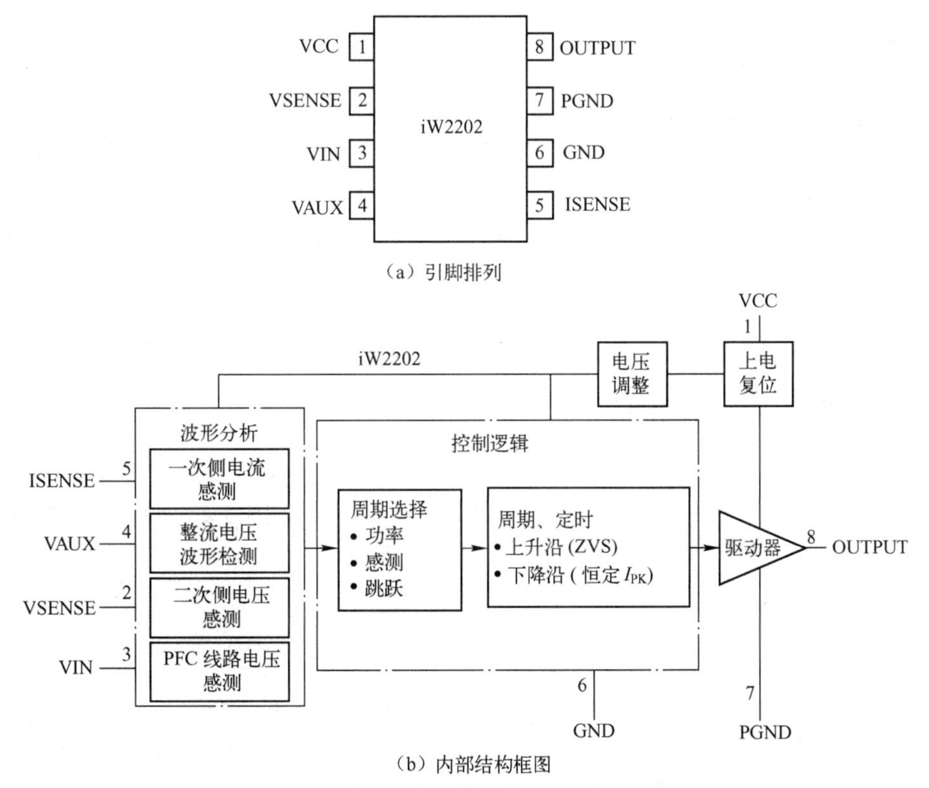

图 3-22 iW2202 的引脚排列及其内部结构框图

iW2202 的引脚功能见表 3-3。

表 3-3 iW2202 的引脚功能

引脚号	名称	类型	功能
1	VCC	电源输入	电源端

续表

引脚号	名称	类型	功能
2	VSENSE	模拟输入	二次侧电压感测端，通常与引脚4连接在一起
3	VIN	模拟输入	线路电压感测端，用作监视整流线路电压
4	VAUX	模拟输入	辅助绕组反馈电压输入端，用作监测输出电压波形
5	ISENSE	模拟输入	一次侧电流感测端，用于逐周峰值电流控制
6	GND	信号地	模拟与数字电路接地端
7	PGND	功率地	输出驱动器接地端
8	OUTPUT	数字输出	外部MOSFET开关栅极驱动器输出端

26. iW2202的主要电气特性参数有哪些？

（1）iW2202的主要电气特性参数　启动门限电压为（14±1.5）V，启动电流典型值为0.5mA，启动后的最低工作电压为（10±1.5）V，工作电流（10V≤V_{CC}＜13.2V）典型值为12mA，电源欠电压保护电平为7.8V，过电压保护电平为15V。

引脚2、3和4的输入电压范围为0～5V，输入电流典型值为0.1μA，内部参考电压为1.2V。

一次侧电流感测端（引脚5）输入电压为0～5V，输入电流为0.1μA（最大值是2μA），输出关闭电压为1.5～5V。

（2）iW2202的主要特点

① 采用单级单开关结合升压与隔离回扫［回扫（Flyback）即反激式］变换器电路拓扑，在临界不连续导电模式（CDCM）工作，实现0.97的功率因数。

② 采用脉冲串（PulseTrain™）数字控制技术，允许电压、电流和PFC独立控制，在85～270V的AC线路通用输入和宽负载范围上获得85%以上的效率，在大容量滤波电容上的电压低于400V。

③ 智能跳跃（SmartSkip）模式提供低电源待机功耗，符合“蓝天使”等规范要求。

④ 一次侧反馈无需使用光电耦合器，并且不需要环路补偿，从而使设计简化。

27. iW2202电路如何构成？

iW2202被用作组成PFC的升压与回扫整流器/能量储存DC/DC（Boost Integrated with Flyback Rectifier/Energy storage DC/DC，BIFRED）拓扑，如图3-23所示。这种BIFRED电路是一种升压与隔离回扫变换器相结合的单级单开关拓扑。

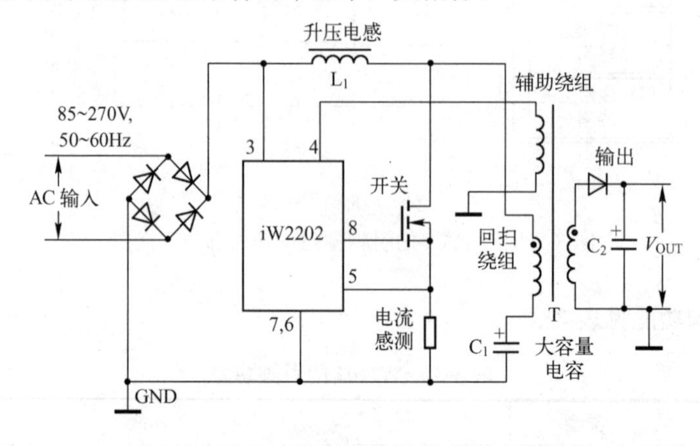

图3-23　基于iW2202的BIFRED电路拓扑

28. 基于 iW2202 的 PFC 电路如何实现？

在基于 iW2202 的 BIFRED 拓扑中，升压电感、开关 MOSFET 和大容量电容（C_1）等组成单级 PFC 电路。单级 PFC 升压变压器工作在不连续导电模式，电容 C_1 驱动回扫变换器。电路在开关接通时，来自 AC 线路的能量被储存升压电感中，与此同时电容 C_1 中的能量提供给变压器一次绕组并被储存。在开关断开时，在一次绕组中的能量被传送到输出端。同时，在升压电感器中的能量提供给 C_1，并对 C_1 充电。

在 AC 线路输入的半周期内，如果两个电感中储存的平均能量相同，在 C_1 上的电压将保持不变。采用 iW2202 作控制器，在 C_1 上的电压低于 400V。若采用 PWM 或 PFM 传统控制器，在同样线路电压和负载条件下，C_1 上的电压将会变得非常高，势必增加对 C_1 和功率开关的应力。

图 3-24 所示为采用 iW2202 的数字开关电源的 AC 输入电流和电压波形。开关电源输入功率因数不低于 0.97，输入电流谐波符合 EN1000-3-2 标准规定。

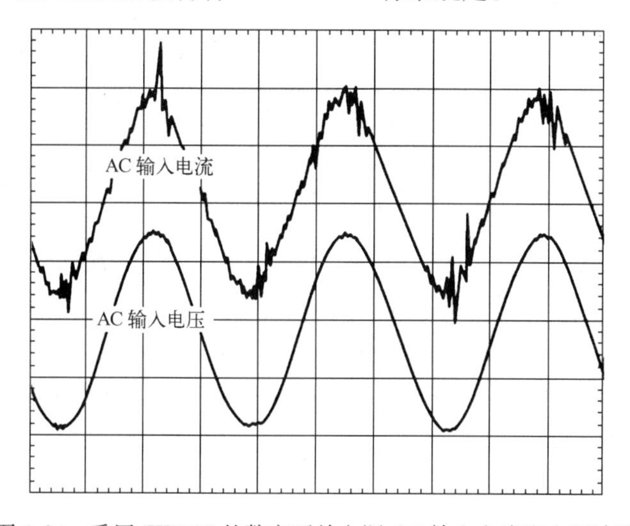

图 3-24 采用 iW2202 的数字开关电源 AC 输入电流和电压波形

29. Pulse Train 如何调节？

Pulse Train 通过功率脉冲的出现控制输出电压。如果输出电压低于预置电平，功率脉冲则被连续发射，直到达到期望的电平。如果输出电压高于预置电平，感测脉冲将取代功率脉冲被发射。感测脉冲导通时间比功率脉冲导通时间短得多（见图 3-25），感测脉冲只传输非常小的能量。

感测脉冲的开通时间为功率脉冲的 1/4，峰值电流同样为功率脉冲的 1/4。因此，感测周期传送的能量仅为功率周期传送能量的 1/16。在大多数情况下，通过功率周期和感测周期的结合获得对输出电压的调节。在非常低的负载条件下，没有功率脉冲发送，而是感测周期与跳跃周期交替。为保持输出电压不变，Pulse Train 控制器提供功率脉冲与感测脉冲的最佳比率。虽然脉冲频率和占空比可以变化，但是并不影响电压调节。

30. iW2202 实时波形有何作用？

iW2202 内部利用实时波形分析电路确定关键电路参数。回扫变压器反射的二次侧电压在精确计算的时间上被感测，以确定二次侧电压、变压器复位时间和理想的零电压开关（ZVS）

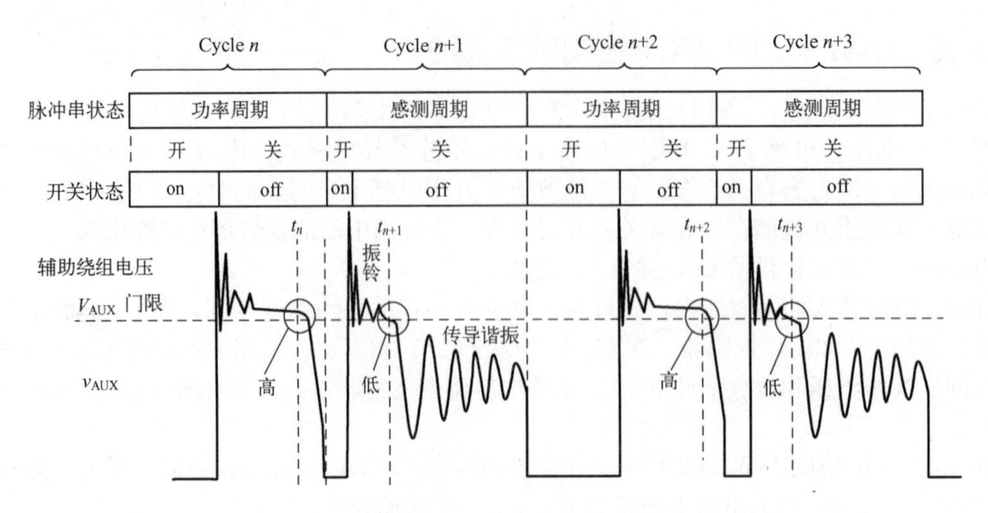

图 3-25　功率脉冲、感测脉冲及在辅助绕组上反射的二次侧电压波形

点。在每个周期上完成测量，每一个周期的测量结果决定接下来的周期的脉冲类型。

传统电压调节器采用在多周期上的电压平均感测技术，这种方法易丢失大量的信息，引入延迟，并影响控制器的动态响应和稳定性。实时波形分析技术则不存在这些弊端，电路的动态响应时间短于单个周期的关断时间，具有较高的系统稳定性，并且无需环路补偿。

31. 基于 iW2202 的单级 PFC 开关电源电路如何构成？

基于控制器 iW2202 带单级单开关 PFC 的开关电源电路如图 3-26 所示。图中，VT 为 MOSFET 开关，它与 VD_6、L 和 C_1 等组成 BIFRED 升压/回扫系统的升压变换器电路。T 的回扫绕组（Wp）为负载提供功率，反射在辅助绕组（WAUX）上的电压被芯片的实时波形分析电路利用，WAUX 同时还为芯片提供电源。VD_1、C_4 和启动元件等组成芯片供电电源电路。R_7 和 R_8 组成分压器，用作感测线路电压。R_4～R_6 组成电流感测电路，作用设置峰值电流。VD_3、VD_4 和 C_3 组成缓冲电路。

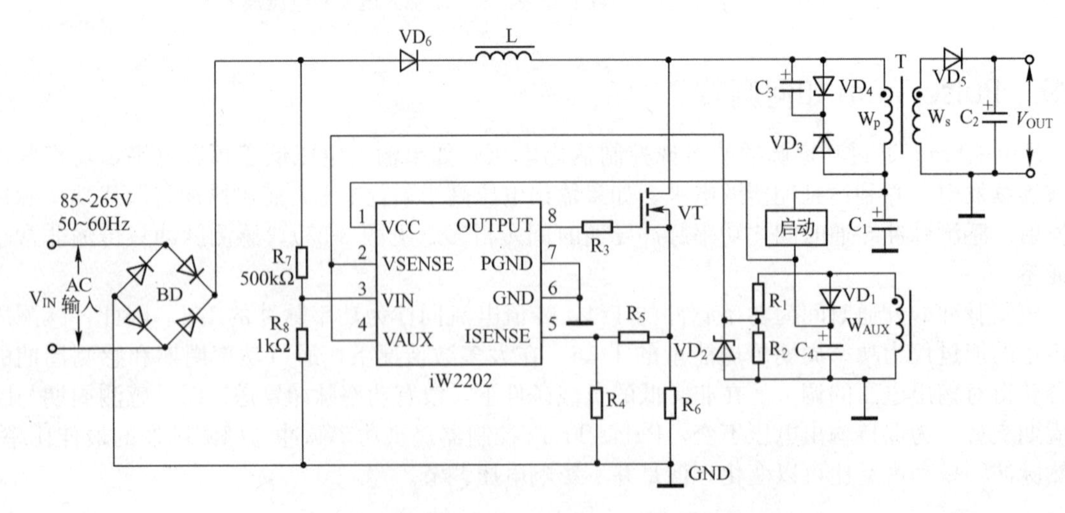

图 3-26　基于 iW2202 带单级单开关 PFC 的开关电源电路

设图 3-26 所示开关电源 AC 输入电压范围为 85～265V，输出功率 P_{OUT}＝70W，输出电压 V_{OUT}＝19V，满载下的效率 η 为 80%。为保持元器件有较低的成本，所选用开关 MOSFET

的最大漏极电压 $V_{D(max)}$ 为 500V。

32. 如何确定变压器一次绕组与二次绕组匝数比？

在 T 的一次绕组与二次绕组匝数比为 N 时，VT 上施加的电压 V_D 为输入电压 V_{IN} 与二次绕组反射电压 NV_s 之和，即 $V_D=V_{IN}+NV_s$。设输出整流二极管 VD_5 的正向压降 V_F 为 0.7V，二次绕组上的电压为 $V_s=V_{OUT}+0.7V=19.7V$。VT 的最大漏极电压为

$$V_{D(max)}=\sqrt{2}V_{IN(max)}+NV_s$$

式中，$V_{IN(max)}$ 为最高线路电压（有效值），$V_{IN(max)}=265V$。

由上式得

$$N=[V_{D(max)}-\sqrt{2}V_{IN(max)}]/V_s=(500V-\sqrt{2}\times 265V)/19.7V\approx 6.36(\text{取 }6)$$

33. 如何确定峰值电流 i_{PK}？

最大平均输入电流发生在最低 AC 线路电压下，有

$$i_{IN}=\frac{P_{OUT}/\eta}{\sqrt{2}V_{IN(min)}}=\frac{70W/0.8}{\sqrt{2}\times 85V}\approx 0.728A$$

将平均输入电流转换为 i_{PK}，其值取决于开关占空比 D 和一次侧电流波形。一次侧电流为三角波，峰值为平均电流的 2 倍，于是可得

$$i_{PK}=2i_{IN}/D$$

在最低 AC 线路电压上，占空比 D_L 为

$$D_L=t_{on(max)}/(t_{on(max)}+t_{off})$$

式中，$t_{on(max)}$ 为最大开关导通时间，$t_{on(max)}=5.5\mu s$；t_{off} 为开关截止时间，μs。

在临界不连续模式回扫变换器中，下式成立：

$$\sqrt{2}V_{IN(min)}t_{on(max)}=NV_st_{off}$$

于是可得

$$t_{off}=\frac{\sqrt{2}V_{IN(min)}t_{on(max)}}{NV_s}=\frac{\sqrt{2}\times 85V\times 5.5\mu s}{6\times 19.7V}\approx 5.6\mu s$$

根据上式得

$$D_L=\frac{5.5\mu s}{5.5\mu s+5.6\mu s}\approx 0.495$$

将 $D_L=0.495$ 代入到上式得

$$i_{PK}=2\times 0.728A/0.495\approx 2.94A$$

开关频率 f_{SW} 为

$$f_{SW}=\frac{1}{5.5\mu s+5.6\mu s}=90kHz$$

34. i_{PK} 设置电阻如何确定？

峰值电流 i_{PK} 由电流感测电阻 R_6 和电阻分压器（R_4 和 R_5）设定。若设 $R_6=0.1\Omega$，在 i_{PK} 下 R_6 上的电压 $V_{R6}=i_{PK}R_6=2.94A\times 0.1\Omega=0.294V$。

iW2202 引脚 5 内部是一个增益为 5 的电压放大器，参考电压 $V_{REF}=1.2V$。若选择 $R_4=2.2k\Omega$，R_5 的阻值则为

$$R_5=\frac{R_4(V_{R6}G_K-V_{REF})}{V_{REF}}=\frac{2.2k\Omega\times(0.294V\times 5-1.2V)}{1.2V}=495\Omega$$

35. 如何确定一次侧电感值 L_p？

L_p 值可按下式计算：

$$L_p=\frac{\sqrt{2}V_{IN(min)}t_{on(max)}}{i_{PK}}=\frac{1.414\times 85V\times 5.5\times 10^{-6}s}{2.94A}=255\mu H$$

36. 如何计算辅助绕组电阻 R_1 与 R_2 的阻值？

辅助绕组上 R_1 与 R_2 组成的电阻分压器设置输出电压。R_2 上的分压电压被肖特基二极管钳位后加至 iW2202 的引脚 4，iW2202 内部参考电压被固定在 1.2V。辅助绕组上的电压 V_{AUX} 考虑到二极管 VD_1 的 0.6V 的电压降后，被设置在 12.6V。辅助绕组与二次绕组匝数比则为 $N_{AUX}/N_s=19.7/12.6$。V_{AUX} 可表示为

$$V_{AUX}=V_{REF}(1+R_1/R_2)$$

由上式可得

$$R_1=\frac{(V_{AUX}-V_{REF})R_2}{V_{REF}}$$

若设 $R_2=1.1k\Omega$，根据上式得

$$R_1=\frac{(12.6V-12V)\times 1.1k\Omega}{1.2V}=0.55k\Omega$$

37. PFC 电路中 L 和 C_1 如何选择？

在 BIFRED 拓扑中，升压电感的电感值计算公式为

$$L=L_p\eta/2$$

由于一次绕组电感值 $L_p=225\mu H$，由上式得

$$L=225\mu H\times 0.8/2=90\mu H$$

电容 C_1 的容量可按 $2\mu F/W$ 计算，即

$$C_1=(2\mu F/W)\times 70W=140\mu F$$

由 iW2202 组成的单级 PFC 数字开关电源，仅需要很少量的元器件。与普通单级单开关 PFC 电路比较，基于 iW2202 的数字开关电源，储能电容（C_1）上的电压低于 400V，从而可使用 400V 的标准电容。

38. 带有源 PFC 的两级或多级驱动电源的功能是什么？

在 LED 路灯照明应用中，由于灯功率较大，单级 PFC 电路难以同时兼顾 PFC 预调整和反激式或半桥 LLC 谐振电路输出恒流/恒压调整性能，这时需要采用 PFC+PWM 两级电路架构来实现这一目标。

在两级电路架构的电源中，有源 PFC 控制器和 PWM 控制器分别驱动两个功率开关。为了使系统电路简化，通常将 PFC 控制器和 PWM 控制器集成在同一芯片上，这样就可以使用单片 PFC/PWM 组合芯片控制和驱动两级电路，但仍然需要两个功率开关。

39. 由 SPI-9150 构成的带有源 PFC 的两级 LED 驱动电源的特点是什么？

三肯电气（上海）有限公司推出一种 PFC/PWM 组合控制器 SPI-9150 单片 IC，适合用作设计 80～200W 的有源 PFC 与反激式变换器两级架构的隔离或非隔离 LED 照明用电源，并能够实现 0.99 以上的功率因数和 90%以上的高效率。

SPI-9150 采用 16 引脚 DIP 封装，芯片高度集成了 PFC 和 PWM 控制电路以及各种保护电

路。SPI-9150 的保护功能包含芯片过热关闭（TSD）保护、PFC 和反激式变换器 DC 输出过电压保护（OVP）、PFC 与反激式变换器过电流保护（OCP）以及过载保护（OLP）等。在出现过电压、过载和过热时，电路进入保护锁定状态，当拔下 AC 电源插座且故障解除时，系统即可恢复到正常状态。

40. 基于 PFC/PWM 控制器 SPI-9150 的实际电路如何运用？

基于 PFC/PWM 控制器 SPI-9150 的 120W 隔离式 PED 照明电源电路如图 3-27 所示。

（1）输入 EMI 滤波器与桥式整流器　在图 3-27 所示的电路中，L_2、C_{33}、C_{32}、C_{17}和 R_{32}等组成输入 EMI 滤波器，反激式变压器 T_1（DC0 一次侧与二次侧之间的 C_{35}为 Y 电容）。FU 为熔断器，RV 为浪涌电压吸收元件。BD 为全桥式整流器。

（2）有源 PFC 升压变换器　U_1（SPI-9150）中有源 PFC 控制器及其外部的 T_1（PFC）、PFC 开关 VT_1（500V/0.5Ω）和升压二极管 VD_{11}等构成有源 PFC 升压变换器。CE_1 和 C_{21}分别为 PFC 级电路的输入电容和输出电容。R_{22}、R_{23}、R_{41}和 R_{24}组成电阻分压器，用作感测输入电压，并将在 R_{24}上的检测信号经 U_1 引脚 7 输入到内部一相限乘法器。二极管 VD_6 是启动时的通路器件。在系统加电后，电流经过 VD_6 直接对 PFC 输出电容 C_{21}充电，这样就可以保证 PFC 电路启动时在升压电感［T_1（PFC）一次绕组］中没有能量存储。T_1（PFC）二次侧为零电流检测（ZCD）绕组，为 U_1 引脚 12 提供 ZCD 信号。RE_1 为 PFC 级电流感测电阻，R_{36}、R_{34}、R_{40}和 R_{34}组成电阻分压器用来感测 PFC 输出 DC 电压，在 R_{34}上的检测信号馈送到 U_1 引脚 10，以进行 PFC 输出电压调整及过电压保护（OVP）。PFC 升压变换器输出稳定的 DC 高压（通常为 400V），作为下游级联的反激式变换器的输入。DC 高压加至 U_1 引脚 16，直接启动 U_1。

（3）反激式变换器　U_1 中的反激 PWM 控制器、功率开关 VT_2、变压器 T_1（DC）、二次侧整流二极管 VD_{13}和平滑电容 C_{19}等组成反激式变换器。R_{53}是 LED 电流感测电阻。运算放大器 U_2（LM358）和光电耦合器 U_3 提供恒流（CC）控制和反馈。U_4（TL431）为 U_2 提供 2.5V 的参考电压，R_{50}、VD_{16}和 VD_{18}等对负载开路提供输出电压钳位。T_1（DC）一次绕组上连接的 VD_9、R_{27}和 C_{20}组成 RCD 型钳位电路。R_{47}为反激式变换器一次侧电流感测电阻，在 R_{47}上的电流检测信号输入到 U_1 的引脚 4，进行过电流保护（OCP）。T_1（DC）的辅助绕组（引脚 4 与引脚 5 之间）、R_{37}、VD_{10}和 C_{25}为 U_1 引脚 2 提供 V_{CC}偏置。

41. PFC 变压器的结构是什么？

（1）PFC 变压器 T_1（PFC）　T_1（PFC）使用 PQ3220 磁芯，其电气图与结构示意图如图 3-28 所示。

T_1（PFC）的参数见表 3-4。

表 3-4　T_1（PFC）参数

绕组	符号	匝数	导线尺寸/mm×mm	绕组类型
一次侧	N_p	44	ϕ0.2×10	螺线管
ZCD	N_{ZCD}	5	ϕ0.26	间绕

（2）反激式变压器 T_2（DC）　T_2（DC）使用 TDK PQ32/20 磁芯（A_c=170mm²），其电气图与结构示意图如图 3-29 所示。

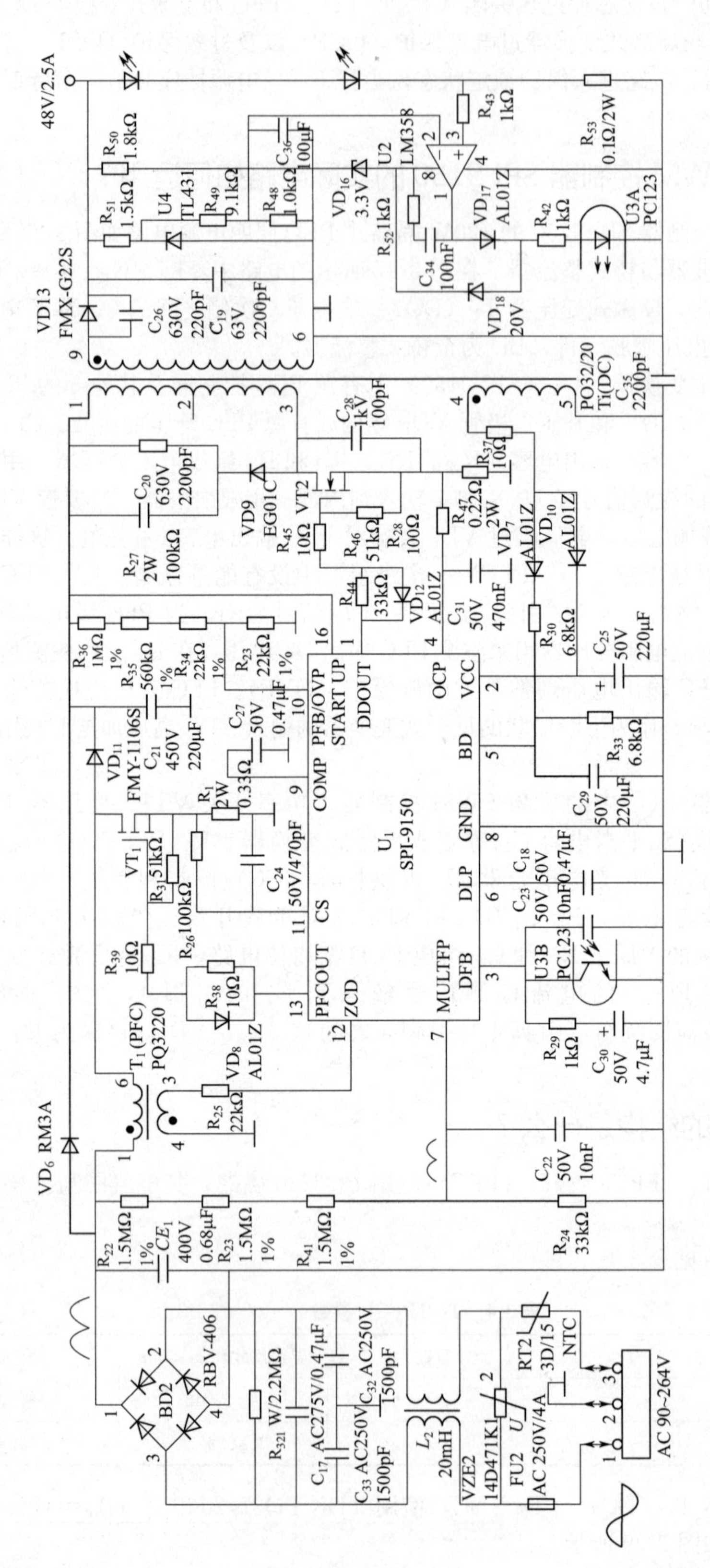

图 3-27　基于 PFC/PWM 控制器 SPI-9150 的 120W 照明电源电路

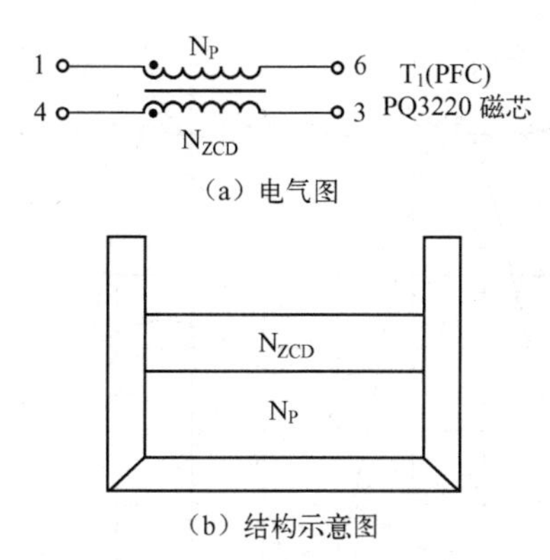

（a）电气图

（b）结构示意图

图 3-28 PFC 变压器 T_1（PFC）的电气图与结构示意图

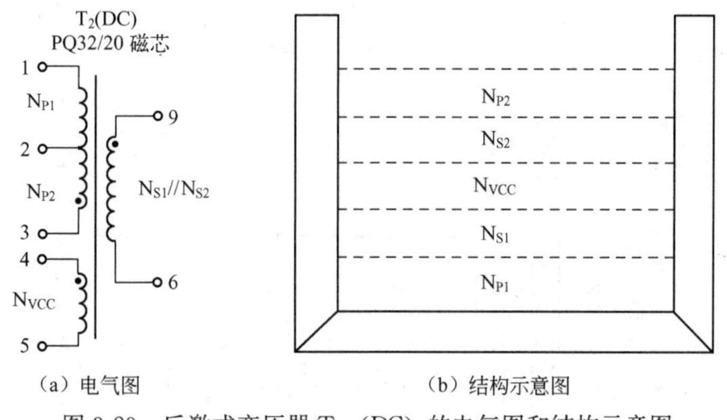

（a）电气图　　（b）结构示意图

图 3-29 反激式变压器 T_2（DC）的电气图和结构示意图

T_2（DC）的参数见表 3-5。

表 3-5 T_2（DC）参数

绕组	符号	匝数	导线尺寸/mm×mm	绕组类型	备注
一次	N_{P1}	21	ϕ0.2×7	螺线管	串联，电感量为 741μH
	N_{P2}	21	ϕ0.2×7	螺线管	
偏置	N_{VCC}	3	ϕ0.26	间绕（Space）	
二次	N_{S1}	8	TEXϕ0.32×4	螺线管	并联
	N_{S2}	8	TEXϕ0.32×4	螺线管	

42. 测试数据都是什么？

（1）AC 输入电压、电流和 PFC 输出电压波形　在 AC 输入电压为 220V 时 AC 输入电压、输入电流和 PFC 升压变换器输出 DC 电压波形如图 3-30 所示。由图可以看出，AC 输入电流为正弦波，并且与 AC 输入电压保持同相位。

（2）AC 输入电流谐波　AC 输入电流高次谐波实测值与 IEC 61000-3-2 标准关于 C 类（照明）设备限制值的比较如图 3-31 所示。

（3）线路功率因数与系统效率　根据不同 AC 输入电压时的线路功率因数（PF）和系统

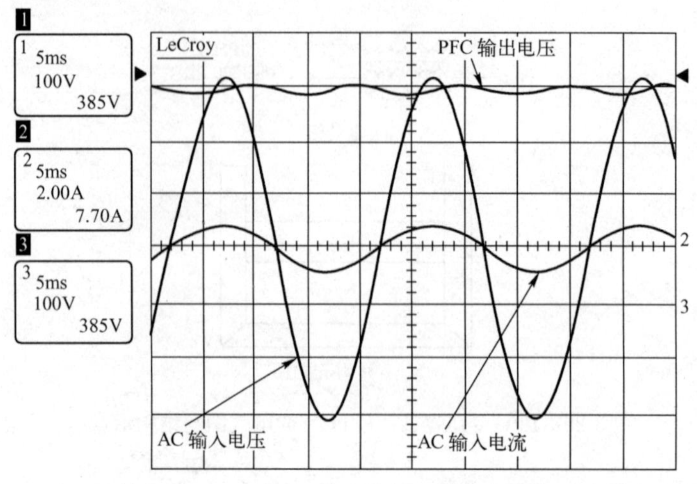

图 3-30　在 AC 输入为 220V 时 AC 输入电压、输入电流和 PFC 输出电压波形

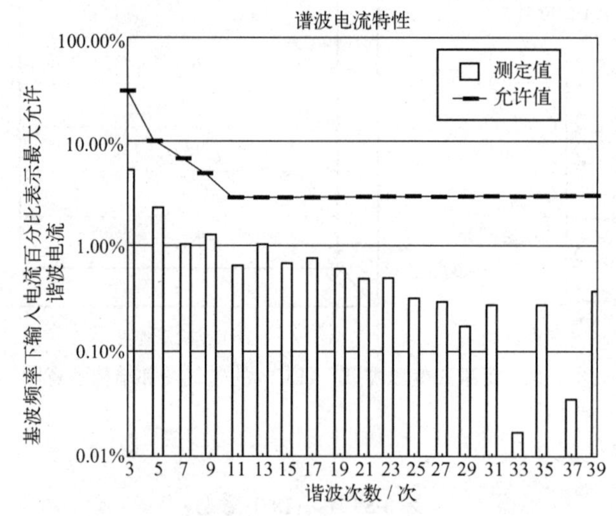

图 3-31　高次电流谐波实测值及其与 C 类限制值比较

转换效率实测结果绘制的曲线分别如图 3-32 和图 3-33 所示。由图可以看出，在 220V 的 AC 输入时，线路功率因数＞0.99，系统转换效率＞92％。

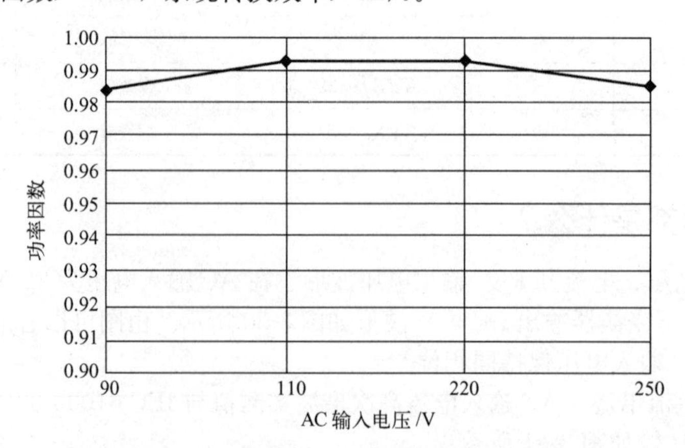

图 3-32　AC 输入电压与功率因数的关系曲线

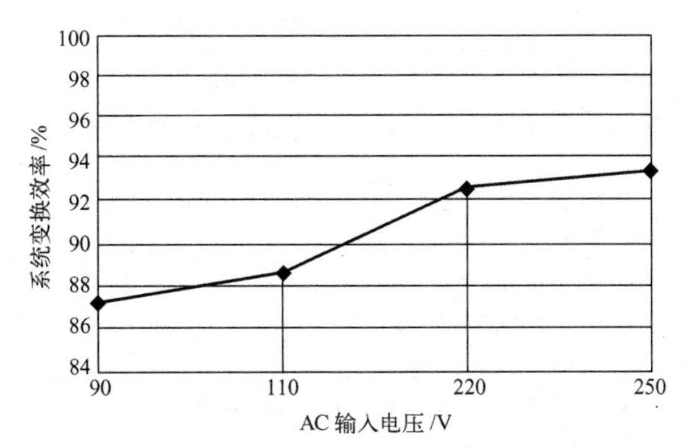

图 3-33 AC 输入电压与系统转换效率的关系曲线

43. UCC28810/UCC28811 的结构是什么？

UCC28810 和 UCC28811 是德州仪器公司生产的一种 LED 照明电源控制器。这两种芯片都采用 8 引脚 SO 封装，其引脚排列如图 3-34 所示。

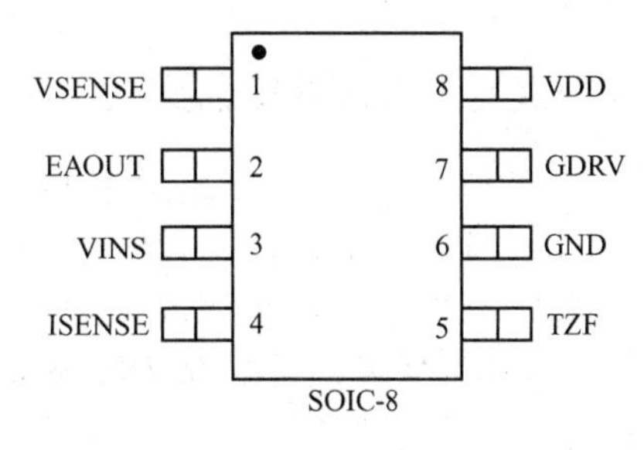

图 3-34 UCC28810/UCC28811 引脚排列

UCC28810/UCC28811 在芯片上集成了电源电路、电压跨导（g_m）误差放大器、过电压保护（OVP）电路、电流参考产生器、变压器零能量检测电路、电流感测比较器、控制逻辑和 MOS 栅极驱动器等，图3-35为其内部结构框图。

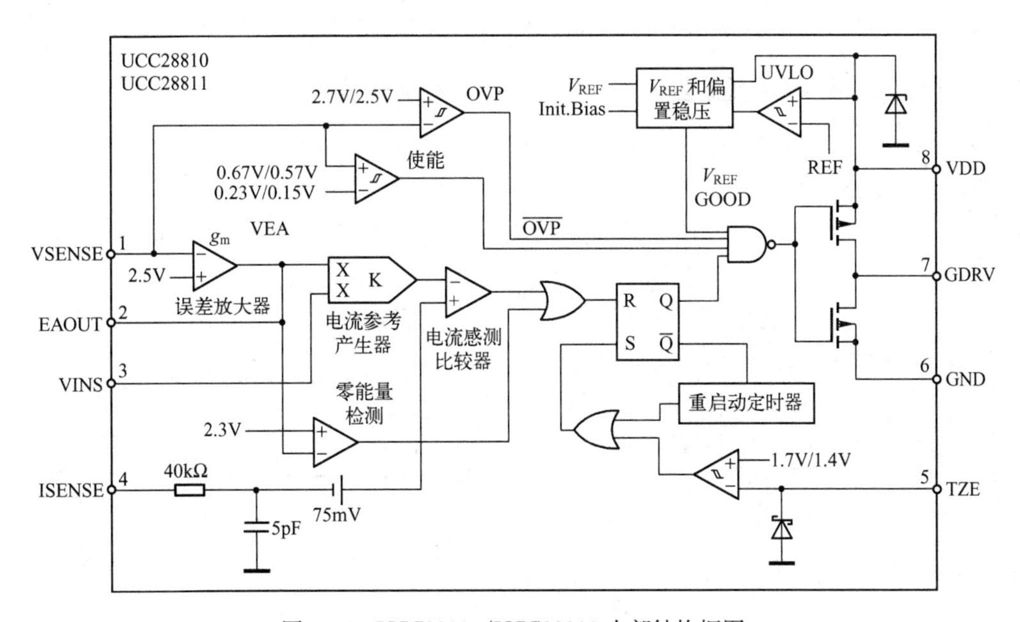

图 3-35 UCC28810/UCC28811 内部结构框图

UCC28810/UCC28811 各个引脚的功能见表 3-6。了解了芯片的引脚功能，有助于理解其应用电路的工作原理。

表 3-6　UCC28810/UCC28811 的引脚功能

引脚号	名称	功能
1	VSENSE	跨导误差放大器反相输入端，带 2.5V 的参考。该引脚同时又是过电压保护（OVP）比较器输入端
2	EAOUT	跨导误差放大器输出端，同时又是电流参考产生器的一个输入端。当该引脚上的电压低于 2.3V 时，零能量检测比较器被激活
3	VINS	该引脚通过外部电阻分压器感测经整流的线路电压，作为电流参考产生器的一个输入
4	ISENSE	外部 MOSFET 开关电流感测输入端，内部加入一个 75mV 的失调限制零交叉失真。该引脚上的门限电压为 $V_{ISENSE}=0.67\times(V_{EAOUT}-2.5V)\times(V_{VINS}+75mV)$
5	TZE	变压器零能量检测比较器输入端，利用偏置绕组可以感测变压器零能量。当电感电流降为零时，转换信号被检测
6	GND	IC 参考地
7	GDRV	栅极驱动输出端，用作驱动反激、降压或升压开关（MOSFET）
8	VDD	IC 电源正电压输入端。该引脚导通门限电平为 15.8V（UCC28810）或 12.5V（UCC28811）

44. UCC28810/UCC28811 的主要特点是什么？

UCC28810/UCC28811 是适用于中低功率 LED 照明电源并要求 PFC 的转换模式（Transition Mode，TM，亦即临界导电模式 CrM）控制器。两种控制芯片的内部结构、封装形式和引脚功能是一样的，但有少部分电气参数存在差别。UCC28810 的引脚 VDD 导通门限电压为 15.8V，欠电压关断门限为 9.7V，g_m 误差放大器源（出）电流是 1.3mA；而 UCC28811 的引脚 VDD 启动门限是 12.5V，关断门限是 9.7V，g_m 误差放大器源（出）电流是 0.3mA。

UCC28810/UCC28811 峰值栅极驱动电流为 ±750mA，可与传统三端双向晶闸管（TRIAC）调光器接口，控制一个在 CrM 工作的反激式、升压、降压或单端初级电感变换器（SEPIC），并且可以构建单级 PFC 反激式电路拓扑。

45. 由 UCC28810/UCC28811 构成的两级驱动电源如何工作？

采用控制器 UCC28810 和 UCC28811 的 PFC/降压式 LED 照明电源电路如图 3-26 所示。图中，U_1（UCC28810）、R_1、R_2、C_1、C_2、T_1、VD_5、VT_1、R_3、R_4、R_5 等组成有源 PFC 变换器。T_1 二次绕组为 U_1 引脚 TZE 提供变压器零能量检测信号，T_1 二次绕组还与 VD_6、

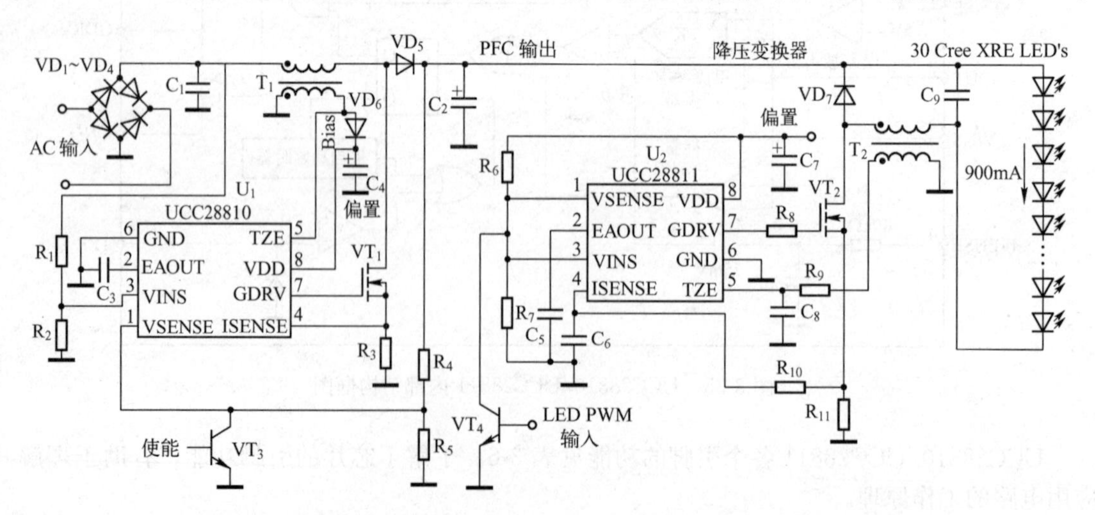

图 3-36　基于 UCC28810 和 UCC28811 的 PFC/降压式 LED 照明电源电路

C_4 及 C_7 为 U_1 和 U_2（UCC28811）提供偏置电源。当在 VT_3 基极施加一个驱动信号使 VT_3 导通时，U_1 引脚 1 上的电压只要低于 0.67V，U_1 将关断 PFC 开关 VT_1。系统前置 PFC 级电路可以保证满足相关标准对谐波电流或功率因数的要求。

PFC 变换器输出连接由 U_2、VT_2、VD_7 和 T_2 等组成的 DC/DC 降压式变换器。第二级电路将 PFC 输出电压变换成一个固定的电流驱动 LED 负载。在 VT_4 基极施加一个 PWM 信号，可以调节 LED 电流，从而实现调光。

对于图 3-36 所示的 LED 照明电源电路，合理选择元器件参数，可以输出 100W 的功率，驱动 30 个 CreeXRE LED，驱动电流为 900mA。线路功率因数＞0.98，系统转换效率可达 93%，AC 输入电流总谐波失真（THD）可以低于 10%。图 3-37 所示为线路功率因数和系统转换效率与 AC 输入电压之间的关系曲线，图 3-38 所示为 THD 与 AC 输入电压的关系曲线。

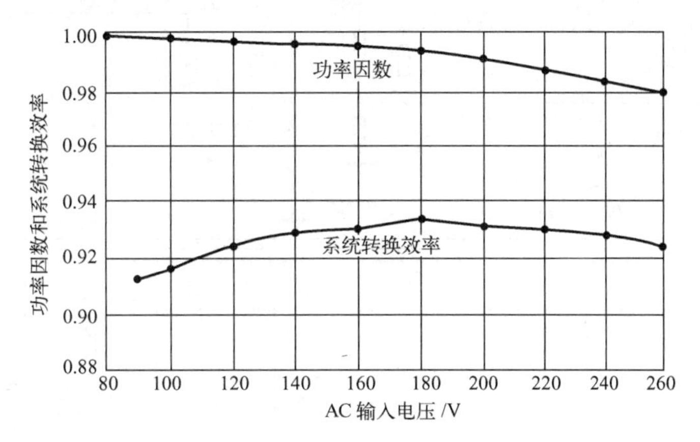

图 3-37　功率因数和系统转换效率与 AC 输入电压的关系曲线

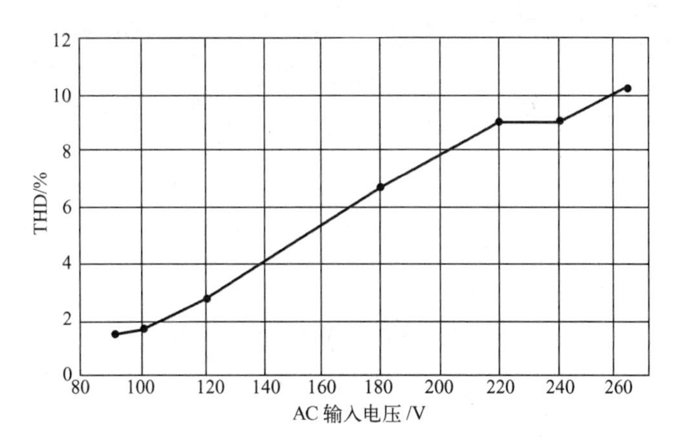

图 3-38　THD 与 AC 输入电压的关系曲线

46. 由 UCC28810/UCC28811 构成的三级驱动电源如何工作？

图 3-39 所示为一种三级架构的 110W LED 照明电源电路。图中，以 UCC28810 为核心组成 PFC 升压跟随电路。这种类型的 PFC 升压电路的 DC 输出电压不是固定的，而是随 90～265V 的 AC 电压输入提供 305～400V 的 DC 电压输出。第二级是以 UCC28811 为中心组成的低侧（Low Side）降压变换器，用来提供控制电流源。U_3（UCL63000）、T_1、VT_1/VT_2 及 T_2、T_3 等组成半桥式变换器，半桥输出驱动两个串联在一起的变压器 T_2 和 T_3。T_2 和 T_3 的

输出经整流滤波，驱动 4×15CreeXRE LED，在 500mA 的输出电流时的输出功率为 110W。系统转换效率可达 91%，输入 AC 谐波电流和功率因数都能够满足相关标准规定的要求。

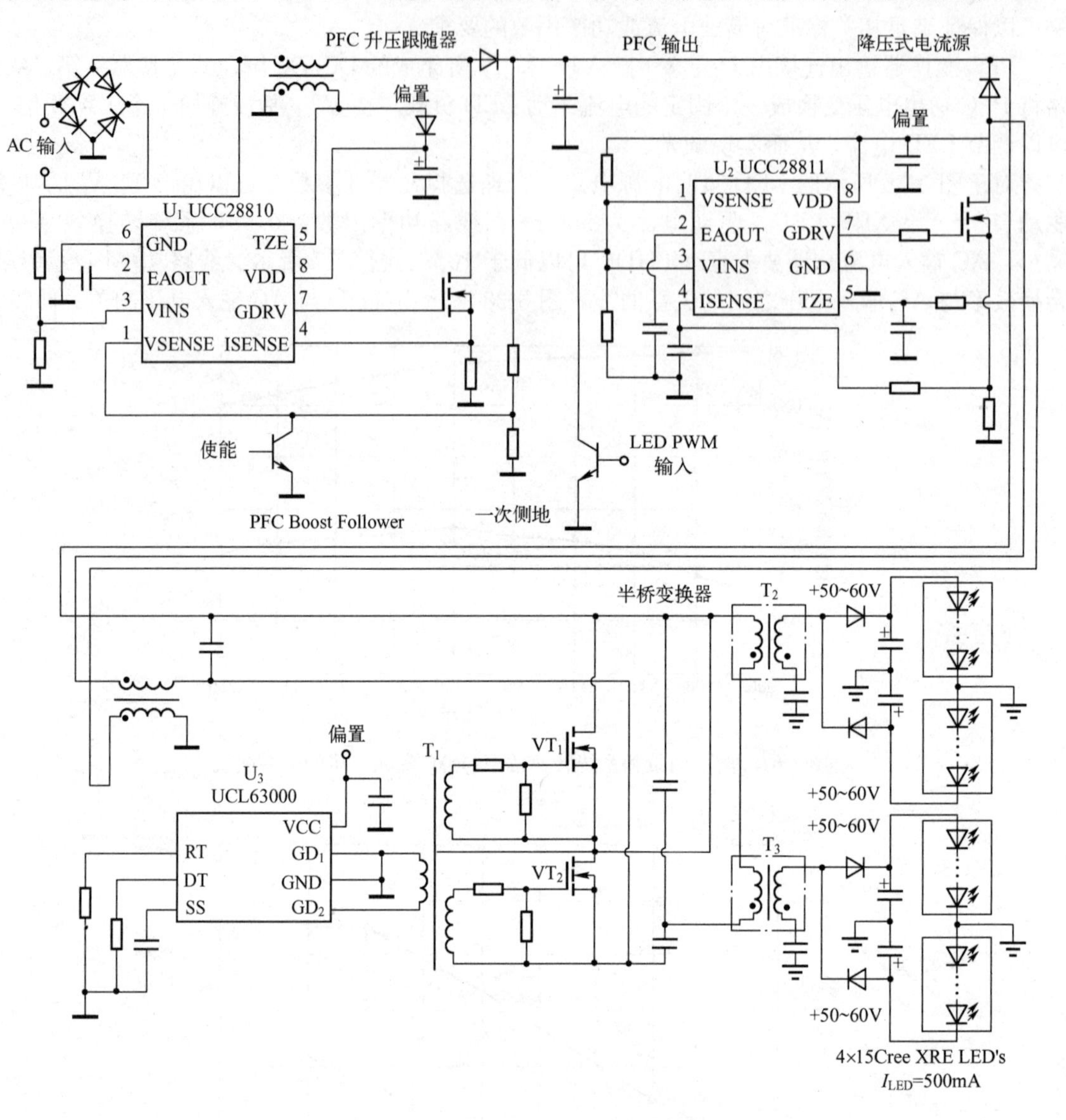

图 3-39　三级架构 110W LED 照明电源电路

第4章

LED驱动电源的调光电路和保护电路

1. 什么是调光？

调光就是调节灯具的光照强度。各种光源的灯具调光，是满足人们对不同时间段内的不同照明需求的重要功能和手段。对于各种电光源的调光，人们最熟悉的就是白炽灯，如台灯。

不带调光功能的灯具，其光源都在额定功率（即最大亮度）上工作。配置了调光功能的灯具，当在较低的光照强度下就可以满足人们的照明需求时，可将光源从其额定功率（即100%负载或满载功率）调节到较低的功率电平上，使灯光变暗。“调光”的英文是“dimming”，其含义就是“变暗淡”。当需要增强亮度时，再将灯光调亮，但在调光过程中不允许使光源功率超过其最大额定值，以免光源损坏。因此，灯亮度调节的最大范围为0～100%。

调光的目的是在能够满足人们不同时段的照明需求的前提下，降低能源消耗和节省电费。因此，调光是一种节能减排和节能降碳的重要手段。

2. LED调光的基本要求有哪些？

① 调光范围足够大，并且在整个调光范围内保证LED色调一致，无色偏。

② 无闪烁。

③ 不影响主电路的正常操作和性能。

④ 保证调光控制电路和装置与主电路之间的隔离绝缘，符合相关标准规定的安全要求。

迄今为止，一些可调光LED照明解决方案并不是很理想，主要问题是调光范围窄，出现闪烁现象。

3. 相对光强与正向电流的关系是什么？

要改变LED亮度，是很容易实现的。首先改变LED的驱动电流，因为LED亮度几乎与LED驱动电流直接成正比关系。图4-1中所示为Cree公司的XLampXP-G的输出相对光强和正向电流的关系。

由图4-1可知，假如以350mA时的光输出作为100%，那么200mA时的光输出就大约是60%，100mA时大约是25%，所以调电流可以很容易实现亮度的调节。

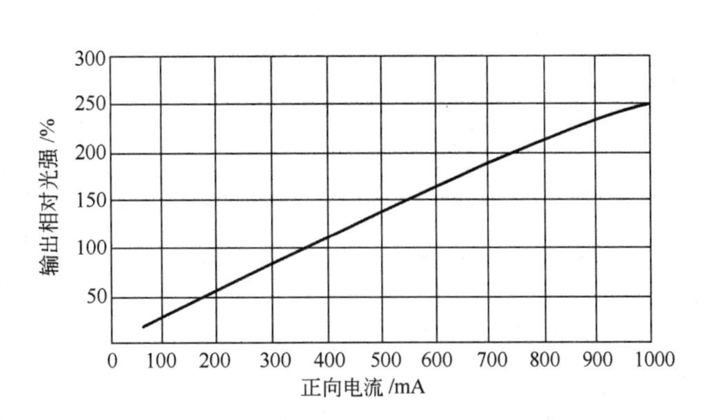

图4-1　输出相对光强和输出电流的关系曲线

4. 调节正向电流的方法是什么？

调节 LED 电流最简单方法就是改变和 LED 负载串联的电流检测电阻［见图 4-2（a）］。几乎所有 DC/DC 恒流芯片都有一个检测电流的接口，使检测到的电压与芯片内部的参考电压比较，来控制电流的恒定。但是这个检测电阻值通常很小，只有零点几欧，如果在要墙上装一个零点几欧的电位器来调节电流是不大可能的，因为引线电阻也有零点几欧。所以，有些芯片提供了一个控制电压接口，改变输入的控制电压就可以改变其输出恒流值。例如凌特公司的 LT3478［见图 4-2（b）所示］，只要改变 R_1 和 R_2 的比值，就可以改变其输出的恒流值。

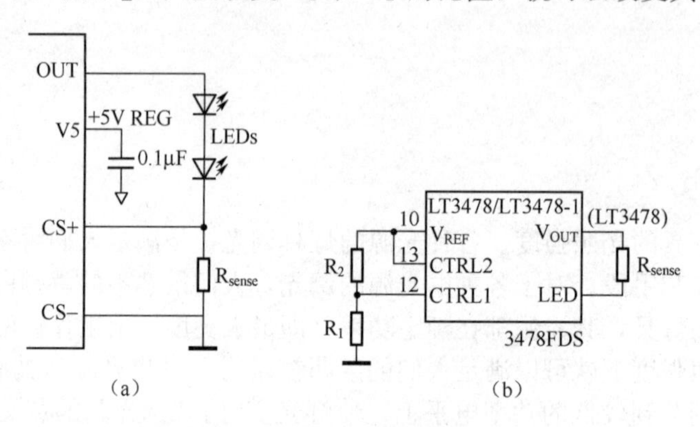

图 4-2　输出恒流值的调节

5. 为什么调节正向电流会使色谱偏移？

用调节正向电流的方法来调节亮度会产生一个问题，那就是在调节亮度的同时也会改变它的光谱和色温。因为目前白光 LED 都是用蓝光 LED 激发黄色荧光粉而产生的，当正向电流减小时，蓝光 LED 亮度增加而黄色荧光粉的厚度并没有按比例减薄，从而使其光谱的主波长增长，具体实例如图 4-3 所示。

当正向电流为 350mA 时，主波长为 545. 8nm；当正向电流减小为 200mA 时，主波长为 548. 6nm；当正向电流减小为 100mA，主波长为 550. 2nm。

正向电流的改变也会引起色温的变化，如图 4-4 所示。

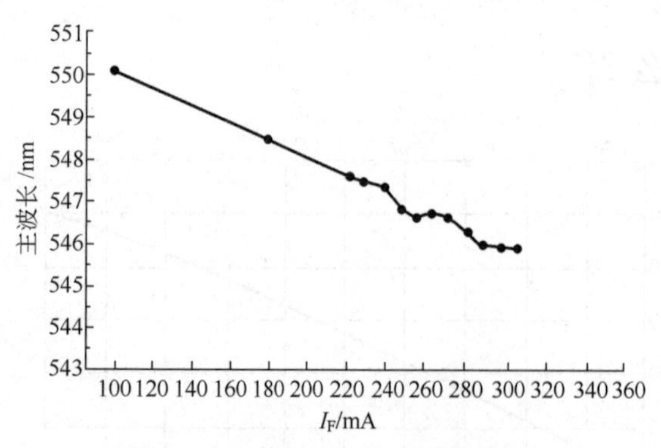

图 4-3　主波长和正向电流的关系

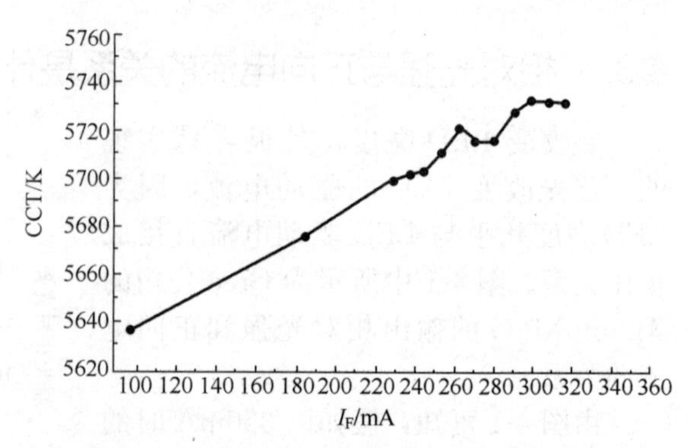

图 4-4　白光 LED 的色温和正向电流的关系

由图 4-4 可知，当正向电流为 350mA 时，色温为 5734K；而正向电流增加到 350mA 时，色温就偏移到 5636K；当正向电流进一步减小时，色温会向暖色变化。

当然，这些问题在一般的实际照明中可能不算是一个大问题，但在采用 RGB 的 LED 系统中，就会引起彩色的偏移，而人眼对彩色的偏差是十分敏感的，因此也是不能允许的。

6. 为什么调节电流会使恒流源无法工作？

在具体实现中，用调节正向电流的方法来调光可能会产生一个更为严重的问题。LED 通常是用 DC/DC 的恒流驱动电源来驱动的，而这类恒流驱动电源通常分为升压型和降压型两种（当然还有升降压型，但由于效率低、价钱贵而不常用）。

电源究竟采用升压型还是降压型是由电源电压和 LED 负载电压之间的关系决定的，若电源电压低于负载电压就采用升压型，若电源电压高于负载电压就采用降压型。而 LED 的正向电压是由其正向电流决定的。从 LED 的伏-安特性（见图 4-5）可知，正向电流的变化会引起正向电压的相应变化，确切地说正向电流的减小也会引起正向电压的减小。所以，在将电流调低时，LED 的正向电压也随之降低，这就会改变电源电压和负载电压之间的关系。

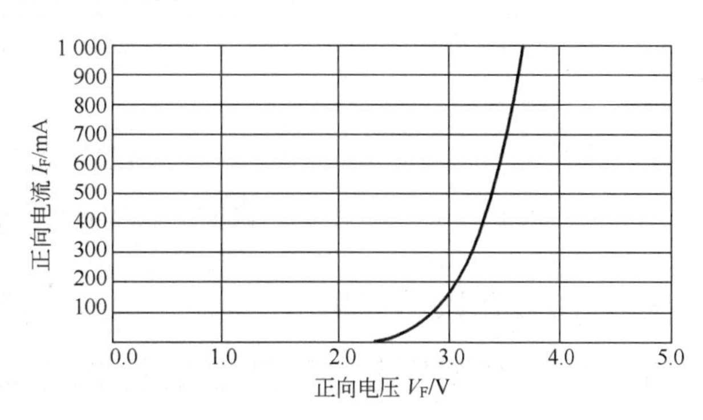

图 4-5 Cree 公司的 XLampXP-G 的 LED 伏-安特性曲线

例如，在一个输入为 24V 的 LED 灯具中，采用 8 个 1W 的大功率 LED 串联起来。在正向电流为 350mA 时，每个 LED 的正向电压是 3.3V，8 个 LED 串联的正向电压就是 26.4V，比输入电压高，所以应该采用升压型恒流源。但是，为了要调光，把电流降到 100mA，这时的正向电压只有 2.8V，8 个 LED 串联的正向电压为 22.4V，负载电压就低于电源电压。这样，升压型恒流源就根本无法工作，因而应采用降压型。对于一个升压型恒流源一定要它工作于降压是不行的，最后 LED 就会出现闪烁现象。

实际上，只要采用升压型恒流源，在使用调节正向电流进行调光时，只要调到很低的亮度几乎都会产生闪烁现象。因为那时候的 LED 负载电压一定低于电源电压。很多人因为不了解其中的问题，还总要从调光电路找问题，这是徒劳无益的。

采用降压型恒流源问题会少一些，因为如果本来电源电压高于负载电压，当亮度向低调节时，负载电压是降低的，所以还是需要降压型恒流源。但是，如果正向电流调得非常低，LED 的负载电压也会变得很低，那么降压比会非常大，可能超出降压型恒流源的正常工作范围，也会使它无法工作而产生闪烁。

7. 长时间工作于低亮度可能产生的问题是什么？

长时间工作于低亮度有可能会使降压型恒流源效率降低、温升增高而无法工作。

一般人可能认为，向下调光是降低恒流源的输出功率，所以不可能引起降压型恒流源的功耗增大而温升增高。殊不知，当降低正向电流时所引起的正向电压降低会使降压比降低，而降压型恒流源的效率是与降压比有关的，降压比越大，效率越低，损耗在芯片上的功耗越大。图 4-6 所示是 SLM2842J 的效率和降压比的关系曲线。

图中的输入电压为 35V，输出电流为 2A，当输出电压为 30V 时，效率可以高达 97.8%；但是当输出电压降低到 20V 时，效率就降为 96%；当输出电压降低为 10V 时，效率就降低为 92%。在这三种情况下，尽管其输出功率依次为 60W、40W 和 20W，但是其损耗功率依次为 1.2W、1.6W、1.6W。在后两种情况下，功耗增大了 33%。假如恒流模块的散热系统设计得非常临界，增加 33%的耗散功率就有可能使芯片的结温升高，以致发生过温保护而无法工作，

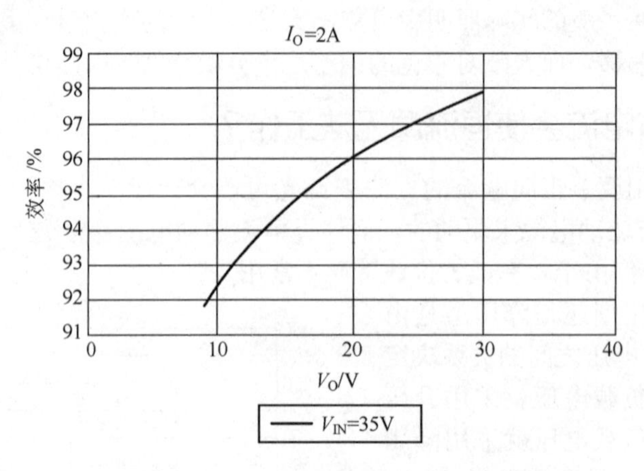

图 4-6　降压型恒流源的效率和降压比的关系曲线

严重时也有可能使芯片烧毁。

8. 为什么调节正向电流无法得到精确调光？

因为正向电流和光输出并不完全是正比关系，而且不同的 LED 会有不同的正向电流与光输出的关系，所以用调节正向电流的方法很难实现精确的光输出控制。

9. 什么是 PWM 调光？

PWM 调光技术目前被认为是最有前景的 LED 调光技术。在进行 PWM 调光时，需要提供一个额外的脉冲宽度调节信号源。通过改变输入的脉冲信号占空比来调制 LED 驱动芯片对功率场效应管的栅极控制信号，从而达到调节 LED 电流的目的。这种调光技术的优点在于应用简单、效率高、精度高，且调光效果好；缺点是由于一般 LED 驱动器都基于开关电源原理，如果 PWM 调光的频率为 200Hz～20kHz，则 LED 驱动器周围的电感和输出电容容易产生人耳听得见的噪声。此外，在进行 PWM 调光时，调节信号的频率与 LED 驱动芯片对栅极控制信号的频率越接近，线性效果就越差。

LED 是一个二极管，它可以实现快速开关。它的开关速度可以高达微秒以上，是任何发光器件所无法比拟的。因此，只要把电源改成脉冲恒流源，用改变脉冲宽率的方法，就可以改变其亮度。这种方法称为脉宽调制（PWM）调光法。图 4-7 所示为这种脉宽调制的波形，假

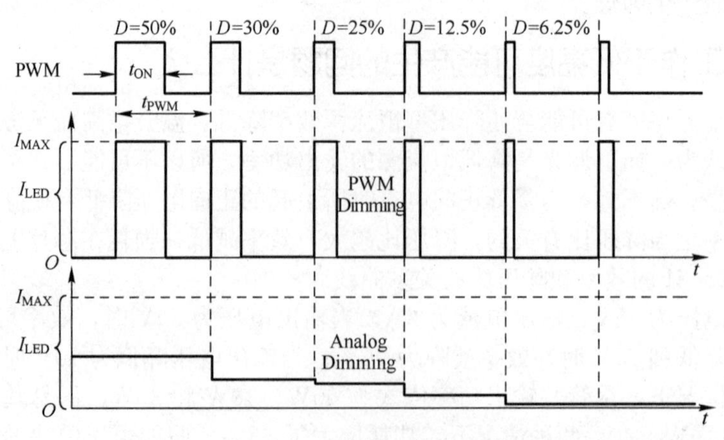

图 4-7　用改变脉冲宽率的方法调光

如脉冲的周期为 t_{PWM}，脉冲宽率为 t_{ON}，那么其工作比 D（或称为孔度比）就是 t_{ON}/t_{PWM}。改变恒流源脉冲的工作比就可以改变 LED 的亮度。

10. 如何实现 PWM 调光？

具体实现 PWM 调光的方法就是在 LED 负载中串入一个 MOS 开关管（见图 4-8），这串 LED 的阳极用一个恒流源供电。

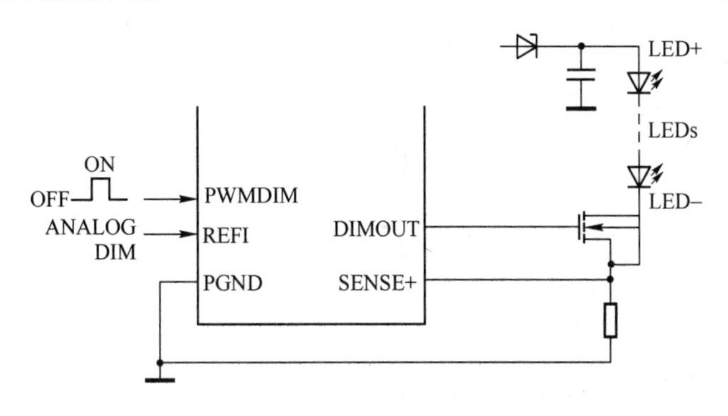

图 4-8 串入一个 MOS 开关管电路图

然后用一个 PWM 信号加到 MOS 管的栅极，快速开关这串 LED，从而实现调光。也有不少恒流芯片本身就带一个 PWM 的接口，可以直接接收 PWM 信号，再输出控制 MOS 开关管。

11. PWM 调光有什么优缺点？

① 不会产生任何色谱偏移，因为 LED 始终工作在满幅度电流与零之间。

② 可以有极高的调光精确度。因为脉冲波形完全可以控制到很高的精度，所以很容易实现万分之一的精度。

③ 可以与数字控制技术相结合来进行控制，因为任何数字都可以很容易转换成为一个 PWM 信号。

④ 即使在很大范围内调光，也不会发生闪烁现象，因为不会改变恒流源的工作条件（升压比或降压比），更不可能发生过热等问题。

12. PWM 调光要注意哪些问题？

（1）脉冲频率的选择　因为 LED 处于快速开关状态，假如工作频率很低，人眼就会感到闪烁。为了充分利用人眼的视觉残留现象，LED 的工作频率应当高于 100Hz，最好为 200Hz。

（2）消除调光引起的噪声　虽然 200Hz 以上人眼无法察觉，但是一直到 20kHz 都是人耳听觉的范围。这时就有可能听到“咝咝”声。解决这个问题有以下两种方法：

① 把开关频率提高到 20kHz 以上，跳出人耳听觉的范围。但是频率过高也会引起一些问题，因为各种寄生参数的影响，会使脉冲波形（前后沿）产生畸变，这就降低了调光的精确度。

② 找出发声的器件而加以处理。实际上，主要的发声器件是输出端的陶瓷电容，因为陶瓷电容通常都是由高介电常数的陶瓷做成的，这类陶瓷都具有压电特性，在 200Hz 的脉冲作用下就会产生机械振动而发声。解决方法是采用钽电容来代替。不过，高耐压钽电容很难得到，而且价钱昂贵，会增加一些成本。

13. TRIAC调光基本电路如何构成？

传统白炽灯 TRIAC 调光器是一种切相（Phase Cut）调光器，也称为相位控制调光器，其基本电路如图 4-9 所示。

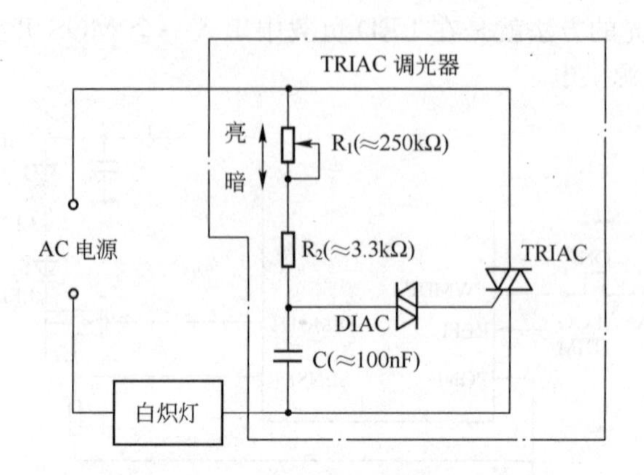

图 4-9　传统白炽灯 TRIAC 调光器电路

由于白炽灯如同一个电阻性负载，提供给灯泡的功率与通过的交流（AC）全波电压相对量成正比。图 4-9 所示的 TRIAC 调光器电路属于前沿切相调光器，其特点是在 AC 电压半正弦波开始一段时间之后 TRIAC 才会导通，并且直到 AC 电压跨零时才会关断。调光电位器 R_1、电阻 R_2 和电容 C 组成 RC 网络，在 C 两端的充电电压达到双向触发二极管 DIAC 的击穿电压之前提供延时。当 C 上的充电电压超过 DIAC 的击穿电压时，DIAC 导通，从而触发 TRIAC 导通。图 4-10（a）和图 4-10（b）所示分别为 AC 线路电压波形和前沿切相波形。在 AC 线路电压半周期内，TRIAC 的导通角 θ 越小，加到负载上的电压量也就越小；反之，TRIAC 导通角 θ 越大，加到负载上的电压量也就越大。TRIAC 导通角取决于延时。如果将电位器 R_1 的滑动触点向上滑动，R_1 电阻值变小，对电容 C 的充电速度加快，导通延时则变短，TRIAC 导通角增大，灯光将变亮。反之，如果将 R_1 滑动触点向下滑动，R_1 的电阻值则增大，TRIAC 导通角将会变小，灯光则变暗。

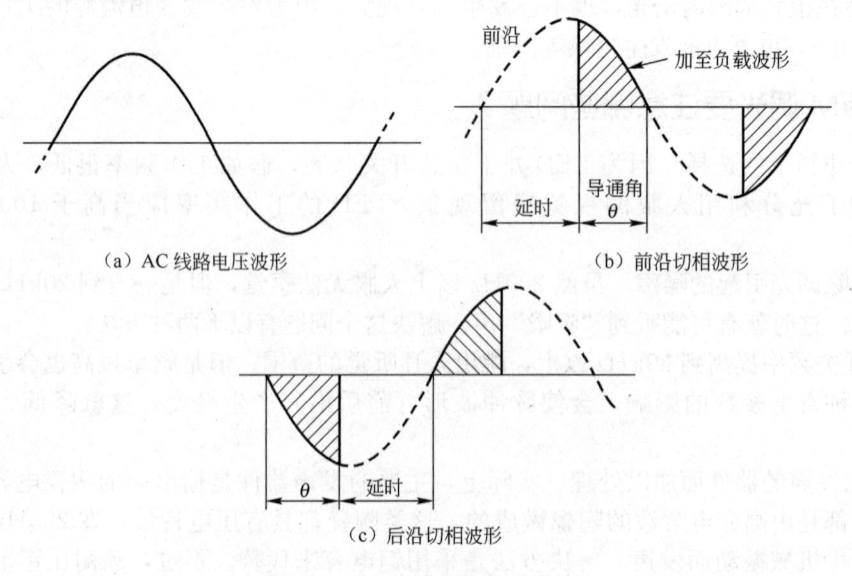

图 4-10　AC 线路电压与调光波形

还有一种调光器是后沿切相调光器，也称为反相调光器。后沿切相调光器也可以不使用 TRIAC，而是采用晶体管（BJT 或 MOSFET）作为开关，图 4-10（c）所示为后沿切相调光器的切相波形。

14. TRIAC 调光器在 LED 驱动电源中如何连接？

利用传统白炽灯 TRIAC 调光器对 LED 进行调光，通常将调光器连接到离线式照明用 LED 驱动电源 AC 线路的输入端，如图 4-11 所示。

由于传统 TRIAC 调光器是用于控制白炽灯这类纯电阻性负载的，而离线式 LED 驱动电源是一个非线性系统，因此并不是将调光器连接在 LED 离线式电源的输入 AC 线路输入端就可以实现调光的。

对于大多数采用桥式整流、大容量平滑电容滤波的离线式 LED 驱动电源来说，由于整流二极管的导通角很小，在一个 AC 线路电压的半周期内仅约 60°，因此必然会影响 TRIAC 调光器的调光范围。

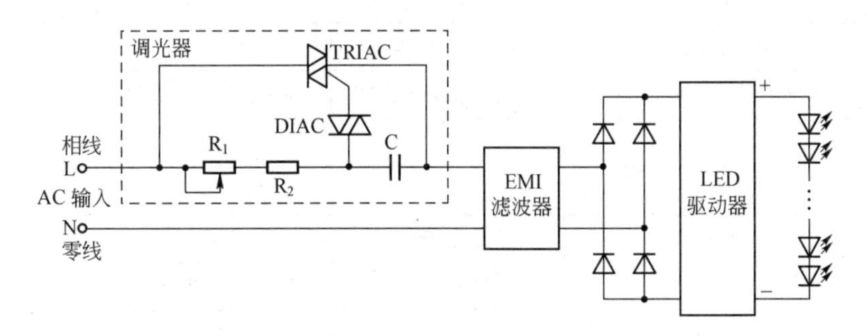

图 4-11 TRIAC 调光器与照明用 LED 离线驱动电源的连接

另一方面，TRIAC 一旦导通，就需要一定的保持电流 I_H 来维持 TRIAC 导通。只要电流低于维持电流，TRIAC 就会阻断。在住宅照明中，一只 60W 的白炽灯泡就足够了。这种功率等级的白炽灯可以用一个 10～15W 的 LED 灯来替代。在低功率离线式 LED 驱动电源中，一般都不能 100%保证有足够的输入电流维持 TRIAC 稳定工作，很容易在调光过程中出现闪烁。因此，用传统白炽灯 TRIAC 调光器对 LED 进行调光，必须配置专门电路。

15. TRIAC 调光器的缺点有哪些？

① TRIAC 破坏了正弦波波形，从而降低了功率因数，通常功率因数低于 0.5，而且导通角越小时功率因数越小（1/4 亮度时只有 0.25）。

② 同样，非正弦波形增大了谐波系数。

③ 非正弦波形会在线路上产生严重的干扰信号（EMI）。

④ 在低负载时很容易不稳定，为此还必须加上一个泄流电阻。而这个泄流电阻至少要消耗 1～2W 的功率。

⑤ 在普通 TRIAC 调光电路输出到 LED 驱动电源时还会产生意想不到的问题，就是输入端的 LC 滤波器会使 TRIAC 产生振荡，这种振荡对于白炽灯是无影响的，因为白炽灯的热惯性使得人眼无法看出这种振荡。但是对于 LED 驱动电源就会产生音频噪声和闪烁。

16. TRIAC 调光器的优势是什么？

TRIAC 调光虽然有许多缺点，但是它有一定优势，就是它已经与白炽灯、卤素灯结成联盟，占据了很大的调光市场。如果 LED 想要取代 TRIAC 调光的白炽灯和卤素灯灯具的位置，就要与 TRIAC 调光兼容。具体来说，在一些已经安装 TRIAC 调光的白炽灯或卤素灯的地方，墙上已经安装 TRIAC 的调光开关和旋钮，墙壁内也已经安装通向灯具的两根连接线。要更换墙上的 TRIAC 开关和要增加连接线的数量都不是容易的，最简单方法就是把灯头上的白炽灯拧下，并换上带有兼容 TRIAC 调光功能的 LED 灯泡即可。这种战略就像 LED 荧光灯一样，最好做成与现在的 T10、T8 荧光灯尺寸完全一样，无需专业电工即可直接更换，如此一来很快就可以普及。因此，国外很多生产 LED 驱动芯片的厂商已开发可以兼容现有 TRIAC 调光的 IC。

17. 兼容 TRIAC 调光的 LED 驱动芯片的特点有哪些？

目前市场上主要有恩智浦公司的 SSL2101/2、国家半导体公司的 LM3445、iWatt 公司的 iW3610 和安森美公司的 NCL3000 四种兼容 TRIAC 调光的 LED 驱动芯片，其特点见表 4-1。

表 4-1　四种 LED 驱动芯片的调光特点比较

参数	SSL2101/2	LM3445	iW3610	NCL3000
电路构架	反激式	反激式，降压式	反激式	反激式
功率 MOS 管	内置 600V/15W MOSFET	外接 2 个 MOSFET	外接 2 个 MOSFET	外接 1 个 MOSFET
输出功率/W	25	25	25	15
效率/%	75	85	75	>80
功率因数校正	无源 PFC	无源 PFC		有源 PFC
调光比		100∶1	50∶1	10∶1
泄流电阻损耗/W	1	1	2	1

与一般反激式 IC 不同之处在于，它们都可以检测出 TRIAC 导通角来确定 LED 电流以进行调光，这里不详细介绍它们的工作原理和性能，因为并不认为这是 LED 调光的方向。

尽管多个跨国大芯片公司都推出了兼容现有 TRIAC 调光的芯片和解决方案，但是这类解决方案还是有很多缺点的，主要原因如下：

① TRIAC 技术是具有半个多世纪的陈旧技术。它具有很多缺点，是一种面临淘汰的技术。

② 很多这类芯片自称具有 PFC，可以改善功率因数，但实际上只改善了作为 TRIAC 负载的功率因数，使它们看上去接近纯电阻的白炽灯和卤素灯，而并没有改善包括 TRIAC 在内的整个系统的功率因数。

③ 所有兼容 TRIAC LED 调光系统的整体效率都十分低下，有些还没有考虑为了稳定工作而需要的泄流电阻损耗，完全损坏了 LED 的高能效。

④ 所有 TRIAC LED 调光系统也都是调节 LED 的正向电流，存在色谱偏移等缺点。

⑤ LED 是一种全新创世纪的技术，有着无可比拟的优越性，完全没有必要为了照顾落后的 TRIAC 而牺牲 LED 的优点，更不应在墙上安装 TRIAC 开关来实现 LED 的调光。

基于上述原因，TRIAC 调光技术还在不断改进或研究中，随着技术飞速发展，会有更好的调光方法面市。

18. 调光方案应如何选择？

在目前主要的调光解决方案中究竟采用哪一种，这取决于 LED 终端产品的应用要求。在 LED 背光照明和装饰照明应用中，一般应当选择 PWM 调光方法，这是由于 PWM 调光的调光范围可以达到 3000∶1，无闪烁、无色偏，颜色一致性好。在采用 PFC 大功率 LED 照明应用中，为了保证系统有最好的性能，也可以选择 PWM 调光解决方案。如果采用 TRIAC 调光解决方案，往往会牺牲功率因数，并增加电路的复杂性。

如果要求调光范围不大，像 LED 街灯，模拟调光是比较理想的方案，这是因为模拟调光易于实现，只需要一个 DC 电压就可以进行无闪烁调光，满足基本要求。

虽然有人认为 TRIAC 调光只是过渡性的调光解决方案，但是多数人认为它将成为非常流行的解决方案，看好其市场前景。因为这种技术可以使用传统系统而不需任何改变，而且还能够扩展为三线调光。小于 25W 的 LED 照明应用主要替换传统标准白炽灯和卤素灯，在这一功率范围内，最可能的一个应用就是替代由 TRIAC 入墙式调光器控制的白炽灯乃至节能灯。大多数用户希望利用传统 TRIAC 调光器来对替换的 LED 灯进行调光，并且目前市场上已出现多种与传统调光器兼容的 LED 驱动器芯片。因此，TRIAC 调光将成为普通照明用 LED 灯的一种主要解决方案。

19. 由 SSL1523 构成的 TRIAC 调光驱动电路如何工作？

SSL1523 是一种可用于固态照明（SSL）的开关电源（SMPS）控制器，支持安装在墙上的传统 TRIAC 调光器对直到 15W 的 LED 灯进行调光。

SSL1523 在同一芯片上集成了控制电路和一个 650V/6.5Ω 的功率 MOSFET。基于 SSL1523 的可调光离线式 LED 照明电源电路简化图如图 4-12 所示。图中，R_1 为阻尼（Damping）电阻，VT 为泄放 MOSFET。

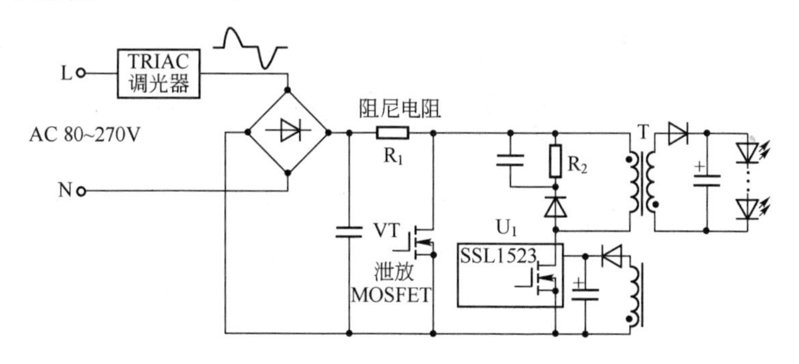

图 4-12　基于 SSL1523 的可调光离线式 LED 照明电源电路简化图

采用 SSL1523 并与 TRIAC 调光器兼容的 LED 照明用 SMPS，AC 输入电压范围为 80～270V，输出电流可达 1A（±5%），线路功率因数可达 0.77，系统转换效率达 85%（AC 120V 时）和 82%（AC 230V 时），并满足 UL1598 二类和 IEC 60950 安全规范要求。

SSL1523 为 LED 离线式电源提供过电流、过电压、过温度和变压器绕组短路等保护，并具有谷值开关和自适应开关频率等特点。

20. 由 LM3445 构成的 TRIAC 调光驱动电路的特点是什么？

LM3445 是美国国家半导体（NS）公司推出的一款离线式 TRIAC 调光 AC/DC 降压恒流 LED 驱动器。LM3445 可使 LED 灯直接取代已经安装 TRIAC 调光器的白炽灯或卤素灯，对原有的 TRIAC 调光器无需作任何变动，在整个调光范围内可以实现 LED 无闪烁亮度调控。

21. LM3445 各个引脚功能分别是什么？

LM3445 采用 10 引脚 MSOP 封装，其引脚排列如图 4-13 所示。

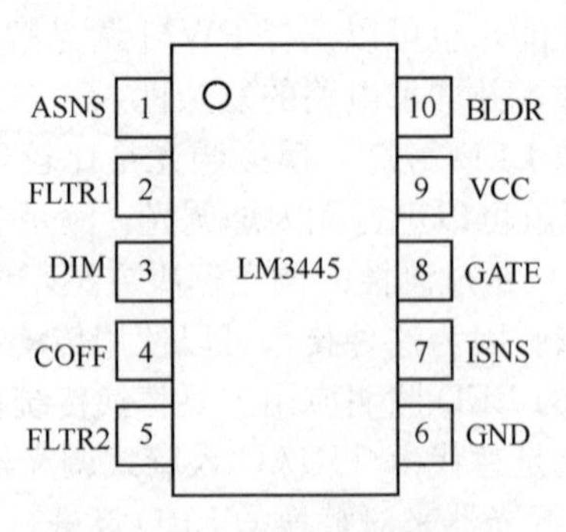

图 4-13　LM3445 引脚排列

LM3445 各个引脚的功能见表 4-2。

表 4-2　LM3445 引脚功能

引脚号	名称	功能
1	ASNS	角度检测电路的 PWM 输出，0～4V 的 PWM 输出信号占空比与 TRIAC 调光器导通时间成正比
2	FLTR1	第一个滤波器输入，120Hz 的 PWM 信号经滤波变为一个 DC 信号，与 IC 内部 1～3V、5.85kHz 的斜坡相比较，产生一个较高频率的 PWM 的信号，其占空比与调光器控制角成正比
3	DIM	该引脚可以输入 PWM 信号对 LWD 调光，也可作为一个输出端连接到其他 LM3445 的 DIM 端来对多路 LED 同时调光
4	COFF	开关控制器的固定关断时间设置引脚
5	FLTR2	第二个滤波器输入，该引脚连接一个电容到地来滤波 PWM 调光信号，施加一个 DC 电压来控制 LED 电流。该引脚又是模拟调光输入端
6	GND	接地端
7	ISNS	LED 电流感测输入端
8	GATE	功率 MOSFET 栅极驱动端
9	VCC	输入电压端，输入电压范围 8～12V
10	BLDR	泄放端，为角度检测电路提供一个输入信号，保证调光器在适当时触发

22. LM3445 的主要特点是什么？

LM3445 的主要特点如下：

① 适用于 80～270V 的全球 AC 通用线路输入，芯片电源电压 V_{CC} 为 8～12V，工作温度范围为−40～125℃，能够为 LED 灯串提供 1A 以上的驱动恒流。

② LM3445 内置 TRIAC 调光译码器，允许利用传统标准型 TRIAC 调光器对 LED 进行 100∶1 的宽范围调光，并且不会出现闪烁；另外，芯片上的泄放电路能确保 TRIAC 正确操作。

③ 自适应固定关断时间可编程，开关频率可调节。

④ 适合用于配置低成本填谷式无源 PFC 电路，能够轻松满足“能源之星”SSL 商业应用功率因数≥0.9 的要求。

⑤ 提供引脚 V_{CC} 电压锁定、电流限制和过热关闭（门限温度是 165℃，有 20℃ 滞后）保护。

⑥ 具备主/从控制功能的多芯片解决方案，使用一个 TRIAC 调光器可以控制多串 LED 灯。

23. LM3445 的调光原理是什么？

LM3445 的 TRIAC 调光工作原理可以利用图 4-14 所示说明。由于 LM3445 芯片含有 TRIAC 导通角检测和调光译码器等电路，因此支持传统 TRIAC 调光器实现对 LED 的调光。

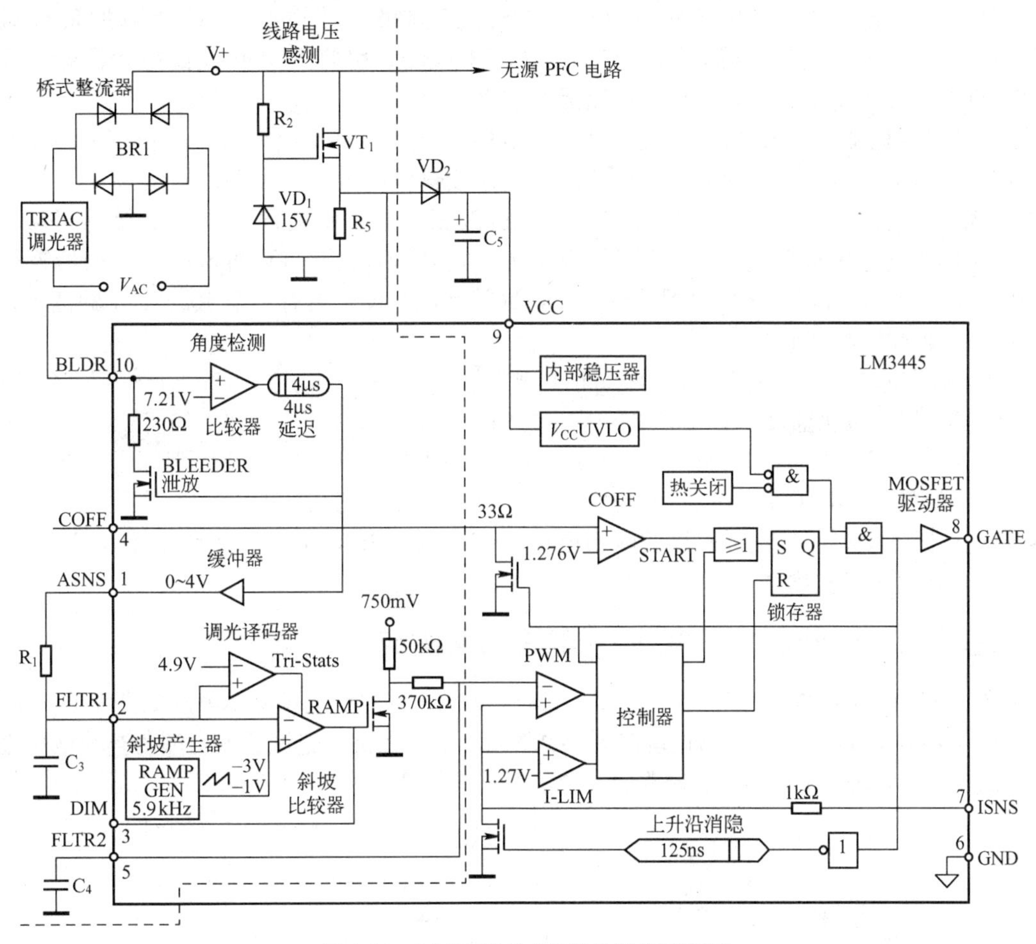

图 4-14　LM3445 的 TRIAC 调光原理图

（1）线路电压感测电路　在桥式整流器输出端上的 R_2、VD_1 和 VT_1 等组成串联通路调节器，它将整流后的线路电压转换为可以被 LM3445 引脚 BLDR 感测的一个电平。15V 的稳压二极管 VD_1 强迫 VT_1 远离（Stand-off）大部分已整流的线路电压。由于 VT_1 源极上没有连接电容，当整流的线路电压低于 VD_1 稳压电压时，允许 LM3445 引脚 BLDR 上的电平随整流的线路电压升高和降低。

VD_2 和 C_5 在 LM3445 引脚 BLDR 上的电压变低时用于保持引脚 VCC 上的电压，以保证 LM3445 正常工作。

电阻 R_5 用于泄放在 BODR 节点上的寄生电容电荷，同时当工作在小输出电流上时为调光器提供所需要的保持电流（I_H），大多数 TRIAC 调光器仅需几毫安的电流就可以维持其导通。R_5 的电阻值不会超过 5kΩ，通常为 1～5kΩ。

（2）角度检测电路　LM3445 的角度检测电路利用一个带 7.21V 门限电压的比较器监视 LM3445 引脚 BLDR 上的电压信号，来确定 TRIAC 是导通还是关断，比较器的输出经过一个 4μs 的延迟线滤除器声驱动一个缓冲器。同时也控制 LM3445 引脚 BLDR 内部的泄流

MOSFET。在LM3445引脚ASNS上的输出摆幅为0～4V。R_1和C_3组成一个低通滤波器，带宽为1Hz。角度检测电路及其滤波器产生一个对应于TRIAC调光器占空比的DC电平，使LM3445能够在50Hz或者60Hz的AC线路电压上很好工作。

当LM3445引脚BLDR上的电压低于7.21V的门限电压时，泄流MOSFET导通。在串联通路调整器上放置一个230Ω的负载（即MOSFET漏极串联电阻），这个附加负载对于TRIAC调光器延迟电路的正确操作是需要的。当LM3445引脚BODR上的电压高于7.21V时，230Ω的泄放电阻被移开，这样就可以提高效率。

（3）调光译码器　在LM3445引脚ASNS上的输出经R_1和C_3滤波通过引脚FLTR1驱动调光译码器。斜坡（Ramp）比较器的同相输入端连接斜坡产生5.85kHz、幅度为1～3V的锯齿波，LM3445引脚FLTR1上的输入与这个锯齿波相比较。斜坡比较器输出导时间与引脚FLTR1上的平均电压成反比。当引脚FLTR1上的电压$V_{FLTR1}<1V$时，斜坡比较器连续开通；当$V_{FLTR1}>3V$时，斜坡比较器持续关断，这就使调光译码器有一个40°～135°的范围，可以提供0～100%的调光范围。

斜坡比较器输出通过一个施密特（Schmitt）触发器驱动一个N沟道MOSFET和LM3445的引脚DIM。MOSFET漏极通过一个50kΩ的电阻上拉到750mV。MOSFET漏极上的信号经内部370kΩ的电阻和引脚LFTR1上的外部电容C_4组成第二个低通滤波器滤波，作为PWM比较器的参考。

调光译码器DC电压幅度在0～75mV变化，调光器占空比在25%～75%变化，相应的调光器导角在45°～135°。调光译码器的输出电压直接控制由引脚GATE驱动外部MOSFET的峰值电流，从而可以实现对LED的平滑调光。

24. 基于LM3445的TRIAC调光电路如何构成？

采用TRIAC调光离线式LED驱动器LM3445的LED照明电源基本电路如图4-15所示。

在图4-15中，TRIAC调光器连接在AC线路输入端，在桥式整流器输出端为整流线路电压感测电路和调光译码器电路，该电路跟随一个填谷式PFC电路和一个降压式（BUCK）变换器。

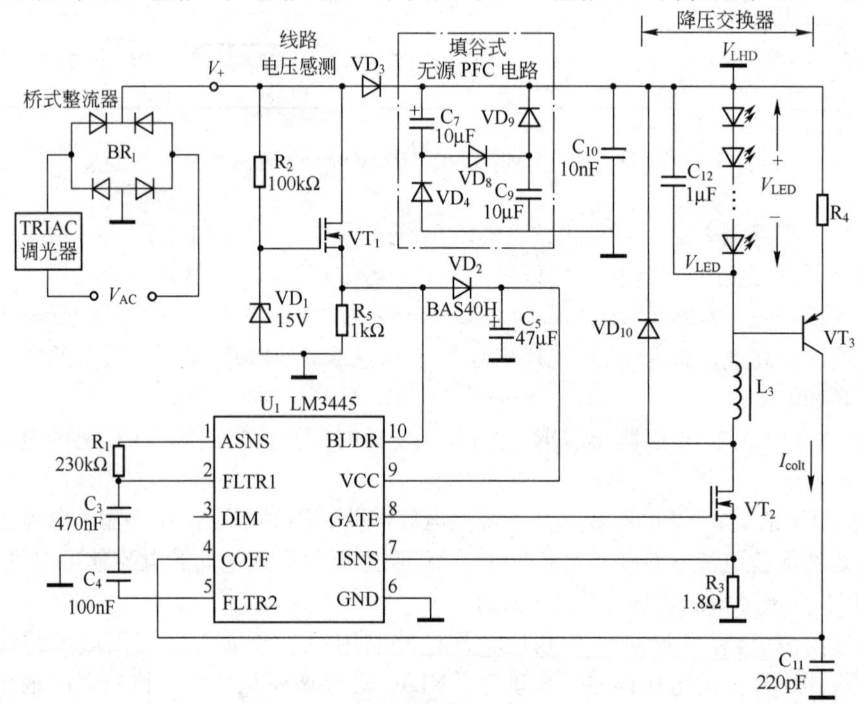

图4-15　基于LM3445的TRIAC调光LED照明驱动电源电路

(1) 填谷式无源 PFC 电路　VD_4、VD_8、VD_9 和 C_7、C_9 组成填谷式无源 PFC 电路。VD_3 为堵塞二极管，电容 C_{10}（10nF）用于滤波填谷式电路输出电压 V_{buck} 高频纹波。电容 C_7 和 C_9 以串联方式充电，以并联方式放电。当输入电压高于 AC 线路峰值的 50%时，二极管 VD_3 和 VD_8 导通（此时 VD_4 和 VD_9 截止），C_7 和 C_9 以串联方式被充电，同时有电流通过负载；当 AC 线路电压低于其峰值的一半时，VD_3 和 VD_8 截止，VD_4 和 VD_9 导通，C_7 和 C_9 以并联方式放电，放电电流通过负载。

在不连接 TRIAC 调光器时，AC 线路电压 V_{AC}、整流电压 V_{BR1}（即 $V+$）和填谷式 PFC 电路输出电压 V_{buck} 波形如图 4-16 所示。图 4-17 所示为带 TRIAC 调光时 V_{AC}、V_{BR1} 和 V_{buck} 的波形。

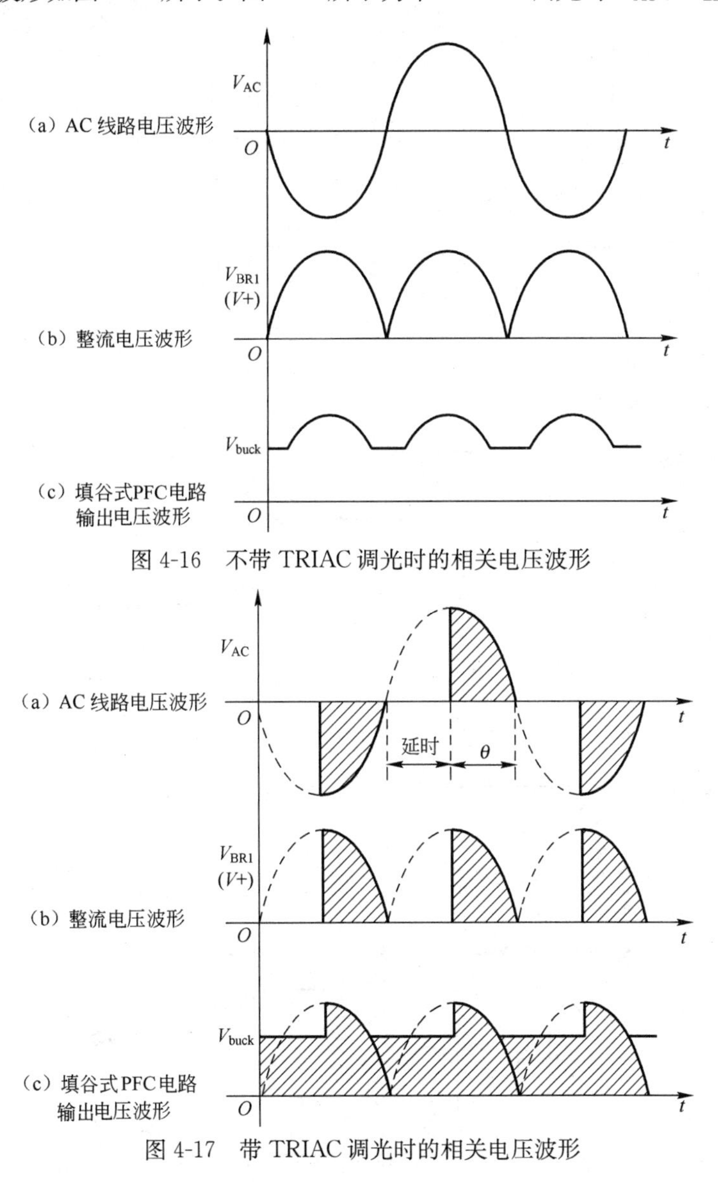

图 4-16　不带 TRIAC 调光时的相关电压波形

图 4-17　带 TRIAC 调光时的相关电压波形

(2) 降压变换器　LM3445 中的降压控制与驱动电路、VT_2、R_3、L_2、VD_{10} 等组成 DC/DC 降压变换器。当 U_1 引脚 GATE 上的输出驱动 VT_1 导通时，电流通过 LED 灯串、L_2、VT_2 和 R_3 到地，并且该电流由小到大线性增加，电阻 R_3 感测这个电流。当 R_3 上的检测电压等于 U_1 引脚 FLTR2 上的参考电压时，VT_2 关断，L_2 中存储的能量释放，VD_{10} 导通，电流从大到小流过 LED 灯串。电容 C_{12} 用来抑制 L_2 电流的纹波。

R_4、VT_3 和 C_{11} 为设置固定关断时间提供一个线性斜坡电流。

25. LM3445 主/从控制多芯片解决方案是什么？

LM3445 具有主/从控制功能，支持多芯片驱动 LED 灯串解决方案。

LM3445 可以利用一个 TRIAC 调光器和一个主 LM3445 控制多个从 LM3445 及从降压变换器，驱动多串 LED。

图 4-18 所示为 LM3445 主/从 LED 驱动器配置基本电路。在主 LM3445 的 V_{CC} 电路中增

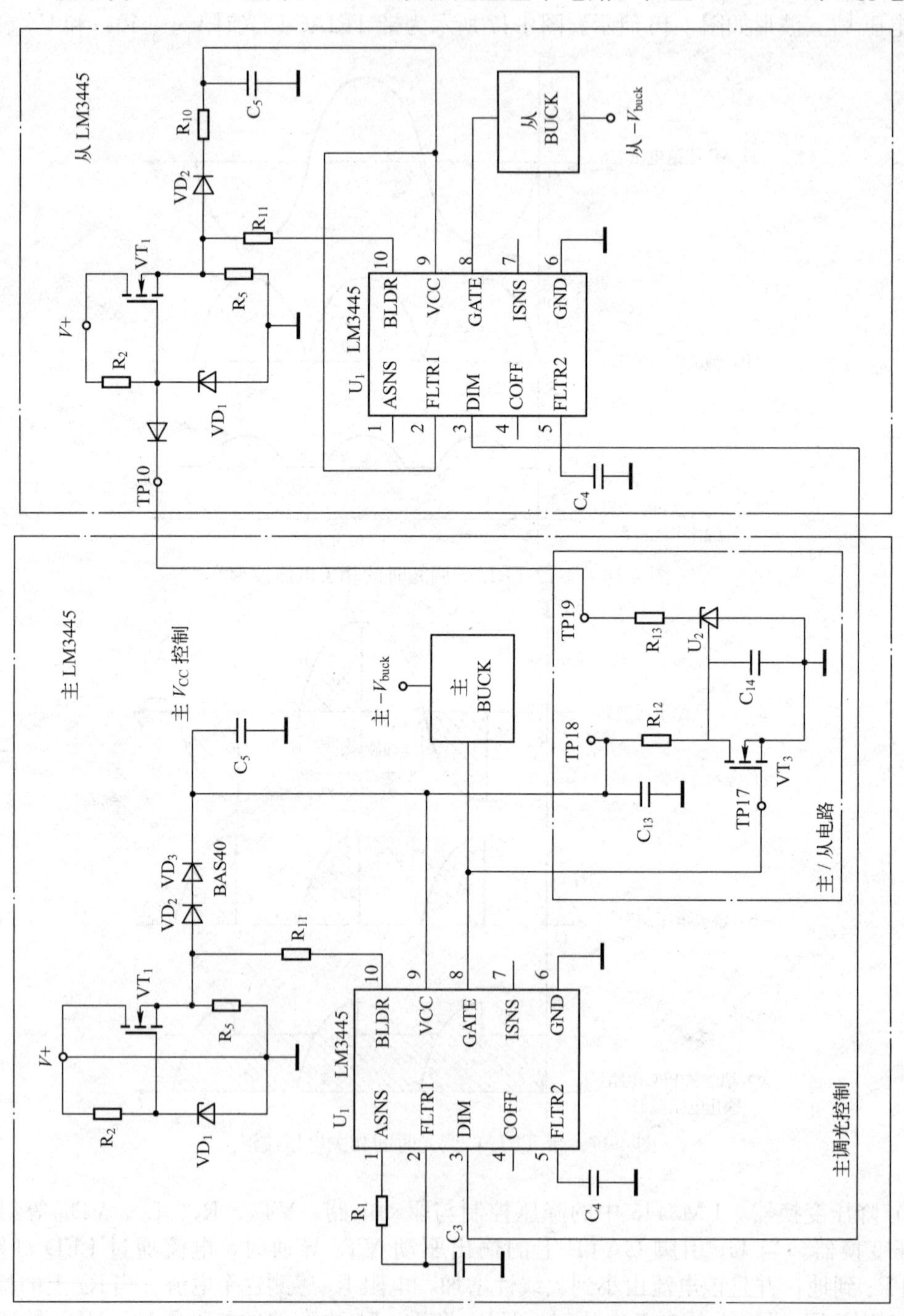

图 4-18　LM3445 主/从 LED 驱动器配置基本电路

加了一个二极管 VD_3（在从 LM3445 的 V_{CC} 电路中，VD_3 被 R_{10} 所取代），迫使 V_{CC} 欠电压锁定（UVLO）变为控制门限。在主/从接口电路中的 R_{12} 上端（TP_{18}）连接到主 V_{CC}，VT_3 栅极（TP17）连接主 LM3445 的引脚 GATE（即 VT_2 栅极，图中未给出）。当主 V_{CC} 电压低于 UVLO 门限（6.4V）时，主 LM3445 引脚 GATE 停止输出，VT_3 截止，RC 定时电路（$>200\mu s$）电压升高到 U_2（TL431）的 2.5V 门限电平以上，从电路中的通路 MOSFET（VT_1）的栅极电压被拉低。

在图 4-18 所示的从电路中，从 LM3445 的引脚 FLTR1 连接到 VCC，LM3445 中的斜坡比较器变为三态（T），这样就可以使主 LM3445 的调光引脚 DIM 与一个或多个从 LM3445 的引脚 DIM 连接在一起，从而实现对多个 LED 灯串的调光。

在主/从 LED 驱动器电路中，填谷式无源 PFC 电路可以分别配置（见图 4-19），也可以仅配置一个（见图 4-20）。

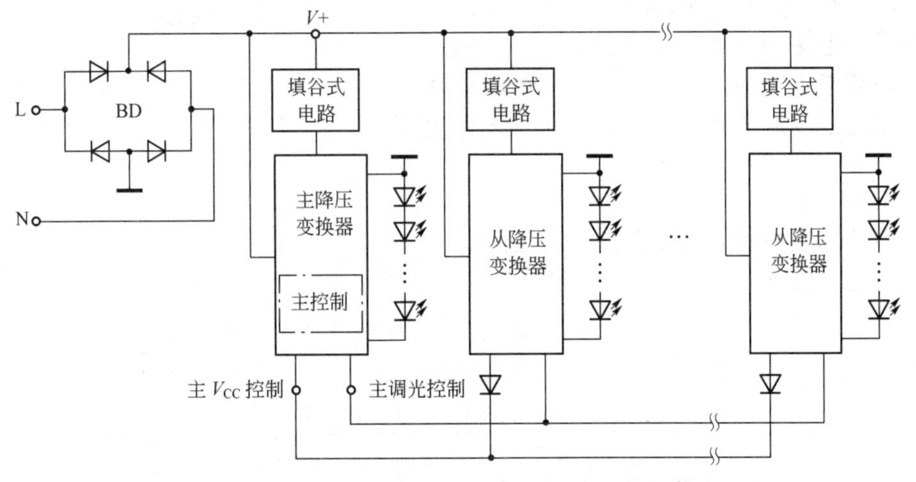

图 4-19　带多个填谷式电路的主/从配置电路

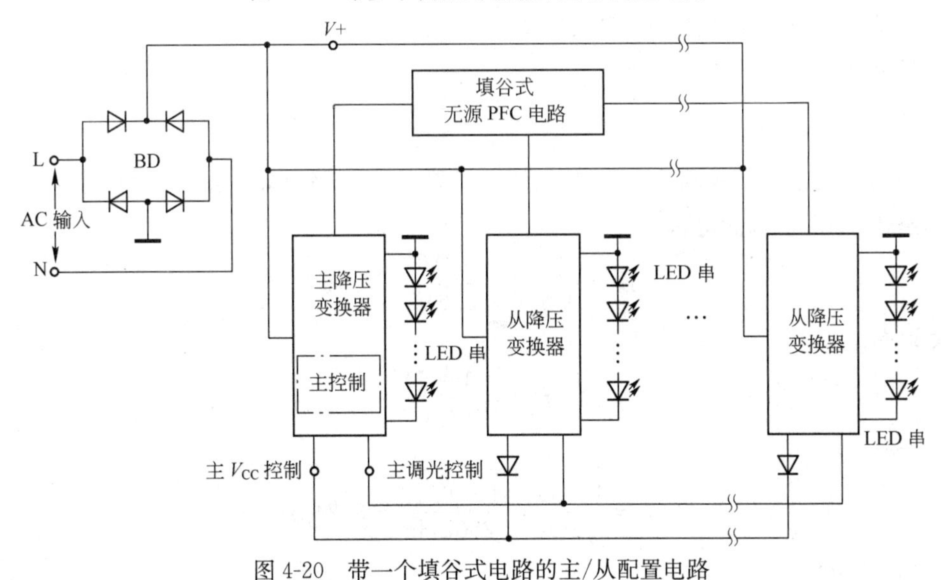

图 4-20　带一个填谷式电路的主/从配置电路

26. 采用 LM3445 的 TRIAC 调光电路拓扑结构是什么？

采用 LM3445 并带 TRIAC 调光功能的 10W LED 照明电源电路如图 4-21 所示。该离线式

LED 驱动电源的 AC 输入电压范围为 90～135V，降压变换器输出驱动 7 个 400mA/3.6V 串联在一起的 LED。

在图 4-21（a）中，连接在输入端上的 FU 为 AC 125V/1.25A 的熔断器；RT 为 NTC 热敏电阻，用作限制电路启动期间的浪涌电流；VD_{12} 为击穿电压是 144V 的瞬态电压抑制器（TVS）；L_1、L_3、L_4 和 C_1、C_{12}、C_{15} 等组成输入 EMI 滤波器。线路电压感测与调光译码器电路、填谷式无源 PFC 电路及降压式变换器电路与图 4-15 所示电路基本相同。

图 4-21（b）所示的主/从电路在图 4-18 中已经给出。

27. 采用 LM3445 的 TRIAC 调光电路中的降压变换器如何设计？

（1）元器件选择　元器件选择基于以下给定的已知条件：

v_{AC} 为 AC90～135V。

正常开关频率 $f_{SW}=250kHz$。

LED 平均电流 $I_{LED}=400mA$。

LED 串总电压 $V_{LED}=7V_F=7\times3.6V=25.2V$。

峰-峰值电感纹波电流 $\Delta i=I_{LED}\times30\%=400mA\times30\%=120mA$。

变换器效率 $\eta=80\%$。

（2）参数计算

① 计算降压变换器 DC 总线电压 V_{buck}。

V_{buck} 的最大值为

$$V_{buck(max)}=\sqrt{2}V_{AC(max)}=\sqrt{2}\times135V\approx190V$$

TRIAC 的最大导通角是 135°，V_{buck} 最小值为

$$V_{buck(min)}=\frac{\sqrt{2}V_{AC(min)}\times\sin135°}{2}=\frac{\sqrt{2}\times90V\times(\sqrt{2}/2)}{2}=45V$$

$V_{buck(min)}$ 决定了可以串联 LED 的总数量。

② 计算在正常线路电压上的关断时间 t_{off}。

降压变换器的开关占空比 D 为

$$D=\frac{1}{\eta}\times\frac{V_{LED}}{V_{buck}}$$

式中，V_{buck} 为在正常 AC 线路电压时的电压。正常 AC 线路电压 V_{AC} 选取 115V，V_{buck} 则为 $115V\times\sqrt{2}\approx162.6V$。因此可得

$$D=\frac{1}{0.8}\times\frac{25.2V}{162.6V}\approx0.19$$

开关频率 f_{SW} 为

$$f_{SW}=\frac{1-D}{t_{off}}$$

由上式得

$$t_{off}=\frac{1-D}{f_{SW}}=\frac{1-0.19}{250kHz}=3.24\mu s$$

选取 $t_{off}=3\mu s$。

（3）计算电感 L_2 的电感量　在 VT_2 关断期间，L_2 上的电压 $V_{L2(off)}$ 与 V_{LED} 基本相等，于是可得

$$V_{L2(off)}=V_{LED}=L_2\frac{\Delta i}{\Delta t}=L_2\frac{\Delta i}{t_{off}}$$

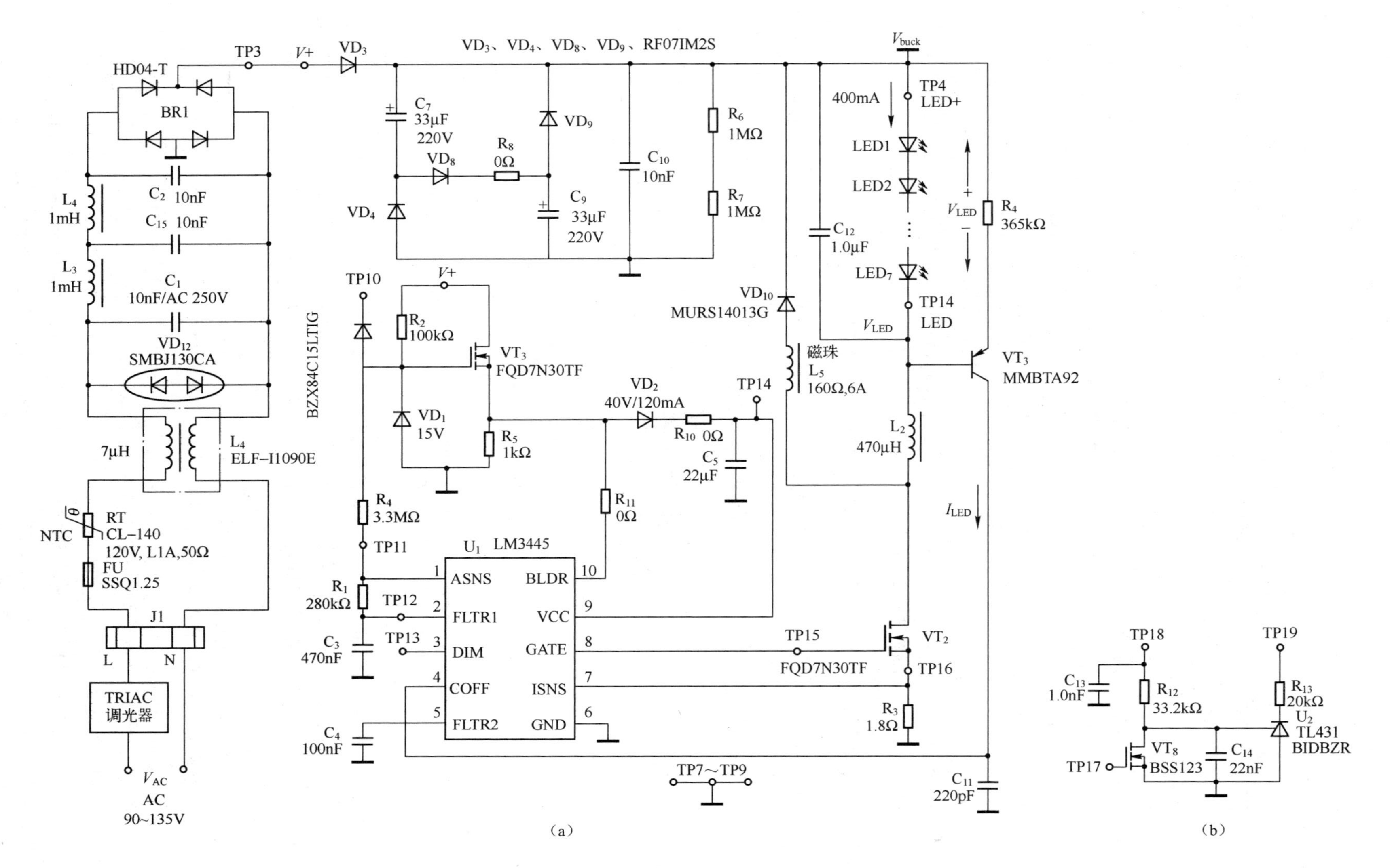

图 4-21　基于 LM3445 的 TRIAC 调光 10W LED 照明电源电路及主/从电路

由上式可得

$$L_2=\frac{V_{LED}t_{off}}{\Delta i}=\frac{25.2V\times3\mu s}{120mA}=630\mu H$$

选择 $L_2=470\mu H$。

（4）计算 R_4 阻值　通过 R_4 的电流在 50～100μA 之间，选择通过 R_4 的电流 $I_{coll}=70\mu A$，R_4 阻值则为

$$R_4\approx\frac{V_{LED}}{I_{coll}}=\frac{25.2V}{70\mu A}=360k\Omega$$

选择 $R_4=365k\Omega$ 的标准值。

（5）计算 C_{11} 的电容量　LM3445 引脚 COFF 上的内部门限电压是 1.276V，C_{11} 上的充电电流约为 V_{LED}/R_4。C_{11} 的电容量为

$$C_{11}=\frac{V_{LED}}{R_4}\times\frac{t_{off}}{1.276V}=\frac{25.2V}{365k\Omega}\times\frac{3\mu s}{1.276V}\approx162pF$$

选择 $C_{11}=120pF$ 的标准电容。

（6）其他元器件的选择　VT_2 选择 300V/1A 的 MOSFET，VT_3 选用 300V/0.5A 采用 SOT23 封装的 PNP 晶体管 MMBTA92，选择 $C_{12}=1\mu F/50V$，L_5 选用 160Ω/6A 的磁珠。

28. 由数字控制器 iW3610 构成的调光驱动电路如何构成？

iWatt 公司开出一种与传统前沿和后沿切相式调光器兼容的 LED 照明系统智能数字控制器 iW3610，这种数字调光控制芯片支持反激式变换器及其前端升压式电压拓扑。图 4-22 所示为采用 iW3610 控制器的可调光 LED 照明电源电路示意图。

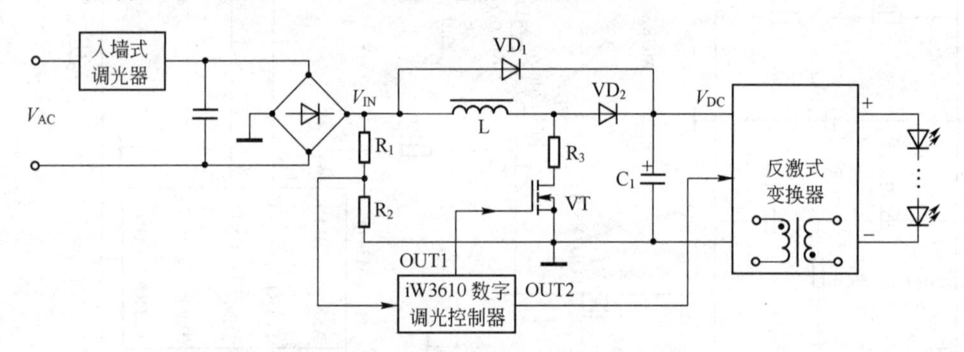

图 4-22　基于 iW3610 控制器的可调光 LED 照明电源电路示意图

在图 4-22 所示电路中，L、VD_2、VT 以及 R_1、R_2 和 C_1 等组成升压斩波式电路，拓扑结构与有源升压型 PFC 电路相同。VD_1 在系统启动时为电容 C_1 提供充电电流，以使电感 L 在电路进入正常操作之前没有能量存储。反激式变换器采用一次侧恒流控制方式，无需光电耦合器和繁多的反馈元件。iW3610 通过检测电压的变化率识别切相信号的类别。在未接入调光器时，iW3610 选择有源 PFC 模式。

当 iW3610 检测到 TRIAC 调光信号时，将工作在前沿切相模式。如图 4-23 所示，当

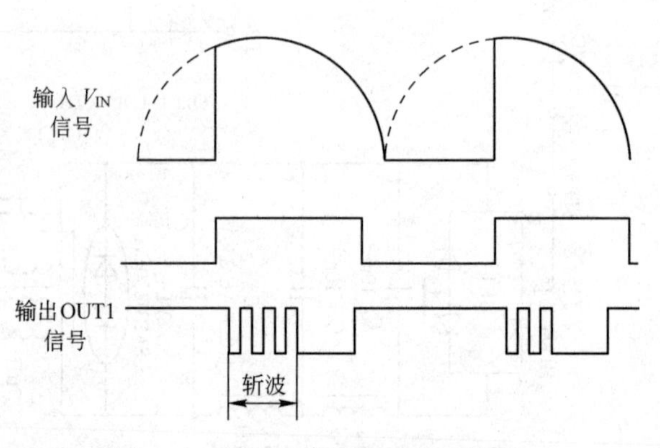

图 4-23　TRIAC 前沿切相调光模式输入电压和输出斩波控制信号

TRIAC 关断时，iW3610 输出端 OUT1 输出高电平，驱动 VT 导通，此时相当于把泄放电阻连接在调光器输出端，泄放电阻的阻抗与常规钨丝灯电阻相当；当 TRIAC 导通时，iW3610 输出一组高频控制信号，斩波电路工作在开关状态，从输入端吸收较多的电流，以维持 TRIAC 工作。

如果 iW3610 检测到调光器是用 MOSFET 代替 TRIAC 作为开关的后沿切相调光器，输入电压和输出斩波控制信号波形如图 4-24 所示。当调光器中的 MOSFET 导通时，iW3610 在引脚 OUT1 输出一组高频脉冲信号，斩波电路工作在升压状态；当调光器中的 MOSFET 被关断时，在 iW3610 的引脚 OUT1 输出高电平信号，VT 导通，LED 驱动器呈低输入阻抗，以还原 AC 输入的切相波形。

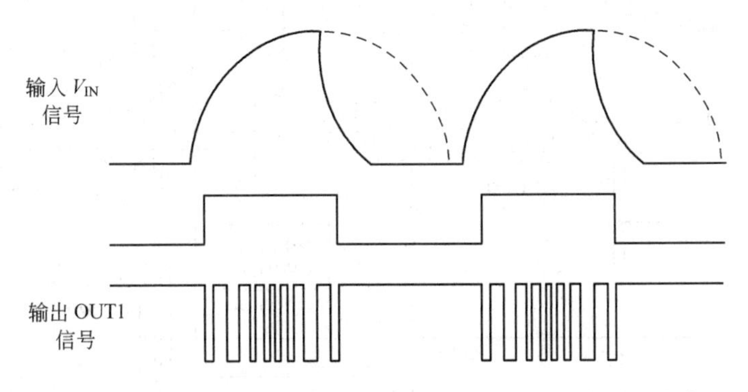

图 4-24　TRIAC 后沿切相调光模式输入电压和输出斩波控制信号

iW3610 将相位检测和调光器控制功能通过数字控制方式整合到一个芯片上，将检测到的切相信号转换成调光控制信号，以控制一个反激式变换器，与 iWatt 公司的精确一次侧恒流控制技术完美结合，从而使 LED 电流受控于 AC 输入电压的切相信号。iW36100 支持 200kHz 的开关频率，提供波谷导通的准谐振（QR）模式及自适应温度保护控制功能。

29. LED 无线调光如何实现？

利用可编程片上系统 PSoC 芯片 CY8C29466、便携式无线收发芯片 CYRF6936 以及连接两者的串行外设接口（SPI），可以组成无线调光 LED 灯驱动电路，用来驱动 6 个串联在一起的 HB LED，用于卧室或露营帐篷的照明。整个系统组成框图如图 4-25 所示。

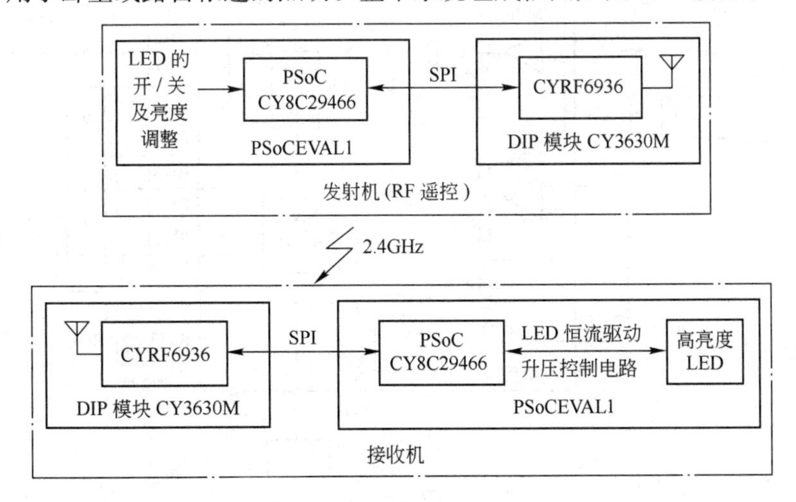

图 4-25　LED 无线调光系统组成框图

图 4-26（a）所示为发射机（RF 遥控）电路。将电位器 RP 的输出调节电压进行 8 位 A/D 转换，作为 LED 的开/关和亮度调节值。A/D 转换值在 LCD 显示屏显示。

将搭载无线收发芯片 CYRF6936 的无线通信模块 CY3630M［电路如图 4-26（c）所示］与 CY8C29466 相连接，组成无线通信系统，以两字节为一组数据，按指定方向发射信号，发射频率为 2.4GHz。

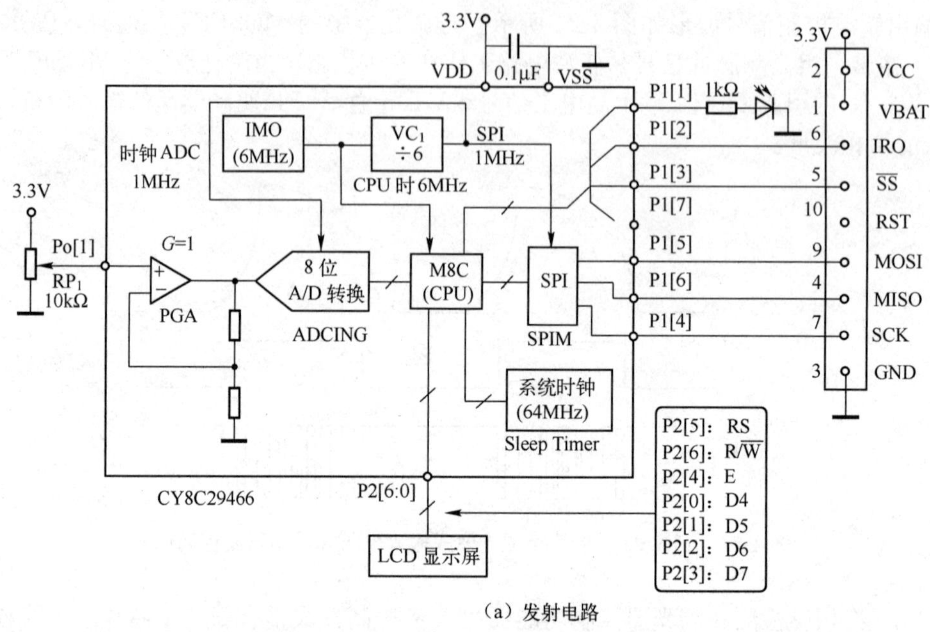

（a）发射电路

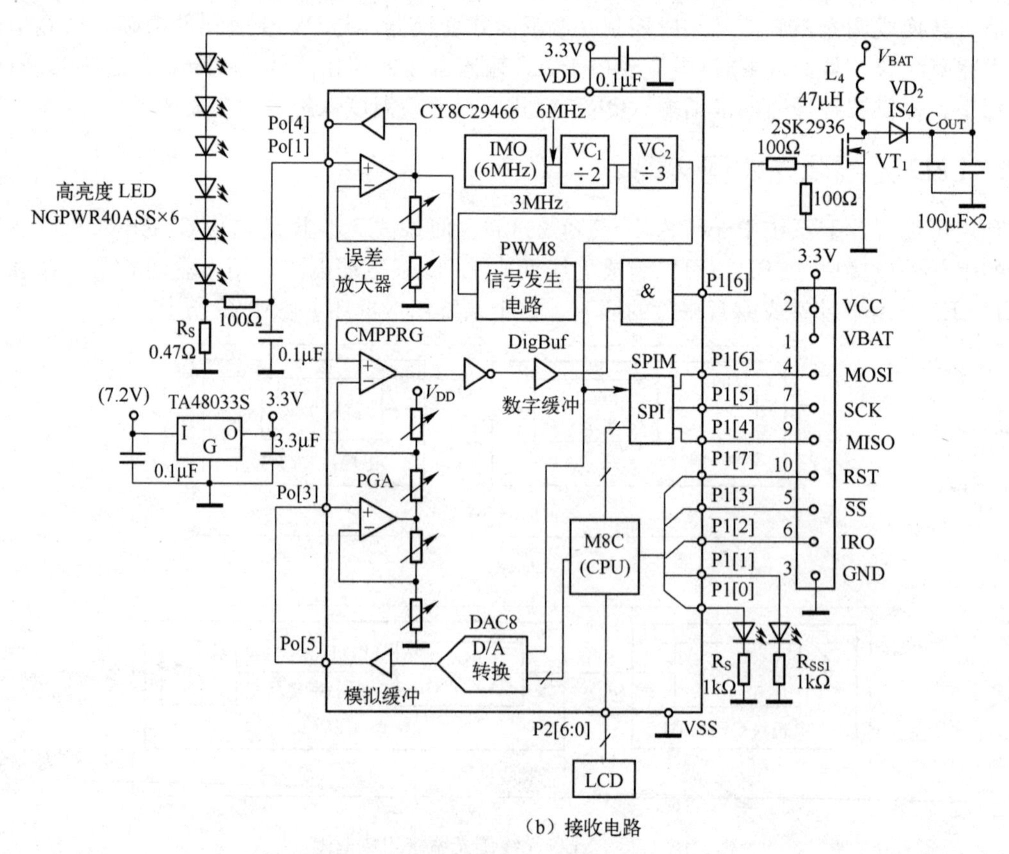

（b）接收电路

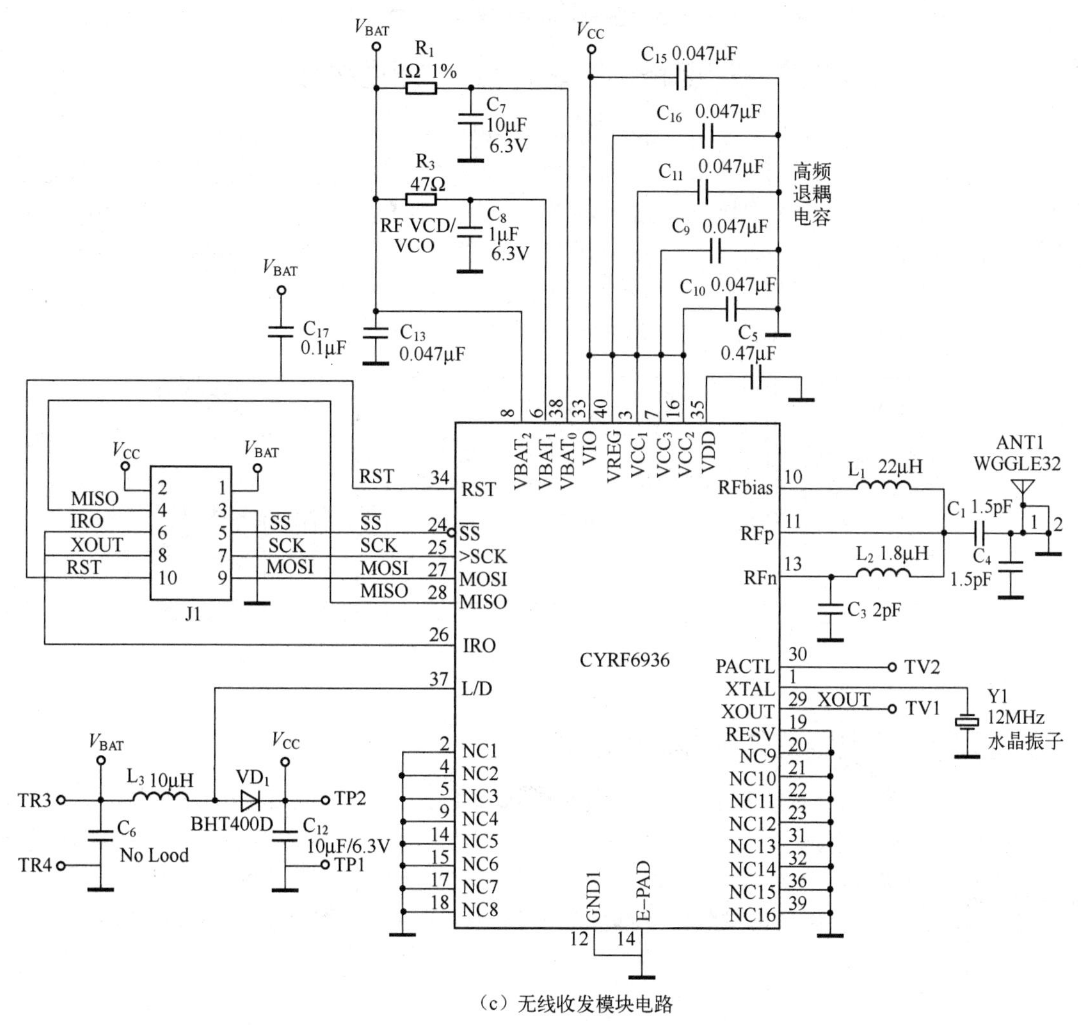

(c) 无线收发模块电路

图 4-26　照明用 LED 无线调光驱动电路

系统接收机（遥控灯）电路如图 4-26（b）所示。其中，CY8C29466、功率 MOSFET（VT_1）、电感 L_4、二极管 VD_2 和电容 C_{out}（100μF×2）等组成升压型 LED 驱动器，驱动 6 个串联的 LED。LED 为 0.3W、60°（发射角）的高亮度白光器件，其正向电流 I_F＝100mA，正向电压 V_F＝3.2V（100mA 时）。在 100mA 时每个 LED 的亮度为 15lm，6 个 LED 的总亮度达 901m。

将 CY3630M 与 CY8C29466 相连接，组成无线通信系统。对接收的主函数（代码）进行位查询，然后进行 D/A 转换。根据转换值改变升压电路的基准电压，将 LED 电流控制在指定电平上，接收机将接收的数据（两位）和接收信号强度通过 LCD 显示屏显示。

为了控制 LED 电流，在 LED 串上串接了采样电阻 R_3（0.47Ω）。通过 R_5 的电流转换为电压输入到 CY8C29466 内部的误差放大器。当出现过电流时，CY8C29466 内部的非门输出将停止开关电路工作。

7.2V 的电源由 6 节串联的 1.2V/1000～4000mA・h 的镍氢电池供给，3.3V 的偏置通过线性稳压器 TA48033S 获得。在 LED 电流为 95mA、LED 串电压降为 19.2V 时，电池输出电流为 300mA。若实测电池容量是 1590mA・h，则可连续照明 5.3h。

升压电路的开关占空比为 0.66，导通时间 t_{on} 为关断时间 t_{off} 的 2 倍。在 L_4 电感量为

47μH 时，开关频率为 50kHz。DC/DC 变换器的效率为 81%。

30. LED 驱动电源的保护电路功能是什么？ 如何构成？

LED 驱动器大都采用开关电源技术，输出多为可随 LED 正向压降值变化而改变电压的恒定电流源，即恒流驱动。根据 LED 的伏-安特性，电压的微小变化可导致电流的很大变化，有可能损坏 LED，且开关电源中控制电路比较复杂，晶体管和集成器件耐受电、热冲击的能力较差，因此驱动器的可靠性影响了 LED 应用产品的寿命。为了保护开关电源自身和负载的安全，延长使用寿命，必须设计安全可靠的保护电路。

在 LED 开关型驱动器中的保护电路如图 4-27 所示。

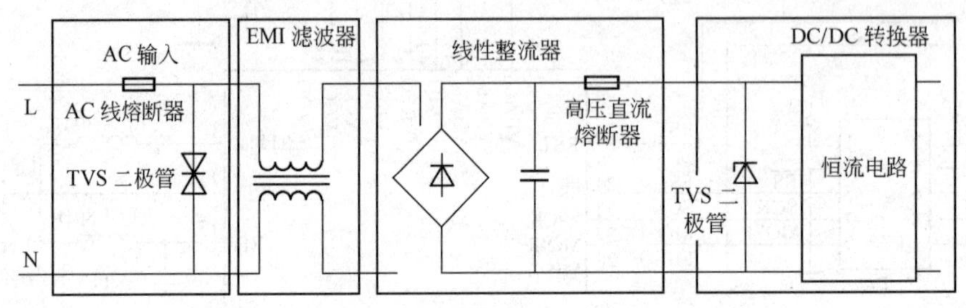

图 4-27　LED 开关型驱动器中的保护电路

31. 直通保护电路的功能是什么？

对于特大功率 LED 驱动器来说，半桥和全桥是 LED 开关驱动器常用的拓扑结构，“直通”对其有很大的威胁。直通是同一桥臂两个晶体管在同一时间内同时导通的现象。在换流期，LED 开关驱动器易受干扰而造成直通，过大的直通电流会损坏用于逆变的电力电子器件。一旦出现直通现象，必须尽快检测到并立即关断驱动，以避免开关器件的 PN 结积累过大的热量而烧坏。这里利用双单稳态集成触发器 CD4528 设计了一种针对全桥和半桥的直通检测、保护电路。

CD4528 含两个单稳态触发器，其真值表见表 4-3。芯片引脚 3 与引脚 13 分别为其内部两个独立单稳态电路的 Clrar 端，引脚 5 和引脚 11 为单稳态的 B 输入端，引脚 4 与引脚 12 为单稳态的 A 输入端。B 端接高电平，只有当 Clear 端为高电平时，A 端输入的上升沿触发才会有效。PWM _ 1 与 PWM _ 2 为 PWM 芯片输出的两路互补脉冲信号，主电路（见图 4-28）中 Q_1、Q_4 的驱动与图 4-29 中 PWM _ 1 同步，Q_2、Q_3 的驱动与 PWM _ 2 同步。在 A、B、C 和 D 四点进行直流上升率采样然后转变为电压信号，并分别传给图 4-29 中的直通信号 1 与直通信号 2。

表 4-3　CD4528 真值表

输入			输出	
Clear	A	B	Q	$\overline{Q}$
L	X	X	L	H
X	H	X	L	H
X	X	L	L	H
H	L	↓		
H	↑	H		

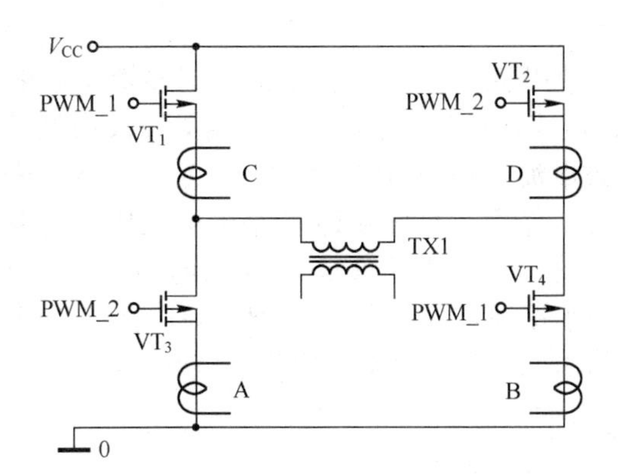

图 4-28　输出主电路

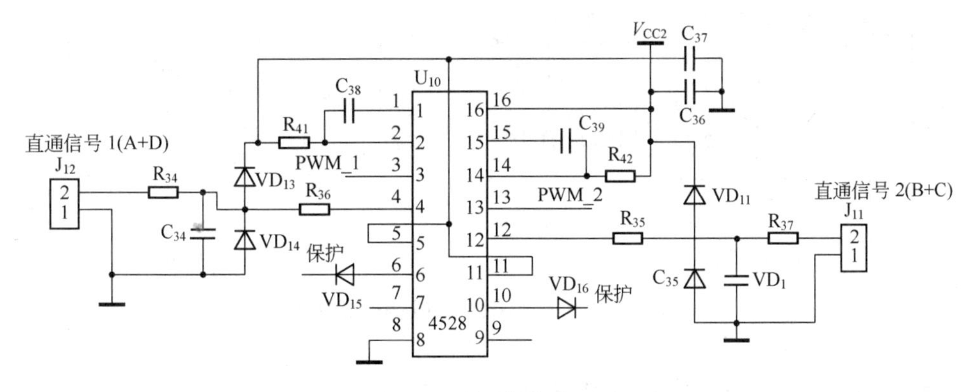

图 4-29　直通保护原理图

主电路中的左右桥臂对称，这里以左桥臂的直通保护进行分析。在正常状态下，当 VT_1、VT_4 导通时，PWM _ 1 为高电平，PWM _ 2 为低电平，引脚 3 高电平输入有效，A 点和 D 点没有电流流过，不会触发单稳态；虽然 B 点和 C 点采到了正常输出的上升沿信号，但是引脚 13 低电平时输入无效，所以不会触发单稳态，没有保护信号输出；而在直通时，VT_3 由于某种原因误导通了，A 点将检测到很大的电流上升率并转换为电压信号，此时 PWM _ 1 为高电平。图4-29中左边的单稳态被触发产生保护信号送到 PWM 芯片的关断端，封锁 PWM 脉冲输出。

32. 过电流保护的功能是什么？

当出现负载短路、过载或控制电路失效等意外情况时，会引起流过开关管的电流过大，使开关管功耗增大引起发热。若没有过电流保护装置，大功率开关管就可能损坏，调节电路失效还可能导致 LED 过电流损坏，过电流保护一般通过采样电阻或霍尔传感器等来检测、比较，从而实现保护，但它们都有体积大和成本高的缺点。

方案一：采用如图 4-30 所示的方法，在正激变换器扼流圈放置相同匝数且线径较细的线圈。这两个绕组是磁平衡的，它们之间本应没有电压差，但是主绕组有直流电阻，大电流时产生了微小的电压差，该电压差由负载电流决定。这个微小的电压差被运放检测，并且通过调节 R_x 可以设置电流限制。该电路的缺点是电流限制不是很精细，这是因为铜电阻在温度每上升 10℃时增加 4%。但是，这个电路依然可以满

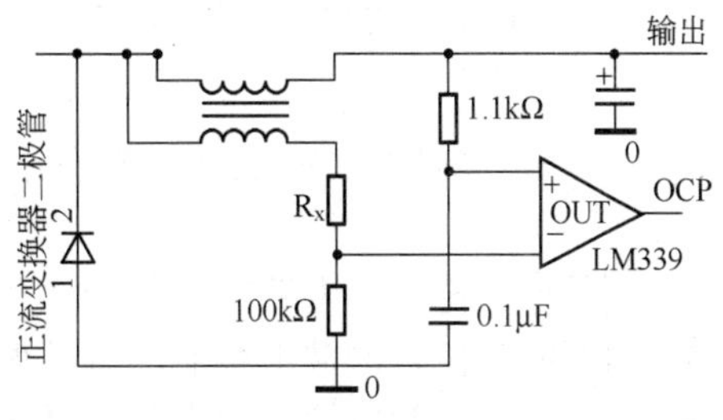

图 4-30　过电流保护电路

足设计要求。

方案二：在直流LED开关电源电路中，为了保护调整管在电路短路、电流增大时不被烧毁，其基本方法是，当输出电流超过某一值时，调整管处于反向偏置状态而截止，自动切断电路电流。如图4-31所示，过电流保护电路由三极管 VT_2 和分压电阻 R_4、R_5 组成。电路正常工作时，通过 R_4 与 R_5 的分压作用，使得 VT_2 的基极电位比发射极电位高，发射结承受反向电压，于是 VT_2 处于截止状态（相当于开路），对稳压电路没有影响。当电路短路时，输出电压为零，VT_2 的发射极相当于接地，则 VT_2 处于饱和导通状态（相当于短路），从而使调整管 VT_1 基极和发射极近于短路而处于截止状态，切断电路电流，从而达到保护目的。

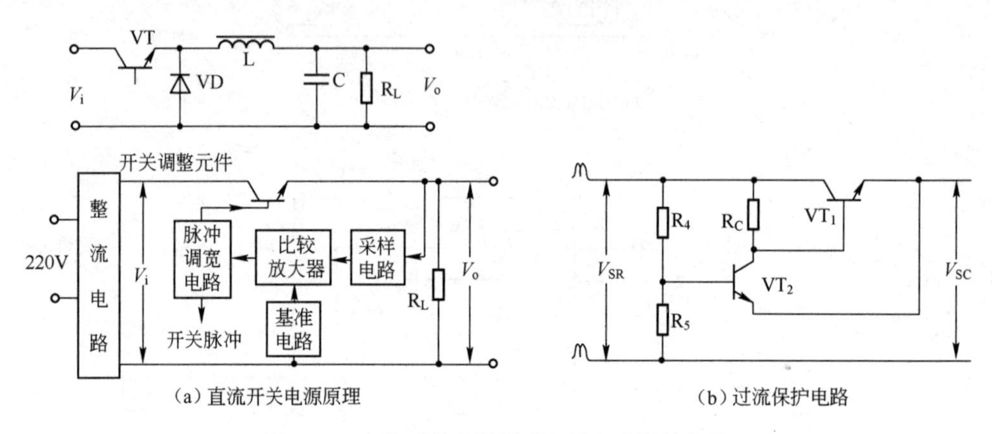

(a) 直流开关电源原理　　(b) 过流保护电路

图4-31　直流开关电源原理和过电流保护电路

33. 启动/关断电流过冲保护的功能是什么？

稳流型开关电源在开机和关机时容易造成电流过冲，LED之类负载对毫秒级电流过冲都是不允许的，瞬间大电流冲击有可能损坏LED器件，因此必须严格防止电流过冲。

（1）开机电流过冲保护　开机时，由于电源滤波电容大及各延迟环节使得电流采样反馈值与给下值在调节器的输入端不同，从而使负载电流上升过冲，实测电流过冲波形如图4-32所示。为了解决这一问题，可以将调节器给定端 R_C 的值适当增大，调节后的开机电流没有发生过冲，波形如图4-33所示。

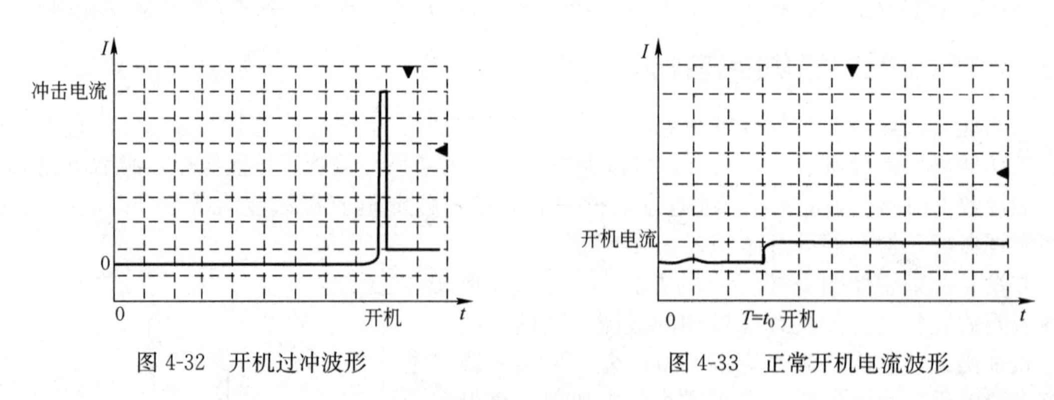

图4-32　开机过冲波形　　图4-33　正常开机电流波形

开关稳压电源的电路比较复杂，开关稳压器的输入端一般接有小电感、大电容的输入滤波器。在开机瞬间，滤波电容器会流过很大的浪涌电流，这个浪涌电流可以为正常输入电流的数倍。这样大的浪涌电流会使普通电源开关触点或继电器触点熔化，并使输入熔断器熔断。另外，浪涌电流也会损害电容，使之寿命缩短，过早损坏。为此，开机时应接入一个限流电阻，通过限流电阻来对电容充电。为了防止该限流电阻消耗过多的功率影响开关稳压器的正常工作，在开机暂态过程结束后，用一个继电器自动短接限流电阻，使直流电源直接对开关稳态器供电，这种电路称为直流 LED 开关电源的软启动电路。

如图 4-34（a）所示，在电源接通瞬间，输入电压经整流桥（VD_1～VD_4）和限流电阻 R_1 对电容 C_1 充电，限制浪涌电流。当电容 C_1 充电到约 80%额定电压时，逆变器正常工作。经主变压器辅助绕组产生晶闸管的触发信号，使晶闸管导通并短路限流电阻 R_1，LED 开关电源处于正常运行状态。为了提高延迟时间的准确性及防止继电器动作抖动振荡，延迟电路可采用图 4-34（b）所示电路替代 RC 延迟电路。

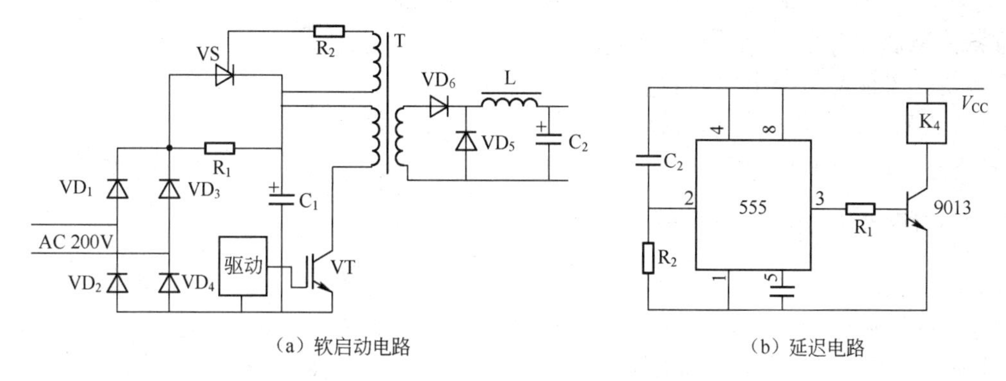

（a）软启动电路　（b）延迟电路

图 4-34　LED 开关电源软启动保护电路

（2）关机电流过冲保护　在 30A/20V 开关型稳流电源设计中，采用控制电路单独供电，主电路的滤波电容在工作时存储了大量电能，切断总电源后滤收电容存储的电荷持续数秒才能放完，所以关机后单独供电的采样电路先关闭，而主电路延迟关闭。调节器的给定输入端由主电路供电，即关机后调节器的采样输入端电压先降低，给定端电压缓慢降低，于是其输出电压误差增大，控制芯片增加 PWM 的占空比，由此导致了关机时负载电流的严重过冲，过冲时的电流波形如图 4-35 所示。图 4-36 所示为关机电流过冲保护电路。该电路能在 3ms 内迅速检测出交流电源是否关闭，并且在电源关闭后强行将调节器给定输入端的电压拉低，防止电流过冲，具体动作过程如下。

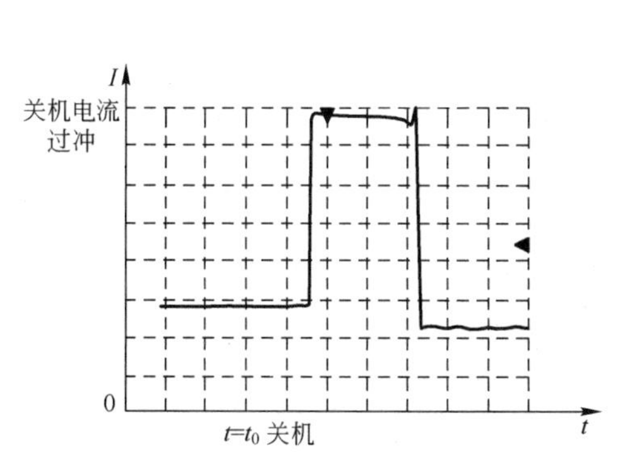

图 4-35　关机时电流过冲波形

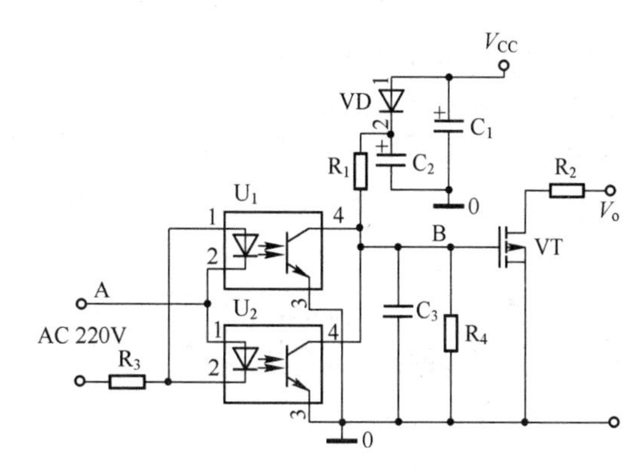

图 4-36　关机电流过冲保护电路

光电耦合器 U_1、U_2 随被测电源的正负半周交替导通，当 A 点交流电压大于光电耦合器中发光二极管的导通电压 V_{on} 时，光电耦合器开启，C_3 通过光电耦合器中晶体管放电，使 B 点的电压未达到 VT 的开启电压；当 A 点交流电压小于 V_{on} 时，光电耦合器不导通，C_3 充电，

B点的电压增加，此时应使C_3的电压上升到VT阈值的时间大于光电耦合器关闭的时间，以保证VT不导通。在t_1时刻交流电源断开，光电耦合器输出呈高阻态，C_2中存储的电荷经R_2向C_3充电，C_3上的电压迅速增加。当B点电压大于VT的开启电压时，VT导通，导通后可迅速将V_s拉低，图4-36中V_s是调节器的给定输入端电压，关机瞬间负载电流和图4-36中B点波形如图4-37所示。改变R_1和R_4的参数，可以改变C_3充电时间。R_4选用较大阻值，可以提高C_3上的电压，同时延长C_3的放电时间；C_2的大小可以决定交流电源断后维持该电路工作的时间。综上所述，设置合理的参数，便可保证主电路电源在没有完全关闭的情况下，VT一直导通，即误差放大器的给定输入端电压一直为零，避免了电流过冲。

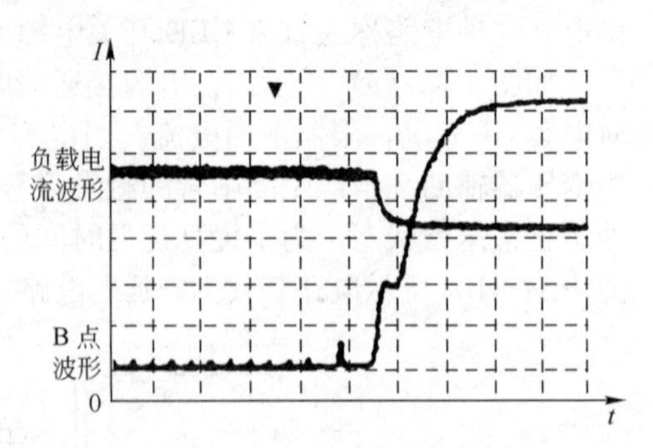

图4-37 B点波形和负载电流波形

34. 过电压保护的功能是什么？

在直流LED开关电源中，开关稳压器的过电压保护包括输入过电压保护和输出过电压保护。如果开关稳压器所使用的非稳压直流电源（如蓄电池和整流器）的电压过高，将导致开关稳压器不能正常工作，甚至损坏内部器件，因此LED开关电源中有必要使用输入过电压保护电路。

稳流型电源若负载发生断路，电流检测电阻两端的电压下降到零，一旦给定值不为零，调节器会使得输出电压急剧飙升至最大值，这对负载连接接触不良时是很危险的。对LED半导体制冷等负载来说，过电压发生时，首先保护负载，其次保护开关功率管。为解决以上问题，有两种保护方法同时使用：

① 放置双向TVS来实现对瞬间冲击电压的防护。TVS是一种二极管形式的高效能保护器件，当TVS的两极受到反向瞬态高能量冲击时，它能以纳秒级速度将两极间的高阻抗变为低阻抗，吸收高达数千瓦的浪涌功率，使两极间的电压钳位于一个预定值，有效地保护电子线路中的元器件免受各种浪涌脉冲损坏。还可将电阻与TVS串联，当TVS未击穿时，电阻上没有电流；若发生过电压，TVS被击穿，则电阻上有电流流过，以此作为保护信号，送到PWM芯片的关断端，封锁PWM脉冲输出。

② 当负载断路时使电源立即停止工作，如图4-38所示。图中，R_{24}和R_{27}给运算放大器同相输入端提供固定的小电压$U+$，R_{24}为采样的负载提供电流输入，当负载发生断路时，运算放大器反相输入端电压$U-$为0，因而$U+>U-$，运算放大器输出电压为高电平，给出空载保护信号。同时，将时间常数$R_{30}C_{15}$与电源给定的时间常数配合调节，使得空载保护不发生误动作。

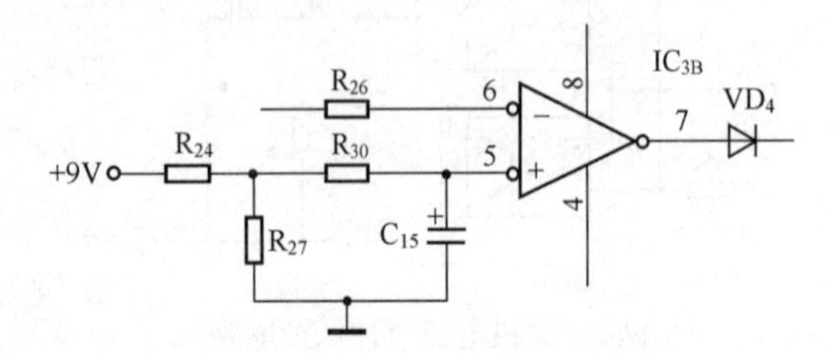

图4-38 过电压保护电路

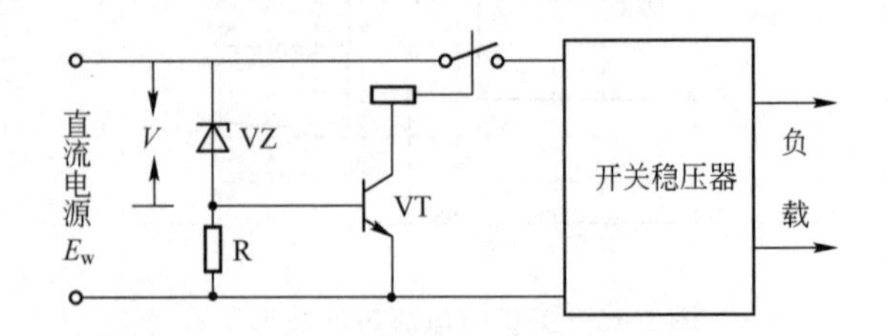

图4-39 LED开关电源输入过电压保护电路

还一种过电压保护思路就是图4-39所示的用晶体管和继电器所组成的保护电路。在该电路中，当输入直流电源的电压高于稳压二极管的击穿电压时，稳压二极管击穿，有电流流过电阻 R，使晶体管 VT 导通，继电器动作，常闭触点断开，切断输入电源。输入电源的极性保护电路可以跟输入过电压保护电路结合在一起，构成极性保护鉴别与过电压保护电路。

35. 开关抖动保护的功能是什么？

当 220V 交流电源开关开启抖动或停机后立即重新启动，可能出现电流过冲。在前面所述关断时防电流过冲的电路基础上，添加自锁电路即可解决，如图 4-40 所示。工作过程如下：

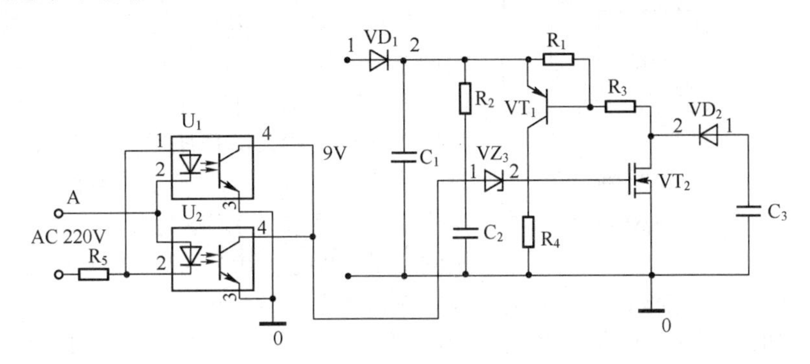

图 4-40　防开关抖动保护电路

正常工作时光电耦合器 U_1 随被测电源的正负半周交替导通，使 C_2 上的电压达不到 VT_2 的开启电压。一旦掉电，VT_2 导通，同时使得 VT_1 基极电位拉低而导通，VT_2 的门极被钳在高电位。若此时重新开机，即使光电耦合器再次导通使 C_2 放电，由于二极管 VZ_3 反偏，VT_2 始终维持导通，保持电源设定值为零，其保持时间由 C_1 和等效放电电阻决定。

36. 开路保护器的功能是什么？

近年来，采用 1～3W 大功率 LED 制作的灯具逐年增加，其功率可从几瓦到数百瓦。大功率 LED 灯具都采用 LED 串联结构，用恒流供电，其结构如图 4-41 所示。一般 1W LED 的工作电流为 250～350mA，3W LED 的工作电流为 600～700mA，电流大的可达 900～1000mA。

串联 LED 的灯具有一个缺点：如果串联的 LED 中有一个 LED 开路，则整个灯具都不亮，

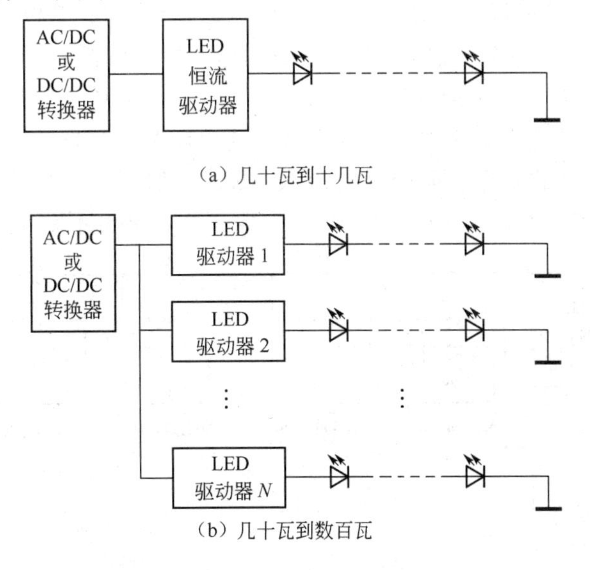

图 4-41　常见 LED 驱动电路结构

这对某些灯具（如警示灯、矿灯、应急灯等）的应用是十分危险的。为了在 LED 开路时 LED 灯具还能亮，采用 LED 开路保护器能保证灯具使用的安全性。

37. LED 开路保护器如何构成？

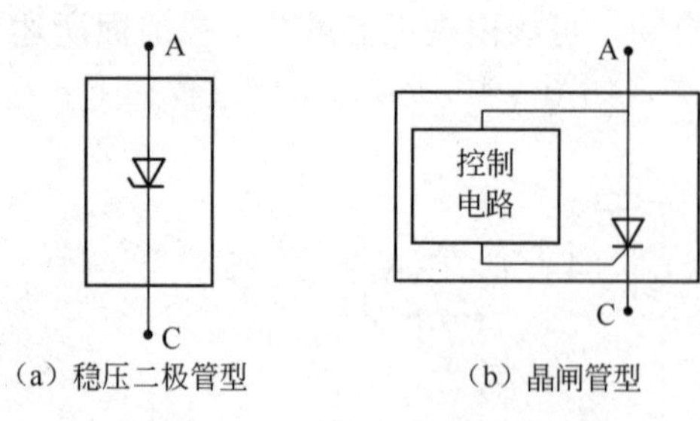

(a) 稳压二极管型　　(b) 晶闸管型

图 4-42　两种 LED 开路保护器

LED 灯通常由一定数量的 LED 管串联或并联组成阵列，单个 LED 损坏会造成整个 LED 阵列停止工作。传统的 FU、MOV、TVS 并不能解决此类问题，因此在 LED 阵列端，有专门为 LED 开路生产的 LED 开路保护器。目前已开发出的 1W LED 开路保护器有两种结构，即稳压二极管型和晶闸管型（单向晶闸管型），如图 4-42 所示。有的 LED 生产厂家直接将稳压二极管与 LED 封装在一起，即带有开路保护的 LED 也已上市。3W LED 的工作电流一般为 700～1000mA，这种开路保护器由于电流较大在市场上比较少见。

安森美公司的 NUD4700 及 SMD 公司的 SMD602 都是晶闸管型 LED 开路保护器。

这两种 LED 开路保护器适用于 1W 大功率 LED，其电流 I_{LED} 为 350mA。它们可以与 LED 一起安装在六角形铝基板上。

38. NUD4700 的工作原理是什么？

NUD4700 是一种两端器件，其外形如图 4-43 所示，A 端为阳极，C 端为阴极。它由控制电路及单向晶闸管组成。

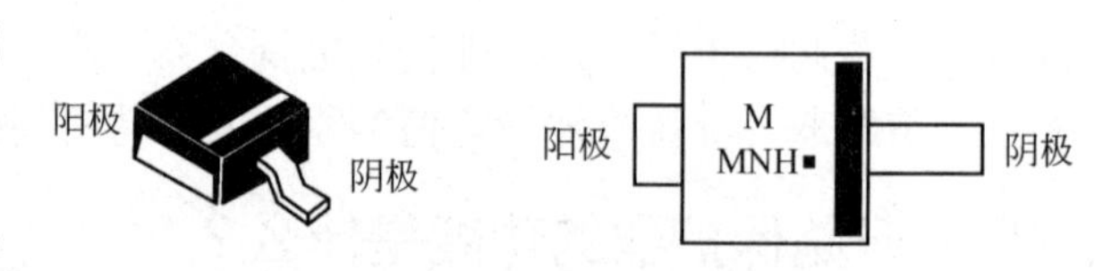

图 4-43　NUD4700 外形

NUD4700 的典型应用电路如图 4-44 所示。这是一个交流供电，往 AC/DC 转换器输出直流电压，再由 NUD4700 恒流 LED 驱动器驱动 4 个串联的 1W 大功率 LED 电路。NUD4700 与 LED 并联在一起。在 LED 未开路时，由于 LED 的正向降压 V_F 小于晶闸管的开启电压 V_{BR}，则 NUD4700 为关闭状态。在关闭状态时，只有小于 250μA 的漏电电流经过 NUD4700，相当于 NUD4700“开路”，不影响 LED 工作，若串联的 LED 中有一个（如 LED_2）因损坏而开路，则此时与 LED_2 并联的 NUD4700 的阳极、阴极之间电压超过了“启动”电压 V_{BR}（5.5～7.5V），NUD4700 启动，由关闭状态转为导通状态。在导通状态时，阳极、阴极之间导通电压 V_T 为 1.0～1.2V。此时，LED 电流由 LED_1 流经 NUD4700 的阳极、阴极，再流入 LED_3，如图 4-45 所示。4 个 LED 仅有 3 个 LED 工作，其亮度稍差一些，但 LED 灯仍可以正常工作，并且不影响其恒流的大小。

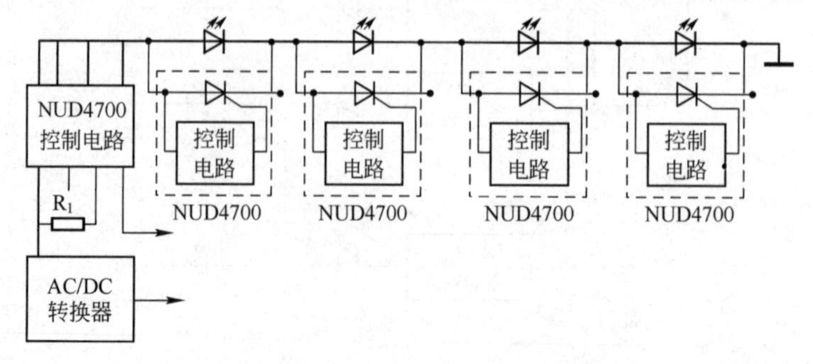

图 4-44　NUD4700 应用电路

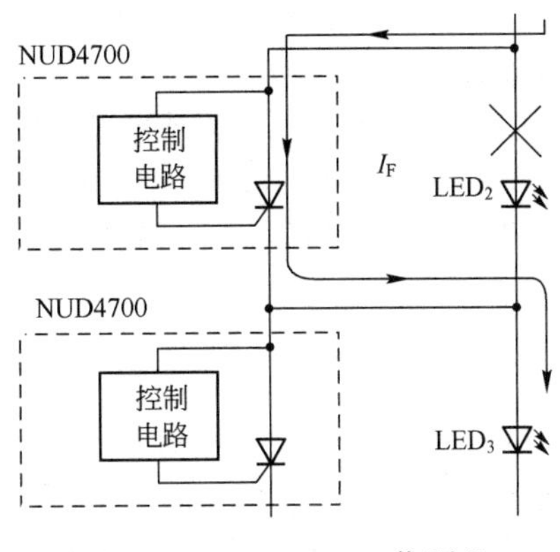

图4-45　NUD4700工作原理

从上面分析可知，当LED正常时，NUD4700不起作用（相当开路）；当LED损坏开路时，NUD4700起作用（相当通路），使LED电路能形成通路而工作。

39. NUD4700的主要参数包括哪些？

NUD4700的主要参数：峰值重复关闭状态时，电压为−0.3～+10V，关闭状态时的漏电流I_{LEA}为100～250μA，启动电压（也称为击穿电压，Breakdown Voltage）V_{BR}为5.5～7.5V；保持电流I_H为6～12mA；闭锁电流（Iatching Current）I_L为35～70mA；导通状态电压V_T为1～1.2V，导通状态时的平均电流$I_{T(avg)}$为0.376～1.3A（电流大小与焊盘面积有关。在焊盘面积为25.4mm×25.4mm时，散热条件好，I_T可达1.3A）；采用贴片式2mm×2.1mm封装（高度为1mm）；工作温度范围为−40～+85℃。

40. SMD602的结构与工作原理分别是什么？

SMD602的内部结构如图4-46所示，它的基本结构与NUD4700相同，但增加了一个反接二极管，可在LED串极性接反时提供一个电流通路。由于二极管的正向压降为1.1～1.5V，可保护LED免受反向电压击穿（一般LED反向击穿电压为5V）。

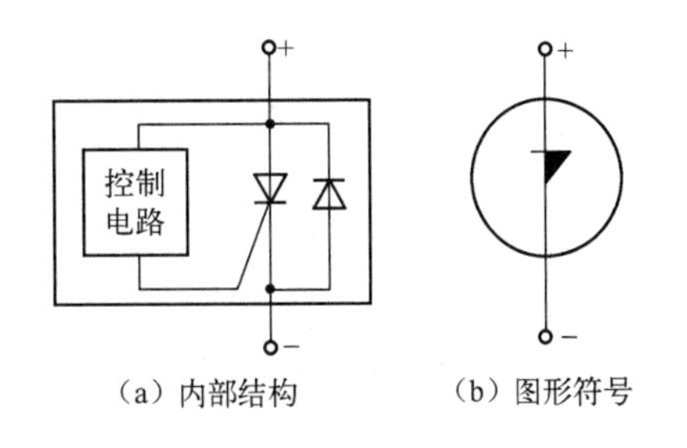

图4-46　SMD602内部结构与图形符号

SMD602的工作原理与NUD4700完全相同，它的正极与LED的阳极连接，负极与LED的阴极连接，如图4-47所示。在LED没有开路时，SMD602都为关闭状态，其漏电流为100μA（典型值）。图中粗箭头线为LED电流I_{LED}。

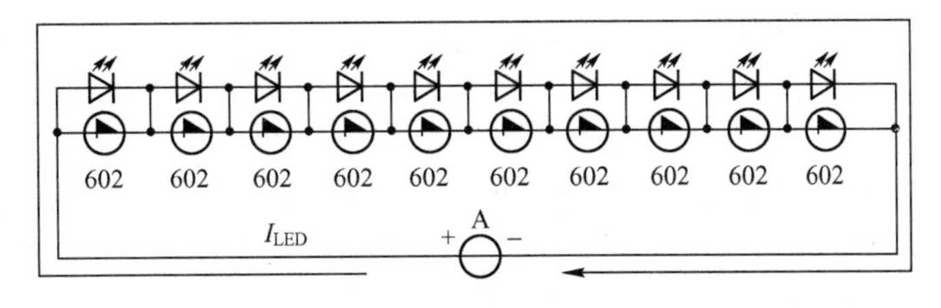

图4-47　SMD602工作在LED导通状态下

若在串联的LED中有一个LED开路（见图4-48），则与此并联的SMD602的正、负极之间电压大于其开启电压（4.65～5.25V），SMD602由关闭状态转换为导通状态，降压为1～1.2V。LED电流经SMD602内部晶闸管后流到下一个LED，保证其他未开路的LED正常工作。图中用粗线×表示此LED开路。若LED串与驱动器连接时极性接反，则有可能LED受反向电压过大而损坏。由于SMD602内部有反接二极管，在LED串极性接反时，其内部的二极管极性是正确的，则LED电流经SMD内部二极管形成回路，使LED得到保护，如图4-49所示。

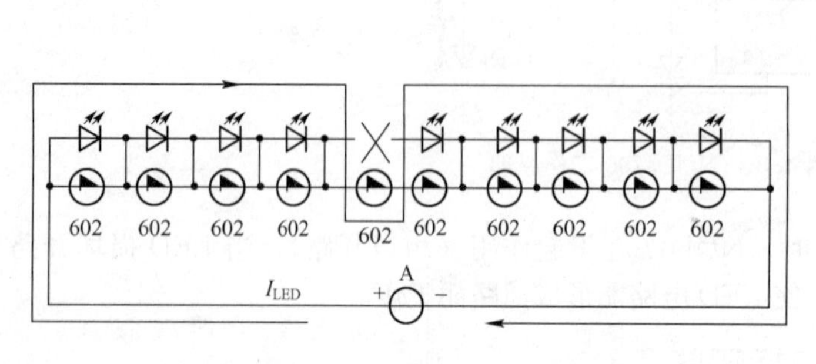

图4-48　SMD602工作在LED开路状态下

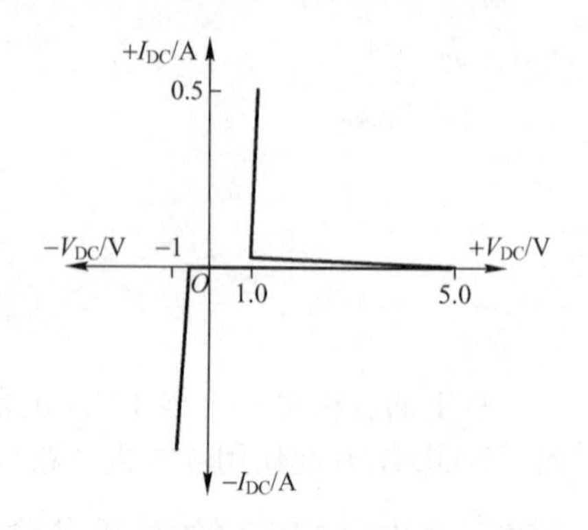

图4-49　SMD602工作在LED反接状态下电压与电流关系曲线

41. SMD602的主要参数与特性分别是什么？

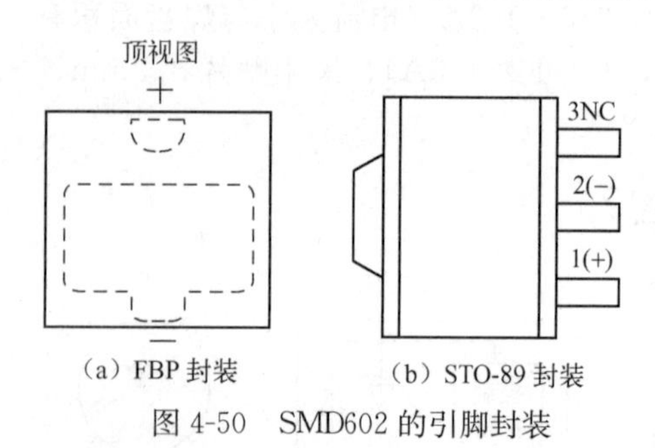

(a) FBP封装　(b) STO-89封装

图4-50　SMD602的引脚封装

SMD602的主要参数：输入电压V_{DC}最大值为38V；导通状态时最大电流I_{BP}为500mA；反向电流I_R最大值为500mA；启动电压V_{BR}为4.65～5.25V，导通状态时压降V_T为1～1.2V；在LED极性反接时，其压差为1.1～1.5；在关闭状态时漏电流为100～150μA；维持电流I_H最大值为20mA，工作温度范围−40～+85℃。

SMD602有两种封装：2mm×2mmFBP封装及3引脚SOT-89封装，其引脚排列如图4-50所示。

42. 过热保护电路的功能是什么？

直流LED开关电源中开关稳压器的高集成化和轻量小体积，使其单位体积内的功率密度大大提高。但是，如果电源装置内部的元器件对其工作环境温度的要求没有相应提高，必然会使电路性能变差，导致元器件过早失效。因此，在大功率直流LED开关电源中应设过热保护电路。

这里采用温度继电器来检测电源装置内部温度。当电源装置内部产生过热时，温度继电器动作，使整机告警电路处于告警状态，实现对电源的过热保护。如图4-51（a）所示，在保护电路中将P型控制栅热晶闸管（TT102）放置在功率开关管附近，根据TT102的特性（由R_r值确定该器件的导通温度，R_r越大则导通温度越低），当功率管的管壳温度或者装置内部温度超过允许值时，热晶闸管就导通，使发光二极管发亮告警。倘若配合光电耦合器，就可使整机告警电路动作，保护LED开关电源。该电路还可以设计成图4-51（b）所示形式，用作开关管的过热保护，开关管的基极电流被N型控制栅热晶闸管（TT201）旁路，开关管截止，切断集电极电流，防止过热。

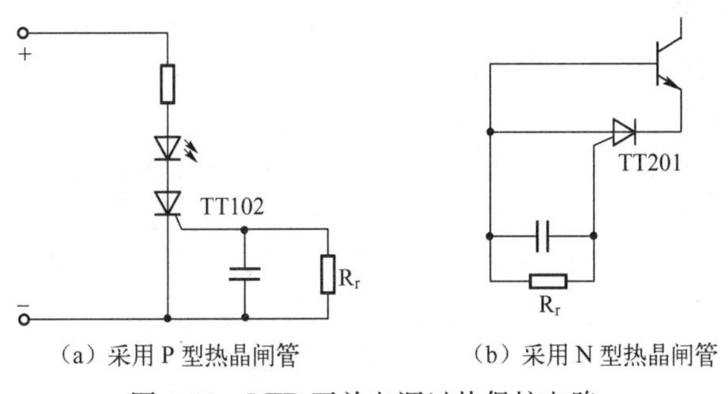

（a）采用 P 型热晶闸管　　（b）采用 N 型热晶闸管

图 4-51 LED 开关电源过热保护电路

43. 瞬态电压抑制器件包括哪些？ 功能分别是什么？

（1）TVS　AK6 和 AK10 系列是具有极高额定电流的瞬态电压抑制器（TVS），特别为保护 AC 和 DC 输入电路免受瞬态电压损坏而设计，其额定值为 6kA（8/20μs）和 10kA（8/20μs）；AK15 和 AK30 是额定值分别为 15kA（8/20μs）和 30kA（8/20μs）的 TVS，它们都是针对保护恶劣环境下 LED 照明的理想应用。1.5SMC 系列是脉冲功率额定值为 1500W 的 TVS，它是保护 DC/DC 转换器免受瞬态电压破坏的理想选择。

（2）TMOV 热保护压敏电阻　TMOV 集成了热敏组件，有助于 TVSS 模块利用适当的外壳，在电缆连接和永久连接应用方面符合 UL1449 标准。TMOV 提供比大多数分立式解决方案更快速的热响应和较低的电感，提高了钳位性能，从而快速响应电压瞬变。

（3）FU 熔断器　AC 线路熔断器选用 464 系列，它提供了最小化、快速响应的表面贴装型 AC250V 熔断器，符合 IEC 60127-4 标准。464 系列特别针对电源和照明系统应用而设计。

高压直流熔断器选用 477 或 505 系列，这两个系列都面向高能量和电源应用设计。477 系列提供用于 DC400V/DC500V 额定电压、延时、抗浪涌熔断器，采用 5×20mm 封装；505 系列提供 AC/DC 500V 额定电压的熔断器，其断流上限额定值高达 50kA，采用 6.3×32mm 封装。

44. 温度补偿电路的功能是什么？

与其他光源相比，大功率 LED 会产生严重的散热问题，这主要因为 LED 不通过红外辐射进行散热。一般而言，用于驱动 LED 的功耗最终有 75%～85%转换为热能，过多热量会减少 LED 的光输出而产生偏色，加速 LED 老化。因此，热管理是 LED 系统设计最重要的一个方面。LED 系统生产商通过寻求优化的散热器、高效印制电路板（即 PCB）、高热导率外壳等来应对这一挑战。但是，LED 驱动器设计工程师需要改变理念，热管理并不是机械设计师的专利，电子工程师同样可以进行热管理设计。实践证明，通过温度补偿电路实现温度补偿功能进行热管理是一个既经济又可靠的方法。

温度补偿功能以其低成本、高可靠性兼顾了 LED 寿命和输出功率，不会因为环境恶劣或是散热装置异常老化而使 LED 性能和寿命受到影响。

45. 温度补偿原理是什么？ 如何实现？

一般而言，大功率 LED 的产品规格书中都会标明不同环境温度（或 LED 焊点的温度）下的最高容许输出电流的曲线图。当周围温度低于安全温度点时，输出最高容许电流保持不变；当高于安全温度点时，输出最高容许电流随周围温度升高而降低，即所谓的降额曲线。为确保 LED 的性能和寿命不受影响，必须保证 LED 工作在降额曲线与横、纵坐标轴所包络的安全区内。

但是，目前大多数 LED 灯具生产商都将 LED 的驱动电流设计为不随温度变化的恒流源。

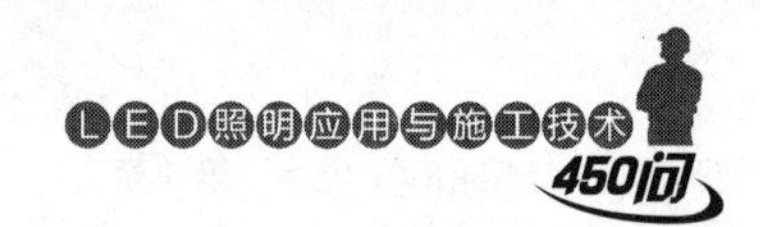

因此，当LED周围温度高于安全温度点时，工作电流不在安全区内，这将导致LED的寿命远低于规格书的数值甚至直接损坏。而LED周围温度过高由LED自身发热所致，目前有以下两个办法可以解决这个问题。

① 使用导热性更好的散热装置，减小LED芯片至环境的热阻，控制LED内部温度不至于比环境温度高太多，但这需要较高的成本。此外，难以避免的问题是，当散热装置使用一段时间后在灯体外壳的散热片上沉积灰尘，以及铝合金基敷铜板上连接铜层和铝基板的介质层老化脱胶都将使热阻较大幅度地上升，导致整体散热性能下降。

② 使LED工作在安全区边际，这样既能满足在安全温度点内输出电流、输出功率工作在额定状态且恒定，也能在高于安全温度点输出电流并按比例下降进行负补偿，保证LED使用寿命，这就是温度补偿的含义。

46. 基于数字温度传感器的温度补偿电路的工作原理是什么？

有些照明产品需要一些智能控制，如一些高级路灯的应用，这些系统往往使用单片机对整个系统进行监视和控制。这时可利用原有的单片机控制系统加入温度补偿功能，即使在恶劣环境（如夏日暴晒）下，系统内的温度仍能得到很好控制。

图4-52所示为带有温度被偿系统驱动电路LED串的示意图，温度检测部分采用了高精度数字温度传感器SN1086。SN1086可以同时检测芯片本身温度，相当于间接检测PCB温度，又能检测远端晶体管温度。若将晶体管与LED一同焊接在铝基板上，便可以检测铝基板温度。SN1086将检测到的两种温度通过芯片内部的高精度模/数转换器进行A/D转换，将温度的数据结果通过I²C总线的SDA数据线和SCL时钟线与单片机通信。当单片机接收到铝基板温度结果后与预设定的安全温度点阈值进行比对，当温度过高时启动温度补偿程序，通过PWM_1按比例降低LED驱动器的输出电流。单片机同时监控PCB温度，温度过高时通过PWM_2信号线控制风扇对PCB进行散热，确保板上的元器件尤其是电解电容的温度不会过高。

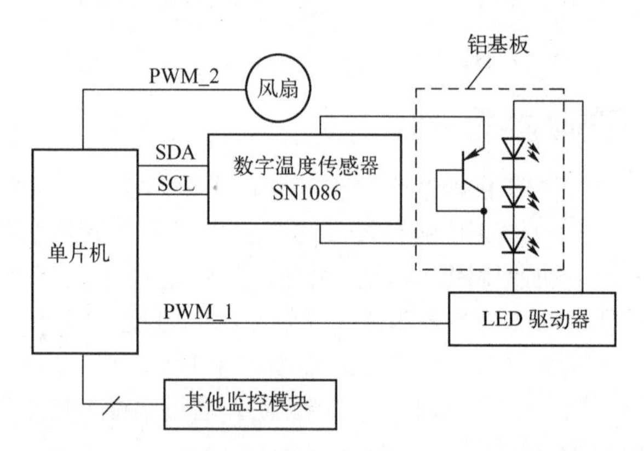

图4-52　使用数字温度传感器实现的温度补偿系统

这种系统控制极大地增强了系统的稳定性，并保证整体系统的使用寿命。实践证明，系统内部温度得到很好控制，但硬件成本较高，适合中高端领域的应用。

47. 带温度补偿功能的驱动芯片的特点是什么？

若能将温度补偿功能集成在芯片内部，这将极大地降低使用成本和所占空间。SN3352正是为了这个目的而设计出来的芯片。SN3352是降压型DC/DC恒流芯片，工作电压范围为6～40V，输出电流达700mA，温度补偿未启动时恒流性能优良，适用于驱动串联的1W或者3W LED灯，其应用电路如图4-53所示。SN3352具备调光功能，通过改变引脚ADJI的模拟电压或者对此引脚施加 PWM 信号都能实现调光功能。SN3352 内部集成了矽恩微电子公司的自有专利技术的温度补偿电路，温度补偿功能需要外接一个普通电阻 R_{th}（用于设置温度补偿启动的温度点 T_{th}）和一个检测温度的负温度系数热敏电阻 R_{stc} 配合实现。

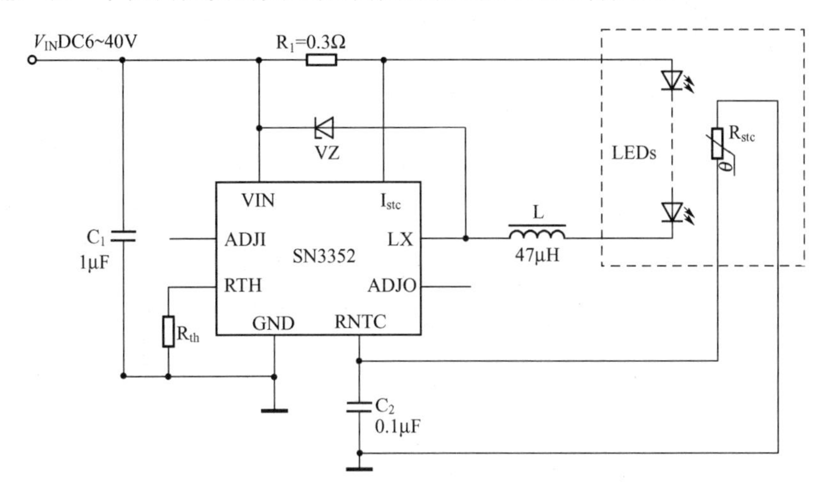

图 4-53 SN3352 温度补偿应用电路

SN3352 通过引脚 RNTC 不断测量与 LED 焊接在同一块铝基板的热敏电阻 R_{stc} 阻值，随着 LED 铝基板温度上升，当热敏电阻阻值低至与连接在引脚 RTH 上的普通电阻 R_{th} 阻值相等时，温度补偿功能启动，输出电流将会自动随温度升高而降低。由此可见，温度补偿启动的温度点 T_{th} 可以通过改变 R_{th} 阻值进行更改，而输出电流随温度降低的斜率可以通过选择不同 B 常数的热敏电阻来决定。

输出电流的公式如下：

① 当 $R_{stc}>R_{th}$ 时，温度补偿未启动，输出电流保持不变，大小由设置电流电阻 R_s 和引脚 ADJI 的电压决定：

$$I_{OUT}=\frac{V_{ADJI}}{12R_s}$$

式中，V_{ADJI} 为调光引脚 ADJI 的电压，调光范围为 0.3～1.2V，悬空时电压为 1.2V。

② 当 $R_{stc}<R_{th}$ 时，温度补偿启动，此时输出电流为

$$I_{OUT}=\frac{V_{ADJI}}{12R_s}\times\frac{R_{stc}}{R_{th}}=\frac{V_{ADJI}}{12R_s}\times\exp B\left(\frac{1}{T}-\frac{1}{T_{th}}\right)$$

$$R_{th}=R_{25}\exp B\left(\frac{1}{T_{th}}-\frac{1}{298}\right)$$

式中，R_{25} 为热敏电阻在 25℃下的阻值；B 为热敏电阻的常数。热敏电阻特性主要由 R_{25} 和 B 两个参数决定。

根据输出补偿电流的结果，对不同的温度作一组电流曲线。不难得出，即使把温度补偿启动的温度点 T_{th} 设置在较高温度（如 100℃以上），电流随温度降低的斜率仍然保持较高。这区别于目前市面上其他温度补偿方案，这些方案在较低温度保持较大的补偿斜率，而在较高温度补偿斜率大幅下降，这有悖于 LED 降额曲线在高温斜率更大的事实。因此，SN3352 在高温仍然保持大的补偿斜率可以满足绝大多数 LED 降额曲线的补偿斜率，保证 LED 工作在安全区内。

此外，SN3352 还具备级联功能，每个芯片的引脚 ADJO 连接下一级芯片的引脚 ADJI，将带有温度补偿信号的电压由前一级芯片的引脚 ADJO 输出到下一级芯片的引脚 ADJI。每个引脚 ADJO 最多可以驱动 5 个引脚 ADJI。因此，只需要一个热敏电阻就能让整个系统共享温度

补偿功能。当温度补偿启动时，接入 SN3352 系统中所有的 LED 都会随温度上升而下降。

另一款具备温度补偿功能的 SN3910 主要用于高压领域的降压型 DC/DC 恒流芯片，全电压范围输入，外置高压 MOS 管，输出电流为达 700mA。芯片工作在恒定关断时间模式，具有优良的线电压调整率。这款芯片主要用于荧光灯方案和其他市电直接接入的方案，其应用电路如图 4-54 所示。

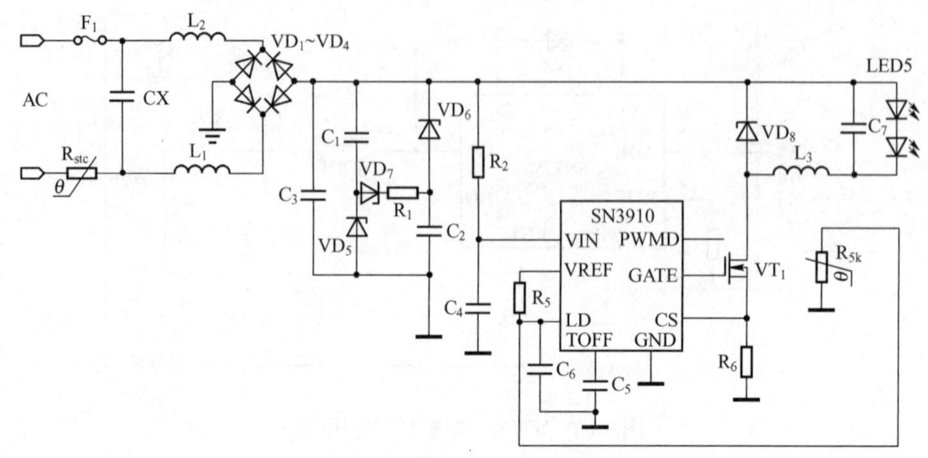

图 4-54　SN3910 的温度补偿电路

48. 带有温度补偿功能的线性驱动芯片的功能是什么？

具备温度补偿功能的 LED 线性恒流源驱动器是 SN3118，其输出电流可由外接电阻编程，适合 20～200mA 的低电流 LED 应用，其应用电路如图 4-55 所示。SN3118 工作电压为 6～30V，四个支路电流之间匹配度在±5%以内，每路最大电流达 175mA，工作时无 EMI 问题。电路中同样使用一个普通电阻和负温度系数的热敏电阻实现温度补偿，当热敏电阻阻值下降至普通电阻阻值时，温度补偿启动。

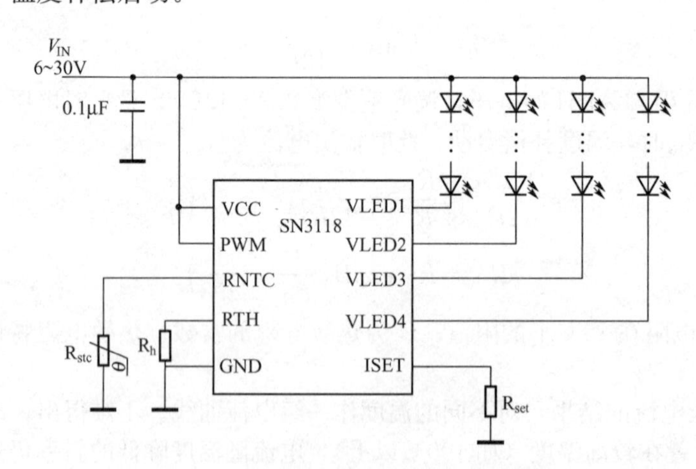

图 4-55　SN3118 驱动 LED 典型应用图

第5章

LED照明灯具基础

1. LED与传统光源的不同点是什么？

① LED是一种怕热、360°方向发光、光源和灯具基本不能分开的光源。

② LED在节能和环保方面的表现是人们更为关注期待的，在发挥LED功效、用好LED方面与传统光源有不同的内容。

③ LED还有不少不尽如人意地方，人们对其尚未了解深透，并且LED还在发展之中。

2. LED灯具与传统灯具的不同点是什么？

LED具有与传统光源不同的特性，LED灯具也呈现出与传统灯具不同的方面。

(1) 光学系统　灯具的光学系统是灯具的灵魂，其作用是根据选定光源的特性设计使灯具发出的光符合照明要求。通常灯具的光学系统由光源、灯座、反射器的透光罩组成。与传统光源灯具的光学系统相比，LED灯具光学系统具有如下特性：

① 光学系统一般由LED芯片和透镜组成LED单元或LED单元阵列，阵列有时排列在平整的铝基板上，也可能在凸起或凹下的成型基板上，灯具或使用或不使用透光源。

由于LED单元具有360°方向发光的光度特性，灯具的光度系统与传统光源灯具有很大区别。

制造商根据照明需求，将多个LED单元组合在基板上，而这种组合是由灯具制造商完成的，所以必须控制组合后LED单元光色的一致性，考核LED灯具的色空间均匀度。

② 由于LED的光电特性对PN结温度的变化非常敏感，封装树脂在高温和强光照射下会快速劣化，长期的辐射会使荧光粉的光致转换率逐渐降低，并导致色坐标偏移。在给出LED灯具寿命评价方法时，应考虑温度的影响，并在限制色偏移的条件下，考核LED灯具的光通维持率。

(2) 电气配件　LED驱动电源是决定LED灯具性能的关键要素，也是灯具选择或设计的要件之一。

LED需要在低电压下恒流驱动，所以不像普通的白炽灯泡可以直接连接220V的交流市电，而必须要设计复杂的转换电路驱动LED。

LED灯具电气设计应根据灯具需要使用LED的特性和数量、灯具的安装地点以及灯具在电网中的位置来考虑电气安全、恒流驱动、抗扰度和EMI，选择或设计合适的LED驱动电源。

LED驱动电源可选择参数包括与内部元器件工作温度相关的测温点与温度、驱动方式(恒压型、恒流型、或恒压/恒流混合型)、功率因数、输出电流和输出电压的稳定性、单一功率负载或功率范围负载、能效等级。如是独立式安装，外壳防护等级、防触电类型、浪涌和雷击防护的适宜性也是重要参数。

除了驱动电源本身以外，与 LED 模组的电气连接也是 LED 灯具电气系统的重要组成部分，应充分考虑这些电气连接的安全性，包括采用标准连接件，做好绝缘、防触电保护等。特别应注意的是，由于可能存在多路连接，为了保证安装和维护时电气连接的正确可靠，应对连接件进行识别，如电源极性标记等。

(3) 散热措施　与传统光源灯具一样，LED 灯具也是会发热的。LED 灯具的热来自于 LED 光电转换中的损耗以及 LED 驱动电源。

传统电光源按发光原理分为典型白炽灯的热辐射光源和荧光灯等的气体放电光源两大类。前者是利用物体加热时辐射发光原理做成的光源；而后者是在高温和电场双重作用下，直接激发形成分子发光做成的光源。两者的发光过程都需要热，同时产生的热与发出的光一起向周围辐射。

LED 发光原理是在外加电能量作用下，芯片中 PN 结的电子和空穴的辐射复合发生电致发光。由于转换效率的问题，最终大概只有 30%的输入电能转化为光能，其余 70%的能量主要以非辐射复合发生的点阵振动的形式转化成热能。需要说明的是，LED 发光过程中产生的热并不是 LED 达到标称工作状态所需要的，相反，LED 的亮度输出与温度成反比，而且热传递的方式不是辐射而是传导。

从 LED 发光原理和热传递特性考虑，与传统灯具有很大不同的是，热管理成为 LED 灯具散热设计的重要任务。其目标是将 LED 芯片的热有效地传导出去，并有效地控制灯具的微环境，将 LED 结温控制在可接受的范围内。

LED 结温与灯具的光电性能密切相关，但由于灯具中 LED 结温测量比较困难，可行的评价方法是测量与 LED 结温相关点（如焊点、基座、灯具外壳等）的温度，通过控制这些 LED 结温相关点的温度来控制 LED 结温。制造商需确定灯具产品的 LED 结温相关的温度控制点（如 LED 模块的焊点、基座、灯具外壳等）和温度，制造商确定的这些参数应用为产品信息随灯具提供。

除了 LED 以外，LED 灯具中的驱动电源也是发热部件，为了保证具有与 LED 光源相匹配的寿命，LED 驱动电源的热控制也非常重要。灯具应选用具有相应温度适宜性的 LED 驱动电源，如果采用内装的驱动电源，灯具应根据其内环境温度选择标有相应 tc 的驱动电源；如选择独立安装在驱动电源，则应根据安装地点可能的环境温度选择具有相应的 tc 的电源。

(4) 机械部件和结构　机械部件的作用是通过结构设计把灯具的光学系统、电气系统和热系统的位置和相互关系确定下来，使灯具得以在设定的环境中固定并安全使用。

传统灯具的机械系统由固定光源、反射器、灯的控制装置等部件的结构、软缆或软线的走线结构、密封结构、机械防护结构、灯具固定结构和灯具调节结构等部分构成，具体由灯座或光源连接器、灯座安装支架、软线固定架、接线端子座、载线座、密封圈、外壳、灯罩、调节手柄和灯具安装架等组成。

由于 LED 光源的特性，LED 光源有 LED 模组、自镇流 LED 模组和带灯头自镇流 LED 模组等几种形式。除了最后一种形式以外，其他两种 LED 模组不带有灯头，相应的 LED 灯具中没有传统的灯座，而是采用连接件。

(5) LED 灯具的光生物安全性　LED 是窄光束、高亮度的发光器件。随着 LED 光效不断增长、亮度不断提高，尤其是大功率白光 LED 出现后，LED 光辐射对人体的危害已经引起各方面的广泛关注，过去的 LED 出射光不会对人体造成危害的时代已一去不复返。LED 的光辐射理论上也能对人体造成危害，伤害主要发生在人的眼睛和皮肤，如皮肤和眼睛的光化学危害、眼睛的近紫外危害、视网膜蓝光光化学危害、视网膜无晶状体光化学危害、视网膜热危害和皮肤热危害等，而两者之中更容易受到伤害的是眼睛。

由于 LED“出身于”半导体行业，一直以来，LED 的光生物安全问题都是按照 IEC

60825-1处理。LED的宽光谱和扩散光束输出特性与激光存在显著的不同，IEC 60825-1标准明显不能够完全满足LED产业的发展需求。在2002年CIE发布了CIES 009/E：2002《灯和灯系统的光生物安全性》，2006年IEC组织制定了等同采用CIE 009/E：2002的IEC 62471：2006《灯和灯系统的光生物安全性》，我国于2006年发布了等同采用CIE 009/E：2002的国家标准GB/T 20145—2006《灯和灯系统的光生物安全性》。此标准的评估对象为灯和灯系统，对所有非相干宽带电光源（包括LED但不包括激光），在200～3000nm波长范围的光学辐射的光生物危害进行评估。此标准适合用来评价LED灯具的光生物安全性。最新的CTL提案（PDSH0748）中涉及LED光生物安全的标准已经改为IEC 62471。LED灯具的光生物安全已经具有评价标准，即《灯和灯系统的光生物安全性》。目前，从技术上讲，LED灯具的光生物安全性标准已经制定完成，可以使用。

3. 照明用LED模块的定义是什么？

在2008年1月15日发布的《IEC 62031普通照明用LED模块 安全要求》标准中，将LED模块定义为“装配有LED的相对独立的单元”。根据目前国外的最新标准，LED阵列或模块（LED Array or Module）的较详细描述是：“在PCB或基板上的LED封装（元件）或晶片的组件，它可能带有光学元件、散热装置、机械和打算连接到LED驱动器负载侧的电气接口，但该装置不含电源的标准灯头，不能直接与分支电路连接，只是作为光源使用”。

4. LED模块可以分为几类？

LED模块一般都与特殊设计的灯具配合使用以达到所需的光分布。根据LED模块在灯具中安装方式的不同，可分为以下几类结构形式。

① 整体式LED模块：一般设计成灯具的一个不可替换部件。

② 内装式LED模块：一般设计成安装在灯具、灯箱、封闭物体或类似装置内部，而非安装在灯具等外部的不可替换部件的LED模块。

③ 独立式LED模块：其设计使其能和灯具、辅助灯箱或外壳或类似装置分开安装或放置的LED模块。独立式LED模块根据分类和标示必须具有所有安全的保护措施。如果装在灯具内的LED模块为自镇流的，则按结构形式分为整体式自镇流LED模块、内装式自镇流LED模块和独立式自镇流LED模块。

5. 照明用LED模块的技术要求有哪些？

与其他所有照明光源一样，为了保证用户安全正常使用，普通照明用LED模块必须符合相关的安全要求和性能要求。

（1）安全要求　IEC 62031和国家标准GB 24819—2009规定了LED模块的一般要求和安全要求。主要技术内容包括：一般要求、试验说明、危害、标志、接线端子、接地保护装置、防止意外接触带电部件的保护、防潮和绝缘、介电强度、故障状态、制造期间合格性试验、结构、爬电距离和电气间隙、螺钉、载流部件及连接件、耐热、防火及耐漏电起痕、耐腐蚀等。

普通照明用LED模块在应用中不得对用户或周围环境造成危害。为了使用户能详细了解产品的性能和使用特点，对于独立式和内装式LED模块，制造商应在模块上明确标出如下内容：

① 来源标志（商标、制造商名称或销售/供应商名称）。

② 型号或制造商的类型符号。

③ 额定电源电压或电压范围、电源频率或/和额定电源电流或电流范围、电源频率，电源电流一般在制造商的产品说明书中给出。

④ 额定最高温度 t_c 值，是指在正常工作条件下，LED 模块在额定电压/电流或额定电压/电流范围的最大电压/电流下工作时，其外表面可能出现的最高允许温度。如果该值涉及 LED 模块上的某一个部位，则应标明该位置或在制造商的产品说明书中作出规定。

除此之外，制造商还应在模块的明显位置或在模块的说明书中给出标称电压以及为保证安全所必需的连接位置和用途的标志。如果有连接导线，则电路图上应明确给出标志。由于 LED 存在较强的眩光，直视会对眼睛造成危害，因此还要标出保护眼睛的标志。

对于整体式模块，这些内容应在制造商的技术文件中给出，不需要标志。

对于接线端子、防潮和绝缘、爬电距离和电气间隙，应符合 IEC 60598-1 的相应要求；对于接地保护装置、防止意外接触带电部件的保护、介电强度、故障状态、螺钉、载流部件和连接件、耐热、防火和耐漏电起痕以及耐腐蚀性，应符合 IEC 61347-1 的相应要求；除此之外，木料、棉织物、丝绸、纸和类似纤维材料不应作为绝缘材料。

(2) 性能要求　目前国际上还没有 LED 模块的性能要求标准，全国照明电器标准化技术委员会组织制定了国家标准 GB/T 24823—2009《普通照明用 LED 模块 性能要求》，对 LED 模块的性能进行规范，涉及的技术要求包括功率、功率因数、电磁兼容、光效、半峰光束角、颜色均匀性及光通维持率、寿命等。其中对不带整体式控制装置的 LED 模块和自镇流 LED 模块分别要求在额定电压/电流和额定频率下稳定工作时，其实际消耗的功率与额定功率之差应不大于 10%和 15%。电磁兼容特性符合相应国家标准的要求，模块的颜色标准色品坐标应符合 GB/T 10682—2010 规定的目标值要求，制造商可根据用户要求制造非标准颜色的灯，但应给出非标准颜色色品坐标的目标值。色度坐标 x 和 y 的初始读数距离目标值应在 7DCM（色匹配标准偏差）之内。模块的显色指数的初始额定值为 80，其实测值不应低于额定值的 3 个数值。模块的初始光效根据功率和色温的不同分 3 级作了规定，见表 5-1。模块在燃点 3000h 时，其光通维持率应不低于 92%；燃点 6000h 时，其光通维持率应不低于 88%；在燃点至 70%额定寿命时，其光通维持率应不低于 70%。模块在额定电压下燃点，其平均寿命应不低于 25000h。

表 5-1　模块的初始光效

形式	额定功率/W	初始光效/（lm/W）					
		RR/RZ			RL/RB/RN/RD		
		1 级	2 级	3 级	1 级	2 级	3 级
LED 模块	1～5	70	55	40	66	51	37
	6～10	68	53	38	64	49	35
	11～15	66	51	36	62	47	33
	≥16	65	49	34	60	45	31
自镇流 LED 模块	1～5	57	44	29	52	37	24
	6～10	58	46	31	54	39	26
	11～15	62	50	35	58	43	30
	≥16	60	48	33	56	41	28

6. LED 模块电子控制装置的定义是什么？

所谓 LED 模块用电子控制装置是指置于电源和一个或多个 LED 模块之间，为 LED 模块提供额定电压或电流的装置。此装置可以由一个或多个独立的部件组成，并且可以具有调光、校正功率因数和抑制无线电干扰的功能。LED 模块用控制装置的设计在安全特低电压或等效安全特低电压或更高的电压下能提供恒定的电压或电流。

7. LED 模块电子控制装置可以分为几类？

LED 模块电子控制装置可根据不同的安装方式、防电击保护措施、负载情况以及输出电压和输出电流等进行分类。

（1）按安装方式分类　按安装方式分类，LED 模块电子控制装置可分为独立式控制装置、整体式控制装置和内装式控制装置。

（2）按防电击保护措施分类

① 等效安全特低电压或隔离式控制装置。它是输出电压为等效安全特低电压并能使一个或多个 LED 模块工作的内装式或组合式控制装置，这种类型的控制装置可以用来代替具有加强绝缘的双绕组变压器。

② 自耦式控制装置。

③ 独立式安全特低电压装置。通过 IEC 60742 所规定的安全隔离变压器来提供与供电电源隔绝的安全特低电压输出电压的控制装置。

（3）按负载分类

① 单值负载控制装置。这类控制装置设计仅用于一特定的输出功率，该输出功率可以是一个 LED 模块消耗的，或者是若干个 LED 模块消耗的。

② 多值负载控制装置。这类控制装置设计用于其总负载在所宣称的功率范围之内的单个 LED 模块或若干个 LED 模块。

（4）按输出电压分类

① 具备稳定输出电压的控制装置。

② 不具备稳定输出电压的控制装置。

（5）按输出电流分类

① 具备稳定输出电流的控制装置。

② 不具备稳定输出电流的控制装置。

8. LED 模块的技术要求有哪些？

LED 模块用直流或交流电子控制装置作为灯控制装置的一类，使用 250V 以下直流电源和 1000V 以下、50Hz 或 60Hz 交流电源。LED 模块用电子控制装置的输出频率可以和电源频率不同，它应与 LED 模块一起使用，为 LED 模块提供恒压或恒流。

（1）安全要求　《灯的控制装置 第 14 部分：LED 模块用直流或交流电子控制装置的特殊要求》给出了 LED 模块用直流或交流电子控制装置的安全要求，它与 GB 19510.1—2009（IEC 61347-1）相对应，其安全要求条款包括标志、防止意外接触带电部件的措施、接线端子、接地装置、防潮与绝缘、介电强度、耐热、故障状态、变压器加热试验、异常条件、结构、爬电距离和电气间隙、螺钉、载流部件及连接件、耐热、防火及耐漏电起痕、耐腐蚀等 21 项要求。其中除标志、防止意外接触带电部件的措施、变压器加热试验、异常条件、结构等具有特殊要求外，其他基本上按照 GB 19510.1—2010 的要求。

① 标志。指导用户使用的重要信息。对 LED 模块用直流或交流电子控制装置，除 GB 19510.1—2010 要求的标志之外，对于恒压型控制装置，应标出额定输出功率；对于恒流型控制装置，应标出额定输出电流和最大输出电压。如需要，应标有控制装置仅适用于 LED 模块。

② 防止意外接触带电部件的措施。对于等效安全特低电压控制装置，由于使用时易被人触及，因此应采用双重绝缘或加强绝缘使其易被触及的部件和带电部件绝缘。

③ 异常条件。恒压输出型控制装置和恒流输出型控制装置应在不连接 LED 模块，将控制装置设计所要求的 2 倍数量的 LED 模块或等效负载并联（恒流输出型控制装置）或串联（恒压输出型控制装置）在控制装置的输出端上，将控制装置的输出端短路后在异常状态下试验，控制装置不应出现任何损害安全性的故障，也不应有任何烟雾或可燃气体产生。

④ 变压器加热试验。等效安全特低电压控制装置中隔离变压器的绕组应经受相应试验，以证明其具有充分的耐热性。

⑤ 结构。输出线路中的插口应经过特殊设计，应不能使 IEC 60083 和 IEC 60906 所规定的插头插入其中。

（2）性能要求　与 LED 模块连接后，控制装置在额定电源电压的 92%～106%之间均能保证 LED 模块正常工作。《LED 模块用直流或交流电子控制装置　性能要求》在以下几个方面提出要求：标志、输出电压和电流、线路总功率、线路功率因数、电源电流、声频阻抗、异常条件、耐久性等。

其中对输出电压和电流要求在启动或连接到一个 LED 模块后，在 2s 内的输出应在额定值的 110%内。最大电流或最大电压不应超过制造商的给定值。工作期间的电压和电流，对于具有非稳定输出电压的控制装置，当在额定电源电压下，输出电压与 LED 模块额定电压的偏差不应超过±10%；对于具有稳定输出电压的控制装置，当电源电压为额定电源电压的稳定输出电流的控制装置，当在额定电源电压下，输出电流与 LED 模块额定电流的偏差不应超过±10%；对于具有稳定输出电流的控制装置，当电源电压为额定电源电压的 92%～106%的任一值时，输出电流与 LED 模块额定电流的偏差不应超过±10%。

9. 什么是自镇流 LED 灯？

自镇流 LED 灯是指含有符合 IEC 60061 规定的灯头、LED 光源以及使启动和稳定工作所必需的元器件，并使之为一体的装置。这种灯在不损坏其结构时是不可拆卸的。

10. 自镇流 LED 灯的安全要求有哪些？

《普通照明用自镇流 LED 灯　安全要求》规定了在家庭和类似场合作为普通照明用的、把稳定燃点部件集成为一体的 LED 灯（自镇流 LED 灯）的安全和互换性要求，以及试验方法和检验其是否合格的条件。

适用范围如下：额定功率 60W 以下；额定电压 50～250V。

主要安全要求包括标志、互换性意外接触带电部件的防护、潮湿处理后的绝缘电阻和介电强度、机械强度、灯头温升、耐热性、防火与防燃和故障状态等。在互换性中规定了使用不同灯头的弯矩要求，对 B15d 和 B22 灯头为 2N·m，对 E27、E26 和 E14 灯头为 1N·m，对 GU10、GZ10 和 GX53 灯头为 0.3N·m。机械要求中对于未使用过的灯的抗扭矩要求：对 B22d 灯为 3N·m；对 B15d 灯为 1.5N·m；对 E26 和 E27 灯为；3N·m；对 E14 灯为 1.15N·m；对 GX53 灯为 3N·m。故障状态要求中规定了可调光灯和不可调乐灯在极端电气条件下不应发生着火或产生可燃气体或烟雾的现象，且带电部件不应变成可触及的。其他安全要求基本与自镇流荧光灯的要求一致。

11. 自镇流 LED 灯的性能要求有哪些？

《普通照明用自镇流 LED 灯　性能要求》规定了额定功率为 60W 以下、额定电压（交流或直流）为 250V 及以下的自镇流 LED 灯的性能要求。主要技术要求如下。

① 灯功率。灯在额定电压和额定频率下工作时，其实际消耗的功率与额定功率之差不应大于 0.5W。

② 功率因数。灯在额定电压和额定频率下工作时，其实际功率因数不应比制造商的标称值低 0.05。

③ 初始光效/光通量。灯的初始光效等级可由制造商或销售商来定，但其实际值不应低于表 5-2 的规定，带罩灯的初始光效不得低于表 5-2 值的 80%。灯的初始光通量可由制造商或销售商来定，但其实测值不应低于标称值的 90%。

表 5-2 光的初始光效

额定功率范围/W	光效/（lm/W）					
	颜色：RZ/RR/RL			颜色：RB/RN/RD		
	1 级	2 级	3 级	1 级	2 级	3 级
1～5	60	50	40	55	45	35
6～25	65	55	45	60	50	40
≥26	60	50	40	55	45	35

④ 颜色特征。一般灯的显色指数 R_a 的额定值为 80，其实测值不应比额定值低 3 个数值。

⑤ 光通维持率及寿命。灯在燃点 3000h 时，其光通维持率应不低于 92%；在燃点 6000h 时，其光通维持率应不低于 88%；在燃点 70%额定寿命时，其光通维持率应不低于 70%。灯的平均寿命不应低于 25000h。

⑥ 开关试验。在额定输入电压下，将灯开启和关闭各 30s，此循环重复进行 15000 次，在试验结束后灯应能正常工作 15min。

⑦ 谐波。灯的谐波电流应符合 GB 17625.1—2003 要求。

随着普通照明 LED 相关国家标准的陆续出台，LED 照明产品将逐步规范化、标准化，今后对产品的安全性和互换性要求的实现打下了基础，也为照明 LED 的更广泛应用提供了技术支撑。

12. 普通照明 LED 驱动电源的基本要求是什么？

普通照明用 LED（或 LED 模块）驱动电源是指接在 AC 电源或 DC 电源与 LED 负载之间的“电子控制装置”，其核心是电子电路，用于为 LED 提供适当的恒定电流和工作电压。由于这种驱动电路实际上就是 LED 的电源，因此将其称为“驱动电源”或“LED 电源”，这与电视机、计算机等电源是一样的。

普通照明主要指住宅、工矿企业以及城市的公共照明，并非是手机和 LCD TV 的背光照明和一般的建筑与装饰照明。

13. LED 照明电源的性能要求有哪些？

（1）提供适当的 DC 电压和电流　LED 是一种电/光转换器件，只有在适当的 DC 电压和电流下才会发光。LED 驱动电源的输出 DC 电压不能低于 LED 或 LED 串的正向电压降。当 LED 驱动电源驱动并联 LED 或相并联的 LED 串时，由于各个 LED 的伏-安特性存在着差异，在相同正向电压时的正向电流相差较大。如果采用恒压供电，会导致各个 LED 的亮度和色度存在较大差异，因此在此情况下，要求恒流驱动而不是恒压驱动。一般来讲，LED 驱动电源必须能够同时提供额定恒定电流和恒定电压。

（2）具有抵制 EMI 能力　当采用工频市电电源供电时，在 LED 照明驱动电源的 AC 输入端，应当设置 EMI 滤波器，既将来自电网的干扰“拒之门外”，又阻挡 LED 驱动电源内部的噪声进入到电网中。传导 EMI 应当符合 EN55015B 的规定限制要求。

（3）具有较低的AC输入电流谐波含量　使用AC电源供电的照明用LED驱动电源，AC输入电流谐波含量必须符合IEC 61000-3-2关于C类设备（即照明设备）的限制要求。IEC 61000-3-2（1995年）和国家标准GB/T 17625.1—1998规定，对于＞25W的灯具，3次和5次谐波电流允许值分别为0.3λ（λ为线路功率因数）和10%；当灯具功率≤25W时，3次和5次谐波电流值不得超过86%和61%。此外，标准还对7次、9次及11～39次谐波电流作出了限制要求。要满足IEC-61000-3-2等标准要求，LED照明电源就必须具有谐波滤波功能。所谓“谐波滤波”，是日本业内人士的惯用术语，它实际上就是人们常讲的“功率因数校正（PFC）”。

（4）具有较高的功率因数　2008年10月1日生效的固态照明（SSL）光源“能源之星”1.0版规范要求：住宅应用LED灯具的功率因数≥0.7，商业应用LED灯具的功率因数≥0.9。“能源之星”能效规范虽然是推荐性的，但是消费者会选择带“能源之星”标志的产品。要提高LED照明驱动电源的功率因数，就必须采用PFC技术，否则LED照明电源的功率因数难以达到0.6以上，也不可能达到谐波电流限制要求。

（5）具有较高的效率　效率是衡量电源能效的一个重要参量。无论是AC电源供电还是太阳能光伏供电，都要求LED照明电源具有尽可能高的效率。“能源之星”对各类电气设备的工作效率要求都十分严格，例如2008年11月1日生效的“能源之星”2.0版规范要求外部电源的工作效率达87%（其中含适配器）；再如从2010年6月到2011年6月，要求台式计算机的多路输出、非冗余电源在100%、50%和20%负载下的效率分别达87%、90%和87%。像100W以上的LED路灯电源，电路拓扑结构与电视机和计算机的开关电源十分相似，欲使其系统效率达到“能源之星”规范要求，具有较大难度。大功率LED照明电源通常含有PFC级和后置DC/DC转换器，即使每级效率达90%，系统总效率也仅约80%。要提高LED照明电源的工作效率，一是要选择低损耗的功率器件（如MOSFET和功率二极管），二是要选择更好的拓扑结构。

（6）提供必要的保护　为防止照明LED驱动电源过早失效，要求电源电路具有过电压、欠电压、过电流、短路和过温度等保护功能。LED驱动电源的可靠性，对于在不了解其结构时不可拆卸的自镇流LED灯来说尤为重要。LED本身的寿命目前可以达到5万小时左右，但LED驱动电源的寿命不可能达到LED的寿命。在目前水平下，LED照明电源的寿命应当不低于1.5万小时，大致与彩色电视机的寿命相当，这就需要选用高可靠的电子元器件和适当的电路拓扑结构来支持。

此外，在很多应用中，还要求LED照明驱动电源能提供调光功能，以使节能环保的LED进一步节电。

14. LED自耦式控制装置的特点是什么？

LED自耦式控制装置是指其内部输出电路与电源电路有内在连接的一种控制装置。这种控制装置的输出电压虽然可以做到与SELV相同的电压水平，但是由于其内部的非隔离输出特性，所以尽管两个输出端子之间的电压值符合SELV的要求，但是每一输出端子的对地电压不可能在各种使用场合满足SELV的要求。此类控制装置不属于SELV标志的LED控制装置。其输入、输出端子与可以触及的外部金属之间，对于内装式控制装置，其防触电保护起码应达到基本绝缘的要求；对于独立安装式控制装置，则应达到Ⅰ类或Ⅱ类的防触电保护要求。

此类控制装置由于内部没有采用隔离措施，所以其转换效率相对高一些，一般适用于对输出电压不需要达到SELV的场合或灯具附加防触电保护较充分的场合。

15. LED 等效 SELV 或隔离式控制装置的特点是什么？要求是什么？

此类 LED 控制装置就防触电功能来说，整体上可看作一次绕组与二次绕组之间具有加强绝缘功能的隔离变压器。在其内部的输出电路与电源电路之间（包括 PCB 上的电路和元器件之间以及隔离变压器内部），对不高于 250V 电压的电源网络要求如下：

① 爬电距离和电气间隙应不小于 6mm（根据污染等级不同）。

② 输入端在额定电源电压下时，其输出电压应不高于 SELV 的限值（有效值小于或等于 50V）。如果带额定负载时，最大输出电压应小于或等于 25V（有效值），空载输出电压小于或等于 33V（有效值），并且峰值小于或等于 $33\sqrt{2}$V 时，输出端子可外露。

③ 输出端子和电源电路之间，为了 EMC 防护或控制要求所跨接的电容应是 Y1 电容或两个串联且参数相同的 Y2 电容。

此类控制装置应安装在灯具或具有类似防护功能的壳体内，但是在满足上述有关条件时，输出端子可设有防触电保护，且可外露。

16. 独立式 SELV 控制装置的要求是什么？

独立式 SELV 控制装置除了应满足“等效 SELV 或隔离式控制装置”的要求外，还需满足下述要求。

（1）标志　因为是独立安装方式，所以可以理解成灯具的电气箱部分。按灯具要求，应有工作时最大环境温度标志 t_a 值；如不标，则认为 t_a=25℃。

独立式 SELV 控制装置在产品标志上有下列独特之处：

 表示该控制装置属于安全隔离式。

 表示该控制装置失效（内部短路）时，具有自动保护不发生安全性故障的功能。

 表示该控制装置输出端不具有耐短路保护的功能。

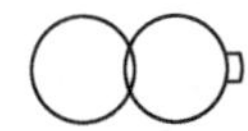 表示该控制装置输出端具有耐短路保护的功能。

（2）控制装置内部及支撑件的发热限值　LED 控制装置在 t_a 环境温度和 1.06 倍的额定电源电压条件下正常工作，其变压器绕组温度应不超过表 5-3 规定。

表 5-3　正常使用时的温升值

与线圈架和铁芯片相接触的绕组绝缘材料	温升/K
105 类材料①	75
120 类材料	90
130 类材料	95
155 类材料	115
180 类材料	140
其他材料②	

① 该类材料按照 IEC 60085 或 IEC 60317-0-1 或等效的标准进行分类。

② 如果使用 IEC 60085 中规定的 105（A）、120（E）、130（B）、155（F）和 180（H）类以外的材料，这些材料应承受相关试验。

（3）控制装置在短路或过载状态下最大温升值的限值　LED控制装置在额定电源电压的0.94～1.06倍、处于短路或过载状态下，最大温升值不得超过表5-4的规定。

表5-4　短路或过载状态下的最大温升值

绝缘的分类		最大温升/K				
		A	E	B	F	H
固有保护式绕组		125	140	150	165	185
由保护装置提供保护的绕组	在初始1h内，或对额定电流超过63A的熔丝在初始2h之内①	175	190	200	215	235
	在初始1h之后，峰值②	150	165	175	190	210
	在初始1h之后，算术平均值②	125	140	150	165	185
外壳（标准试验指可接触到）		80				
导线的橡胶绝缘		60				
导线的PVC绝缘		60				
支撑面（即被控制装置盖住的松木胶合板的任一部分表面）		80				

① 按IEC 60085 1.7.3.3节所规定的试验完成之后，由于控制装置的热惯性，这些值可能被超过。
② 不适用于IEC 60085 1.7.3.3节所规定的试验。

（4）控制装置的磁芯和绕组的周期试验　独立式SELV LED控制装置的变压器（包括磁芯和绕组）要进行指定对应温度下的加热、潮态、振动、绝缘和耐压的10个周期试验。试验样品为3个，10个周期试验完成后，只允许其中1个样品发生绕组内部短路，但不允许出现绕组对磁芯以及各绕组之间的击穿情况。

独立式SELV LED控制装置适用于没有灯具附加防护的场合，如果具有合适的IP（防尘防水）等级，也可以直接安装在室外。此类控制装置一般可作为Ⅲ类灯具的电气箱部分，直接与Ⅲ类灯具配合使用。如果其输出电压控制在不大于12V，可供游泳池和戏水池（普通人和灯具同在水中的情况）用灯具直接使用。

17. 带调光功能的LED控制装置的特点是什么？

在迄今为止的各类人造光源中，LED是最适合用于在调光状态下工作的，其宽广的动态工作范围只要求控制流过LED的工作电流就能在不损害其寿命的前提下方便实现0～100%的调光。

LED这种优良的调光特性，使人们尝试制造各种具有调光功能的LED控制装置来实现调光。但在设计调光LED控制装置时，必须注意LED控制装置中控制电路与主电路的隔离绝缘问题。一般具有调光功能的LED控制装置，在控制端都采用一个低压DC电压源（一般为0～10V）来实现控制（外接一个调光电位器本质上也是利用控制装置的内部电路，实现通过调整DC电压来控制调光的功能）。科技的进步使人们广泛采用计算机及相应的配套电路来实现调光的自动化，如果采用各种日光、红外、声控等感应器再配有智能化的计算机控制网络，把计算机端口直接连接到LED控制装置的控制端，就能实现既有舒适照明又能自动节电的效果。但这一系统中，如果控制装置内部的电源电路和控制电路发生电连接或击穿，将会使电源电压“窜入”到低压控制系统中，这将严重危及人们的用电安全。为此，国际和国内有关灯的控制装置标准中进行了特别规定：“控制端子与电源电路之间起码具有基本绝缘，当控制端子能直接连接安全特低控制电压时，则控制装置内控制电路与电源电路之间应具有强化绝缘功能”。这意味着，具有调光功能的LED控制装置，其内部控制电路与电源电路之间在PCB上、元器件之间以及具有隔离作用的变压器内部的爬电距离、电气间隙、抗电强度都要达到基本绝缘或强化绝缘的指标要求。在这方面，采用光电耦合器和合适的隔离变压器是解决问题的较好方案。

18. 各类LED控制电路的区分及其对应适用的安全标准分别是什么？

在IEC 61347-2-13标准发布前，LED控制装置采用的安全标准是GB 19510.12—2005/IEC 61347-2-11，也有采用IEC 61347-2-2标准的。目前IEC 61347-2-13标准已颁布，所以对照明LED的控制装置，按照IEC 61347系列标准的含义，应按如下原则选用对应的检验标准：

① 仅具有恒压输出功能或具有恒流输出功能或两个功能兼有的控制装置，应采用IEC 61347-2-13安全标准检验。

② 仅具有控制LED亮暗、闪动、颜色变化功能的控制装置，应采用GB 19510.12—2005/IEC 61347-2-11安全标准检验。

③ 如果一个控制装置兼有上述两者功能（不可分开的一个整体），应按照IEC 61347-2-13标准进行试验（因为IEC 61347-2-13的内容包括了GB 19510.12—2005/IEC 61347-2-11的内容）。

④ 单一采用已获CCC认证的开关电源不能免除灯具内LED附加的限流电路的试验，这类灯具中LED附加的限流电路试验应采用的标准仍应按照上述①～③的原则，尤其是这类灯具内的LED限流元件采用电阻，并且这些电阻被直接安装在PCB上时，应模拟LED短路异常状态，随后测量电阻的发热温度，此温度应低于PCB的耐温极限。

19. LED光源模块设计特点是什么？

照明用LED灯一般采用模块（或模组）的形式，即将多个LED按阵列排布并安装在一个电路板上，使其光通量达到规定的照明水平。

目前单芯片LED大多为1～5W。一个经过改进的900lm灯泡可以用10个1W LED组合在一起来替代。一个10000lm的路灯，可能需要100个1W LED。为使每个LED的照度均能达到一致，就必须保持每个LED的电流相同、芯片温度一致，这在驱动电路设计方面是一个巨大挑战。

20. LED串联连接方式的特点是什么？

如图5-1所示，LED采用全部串联方式，即将多个LED的正极对负极连接成串，其优点是通过每个LED的工作电流相同，一般应串入限流电阻R。串联方式要求LED驱动器输出较高的电压。当LED一致性差别较大时，分配在不同LED两端的电压不同。通过每个LED的电流相同，LED的亮度一致性较好。当有一个LED发生短路时，如果采用恒压电源驱动，由于输出电压不变，这样分配到每个LED上的电压都有升高，驱动器输出电流将增大。如果超过LED额定电流太多，容易造成剩余的LED光通量超过正常值而缩短寿命甚至烧毁。如果采用恒流电源驱动，当一个LED发生短路时，由于驱动电流不变，将不会影响余下所有LED的正常工作；当有一个LED断路时，串联在一起的LED将全部熄灭，这时只要在每个LED两端并联一个稳压二极管即可，如图5-2所示。所选稳压二极管的导通电压要高于与其并联的LED的导通压降，否则该LED也不会亮。

在离线式LED照明电源中，反激式变换器输出DC电压受元器件耐压的限制。例如，目前用作输出整流器的硅肖特基二极管，其反向击穿电压一般不超过100V，这种整流二极管只能在输出电压为12～24V的开关电源中用作整流器。由于大功率白光LED的导通电压通常达3.5～4.2V，当LED阵列中LED的数量多于10个时，串联连接方案则不再适用。

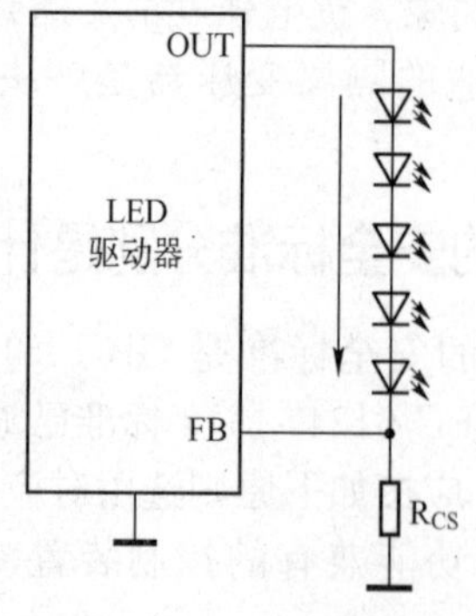

图 5-1　LED 全部串联方式

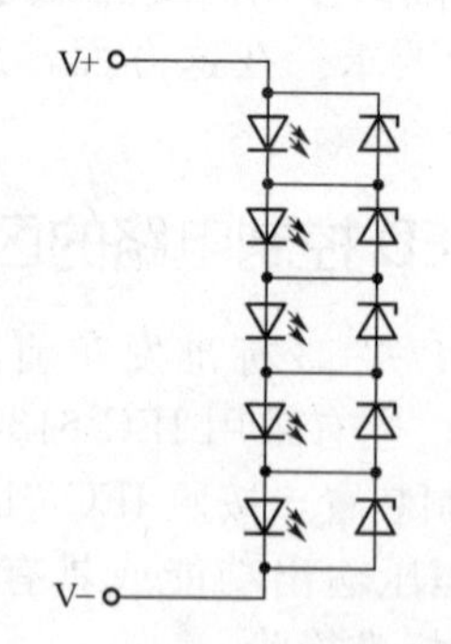

图 5-2　LED 两端并联稳压二极管

21. LED 并联连接方式的特点是什么？

如图 5-3 所示，LED 采用全部并联方式，这要求 LED 驱动电源输出较大的电流，负载电压较低，每个 LED 的电压相同，而总电流是流经每个 LED 的电流之和。当 LED 一致性差别较大时，通过每个 LED 的电流不同，LED 的亮度也不同。当有一个 LED 因品质不良断开时，如果采用恒压驱动电源，则电源输出电流将减小，而不影响余下所有 LED 的正常工作；如果采用恒流驱动电源，由于总输出电流不变，这样分配到每个 LED 的电流都增加，容易导致损坏所有的 LED。因此，这种全部并联连接方式不适用于 LED 数量较少的场合，因为只要一个 LED 断路，余下的每个 LED 都要额外增加较大的电流；当并联的 LED 数量较多时，断开某一个 LED，分配到余下每一个 LED 的电流并不大，对余下的 LED 影响不大。所以，当选择全部并联连接时，不应当选用恒流驱动器。当某一个 LED 因不良而短路时，所有的 LED 将不亮。

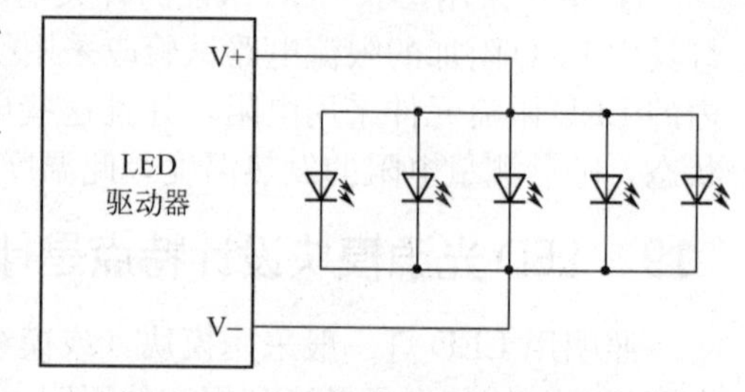

图 5-3　LED 采用全部并联连接方式

22. LED 混联连接方式的特点是什么？

混联连接的 LED 阵列分先串后并和先并后串两种形式，如图 5-4 所示。

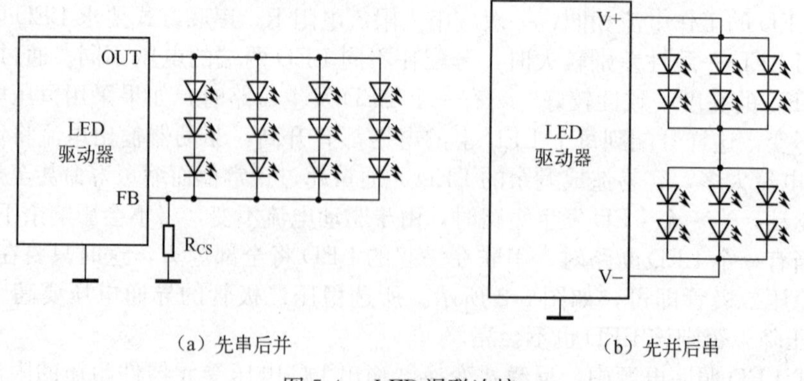

（a）先串后并　（b）先并后串

图 5-4　LED 混联连接

如果一个 LED 路灯功率是 50W，则需要 50 个 1W 的白光 LED。当采用串联方案时，如果每个 LED 的正向压降是 3.5V，50 个 LED 组成的灯串总压降为 175V，如此高的电压是离线式开关电源难以实现的。但是，如果将 50 个 LED 排成 10 行，每行仅有 5 个 LED，每行 LED 上的总电压仅有 17.5V，这种等级的电压是驱动电源容易实现的。混联连接方案可以 20W 以上之间的均流问题。

23. LED 交叉阵列连接方式的特点是什么？

LED 交叉阵列连接是一种特殊类型的混联连接形式，如图 5-5 所示。交叉阵列连接方案的优点是有助于提高 LED 模块的可靠性，即使某一个 LED 失效，只要阵列中 LED 的数量不是太少，就不会导致 LED 阵列整体上的不亮。

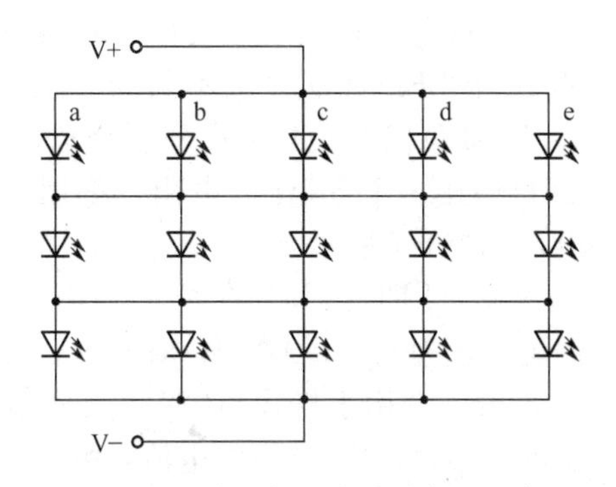

图 5-5 LED 采用交叉阵列形式的电路图

24. LED 阵列的参数如何匹配？

对 4 个相同型号但属于不同批次的 LED，在 25℃下分别用 1A 的电流源测量每个 LED 的正向电压降 V_F，(见图 5-6)，测试结果见表 5-5。为尽量消除芯片热效应的影响，加电之后在 5s 之内记录读数。图 5-6（b）所示为另一个实验电路，将 4 个相同的 LED 并排为 4 行，并用 4A 的电流源驱动，在 V_F 为 2.56V 的相同电压下测量通过每个 LED 的电流 I_F，表 5-6 列示了所测结果。

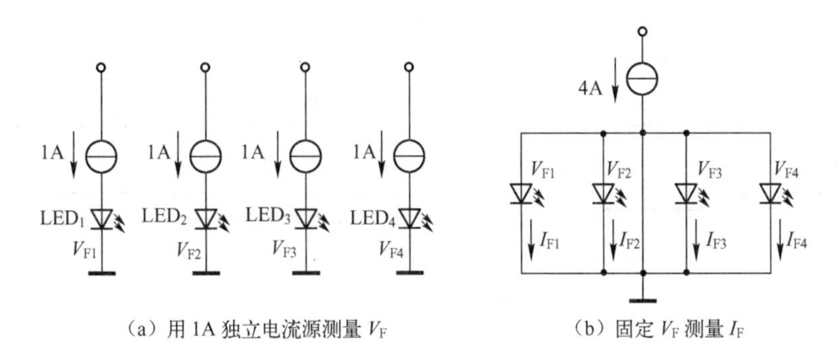

（a）用 1A 独立电流源测量 V_F

（b）固定 V_F 测量 I_F

图 5-6 固定 I_F 测量 V_F 和固定 V_F 测量 I_F 电路示意图

表 5-5 相同 I_F 时的 V_F 值

LED 序号	I_F/A	V_F/V
1	1	3.83
2	1	3.41
3	1	3.59
4	1	3.52

表 5-6 相同 V_F 时的 I_F 值

LED 序号	V_F/V	I_F/A
1	3.56	0.45
2	3.56	1.53
3	3.56	0.91
4	3.56	1.1

由表 5-5 可以看出，1 号 LED 与 2 号 LED 的 V_F 差值是 3.83V－3.41V＝0.42V。在 V_F＝3.56V 下（见表 5-6），2 号 LED 的电流为 1 号 LED 电流的 1.53A/0.45A＝3.4 倍，在发光亮度上将会出现明显的差别。

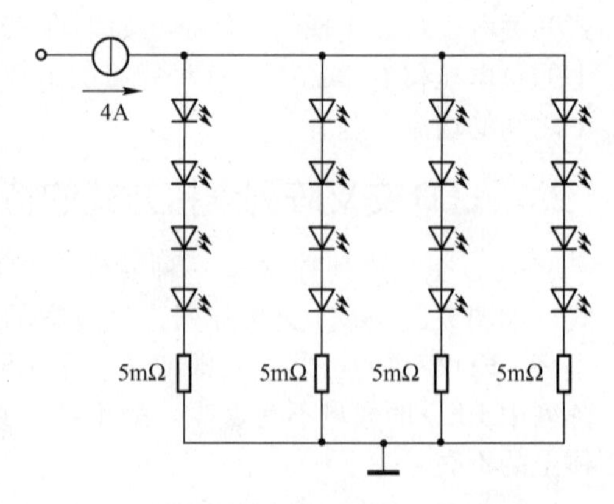

图 5-7 测量行与行之间电流匹配性电路

再进行另外的一个实验。将来自同一 V_F 组别的 16 个 LED 和从 4 个不同的 V_F 组别随机抽取的 16 个 LED 以 4×4 形式分别排成一个阵列，每串 LED 串接一个 5mΩ 的电阻，都用 4A 的电源来供电，如图 5-7 所示。

每个 LED 阵列先在 25℃环境下通电，在 5s 之内记录出每行 LED 的 I_F 值。尔后，每个阵列再通电 0.5h，并用手持式 IR 探针测量热稳态下的 PCB 温度及通过各串 LED 的电流，测量结果分别见表 5-7 和表 5-8。

表 5-7 同一 V_F 组别的行电流

行　数	在 25℃下的 I_F/A	在热稳态下的 PCB 温度/℃	在热稳态下的 I_F/A
1	1.08	93.4	0.92
2	1.06	128	1.34
3	1.02	112	0.96
4	0.84	94	0.8

表 5-8 不同 V_F 组别的行电流

行　数	在 25℃下的 I_F/A	在热稳态下的 PCB 温度/℃	在热稳态下的 I_F/A
1	1.48	114	1.38
2	0.68	95	0.76
3	1.24	113	1.26
4	0.66	80.8	0.58

表 5-7 的测量结果表明，在 25℃下，在串、并联连接的 LED 阵列中采用 V_F 相同的 LED，可以改电流的平衡性。在 V_F 来自不同组别、V_F 不匹配的 LED 阵列中，最坏的情况发生在第 1 行与第 4 行（见表 5-8），这两行的 LED 电流差别达 1.48A－0.66A＝0.82A。但是，即使 LED 来自同一 V_F 组别，V_F 基本匹配，也出现 1.08A－0.84A＝0.24A（见表 5-7）的差别，大约是 1A 目标直流电流的 25%。此外，一旦 LED 芯片开始出现自行加热，相匹配阵列中的电流便会与不相匹配阵列一样，逐渐失去平衡。

目前大部分 LED 生产商在一个卷带包装上或袋包装内只提供一个组别的 LED。但是，要保证每一个购买回来的 LED 都属于同一组别是不可能的。在 LED 的 V_F 分组方面，如果每组 LED 之间的 V_F 差值在 1mV 之内，便可以大大改善在常温下的电流均分能力，但这势必会大幅增加成本。尽管对 LED 进行筛选和分组的工作量很大，但是这一工艺过程是万万不可缺少的。

为了提高 LED 阵列中各串 LED 的电流均分能力，对于某些应用而言，在每串 LED 上加入一个限流电阻即可；此外，还可以在每行灯串上加入一个电流调节器，或加入一个具备线性稳压器的电离阱/电源流，最好的方案还是采用开关稳压器驱动。

25. 分布式恒流架构的特点是什么？

目前大功率 LED 用于照明的数量较多，通常都有几十个甚至上百个，选择合适的驱动匹配方式显得尤为重要。但是，上述各种驱动方式各有优缺点，对于大功率 LED 驱动电源来说，先恒压再恒流是未来 LED 照明的主流设计方式。此方式被命名为分布式恒流，其主要架构如图 5-8 所示。

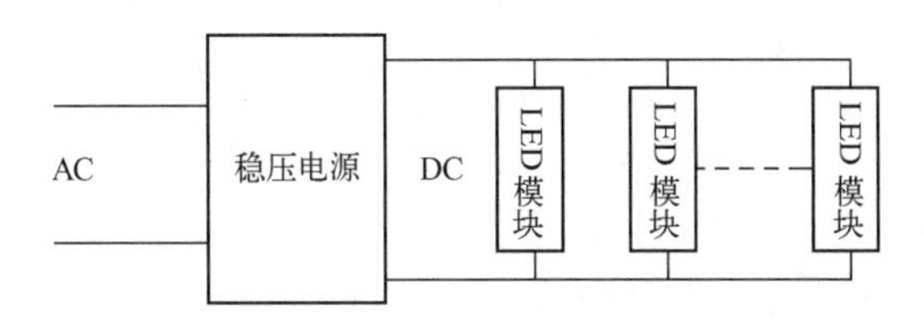

图 5-8 分布式恒流架构图

该方式然先通过一个开关稳压电源，输出稳定的直流电压，然后在直流输出端接上 LED 模块，LED 模块上已经有恒流装置。这样将恒流技术分布到光源内部，与 LED 构成一个相对独立的模块，如此设计随意性强，电源规格简单，可以根据不同光通量要求而选择不同数量的 LED 模块。这种 LED 模块的划分，使得大功率 LED 照明特别适用于路灯、隧道灯、公共场所照明、广告灯箱等。分布式恒流设计 LED 产品有着非常高的产品稳定性。分布式恒流技术，其稳压电源部分可以继续采用传统的开关电源进行恒压的供电模式。开关电源技术的积累给 LED 驱动电源设计创造了品质条件。分布式恒流技术还需要在恒流节点上串接低压差线性恒流驱动器，低压差的驱动器并系到驱动效率。LED 恒流模块设置灵活，不会因为支路电流变化而影响其他支路工作。分布式恒流可以根据应用情况而灵活布置并联支路和 LED 模块，从而保持各支路和整体线路的电流稳定。驱动电路的稳定性直接影响产品整体的稳定性，分布式恒流在稳定性方面有着独特的优势。

26. LED 灯具散热如何实现？

（1）选用散热性能优良的 LED 光源　在灯具散热系统设计中，首先要选择热阻小、散热性能良好的 LED 或 LED 模块。解决 LED 本身的散热问题，一是要提高 LED 芯片的发光效率，减少不发光的非辐射复合，从根本上减少 LED 晶片振动（或振荡）产生的热量；二是要优化 LED 结构，加装散热装置。

LED 模组的选择在降低温升方面起着重要作用。选择由热导率高且一致性好的材料封装的 LED 灯珠，可提高内部的热扩散性。采用高导热性的金属（一般为铝）基板作为灯芯板，使散热片温度分布均匀，可提高散热效果。

（2）优化 LED 驱动电路设计，减少电气系统产生的热量　LED 照明电源都以普通电源尤其是开关电源的拓扑结构为基本架构，但是它与其他电源不同。LED 驱动电源必须在高温环境下长期工作，并且替代白炽灯和节能灯的 LED 灯的功率一般都低于 25W，体积和空间很小，功率密度较大，因此对驱动电路的要求非常高。

优化 LED 驱动电路设计，必须根据不同的照明应用选择合适的拓扑结构来获得较高的转换效率，最大限度地减少功率损耗，减少驱动电源系统产生的热量。采用单级变换结构的一些 LED 驱动电路，可以不采用对温度变化敏感的铝电解电容，这不仅有助于减少 LED 驱动电源的热量，而且有利于延长电源系统的寿命。

在 LED 照明电源中，应当使用耐高温的功率型电子元器件，如铝电解电容，就必须选用高温型（105℃）的元件。如使用额定温度较低的常温型电容，往往在 3～5 年之内就会失效，这就会使寿命达5万小时至少可以使用十几年的LED仅能存留3～5年。目前很多LED灯不能点亮了，并不是LED本身失效，而是LED驱动电路发生故障所致。驱动电路中的功率MOSFET应选用导通电阻小、温度特性好的器件，并且尽可能加配散热器。驱动电路中的高频整流二极管应当选用正向电压降低、整流效率高的肖特基二极管，以减少其产生的热量。

此外，驱动电路选用带调光功能的控制器，在低光照就可以满足照明需求的情况下，将LED亮度调暗，则可以降低LED功耗，防止其过热。尤其是对小于25W的LED灯具来说，因为印制电路板尺寸小，而封装空间有限，散热问题尤为关键。调光解决方案是防止LED长时间工作过热的一个重要途径，该方案显得非常重要。

(3) 加装散热器是目前普遍采用的主要散热方式　利用微型电风扇可以主动消除LED的热量，但这种强制性的散热方式对于小于25W的LED灯具来说，因其内部空间太小是难以实现的，另外，这种散热方案需要额外的电能，降低了照明效率，带来了噪声，而且机械运动部件容易损坏，从而降低了系统可靠性。LED灯具的理想冷却装置必须具有小巧、高效、静噪和高可靠的特点，加装散热器是目前经济实用的主要散热方式。

大部分金属都是热的良导体，尤其是铝框架最适合用作LED的散热装置。

像LED路灯，空间几乎不受限制，可以将LED置于一个大铝板上，用于LED被动式散热。家庭和办公室照明都有空间限制，因此需要为灯具定制专门的散热器。

图5-9所示为Nuventix公司的SynJet无风扇冷却器。它采用合成射流设计，需要的电流远小于一台电机，采用5V电源工作。冷却器使用一个电磁耦合的隔膜，电磁驱动器以100～200次/s的速度振荡隔膜，通过极小的喷嘴脉动出高速空气射流。一旦气体离开喷嘴，就会裹挟周围空气与它一起拉动空气，这很像龙卷风拉动周围空气一样。标准SynJet产品一种是MR-16结构，另一种类似于PAR-38式灯座，MR-16和PAR式结构的散热器适用于20W和50W的LED灯具。

用LED灯泡替代白炽灯和CFL节能灯，人们希望能将LED灯泡拧入到先前的旧式插座中。但是，灯具设计人员千万不可受传统灯具设计观念的束缚。事实上，旧式电灯插座并不适合用来安装LED灯泡。LED灯具设计首先要有利于散热，其次是灯具造型。图5-10所示为Viata公司生产的WayCool9920系列LED筒灯外形。这种筒灯的散热器可以保证LED结温低于35℃，且提供7年的质保期。其设计使用寿命为80000h，功率为15W，色温是4100K，光效为73lm/W。

图5-9　无风扇冷却器

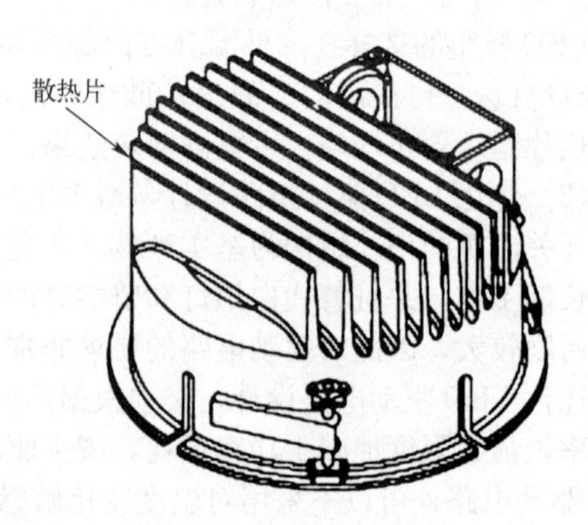

图5-10　15W LED筒灯

（4）驱动电源与 LED 灯体分离　LED 照明电源本身产生的热量会增加 LED 灯的温升。电源与 LED 灯一体化设计会使 LED 灯整体受热不均匀，容易造成灯具疲劳和早期失效。分离电源后，整灯的温度分布是均匀的。

（5）PCB 散热设计　对于热阻差距较小的 LED 器件来说，选用不同的 PCB 设计方案会极大地影响最终系统的热阻，进而影响系统温度。除此之外，散热材料的材质、厚度、面积以及散热界面的处理、焊接方式、焊接条件都是灯具厂商所要考虑的因素。

（6）采用温度控制电路来限制 LED 灯的温升　在 LED 灯具系统中，可以加入一个温度控制电路来限制温升。当 LED 灯温度超过设定的门限时，温度控制电路动作，使驱动电源输出适当降低；当温度下降到一定值时，驱动电路恢复到正常工作状态。

图 5-11 所示为 LED 灯具恒流驱动电源中的温度控制电路原理图。LED 灯离线式驱动电源的 AC 输入电压为 220V，DC 输出电流为 1.2～1.7A（可调），输出电压自适应（36～39V）。在温度控制电路中，RP 为可调电阻器；KT 为温度继电器常开触点，其闭合温度是 56℃，自动断开温度为 45℃；RT 为 NTC 热敏电阻。温度继电器触点 KT 和 NTC 热敏电阻 RT 均安装在 LED 模块上，并与模块紧密接触。在常温下，KT 处于断开状态，RP 起控制作用，将输出电流设定在 1.6A。当继电器温度达到 56℃时，KT 则自动闭合，温度控制电路开始工作，以减小输出电流（$I_{OUT} \leqslant 1.35A$）。当继电器温度降至 45℃时，KT 自动断开，驱动电源电路恢复正常工作状态，借助 LED 模组散热器将热量散发到大气中。

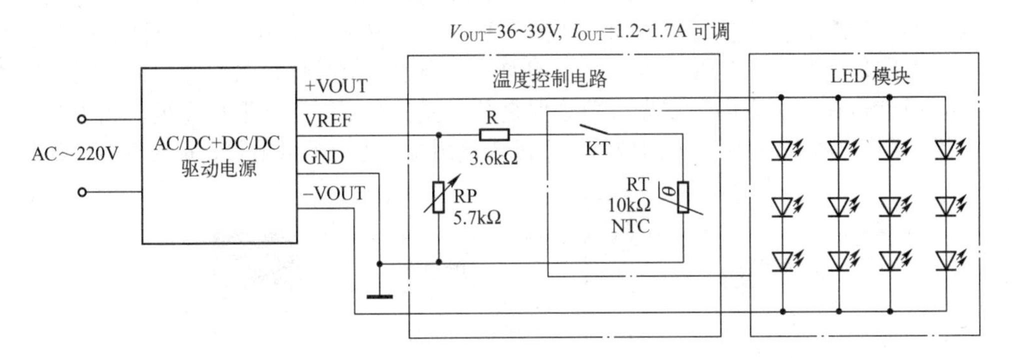

图 5-11　LED 灯恒流驱动电源温控电路

27. 什么是 LED 灯具的二次光学设计？

二次光学设计是相对于一次光学设计而言的。LED 的一次光学设计以封装材料的形状入手，设法提高 LED 的出光效率。LED 的封装树脂透镜和内部的反射器等构成一次光学系统。LED 的一次光学设计主要分为折射式、反射式和折反射式 3 种方式。

折射式 LED 芯片发射的光线在壳体表面折射的情况如图 5-12 所示。这种光线传播方式有 70%～80%的光从封装材料的侧面泄漏，且聚光面所包容的立体角有限，因此聚光效率很低。

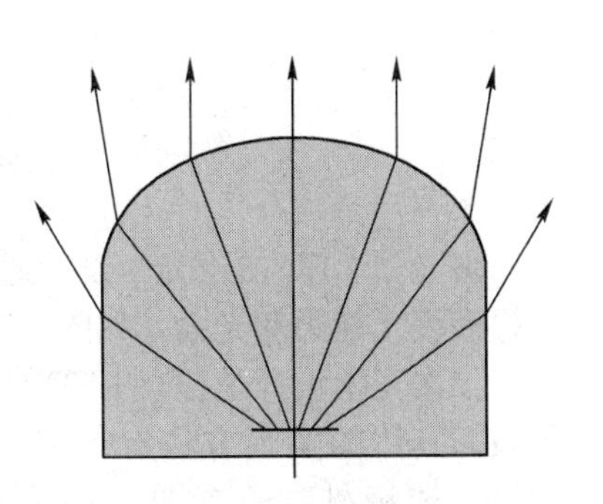

图 5-12　折射式 LED 壳体封装

反射式 LED 封装结构分为背向反射和正向反射两种类型，聚光面所包容的立体角较大，聚光效率较高，如图 5-13 所示。

折反射式 LED 是在正向反射式基础上加一个折射面，起到聚光作用，从而提高了聚光效率。

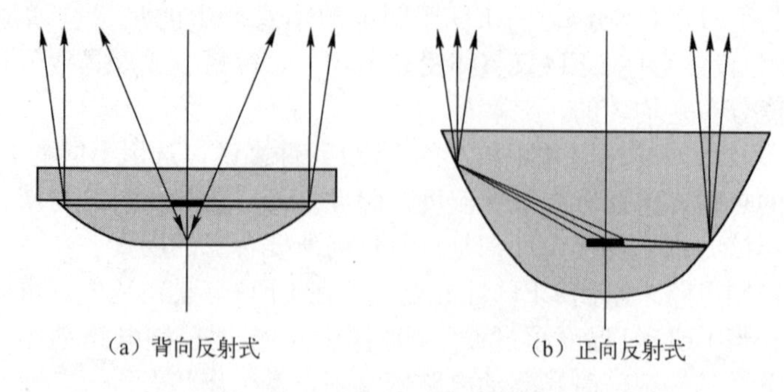

图 5-13　反射式 LED 壳体封装

二次光学设计是为了提高灯具的有效光利用率而进行的设计。传统光源灯具的光利用率较低，这是因为传统光源四面发光，部分光被光源自身挡住，并且传统光源的发光点大，不易进行光学设计，灯具效率不高。而 LED 光源近似于点光源，且具有方向性，利用好 LED 这两个特性是灯具光学设计的关键。通过 LED 阵列设计和二次光学设计，能使 LED 灯具达到比较理想的配光曲线。

LED 灯具的二次光学设计主要分为散射、聚光以及两者混合型等几种方式。

对于聚光型 LED，在需要实现大面积照明或显示时，需要通过添加散射板来完成。散射板原理与柱形折光板和梯形折光板相同，如图 5-14 所示。采用柱形折光板［见图 5-14（a）］，主要在一个方向扩展光束角，并且能使照明均匀，适合用于信号灯；采用梯形折光板［见图 5-14（b）］，虽然也在一个方向扩展光束角，但是其光强分布不同于柱形折光板。图中两种散射板均为一维散射，如需要在两个方向散射，则需要使用两个方向的散射板，或复合到一块板上。

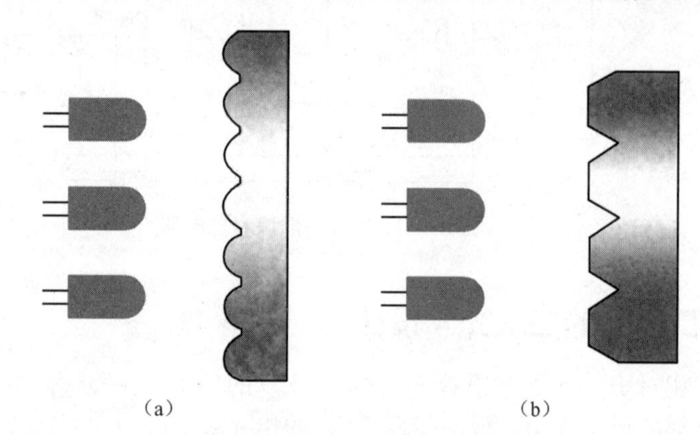

图 5-14　散射式二次光学设计示意图

聚光型 LED 二次光学设计通过外加透镜或透镜阵列来提高聚光能力和光强，如图 5-15 所示。

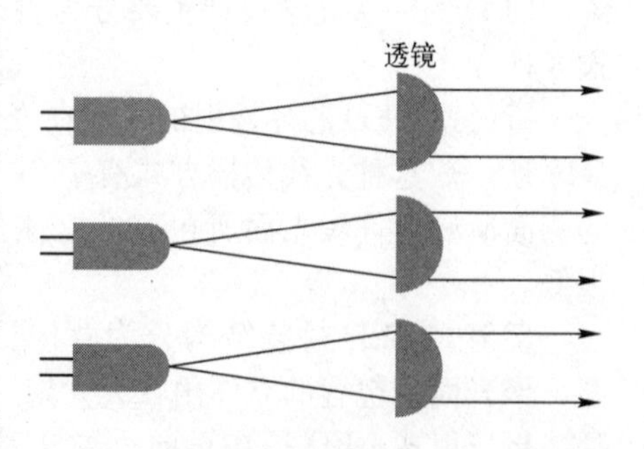

图 5-15　聚光型 LED 二次光学设计示意图

二次光学设计是提高 LED 灯具有效光利用率的必要手段，具体的实现方法有很多，除了 LED＋折光板和 LED＋透镜外，还有图 5-16 所示的 LED＋反光杯和 LED＋反光杯＋透镜以及按投射方式划分的单个 LED 模块投射和多个 LED 模块分区域投射等。

在 LED 二次光学设计中，应当选用透光率高的透镜，以提高灯具的效率。透光率是 LED 透镜的一个重要

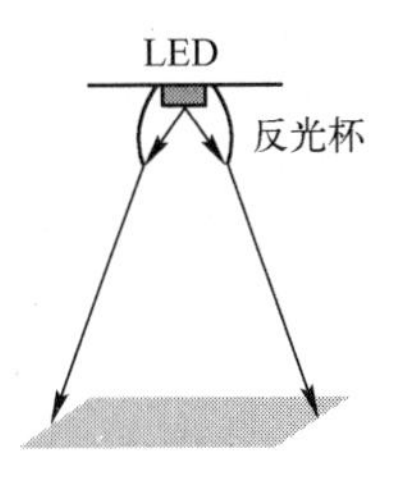

(a) LED+反光杯

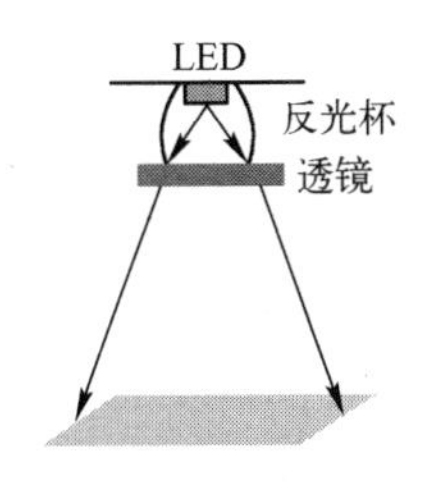

(b) LED+反光杯 + 透镜

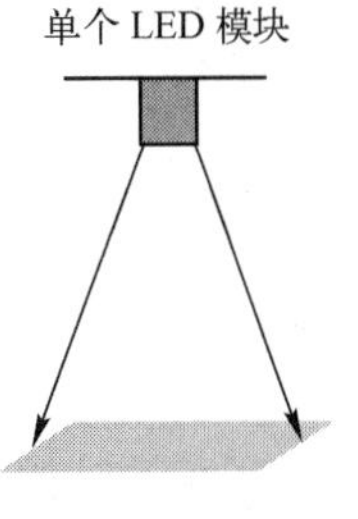

(c) 单个 LED 模块投射

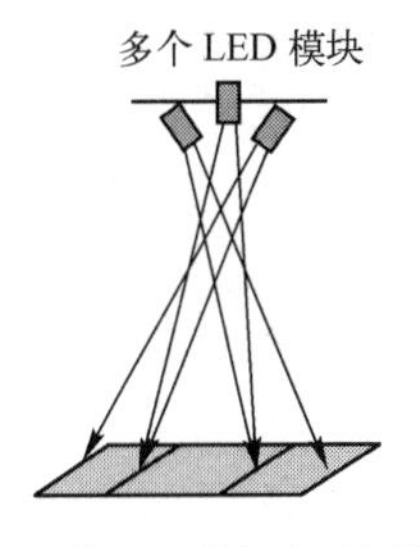

(d) 多个 LED 模块分区投射

图 5-16 二次光学设计实现方式示意图

技术参数，是指到达目标面上的光通量与 LED 光源所发出的光通量之比。

LED 发出的光通过透镜时有 3 种损耗，即 LED 的正上方透镜表面所反射的光、被透镜吸收的光及通过透镜侧面被折射的光，如图 5-17 所示。目前知名厂家生产的透镜透光率仅约 89%，即 LED 所发出的全部光通量在透镜中的损耗超过 10%。为保证 LED 灯具具有更好的光学特性，除了要求透镜的透光率高之外，还要注意透镜的照度均匀性、工作温度范围、抗紫外线和黄化率等因素。

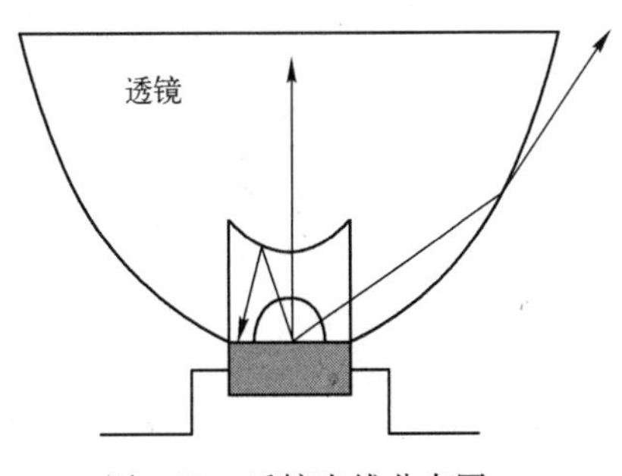

图 5-17 透镜光线分布图

由于 LED 接近理论上的“点光源”，在设计光学系统时，易于精确地定位发光点，解决光源的隐蔽性和最终灯具的多样化问题。LED 接近点光源给灯具的配光创造了很大的空间，包括高效率的 LED 灯具和特种配光应用。LED 光源的特点给二次光学设计和灯具设计提供了很大的灵活性。例如在整体照明中，要求灯具亮度高，可以使用线性 LED 灯条，外加透过率较高的灯罩以提高出光效率；加入导光板技术可以使 LED 点光源成为面光源，提高其均匀性而防止眩光的发生；在一些辅助照明和层次照明中则需要一定的聚光效果，可以选择一些聚光透镜来达到光学要求。此外，道路照明和交通信号灯等灯具的配光曲线需满足特殊的要求，这时 LED 二次光学设计还需要进行特别的考虑。

28. 怎样提高 LED 灯具效率和照明系统光效？

传统光源灯具一般利用一个反射器将一个光源的光通量均匀分配到受照面上；而 LED 灯具的光源是由多个 LED 颗粒组成的，通过设计每个 LED 的照射方面、透镜角度、LED 阵列排布的相对位置等要素，可以使受照面获得均匀并符合要求的照度。LED 灯具与传统光源灯具的光学设计不同，如何利用 LED 光源特点来提高 LED 灯具的效率是设计中必须考虑的关键因素。

(1) LED 灯具的照度计算　在被照物体表面上，单位面积内所接收到的光通量称为照度，以 E 表示，单位为 lx。灯具设计前期的模拟照度计算，是 LED 灯具配光设计的关键步骤，其目的地将实际要求与模拟计算的结果相比较，再结合灯具外形结构、散热情况等条件来决定 LED 灯具中 LED 的种类、数量、排布方式、功率和透镜等。

由于 LED 灯具中的 LED 数量往往达几十个乃至 100 多个，对于多个近似“点光源”组合排布在一起的情况，可以采用逐点计算法来计算照度。逐点计算法就是逐一计算每个 LED 计算点上的照度，然后进行叠加计算从而得到总照度。

图 5-18 所示为逐点法照度计算示意图。图中 D 为光源与照度计算点之间的距离，I 为光

源在照度计算点方向的光强，α 为光源至被照点连线与光源至被照点所在水平面的垂线之间的夹角。

LED 灯具的总照度 $E_{总}$ 可依照下面的公式计算：

$$E_{总}=I_1\cos\alpha_1/D_1^2+I_2\cos\alpha_2/D_2^2+\cdots I_n\cos\alpha_n/D_n^2$$

照度计算点方向上的光强 I 则为

$$I=E_{ff}\Phi$$

式中，E_{ff}为透镜效率，即每流明的光通量通过透镜后的特定方向的光强值（可以从透镜的配光曲线中查到）；Φ 为 LED 发出的总光通量。

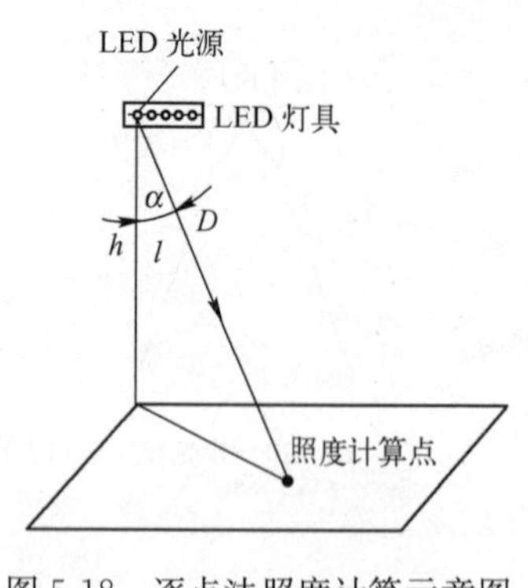

图 5-18　逐点法照度计算示意图

（2）光源光效、灯具效率、光利用率和照明系统光效　事实上，对于用户来说，关心的是照射在实际需要照射到的面积或空间上的照度。光源光效、灯具效率和光利用率都是与 LED 照明系统光效相关的概念，如图 5-19 所示。

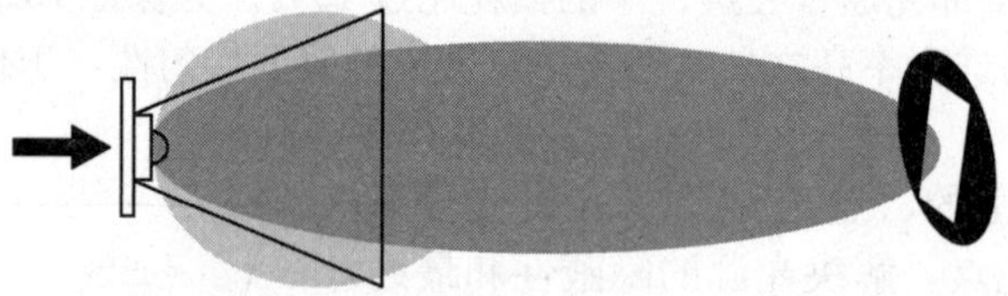

输入功率　LED 总光通量　灯具出射光通量　目标照明面接收的光通量
光源光效　灯具效率　光利用率

图 5-19　光源光效、灯具效率和光利用率示意图

LED 光源的光效 η_{LED}为 LED 光源的光通量 Φ_{LED}与 LED 消耗的电功率 P_{LED}之比，即

$$\eta_{LED}=\Phi_{LED}/P_{LED}$$

LED 灯具效率 $\eta_{灯具}$为灯具出射光通量 $\Phi_{出射}$所占 LED 光通量 Φ_{LED}的百分比，即

$$\eta_{灯具}=(\Phi_{出射}/\Phi_{LED})\times100\%$$

光利用率 $\eta_{利用}$为要求被照明的有效面积内的光通量 $\Phi_{有效}$所占 LED 光通量的百分比，即

$$\eta_{利用}=(\Phi_{有效}/\Phi_{LED})\times100\%$$

在图 5-20 所示的 LED 照明系统中，光源发出的光经过灯具配光后投射在目标照明区域上，照明系统出射的是一个圆形光斑，而用户需要照明的是一个矩形区域。由此图可以看出，LED 光源光通量 $\Phi_{LED}=1000$lm，功率 $P_{LED}=15$W，有效照明面积之内的光通量 $\Phi_{有效}$ 为 450lm，灯具出射的光通量 $\Phi_{出射}=650$lm，据此可得

LED 光源效率 $\eta_{LED}=1000\text{lm}/15\text{W}\approx67\text{lm/W}$

LED 灯具效率 $\eta_{灯具}=(650\text{lm}/1000\text{lm})\times100\%=65\%$

光利用率 $\eta_{利用}=(450\text{lm}/1000\text{lm})\times100\%=45\%$

LED 照明系统通常由 LED 阵列光源、驱动电路、透镜和散热器等部分组成，当考虑 LED 驱动电路的效率 $\eta_{电路}$时，LED 照明系统的光效 $\eta_{系统}$可以按下式来计算：

$$\eta_{系统}=\eta_{LED}\eta_{电路}\eta_{利用}$$

对于图 5-20 所示的情况，在不考虑驱动电路效率时，LED 照明系统的光效为 67 lm/W×45%≈30 lm/W。如果 LED 驱动电路的效率为 85%，系统光效则为 30 lm/W×85%＝25.5 lm/W。

(3) 提高LED灯具效率和照明系统光效的方法

① 提高LED灯具效率的方法。

a. 优化散热设计。

b. 选用透光率高的透镜。

c. 优化LED光源在灯具内部的排列方式。

② 提高LED照明系统光效的方法

a. 提高LED光源的光效。除了选用高光效的LED光源外，还应当确保灯具的散热性能，以避免LED光源在工作中温升过高导致光输出严重下降。

b. 选择适当的LED照明电源拓扑结构，保证驱动电路有尽可能高的工作效率，同时满足特定的电学与驱动要求。

通过合理的灯具结构和光学设计，保证有尽可能高的光学效率（即光利用率）。

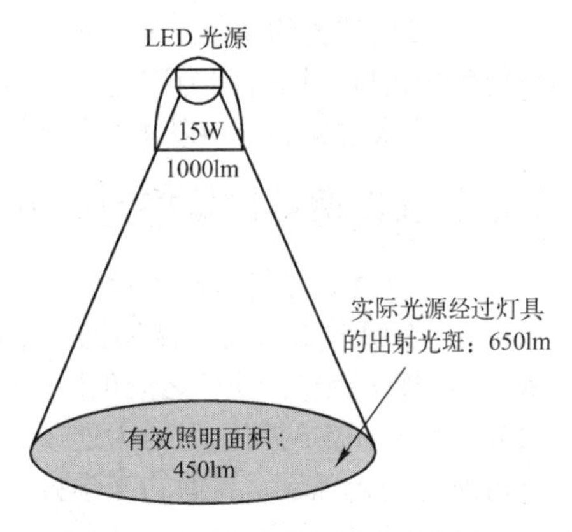

图5-20 逐点法照度计算示意图

29. LED透镜的功能是什么？

LED照明灯具的总光通量与LED的发光强度、驱动电流等有关外，还与LED透镜的透光率密切相关。LED透镜不仅影响到灯具的出光量，还与照射面所形成的光斑密不可分。简单地说，LED透镜即与LED联系在一起且密切相关的透镜，其他如照明机、望远镜等透镜不属于讲解范围。LED透镜、反光杯主要用于LED冷光源系列产品的聚光、导光。大功率LED透镜根据不同LED出射光的角度设计配光曲线，通过增加光学反射，减少光损，提高光效（而设定的非球面光学透镜）。

30. LED透镜的材料种类有哪些？

(1) 硅胶透镜　因为硅胶耐热性好（可以过回流焊），所以常用于直接封装在LED芯片上。一般硅胶透镜体积较小，直径为3～10mm。

(2) PMMA透镜　采用光学级PMMA，化学名为聚甲基丙烯酸甲酯，俗称为亚克力、有机玻璃。塑胶类材料优点：生产效率高（可以通过注塑完成）、透光率高（3mm厚度时透光率在93%左右）；缺点：耐温70℃（热变形温度为90℃）。

(3) PC透镜　采用光学级Poly Carbonate（简称PC，化学名为聚碳酸酯）。塑胶类材料优点：生产效率高（可以通过注塑完成）、耐温高（130℃以上）；缺点：透光率稍低（87%）。

(4) 玻璃秀镜　采用光学玻璃材料，具有透光率高（97%）、耐温高等特点；缺点是易碎、非球面精度不易实现、生产效率低、成本高等。

31. LED透镜按应用可以分为几类？

(1) 一次透镜

① 一次透镜是直接封装（或黏合）在LED芯片支架上，与LED成为一个整体。

② LED芯片按理论发光角度是360°，但实际上芯片放置于LED支架上得以固定及封装，所以芯片最大发光角度是180°。另外，芯片还会有一些杂散光线，通过一次透镜可以有效收集所有光线并可得到如160°、140°、120°、90°甚至60°等所需要的出光角度。

③ 一次透镜多用PMMA或硅胶材料。

(2) 二次透镜

① 二次透镜与LED是两个独立的物体，但它们在应用时密不可分。

② 二次透镜的功能是将 LED 的大角度光（一般为 90°～120°）再次聚光成 5°～80°任意想要得到的角度；同时因为聚光角的缩小，从而使照度得到明显提高。

③ 二次透镜的材料基本采用 PMMA、PC 或玻璃。

32. LED 透镜按规格可以分为几类？

（1）穿透式透镜（凸透镜）

① 当 LED 光线经过透镜的一个曲面（双凸有两个曲面）时光线会发生折射而达到聚光效果，当调整透镜与 LED 之间的距离时角度也会发生变化（成反比），经过非球面技术设计的曲面光斑将会非常均匀，但因为透镜直径的局限性，透镜侧面的一部分光线得不到利用，会出现不可避免漏光现象。目前的光学技术还无法对此问题提出可行性改善方案。

② 一般应用在大角度（40°～80°）聚光，如台灯、路灯、室内灯具等。

（2）全反射式透镜（锥形或称杯形）

① 透镜的设计在正前方用穿透式聚光，而锥形面又可以将侧光全部收集并反射出去，而这两种光线的重叠（角度基本相同）就可得到最完善的光线利用与漂亮的光斑效果。

② 也可在锥形透镜表面做些改变，可设计成镜面、磨砂面、珠面、条纹面、螺纹面、凸面或凹面等而得到不同光斑效果。

（3）LED 透镜模组（多头透镜）

① 它是将多个单颗透镜通过注塑完成一个整体的多头透镜，按不同需求可以设计成 3 合 1、5 合 1 甚至 10 合 1 的透镜模组。

② 此设计有效节省生产成本，实现产品品质的一致性，节省灯具结构空间，更容易体现“大功率”等特点。

第6章

民用LED照明灯具设计

1. 传统荧光灯与LED荧光灯有什么不同?

LED荧光灯广泛地适用于写字楼、工厂、商场、学校和居家等室内照明，表6-1是传统T2荧光灯与T8 LED荧光灯性能比较。

表6-1 传统T8荧光灯与T8 LED荧光灯性能比较

项目	T8 36W电感式荧光灯	T8 18W LED荧光灯	备 注
功率	实际功率42W	实际功率约22W	节电率约47%
电流	0.30A	0.1A	电流明显下降
功率因数	0.5左右	0.8以上	功率因数明显提高
亮度	2460lm	1440lm（80lm/W）	约下降了1020lm
照度	2m处45°角，112lx 2m处垂直角度，144lx	2m处45°角，102lx 2m处垂直角度，132lx	荧光灯为360°发光，往上发的光需经反射罩反射，反射率70%；LED为直射光，因此实际有效照度基本相同
显色指数	≤65，被照物体颜色比自然光照时有偏差	≥80，被照物体颜色更鲜亮，与自然光照颜色相当	人眼感觉明显差别
寿命	约5000h	约30000h	LED荧光灯寿命约是传统荧光灯寿命的6倍
启动	启动有闪烁	启动无闪烁	感觉非常明显
光衰	使用3个月左右会出现光衰	使用一年左右才出现光衰	亮度保持时间更长
价格	约50元	约200元	随着LED价格下降，整灯价格下降趋势明显
其他比较	有频闪，对视力有伤害，眼睛容易疲劳胀痛	无频闪，接近自然光的照明环境，眼睛不宜疲劳	人眼感觉明显差别
	有工频噪声，发热量大	无噪声，发热量小	感觉明显差别
	含汞量6～9mg，对环境污染大，对人体辐射大	不含汞，对环境无污染，基本无辐射	真正实现绿色环保

2. 荧光灯用 LED 灯珠如何选择？

① 亮度。LED 的亮度不同，价格不同。用于 LED 灯具的 LED 应符合激光等级Ⅰ类标准。

② 抗静电能力。抗静电能力强的 LED 寿命长，因而价格高。通常抗静电大于 700V 的 LED 才能用于 LED 灯饰。

③ 波长。波长一致的 LED 颜色一致，如要求颜色一致，则价格高。没有 LED 分光分色仪的 LED 生产商很难生产色彩纯正的产品。

④ 漏电电流。LED 是单向导电的发光体，如果有反向电流，则称为漏电。漏电电流大的 LED 寿命短、价格低。

⑤ 发光角度。用途不同的 LED，其发光角度不一样。特殊的发光角度（如全漫射角），价格较高。

⑥ 寿命。不同品质的关键是寿命，寿命由光衰决定。光衰小，寿命长，价格高。

⑦ 晶片。LED 的发光体为晶片。不同的晶片，价格差异很大。日本、美国生产的晶片较贵，中国台湾及大陆生产的晶片价格较低。

⑧ 晶片尺寸。晶片尺寸的大小以边长表示，大晶片 LED 的品质比小晶片的要好，价格同晶片大小基本成正比。

⑨ 胶体。普通 LED 的胶体一般为环氧树脂，加有抗紫外线及防火剂的 LED 价格较贵，高品质的室外 LED 灯饰应抗紫外线及防火。每一种产品都会有不同的设计，以适用于不同的用途。LED 灯饰的可靠性设计方面包括电气安全、防火安全、适用环境安全、机械安全、健康安全、安全使用时间等因素；从电气安全角度看，应符合相关的国际标准、国家标准。

3. LED 荧光灯驱动电源常见问题有哪些？

① 电源有声音，是由变压器等元件发出的。

② LED 灯光亮度随电网电压而变化，恒流特性太差或根本不恒流。

③ 关闭电源时 LED 灯光发生闪耀现象。

④ 合上电源开机时 LED 灯光发生闪耀现象。

⑤ 转换器效率低，发热量较大。

⑥ 同一批 LED 荧光灯输入功率相差很大，达 2W 以上。

上述问题是 LED 驱动器设计存在技术问题，主要与驱动电路采用的芯片与设计细节处理不当有关。如果驱动器功能完备，就能解决上述大部分问题。

现在很多 LED 荧光灯驱动器采用降压电路，其控制芯片以 HV9910（还有其他类似 HV9910 的芯片）为代表。HV9910 系列在设计上的一些问题，导致在使用上存在困难。其主要问题在于：

① HV9910 实际工作电压较低，由于低 V_{CS} 的高压 MOSFET 太少，只能用来勉强驱动普通高压 MOSFET，导致 MOSFET 的 $U_{SD(IN)}$ 增大，转换效率下降。

② 工作于降压式的电路结构，当 MOSFET 截止时续流处理不妥。

③ 较低的驱动电压，加上续流二极管的恢复时间，导致 MOSFET 在“开”状态时存在瞬态共通现象，因此 MOSFET 损耗加大且发热严重，同时续流二极管也发热。

④ MOSFET 属于正温度系数的器件，功耗上升导致结温升高，引起导通电阻加大；并且内阻越大，导致温度越高，最后导致电源损坏。

HV9910 使用固定导通时间（OffTime）的控制方式，控制技术是目前比较先进的一种，但它本身在检测干扰问题上及设计的驱动电压是不太适合的。如果想使用好该芯片，最好先搞清楚 HV9910 的电气参数，否则在使用时很容易产生的问题有：

① 确认使用的频率是否适合（注意根据负载、电感量和MOSFET以及HV9910的关断时间方面一起来确认）。

② 注意CS限流脚的抗干扰处理，要合理地用好RC滤波元件。

③ MOSFET的驱动电路处理。

④ 快恢复管的选择（这点也很重要，不管是选用HV9910还是选用QX9910或PT4107等，有时可能使MOSFET温度相差约8℃，但实际上很多工程师很少注意此问题）。

⑤ 合理地利用好两个反馈控制脚（需特别注意它们的时间和控制部分）。

⑥ 引脚VCC的供电稳定性及供电技术。

⑦ 可考虑使用自己的电路结构拓展（如果可能，可以试试SEPIC结构）。

⑧ 开关电路与供电电网之间的干扰处理技术。

4. LED荧光灯驱动电源的结构有几种？

现在很多人对开关电源了解不是很深刻，总误认为隔离电路就是指降压式电路，而降压式电路坏了，LED就得损坏。实际上，常用的非隔离拓扑并非降压式一种，至少有三种，分别是降压式、降压-升压式、升压式，每种电路各有各的特点。降压式的最大特点是适合作为大电流输出的拓扑，但应用于LED时电源损坏会导致LED损坏；降压-升压式的特点是输出电压既能升又能降；如开关管失控，LED完好无损，常用的隔离反激式电路即是此种电路的变种；升压式是一种很实用的电路，输出功率最大，发热量小，电源损坏不会伤及LED，是最适合作为LED荧光灯的驱动方案。但其要求最低输出电压较高，因此LED必须达到一定功率才行，否则就只能用降压-升压式电路。三种电路可根据不同的实用场合，应用于不同的情况。

5. LED荧光灯驱动电源的恒流方式有何特点？

目前在LED荧光灯驱动电路中，在LED工作电流的恒流方式上存在两种不同的控制模式。因为存在两种恒流控制模式的差别，从而产生两种不同的工作方式。无论在原理上、在器件的应用上还是在性能上，这两种工作方式的差别都相当大。

第一种以恒流型LED专用IC为代表，主要如9910系列和AMC7150，目前凡是采用LED恒流驱动的IC产品基本都是这种，暂且称之为恒流IC型。但采用这种恒流IC作恒流，效果却并不好。其控制原理相对来说较简单，就是在电源工作的一次回路设定一个电流阈值，当一次MOSFET导通时电感电流是按V_{IN}/L线性上升的，当上升到一定值时即达到这个阈值，MOSFET就截止，电感电流就线性下降，在下一周期再由触发电路触发导通。其实此种恒流电路应该视作限流电路。当电感量不同时（还有输入电压不同，负载不同时），一次电流的斜率是不同的，虽然电感电流有相同的峰值，但是LED电流的平均值是不同的。因此，这种电源一般在批量生产时，由于电感量难以做到完全一致（电感量误差在工厂生产时一般控制在±10%），电流恒流值的一致性不太好控制。还有就是此种电源有一个特点，一般输出电流是梯形的，即波动式电流，输出一般是不用电解平滑的，这也是一个问题。如果电流峰值过大，会对LED产生影响；如果电源的输出级没有并联电解电容来平滑电流的那种电源，基本上都属此类。即判断是否属于这种控制方式，就看其输出有没有并上电解电容滤波了。这种恒流原来一直称之为假恒流，因为其本质是一种限流，并不是经过运算放大器比较而得到的恒流值。

第二种恒流方式应称为开关电源式　这种模式就是以普通开关电源芯片为核心转换器件，这种控制芯片很多，如PowerInt公司的TNY系列、TOP系列，ST公司的VIPer12、VIPer22和VIPer53，Fairchildsemi公司的FSD200等，甚至只用晶体管或是MOSFET的RCC电路等都可以制作，好处是成本低，可靠性也不错。因为普通开关电源芯片不但价格较低，而且都是经过大量使用的经典产品。类似这种IC其实一般集成了MOSFET，比HV9910

外加 MOSFET 方便，但控制方式复杂一些，需要外恒流控制器件，可以用晶体管或是运算放大器，磁性元件可以用工字电感，亦可用带气隙的高频变压器。这种控制方式和开关电源的恒压控制方式相似。用 TL431 作为恒压，是因为 TL431 内部有一个 2.5V 的精密基准源，然后用电阻分压方式来检测输出电压。当输出电压升高或降低一点儿时，就产生一个比较电压，经过比较放大反馈控制 PWM 信号，所以此种控制方式可以很精确地控制电压。使用这种控制方式需要一个基准和一个运算放大器，如果基准精度够准、运算放大器放大倍数够大，那么就能定准。同样的，作为恒流，就需要一个恒流基准和一个运算放大器，用电阻过电流检测作为控制信号，然后用这个信号放大并控制 PWM 调制，可惜目前很难找到很准的基准信号，常用的有晶体管（这个做基准温漂大），还有就是可以以二极管约 1V 的导通值作基准（但精度都不高），最好采用运算放大器加 TL431 作基准（但电路复杂）。但这样做的恒流电源，恒流精确度还是好控制得多。而这种模式控制的恒流，其输出一定得加电解电容滤波，所以输出电压是平滑直流，不是脉动的，若脉动就设法采样。所以要判定是哪种只要看其输出是否有电解电容就行了。

6. 驱动芯片的供电有何特点？

不管是采用限流型恒流控制的电源，还是使用运算放大器控制的恒流电源，都要解决驱动芯片的供电问题，即开关电源芯片工作时需要一个相对稳定的直流电压为芯片供电，芯片的工作电流从 1mA 到几毫安不等。FSD200、NCP1012、VIPer22 和 HV9910 这些芯片是高压自馈电的，用起来方便，但高压馈电造成驱动芯片热量上升，因为驱动芯片要承受约 300V 的直流电，就算只有 1mA 的电流，也有 0.3W 的损耗。一般 LED 电源不过有 10W 左右的输出功率，损失零点几瓦就可以将电源的转换效率拉下几个百分点；还有就是典型如 QX991PT4107 用电阻下拉取电，这样损耗就在电阻上，大约损失零点几瓦，还有就是磁耦合用变压器，在主功率线圈上加一个绕组，就像反激电源的辅助绕组一样，这样可以避免损耗零点几瓦的功率。非隔离电源还要用变压器的原因之一，就是避免损失那零点几瓦的功率，将效率提升几个百分点。

7. 由 PT4107 构成的 LED 荧光灯产品参数是什么？

图 6-1 所示是 18W T8 管 SMD LED 荧光灯外形图。由 PT4107 构成的 LED 荧光灯产品参数如下：

光源：0.5W 大功率白光 LED。
光效：≥80lm/W。
光源功率：18W。
输入功率：≤22W。
长度：120cm。
色温：6500K（可选）。
光衰：≤3%/年。
散热方式：自然方式。
外观材料：亚克力/铝合金（客户定义）。
平均照度范围：4m。
安装高度：3m。
电源：AC/110～250V、50Hz。
灯体温度：40～50℃。
适应温度：－40～＋85℃。
适应湿度：≤95%。
使用寿命：≥50000h。
满足 IEC 61000-3-2：2001 要求。

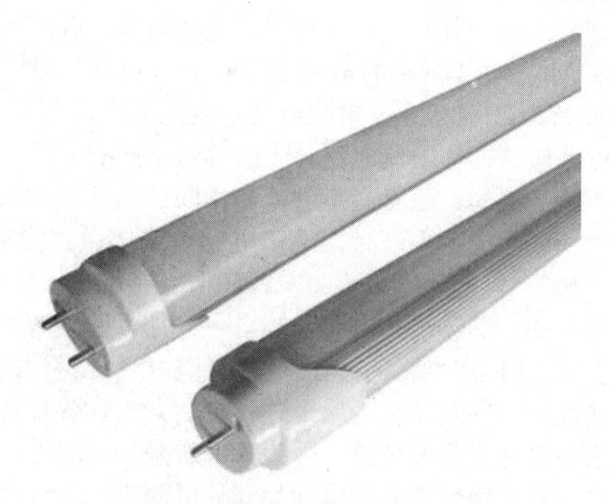

图 6-1　18W T8 管 SMD LED 荧光灯外形图

8. PT4107 的各引脚功能分别是什么？

图 6-2 所示是 PT4107 引脚图，其引脚功能如下。

引脚 1（GND）：驱动器地。

引脚 2（CS）：检测 LED 串联电流。

引脚 3（LD）：利用改变电流检测放大器的限制阈值，达到线性调光。

引脚 4（RI）：振荡器频率主控制端。一个外接电阻连接在该引脚与地之间来设置振荡频率。

引脚 5（ROTP）：温度检测输入端，NTC 电阻连接在该引脚与地之间，一旦当 ROTP 端的电压低于预设定电压时，PWM 输出将停止。

引脚 6（PWMD）：低频 PWM 调光端。同样允许输入，内部串联 100kΩ 电阻到 5V。

引脚 7（VIN）：通过降压电阻可连接到 DC18～450V 的输入电压上。

引脚 8（GATE）：栅极驱动外部 MOSFET。

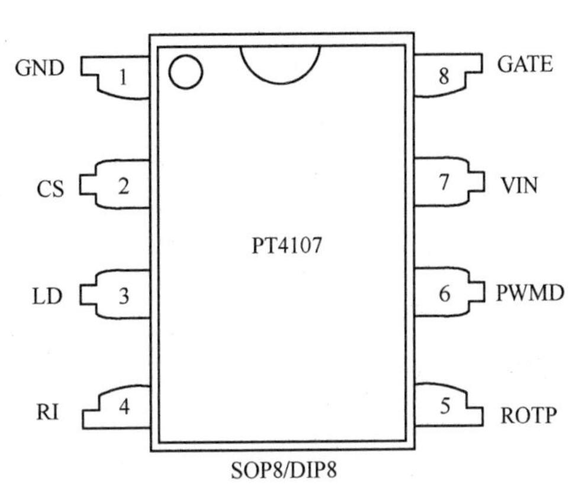

图 6-2　PT4107 引脚图

PT4107 的电气参数见表 6-2。PT4107 的内部功能简图如图 6-3 所示。

表 6-2　PT4107 的电气参数［V_{In}＝16V，T_a＝25℃（除非另有说明）］

符号	项目	条件	最小	典型	最大
I_{VIN_START}/μA	引脚 VIN 启动电流	V_{IN}＝15V，R_1＝300kΩ		3	10
I_{VIN_OPER}/mA	引脚 VIN 工作电流	V_{IN}＝15V，R_1＝300kΩ，栅极悬空			1
V_{IN_clamp}/V	引脚最大输入电压			20	
VULO（H）/V	引脚 VIN 脱离欠电压锁定	V_{IN}上升	15.5	16.5	17.5
VULO（L）/V	引脚 VIN 脱离欠电压锁定	V_{IN}下降	9.5	10.5	12
$V_{EN(lo)}$/V	引脚 PWMD 输入低电压				0.5
$V_{EN(hi)}$/V	引脚 PWMD 输入高电压		2.4		
R_{EN}/kΩ	引脚 PWMD 上拉电阻			100	
V_{CS}/mV	电流检测开始电压	V_{CS}低于 600mV	250	275	300
V_{OL}/V	栅极输出低电平	V_{IN}＝16V，I_O＝－20mA			0.3
V_{OH}/V	栅极输出低电平		11		
V_{G_clamp}/V	输出钳位			18	
T＿r/ns	输出上升时间	V_{IN}＝16V，G_L＝1nF		120	
T＿f/ns	输出下降时间	V_{IN}＝16V，G_L＝1nF		50	
F_{OSC}/kHz	振荡频率	R_1＝1.2MΩ	20	25	30
		R_1＝300MΩ	80	100	120
D_{MAX}/%	最大 PWM 占空比			90	

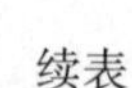

续表

符号	项目	条件	最小	典型	最大
V_{LD}/mV	线性调光电压范围		0		500
R_{LD}/kΩ	线性调光上拉电阻			100	
T_{BLK}/ns	电流检测消隐时间			400	
T_{DLY}/ns	从CS到栅极延迟时间				450
Δf_{OSC}/%	基于基频的频率调制范围		−3		+3
$f_{jittering}$/Hz	频率调制	R_1=300kΩ		32	
I_{ROTP}/μA	ROTP引脚的输出电流	R_1=300kΩ		80	
V_{OTP}/V	OTP开始电压		0.8	1.0	1.2

注　V_{IN}=16V，T_A=25℃（除非另有说明）。

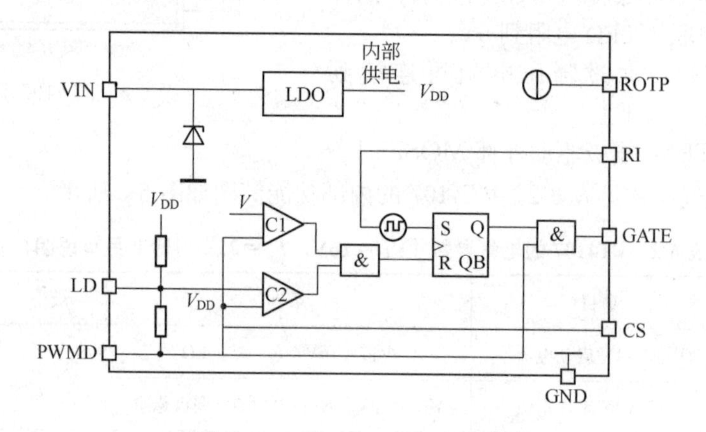

图 6-3　PT4107 内部功能简图

9. 采用 PT4107 设计的 LED 驱动器的电路结构框图如何构成？

以 AC85～245V 全电压输入为例，采用 PT4107 PWM LED 驱动控制器作为 LED 荧光灯驱动电源的主芯片，设计一个比较理想的应用电路方案（如图 6-4 所示）。该方案由抗浪涌保护、EMC 滤波器、全桥整流器、无源 PFC 电路、降压稳压器、PWM LED 驱动控制器、扩流恒流电路组成。

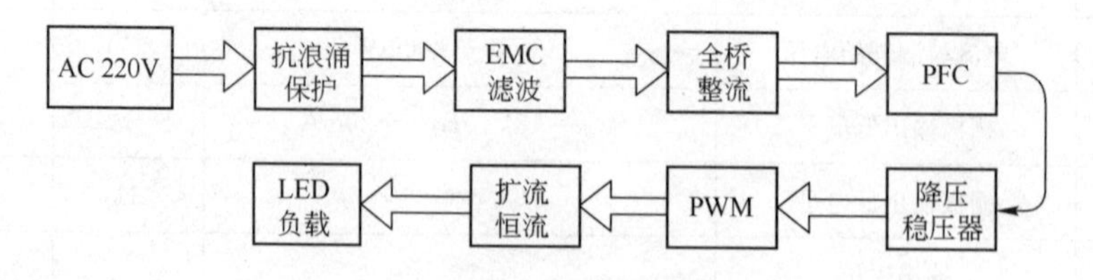

图 6-4　20W 荧光灯驱动电路框图

10. 采用 PT4107 设计的 LED 驱动器的电路原理是什么？

PT4107 构成的 18W T8 管 LED 驱动器电路如图 6-5 所示。交流供电端接有 1A 的熔丝 FU 和抗浪涌负温度系数热敏电阻 RT_1。之后是 EMI 滤波器，由 L_1、L_2 和 C_{X1} 组成。BD 是整流全桥，内部由4个高压硅二极管组成。C_1、C_2、R_1、VD_1～VD_3组成无源PFC电路。PWM控制芯片U_1和功率MOSFET和V_T、镇流电感L_3、续流二极管VD_5组成降压式变换器。U_1采集传感电阻R_8～R_{11}上的峰值电流，由内部逻辑控制栅极脚信号的脉冲占空比进行恒流控制。芯片由R_2～R_4、VD_4、C_4、VS与L_3辅助绕组组成的降压整流滤波电路供电。采用L_3辅助绕组供电的目的是降低在启动电阻上的功耗，以提高整个电路的转换效率。VZ将V_{DD}电压钳位在21V，确保芯片在全电压范围内稳定工作。R_5是芯片振荡电路的一部分，改变它会调节振荡频率。电位器RT在本电路中不是用来调光，而是用来微调恒流源的电流，使电路达到设计功率。本电路的参数是为15个LED串联，2串并联，驱动30个0.5W的白光LED而设计的，每串的电流是180mA。

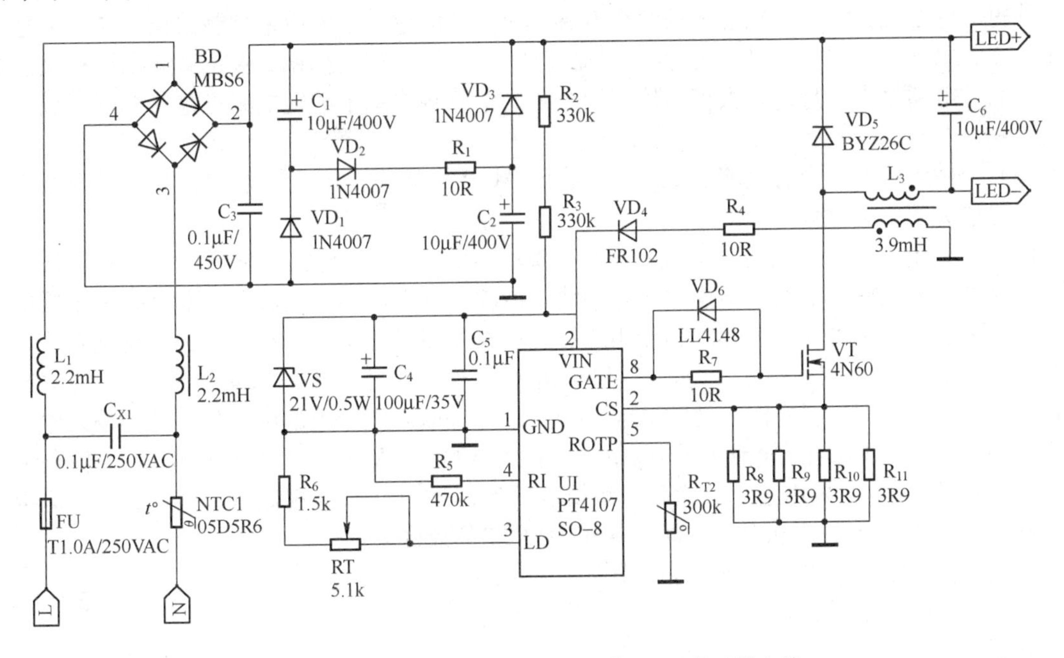

图6-5 PT4107构成的18W T8管LED驱动器电路

图6-6所示是18W LED荧光灯恒流源的实物图，33个元器件安装在235mm×25mm×0.8mm的环氧单面PCB上，印制电路板走线是按电力电子规范要求设计的，可以直接安装在28mm的灯管之中。

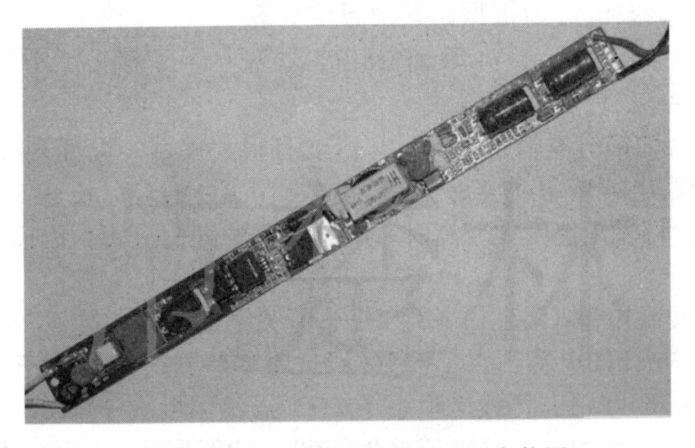

图6-6 18W LED荧光灯恒流源实物图

11. 采用PT4107设计的LED驱动器的关键电路及元器件有哪些？

（1）抗浪涌的负温度系数热敏电阻　抗浪涌的负温度系数热敏电阻选用300Ω/0.3A热敏电阻。若改变此方案的输出，比如增大电流，则热敏电阻电流也要选大一些，以免过电流自发热。

（2）EMI滤波器　在交流电源输入端，一般需要增加由共轭电感、X电容和Y电容组成的滤波器，以增加整个电路抗EMI的效果，滤掉传导干扰信号和辐射噪声。本电路采用共轭电感加X电容的简洁方式，主要出于整体成本的考虑，本着够用就好的设计原则。X电容应标有安全认证标志和耐压AC275V字样，其真正的直流耐压在2000V以上，外观多为橙色或蓝色。共轭电感是绕在同一个磁芯上的两个电感量相同的电感，主要用来抑制共模干扰，电感量在10～30mH范围内选取。为缩小体积和提高滤波效果，优先选用高磁导率微晶材料磁芯制作的产品，电感量应尽量选较大值。使用两个相同电感替代一个共轭电感也是一个降低成本的方法。

（3）全桥整流器　全桥整流器BD主要进行AC/DC转换，因此需要给予1.5系数的安全余量，建议选用600V/1A。

（4）PFC电路　普通的桥式整流后直接平滑滤波的AC/DC电路，输入电压是正弦波。由于电容充电快放电慢，电流是不连续的脉冲波，谐波失真大，功率因数低。本电路采用低成本的无源PFC电路，如图6-7所示。这个电路称为平衡半桥补偿电路（或者称为逐流电路、填谷电路），C_1和VD_1组成关桥的一臂，C_2和VD_3组成半桥的另一臂，VD_2和R_1组成充电连接通路，利用填谷原理进行补偿。滤波电容C_1和C_2相并联，电容上的电压最高充到输入电压的一半（$V_{IN/2}$），一旦线电压降到$V_{IN/2}$以下，二极管VD_1和VD_3就会被正向偏置，这样使C_1和C_2开始并联放电。采用这个电路后，系统的功率因数可从0.6提高到0.88～0.9，但很难超过0.92，因为输入电压和电流之间还存在大约60°的死区。

（5）采样电阻　电阻R_8～R_{11}并联作为电流检测电阻，可以减小电阻精度和温度对输出电流的影响，并且可以方便地改变其中一个或几个电阻的阻值，达到改变电流的目的。建议选用千分之一精度，温度系数为50×10^{-6}的SMD电阻。如果对电流精度和温度变化有更高的要求，建议使用康铜或锰铜四端专用电流采样电阻。电流采样电阻R_8～R_{11}的总阻值设定和功率选择，要以整个电路的LED光源负载电流为依据，其中阻值计算公式为$R_{(8\sim11)}=0.275/I_{LED}$，功率计算公式为$P_{R(8\sim11)}=I_{LED}{}^2R_{(8\sim11)}$。

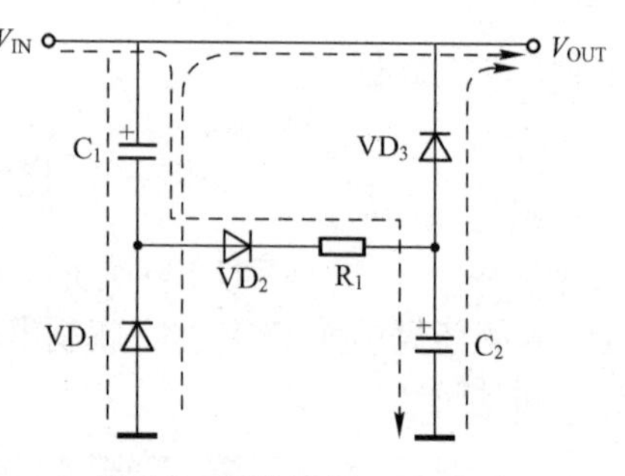

图6-7　平衡半桥PFC电路

（6）电解电容　因为铝电解电容的寿命与温度有很大关系，温度升高电解质的损耗加快，温度每升高10℃，电解电容寿命就会减少一样。虽然LED的寿命长达5万小时，但是电解电容的寿命只有4000h，灯管内温度比较高时，电解电容的寿命更短，因而这个驱动电路的寿命取决于电解电容。

（7）功率电路　功率电感L_3是比MOSFET更关键的元件，要求Q值高，饱和电流大，直流电阻小。标称3.9mH的电感，在40～100kHz频率范围内Q应大于90，饱和电流大于工作电流的2倍。这里选500mA、绕线电阻小于2Ω、居里温度大于400℃的优质功率电感。使用劣质电感的后果是灾难性的，一旦电感发生饱和，MOSFET、LED、控制芯片就会瞬间烧毁。建议使用微晶材料的功率电感，它可以确保恒流源长期安全可靠工作。

（8）续流二极管　续流二极管VD_5一定要选用快速恢复二极管，它要跟上MOSFET的开关周期。如果在此使用 1N4007 型二极管，那么 VD_5 在工作时会烧毁；此外，续流二极管通过的电流应是 LED 光源负载电流的 1.5～2 倍。因此，本电路选用 1A 的快速恢复二极管。

（9）开关频率的设定　PT4107 开关频率的高低决定功率电感 L_3 和输入滤波电容 C_1～C_3 的大小。如果开关频率高，则可选更小体积的电感和电容，但 MOSFET 的开关损耗也将增大，导致效率下降。因此，对 AC220V 的电源输入来说，50～100kHz 是比较适合的。PT4107 开关频率设定电阻 R_5 计算公式如下：

$$f=\frac{25000}{R}=R=\frac{25000}{f}$$

当 $f=50$kHz 时，$R_5=500$kΩ。

（10）MOSFET 的选择　MOSFET 是本电路输出的关键器件。首先，它的 $R_{FS(ON)}$ 要小，这样它工作时本身的功耗就小；其次，它的耐压要高，这样在工作中遇到高压浪涌不易被击穿。

在 MOSFET 每次开关过程中，采样电阻 R_5～R_9 上将不可避免地出现电流尖峰。为避免这种情况发生，芯片内部设置了 400ns 的采样延迟时间。因此，传统的 RC 滤波器可以省去。在这段延迟时间内，比较器将失去作用，不能控制引脚 GATE 的输出。

（11）温度补偿　迅速发展的 LED 照明设计中，大多数人将注意力集中在 HB LED 的恒流精度控制策略上。不过，HB LED 照明应用的本质要求人们将更多的注意力转移到散热控制上。

虽然 LED 制造商通过大幅度提高每瓦的流明数正在降低 HB LED 照明设计的技术障碍，但与光输出相比，仍有更多的电能转化为要散发的热量。因此需要一个散热管理的总体战略，以确保 LED 散发的热量可控制为一个温度的函数。

图 6-8 中曲线显示了 1W LED 的典型性能下降特性。正如所期望的那样，被恒定电流驱动的 LED 电流在到达某一点后，该恒流需要线性地减少，直到在 150℃一点上达到 0。恒流下降点和减小斜率取决于机械/散热安排。若要控制 LED 发热量，可以使用负温度系数热敏电阻来控制驱动器的工作状态。

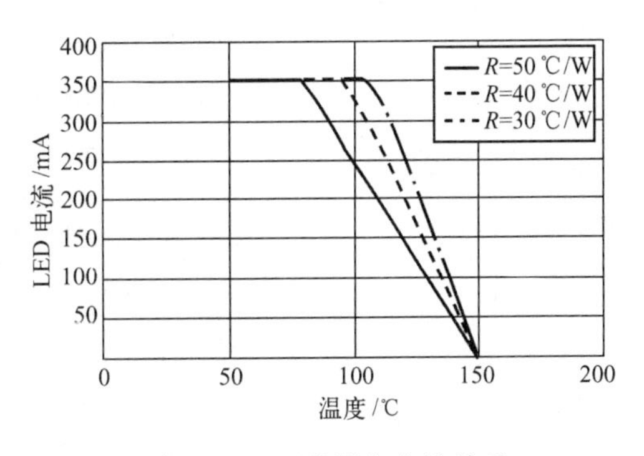

图 6-8　LED 热阻与电流关系

12. PT4107 设计的 LED 驱动器的驱动电源使用时应注意哪些事项？

首先应注意本恒流源是非隔离式 LED 引脚上均带电，要严格遵守带电安全操作规则，避免发生人体触电事故。

其次检查 LED 板上发光管的串并结构，每串 LED 数量必须在 12～28 个范围内，两串并联，总电流控制在 360mA 以内，总功率不要超过 20W。恒流源板用两线电源线接 220V 市电电压，L 接相线，N 接地线，允许市电电压有±15%的波动，接好 LED 后再接通电源。不建议先上电再接 LED，这样会损伤 LED 并缩短使用寿命。当 LED 点亮后，如果电流偏离设计值，在输出回路串联一个量程大于 2A 的电流表，通过调节电路板上的电位器，微调输出电流。电流调好后在电位器螺杆上滴上硅胶固定，防止振动对电位器的影响。如果调节电位器阻值仍不能得到需要的电流值，也可以改变电阻 R_8～R_{11}。由于散热设置是按最大输出功率 20W 设计的，因而不要随意增大输出功率。

13. PT4207的功能是什么？

PT4207是一款高压降压式LED驱动控制芯片，能适应从18V到450V的输入电压范围。PT4207采用革新的架构，可实现在AC85～265V通用交流输入范围稳定可靠工作，并保证系统的高效能。内置输入电压补偿功能极大地改善了不同输入电压下LED电流的稳定性。

PT4207内置一个350mA开关，并配备外部MOS开关驱动端口，对于350mA以下的应用无需外部MOS开关，对于高于350mA的应用可采用外部MOS管扩展电流。采用PT4207的LED驱动电路，LED电流可通过外部电阻设定。通过多功能调光DIM引脚，可使用电阻或DC电压线性调节LED电流，也可使用数字脉冲信号进行PWM调光。PT4207具有多种保护功能，包括负载短路保护、开路保护、过温度保护。

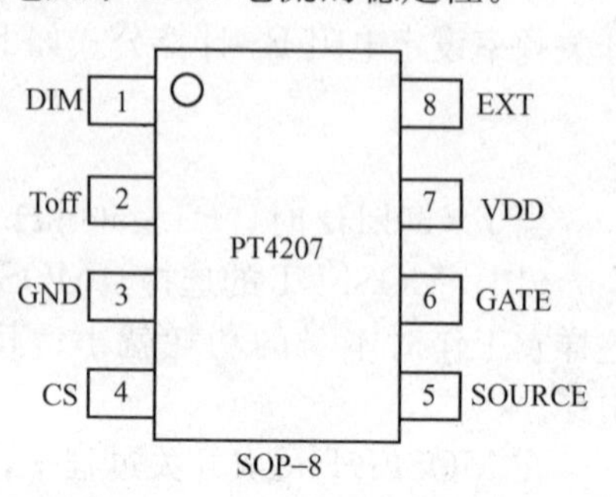

图6-9　PT4207引脚图

PT4207采用SOP-8封装，PT4207引脚如图6-9所示。PT4207各个引脚功能见表6-3。PT4207的内部结构图6-10所示。

表6-3　PT4207引脚功能

引脚号	引脚名	描　述
1	DIM	多功能调光输入端，可通过该引脚进行线性调光和PWM调光
2	Toff	关断时间设定端，外接电阻设定关断时间
3	GND	芯片地
4	CS	MOS端电流采样输入
5	SOURCE	外接MOS管源极，当需要外部MOS管扩流时，接外部扩流MOS管漏极
6	GATE	外部MOS管栅极偏置端
7	VDD	内部LDO输出端，必须在该引脚与GND之间接一电容
8	EXT	外接MOS管栅极驱动输出。当需要外部MOS管扩流时，接外部扩流MOS管的栅极；不需要外接MOS管时悬空

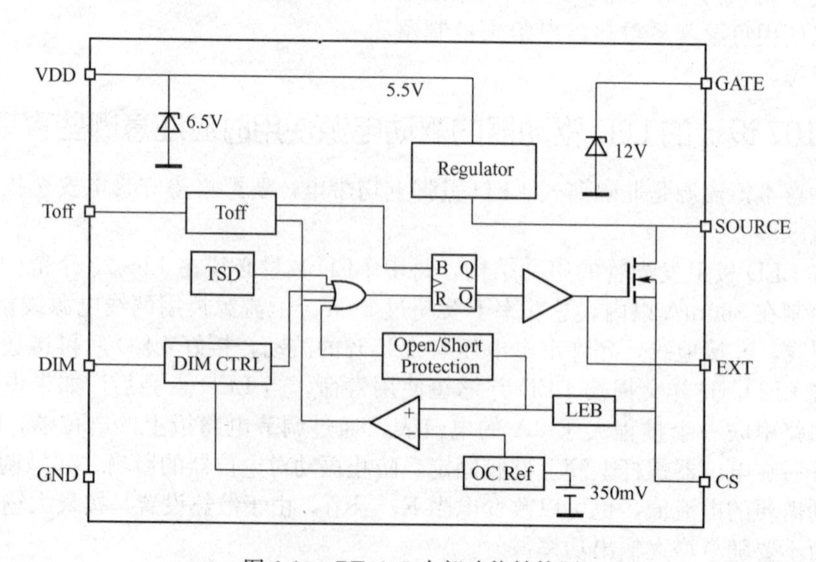

图6-10　PT4207内部功能结构图

PT4207 关键特性如下：

① 支持 DC20～450V 输入电压范围应用。

② 支持多个 LED 串并联驱动应用。

③ 内置 20V/350mA 低压侧驱动开关。

④ 支持低压侧 MOS 管扩展功能扩大电流应用。

⑤ 支持最高 100%占空比应用。

⑥ 多功能调光引脚同时支持线性调光及 PWM 调光。

⑦ 内置 4ms 软启动。

⑧ LED 负载短路/开路保护。

⑨ 过温软保护。

14. PT4207 典型应用电路如何设计？

PT4207 典型应用电路的设计方案如下：

① 使用内部开关，适用于小于 350mA 方案，如图 6-11 所示。

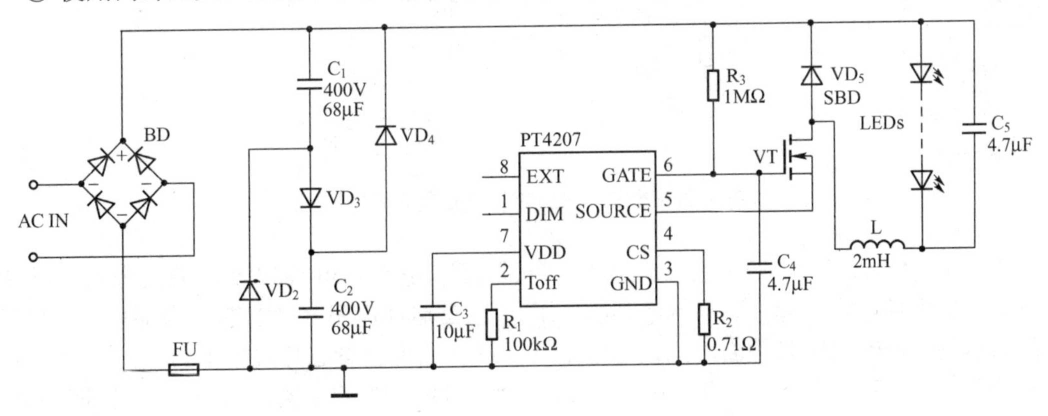

图 6-11　PT4207 典型应用图（1）

② 使用外部开关，适用于大于 350mA 方案，如图 6-12 所示。

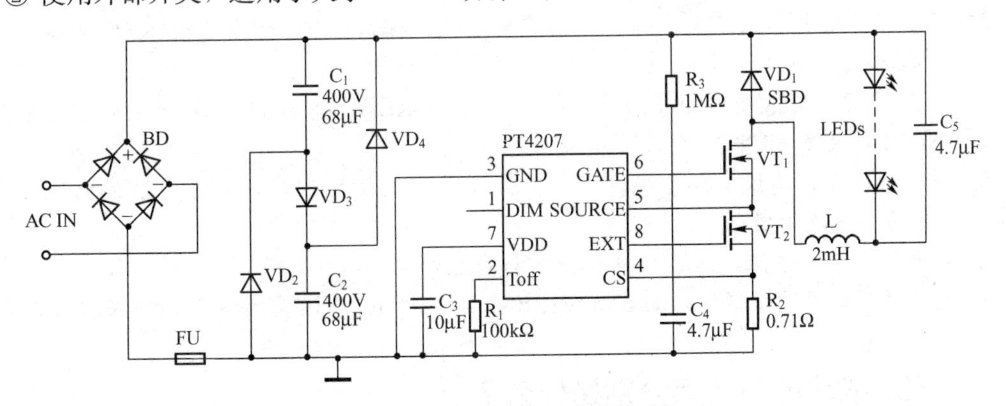

图 6-12　PT4207 典型应用图（2）

15. 基于 PT4207 的 LED 荧光灯驱动如何选择参数？

这里介绍基于 PT4207 的 6W（12 串 7 并）和 25W（24 串 15 并）LED 荧光灯的驱动方案。在该方案中，交流市电输入采用非隔离高频开关降压恒流模式，填谷式无源 PFC 恒流精度为±2%，效率可达94%，可轻松装入T8、T10荧光灯管。通过EN55015B和EN61000-3-3标准。具有开路保护、短路保护和输出反接保护功能的电路，如图6-13所示。交流市电输入接口有熔断器FU、抗浪涌的负温度系数热敏电阻RT及抗雷击的压敏电阻RV作为电路的输入保护。之后由安规电容C_1和C_2、差模电感L_2和L_3及共模滤波器L_1组成滤波电路，使得系统得以轻松通过EN55015B的传导EMI测试。U_1是全桥整流器，内部有4个高压硅二极管。

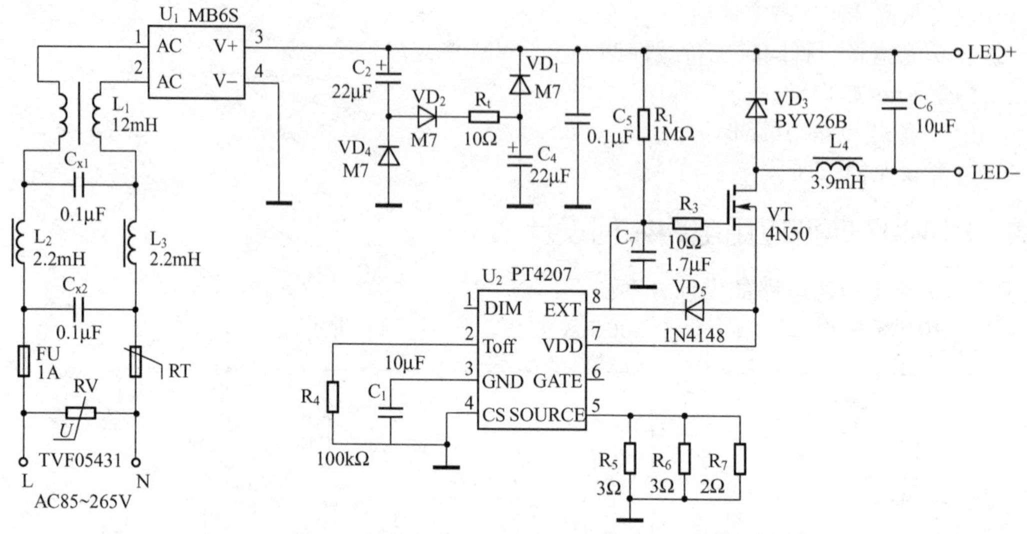

图6-13　基于PT4207的LED荧光灯应用图

C_2、C_4、VD_1、VD_2、VD_4、R_1组成填谷式PFC电路，可有效改善谐波失真和功率因数。C_5是聚丙烯电容，起过滤高频毛刺的作用。R_1是启动电阻，经过芯片内部积压二极管的钳位后向芯片供电。R_4是关断时间设定电阻（详细信息可查看芯片规格书）。芯片PT4207的内部MOS管、高压MOS管VT、快速恢复二极管VD_3、功率电感L_4及采样电阻R_5～R_7组成自举式（悬浮式）BUCK电路向负载供电。R_5～R_7同时也是电流采样电阻，采样通过芯片内部MOS管的峰值电流，反馈给芯片进行PWM控制，从而达到恒流效果。

【提示】 ①在全电压范围工作下，若需要PFC电路，LED灯串建议不超12串；若不需PFC电路，LED灯串最多24串。

②在AC175～265V范围内，若需要PFC电路，LED灯串建议不超32串；若不需PFC电路，LED灯串最多48串。

③一般情况下，建议先接负载再上电。如果需要热插拔负载，为避免浪涌电流对负载的损伤，有两个解决方案：

a. 输出并联适当电阻，加速放电，当然会降低效率。

b. 负载端串联抗浪涌器件，如Polyswitch的LVR040K，一般批量测试时可采取该办法。

16. FT880的功能与特点分别是什么？

FT880是一款PWM控制的高效恒流型LED驱动芯片，能在15～500V的输入电压下正常工作，频率可调，可工作于固定频率或固定关断时间模式，最大能驱动1A的输出电流，恒流精度达到±5%，并且支持PWM调光功能。

FT880是一款针对市场上现有客户对LED荧光灯的各种要求最新开发出的新一代产品，具备以下特点：

① FT880 使用 500V 高压工艺制程制造，使得电路具有动态自供电、反馈零电流供电、2ms 超快速启动等特点，长期工作电路更可靠。

② 电路可以配置为 BUCK、BUCK-BOOST、BOOST 等电路拓扑，方便不同 LED 应用需求。

③ FT880 具有 PWM 和 PFM 工作模式，使得电路可以应用专利的“全电压恒流技术”且可以灵活配置为不同工作模式满足不同拓扑和 LED 配置。

④ 芯片工作频率可调，而且可以配置为固定关断时间模式，使得电路应用更加灵活。

⑤ 针对 LED 应用增加线性调光、PWM 调光功能，可以从外部输入调光信号，也可以使用 PMD 的专利 LED 调光方式。

⑥ 芯片具备 2 级电流检测机制，可以同步检测 LED 短路异常，可靠保护 LED。

⑦ 芯片 7.5V 的超低工作电压，使得芯片工作于典型值 1mA 的低功耗状态，有效外围器件价格和体积。

⑧ 芯片可同时配置为光耦反馈型，达到电路批量生产免调，且以低成本实现输出开路保护。

17. FT880 在 18W LED 荧光灯应用电路的特点是什么？

本方案采用了高效率的低边 BUCK 拓扑结构，使用了专利的“全电压恒流技术”和“零电流供电技术”，采用了被动 PFC 电路提高方案的功率因数，输出光耦实现开路保护，同时降低输出电压耐压，驱动 LED 的功率范围为 6～30W。该方案（见图 6-14）还具有以下主要特点：

① 全电压输入范围为 AC90～277V，可以满足全球范围内使用。

② 专为荧光灯铝管增加屏蔽设计。

③ 超小体积设计，适合 T8、T10 荧光灯 PC 管/铝管（高 10mm，宽 13.6mm）。

④ 高效率，效率达到 90%。

⑤ 符合能源之星功率因数大于 0.9 的要求。

⑥ 整体温升小于 30℃。

⑦ 全电压电流精度为±2%，使用专利全电压恒流技术。

⑧ 满足 EN55015B EMI 要求。

⑨ 空载功耗小于 0.3W。

⑩ 具有输出过电压保护、短路保护、过载保护、反接保护。

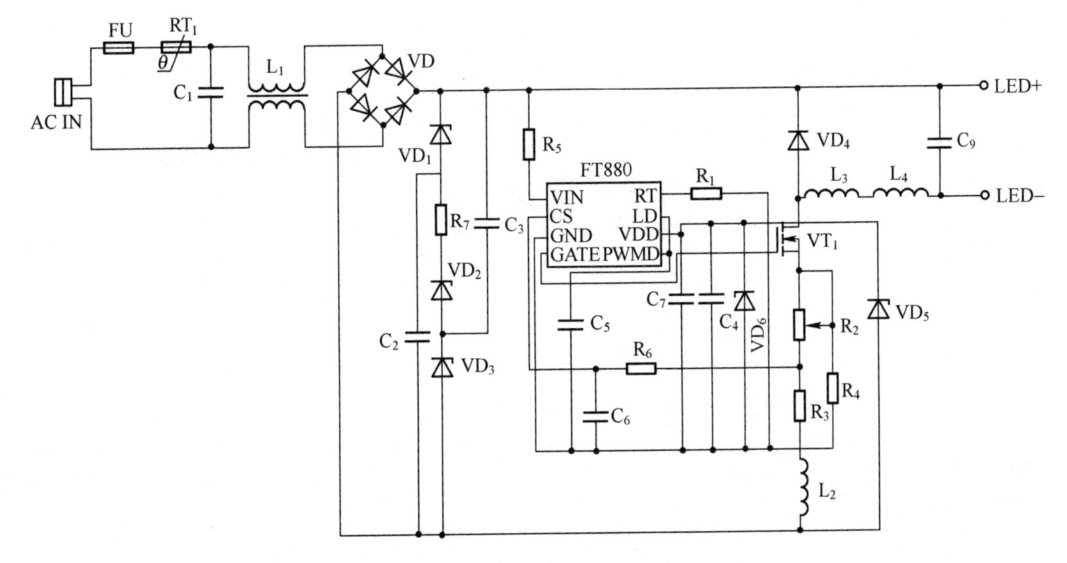

图 6-14　18W LED 荧光灯驱动电路原理图

当开关管导通时，主电流回路为 ACIN→FU→BD→LED→L_1→VT→R_4→L_2→BD→ACIN，此时 AC 向 LED 供电，并使电感 L_1 存储能量；当开关管关断时，主电流回路为 L_1→D_4→LED→L_1，此时电感 L_1 释放能量，保持 LED 的输出。由于开关管导通时，流过 LED 的电流同时也流过 R_4，所以通过检测 R_4 上的电压来检测流过 LED 的电流，从而达到恒流的目的。

电路中，C_2、C_3、VD_1、VD_2、VD_3 构成 PFC 电路，主要提高输入的功率因数。L_2、VD_3、C_7 构成辅助供电回路，从而关断引脚 VIN 的供电，减小损耗，提高效率。R_1 用于设定系统工作频率。

18. 采用 FT880 设计的 LED 荧光灯的主要元器件参数是什么？

LED 荧光灯输出规格为 3.2V/20mA，共 240 个，连接方式为 8 个 LED 串联为一路，共 30 路。系统参数是市电输入电压范围为 90～265V，$f=50\text{Hz}$（交流输入频率）；输出电压最大值为 25.6V，输出最大电流为 498mA；输出功率最大值为 12.75W；效率 η 为 85%，芯片工作频率 f_n 为 25kHz，输入功率为 15W。

（1）熔断器 FU

① 额定电压 V_{rating}。额定电压 V_{rating} 需要大于 $V_{max(AC)}$，即大于 265V。

② 额定电流 I_{rating}。由于 $V_{IN}I_{IN}PF\eta=P_o$，所以选择熔断器额定电流时要保留 0.5 的系数，因此熔断器的额定电流为

$$I_{IN}=\frac{P_o}{V_{IN}PF\eta}$$

$$I_{rating}=2I_{IN(max)}=\frac{2P_{o(max)}}{V_{min(AC)}P_F\eta}=0.392\text{A}$$

③ 熔化热能值 I^2t。熔化热能值与浪涌电流产生的能量有关，表征当大电流流过熔断器时，熔断器熔断的特性。I^2t 要大于浪涌电流产生的能量，使启动时不会错误地把熔断器熔断。

④ 额定温度和使用寿命。实际工作温度不能超出额定温度范围，实际工作电流大于 I_{rating} 或者实际工作温度超出额定温度范围，熔断器的寿命将会明显缩短。

综上所述，选择 V_{rating} 大于 265V、I_{rating} 大于 0.392A 的熔断器。

（2）安规电容 C_1　安规电容 C_1 不仅影响电路工作的可靠性，而且影响荧光灯的寿命。因此 C_1 的质量和工作参数尤为重要。额定电压 V_{rating} 需要大于输入交流电压 $V_{max(AC)}$，即额定电压大于 265V。C_1 取值在 0.01～2.2μF。视差模干扰大小决定，这里选择 0.1μF。安规电容 C_1 绝缘等级一般选择 X2，即耐压小于或等于 2.5kV，实际工作温度不能超出额定温度范围。因此，选择 AC 0.1μF/275V、绝缘等级为 X2 的安规电容，主要抑制差模干扰。

（3）整流桥 BD　整流桥的额定电流与熔断器的额定电流相同，选择大于 0.392A 的额定电流即可。整流桥正向导通压降与效率有关。V_F 越小，消耗的导通功耗就越小，效率越高。因此，选择 V_{RRM} 大于 562V、I_{rating} 大于 0.392A、V_F 尽量小的整流桥。

（4）二极管 VD_1、VD_2、VD_3　二极管 VD_1、VD_2、VD_3 最大反向耐压 V_{RRM} 为

$$V_{RRM}=1.2\times(0.5\times\sqrt{2}V_{max(AC)})=255\text{V}$$

由于开机时导通电流都要留过 VD_2，所以二极管的额定电流 I_{rating} 与熔断器一样，选择大于 0.392A 的额定电流。又因为输入电压是低频，所以反向恢复时间 t_{IN} 的大小对电路没有影响，可以不予以考虑。因此，选择 V_{rating} 大于 225V、I_{rating} 大于 0.392A 的二极管。

（5）频率调节电阻 R_1　在全电压输入范围为 AC85～265V 的情况下，系统的工作频率一般在 20～150kHz 之间选择。在体积条件允许情况下，减小工作频率可以减小开关损耗。本应

用中选择工作频率为25kHz，相应的电阻值为1MΩ的频率调节电阻。

（6）电解电容C_2、C_3　电容的耐压与二极管VD_1、VD_3的反向耐压相同，也是大于225V；选择合适的电容，使电容在充放电过程中能够保证后级电路所需要的能量。要保证系统的正常工作，电容上的最小电压应在最大输出电压的2倍以上（即保证系统占空比不超过50%），所以整流后最小直流电压为

$$V_{min(DC)}=2V_{o(max)}=51.2V$$

输入电容应能够保证在最小输入电压下，为后级电路提供足够的能量，所以电容为

$$C>\frac{V_{o(max)}I_{o(max)}}{(V_{min(AC)}^2-2V_{min(DC)}^2)\eta\times 2f}=52\mu F$$

由于上面的计算取的放电时间为（1/4）f（其中f为输入交流电压的频率），实际放电时间并没有这么长，所以电容的容值可以取小些，实测中发现47μF/250V的电容即可满足要求。

由于需用到的电容容量较大，一般使用铝电解电容。实际应用中会受到体积的限制，且电解电容体积较大，所以要注意电容体积是否能满足要求。由于一般LED使用寿命比电解电容寿命长，所以应尽量选择寿命长的电解电容。因此，应选择耐压大于或等于250V、电容值大于或等于47μF、低*ESR*值、寿命长的电解电容。

（7）高压启动限流电阻R_5　为了防止启动时大电流冲击烧坏引脚VIN，建议R_5采用封装为0805的22kΩ的贴片电阻。

（8）滤波电容C_4、C_5、C_8　C_4、C_5、C_8主要起高频滤波作用，建议选择封装为0805的1nF的贴片电容。

（9）滤波电容C_6　C_6主要起滤除尖峰和谐波补偿作用，建议选择封装为0805的100pF的贴片电容。

（10）稳压二极管VD_6　防止V_{DD}电压过高烧坏芯片，建议VD_6取0.5W、12V的稳压二极管。

（11）电解电容C_7　由于有12V的稳压二极管VD_6，所以电容耐压大于或等于16V即可，定量计算比较困难，实测中发现电容容量取4.7μF可以满足要求。由于用到的电容量较大，一般使用铝电解电容。由于一般LED使用寿命比电解电容寿命长，所以尽量选择寿命长的电解电容。

这里选择耐压大于或等于16V、电容值大于或等于4.7μF、寿命长的电解电容。

（12）电感L_1

① 电感量L_1。当电路工作在电流连续模式和电流非连续模式之间的临界模式时，$\Delta I=2I_{o(max)}$，此时电感可以按下面的公式计算：

$$L_1=\frac{V_{o(max)}\left(1-\frac{V_{o(max)}}{\sqrt{2}V_{max(AC)}}\right)}{2I_{o(max)}f_o}=0.96mH$$

0.96mH是临界模式时的电感取值。为保证电路工作在电流连续模式，电感取值要大于0.96mH。电感取值越大，输出电流的纹波越小。

② 电感饱和电流I_L。电感饱和电流为

$$I_L=\frac{V_{o(max)}\left(1-\frac{V_{o(max)}}{\sqrt{2}V_{max(AC)}}\right)}{2L_1f_o}+I_o=\frac{0.477}{L_1}\times 10^{-3}+I_o$$

由上式可以看出电感量越大，电感的饱和电流越小。

③ 电感线径r。以截面积$1mm^2$的铜线过电流为5A计算，则电感线的截面积为$I_L/5$，所以电感的线径为

$$r=2\sqrt{\frac{I_L}{5\pi}}$$

④ 电感体积。电感体积受到空间的限制，在保证电感量和电感饱和电流的情况下，电感体积越小越好。如果一个电感体积太大，可以考虑用2个电感串联。

这里选择电感量大于0.96mH且饱和电流大于I_L的电感。

（13）续流二极管VD_4　当MOS管导通时，二极管VD_4承受的反向耐压为600V；当MOS管关断后，VD_4给电感L_1提供续流回路，所以通过VD_4的电流不会超过电感L_1饱和电流I_{L1}。由于频率较高，所以需要反向恢复时间小的超快恢复肖特基二极管，以防止误触发，建议选用t_{rr}小于或等于75ns的超快恢复肖特基二极管；正向导通压降V_F越小，效率越高，尽可能选择正向导通压降小的超快恢复肖特基二极管。这里选择反向耐压为600V、额定电流为1A、反向恢复时间小于或等于75ns的超快恢复肖特基二极管。

（14）输出电容C_9　输出电容的作用是减小LED电流的波动，电容量越大越好。但由于受体积的限制，建议选择容值为0.47～1μF、耐压为400V的CBB电容。

（15）MOS管VT

① MOS管耐压V_{DSS}为

$$V_{DSS}=1.5\times\sqrt{2}V_{max(AC)}=562V$$

MOS管的最大耐压为交流整流后的电压最大值，留50%的余量，选取耐压值为

$$V_{DSS}=1.5\times\sqrt{2}V_{max(AC)}=562V$$

② MOS管的额定电流I_{FET}。流过MOS管的电流取决于最大占空比，本系统最大占空比为50%，所以当流过MOS管的额定电流为工作电流的3倍时，损耗较小。因此，选取MOS管的额定电流为$I_{FET}\geqslant 1A$。

$$I_{FET}=I_{o(max)}\times\sqrt{0.5}=0.352A$$

③ MOS管开启电压V_{th}。保证V_{th}小于芯片驱动电压，即$V_{th}<11V$。由于一般高压MOS管的V_{th}为3～5V，所以V_{th}不需要过多考虑。

④ MOS管导通电阻R_{dwn}。MOS管的导通电阻R_{dwn}越小，MOS管的损耗就越小。

⑤ 额定温度。实际工作温度不能超出其额定温度的范围。

这里选择耐压为600V、额定电流大于或等于1A、R_{dwn}较小的MOS管。

（16）CS采样电阻R_4、R_7、R_8

① R_4、R_7、R_8的阻值。设R_7、R_8串联后再与R_4并联的电阻为R_{CS}，输出的电流波动范围宽度为0.3，则有

$$\frac{0.25}{R_{CS}}=\left(\frac{0.3}{2}+1\right)I_{o(max)}$$

$$R_{CS}=\frac{0.217}{I_{o(max)}}=0.44\Omega$$

选取合适的R_4、R_7和R_8，保证调节R_8可以得到需要的输出电流I_o，且无论怎样调节R_8，I_o都不会太大而损坏器件。

② 电阻类型。R_{CS}上承受的功率为$I_o^2R_{CS}=0.11W$，所以R_4、R_7采用0805封装的贴片电阻。为了调节R_8时输出电流不会变化太快，所以选择R_8为精密可调电阻。

（17）续流电感L_2和续流二极管VD_5　加L_2和VD_5的主要目的是向芯片引脚VDD供电，从而关断芯片引脚VIN的供电，减小损耗。工作原理为：当MOS管导通时，电感L_2储能，电容C_7向芯片供电；当MOS管关断时，L_2向芯片引脚VDD供电，并给电容C_7充电。

选择 L_2 的原则是使芯片引脚 VDD 供电电压保持在 11～12V，建议选择电感量为 18μH。饱和电流与 L_1 相同的电感；选择续流二极管 VD5 时，为了防止误触发，建议选用恢复时间小于 75ns 的超快恢复肖特基二极管。

19. BP2808 的功能与特点分别是什么？

BP2808 是专门驱动 LED 光源的恒流控制芯片。BP2808 工作在连续电流模式的降压系统中，芯片通过控制 LED 光源的峰值电流和纹波电流，从而实现 LED 光源平均电流的恒定。芯片使用非常少的外部元器件就实现了恒流控制、模拟调光和 PWM 调光等功能。系统应用电压范围为 DC12～600V，占空比最大可达 100%；适用于 AC 85～265V 宽电压输入，主要应用于非隔离的 LED 灯具电源驱动系统。BP2808 采用专利技术的源极驱动和恒流补偿技术，使得驱动 LED 光源的电流恒定，在 AC 85～265V 范围内变化小于±3%。结合 BP2808 专利技术的驱动系统应用电路，使得 18W 的 LED 荧光灯实用方案，在 AC 85～265V 范围内系统效率高于 90%，在 AC 85～265V 范围内 BP2808 可以驱动 3～36W 的 LED 光源阵列，因此广泛用于 E14、E27、PAR30、PAR38、GU10 等灯杯和 LED 荧光灯。

BP2808 具有多重 LED 保护功能，包括 LED 开路保护、LED 短路保护、过温保护。一旦系统故障出现，电源系统自动进入保护状态，直到故障解除，系统再自动重新进入正常工作模式，复用引脚 DIM 可进行 LED 模拟调光、PWM 调光和灯具系统动态温度保护。BP2808 采用 SOP-8 封装，如图 6-15 所示，各个引脚的功能见表 6-4。

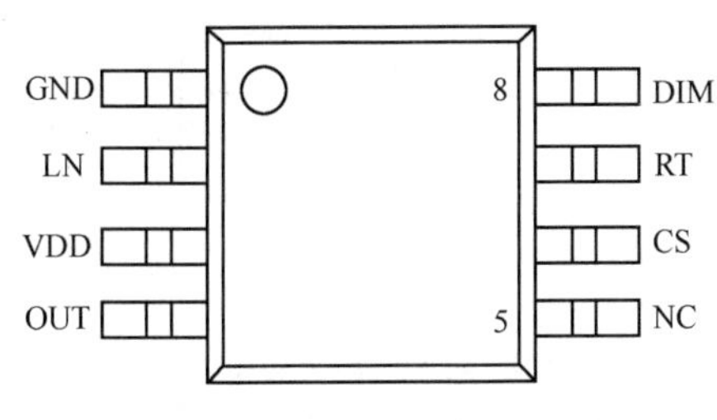

图 6-15 BP2808 引脚图

表 6-4 BP2808 的引脚功能

引脚号	引脚名	描　述
1	GND	信号和功率地
2	LN	峰值和阈值的线电压补偿，采样引脚 LN 和引脚 VDD 之间的电压
3	VDD	电源输入端，必须就近接旁路电容
4	OUT	内部功率开关的漏端，外部功率开关的源端
5	NC	悬空
6	CS	电流采样端，采样电阻接在引脚 CS 和引脚 GND 之间
7	RT	设定芯片工作关断时间
8	DIM	开关使能，模拟调光和 PWM 调光端

BP2808 的特点如下：

① 系统应用电压范围为 DC 12～600V 输入，支持 AC 85～265V 输入。

② 占空比为 0～100%。

③ ±5%的输出电流精度。

④ 高达 93%的系统效率。

⑤ LED 短路保护、LED 开路保护。

⑥ 芯片内部过温保护。

⑦ 复用引脚 DIM 进行 LED 模拟调光、PWM 调光和系统动态温度补偿。

20. BP2808在LED荧光灯驱动中如何应用？

LED荧光灯的光源灯条电源驱动方案有很多种，目前非隔离方案因其效率高、体积小、成本低而占主流，而用PWM LED驱动控制器作为LED荧光灯驱动电源又占绝大多数，事实上传统的荧光灯都采用非隔离方案。

以AC176～264V全电压输入为例，采用BP2808为主芯片设计负载为小功率多一个LED光源多串、多并的LED荧光灯时，整个系统方案的设计框图如图6-16所示。全电路由抗浪涌/雷击保护、EMC滤波、全桥整流、无源PFC、启动电压（包括前馈补偿、开机后的馈流供电、驱动变软）、恒流补偿、PWM控制、源极驱动、LED光源阵列，以及采样电阻、t_{OFF}时间设定、储能电感、续流二极管等各部分组成。

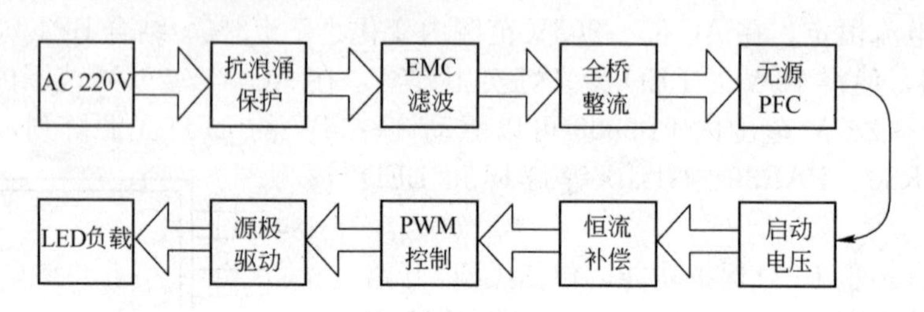

图6-16 LED荧光灯系统方案设计框图

LED光源阵列设计为0.06W白光LED（SMT或草帽灯）24个串联、12串并联的方案，驱动288个小功率WLED，总功率为18W。全电压18W LED荧光灯开关恒流源的设计电路如图6-17所示，各部分的功能如图中汉字所标注。图中抗雷击和EMI滤波组成EMC电路，馈流供电是利用芯片内部的整流二极管来实现的。

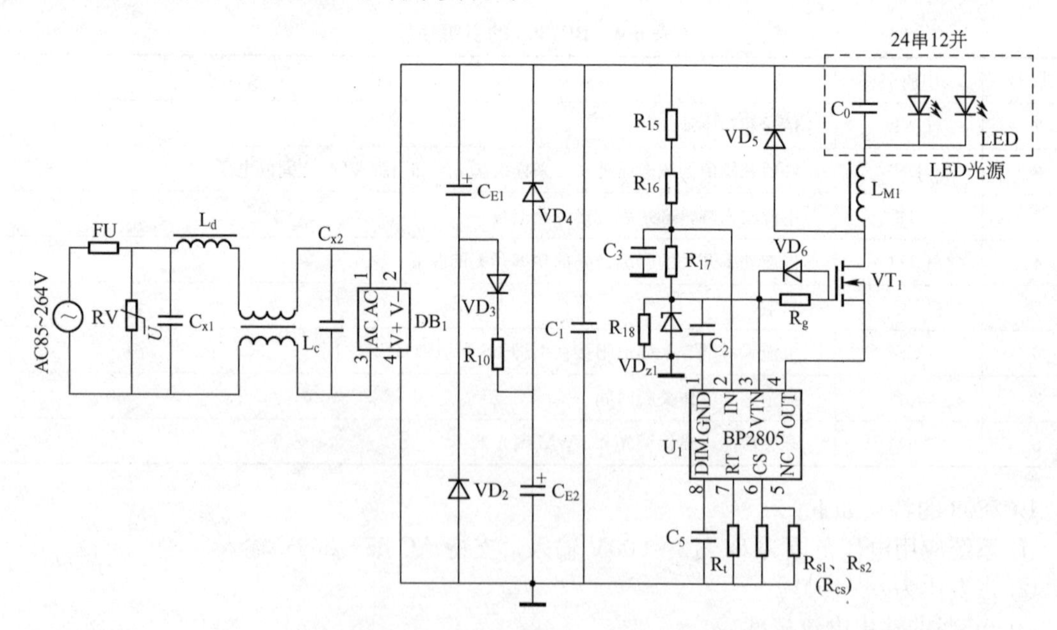

图6-17 18W LED荧光灯系统方案设计电路图

从AC220V看进去，交流市电入口接有1A熔断器FU和抗浪涌、雷击和压敏电阻RV；之后是EMI滤波器，由L_d、L_c和C_{x1}、C_{x2}组成；BD是全桥整流器，内部是4个高压硅二极管；C_{E1}、C_{E2}、R_{10}、VD_2～VD_4组成无源PFC电路；BP2808芯片由R_{15}、R_{16}启动电阻降压

经 R_{17}、C_3 前馈补偿，并由 VZ、C_2、R_{18} 与 BP2808 内部电路组成专利的恒流补偿电路稳压后向 BP2808 控制电路供电，系统启动后由于控制电路本身静态电流小，以及芯片内部存在从 OUT 到 VCC 的馈流二极管可向 BP2808 提供工作电源，此时电阻 R_{15}～R_{17} 上能通过的电流将大大降低，因而总的系统功耗也大大降低，系统效率得到明显提高。

专利的源极驱动电路由 MOS 管 VT、VD_6、R_g、R_1、R_{cs} 与 BP2808 内部电路组成，其显著特点是有效降低功耗，提高恒流精度。源极驱动方式的驱动电路使系统消耗电流减小，尤其是减小了传统的高压差供电通路中类似 R_{15}～R_{17} 上的电流，从而降低了功耗，提高了效率。VD_6、R_g 可使 VT 导通驱动变软，关断驱动保持较强，既改善 EMI 又尽量不牺牲效率。与 LED 光源并联的输出滤波电容 C_0，用以减少 LED 光源上的电流纹波。

BP2808 的 CS 端采集电流采样电阻 R_{s1}～R_{s3} 上的峰值电流，由内部逻辑在单周期内控制引脚 OUT 信号的脉冲占空比进行恒流控制，输出恒流与 VD_5、L_m 的续流电路合并向 LED 光源恒流供电。LED 光源阵列组合改变时，电阻 R_{s1}～R_{s3} 的阻值也要随之改变，使整个电路的输出电流满足 LED 光源阵列组合的要求。

PCB 的排列是做好产品的关键，因此 PCB 的走线要按电力电子安全规范要求来设计。本电路通用于 T10、Tg 荧光灯管。因为两管空间大小不同，两块印制电路板的宽度将不同，要降低所有需件的高度，以便放入 T10、Tg 灯管。

如果设计 AC85～264V 全电压输入，又要考虑 PFC，可将 LED 光源阵列设计成 0.06W 白光 LED12 个串联、24 串并联方案。用 BP2808 作为 LED 荧光灯电源驱动电源设计时，建议输出直流电压小于 100V，电流小于 600mA。

目前，可使用的 LED 荧光灯驱动芯片有好几种，其性能参数都有差异，现列表 6-5 供设计选型参考。从中可见，BP2808 的固定 t_{OFF} 工作模式、100％占空比、芯片工作电流仅 0.2mA、效率达 92％、恒流补偿和使用独特的源极驱动模式等特性，使其具有适用于 LED 照明灯具的明显优势。

表 6-5　LED 荧光灯驱动芯片产品性能参数比较表

产品名称	工作模式	最大占空比	输出电感量	驱动模式	芯片电流/mA	驱动电压/V	典型效率/％	恒流补偿	短路保护	EMC	MOS管温升	功率电阻
XX9910	固定 f_{SW}	0～50	大	栅极驱动	1～2	7.5	90	无	无	很难	高	NO
XX4107	固定 f_{SW}	0～50	大	栅极驱动	1～2	12	85	无	无	很难	高	YES
XX802	固定 f_{SW}	0～50	大	栅极驱动	1～2	7.5	90	无	无	很难	高	NO
XX870	固定 f_{SW}	0～50	大	栅极驱动	1～2	9.6	90	无	无	很难	高	NO
XX306	固定 f_{SW}	0～50	大	栅极驱动	1～2	7.5	85	无	有	较难	高	NO
XX9910B	固定 t_{OFF}	0～100	中	栅极驱动	1～2	7.5	90	无	无	较难	较高	NO

续表

产品名称	工作模式	最大占空比	输出电感量	驱动模式	芯片电流/mA	驱动电压/V	典型效率/%	恒流补偿	短路保护	EMC	MOS管温升	功率电阻
XX3445	固定 t_{OFF}	0～100	中	栅极驱动	1～2	12	85	无	无	较难	较高	YES
XX3910	固定 t_{OFF}	0～100	中	栅极驱动	1～2	7.1	85	无	无	较难	高	YES
BP2808	固定 t_{OFF}	0～100	小	栅极驱动	0.2	12	92	有	有	较易	低	NO
>50%次谐波振荡												

21. BP2808关键技术是什么？

恒流补偿与源极驱动两个专利应用电路使BP2808应用更显方便和更具特色。从图6-18可见，BP2808 GND与LN的内部电路与R_3、C_3、R_4、D_1、C_2组成恒流补偿的专利应用电路；BP2808 VCC、CS与OUT的内部电路与Q_1、D_6、R_g、R_1、R_{cs}组成源极驱动的专利应用电路。

图6-19所示是源极驱动控制电路原理，从中可见BP2808内部的低压开关MOS管（700mA）漏极连接到外部功率开关MOS管VT的源极，而其源极连接到采样电阻R_{CS}的一端以及第一比较器的输入端，其栅极连接到RS触发器的输出端。外部功率开关MOS管VT的漏极输出电流经储能电感直接驱动LED光源。芯片内的VD_0是馈流二极管，在BP2808启动工作后，从OUT到VCC的馈流经VD_0整流向BP2808提供工作电源。

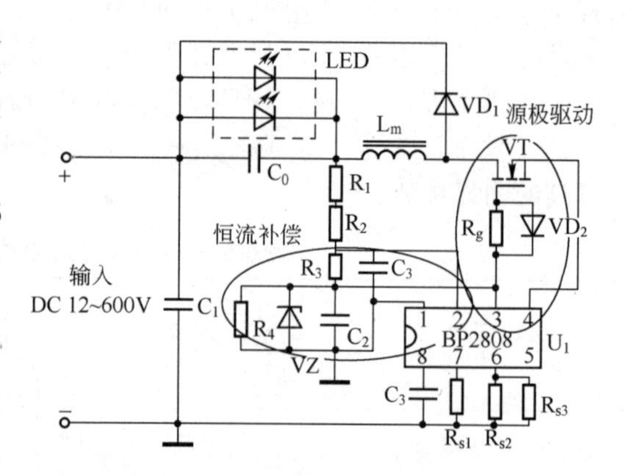

图6-18　恒流补偿与源极驱动两个专利应用电路

采用源极驱动，可以有效减少驱动电路电流消耗，降低功耗，提高效率。传统的高压差供电通路中为了将整流后的直流高压降至PWM芯片所需要的低压工作电压，采用低阻大功率电阻降压，器件发烫，自耗功率很大。

BP2808还可应用于设计隔离与非隔离的球泡灯、PAR灯、筒灯、嵌灯、庭院灯、防爆灯、洗墙灯、台灯、工作灯、TRIAC调光灯等LED光源灯具的驱动电源。非隔离的灯具设计原理可延用前述LED荧光灯应用典型方案设计思路，改变LED光源阵列的排列，可以转换成各种款式形式多样的LED灯具。针对各种LED灯具对驱动电源的不同要求，可以改变电源的输出特性设计来满足不同需求。如TRIAC调光控制就可在应用电路上增加在切相电源中提取导通角信号，并根据该信号来控制LED光源的驱动电流，以达到调光的效果。

BP2808的固定t_{OFF}工作模式、100%占空比、芯片工作电流减至0.2mA、效率达92%、恒流精度提高，使其更适用于LED照明灯具驱动电源的应用。BP2808除继承和吸收国内外同类产品的优点之外，还采用了创新的拓扑结构，芯片设计上有重大改进，性能更趋完善，特别是恒流补偿与源极驱动两个专利应用电路使BP2808应用更便捷和有效节能。

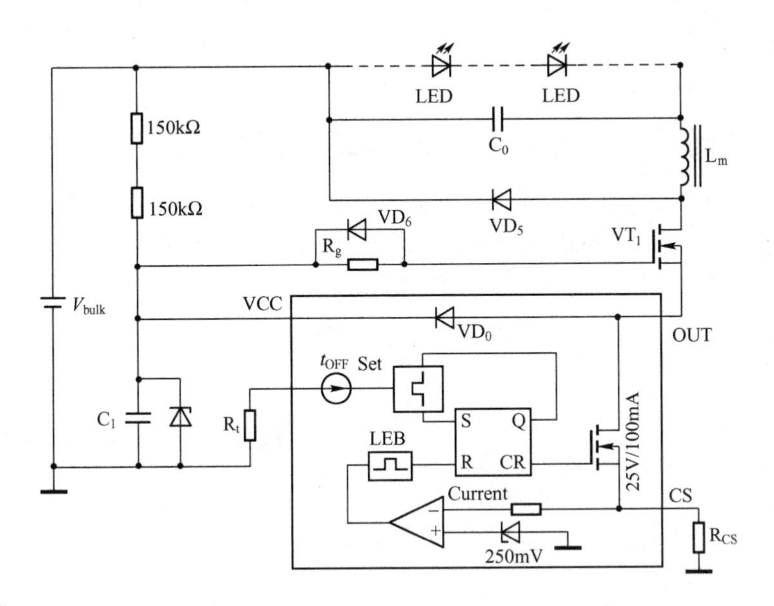

图 6-19　源极驱动控制电路原理图

22. 集中外置式 LED 荧光灯系统结构如何构成？

在办公室、商场、学校、地下停车库、地铁等场所往往不止一个荧光灯，可能在 10 个以上。这时就应采用集中式外置电源。所谓集中式是指采用一个大功率的 AC/DC 开关电源统一供电，而每个荧光灯则采用单独的 DC/DC 恒流模块，这样可以得到最高效率和最大功率因数。集中外置式 LED 荧光灯系统结构如图 6-20 所示。

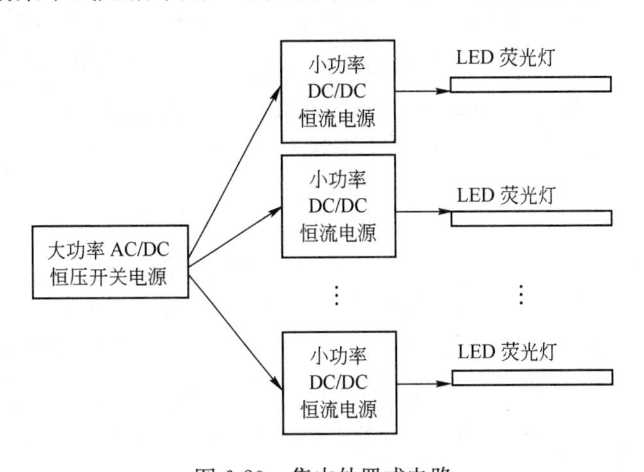

图 6-20　集中外置式电路

从图 6-20 中可见，集中开关电源部分单独构成一体，而每个 LED 荧光灯只是它负载的一部分，各个荧光灯自成体系，互不影响。

现在大功率 AC/DC 开关电源的效率很容易达到 95%，功率因数可以达到 0.955。而降压式 DC/DC 恒流源的效率也很容易达到 98%。这样，集中式电源总效率可以达到 93.1%。这时的性能可以达到最高。

以 20W LED 灯管为例，假如采用非隔离内置式电源，直接用 220V 供电与外置式集中供电的性能比较见表 6-6。

表 6-6　内置式和外置式 LED 照明性能比较

性能指标	内置式非隔离电源本身	外置式（每根灯管）
总功率/W	25.6	22.18
效率/%	78	92
功率因数	0.946	0.99

集中式供电的优点是显而易见的。而且，它还是一种隔离式电源，在灯管处没有220V高压，只有低于36V的直流低压，符合安全使用条件。

23. 集中外置式LED荧光灯调光设计如何完成？

集中外置式结构很容易实现各种调光方案，例如手动调光、光敏调光等，只要把调光控制信号判定，各个DC/DC恒流模块就能实现，其具体调光框图如图6-21和图6-22所示。在图6-21中用户改变调光控制旋钮，即改变了调光模拟电压，从而改变PWM占空比，实现调光。在图6-22中，利用光敏元件，自动感受环境光照情况，改变PWM占空比，进而改变LED亮度。

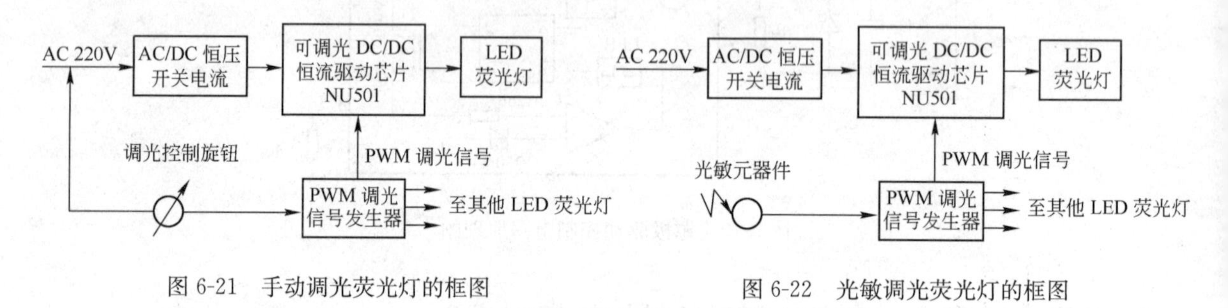

图6-21　手动调光荧光灯的框图

图6-22　光敏调光荧光灯的框图

24. NU501的功能与特点分别是什么？

NU501系列是简单的恒流组件芯片，非常容易应用在各种LED照明产品中，具有绝佳的负载与电源调变率和极小输出电流误差。NU501系列芯片能使LED电流非常稳定，甚至在大面积光源上，电源及负载波动范围大时都能让LED亮度均匀一致，并延长LED使用寿命。品种为15～60mA，每5mA分为一挡，具有应用简单、用途广、精度高等特点。

图6-23所示为NU501引脚图，其中VDD是电源正引脚，VP是电流流入引脚，VN是电流流出引脚。NU501内部结构图如图6-24（a）所示，可见NU501实际就是一个恒流源。图6-24（b）所示为NU501的伏-安特性曲线。

除了支持宽广电源范围外，NU501的引脚VDD可以充当输出使能（OE）功能使用，配合数字PWM控制电路，可达到更精准的灰阶电流控制应用。

当引脚VDD与引脚VP短接在一起时，NU501的极小工作电压特性可当作一个二极管来使用。这个功能使NU501在应用上非常容易，就像二极管一样，当二极管应用在一串LED时，即能使电流恒定。

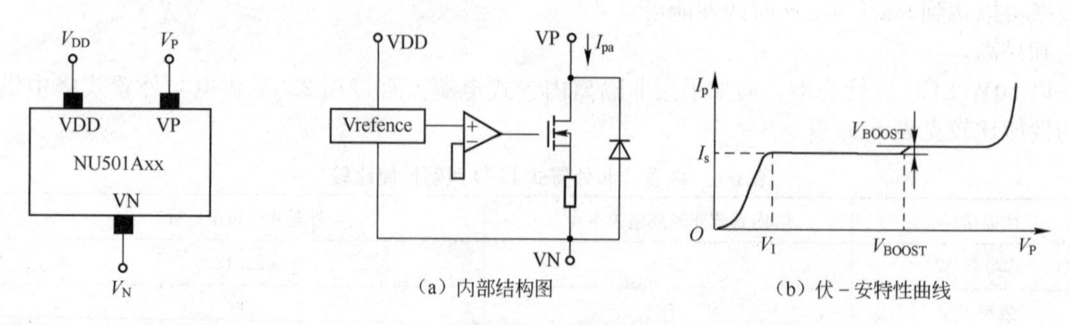

图6-23　NU501引脚图

图6-24　NU501内部结构图和伏-安特性曲线

在高压电源和低LED负载电压的应用场合，多个NU501能够串接使用来分摊多余的电压。这种独特过高电压的分摊技术，非常适合在更宽广电源电压范围的应用，而此特性是其他厂家的芯片所没有的。

5V、24V PWM照明调光应用和12V LED驱动器电路如图6-25所示。

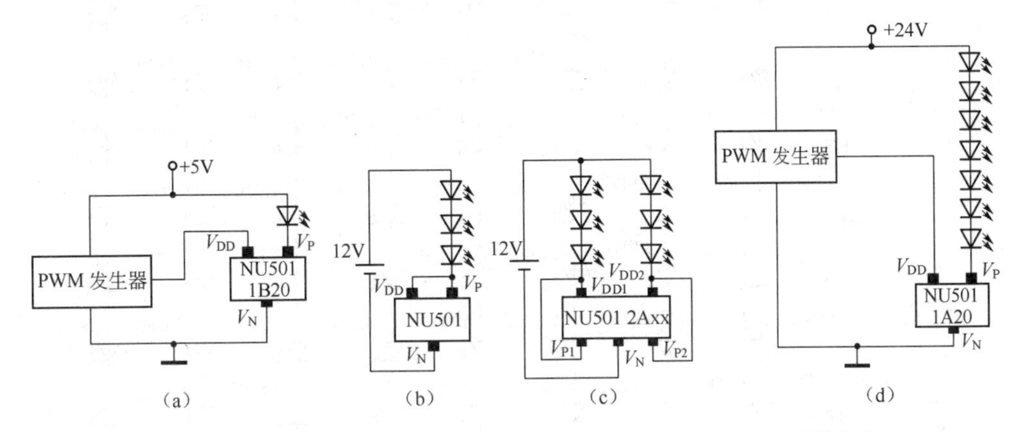

图6-25 NU501 5V、24V PWM照明调光应用和12V LED驱动器电路

NU501为线性恒流组件，在应用时需考虑功耗与散热的问题。选用组件电流越高，越需降低NU501的输出端压降，以避免NU501发出高热。降低输出端的方法如下：

① 在能维持恒流的情况下，尽量降低电源电压。

② 在能维持恒流的情况下，尽量增加恒流串联回路中LED数量。

③ 在能维持恒流的情况下，在恒流串联回路中，加上降压电阻，以减小NU501的输出端电压。

④ 在系统电源为24V以上工作环境中，建议在引脚VDD与引脚VN间并联一个0.1～10μF的电容，以增加电流的稳定性与可靠度。

25. 采用NU501设计的实际应用电路有何特点？

由于输出驱动电压选择了外置式集中供电电源，电源模块采用外置48V或36V稳压供电，若以20W市电电压驱动，输出电压为48V左右比较合适；若大于20W市电电压驱动，输出电压为36V左右最合适。另外，在每并联灯串上串联一个NU501芯片，实现每路LED灯串电源恒流（也就是路路恒流的概念）。基于串并联安全考虑负载合适的驱动电压值，应尽量统一电压值降低电源设计规格成本。

当输出电压在48V左右时，低压差线性恒流器件恒流效率高达99%，恒流精度在±3%以内，不受任何外围元器件影响；当输出电压在36V左右时，低压差线性恒流器件恒流效率高达98.6%，恒流精度在±3%以内，不受任何外围元器件影响；即使在离线式照明部分，较低的电压12V和24V，效率也分别有96%和98%。图6-26所示为36V直流稳压供电，NU501实现路路恒流电路图。

该电路特点：最高效的驱动恒流架构，最高精度的恒流方式，受外围元器件影响最小，且简洁、方便、实用。

26. 什么是LED灯杯？

LED灯杯的取名源于其形状像杯子，灯杯连着灯头、护着灯芯。灯杯采用抛物线曲面设计，主要用于聚光，能更有效地降低光损。

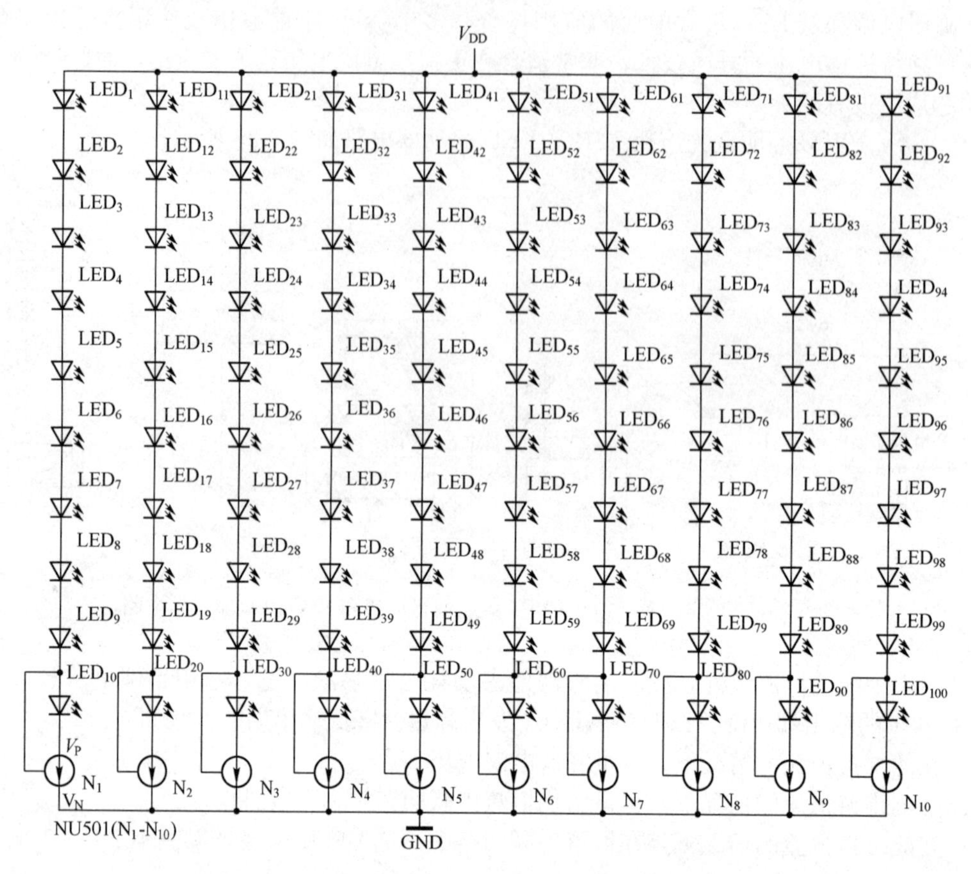

图 6-26　36V 直流稳压供电，NU501 实现路路恒流电路图

通过计算机建模模拟反光杯光源发光角度及反光罩的空间结构，追踪光线的折射轨迹，调整反光罩的曲率，以达到反光罩最佳的光强分布及灯杯对各种光束角的功能要求，大大提高了 LED 反光杯的光效，减小了散光、炫光的可能性，如图 6-27 所示。反光表面有橘皮和光面两种效果，反光效率高，不脱层，耐高温。

大功率 LED 灯杯以高亮度白光 LED 作为光源，无光污染，不含有害化学物质，无易破碎的玻璃，可以直接接 220V/110V 交流电源或 24V/12V 直流电源，也可以通过内置可编程芯片的控制产生渐变、跳度等多种效果。LED 灯杯广泛地用于商场、家庭、会议室、展柜和广告灯饰等场所，也可作为小功率的室外照明设备使用。

图 6-27　LED 灯杯的形状

小功率 LED 灯杯又称为射灯，其接口有 MR16、E27、GU10、JDRE27、JDRE14 和 MR11 等；LED 数量有 12、15、18、21 和 38 等，光源直径有 5mm、3mm，发光颜色有白色、红色、蓝色、绿色、黄色等。小功率 LED 灯杯应用示例如图 6-28 所示。

图 6-28 小功率 LED 灯杯应用示例

27. LED 灯杯的特点是什么？

LED 灯杯具有以下特点：

① 有多种颜色可供选择，如红、黄、蓝、绿、白、三色混合、七彩变化等。

② 色彩变化方式多样，灯杯与控制器配合使用，可产生三色跳变七彩同步、三色闪变同步、三色渐变七彩同步、三色渐变加跳变七彩同步等多种效果。

③ LED 数量不等，MR16 杯粒数为 6、9、12、15、16、18、20，PAR20 杯粒数为 9、12、15、16、18、20、24、38，PAR30 杯粒数为 38 以上，单色或色彩。

④ 寿命长。LED 的理论寿命长达 10 万小时，如按每天 8h 计算，理论寿命在 27 年以上。

⑤ 耗电少。LED 单体的平均功率为 0.05W，5mm LED 灯杯中的 9 粒单色杯为 0.5W，12 粒单色杯为 0.6W，15 粒单色杯为 0.8W，18 粒单色杯为 0.9W，七彩灯杯为 1W。

⑥ 发热少。单色灯杯的功率低，故发热少。

⑦ 抗震能力强。灯杯中的 LED 是一种高硬度树脂发光体而非钨丝玻璃等容易损坏光源，故抗震能力相对较强，环境温度适应力强。

⑧ 玻璃密封式设计。LED 散光变色杯以及聚光单色杯均采用透明（或磨砂）玻璃密封式设计。

⑨ 控制能力强。LED 灯杯可通过外接控制器进行各种动态程序控制，可非常广泛地应用到户外广告牌的各种动态图案设计以及边框装饰中。

⑩ 设计灵活。LED 是一种点状发光体，设计人员通过点、线、面的各种设计，可按客户要求设计出各种不同形状、不同颗粒数的光源，其设计非常灵活。

28. LED 灯杯的主要参数包括哪些？

① 光源颜色：红色、黄色、白色、绿色、蓝色以及多种颜色组合。

② 供电电压：有 220V、110V、24V、12V 四种标准可供选择。

③ 可配灯头规格：MR16、GU10、JDRE11、JDRE14。

④ 内置 LED 数目：6、9、12、15 等。

⑤ LED 角度：60°、90°、120°和 140°（散光）。

⑥ 透镜角度：30°、45°。

⑦ 亮度：白光为 1700cd/m² 以上，不同颜色的亮度不一样。

⑧ 工作温度：低于 40℃。

⑨ 控制方式：LED 恒流驱动。

⑩ 防护等级：IP43。

小功率 LED 灯杯（射杯）采用优质强化玻璃，具有体积小、安装方便、投射角度调节范围宽等优点。

29. MR16 灯杯的应用范围是什么？

MR（Multiface Reflect）就是多面反射（灯杯），后面数字表示灯杯的口径（单位是 1/8in），MR16 的口径＝16×（1/8）in＝2in＝50mm，MR16 引脚是双插接口形式。MR16 灯杯广泛应用于商场、会议厅、KTV、酒吧、专业仓储及家庭等所有装饰照明。常用的 MR16 卤素灯功耗在 10～50W 之间，输出光通量为 150～800lm，等效发光效率为 15 lm/W。卤素灯的典型寿命为 2000h。此外，卤素灯的灯丝应避免出现大幅度的振动，以免灯泡过早失效。

使用 MR16 LED 灯饰产品提供了一个更具成本效益的替代方案。比如，采用 Philips 公司的最新 LXK2-PWC4-0200 高亮度 LED 在色温（CCT）为 6500K 时，在 1A 驱动电流下最小发光量为 200 lm，该 LED 的典型正向电压 V_F＝3.65V，因此发光效率为 54.79 lm/W（1000mA/Ti＝150℃）。可以看出，当输出光通量相同时，LED 灯的功耗仅为卤素灯的 30％左右。此外，当 LED 工作结温不超过 120℃时，LED 工作 50000h 后仍保持 90％的输出光通量。

MR16 卤素灯在市场上至少有 20 亿只，大量使用卤素灯不但消耗了大量电能，而且给环境带来了诸多不利，加剧了地球温室效应产生；同时由于卤素灯的使用寿命很短，一般卤素灯的使用寿命仅为 400h 左右，因此如何合理地处置废弃卤素灯产生的垃圾又给人们带来了新的困惑。随着人们对能源与环保的更高要求，使用 MR16 LED 灯杯替代传统的 MR16 卤素灯已是迫在眉睫。如将 20 亿只卤素灯中的 25％改用 LED，则市场容量至少存在 5 亿只。因此，许多芯片公司都意识到 MR16 LED 未来市场潜力巨大，纷纷推出适合用于 MR16 LED 灯杯的驱动芯片，以满足日益蓬勃的市场需求。

30. 适用于 MR16 灯杯的主要驱动芯片有哪些？

可用作 MR16 驱动器控制芯片的品牌很多，因此可选择性较大。但如何对这些驱动芯片的性能特点了解得更多，设计的产品更具有生命力与市场竞争能力，这是许多 LED 灯饰厂及 LED 驱动器厂家设计人员不一定熟知的。在目前 LED 灯饰市场中存在着这种现象：往往是制作灯饰产品的人不懂驱动器设计，制作驱动器的人不懂灯饰产品设计，在信息交流与配合上还存在某些障碍。表 6-7 列举出了目前国内市场上可用于 MR16 驱动器芯片的主要数据。对这些驱动芯片的性能作简单分析，以使产品设计人员有比较清晰了解，设计出适合用于 MR16 LED 灯具且具有较高性价比的驱动器。

表 6-7　目前国内市场上用于 MR16 LED 驱动芯片的主要数据

序号	厂商	型号	V_{in}/V	I_o/A	FB /mV	R_{SW}/Ω	频率 /Hz	封装	效率 /%	价格 /美元
1	Addtec	AMC7150	4～40	1.5	330	NPN/1.3V	200k	TO-252	70	0.17
2	ON	NCP3065	3～40	1.5	235	NPN/1.3V	250k	SO-8	70	0.45

续表

序号	厂商	型号	V_{in}/V	I_o/A	FB/mV	R_{SW}/Ω	频率/Hz	封装	效率/%	价格/美元
3	Powtech	PT4105	5～18	0.5	200	P-MOS/0.3	500k	SO-8	80	0.16
4	Powtech	PT4115	8～30	1.2	100	N-MOS/0.6	可变	SO-8	90	0.25
5	Zetex	ZXLD1350	7～30	0.35	100	N-MOS/1.5	可变	TSOT23-5	90	0.4
6	Zetex	ZXLD1360	7～30	1.0	100	N-MOS/1.0	可变	TSOT23-5	90	0.7
7	National	LM3402	6～42	0.5	200	N-MOS/1.5	可变	MSOP-8	90	0.8
8	National	LM3402HV	6～75	0.5	200	N-MOS/1.5	可变	MSOP-8	90	1.0
9	National	LM3404	6～42	1.0	200	N-MOS/0.75	可变	SO-8	90	0.9
10	National	LM3404HV	6～75	1.0	200	N-MOS/0.75	可变	SO-8	90	1.2
11	Active	ACT111	4.5～30	1.5	100	N-MOS/0.3	1.4M	SOT23-6	90	0.23
12	AXENte	AX2003	3.6～23	3	250	N-MOS/0.14	330k	SOP-8L	90	0.3
13	KF， QX， UTC	KF5241 QX5241 UTC4170	5.5～36	外置MOSFET	220	外置MOSFET	可变	SOT23-6	90	0.25
14	Maxim	MAX16820	4.5～28	外置MOSFET	210	外置MOSFET	可变	TDFN	90	0.6
15	Princeton	PT6901	8～18	外置MOSFET	240	外置MOSFET	300k	SOP-8	90	0.3
16	Shamrock	SMD736	40	3	1230	NPN	150k	TO-220 TO-263	79	0.22
17	Feeling-tech	FP7102	3.6～25	2.0	250	P-MOS/0.07	320k	SOP-8	88	0.22
18	Feeling-tech	FP7101A	4.75～23	2.0	200	N-MOS/0.22	380k	SOP-8	90	0.25
19	Diodes	AP8801	8～48	1.0	200	N-MOS/0.65	可变	SOP-8	90	0.35
20	Mblock	MBI6651	9～36	1.0	100	N-MOS/0.45	可变	SOT23-6	92	0.25

注：表中价格仅作参考之用，实际价格与数量、交货期、付款方式等有关。

人们选择驱动芯片的依据主要是性价比，从芯片的内部开关管来分主要有内置NPN与MOSFET之分（MOSFET又有PMOSFET与NMOSFET的区别）。内置开关管的导通电阻越小，则其导通损耗就越小。对于MR16 LED驱动器来说，因其内部空间很小，因此希望芯片工作频率高一些，可以使用较小的电感与电容，同时芯片本身的封装尺寸小一些也有利于PCB排板。MR16 LED灯杯的输入电压通常是AC/DC12V，因此若采用太大的输入电压范围（如LM3402HV、LM3404HV）显然浪费资源。在综合以上因素之后当然要考虑的是芯片价格。从表6-7各芯片的性能/价格中可见，ACT111比较符合性价比优化的条件。

31. 什么是ACT111？

ACT111是使用电流型驱动模式，在4.5～30V输入电压范围内具有高效降压结构的转换器，其输出电流能力达到1.5A。ACT111设计工作在1.4MHz恒定的工作频率内，其内部包括一个PWM控制电路、一个高精度的带隙电压基准、一个振荡器和一个误差放大器；具有内部补偿功能，无需外部补偿元件，内置低导通电阻的N沟道MOSFET。利用与LED串联回路的检测电阻采样，具有高精度性。反馈电压低至0.1V，极大地提高了转换器效率，内置多种故障保护功能电路，包括电流限制、UVLO、过热保护等电路。

ACT111 适合用于驱动 1～5W 的 LED，具有非常低的反馈电压和纹波电流，只用很少的外部元器件如电感、电容和检测电阻就构成降压式 LED 驱动器，其效率能达到 92%。

32. ACT111 的主要特点是什么？

① 超过 92%的转换效率。

② DC4.5～30V 的宽输入电压范围。

③ 100mV 低反馈电压。

④ 1.5A 高输出电流能力。

⑤ PWM 或线性调光方式，调光频率可达 10kHz。

⑥ 内置过热保护功能。

⑦ 超小型 SOT23-6 封装。

33. ACT111 的主要应用场合有哪些？

主要应用场合有高亮度 LED 驱动、建筑结构照明、恒流源、手持设备照明、汽车刹车灯和转向灯、MR16 LED 灯杯驱动。

34. ACT111 的各引脚功能分别是什么？

ACT111 引脚图如图 6-29 所示。

引脚 1（SW）：内置 N 沟道功率 MOSFET 的源极输出端，外部与功率电感连接。

引脚 2（IN）：电源输入端。在该引脚对 GND 端需连接上 10μF 的瓷片电容作旁路电容，电容的放置位置尽量靠近该引脚与 GND 之间。

引脚 3（DIM）：PWM 调光信号输入端。使用 PWM 信号时其电平要高于 2V。当将该引脚接到 GND 时，芯片被禁止工作。

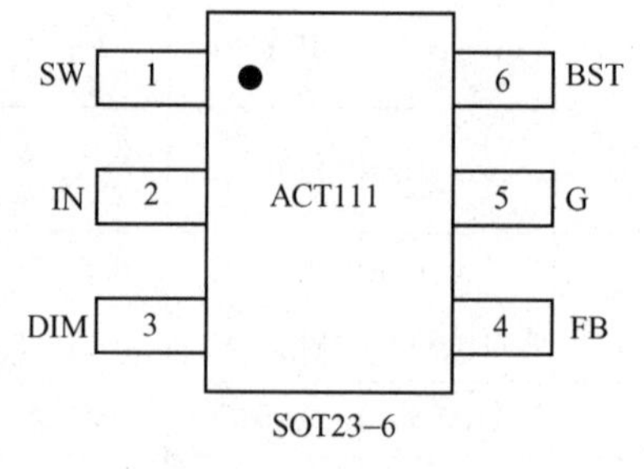

图 6-29 ACT111 引脚图

引脚 4（FB）：LED 电流反馈调节输入端。该端的反馈电压为 0.1V，LED 检测电流通过外部电阻连接到 GND 端，将检测电阻上的电压连接到该引脚。

引脚 5（G）：地。

引脚 6（BST）：自举端。该引脚给内部高边 N 沟道 MOSFET 的栅极提供驱动电压。该引脚与引脚 SW 使用一个 2.2nF 的电容。

35. ACT111 的电气参数有哪些？

ACT111 的主要电气参数见表 6-8。

表 6-8 ACT111 的主要电气参数

参数	测试条件	最小	典型	最大	单位
输入电压	—	4.5	—	30	V
V_{IN}导通电压	输入电压上升	4.2	4.35	4.4	V
V_{IN}UVLO 迟滞	—	—	250	—	mV

续表

参数	测试条件	最小	典型	最大	单位
工作电流	V_{FB}=0.2V	—	1	2	mA
开关频率	—	1.15	1.4	1.65	MHz
最大占空比	V_{FB}=0.08V	90	92	95	%
最小启动时间	—	—	75	—	ns
FB有效电压	4.75V≤V_{IN}≤20V	90	100	110	mV
FB漏电流	—	—	—	100	nA
CC电流限制	占空比为5%	1.8	2.4	3.0	A
PWM DIM频率	—	—	—	10	kHz
DIM开始电压	DIM上升	—	1.66	—	V
DIM迟滞	DIM上升	—	100	—	mV
DIM输入漏电流	—	—	—	1	μA
低边开关管导通电阻	—	—	0.3	—	Ω
高边开关管导通电阻	—	—	15	—	Ω
热关闭温度	—	—	160	—	℃
温度迟滞	—	—	10	—	℃

36. ACT111内部框图的各功能分别是什么？

图6-30所示是ACT111内部功能框图，其各部分主要功能如下。

ACT111是电流模式降压式，无需外部补偿元件，具有1.5A LED驱动电流能力。它具有4.5～30V的输入电压范围。100mV低反馈电压和一个外部电流检测电阻组成。可设定LED的工作电流在20～700mA之间，效率高达92%。

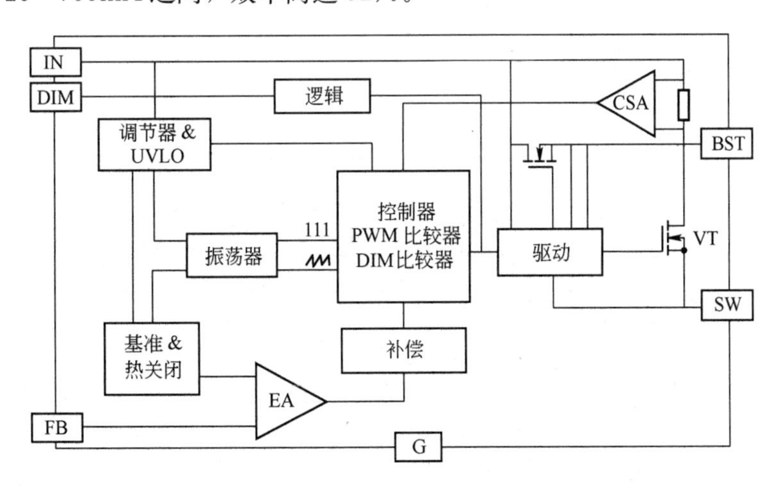

图6-30 ACT111内部功能框图

在每一个开关周期中，ACT111通过控制电感峰值电流来稳定反馈回路，因此具有良好的环路动态特性。在稳定工作期间，振荡器产生的脉冲使内部低边MOSFET打开，电流通过开关管和外部的电感线性上升。由于电流上升的电压幅度由内部误差放大器的输出端所设定，此时内部低边 MOSFET 关闭，电感电流通过外部的肖特基二极管线性下降。电感电流由内部误差放大器作连续调节。ACT111 的引脚 FB 反馈电压与内部精确的 100mV 基准电压作比较产生误差信号，因此 LED 工作电流的精度由与其串联电阻的精度来决定且其电流值是可以设定的。

LED 的调光控制可直接由引脚 DIM 来实现，调光频率范围是 0.1～10kHz。如果不在 DIM 端加 PWM 信号，ACT111 也能正常工作，因为 DIM 端正常状态为高电平。采用 DIM 端调光方式时，电路连接关系如图 6-31 所示；ACT111 也可使用模拟调光电压，电路连接关系如图 6-32 所示。

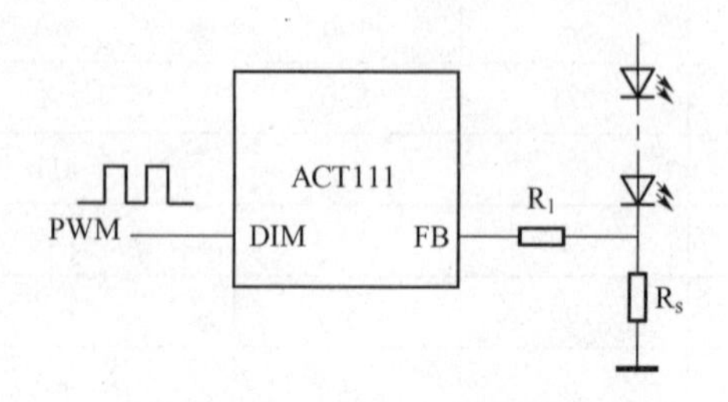

图 6-31　ACT111 PWM 调光电路

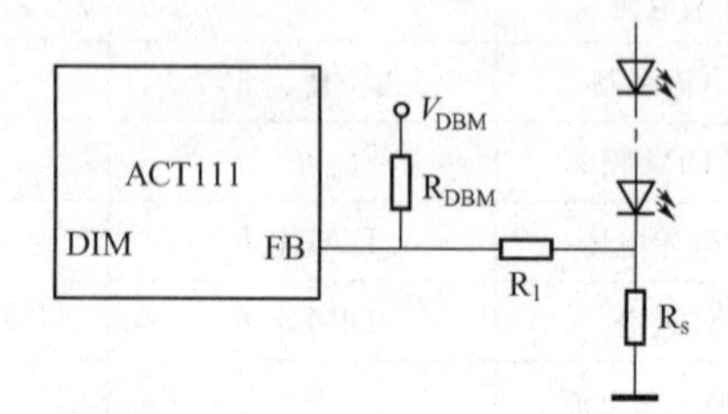

图 6-32　ACT111 模拟调光方式

采用模拟调光方式时，在模拟电压回路的串联电阻 R_{DBM} 为

$$R_{DBM}=R_1\frac{V_{DBM(max)}-V_{FB}}{V_{FB}}$$

按照上式的计算方式，表 6-9 给出不同 V_{DBM} 电压与 R_{DBM} 之间的关系。这里 V_{FB} 为 100mV，R_1 值为 30kΩ。按照表 6-9 来取值，在作模拟调光控制时，可达到良好的线性度效果。ACT111 PWM 调光效果如图 6-33 所示，可见占空比与输出电流之间呈现出良好的线性关系。

表 6-9　V_{DBM} 电压与 R_{DBM} 之间的关系

$V_{DBM(max)}$/V	R_1/kΩ	R_{DBM}/kΩ
5	30	1470
3.3	30	976
2	30	576

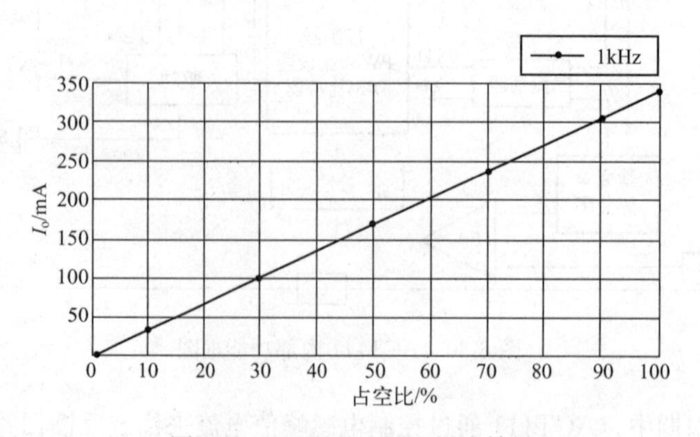

图 6-33　ACT111 PWM 调光效果

37. ACT111 的电感如何选型？

在一定条件下，人们可以设计出最适合的电感值。在连续电流模式（CCM）下，电感电流波形是三角波，其平均值等于负载电流。峰值开关电流等于输出电流加上输出电感纹波脉冲电流峰-峰值的一半，在功率级过载时其内部限制电流为 1.8A。因此，最大输出负载电流可依靠开关电流来限制电感值、输入和输出电压值。

电感峰-峰值纹波电流通常控制在输出电流的 20%～30%之间，因此可根据下式来选择电感值，即

$$L=\frac{(1-D)(V_{\mathrm{o}}+V_{\mathrm{F}})}{\Delta I_{\mathrm{L}}f}$$

式中，f 是 ACT111 1.4MHz 的开关频率；V_{o} 是输出电压；V_{F} 是肖特基二极管的正向电压降（约 0.4V）；D 是开关频率占空比。

占空比为

$$D=\frac{V_{\mathrm{o}}+V_{\mathrm{F}}}{V_{\mathrm{i}}+V_{\mathrm{F}}}$$

注意：峰值电流必须小于电流限制值。

在实际电路设计时，电感是电路中关键元件。从原理上讲电感量越大，则恒流精度越高。例如在 4.5～30V 的输入电压范围内，如果用 22μH 的电感则恒流精度可达到 2%，如果用 10μH 的电感则恒流精度下降到 3%，但到底是用 10μH 还是用 22μH 的电感要进行综合考虑。因为电感量的大小不但与体积有关，还有直流阻抗及成本有关。影响电感质量的主要因素是磁性材料，常用的磁性材料主要有镍锌和锰锌。在同样尺寸、同样电量时通常锰锌比镍锌在成本上贵 1.2～1.5 倍，在大部分应用时主要采用居里点为 240℃的镍锌磁性材料，若使用条件更高时建议采用锰锌 4000，居里点 400℃的磁性材料。磁性电感的最大缺点是很容易产生硬饱和，这种现象在设计时经常发生。一旦发生磁饱和，其结果将是灾难性的，会瞬间烧毁芯片或 LED。因此电感的饱和电流要比实际输出电流至少大 50%。一般饱和电流小的电感，其绕组铜线较细且其 Q 值也较低，这类电感在设计使用时即使不发生饱和，但其稳流特性也较差，因设法避免使用。

38. ACT111 的输入电容如何选型？

降压式调节器从电源端吸取脉冲电流，因此输入电容要求减少 ACT111 的输入电压纹波和降低脉冲电流对 EMI 的影响。输入电容的容量在额定电流下必须具有低输入阻抗（RMS），在开关频率下能有效地降低电压纹波和 EMI 干扰信号。输入电容的 RMS 值可为

$$I_{\mathrm{CIN\text{-}RMS}}=I_{\mathrm{o}}\frac{\sqrt{V_{\mathrm{o}}(V_{\mathrm{i}}-V_{\mathrm{o}})}}{V_{\mathrm{i}}}<\frac{I_{\mathrm{o}}}{2}$$

选择具有最好性能的瓷电容 X5R 或 X7R，它们具有低的 ESR 和稳定的温度特性。同样，具有低 ESR 的钽电容也是不错的选择，能提供比额定输出电流低 50%的纹波电流。在许多应用中，使用一个 10μF 的瓷电容已足够。在 ACT111 的应用中，该电容必须放置在引脚 IN 与引脚 GND 之间且保持走线短而粗。在使用钽电容时，可在钽电容两端再并联一个 0.1μF 的瓷片电容，以尽可能降低 ESR 阻抗。

39. ACT111 的输出电容如何选型？

使用一个 X5R 或 X7R 的瓷片电容是最好的选择，因为它能满足大部分的应用要求。输出电容同样满足具有低 ESR 要求，以保持输出电压具有低的纹波。输出纹波电压为

$$V_{ORIPPLE} = I_o K_{RIPPLE} ESR + \frac{I_o K_{RIPPLE}}{8fC_o}$$

式中，I_o是输出电流；K_{RIPPLE}是纹波系数（典型值是20%～30%）；ESR是输出电容的等效阻抗；f是1.4MHz的开关频率；C_o是输出电容。采用瓷片输出电容，ESR非常小且提供了小的纹波电压。在使用钽电容或电解电容时，纹波电压就是ESR和纹波电流的乘积。在本例中，应选用输出电容的ESR典型值低于50mΩ。

40. ACT111的整流二极管如何选型？

当ACT111内部的MOSFET关闭时，通过外部的肖特基二极管来构成电流通路。在稳定的工作条件下，二极管的平均电流为

$$I_{DWVG} = I_o \frac{V_i - V_o}{V_o}$$

肖特基二极管必须具有比最大输出电流更高的电流且其耐压比最高输入电压更高。

41. ACT111的电流采样电阻如何选型？

由于ACT111的引脚FB反馈电压仅为0.1V，因此在工程设计上采样电阻值为

$$R_s = \frac{0.1}{I_{LED}}$$

式中，0.1是ACT111的引脚FB电压值；I_{LED}是希望得到的输出电流值。采样电阻可选用0805或1206封装的金属膜电阻，重点是要满足精度与耗散功率值。

42. MR16 LED灯杯输出功率与外形的关系是什么？

MR16 LED灯杯具有多种输出功率与外形，输出功率主要分为1W、3W、5W等。目前在该类灯杯中输出功率大于5W的较少见，主要是从灯杯本身的散热性能来考虑的。由于原来MR16卤素灯的最大直径为50mm，因此LED灯杯在外形上为了与之兼容，以便直接取代卤素灯，LED灯杯的最大直径也定为50mm。若输出功率同为3W，在LED的使用上也有1个3W与3个1W串联的区别（也有厂家为了追求亮度，设计成4个串联的形式），所以在LED面板部分有1个透镜与3个透镜之分。图6-34所示是最常见的使用单个LED的MR16 LED灯杯外形尺寸图，图6-35所示是该类灯杯的爆炸图。若需要3个LED串联，只要改变内部的铝基板及与之配套的透镜形式，铝基板改为3个LED串联的形式，透镜则为三合一的形式。

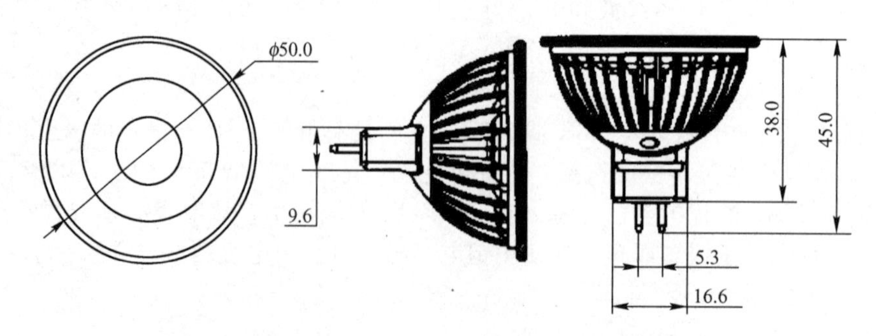

图6-34　使用单个LED的MR16 LED灯杯外形尺寸图

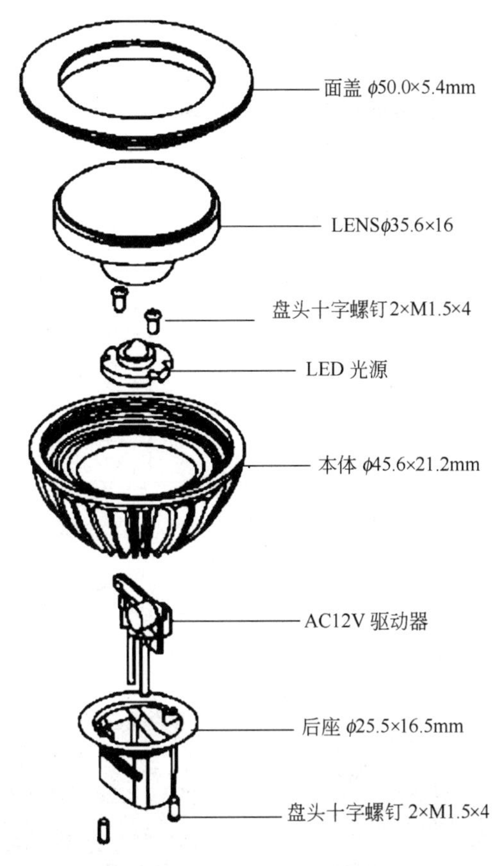

图 6-35 MR16 LED 灯杯爆炸图

43. 基于 ACT111 组成的 5W LED 驱动器的特点是什么？

在 MR16 5W LED 灯杯的参考设计中，选用 LUXEON 公司的 LXK2-PWC4-0200 5W LED 来演示 ACT111 高达 1A 的电流驱动能力。在大部分 MR16 的应用中，输入电压为 AC 12V±10%、50/60Hz。

ACT111 被专门设计用在 MR16 LED 灯的驱动应用中，采用了非常小的 6 引脚 SOT23-6 封装。ACT111 具有 4.5～30V 输入电压范围，这使得采用 ACT111 的驱动电路能提供很宽的驱动电流范围。此外，ACT111 的工作温度高达 125℃，可以在 MR16 灯具内的高温环境中安全地工作。虽然 ACT111 可以控制的输出功率为 5W，甚至更高，但是其 1.4MHz 的开关频率使驱动电路可以采用小电感和电容，这样便可以将驱动电路放置在 MR16 灯具中。

图 6-36 所示是基于 ACT111 组成的 5W MR16 LED 驱动器。图 6-37 所示是该驱动器的 PCB 图，板材为 FR-4，板厚 1.0mm。它由肖特基二极管整流桥 VD_1～VD_4、330μF/25V 滤波电容与 1μF/25V 瓷片电容 C_1 与 C_2 和降压型转换器电路组成，其中降压转换器电路包含了 LED 驱动器 ACT111、电感（L）、续流二极管（VD_6）和检流电阻（R_1）。

5W 的高亮度 LED 需要 1A 的驱动电流，因此降压型 LED 驱动电路被设计成可以提供 1A 的直流输出电流。这里采用 PWM 电流控制方法来控制降压电感电流（即 LED 电流）。ACT111 所采用的 PWM 电流控制方法使驱动电路非常简单，而且具有很高的电流控制精度，从而保证 5%的 LED 电流精度。

为保证 5W LED 在整个交流电源频率周期内正常工作，在整流输出端并联了滤波电容——限制输出电压的波纹。该电容的电容值不小于 330μF，可以选用 330μF/25V 的钽电容或电解电容。

表 6-10 是图 6-36 的 BOM。为提高 LED 的恒流精度，选择电流采样电阻时一定要注意两点：

① 电阻选 1%精度。

② 耗散功率一定要大于实际功率的 2 倍以上。

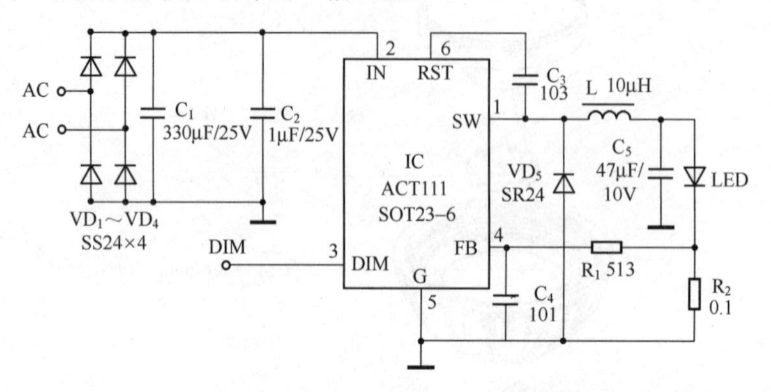

图 6-36 基于 ACT111 组成的 5W MR16 LED 驱动器电路

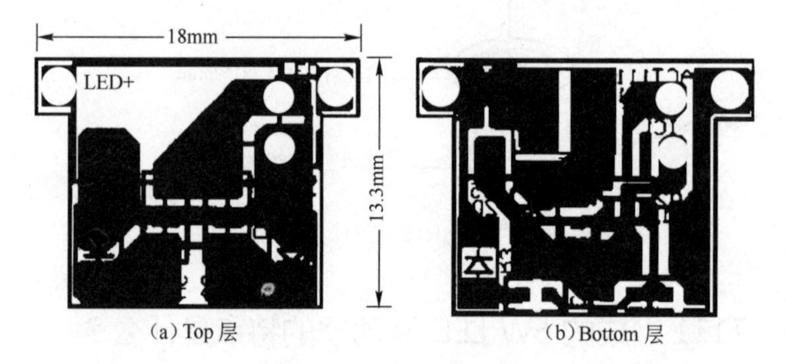

(a) Top 层　　(b) Bottom 层

图 6-37 基于 ACT111 构成的 MR16 LED 驱动器 PCB 图

表 6-10 图 6-36 基于 ACT111 组成的 MR16 LED 驱动器 BOM

元器件标号	参数	供应商
IC	IC，ACT111，SOT23-6	Active-Semi
C_1	330μF/16V，6.3mm×11mm	KSC
C_2	1μF/25V，0805	AVX
C_3	0.01μF/50V，0503	POE
C_4	100pF/25V，0603	POE
C_5	10μF/16V，1206	AVX
VD_1～VD_4	40V/1A，SS14，SMA	PANJIT
VD_5	SR24，40V/2.0A，SMB	PANJIT
R_1	30kΩ，0603，5%	TY-OHM
R_2	0.28Ω，1206，1%	TY-OHM
L	SR0604220ML，10mH，±20%	QianRu

表 6-11 是 ACT111 在 DC12V 时的效率，表 6-12 是 ACT111 在 5W 输出功率时主要元器件的温度。

表 6-11　ACT111 在 V_i＝12V、I_o＝1000mA 时的效率

LED	V_i/V	I_o/mA	V_o/V	效率/%	电流/mA
1	DC12	1000	4.25	90.04	7.2
1	AC12	1000	4.22	82.14	9.3

表 6-12　ACT111 在 V_i＝12V、I_o＝1000mA 时主要元器件的温度（T_a＝25℃）　℃

V_i/V	L	VD_5	VD_1～VD_4	IC
AC12	54	49	50	52
DC12	57	48	44	56

44. MR16 LED 驱动器与电子变压器如何结合使用？

从节能、降耗的角度考虑，因为 MR16 卤素灯的市场占有率很高，所以从使用端来看，在使用时最好拔出 MR16 卤素灯，而直接插入 MR16 LED 灯。传统卤素灯有低压的 MR16、MR11 等规格和高压的 GU10 等规格。由于安全考虑和使用习惯，市场中 80%的卤素灯为低压 MR16。LED 灯杯作为一个节能长寿命产品取代 MR16 卤素灯具有巨大的市场潜力。对消费者而言，希望买到的 LED 灯杯能直接替换 MR16 卤素灯，不需要做任何线路改装之类的工作，所以就要求 MR16 LED 灯杯能兼容传统卤素灯高频电子变压器。然而市场上几乎所有的 MR16 驱动器都无法直接用电子变压器，这也是 LED 灯杯虽市场潜力巨大，但众多厂家出货不多的原因之一。相比之下高压 GU10 反而出货稍多。总之，大功率 LED 灯杯要想打开市场，就必须解决驱动能用卤素灯高频电子变压器的问题。

（1）目前的技术难题　由于卤素灯的钨丝热惰性很大，对电压降和电压波形的变化不敏感，用电子变压器供电能正常工作；LED 是电子器件，响应速度快，有正向压降，伏-安特性呈指数曲线等特性，高频电子变压器作为 LED 输入电源会面临一些技术问题。大多数厂家的电子变压器采用间歇振荡方式进行 AC/AC 转换，输出的电压波形不是正弦波而是不连续的脉冲波形，有的还伴有寄生振荡。这种电源存在的问题：一是内阻很大；二是整流后不是平滑的直流，存在较大的 EMI。

由于传统卤素灯的特殊电器特性，所用的电子变压器是 20～50kHz 的高频电子变压器。不同于市电 50Hz 的电压，通常某些公司提供的 MR16 驱动方案只能用于 50Hz/60Hz 工频的场合。如果直接将其接到高频电子变压器，其结果要么烧毁，要么不亮，根本不能适用于 20～30kHz 高频交流电压。

由于卤素灯通常就是一只 15W 或 60W 的规格，所以这类高频电子变压器是完全按照这种特性设计的。它对负载启动有一定的要求，负载过轻不能启动，而 LED 灯杯功率一般目前为 1～6W 左右，卤素灯电子变压器功率一般为 25W、35W、50W 等，相对于 LED 负载是无法启动的。

（2）解决方案　ACT111 芯片，历经多时试验，研制开发出了能与大功率 LED 灯杯通用的解决方案，基本解决了上面两个问题。目前已测试可以适用于市面上绝大部分高频电子变压器，工作稳定，尺寸适用于大多数大功率 LED 灯杯壳体。目前已有客户在批量出货的规格有 1×1W、1×3W、3×1W、3×3W。

输入侧整流桥一定要选用肖特基二极管。控制芯片的工作电压要足够低，输入电容的电容量要足够大。最好选用瓷电容或钽电容，钽电容的耐压要大于20V。若选用电解电容，一定要用低*ESR*且耐温为105℃的电容，在输入电容上要并联0.1μF的瓷片电容。PCB Layout时要保持功率回路面积最小化。

（3）使用电子变压器驱动LED灯具可能存在的问题

① LED灯具产生闪烁现象。原因是大部分电子变压器采用自激振荡电路，当LED灯具负载太小时，使自激振荡电路耦合能量不足，而产生间隙振荡，使输出电压不稳而闪烁。

② 电子变压器发烫而烧毁。原因是通常在电子变压器的输入侧没有储能电容且原卤素灯为纯阻性负载，而在LED驱动器输入端一般均存在储能电容，因此电子变压器的工作状态由纯阻性向容性发生变化，引起开关管过热而烧毁。

③ LED灯光闪烁。原因是驱动器输入端储能电容量不够，控制芯片的关闭电压太高。

（4）产生的EMI解决方式　市场上在大量使用的MR16卤素灯电子变压器大部分能满足EMI的要求，若与LED驱动器配合使用，可能会使原系统产生新的EMI干扰问题。为此一方面要加强LED驱动器在EMI方面的处理工作，另一方面可在电子变压器交流输入端之前再加上LC滤波系统。只有两者结合起来，方能找到比较好的对策；不然，如只在LED驱动器本身上很难彻底解决此问题，因为MR16 LED驱动器的内部空间实在有限，要放入更多的元器件几乎不可能，最多能在输入端加入简单的π形滤波电路或在输出端加共模电感。

（5）MR16 LED 5W配电子变压器测试数据　表6-13是ACT111配电子变压器测试数据。

表6-13　ACT111配电子变压器测试数据（LED为单个5W）

型号	V_{IN}/V	P_{IN}/W	*PF*	V_{OUT}/V	I_{OUT}/mA	效率/%
YMET5DC 20～50W	210	5.15	0.789	3.641	820	57.97
	220	5.65	0.786	3.73	884	58.36
	230	5.94	0.79	3.749	909	57.37
ZCT-10 20W	210	5.6	0.45	3.792	914	61.89
	220	5.93	0.36	3.773	913	58.09
	230	5.2	0.45	3.766	914	66.19
XBYETB-C 50W	210	4.61	0.776	3.56	748	57.76
	220	5.01	0.772	3.638	800	58.09
	230	5.43	0.769	3.713	859	58.74
KS 50W	100	5.34	0.663	3.80	919	65.4
	110	5.2	0.659	3.781	918	66.75
	120	5.06	0.716	3.775	919	68.56
HZC50 50W	210	5.02	0.756	3.623	820	59.18
	220	5.45	0.750	3.701	878	59.62
	230	5.6	0.746	3.726	897	59.68

注：1. 效率是指电子变压器＋ACT111转换后的总效率。
2. 测试数据为使用同一个LED驱动器与同一个LED。

（6）与HZC50（50W）电子变压器配合LED输出电压、电流波形　图6-38～图6-40所示是ACT111与HZC50（50W）电子变压器配合使用在输入电压为AC210V、AC220V与

AC230V时LED电压、电流波形。由于电子变压器的输出端是直接通过变压器绕组耦合输出的且电路本身没有反馈回路，因此输入电压的变化必然会引起输出电压的波动。从图6-38～图6-40中可以明显发现，输入电压在AC230V时LED电压、电流波形很平稳；而输入电压为AC210V时，LED电压、电流存在明显的断续状态。因此为了保持LED具有良好的工作状态，希望LED驱动器在桥式整流后的电容量足够大，以能维持当输入电压下降时引起LED电流出现断续状态，从而避免使用电子变压器可能存在的LED灯光闪烁现象。

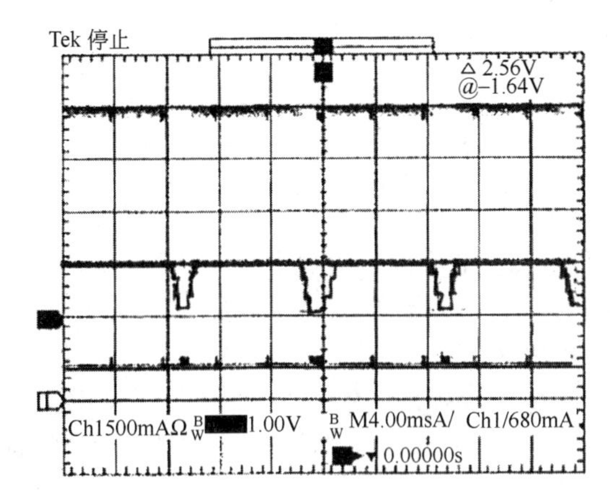

图6-38 ACT111与HZC50（50W）电子变压器配合使用，在AC210V时LED电压、电流波形

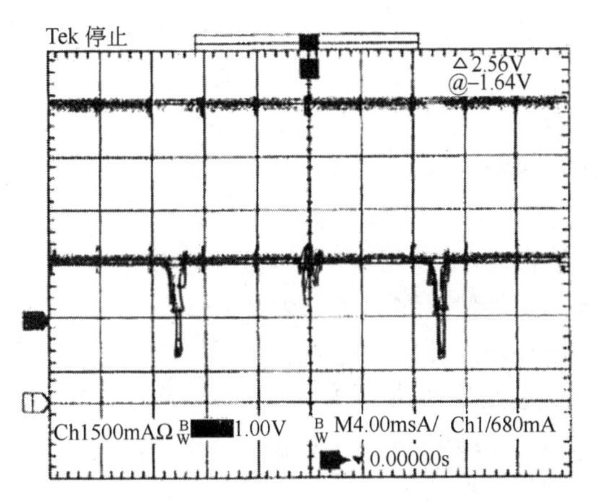

图6-39 ACT111与HZC50（50W）电子变压器配合使用，在AC220V时LED电压、电流波形

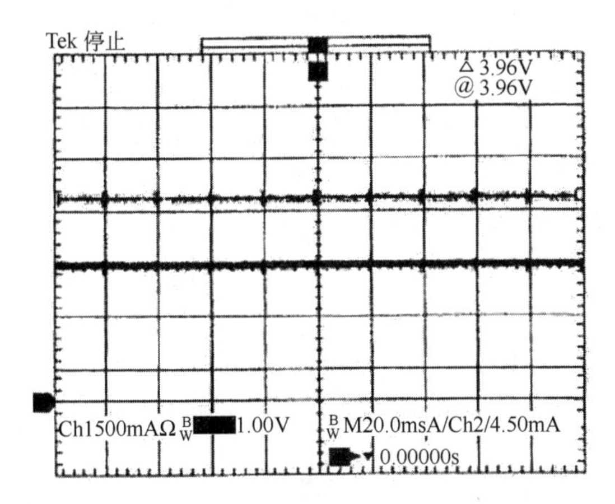

图6-40 ACT111与HZC50（50W）电子变压器配合使用，在AC230V时LED电压、电流波形

45. ACT111如何应用在降压-升压电路模式？

在MR16射灯中有一种应用场合是比较难处理的，即输入电压在6～12V之间变化，而输出需带三个或三个以上的LED灯。当然，三个LED灯有串联与并联的方式。对于串联，若按每个LED的V_F=3.5V，则总的V_F=3×3.5V=10.5V，若此时输入电压正好处于6V，而ACT111原有的电路拓扑为降压式，那么显然不能带动三个串联的LED工作。若三个LED采用并联的工作模式，由于每个LED之间存在着V_F的差异，为了兼顾三个LED之间工作电流的平衡性与发光强度的一致性，在三个LED之间需要加入电流平衡电路。对于MR16 LED射灯，从空间和成本的角度考虑显然是不能接受的，因此所采用的电路拓扑最好具有降压、升压的功能。图6-41所示是将ACT111应用在降压-升压的电路模式。

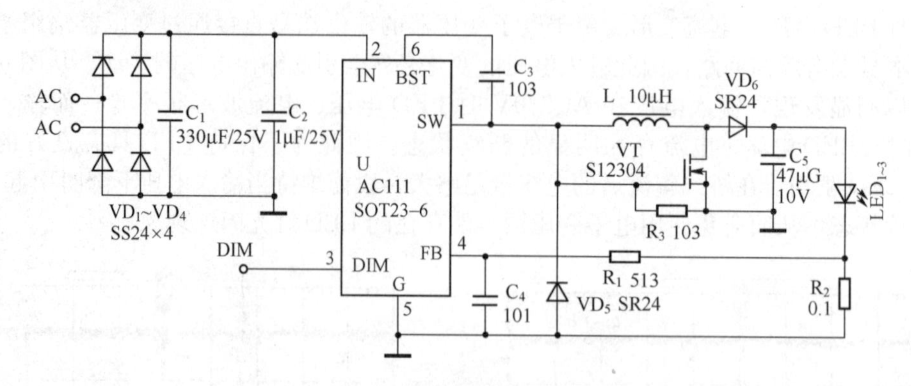

图 6-41 ACT111 应用在降压-升压的电路模式

图 6-41 与图 6-36 相比，增加了 VT、R_3、VD_6 三个元器件。电路的简单工作原理为：ACT111 的引脚 SW 与内部开关管组成降压电路，VT、L、VD_6 组成升压电路，当输入电压小于输出电压时，电路进入升压工作模式以满足输出电压的要求；当输入电压大于输出电压时，电路自动进入降压工作模式，同样能满足输出电压的需求。恒流电流仍由 R_2、R_1 及 ACT111 的引脚 FB 执行。采用降压-升压工作模式后，唯一的缺点是整体转换效率比原有的降压电路稍低，而且因增加了三个元件，在 PCB 排板时要合理布局。表 6-14 是采用降压-升压电路模式效率测试数据。

表 6-14 ACT111 降压-升压模式效率

V_{IN}/V	LED 数量	效率/%
DC12	4	86
AC12	4	77

46. LED 驱动器如何提高效率？

由于留给 MR16 LED 驱动器的空间很小，因此限制了输入整流桥（肖特基）的电容容量和电感尺寸，特别要满足降压-升压模式时其转换效率下降明显。由表 6-10、表 6-13 可见，同样在 DC12V 输入电压时，效率分别是 90.04%和 86%，要补偿约 4%的效率损失可采用 MOSFET 整流的电路结构。图 6-42 就是 ACT111 输入侧采用 MOSFET 整流原理图。

输入侧 MOSFET 整流有两种电路结构，一种是图 6-42 所示的整流桥臂上采用两只 N 沟道 MOSFET（VT_1、VT_2）与两只肖特基二极管（VD_1、VD_2）组成，另一种则是采用四只 MOSFET，上面两只（VD_1、VD_2）采用 P 沟道 MOSFET，下面两只（VD_3、VD_4）采用 N 沟道 MOSFET。从实际应用与测量结果来看，采用图 6-42 的电路有较高的性价比，因为若 VD_1、VD_2 采用 P 沟道 MOSFET 与采用肖特基二极管在转换效率上贡献有限，但成本上升不少。同时由于输入回路都是 MOSFET，因此在驱动 MOSFET 时显得比较麻烦，参数选择稍有不合理，很容易烧毁 MOSFET。

输入侧 MOSFET 整流工作原理为：由图 6-42 可见，若输入为 50Hz/AC12V 时，假设输入上端为+时，则输入电压经 VD_1→C_1（负载）→VT_2 源极（S）→VT_2 漏极（D）→输入电压的另一端构成 MOSFET 整流回路；若输入下端为+时，则输入电压经 VD_2→C_1（负载）→VT_1 源极（S）→VT_1 漏极（D）→输入电压的另一端构成 MOSFET 整流回路，MOSFET（VT_1、VT_2）的驱动电压直接取自输入电压。若输入端采用 DC12V 电压时，不管哪端为正电压，VT_1 或 VT_2 的栅极（G）均具有导通的可能，到底是 VT_1 导通还是 VT_2 导通，取决于输入电压的极性，这样同样可以完成 MOSFET 整流的作用。

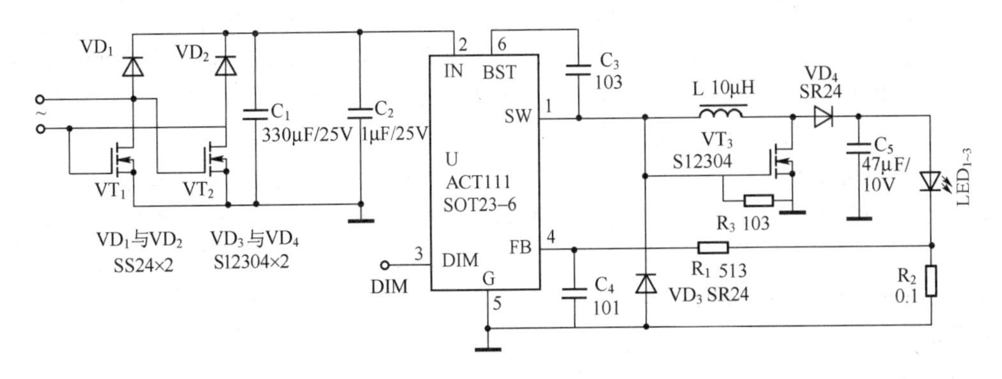

图 6-42 ACT111 输入侧采用 MOSFET 整流原理图

MR16 的输入电压一般为 AC12V 或 DC12V，MOSFET 整流通常采用低压 MOSFET，其栅极驱动电压通常为 4.5V 左右。对于 ACT111 控制芯片，其输入电压为 4.5V，因此在同样的输入电压与负载条件下，可明显发现输出提早了（即 LED 的点亮输入电压点提前）。若输入电压大于 12V，则为了保证 MOSFET 栅-源极的安全，可在栅-源极并联 10kΩ 电阻与 10V 的稳压二极管。

输入侧采用 MOSFET 整流技术，在同样的输入电压与负载条件下，整体转换效率可提升 3%～5%，缺点是成本略有上升。这种电路结构在比较高端的客户中很受欢迎。

47. ACT111 PCB 设计应注意哪些事项？

为了达到更好的性能，在 ACT111 工作时存在高频电流，因此 PCB 设计中最优化的元器件排列是非常重要的，下面推荐一种可行的 PCB 排板方式：

① 输入电容一定要放置在引脚 IN 与地之间。

② 续流电感与续流二极管设置在引脚 SW 附近能减少在该引脚上产生的振荡现象；电流检测电阻要靠近引脚 FB，若该电阻离引脚 FB 较远，则会引起在引脚 FB 的反馈电压失真，从而在同样的电流检测电阻下，使输出电流下降。

③ 将连接高频电流回路的面积最小化。

④ 输入电容的地、输出滤波器的地与 ACT111 的地可按星形连接方式设置。为了保证两个功率回路的正常工作，一个回路是：高频电流输入电容→SW 端→内部 MOSFET→电感→LED 串→电流检测电阻→地；另一个回路是：通过续流电感→LED 串→电流检测电阻→地→续流二极管。保持这些回路的面积最小化，将可能存在的噪声抑制到最小。

⑤ 引脚 SW 是将引脚 VIN 到地作开关切换，因此该点的噪声干扰最大。为了具有好的 EMI 特性和工作在低噪声状态，必须将此点远离其他静点电路区域。

48. MR16 LED 驱动器设计难点是什么？

MR16 LED 驱动器设计难点主要在于以下几个方面。

（1）所设计的 LED 驱动器恒流精度问题　目前用于 MR16 LED 的控制芯片主要分为两类，一类是 PWM 控制方式，如 ACT111、PT4105、AMC7150、NCP3065 等；另一类是迟滞控制方式，如 PT4115、LM3404、ZXLD1350、ZXLD1360 等。PWM 控制方式的恒流精度比迟滞控制方式高，但是电路结构稍复杂，元器件数量稍多，可根据底座空间作合理取舍。

（2）LED 驱动器的转换效率问题　转换效率与控制芯片的开关频率、内部开关管的导通电阻、续流电感的DCR值等密切相关。目前内置NPN开关的控制芯片基本不再适合MR16 LED驱动器，因为现在该类驱动器的输出功率越来越大。输出功率越大，在开关管上的功耗就越大，因此严重地阻碍了整个转换器效率提升。如果采用NPN开关管的电路的工作频率较低，在同样输出功率下，其要求的电感值与滤波电容值也大，同样影响了转换器效率的提升。此外，大尺寸的电感可能会在PCB排板时造成困难。

（3）LED驱动器的成本问题　任何电子产品在面市初期，可能具有比较丰厚的利润，而一旦进入正常生产流程，其利润空间存在大幅度下降的可能。因此对于MR16 LED驱动器来讲，其输入电压一般仅为AC12V或DC12V，所以控制芯片的工作电压范围不宜选得过宽。由于控制芯片的工作电压范围越宽，则其成本越高且控制芯片占整个驱动器的比例较高，因此要作出合理选择。

49. E27/GU10 LED射灯的特点是什么？

GU10、E27表示灯接口形状。E27是螺旋接口，其螺旋直径为27mm。GU中G表示灯头灯型是插入式，U表示灯头部分呈现U形；GU后面的数字10表示灯脚孔中心距（单位是mm）。

E27/GU10是LED射灯类产品中另一种产量比较大的产品。其主要特点是输入端直接连接到交流高压上，因此具有使用灵活、方便，可直接替换原有的白炽灯。该款LED功率射灯是采用功率为3W的单个超高亮度LED为发光源。使用恒流技术，提供稳定的输出电流，减小光衰，保证LED使用寿命。有红、绿、蓝、暖白、正白五种颜色可供客户选择。该款LED功率射灯的工作电压是AC100～240V，采用高档的铝合金外壳可加速散热，亚克力光学透镜的照射角度范围为15°～60°，可形成光柱状聚焦效果。在通常情况下，寿命为30000～50000 h；环境温度应用范围达－40～70℃，在规定的环境温度范围内，灯度、颜色等方面都能达到最好的效果；安装简单方便，客户可根据需要进行各种安装，适用于精品展示橱窗、咖啡厅、餐饮酒吧等室内情调装饰灯光渲染照明，照画展示、艺术品展示、博物馆古文物等局部特写照明，特别适用于视觉质感强的首饰珠宝、时装展示和手机、笔记本电脑专卖柜展示照明。图6-43所示是E27 3W LED射灯的外形与尺寸，图6-44所示是该射灯的结构图。在实际生产该类灯具时一定要注意LED驱动电源与灯体间的绝缘处理，不要因绝缘没处理好，而使灯体带电发生人身触电危险的事件。

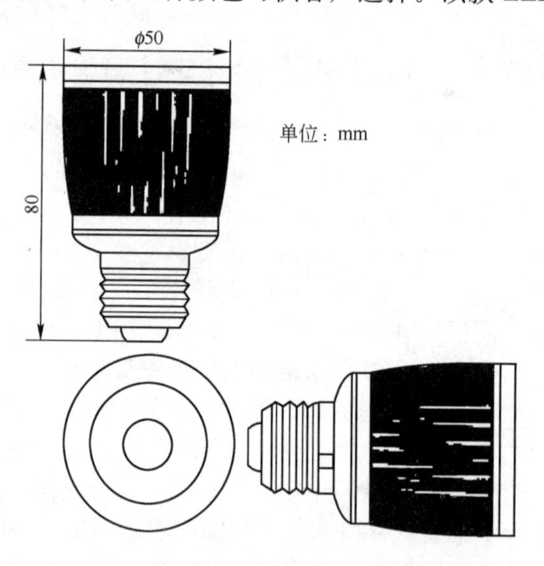

图6-43　E27 3W LED射灯的外形与尺寸

50. E27/GU10 LED射灯驱动电源主要技术参数有哪些？

① 输入电压为AC100～240V/47～63Hz。

② 输入电流：在AC100V时为40A（MAX），在AC240V时为30mA（MAX）。

③ 输出电压为DC5V MAX（空载）。

④ 负载电流为700mA。

⑤ 高压测试。

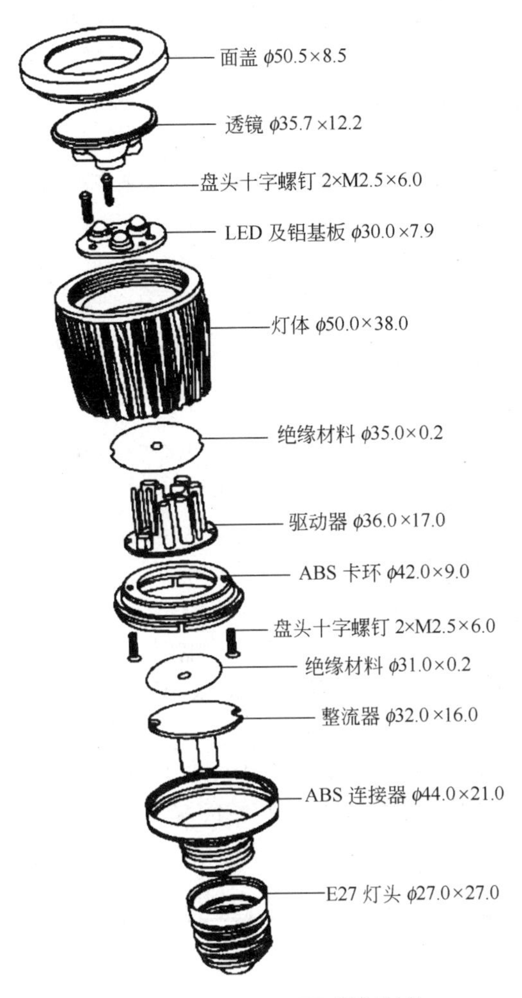

图 6-44　E27 3W LED 射灯结构

输入与输出之间：电压为 AC300V 或 DC4240V，漏电流为 50mA，时间为 1min。

输入与地之间：电压为 AC300V 或 DC4240V，漏电流为 5mA，时间为 1min。

⑥ 安全标准。符合 UL/CE/CCC/CSA（IEC 60598）。

⑦ EMC 符合 FCCpart 15B/EN55015。

⑧ 工作环境温度为 0～40℃。

51. E27/GU10 LED 射灯驱动电源控制方式如何选择？

对于 E27 或 GU10 类射灯，一般其输出功率并不大，一般均小于 5W。因此能满足此类功率的 AC/DC 控制芯片可选择种类较多，如安森美公司的 NCP1014，ST 公司的 VIPer12、VIPer17 系列，PowerINT 公司的 TNY 系列等。此外，还有一类一次侧控制（PSR）芯片，如 Active-Semi 的 ACT35X 系列、PowerINT 公司的 LNK60X 系列、ON-Bright 公司的 OB2211 系列、iWATT 公司的 Iw169TX 系列等，但此类 LED 射灯有一个共同特点，就是留给驱动电源的空间十分有限。对于驱动电源，不但要满足额定的输出功率，满足一、二次侧之间的安全距离要求，还要满足电流控制精度的要求。采用 PSR 控制方式，在一次侧直接控制输出电压与电流，可以省去诸如光电耦合器、TL431 等器件；但其电流控制精度往往不够高，一般只能达到 8%～15%，这样的恒流精度一般不能被 LED 灯饰所接受，对于充电器则是比较适合的。因此综合考虑性能、价格及恒流精度，本案选择比较成熟的 NCP1014 单片集成控制器。另外，为了满足恒流精度的要求，二次电路采用放大器的形式。

52. NCP1014 的性能特点是什么？

NCP1014 单片开关电源芯片能满足 AC 85～265V 宽电压输入范围和输出功率在 10W 以内的小功率开关电源设计。NCP1014 的性能特点主要有：

① 能以最少数量的外围元器件构成隔离式、节能型开关电源。与传统的低频线性电源解决方案相比，不仅能达到更好的电压调整率和负载调整率，而且可提高整个电源的转换效率。

② 采用了动态自供电技术。电源功率小于 5W 时，可省去辅助电源绕组，简化了电源高频开关变压器的设计。利用频率抖动技术能将 EMI 降低至最少，还能减小 EMI 滤波器的器件和功耗。

③ 内置 700V 高压 MOS 功率开关管，能适用在 AC 85～265V 宽电压输入范围工作的开关电源。根据需要，电源可设计在 CCM 和 DCM 两种模式下工作。

④ 超低功耗。如果 NCP1014 采用外部偏置电路供电时，开关电源空载时能在低峰值电流的频率跳变模式下无噪声工作，整机的功耗小于 100mW。

⑤ 电流模式控制每个开关周期功率开关管的峰值电流，使开关电源具有良好的动态负载响应速度。NCP1014 内部同时自带有 1ms 的软启动电路，可保证开关电源在开机时内部无电流、电压过冲现象。固定的工作频率有 65kHz、100kHz、130kHz 三种可供选择，可根据电源体积灵活选择不同的开关变压器体积。

⑥ 保护功能完善。反馈光耦可直接与 NCP1014 反馈脚连接，无需复杂的外围电路。芯片内部有短路后自动重启动的保护电路、开环故障检测及过电压锁定保护电路、限流保护电路和具有滞后特性的过热保护电路。

53. 由 NCP1014 构成的 LED 控制器的结构是什么？

由 NCP1014 构成的 3W 隔离式 LED 控制器开关电源，其电路采用常见的反激式拓扑结构，如图 6-45 所示。从灯体结构与驱动器电路分布考虑，在 PCB 设计时采用两块 PCB，图 6-46所示的左边 PCB 主要包括输入整流滤波电路与 EMI 抑制电路，图 6-46 所示的右边 PCB 主要包括 DC/DC 转换电路，输出整流滤波电路与输出恒压/恒流反馈控制电路（类似这种设计若灯体的散热条件允许，将输出功率推升至 6W，电路工作状态都很安全）。图 6-45 中 FU 为熔丝，VD_1～VD_4 为输入级整流管；L、C_1、C_2 组成 JI 形滤波电路，构成输入级 EMI 差模控制电路。VD_5、C_3 和 R_1、R_2 分别为吸收电路超快恢复二极管、高压陶瓷电容和功率电阻。T 为 EE-13 铁芯体磁芯（选用 PC40 材质）高频功率开关变压器。U_1 为 NCP1014 单片开关电源芯片，由于 PCB 空间有限，因此 U_1 的 VCC 电源直接由芯片内部供电，只用电解电容 C_5 作 VCC 端的滤波电容，以滤除高频分量。VD_6、C_6 构成输出整流、滤波电路；U_4、VD_7、R_5 组成输出电压反馈高压隔离电路；U_4、U_2、U_3、R_3、R_5、R_7、R_8 组成恒流控制电路。U_2（LM358）的工作电压直接取自输出端；C_7 是 IC_2 的高频旁路电容以滤除输出电压中可能存在的高频干扰信号，保证 IC_2 的正常工作。U_3（TL431）在电路中作 2.5V 的精密稳压基准之用。R_8 是 U_2 反相端（引脚 2）与输出端（引脚 1）之间的负反馈元件。调整理 C_8 的容量，可改变放大器的增益，以使放大器电路工作在稳定状态。C_9 为安规电容，如果变压器设计合理，对类似小功率开关电源完全可不用 Y 电容。

（1）恒压工作回路　若输出端没连接上 LED 时，输出电压经 VD_7 稳压、R_5 限流，给光电耦合器 U_4 的发光二极管提供工作电流，二次光敏管导通，控制输出电压稳定在设定值。恒压输出电压为 $V_{OUT}=V_{VLE}+V_{U4LED}$。这里，$V_{VLE}$是稳压二极管的实际稳压值，可根据电路需要来决

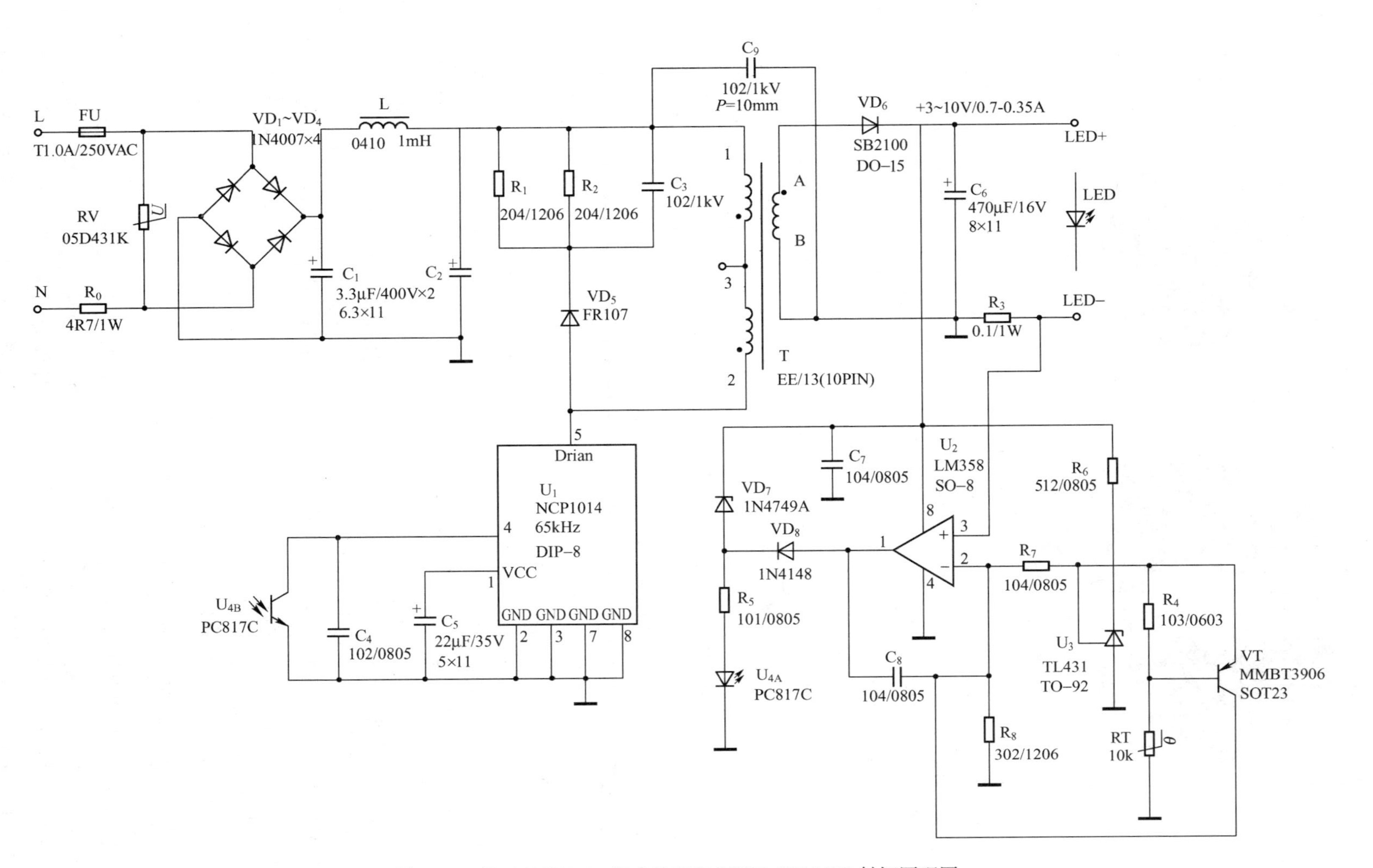

图 6-45　基于 NCP1014 组成的 E27/GU10 3W LED 射灯原理图

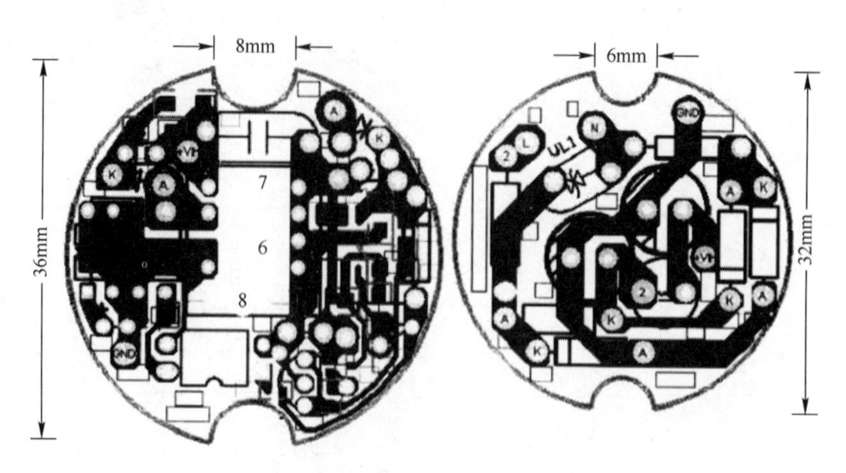

图 6-46　PCB 图

定（如空载输出电压希望为 12V，则稳压二极管可取 11V）。V_{U4LED}是光电耦合器内部 LED 的电压降，一般取 1.1～1.2V；光电耦合器工作电流按经验一般设定在 3～5mA。若工作电流设定太小，则可能不能灵敏地调节输出电压，动态响应慢；若工作电流设定太大，则增加了功耗。

（2）恒流工作回路　当输出端连接上负载 LED 时，输出电压经 LED 正极（＋）→LED 负极（－）→R_3（输出电流采样电阻）→变压器 B→变压器 A→VD_6（输出端整流肖特基二极管）构成回路。输出电流在 R_3 上产生电压降，输出电流越大，在 R_3 上的电压降就越高，其电压极性为右正左负，该电压直接加到 U_2 的同相输入端（引脚 2），而 U_2 的反相输入端（引脚 2）的电压则由 R_7、R_8 分压设定。基准电压由 U_3 组成的精密基准提供。当 R_3 上电压大于 U_2 引脚 2 的设电压时，U_2 引脚 1 输出高电平，通过 VD_8、R_5 与 U_4 构成控制回路，使输出电流工作在希望的数值上。为了降低输出电流在 R_3 上的功耗，一般将 U_2 的引脚 2 电压设定在 0.1V 左右。若将该电压设定得过低，虽能进一步降低 R_3 电阻值，但可能会受到电路中杂信干扰，从而引起 U_2 工作状态的不稳定，因此要注意合理取舍。电阻 R_3、R_7、R_8 与 U_3 的精度直接影响输出电流的控制精度，因此这些元器件要选高精密度的，一般这些电阻取 1%精度的。

（3）输出电流过热保护电路　LED 是电流型器件，其 V_F 与温度的关系为－2mV/℃。对于 E27/GU10 类射灯来讲，其散热表面积比较小，因此在实际工作时表面温度一般在 50～60℃；而 LED 在散热体的内部，因此其结温更高，可能要达到 80～120℃，过高的 LED 结温不但会使 LED 光效严重下降，而且给长期安全使用与寿命带来了极大的威胁。因此为保证 LED 与射灯长期可靠工作，最好加入过热保护电路。R_4、KT、VT 组成输出电流过热保护电路。RT 采用负温度系数热敏电阻，将 RT 沾在灯体的散热部位，若 LED 射灯的温度小于设定值时，R_4、RT 保持平衡，因此 VT 截止；当灯体的温度高于设定值时，RT 的电阻值迅速下降，使 VT 的基极电位下降而导通，VT 的集电极向 U_2 的反相端注入正电平。该正电平与原由 R_7、R_8 设定的负电平叠加，使反相端与同相端的电平绝对值变低，从而降低了输出端的电平，使输出回路的电流下降，达到过热时降低 LED 工作电流的目的，保证了 LED 射灯长期可靠工作。

54. E27/GU10 的变压器结构是什么？

在开关电源中控制芯片可以比作电源大脑，而变压器则可比作电源的心脏。人心脏不好，就会带来诸多身体不适，变压器设计不合理同样会影响开关电源的效率、EMI 等参数。对于 E27/GU10 驱动器，其变压器窗口面积更小，因此变压器设计显得尤为重要。特别是 EMI 的辐射指标，在实际制作中更加难以处理，因为既要考虑效率，又要顾及安规与 EMI。而变压器可利用的窗口面积十分有限。图 6-47 所示的 E27/GU10 变压器绕组结构是经过多次测试比较而得到的优化方式，可供读者在设计制作该类驱动器时参考。

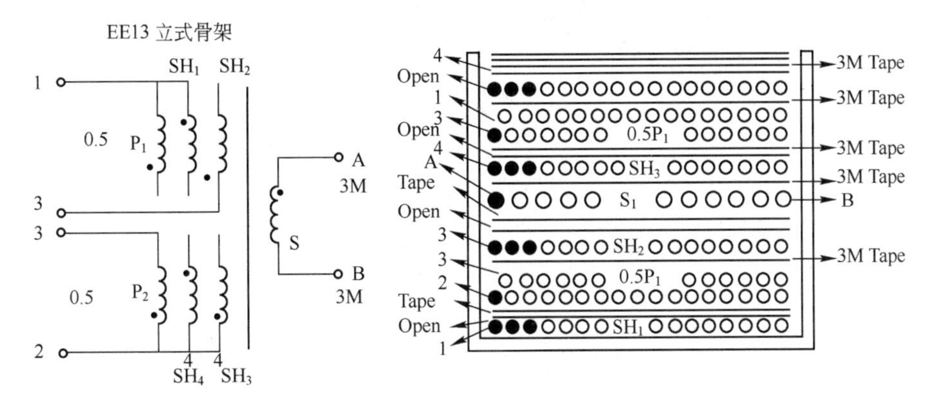

图 6-47 E27/GU10 变压器绕组结构

一次绕组改用“三明治”绕法，将二次绕组包裹在一次绕组之中，再用四层屏蔽层将整个一、二次绕组完全隔开，才能通过辐射的测试。这种变压器绕组结构显得比较复杂，但是因为在输入、输出端无法加入共模电感，实在是不得已而为之。表 6-15 是 E27/GU10 变压器的具体绕制方式。

表 6-15 E27/GU10 变压器绕组方式

绕组	接线端		匝数	导线与层数			隔离要求	
	头	尾		胶带	线径×数量	层	厚度/宽度	层
SH_1	1	开路	32	2UEW	ϕ0.12×3	1	25μm/7.4mm	1
$0.5P_1$	2	3	70	2UEW	ϕ0.15×1	2	25μm/7.4mm	2
SH_2	开路	1	32	2UEW	ϕ0.12×3	1	25μm/7.4mm	2
S	A	B	12	TEX-E	ϕ0.25×1	1	25μm/7.4mm	2
SH_3	4	开路	32	2UEW	ϕ0.12×3	1	25μm/7.4mm	1
$0.5P_2$	3	1	70	2UEW	ϕ0.15×1	2	25μm/7.4mm	2
SH_4	开路	4		2UEW	ϕ0.12×3	1	25μm/7.4mm	1

注：变压器一次绕组电感量为 3mH（±10%）。

55. BOM 应如何选择？

表 6-16 是 E27 | GU10 3W LED 驱动器 BOM。选择元器件时一定要注意与电流检测回路有关的电阻要选 10%精度，否则因为电阻精度选错而使恒流精度下降。

表 6-16 E27/GU10 3W LED 驱动器 BOM

元器件标号	参 数	数量	供应商
R_0	4.7Ω、1W、5%	1	TY-OHM
R_1、R_2	200kΩ、1206、5%	2	TY-OHM
R_3	0.1Ω、1W、1%	1	TY-OHM
R_4	10kΩ、0603、5%	1	TY-OHM
R_5	100Ω、0603、5%	1	TY-OHM

续表

元器件标号	参　数	数量	供应商
R_6	5.1kΩ、0805、5%	1	TY-OHM
R_7	100kΩ、0805、1%	1	TY-OHM
R_8	3kΩ、1206、1%	1	TY-OHM
C_1、C_2	3.3μF/400V、6.3mm×11mm	2	KSC
C_3	1000pF/1kV、DIP	1	POE
C_4	1000pF/50V、0805	1	POE
C_5	22μF/35V、5mm×11mm	1	KSC
C_6	470μF/16V、8mm×11mm	1	KSC
C_7、C_8	0.1μF/25V、0805	2	POE
C_9	1000pF/400VAC、DIP	1	POE
VD_1～VD_4	1000V/1A 1N4007 DO-41	4	PANJIT
VD_5	FR107、1000V/1.0A、DO-41	1	PANJIT
VD_6	SB2100、100V/2.0A、DO-41	1	PANJIT
VD_7	1N4749A、11V、0.5W、DIP	1	PANJIT
VD_8	75V/150mA、1N4148、DIP	1	PANJIT
VT	PNP、MMBT3906、SOT-23	1	ONSEMI
U_1	NCP1014、65kHz、DIP-7	1	ONSEMI
U_2	LM358、SO-8	1	ONSEMI
U_4	PC817C、DIP4	1	SHARP
U_3	TL431、TO-92	1	ONSEMI
L	1.0mH、0410、DIP	1	TDK
T	Transformer EE13、BobbinTF-1301 10Pin Vertical	1	Shulin
FU	1.0A 250V 3.6×10mm	1	WALTER
RV	TVR05431KSY，ϕ5，430V，+/−10%，DIP	1	THINKING
PCB_1	E27 PCB、ϕ36mm、CEM-1	1	JINTONG
PCB_2	E27 PCB，ϕ32mm、CEM-1	1	JINTONG
RT	10kΩ，d=5mm，5%	1	THINKING

56. 主要测试数据包括哪些？

（1）转换效率　表 6-17 是 E27/GU10 3W LED 驱动器的转换效率。

表 6-17　E27/GU10 3W　LED 驱动器的转换效率

输入电压/V	输入功率/W	输出电压/V	输出电流/mA	效率/%
90	4.52	10.38	326	74.86
110	4.38	10.36	327	77.35
220	4.28	10.32	327	78.85
264	4.32	10.33	324	77.46

（2）主要元器件温度　表6-18是E27/GU10在带3W LED串联时主要元器件的温度，整个电源放置于密闭的灯头中，环境温度为25℃，该温度为在带负载2h温度平衡后测量值。

表6-18　E27/GU10在带3W LED串联时主要元器件的温度（环境温度 T_a 为25℃）

元器件标号	VD_1～VD_4	C_1、C_2	IC_1 表面	磁芯	线包	VD_6	C_6
温度/℃	43	45	65	69	72	63	60

（3）传导与辐射　图6-48所示是E27/GU10在带3W LED串联时，输入电压为AC230V相线端传导；图6-49所示是中性线端传导。图6-50所示是垂直状态时的辐射，图6-51所示是在水平状态时的辐射。由图6-48～图6-51可见，无论是传导还是辐射均能满足设计要求。

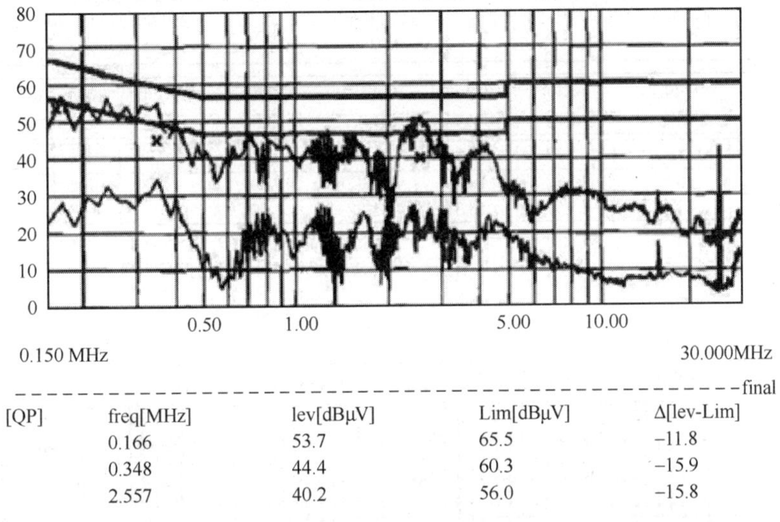

图6-48　E27/GU10在带3W LED AC230V相线端传导

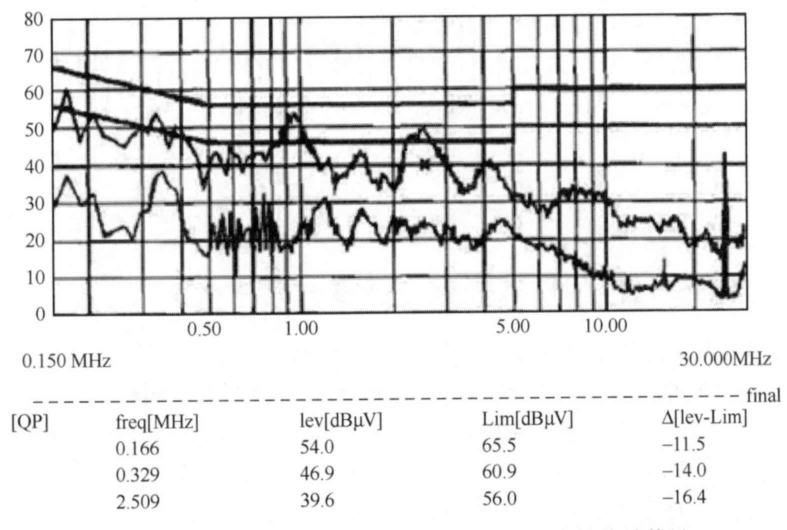

图6-49　E27/GU10在带3W LED AC230V中性线端传导

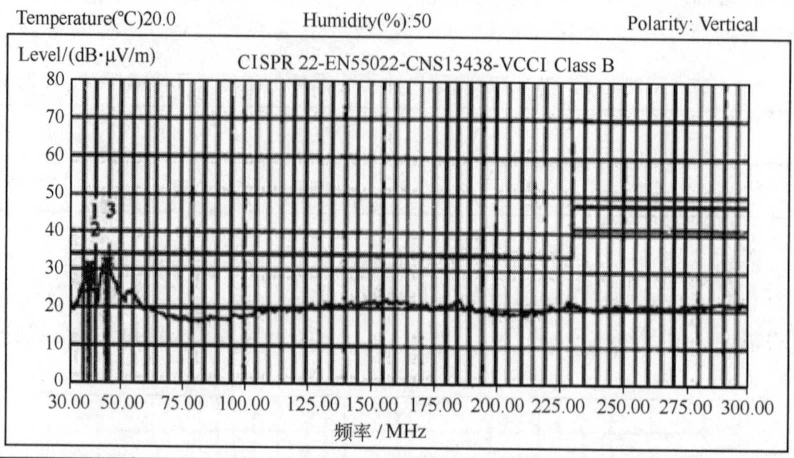

No	Frequency MHz	Factor dB	Reading dBμV/m	Emission dBμV/m	Limit dBμV/m	Margin dB	Tower/Table cm	deg
1	38.77	15.77	15.30	31.06	40.00	−8.94	−−	−−
2	38.77	15.77	10.66	26.42	40.00	−13.58	99	290
3	45.52	15.51	16.37	31.88	40.00	−8.12	−−	−−

图 6-50　E27/GU10 在带 3W LED AC230V 辐射（垂直）

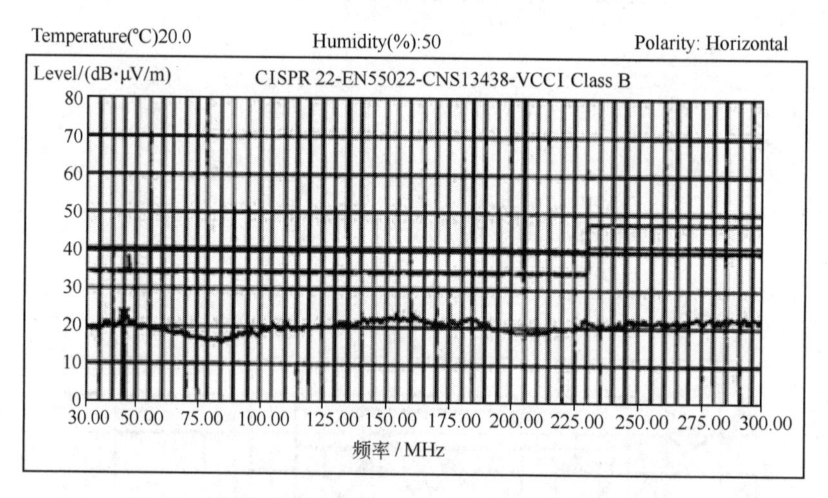

图 6-51　E27/GU10 在带 3W LED AC230V 辐射（水平）

57. E27/GU10 类 LED 射灯驱动器设计难点是什么？

E27/GU10 在 LED 射灯类产品中，由于可以直接替换原有的白炽灯，因此具有使用方便的特点。它在市场占有率较高，在该类驱动器设计中主要存在以下问题。

（1）难以满足一、二次隔离的安规要求　E27/GU10 LED 射灯由于向驱动器提供的空间十分有限，并且输入电压又是 AC90～264V 的高压，而灯的散热体又是金属（主要是铝材），因此为了保证人身安全，要求驱动电源的一、二次隔离，而一、二次完全没有隔离距离；还有变压器设计时二次绕组只用普通漆包线绕制，在变压器内部也没有挡墙，因此这种所谓的隔离实在是害人匪浅。究其原因，空间有限当然是原因之一，但最主要的还是设计人员观念上的问题，就是认为空间有限能点亮工作已经不错了，其实这是一种不负责任的态度。这款E27 3W LED驱动电源，输入电压也是全电压，做到了一、二次安全距离大于6.4mm的要求。一、二次达DC4242V耐压，5mA电流，历时1min没问题，量产故障率小于千分之一。

（2）电路中存在的谐波难以满足EN 61000-3-2V2000的要求 关于LED小功率驱动电源的谐波问题，目前在进行CE认证或其他安规认证时，检测公司也有不同的观点，有的公司参照原来灯饰系统的要求作谐波检测，而有的检测公司则认为不必，之所以出现这种情况主要是由LED灯饰产品的相关法规还没完善造成的。但不管如何既然有安规，公司要求检测，那么就要设法解决此问题。谐波主要是由电路中整流桥后存在较大电容量的储能电容，使输入电压与输入电流的相位发生改变而造成的，要使谐波满足要求，可以采用无源或有源的PFC电路。对于E27/GU10的LED驱动器来讲，采用有源PFC电路显然是不可能的，首先是空间有限，其次是成本不能被接受，因此只能采用无源PFC电路。

实现无源PFC电路主要有以下三种可能的办法：

① 在驱动电路正常工作的前提下设法降低输入储能电容的容量，将输入电流畸变量降低，以满足输入功率小于25W电源3次、5次谐波86%、61%的要求。

② 在储能电路中串联一个1N4007二极管（还需在二极管两端并一个47kΩ左右的电阻），同样可降低谐波电流。

③ 在电路中串联适当的电感，以改变转换器中开关管的工作状态，同样可以改善6次、5次谐波值，满足相关的要求。

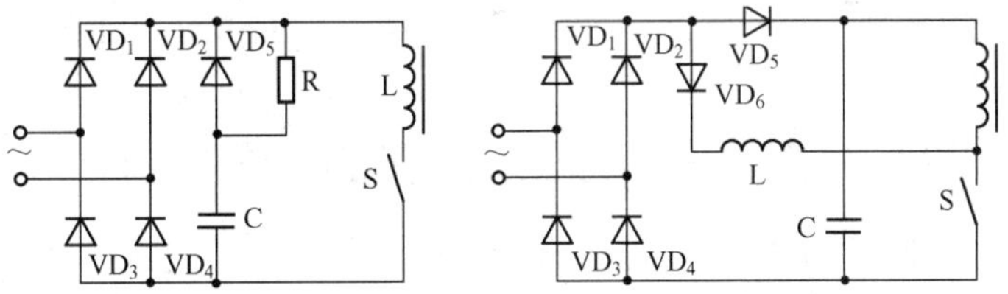

第二种和第三种方式如图6-52所示。

（a）串联二极管 （b）串联电感

图6-52 两种无源谐波改善电路

58. PAR38 LED射灯的特点是什么？

PAR38直径是38/8in，约为120mm。其实灯泡称PAR××、R××、MR××等都是为××/8的直径。大功率PAR38 12×1W LED射灯外壳多采用优质铝材压铸造成型，为了增加与空气的接触面积，表面开有多片鳍片，从而达到良好的散热效果，使LED芯片热量快速传导至散热灯体上，大大增加了灯具的散热速度，从而降低了市场上射灯的散热难题。所用的灯杯铝材目前有两种：一种是ADC12型号，表面处理镀铬亚银色，热导率为96W/（m·K)；另一种是6063型号，表面处理是喷砂氧化，热导率为201W/（m·K)。

PAR38 LED射灯主要采用7个、12个通过特殊技术封装的进口大功率LED光源。透镜采用透光率高的PWMA材料注塑而成，透光率达到93%以上；采用防尘密封设计，确保产品透镜不会因外界灰尘污染而影响透光率；另外，透镜磨砂处理，在确保使用亮度的情况下，避免高亮度LED直射人眼时的刺激。该产品采用低光衰、低功耗、高效率、高抗静电大功率LED作为光源，省电而且环保，节能显著，颜色可选，寿命可达5万小时，耐冲击、防震动，无紫外（UV）和红外（IR）辐射，光线柔和，色泽艳丽，达到远距离、大角度、色彩丰富的投射效果，给人带来新的视觉感受。

LED大功率PAR38产品7×3W、12×1W采用恒流驱动设计，采用PWM恒流技术，确保大功率LED长期工作，衰减低、效率高、热量低，适用宽电源电压范围（90～264V)，在全电压范围内保持精确恒流，具有使用方便、灵活的特点。发光角度一般有30°、45°、60°之分。该灯产品主要适合用于商店橱窗、酒店、宾馆、展厅、城市工程照明、娱乐场所、广告照明和室内外装饰点缀等，可取代传统卤素 PAR 灯光源。图 6-53 所示是 PAR68 12LED 外形图。

图 6-53　PAR38 12LED 外形图

59. PAR38 类 LED 灯具的驱动如何制订？

PAR38 类 LED 灯具输出功率一般介于 12～18W 之间，输入电压有单电压与全电压之分，视每家公司的销售市场走向而定。对于该类 LED 驱动器产品，其主电路拓扑从成本角度考虑一般以反激式为主。从图 6-53 可以清晰地看到其外壳为铝材，因此从安全性考虑，在电路结构上采用一、二次隔离方式，功率开关管可采用内置式，也可采用外置式。开关管内置式单片芯片可选择如 PowerINT 公司的 TNY279、TOP243 等，Infineon 公司的 ICE3A1065，ST 公司的 VIPer-53E，Onsemi 公司的 NCP1028、NCP1050 等。尽管这类单片芯片在使用时比较方便，周围元器件少，但是成本太高。另一类为控制芯片与开关管分离式，如 384X＋MOSFET、Fairchildsemi 公司的 FAN7554＋MOSFET、Actve-Semi 公司的 ACT50＋NPN 及其他一些组合。综合考虑选择 ACT50＋NPN 的控制方式，理由主要是成本便宜，性能稳定，比较适合于 PAR38 类灯具的特点。

60. ACT50 的主要特点是什么？

① 超低待机功耗。在输入电压为 AC264V 时仅为 300mW，满足“CEC”、“蓝天使”及“能源之星”的要求。

② 支持 NPN 发射极驱动，总方案具有最低的成本。

③ 快速响应的 PWM 电流控制模式。

④ 非常低的线路与负载调整率。

⑤ 60kHz 开关频率。

⑥ 具有线路补偿功能。

⑦ 可设定限流点。

⑧ 50μA 启动电流。

⑨ 很小的 SOT23-5 或 DIP-8 封装。

⑩ DIP-8 封装在无需散热片情况下输出功率达到 30W。

61. ACT50 的各引脚功能分别是什么？

ACT50 具有 SOT23-5 与 DIP-8 两种封装形式，如图 6-54 所示。SOT23-5 的封装芯片内部结点到环境温度的热阻（θ_{IA}）为 190℃/W，DIP-8 为 105℃/W，因此在选择封装时要注意在输出功率、散热条件与最高工作温度之间作折中。ACT50 的引脚功能见表 6-19。

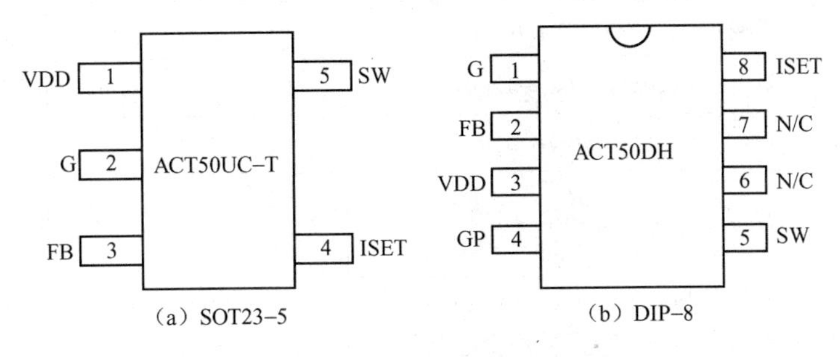

图 6-54　ACT50 的两种封装形式

表 6-19　ACT50 的引脚功能

引脚数		引脚名称	引脚功能介绍
SOT23-5	DIP-8		
1	3	VDD	供电端，IC 内部引脚 VDD 被钳位在 16.5V
2	1	G	地
—	4	GP	功率地，该引脚必须连接到地端（只适合用于 DIP-8 封装）
3	2	FB	反馈输入端，电流由引脚 FB 流出进入光电耦合器
4	8	ISET	限流设定端，可通过由引脚 ISET 与地之间的外部电阻来设定限流点
5	5	SW	发射极驱动开关端

62. ACT50 的主要技术参数有哪些？

ACT50 的电气参数见表 6-20。

表 6-20　ACT50 的主要电气参数（$V_{DO}=V_{DOON}$，$T_a=25$℃）

参数	符号	测试条件	最小	典型	最大	单位
引脚 VDO 导通电压	V_{DOON}	上升沿	14	15	16	V
引脚 VDO 截止电压	V_{DOOFF}	下降沿	10	11	12	V
引脚 VDO 钳位电压	$V_{DOCLAMP}$	$I_{DO}=5$mA	$V_{DOON}+1$	$V_{DOON}+1.5$	$V_{DOON}+2$	V
源电流	I_{DOSU}	在导通之前	—	50	100	μA
	I_{DD}	在导通之后，$R_{ISET}=25$kΩ	—	0.9	2	mA
	$I_{DDHICCUP}$	在导通和打嗝之前	—	70	140	μA
开关频率	f_{SW}		45	60	75	kHz
ISET 电压	V_{ISET}	$R_{ISET}=25$kΩ	1.8	2	2.2	V
FB 环路开路钳位电压	V_{FBC}	$I_{FB}=0$mA $R_{ISET}=25$kΩ	2.8	3.2	3.6	V
FB 输入阻抗	Z_{FB}	$V_{FB}=3.2$V	—	4		kΩ

续表

参数	符号	测试条件	最小	典型	最大	单位
FB 偏流	I_{FB}	$V_{FB}=0V$，$R_{ISET}=25k\Omega$	—	500	800	μA
最大占空比	D_{max}	$I_{SW}=10mA$	67	75	83	%
最小占空比	D_{max}	$I_{SW}=100mA$	—	3.5		%
限流	I_{LDM}	$R_{ISET}=25k\Omega$	1.2	1.5	1.8	A
		$R_{ISET}=50k\Omega$	0.45	0.6	0.75	A
导通电阻	R_{SW}	$I_{SW}=100mA$	—	1	—	Ω
SW 上升时间	t_r	驱动 15Ω，1nF 负载	—	60	—	ns
SW 下降时间	t_f	驱动 15Ω，1nF 负载	—	40	—	ns
SW 截止电流	I_{SWOFF}	开关处于关闭状态，$V_{SW}=20V$	—	1	10	μA

63. ACT50 的原理框图及主要功能分别是什么？

ACT50 的原理功能框图如图 6-55 所示。它主要由电流模式开关控制，两个中等电压的功率 MOSFET 并联，包括电流检测电阻、振荡器和斜坡电流产生器、误差放大器、误差比较器、500ms 定时器、偏置/欠电压锁定电路和调整电路。

ACT50 的主要特点是可以驱动外部一个 N 沟道功率 MOSFET 或高压的 NPN 开关晶体管。对 NPN 晶体管来讲，利用发射极驱动电路方式可以使用更高耐压的 V_{CBO} 电压，允许使用如“13003”的低成本晶体管（$V_{CBO}=600V$），使用在宽 AC 电压上；这种驱动方式的另一个主要特点是限制了外加 NPN 晶体管的关闭速度比率，因此具有非常低的 EMI 干扰。

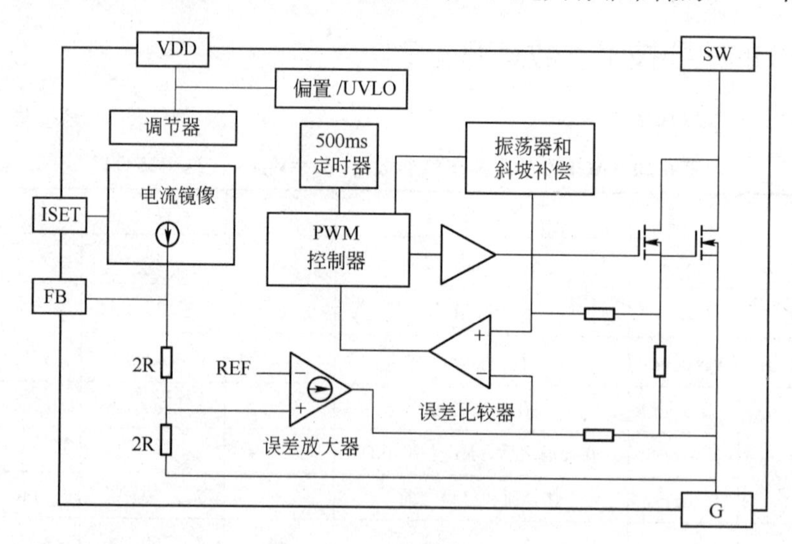

图 6-55 ACT50 的原理功能框图

（1）启动顺序 由图 6-56 可见，在电路启动期间，通过大电阻值 R_1 的小电流给电容 C_1 充电，使引脚 VDD 电压逐渐增加，也使通过 NPN 晶体管连接的 SW 端电压也升高。当 ACT50 的引脚 VDD 电压充电到 15V 时开关工作，由光电耦合器组成的反馈网络也开始进行环路控制，使输出电压达到设定工作点。同时由变压器辅助绕组 N_s 经 VD_2 整流、R_3 限流继

续向电容 C_1 提供能量，以维持引脚 VDD 电压的稳定。利用辅助绕组供电，同样提高了电路的转换效率。

选择启动电阻 R_1 的阻值要在启动时间与待机功耗间进行折中。该电阻值可以使用 2MΩ，以达到非常低的启动电流和待机功耗。

（2）适应 PWM 控制方案　ACT50 利用电流模式 PWM 控制电路，自动工作在开关模式状态，在满载输出时具有非常高的效率。

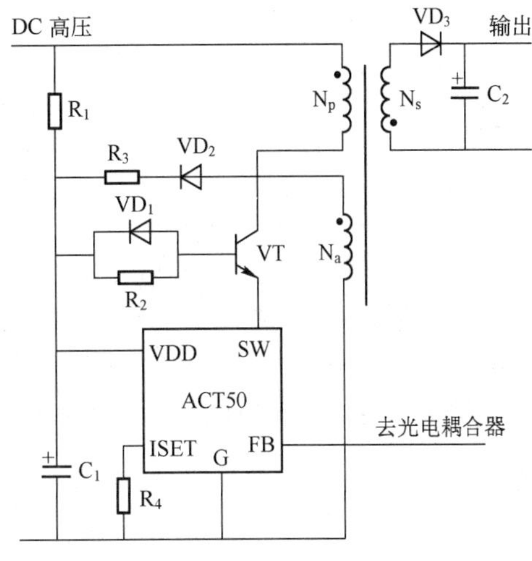

图 6-56　ACT50 应用连接图

在正常工作条件下，利用光电耦合器的光敏管端将变压器二次绕组整流滤波后的电压信号反馈到 ACT50 引脚 FB 进行调节，以维持输出电压的稳定。ACT50 电流控制模式具有逐周期开关电流控制功能，这是由于使用了固定工作频率方式，使电路具有非常好的线路调整率和负载响应。

轻载时，在每一个开关周期内，ACT50 只需少量能量就能维持工作。利用低频调制工作模式，从而使待机功耗小于 300mW，满足“CEC”、“蓝天使”等能效限制要求。在重载条件下，例如输出端短路时，ACT50 自动进入“打嗝”工作模式，以保护 ACT50 和负载的安全。在电路短路情况下，变压器辅助绕组电压严重下降，因此不能继续向电容 C_1 充电，从而使引脚 VDD 电压低于 11V 而使 ACT50 脱离正常开关工作模式。如要恢复到继续工作的时间或者通过 R_1 向 C_1 充电到 15V 的时间大约需要 500ms，此时 ACT50 试图再次进入正常工作状态，可是却不能。如果短路状态继续维持，ACT50 将工作在“打嗝”模式，直到故障排除才能恢复到正常工作状态。图 6-57 所示是“打嗝”工作模式。

64. ACT50 如何应用？

（1）外部功率三极管的选择　ACT50 允许使用一个低成本、高压的 NPN 功率晶体管，如“13003”、“13002”可安全地工作在反激式拓扑中，在满载且输入电压达到 ACT265V 时需要的集电极耐压等级为 600～700V。从图 6-58 的 V_C-I_C 可以看到，当采用发射极驱动时，NPN 晶体管的反向电压得到了提高。表 6-21 列出了适合用于 ACT50 的一些晶体管反向电压。像输出功率小于 20W 的驱动器，采用 NPN 晶体管比采用 MOSFET 在成本上便宜一半甚至更多。

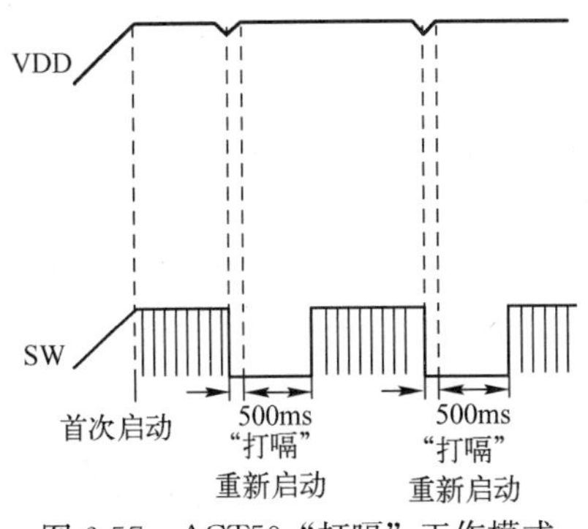

图 6-57　ACT50“打嗝”工作模式

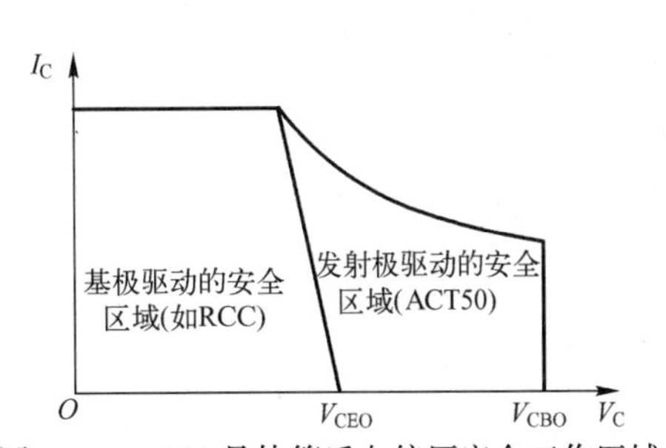

图 6-58　NPN 晶体管反向偏压安全工作区域

表 6-21　推荐的功率晶体管

型号	V_{CBO}/V	V_{CEO}/V	I_C/A	h_{FEMIN}	封装
MJE13002	600	300	1.5	8	TO-126
MJE13003、KSE13003	700	400	1.5	8	TO-126
STX13003	700	400	1	8	TO-92

（2）输出功率　ACT50 的最大输出功率由 AC 输入电压、外部高压功率晶体管的功率余额、系统的热设计以及变压器的结构等因素决定。

最大输出功率受电流限制控制，可通过在 ACT50 引脚 ISET 与地之间的外部电阻来设定。图 6-59 给出了电流限制电阻值与电流限制之间的关系。

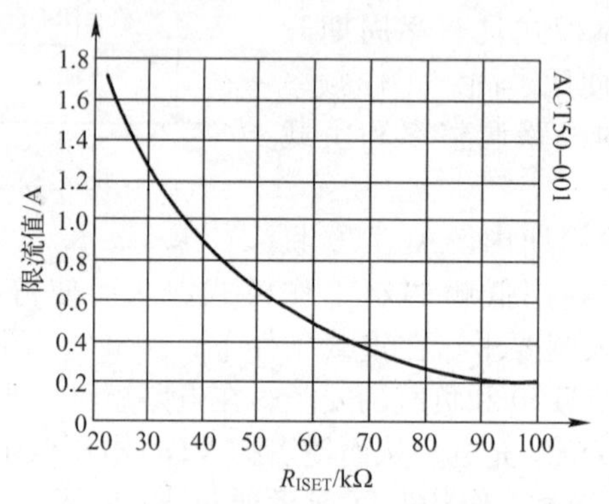

图 6-59　限流值与 R_{ISET} 之间的关系曲线

65. 基于 ACT50 构成的 PAR38 12W LED 驱动器电路原理是什么？

图 6-60 所示是基于 ACT50 构成的 PAR38 12W LED 驱动器。电路主要由 EMI 抑制电路、输入整流滤波电路、无源 PFC 电路、DC/DC 转换电路、输出整流滤波电路、恒压/恒流控制电路及温度补偿电路组成。图 6-61 所示是该驱动器的 PCB 图，PCB 尺寸为77mm×34mm。

PAR38 LED 灯饰的 PCB 板有两种形式，一种是长方形的 PCB，如本案的形式；还有一种是圆形的 PCB，设计成直径为 ϕ60mm 左右，具体采用哪种形状要看设计人员的理念与灯具的内部空间。长方形的 PCB 对于元器件布局比较有利，可以放置的元器件数量较多，特别是要考虑 EMI、谐波及安距离时，在长方形的 PCB 中可能性更大。

66. EMI 抑制电路的功能是什么？

由图 6-60 可见，L_1、L_2、L_3 及 C_1、C_2 组成 EMI 抑制电路。C_1、L_2、C_2 组成标准的“JI”共模 EMI 抑制电路，在一般的电路中可通过调节它们之间的电感量与电容值可满足电路抑制 EMI 的要求。而本电路由于加入了无源 PFC 电路，因此使电路的传导与辐射均难以处理。为此加入了差模电感 L_3，可在低频段（小于 5MHz 频段内）有效地抑制传导干扰，不然通过加大 C_1 的电容值也可达到基本相同的效果，只是一味地加大 X 电容值，不但使电容尺寸变大，可能因空间不足而无法放入，而且使成本上升明显，因此必须采用共模与差模相结合的方式来抑制 EMI 才是比较有效的解决方法。与许多设计 PAR38（还有其他类似的产品）的设计人员交流 EMI 处理方式时，他们均有同感，就是加入无源 PFC 电路后，在传导的低频段严重超标，无法解决此问题。为解决此问题，这里加入 L_1。L_1 的作用主要是抑制辐射干扰，L_1 的磁芯材质可采用 R12K 的高频型，一般电感量较小（小于 1000μH），绕制 7～8 圈就够了，

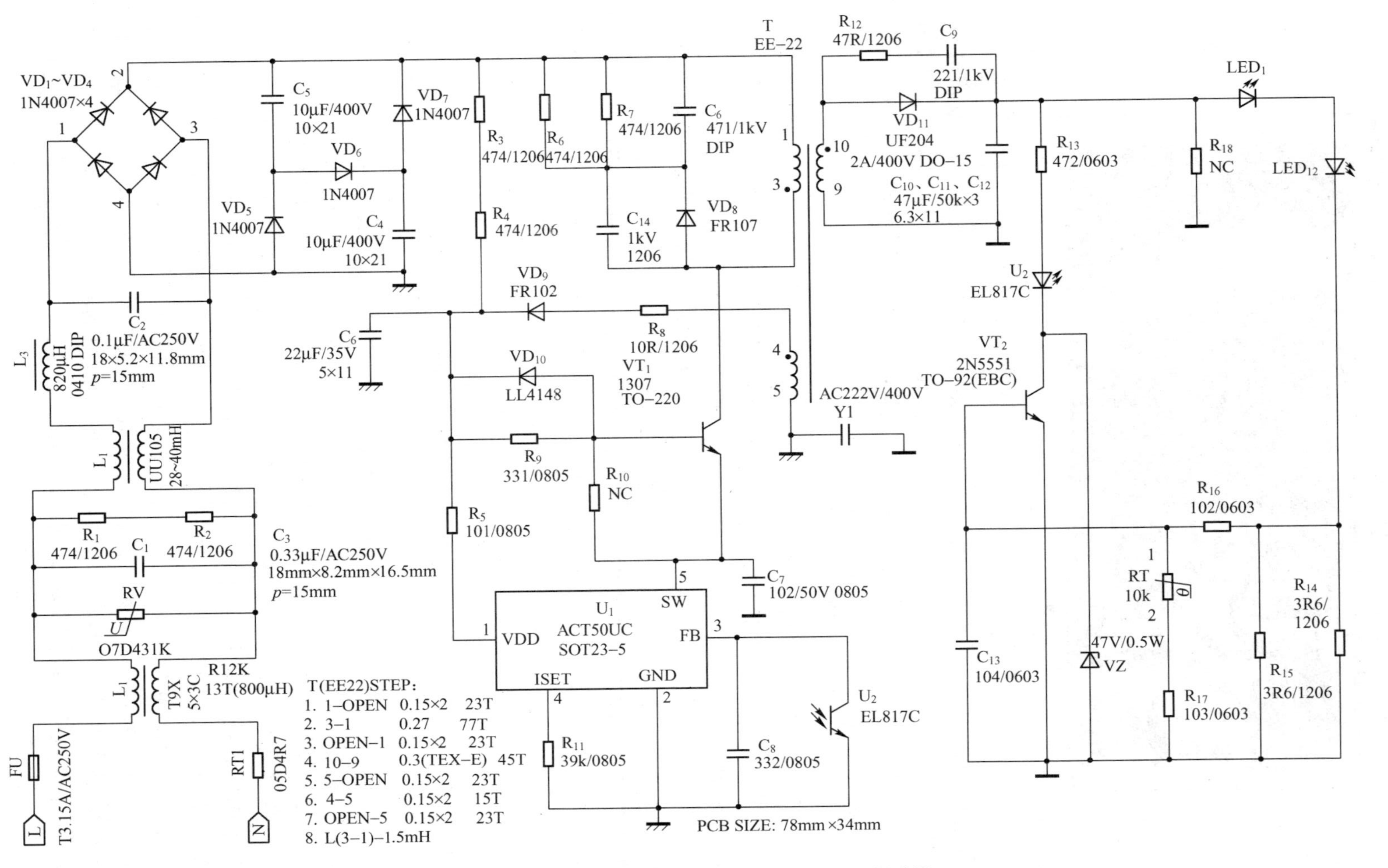

图 6-60　基于 ACT50 构成的 PAR38 12WLED 驱动器

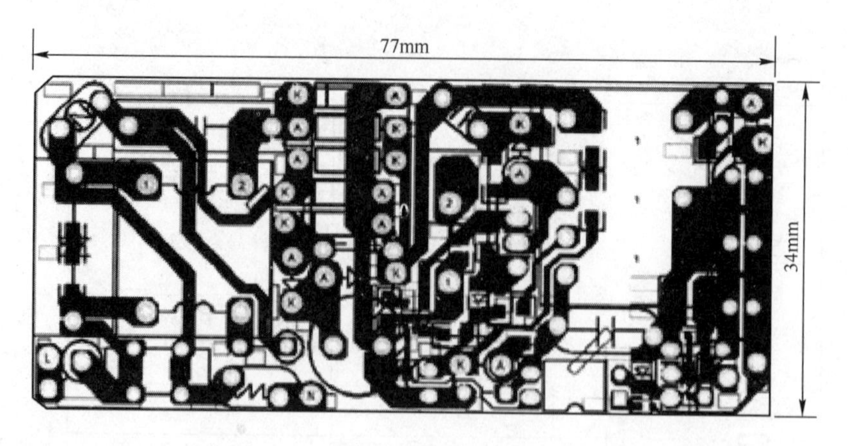

图 6-61　PCB 图

因为这种磁芯的尺寸较小。在绕制该电感时要注意安全，因为在输入端直接与交流电网连接，要防止两根导线间存在短路或放电现象。一般不采用在中间加挡墙隔离的方式，而是采用一根导线用 2U 漆包线，另一根导线用三层绝缘线。绕制时一定要注意同名端一致。

67. 无源 PFC 电路的功能是什么？

C_2、C_4、VD_5～VD_7 组成无源 PFC 电路（逐流电路）。之所以采用逐流电路，是因为 PAR38 灯具出货量较大，而且供给电源可用空间较小，同时整个电源的成本又是重点考虑的内容，因此不得已而为之，因为逐流电路缺点比较明显，各项技术指标都不算好。

在这种电路中，交流电源电压经 VD_1～VD_4 桥式整流后，通过 VD_6 对电容 C_3、C_4 串联充电，C_3、C_4 上的电压最多只能充电到交流输入电压峰值 V_{IN} 的一半。它们在输入交流正弦电压瞬时值高于 $1/2V_{IN}$ 时一直是充电的，其充电时间较长。电容 C_3 通过 VD_5、电容 C_4 通过 VD_7 同时向负载放电，它们的电压下降速率比交流电源电压的下降速率要快，只有在交流电源电压低于电容 C_3、C_4 上的电压时，电容才停止充电。因此，在这种电路中，电容的充电时间即输入电流的时间被延长了，而电容放电的时间即输入电流为零的时间缩短了，整流二极管的导通时间拉长为 120°，而电流为零（死区）时间只占 33.3%。由于输入电流持续时间被延长，电路的功率因数可提高到 0.90 左右，而 *THD* 可降低到 40%～30%，但要做到 30%以下还有一些困难。

在逐流电路中由于整流后直流供电电压的起伏（存在较大的交流纹波电压），使开关管的供电电压起伏变大，无法使开关管始终处于最佳工作状态，造成开关管损耗变大，温升变高，参数恶化。在开关管的集电极可明显地观测到其随 100Hz（120Hz）作调制的现象，这也引起了 EMI 比传统整流滤波电路难以处理的原因之一。为了保证开关管可靠工作，因此要在开关管上加上合适的散热片，保证其具有良好的散热性，满足产品可靠性的要求。

在 VD_6 支路中串联 20Ω/1W 或更大一些的电阻，可以适当地减小电容 C_3、C_4 的充电浪涌电流峰值，降低输入电流中的谐波含量，从而能降低 THD，提高功率因数。当然，也可以在输入电路中串接差模电感，它除了能滤除逆变器开关尖峰干扰以外，也有平滑输入电流波形、减小输入电流谐波失真和提高功率因数的作用。此电感的电感量一般为 2～5mH，其值越大，效果越好，但电感的损耗会增加，加大其散热量，引起整个电源温度上升，并使整个电源的转换效率减低，这一点是其不足之处。

68. DC/DC 转换电路的功能是什么？

大部分反激式开关电源在 DC/DC 转换电路中，一般使用 MOSFET，当输入电压达到 AC264V 时，V_{DS}耐压到大于 600V；MOSFET 的耐压越高，其 R_{DSON}越大，因此价格也越高；而使用 ACT50 控制芯片时，可以组成发射极驱动电路，利用晶体管的 V_{Ce}大于 V_{CB}；从而要以使用 NPN 型晶体管来满足耐压的要求，可以达到降低开关管成本进而降低整个电源成本的目的。

在图 6-60 电路中，首先由电阻 R_3、R_4 给电容 C_4 积分充电，当 C_4 上的电压充电到 VDD 端导通电压 15V 时 U_1 开始工作，直流高压经变压器一次绕组 1～3、VT_1 的 C-E 极到 U_1 的 SW 端，经 U_1 内部的 MOSFET 到地构成回路。R_{10}给 VT_1 的基极提供一个恒定的驱动电流，当 VT_1 截止时由 VD_{10}提供放电通路。变压器辅助绕组 4-5 感应电压经 R_5、VD_9 整流、C_6 滤波继续向 U_1 提供 VDD 电压，使电路维持正常的运转。为了降低 U_1 的功耗，电阻 R_5 用来控制流入 U_1 的工作电流，R_5 阻值不能太大，根据经验一般取 100Ω 较适合。电阻 R_{11}用来设定限流点取 R_{11}阻值 39kΩ，电流大约被限制在 0.85A 左右，比较适合输出功率在 12W 的电路。电容 C_7 为了抑制 EMI 而加入（主要对传导起作用），该电容值不宜太大，否则会影响电源的转换效率。

69. 恒压/恒流控制电路的功能是什么？

电阻 R_{13}～R_{16}、U_2、VT_2、C_{13}及 VZ 组成恒压/恒流控制电路。当输出电流小于设定值时，电路由 R_{13}、U_2、VZ 组成恒压控制电路，输出电压值由 VZ 的稳压值加上 U_2 的 V_F 值确定。电阻 R_{11}限定 U_2 的工作电流，该电流一般取 3～5mA 比较合理，若太小则影响调节灵敏度，若太大则增加了损耗。U_2、VT_2、R_{14}、R_{15}组成恒流控制电路，恒流控制电路可选用 TL431、放大器或晶体管来实现，此处之所以选用晶体管，一方面考虑了成本，电路构成简单；另一方面因输出电流较小，在采样电阻上的功耗较低，能满足工程设计的要求。晶体管 VT_2 的 V_{BE}一般为 0.65～0.7V，因此电流检测电阻 R_{14}、R_{15}可按 $R=$（0.65V 或 0.7V）/ I_{LED}选取（0.65V 或 0.7V 是晶体管的 V_{BE}，I_{LED}是输出电流）。C_{13}在电路中既作 VT_2 的基极旁路电容，又作输出电流缓启动之用，可防止在启动瞬间可能产生的电流尖峰对 LED 的损害。为了满足 V_{DD}的工作范围，变压器二次绕组与一次辅助绕组之间可按 2.8：1 的比例设置；V_o 输出电压的范围是 DC42～48V。

70. 温度补偿电路的功能是什么？

LED 为电流型器件，其发光效率与结温关系密切，结温上升则发光效率下降。一般认为将 LED 结温控制在小于 85℃对降低光衰与延长 LED 使用寿命比较有利。PAR38 灯体为铝材结构，若希望 PAR38 灯体表面温度小于 60℃，因此最好根据灯体的工作温度状况进行温度补偿控制。其实使用晶体管作恒流控制器件，其 V_{DE} 电压本身就具有负温度特性，一般为 −2mV/℃。在 PAR38 灯正常工作时，由于 LED 驱动电源置于灯体内部，因此 VT_2 受热其 V_{BE}下降，使 LED 工作电流下降，可基本满足灯体温度上升使 LED 工作电流下降的要求，只是电流减小值不能直接设定。按图 6-60 的电路连接 RT、R_{17}时，反而产生温度上升、LED 工作电流上升的现象（其实这是按客户的要求设计的，客户要求 LED 的工作电流恒流，因此加入了负温度补偿电路，只能说明客户对 LED 的工作特性不够了解，只知道 LED 恒流工作才好，而不知道在散热条件不能完全满足要求时，适当地降低 LED 的工作电流反而更有利。在实际情况中，许多 LED 灯饰厂及 LED 驱动电源设计人员，对此概念或不了解或一知半解。随着 LED 灯饰产品市场的进一步拓展，相信对 LED 的特性理解得更深刻，从而设计出更完美的 LED 灯饰产品）。要满足温度上升、LED 电流下降，只需将 R_{17}连接到输出电压的“+”端即可，这样可以通过设计负温度系数补偿量来达到温度上升 LED 的工作电流量。

电路工作过程为：若未接入 RT 时，工作温度上升→VT_2 的 V_{BE}下降→VT_2 集电极电流上升→U_2 工作电流上升→U_2 中的光敏管导通加剧→使 U_2 FB 端输出电流增加→经 U_2 内部 PWM 控制→VT_1 的导通时间下降→LED 输出电流下降；若接入 RT 时，工作温度上升→VT_2 的 V_{BE}下降→RT 电阻值下降→使流入 VT_2 的基极电流下降→VT_2 集电极电流不变→U_2 工作电流不变→通过 U_2 FB 端输出电流不变→经 U_2 内部 PWM 控制→VT_1 的导通时间不变→LED 输出电流不变，维持 LED 工作电流恒定。

当采用温度补偿电路时，电流检测电阻与 VT_2 V_{BE}之间的关系要重新调整。按图 6-60 时，V_{BE}可修正为 $V_{BE}=I_{LED}\dfrac{R_{14}R_{15}}{R_{14}+R_{15}}\dfrac{RT_2+R_{17}}{RT_2+R_{17}+R_{16}}$，若省略该式中后一项，仍按前述公式计算电流检测电阻值时，当使用温度补偿电路时，会导致输出电流上升。

不管希望得到哪种控制结果，RT 均需粘在 PAR38 灯体内部的铝散热片上，用来黏合的胶水一定能耐 100℃以上的高温，防止因高温而使黏合点脱落，不能达到温度监控的目的。RT 的两个引脚需用 $\phi0.8$mm 的铁弗龙套管套好，防止因引脚短路而使电路工作失效。

71. PCB 如何排布？

当设计 ACT50 PAR38 LED 驱动器时应参考以下排板方式，具体可参考图 6-61 所示。

① ACT50 的 VDD 旁路电容与地、与 ACT50 的功率地、与输入储能电容之间采用星形连接方式，将输入滤波电容和其他地回路连接到初级地回路，散热器至少有一个固定脚与地保持连接，适当加大散热器固定脚的铜箔面积有利于散热。

② 保持输入滤波电容、变压器一次绕组、晶体管高压回路与 ACT50 之间的距离尽可能靠近。

③ 保持 ACT50 的 SW 端与高压晶体管的发射极引脚之间的走线尽量短。

④ 保持变压器二次绕组、输出整流二极管及输出滤波电容之间的环路面积最小。

⑤ 在高压晶体管、输出整流二极管及电流检测电阻区域和铜箔面积尽可能大，以增加散热面积。

⑥ 为降低输出纹波电压，在输出电容的“+”、“−”连接处，可采用“豁口”的布线方式。

72. 变压器如何绕制？

ACT50 控制芯片的工作频率为 60kHz，输出功率为 12W，因此根据 PCB 可用空间与实际输出功率，选用 EE22 的磁芯，磁芯材质为 PC40 或相当于 PC40。从安规角度考虑，因为变压器的窗口面积有限，无法用挡墙，所以变压器二次绕组采用三层绝缘线来绕制，所有的引线必须加相应直径的铁弗龙套管。变压器的绕组结构如图 6-62 所示，绕制方法见表 6-22。表 6-23 是变压器的主要电气参数。

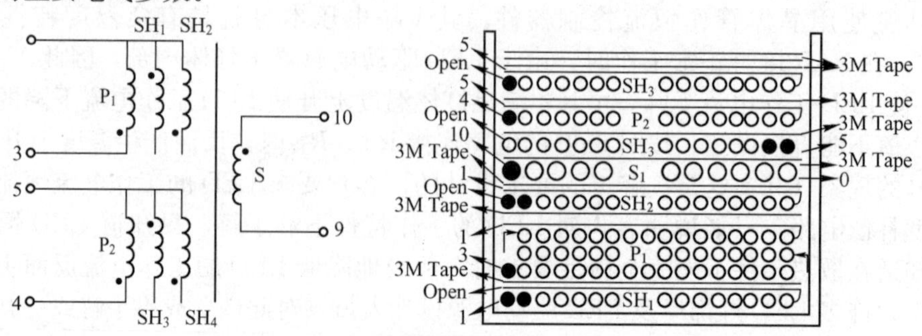

图 6-62　PAR38 12W 变压器（EE22）绕组结构

表 6-22　PAR38 12W 变压器（EE22）绕制方法

绕组	接线端		匝数	导线与层数			隔离要求	
	头	尾		胶带	线径×数量	层	厚度/宽度	层
SH_1	1	开路	24	2UEW	ϕ0.12×2	1	25μm/8.4mm	1
P_1	3	1	77	2UEW	ϕ0.27×1	3	25μm/8.4mm	2
SH_2	开路	1	24	2UEW	ϕ0.12×2	1	25μm/8.4mm	2
S	10	9	45	TEX-E	ϕ0.30×1	3	25μm/8.4mm	2
SH_3	5	开路	24	2UEW	ϕ0.12×2	1	25μm/8.4mm	1
P_2	4	5	15	2UEW	ϕ0.12×2	1	25μm/8.4mm	2
SH_4	开路	5	24	2UEW	ϕ0.12×2	1	25μm/8.4mm	2

注：$L_{(3\text{-}1)}$=1.5mH（±10%，测试频率=60kHz）。

表 6-23　PAR38 12W 变压器主要电气参数

项目	描述	条　　件	限　制
1	电气绝缘强度	一次与二次间，50Hz，1min	AC3kV
2	P_1 电感量	测试电压为 1V，频率为 60kHz，引脚 3 与引脚 1 之间	1.5（1±7%）mH
3	P_1 漏电感	在其他绕组短路时，引脚 3 与引脚 1 之间的电感量	<75μH

73. PAR38 12W LED 驱动器的 BOM 有哪些？

PAR38 12W LED 驱动器的 BOM 见表 6-24。

表 6-24　PAR38 12W LED 驱动器 BOM

元器件标号	参　　数	数量	供应商
R_1～R_4，R_6、R_7	470kΩ，1206，5%	6	TY-OHM
R_5	10Ω，1206，5%	1	TY-OHM
R_8	100Ω，0805，5%	1	TY-OHM
R_9	330Ω，0805，5%	1	TY-OHM
R_{11}	39kΩ，0805，5%	1	TY-OHM
R_{12}	47Ω，1206，5%	1	TY-OHM
R_{13}	4.7kΩ，0603，5%	1	TY-OHM
R_{14}、R_{15}	3.6Ω，1206，1%	2	TY-OHM
R_{16}	1.0kΩ，0603，1%	1	TY-OHM
R_{17}	10kΩ，0603，1%	1	TY-OHM
C_1	0.33μF/AC250V，18mm×8.2mm×16.5mm，P=15mm	1	POE

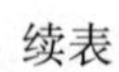
续表

元器件标号	参　数	数量	供应商
C_2	0.1μF/AC250V，18mm×5.2mm×11.8mm，P=15mm	1	POE
C_3、C_4	10μF/400V，10mm×21mm	2	KSC
C_5	470pF/1kV，DIP	1	POE
C_6	22μF/35V，5mm×11mm	1	POE
C_7	1000pF/50V，0805	1	POE
C_8	3300pF/25V，0805	1	KSC
C_9	220pF/1kV，DIP	1	KSC
C_{10}～C_{12}	47μF/50V，6.3mm×11mm	3	POE
C_{13}	0.1μF/25V，0603	1	POE
Y1	2200pF/AC400V，DIP	1	POE
VD_1～VD_7	1000V/1A 1N4007 DO-41	7	PANJIT
VD_8	FR107，1000V/1.0A，DO-41	1	PANJIT
VD_9	FR102，100V/1.0A，DO-41	1	PANJIT
VD_{10}	75V/150mA，LL4148，MINI-MELF	1	PANJIT
VD_{11}	UF204，400V/2.0A，DO-41	1	PANJIT
VZ	GLZL47，47V，0.5W，MINI-MELF	1	PANJIT
VT_1	NPN，13007，TO-220，8A，V_{CPO}=700V	1	ONSEMI
VT_2	NPN，2N5551，TO-92	1	Fairchlidsemi
U_1	ACT50C 60kHz，SOT23-5	1	Active-Semi
U_2	EL817C，DIP-4	1	EverLight
L_1	800μH，T9×5×3C，R=12kΩ，DIP	1	TDK
L_2	UU10.5，28mH	1	Shulin
L_3	820μH，0410，DIP	1	TDK
T	EE22，BobbinTF-2201 10Pin	1	Shulin
FU	3.15A/250V 3.6mm×10mm	1	WALTER
RV	TVR07431KSY，ϕ7，430V，±10%，DIP	1	THINKING
PCB	PAR38 PCB，77mm×34mm，Thickness 1.6mm，CEM-1，1OZ	1	JINTONG
RT	10kΩ，D=5mm，5%	1	THINKING

74. 电路测试数据包括哪些？

PAR38 12W LED 驱动器主要测试数据见表 6-25。

表 6-25　PAR38 12W LED 驱动器主要测试数据

V_{IN}/V	P_{IN}/W	PF	3 次/%	5 次/%	V_{OUT}/V	I_{OUT}/mA	R&N	效率/%
90	15.51	0.812	40.1	22.3	39.52	302	240mV	76.95
110	15.42	0.835	36.9	20.9	39.67	312	224mV	80.27
220	14.65	0.842	16.3	13.6	39.66	313	278mV	84.75
264	14.74	0.838	15.6	10.6	39.66	313	282mV	84.23

输出负载为 12 个 1W LED 串联，其效率及 PF 值，3 次、5 次及输出电压纹波见表 6-25。从表 6-25 中可以看到，由于采用了逐流电路，因此在全电压输入情况下 PF 值均大于 0.8，3 次及 5 次谐波均能满足 EN 61000-3-2V2000 中关于输入功率小于 25W 灯饰的要求。如要进一步提高 PF 值，可采用无源 PFC 电路中介绍的方法。输出电压纹波小于 300mV 对提高 LED 的使用寿命极为有利，因为在 LED 中存在的功耗不仅仅是 IV_F，还包括交流纹波产生的交流损耗，所以在空间及成本允许的情况下，要尽量减小输出电压与 LED 工作电流的纹波。从驱动器转换效率来看，在输入电压为 AC110V、AC220V 达到了 80%，可满足 PAR38 灯饰对效率的要求。如要进一步提高驱动器转换效率，可将 VT_1 改用 2N60 MOSFET，那样效率可以提高 3%～5%。如采用 MOSFET，应加上电阻 R10（阻值为 10kΩ），可当 VT_1 在截止时提供放电通路。图 6-63 所示是 PAR38 12LED 输入电压与输出电流变化曲线，从图中可见恒流精度能满足±5%的要求。

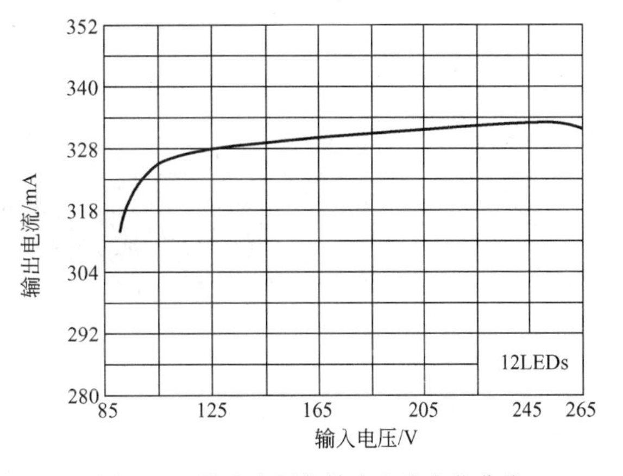

图 6-63　输入电压与输出电流变化曲线

75. EMI 问题表现在哪些方面？

PAR38 12W LED 的传导与辐射分别如图 6-64～图 6-67 所示。由图 6-64、图 6-65 的测试图可见，传导干扰的余量很大。图 6-66 所示的辐射（水平）干扰余量也很大，而图 6-67 所示的辐射（垂直）干扰余量也有 10dB，因此整个 EMI 完全能满足测试要求，并且较大的余量给批量生产带来了便利。

要顺利通过 EMI 干扰测试，变压器绕组结构设计是否合理与 PCB 元器件分布位置关系密切。对于传导类干扰，地线的走线与功率回路包围的面积是否合理密不可分；对于辐射类干扰，变压器一、二次绕组的排列次序与屏蔽层位置尤为重要。对于传导测试，许多电源生产企业自己有设备，要修改与通过测试比较方便；而辐射测试则大部分要去专业测试公司进行，不但费用昂贵，而且可能要预约，因此在去作辐射测试前，设计人员应多作分析，多准备可能应对的方案与准备好相应的器材，才能得到事半功倍的效果。

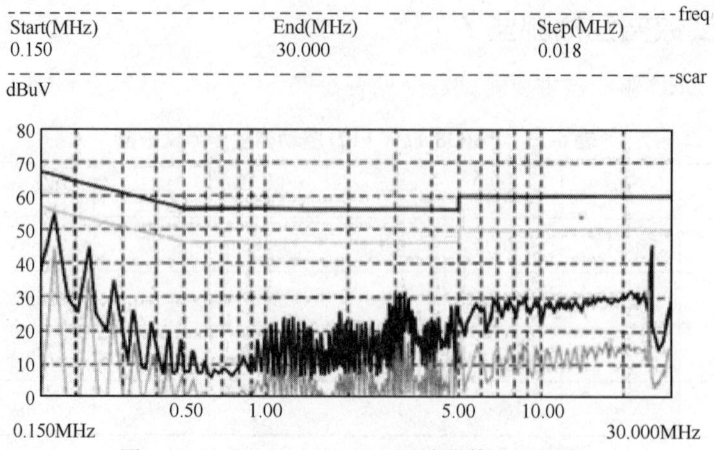

图 6-64　PAR38 12W LED 驱动器传导（相线）

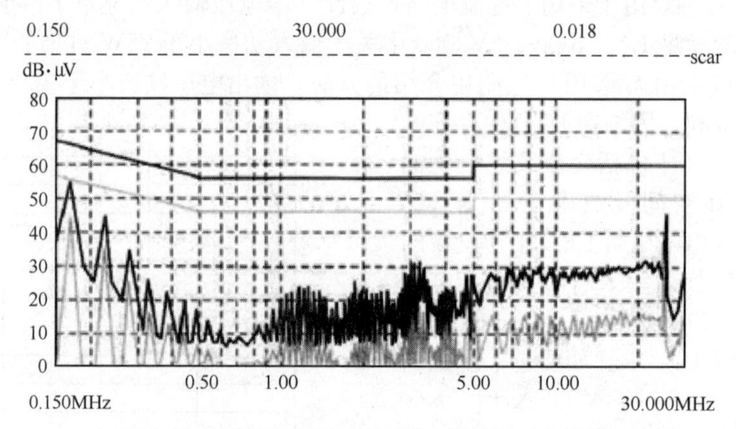

图 6-65　PAR38 12W LED 驱动器传导（中性线）

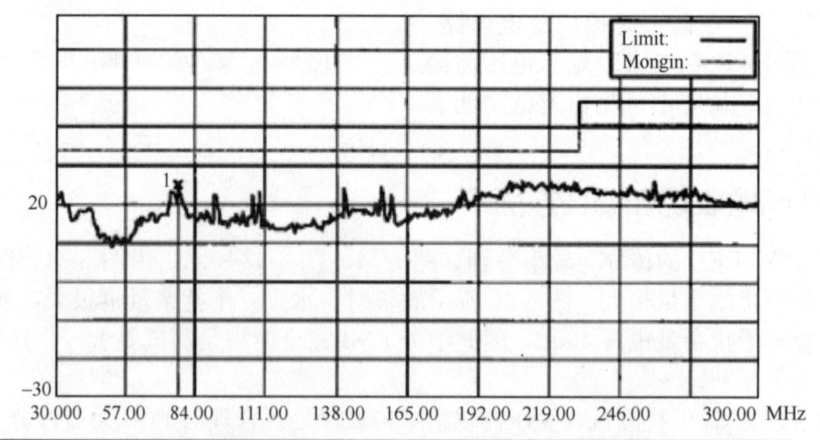

No Mk:	Freq	Reading Level	Correct Factor	Measure-ment	Limit	Over	Detector	Antenna Height	Table Degree	Comment
	MHz	dB·μV	dB	dB·μV/m	dB·μV/m	dB		cm	degree	
1	77.2500	15.49	9.03	24.52	40.00	−15.48	peak			

图 6-66　PAR38 12W LED 驱动器辐射（水平）

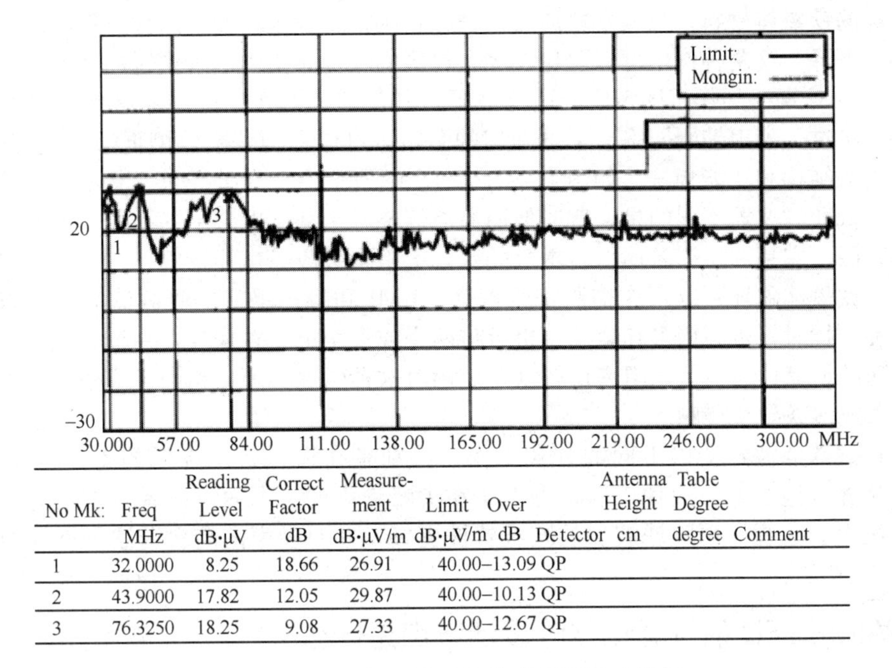

No Mk:	Freq	Reading Level	Correct Factor	Measure-ment	Limit	Over	Detector	Antenna Height	Table Degree	Comment
	MHz	dB·μV	dB	dB·μV/m	dB·μV/m	dB		cm	degree	
1	32.0000	8.25	18.66	26.91	40.00	–13.09	QP			
2	43.9000	17.82	12.05	29.87	40.00	–10.13	QP			
3	76.3250	18.25	9.08	27.33	40.00	–12.67	QP			

图 6-67 PAR38 12W LED驱动器辐射（垂直）

76. 铁氧体磁珠如何应用？

输出电压、电流纹波对LED的长期安全使用存在威胁，因此要设法减小LED驱动器输出电压和电流纹波。采用加大输出电容量或在输出端加LC滤波网络是有效的解决方法之一。但一味地加大输出电容量会导致负载动态响应变差，同时由于留给PAR灯类驱动电源的空间有限，而使LC滤波网络无法放置，因此在这种情况下，可以采用加入磁珠与瓷电容相结合的方法达到对尖峰噪声的衰减。

最初，人们认为在开关电源的输出滤波系统中，采用大容量电解电容可以旁路高频噪声和尖峰噪声。事实上，电解电容做不到这一点，因为电解电容具有等效串联电阻和等效串联电感，特别是等效串联电感。因此，不管接入多大容量的电容，输出端都会出现尖峰噪声。通常用一只陶瓷或聚酯薄膜小电容并到输出滤波电容的两端，对高频噪声能起到一定的旁路作用。在图6-68中，一只带磁珠的滤波电感与一只陶瓷电容构成衰减高频能量的LCR网络。该网络类似于低通滤波器或陷波器，但工作方式与普通的低通滤波器或陷波器略有区别。

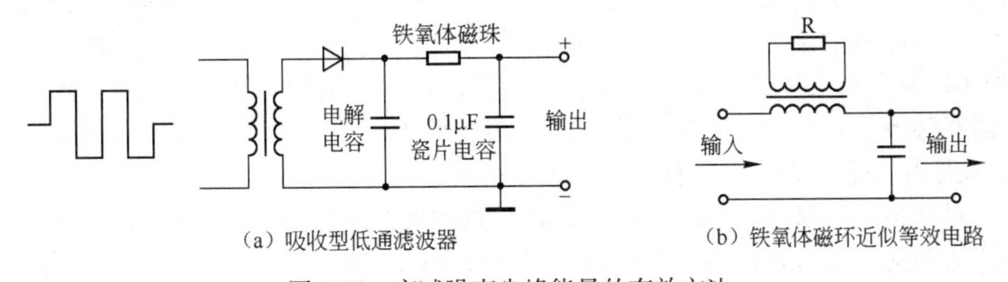

（a）吸收型低通滤波器　（b）铁氧体磁环近似等效电路

图 6-68 衰减噪声尖峰能量的有效方法

LCR网络中的R实际上是铁氧体磁珠的损耗，虽然在20～100kHz范围内铁氧体材料损耗较低，但是当频率为兆赫的高频能量噪声存在时，铁氧体材料损耗增加。另外，制造厂还生

产一种特殊的铁氧体材料，当频率较高时这种材料的损耗较小，而且这种材料的磁导率还随频率的增加而下降，这两种作用可以避免在令人讨厌的噪声频谱内出现尖锐的共振效应。对高频噪声来说，LRC网络的作用同RC低通滤波器，却没有实际RC滤波器必然存在的直流电压降。如果要给这一噪声抑制网络一个更确切的名字，可以称为“吸收型低通滤波器”，这个名称与该网络的结构和功能相符，如图6-68（a）所示。图6-68（b）是铁氧体磁环网络的近似等效电路，与低通滤波器不同的是，普通低通滤波器要尽量减少电感中的损耗，而铁氧体磁环网络却相反，因为它是利用铁氧体材料本身的等效电阻来吸收噪声能量的。

损耗型铁氧体磁环可以用作抑制寄生振荡、EMI和噪声瞬变的吸收滤波器。当需要衰减低频噪声和干扰时，可采用多孔磁珠；也可将两个或多个单孔磁珠穿在一根导线上。有时，用于这种磁珠的铁氧体材料体电阻率比较低，使用时这种磁珠必须互相绝缘或架空，以使它们不同时与两条或多条导线接触。

有时，磁珠滤波器会以不同的方式工作，特别是在损耗趋于降低的1～10MHz频率范围内。挑选瓷片电容时，应使串联谐振发生在尖峰噪声的范围内，或者发生在能量较大的某个低次谐波上。这样，磁珠滤波器的陷波特性更好，并对噪声的高次谐波仍有好的吸收滤波作用。

77. PAR38 LED射灯驱动器的设计难点是什么？

设计PAR38LED射灯驱动器的主要技术难点在于：

① 整体转换效率普遍不高，一般在80%左右。从安全性考虑，由于该类灯具大多数采用一、二次电路隔离的方式，同时要考虑EMI与电流谐波问题，且空间有限使变压器绕组线径细、电密过高，导致整体转换效率下降。若要解决这类问题，在电路结构上要设法采用非隔离电路结构，同时与散热结构结合起来，恰当考虑安全性问题；或者在成本允许的前提下，采用软开关技术，才可能满足转换效率大于90%的要求。

② EMI问题。市场上大多数该类产品如E27、GU10、PAR30、PAR38等，能通过传导测试的产品比例较小，能通过辐射测试的更是凤毛麟角，究其原因不外乎空间有限、成本卡死等。从实际制作经验来看，最主要的还是观念问题，许多公司的老板和设计人员认为市场上同类产品都没有通过测试，所以觉得自己的产品不需要通过测试；还有就是可能存在开发周期短或处理经验不足等原因，导致没有认真地处理好EMI。要顺利通过EMI测试，在设计初期就要认真规划电路拓扑、元器件选用等，尤其对于PCB的排板、变压器绕组结构的设计更是重要。只要按照推荐的PCB排板原则，一般传导类测试比较容易通过。在应对辐射测试时，要正确区分在哪个频段，是共模还是差模引起，而采用相应的对策。

③ 电流谐波与PF值问题。输入功率小于25W的LED灯具类产品，对于谐波与PF值的处理方式的确有些棘手，主要原因还是受空间与成本约束，同时检测法规的不完善也存在某些诱导因素。在实际申请该类LED灯具的认证时，检测公司的工程师对此态度也是莫衷一是，因此导致LED驱动器设计、生产厂存在侥幸心理。要满足谐波电流3次小于86%、5次小于61%，根据实际经验，从体积与成本的考虑采用有源模式显然不尽合理，因此采用图6-61或图6-68的电路方式是有效的，还有就是采用单级反激式电路架构。

其实，对于谐波测试的方法与工具，设计工程师实验室就能完成，目前许多功率计具有检测谐波电流的功能，如杭州远方的PF9810、YOKOGAW的WT210等，在驱动器工作时只要按分析键就可以知道电流谐波量，从而寻找应对的措施。

④ 温度补偿问题。电流检测电路不管是采用晶体管、放大器还是TL431结构，都可以加入温度补偿电路，来实现LED温度上升使工作电流下降，从而降低LED光衰、延长LED使用寿命的目的。在设计时应搞清楚是满足正温度补偿还是满足负温度补偿，并根据电路结构与

使用要求来设计，不要本末倒置。

78. 基于 LT3598 的多通道 LED 射灯驱动电源的特点是什么？

在家庭装修中，有时要在一个地方安装几个射灯。采用 LED 射灯不仅节省电能，而且控制和安装容易。基于 LT3598 的拓扑结构，设计了 LT3598 多通道 LED 射灯驱动电路，合理选取关键元器件，如电感、电容、二极管等，优化设定开关频率，并进行了过电压、过电流、过热保护的设计保证电路稳定、可靠。

79. LT3598 内部拓扑结构是什么？

LT3598 内部拓扑结构如图 6-69 所示。LT3598 内部采用固定频率、峰值电流模式控制方案，有很好的线路和负载调节能力，其中有 6 个电流源提供 6 个通道，可驱动 6 串 LED，每串多达 10 个白光 LED，每串驱动电流可高达 30mA，效率可达 90%，并且可以保证每串间电流精度在 1.5%以内，以确保每串 LED 亮度一致。内置升压型转换器使用一个自适应反馈环路来调节输出电压至稍微高于所需的 LED 电压，以确保最高效率。任一 LED 串出现了开路，并不影响 LT3598 正常工作，LT3598 可继续调节现存 LED 串，并向引脚 OPENLED 发出报警信号。

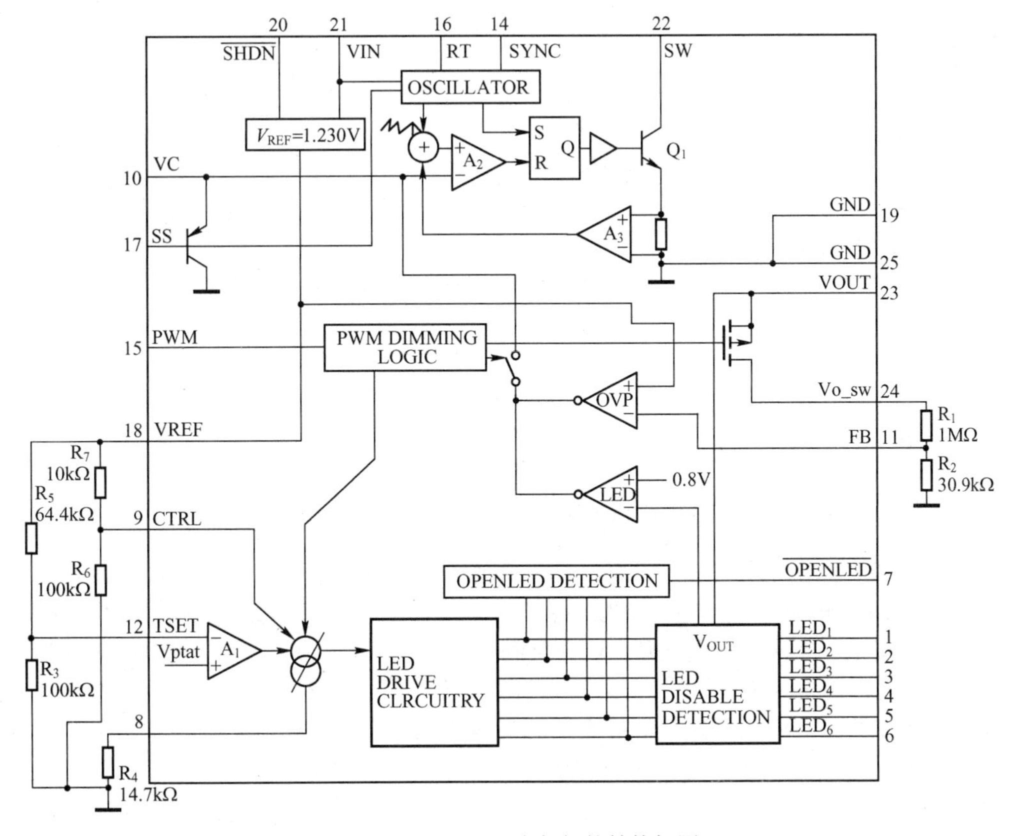

图 6-69　LT3598 内部拓扑结构框图

80. 主电路设计注意事项是什么？

应用电路如图 6-70 所示，总共 6 串，每串 10 个 LED，设计每串最大正常工作电流为 20mA，电源采用控制芯片自带的升压型 DC/DC 转换电路，升压电感 L1，内置功率开关管，肖特基整流二极管 VZ，设计高频开关频率为 1MHz，设计 LED 串最大供电电压为 41V，在此电压范围内电路正常工作，否则，过电压保护电路启动，以便 LED 供电电压恢复正常。用幅值为 3.3V、上升沿和下降沿均为 10ns、频率为 1kHz 的 PWM 调光脉冲，可实现 3000∶1 的 PWM 真彩调光范围，并且在调光过程中，LED 串最大电流一直稳定在 20mA，改变的只是 PWM 调光脉冲占空比，这意味着改变了 LED 串的平均电流，从而达到 LED 调光的目的。任何不用的 LED 串不能空着，应接入引脚 VOUT，内部故障检测环路忽略该串，也不会影响其他串的开路 LED 检测。

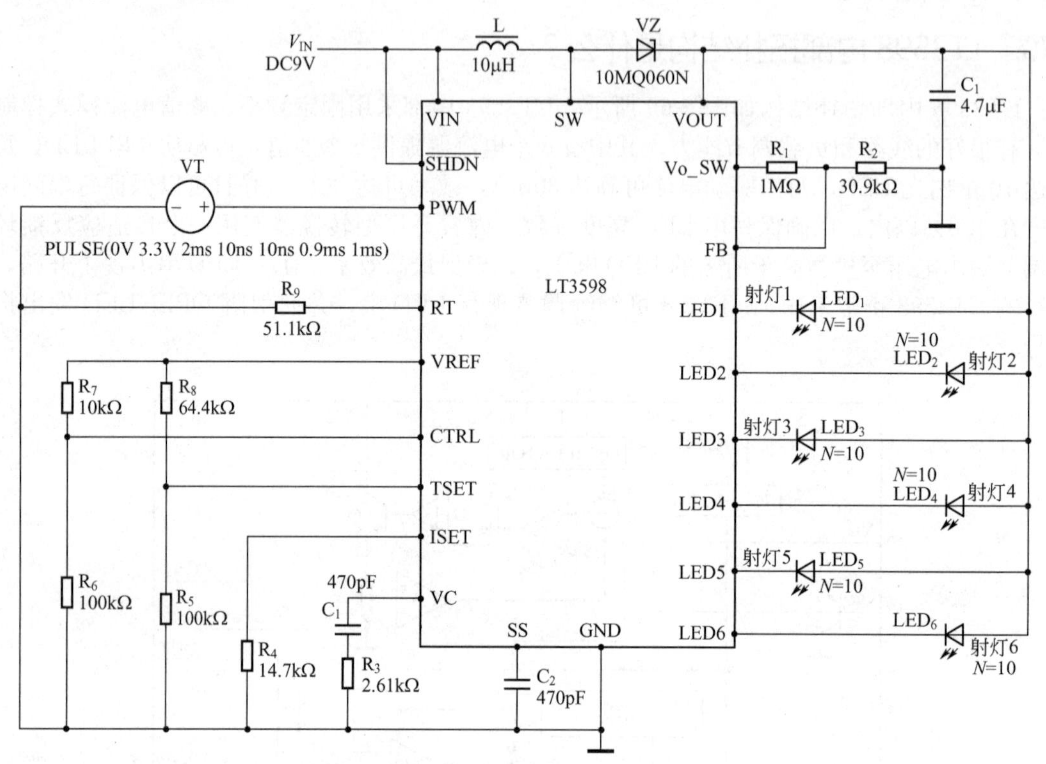

图 6-70　六通道 LED 射灯驱动电路图

81. 调光控制的注意事项是什么？

应用 LT3598 可用两种不同类型的调光模式进行调光。在有些场合，首选方案是采用可变的直流电压来 LED 电流，进而进行亮度控制。LT3598 的引脚 CTRL 电压就可用来调整 LED 串电流而实现调光，当该引脚电压从 0V 变化到 1V 时，LED 串电流就会从 0V 上升到设定的最大电流（本实例设定为 20mA）；当引脚 CTRL 电压超过 1V 时，对 LED 串电流就没有影响了。这种调光技术称为模拟调光，其最大优势是避免了由于 PWM 调光脉冲所产生的人耳可闻的噪声。其缺点有二：一是增大了整个系统能耗，系统效率低下，因为此时 LED 驱动电路始终处于工作模式，电能转换效率随着输出电流减小而急剧下降；二是 LED 发光质量不高，因为 LED 发光颜色随着正向电流的变化而变化，而它直接改变了白光 LED 串的电流。

82. 主要元器件怎么选型？

（1）电感选型　为了保证供电电源的稳定，选择电感有几个问题需要解决：第一，电感量必须足够大，这样才能保证开关管 VT 截止期间，能向负载供应足够的能量；第二，电感必须能承受一定的峰值电流而不至于饱和，甚至损坏；第三，电感的直流电阻值应尽量小，以便电感本身的功率损耗（I^2R）最小化。此外就 LT3598 集成电路来说，用铁氧体磁芯电感就可以获得最佳的效率，其电感值在 4.7～22μH 就可以满足大多数应用场合的需要。

（2）输出电容选型　在输出端应用低等效串联电阻（*ESR*）值的陶瓷电容，以尽量减少输出纹波电压。就 LT3598 应用电路来说，一个 4.7～10μF 的输出电容就可以满足大多数高输出电流的设计要求。

（3）整流二极管选型　选择高频整流二极管，需要从以下几个方面加以考虑：第一，正向压降要低；第二，开关速度要快，因此肖特基二极管是最好的选择；第三，整流二极管的平均额定电流必须大于应用场合的总平均输出电流；第四，整流二极管的反向击穿电压必须高于最大输出电压。

83. 关键电路及参数设计注意事项分别是什么？

（1）开关频率　选择最佳的开关频率取决于几个因素：第一，虽然减小高频电感可以得到更高的开关频率，但是开关损耗也随之增大，因而效率略有降低；第二，有些应用场合，如果电力供应不足，要带动大量的 LED，就需要很高的占空比，必要时还得降低开关频率（因为低开关频率，不仅可以获得更高的占空比，而且可以使高占空比维持更长时间，这样才能驱动更多的 LED）。

LT3598 本身就具有升压型 DC/DC 转换器的功能，其正常工作高频开关频率设置在 200kHz～2.5MHz，就可以很好工作。用 LT3598 引脚 RT 外接到地电阻的阻值来调控高频开关频率的大小。本实例中 RT 外接电阻 R_9 阻值为 51.1kΩ，DC/DC 转换器工作的开关频率为 1MHz。引脚 RT 不能悬空。图 6-71 给出了开关频率与 RT 外接电阻的关系曲线。

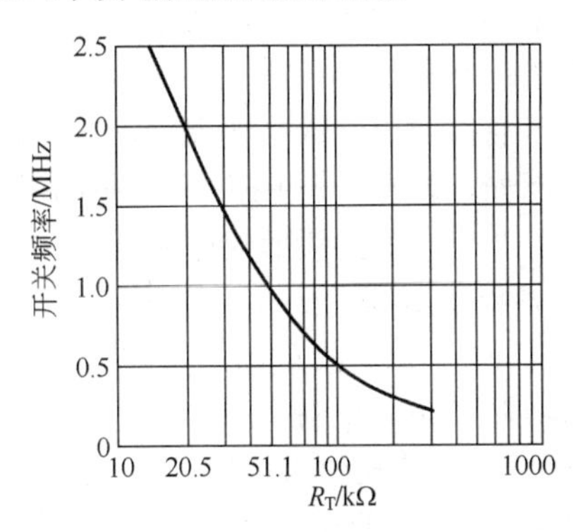

图 6-71　开关频率和 RT 外接电阻关系曲线

LT3598 亦可采用外同步方式工作，若引脚 SYNC 外接同步信号，引信号频率必须略高于 DC/DC 转换器工作的开关频率，一般为 240kHz～3MHz，占空比为 20%～80%，幅度在 0.4～1.5V 为宜。此时，RT 外接电阻控制开关频率应低于外接 SYNC 同步脉冲频率的 20%。该引脚 SYNC 不能悬空，不用时必须接地。

（2）过电压保护　LT3598 应用电路的最大输出电压可用如下公式求得

$$V_{OUT(max)}=1.23\times\left(1+\frac{R_1}{R_2}\right)$$

通过设置外接电阻 R_1 和 R_2 的阻值就可以确定最大输出电压，要求输出电压应略高于 LED 串正常工作电压。当 LED 工作电压超过设定的 $V_{OUT(max)}$ 时，过电压保护电路启动，以便 DC/DC 转换器降低输出电压。

（3）输出电流　根据实际应用需要，通过设置引脚 ISET 外接电阻 R_4 的阻值（选取阻值范围为 10～100kΩ 可使此驱动电路正常工作），就可以设定流过 LED 串电流。流过 LED 串电流估算公式为

$$I_{LED}\approx\frac{294}{R_4}$$

式中，I_{LED}为流过 LED 串电流，本实例中 R_4 阻值为 14.7kΩ，故最大电流为 20mA。

设定 I_{LED}越大，则 LT3598 本身功耗就越高。若 $I_{LED}=30$mA，PWM 调光占空比为 100%，此时 LT3598 内部功耗至少为 144mV。

（4）过热保护　对于一个有 6 个线性电流源的单一升压转换器，对 6 串 LED 供电，任何

LED 串的电压不匹配都将造成功率的额外耗散，引起驱动电路过度发热；同时，环境温度升高，也会导致控制芯片温度升高。因此，电路设计需要考虑发热因素的影响。

热回路的工作过程很简单，当环境温度升高时，驱动芯片内部结温也随着升高。一旦温度达到了设定的最大结温，LT3598 开始线性地降低 LED 电流，并根据需要尽量保持在这个温度水平。如果环境温度越过设定的最大结温后继续升高，LED 电流将减小到大约全部 LED 电流的 5%。因此，电路设计要考虑到具体使用环境，避免环境温升过高而影响电路正常工作。如图 6-69 所示，在 IC 的引脚 TSET 接一个电阻分压网络 R_8 和 R_5，适当选择 R_8 和 R_5 的比值，就可确定需要设定的最大结温。在实践应用中，根据 R_8 和 R_5 的比值与实测温度，得出了几组常用的数据，见表 6-26。

表 6-26　TEST 结温和外接电阻分压网络阻值关系表

T/℃	R_8/kΩ	R_5/kΩ
90	67.7	100
100	63.3	100
110	59.0	100
120	54.9	100

更为直观的方法是，通过改变引脚 TSET 外接电阻分压网络的比值，从而设定该引脚电压值，也就确定了需要设定的最大结温。通过实验得到结温和引脚 TSET 电压值的关系如图 6-72 所示。由该图中可以得出结论，随着引脚 TSET 电压 V_{TSET} 的升高，驱动芯片正常工作的最大结温也跟着线性升高。

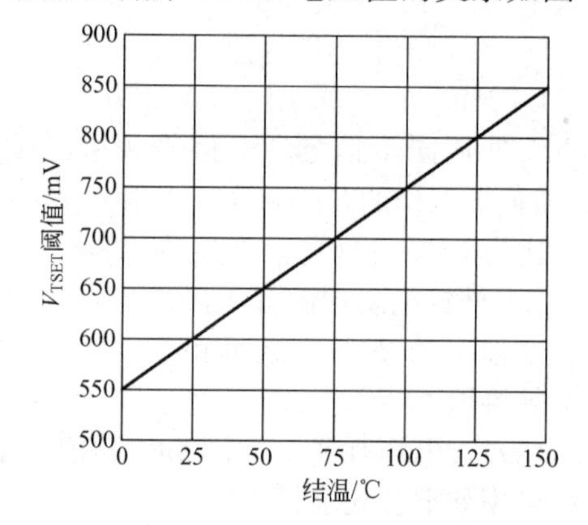

图 6-72　结温和引脚 TSET 电压值的关系曲线

可通过通道并联来为每个 LED 串提供更高的电流。例如，若有 2 个 LED 串，每串需 90mA 的电流，则要每 3 个通道并联形成两路通道，即可分别为 2 串 LED 各提供最高 90mA 的电流。

若每串 LED 的正向压降差异很大，则会产生巨大的功耗，降低电源效率。为了得到高效率，在选择 LED 时，首先要求每串 LED 数量相同，其次要求通过每串 LED 的压降也尽量一致。LT3598 的输入电压范围为 3.2～30V，多通道能力使其可以作为小功射灯使用。

84. 由恒流二极管构成的 LED 走廊灯驱动电源的优点是什么？

家用 LED 走廊灯具是安装在走廊墙壁或拐角处供夜间照明的一种小功率灯具。由于需要的照明功率小，亮度需求低，为降低驱动成本和减小体积，可以采用恒流二极管和电容降压式小功率 LED 驱动电路设计方案。由交流市电供电，输出低压恒流，只需调整理电路中部分元器件参数即可恒流驱动不同功率 LED 灯组。这种设计方案在传统电容降压驱动电路基础上引入了恒流二极管，保证了驱动电源低压恒流输出。负载小功率 LED 采用交叉阵列方式连接，降低了灭灯率。

85. 什么是恒流二极管？ 有何特点？

恒流二极管也称为半导体电流调整管，其技术原理是利用半导体结构的沟道夹断方式产生半导体恒流电流。恒流二极管用在电路中达到恒流输出效果。即使在电压供应不稳定或负载电阻变化很大的情况下，都能确保供电电流恒定。恒流二极管的特点如下：

① 大电流，1～100mA。

② 低电压启动，3～3.5V。

③ 恒流电压范围为 25～100V。

④ 动态电阻，8～160kΩ。

⑤ 高精度，在恒流电压范围内，电流相对变化在 10%范围内。

⑥ 应用外围电路简单，使用方便。

86. 电容降压电路如何设计？

LED 采用交流市电供电时，必须经过 AC/DC 以及 DC/DC 转换，将高压交流电转换为低压直流电。目前降压电路主要有工频变压器线性降压电路、高频开关电路、基于 IC 的降压电路、电容降压电路等几类。考虑到驱动电源的体积与成本，这里采用电容降压电路。图 6-73 所示为电容降压电路。

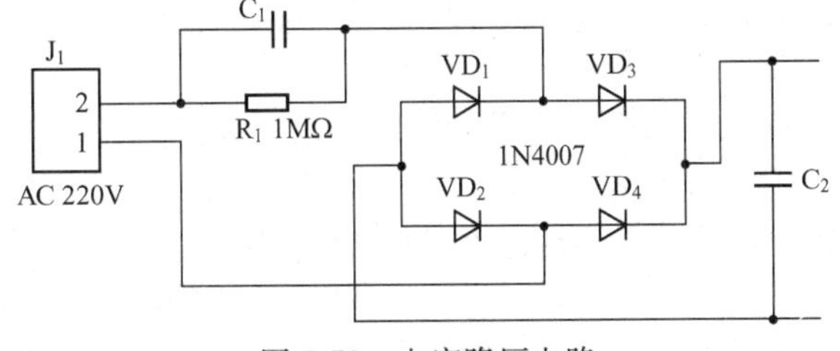

图 6-73　电容降压电路

在图 6-73 中，无极性降压电容 C_1 的充放电电流为 $I_C=2\pi fCV_o$（V_o 为交流电压，f 为交流频率）。降压电容 C_1 向负载提供的电流 I_o 实际上就是流过 C_1 的充放电电流 I_C。当负载电流小于 C_1 充放电电流时，多余的电流就会流过滤波电容 C_2。若 $V_o=220V$，$f=50Hz$，则 $I_C=69C$（I_C 的单位为 mA，C 的单位为 μF）。为了能够保证降压电容安全可靠工作，其耐压值应大于 2 倍市电电压，因此降压电容宜选用耐压值为 630V 的独石电容。R_1 为 1MΩ 放电电阻，当电路断电时 C_1 通过 R_1 快速放电；VD_1～VD_4 为 1N4007 组成的全波流桥。为了获得较好的滤波效果，滤波电容的容量应满足 $R_LC=$（3～5）$T/2$（R_L 为负载电阻，T 为 0.02s），电容值应大于 $1.12V_o$（V_o 为电容降压电路输出电压）。原则上，电容值取得越大，输出电压越平滑，其纹波值越小。但是随着电容容量的增大，一般其体积也随之增大，在考虑电路板面积的情况下，应尽量选择大容量的滤波电容。

87. 基于恒流二极管的市电供电小功率 LED 驱动电路如何设计？

基于恒流二极管的市电供电小功率 LED 驱动电路如图 6-74 所示。

图中 VD_5、VD_6 为恒流二极管，本设计采用的恒流二极管为贵州博越公司的 2DHL 系列。2DHL 系列恒流二极管是一种硅材料制造的基础电子器件，正向恒电流导通，反向截止。恒流二极管输出的恒电流大，精度高，启动电压低。器件按极性接入电路中，即可达到恒流效果，应用简单，实现了电路理论和电路设计中的两端恒流源。由于输出电流大，可以直接驱动负载，实现恒定电流电源。在 LED、半导体激光器及需要恒功率供电驱动的场合有广泛应用。恒流二极管具有起始电压低（3～3.5V）、恒流电压范围广（25～100V）、响应时间快（$t_r<$50ns；$t_r<$70ns）、负温度系数等优良特性。为了提供更大电流，可以将多个恒流二极管并联使用，并联后输出电流为各个恒流二极管标称电流之和。由于恒流二极管工作电压范围加大，因此即使负载 LED 短路也不会导致整个驱动电路烧毁，具有很强的电路保护功能。

小功率 LED 正向电压为 2.8～3.2V，最大工作电流为 20A。LED 亮度 L 与正向电流 I_F 成正比：$L=KI$（K 为比例系数），工作电流越大则发光亮度越大。但由于 LED 具有亮度饱和特性，所以 LED 正向驱动电流应小于其标称电流。小功率 LED 电流达 15mA 以后，亮度已

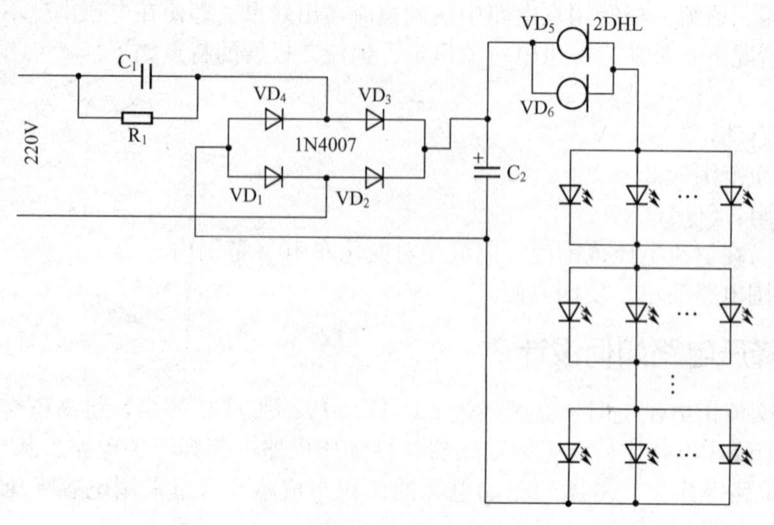

图 6-74　基于恒流二极管的市电供电小功率 LED 驱动电路

达到饱和，如果继续增大电流不仅不会提高亮度，还会使 LED 的 PN 结温迅速升高导致光衰。

C_1 为降压电容，电容降压电路的输出电流主要与降压电容容量和输出电压有关，输出电压越高则电流越小。理论上，驱动电路输出电压可达 100V 以上，但考虑到高电压下滤波电容 C_2 的体积较大，不易于电路安装，所以设计的驱动电路主要使用 50V 和 100V 的滤波电容。虽然电容的容值越大则驱动电路的输出电流越大，但是降压电容的容值太大会降低整个驱动电路的安全特性与稳定性，因此建议降压电容的容值不要超过 3.3μF。表 6-27 列出了采用0.68～3.3μF 不同降压电容，驱动电路在不同电压下提供的电流以及能够驱动的最多 LED 数量。

表 6-27　C_1 容量值与输出电流的关系

C_1 电容值/μF	输出电流值/mA	最大输出电压/V	驱动最多 LED 数量
1	60	45（C_2 为 470μF/50V）	4（并）×15（串）
	45	90（C_2 为 220μF/100V）	3（并）×30（串）
2.2	120	45（C_2 为 470μF/50V）	8（并）×15（串）
	100	93（C_2 为 220μF/100V）	7（并）×31（串）
3.3	180	45（C_2 为 470μF/50V）	12（并）×15（串）
	165	93（C_2 为 220μF/100V）	11（并）×31（串）

LED 采用交叉阵列方式连接，先将相同数量 LED 并联成组，再将各个组串联。采用交叉阵列方式，对 LED 灯珠一致性要求不高，并且不会因为其中一只灯珠损毁而导致整个 LED 灯熄灭。由于目前 LED 白光频谱成分单一，柔和性较差，为了提高 LED 灯整体发光柔和度，应在白光 LED 灯中适当加入几只黄光 LED 灯珠。

基于恒流二极管小功率 LED 驱动电路结构简单，成本低廉，可满足 LED 恒流驱动的要求，驱动电路可靠性很高。通过改变降压电容可适合用作多种 LED 灯具电源，虽然驱动电路功率因数较低，但是特别适合低端照明市场应用。

88. 声控 LED 走廊灯驱动电源设计的优点是什么？

声控走廊灯在目前已得到广泛使用，它给人们的生活带来了很大方便，与其他灯相比最突出的优点就是节约了很大一部分电能。在生活中，不管是在居民小区，还是在办公的高楼大厦，都能看到声控走廊灯。在声控走廊灯里采用 LED 照明，不仅可以节电，还能增加电路可靠性和灵活性。这里就是采用 XLT604、CD4013 和 LM324 作为核心芯片设计了声控 LED 走廊灯。

89. XLT604 的功能是什么？

XLT604 是采用 BICMOS 工艺设计的 PWM 高效 LED 驱动控制芯片。它在输入电压 DC8～450V 范围内均能有效驱动高亮度 LED。该芯片能以高达 300kHz 的固定频率驱动外部 MOSFET，且其频率可由外部电阻编程决定。外部亮度 LED 串可采用恒流方式控制，以保持恒定亮度并增强 LED 的可靠性，其恒流值可由外部采样电阻值决定，其变化范围从几毫安到 1A。

XLT604 驱动的 LED 可以通过外部控制电压来线性调节 LED 亮度，亦可通过外部低频 PWM 方式调节 LED 串的亮度。

XLT604 的功能框图如图 6-75 所示，XLT604 的引脚图如图 6-76 所示。

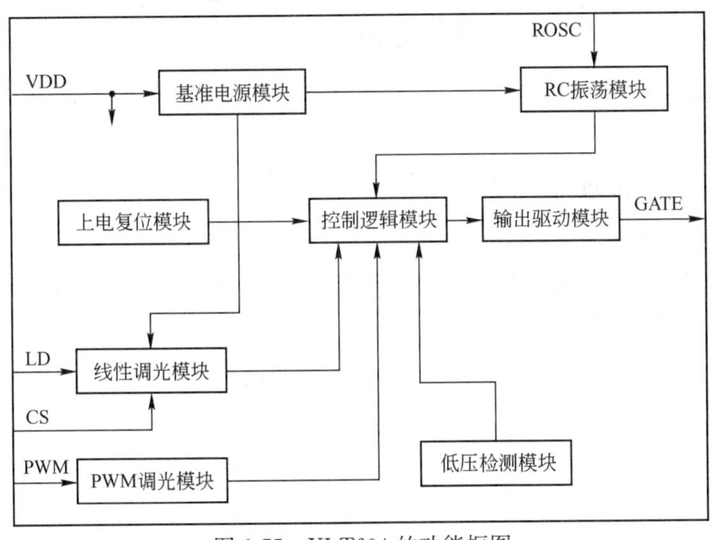

图 6-75　XLT604 的功能框图

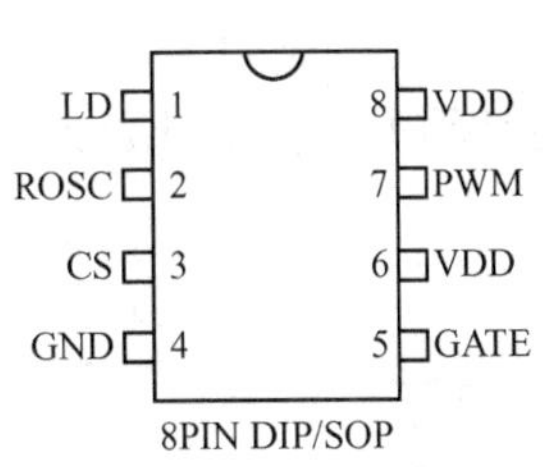

图 6-76　XLT604 的引脚图

XLT604 各引脚的主要功能见表 6-28。

表 6-28　XLT604 各引脚的主要功能

引脚号	引脚名	功能描述
1	LD	线性输入调光端
2	ROSC	振荡电阻接入端
3	CS	LED 电流采样输入端
4	GND	芯片地
5	GATE	驱动外部 MOSFET 栅极
6	VDD	芯片电源
7	PWM	PWM 输入调光端，兼作使能端
8	VDD	芯片电源

90. 声控 LED 走廊灯的声控原理是什么？

首先要将声音信号转化成电信号，这需要传感器电路。由于传感器电路输出的电信号比较微弱，所以需要放大电路，经放大后的电信号要实现开关式控制和延时式控制两种控制方法。本系统采用驻极体话筒、LM324、CD4013 等器件完成了各项要求。该电路当开关拨到 T 触发器时，击掌一次灯亮，再击一次灯灭；当开关拨到单稳态电路时，击掌一次灯亮，过 3s 后自动熄灭。

91. 系统框图如何构成？

声控 LED 走廊灯的结构框图如图 6-77 所示，可见系统由传感器电路、信号放大电路、开关控制和延时控制以及 LED 驱动电路构成。

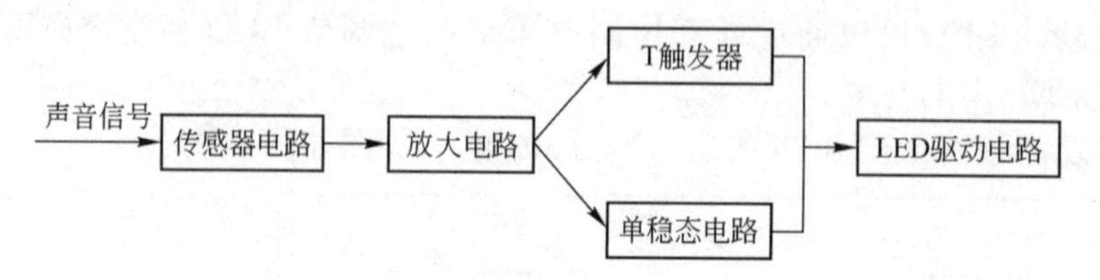

图 6-77　声控 LED 走廊灯的结构框图

92. 声控 LED 走廊灯的控制部分如何设计？

声控 LED 走廊灯的控制部分电路原理图如图 6-78 所示，控制电路单独供电，供电电压为 12V（图中未画出）。声音信号通过话筒转换成电信号，送到放大电路放电整形后，分别送到由 CD4013 组成的 T 触发器和单稳态触发器，在选择开关控制下输出控制信号到 LED 驱动电路的 PWM，控制 LED 的亮灭。

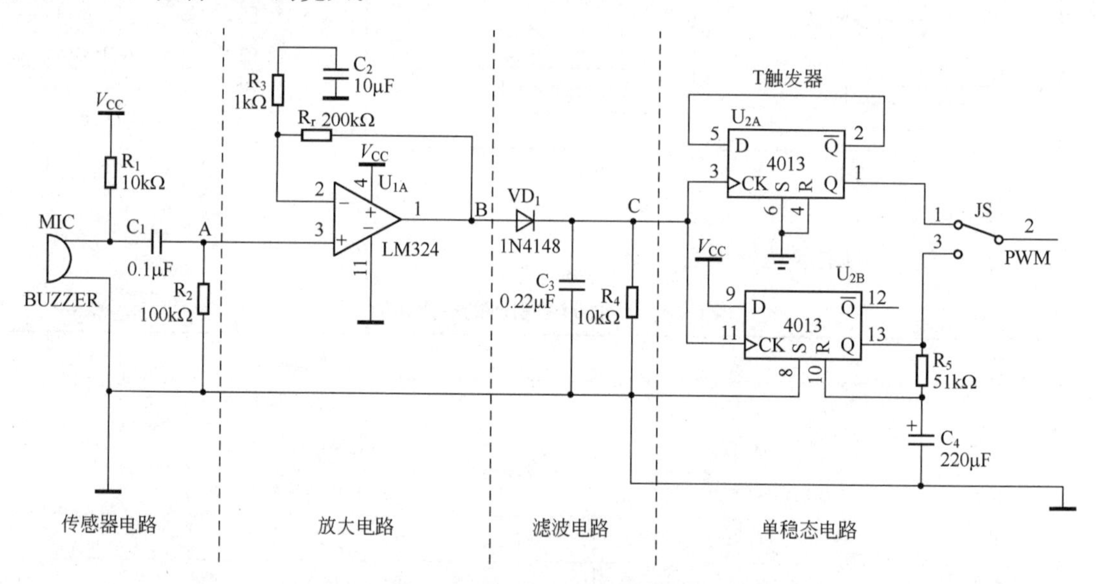

图 6-78　声控 LED 走廊灯的控制电路原理图

93. 基于 XLT604 的 LED 驱动应用电路如何设计？

XLT604 是可降压、升压、升压-降压驱动大功率 LED 串的控制芯片。该芯片既适用于 AC 输入，也适用于 DC8～450V 输入。AC 输入时，为提高功率因数，可在线路中加入无源 PFC 电路。XLT604 可驱动上百个 LED 的串联或数串并联，并可通过调节恒流值来确保 LED 的亮度并延长寿命。PWM-D 端可采用低频脉宽调制方法调节 LED 亮度，同时兼作使能端。

该端悬空时，芯片无输出控制。实际上，该芯片也可以通过 LD 的线性调压方式调节 LED 亮度。图 6-79 所示是声控 LED 走廊灯的 LED 驱动电路原理图。

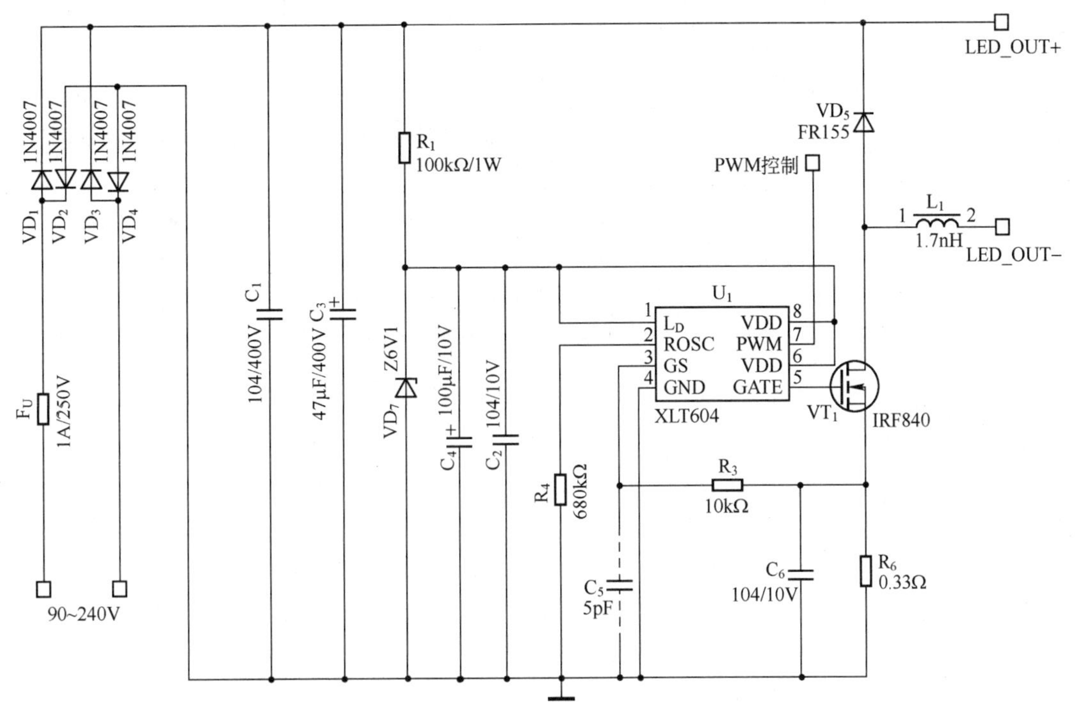

图 6-79 声控 LED 走廊灯的 LED 驱动电路原理图

94. 电路开关频率如何计算？

开关频率的高低决定了电路中电感的大小，高频率可以使用较小的电感，但这会增加电路的损耗。典型的频率应在 20～150kHz，欧洲所用电压采用 230V，可以用较小的频率；北美所用电压采用 120V，因此选择 100kHz 是一种好的折中方案。电路中的振荡电阻可以通过下式计算：

$$f_{OSC}=22000\Omega/(R_{OSC}+22k\Omega)$$

式中，R_{OSC}的单位为 kΩ。

95. 交流输入电感如何设计？

设输入有效值为 120V，I_{LED}为 350mA，f_{OSC}为 50kHz，10 个 LED 的正向压降 V_{LED}为 30V，则有

$$V_{IN}=120V\times1.41\approx169V$$

那么，开关占空比为

$$D=V_{LEDs}/V_{IN}=30V/169V\approx0.177$$

$$T_{ON}=D/f_{OSC}\approx3.5ms$$

$$L=(V_{IN}-V_{LEDs})T_{ON}/(0.3I_{LED})\approx4.6mH$$

96. 输入滤波电容如何设计？

输入滤波电容应确保整流电压始终大于 2 倍的 LED 串电压。假设滤波电容两端有 15%的纹波电压，那么滤波电容的简单计算方法如下：

$$C_{\min}=0.06I_{\rm LED}V_{\rm LEDs}/V_{\min}=22\mu\rm F$$

因此，选择值为 22μF/250V 的电容作为输入滤波电容。

97. 控制部分如何设计？

XLT604 可用来控制包括隔离/非隔离、连续/非连续等多种类型的转换器。当 GATE 端输出高电平时，电感或变压器一次侧电感的储能将直接传给 LED 串，而当功率 MOSFET 关断时，储存在电感上的能量将会转换为 LED 的驱动电流。

当 $V_{\rm DD}$电压大于 UVLO 电压时，GATE 端可以输出高电平，此时电路将通过限制功率管电流峰值的方式工作。将外部电流采样电阻与功率管的源极串联，可在外部采样电阻的电压值超过设定值（内部设定值为 250mV，亦可通过 LD 外部设定）时，功率管关断。如果希望系统软启动，则可在 LD 端对地并接一个电容，以使 LD 端电压按期望的速率上升，进而控制 LED 的电流缓慢上升。

98. 如何实现调光？

本电路的调光有线性调节和 PWM 调节两种方式，这两种方式可单独调节也可组合调节。线性调光可通过调节 LD 端的电压（0～250mV）来实现，该电压优先于内部设定值 250mV。通过调节连接在电源地上的变阻器可改变 CS 端电压，当 LD 端电压高于 250mV 时其电压变化将不影响输出电流，而如果希望更大的输出电流，则可以选择一个更小的采样电阻。

PWM 调光则通过一个几百赫的 PWM 信号加在 PWMD 端来实现。PWM 信号的高电平时间长度正比于 LED 灯亮度，在该模式下，LED 电流可以为 0 或设定值之一。通过 PWM 调节方式可以在 0～100%范围内进行调光，但不能调出高于设定值的电流。PWM 调光的精度仅受限于 GAT。

99. 台灯的性能需求有哪些？

① 桌面照明要有足够的照度。办公、学习的桌面上照度国际标准为 300～500lx，我国标准为 150lx。

② 显色指数不低于 80。

③ 光线要稳定。

④ 无眩光。

⑤ 使用绿色照明产品。

目前台灯使用的光源基本以白炽灯与荧光灯（节能灯）为主，以白炽灯为光源的台灯存在光效低、发热严重、寿命短等缺点；以荧光灯为光源的台灯存在频闪现象，尤其对于青少年的视力发育存在隐患。白炽台灯若要实现调光控制，通常采用晶闸管加电位器的方式实现，电位器的触点在使用一段时间后存在触点接触不良的现象，而且调光范围较小，光线变化线性度不够一致。荧光台灯调光时存在频闪明显的缺点。

100. 大功率 LED 台灯的主要特点是什么？

大功率 LED 台灯产品特点为：

① 效率高。大功率 LED 的发光效率已大于 120lm/W，更由于 LED 的光谱几乎全部集中于可见光波段，发光效率远远大于白炽灯并已部分接近或超越节能灯和荧光灯。

② 光线质量高。由于光谱中没有紫外线和红外线，故没有热量和有害辐射，不会给人眼带来负面影响，长时间学习或工作不会有眼睛发疼发胀的现象。

③ 显色性好。与荧光灯相比，大功率 LED 台灯的显色指数高，通常在 80 左右，这样有利于减轻人眼的疲劳程度，对保护视力有很大帮助。

④ 维护成本低。LED 寿命长，光通量半衰期寿命在 5 万小时以上，一般正常使用 30 年以上，抗冲击和抗震能力强，没有钨丝、玻壳等易损坏的部件，非正常报废的可能性很小。

⑤ 体积小。可以使用灯具小巧精致，更适合不同的使用场所。

⑥ 与蓄电池配合，很容易把台灯做成应急灯。当在停电或紧急情况下，能帮助人们疏散和照明。

⑦ 绿色环保。废弃物可回收，没有污染，不含有汞成分。

⑧ 亮度调整方便。可采用线性与 PWM 方式调节 LED 的亮度。

101. LED 台灯驱动电源的要求有哪些？

LED 台灯的使用频率较高，且其灯体部分也很容易被触摸到。因此，从安全角度考虑，LED 台灯驱动电源一定要采用隔离方式，非隔离电源应禁用。LED 驱动方式有多种，在台灯产品中采用低压恒流驱动（这是比较理想的 LED 驱动方式），它能避免 LED 正向电压的改变而引起电流变动，同时恒定的电流使 LED 的亮度稳定。一般采用交流电驱动的光源具有频闪效应，会使视觉神经受到不断变化的强光刺激，容易疲劳；采用恒流驱动的 LED 能够发出稳定的光线，完全无频闪现象，阅读舒适。台灯为低电压输入，是安全电压，避免了普通灯具因电路故障带来的安全隐患。

LED 台灯驱动电源存在两种形式，一种是内置式，内置式电源无需外壳，直接置于灯体内，具有体积小、节约成本的特点，但台灯在作整灯安规测试时稍显麻烦；另一种是外置式，做成适配器形式，LED 适配器驱动器具有使用灵活、通用性强的特点。LED 驱动器究竟采用何种形式，要视灯体结构与客户需求所定。

102. LED 台灯的光学系统有何要求？

一个优质的灯具还要有高效能的光学系统，而高效能的光反射器是最有技术含量的部件之一，也是最不容易被人拷贝的部件之一。它具有高反应射性、良好的控光角度和反射光线的均匀度。比较合理的灯光调节系统需要通过计算机模拟来设计灯具的光学系统，使得从 LED 发出的光线通过反射器或透镜等光学器件重新分配，达到设计要求，使之配光合理，光斑均称。采用反射效率高、耐久性好的反射器，反射器经过阳极氧化处理使反光效率完全发挥出来，提高反光器的反光性和可靠性。用透光率高的混光材料制作灯罩，既保持了光学系统的高效率，又减少了眩光。在选台灯作为学习、工作的照明灯具时，应特别注意灯具的眩光问题，不要让光线直接投射于眼睛。因为光线直接投射于眼睛，眼睛会有畏光感而容易感到疲倦且使瞳孔缩小因而感觉周围变暗，导致视线不清。长时间在这种照明环境下看书、写字，视力就会大大受损，长此以往会引起近视等各种眼疾。用眼卫生首先应从高质量的照明开始，这就要求在选购台灯时更要注意发光质量。

103. LED 台灯的散热系统有何要求？

大功率 LED 台灯目前价格较高，而如果外壳为非金属（如塑胶）材料，尽管 LED 连接上了铝基板（MCPCB），但是铝基板上的热量如果不能被有效地传导至外壳表面，则聚集的热量会使铝基板的温度急剧上升，导致温度过高，增加了 LED 失效的可能性，造成 LED 光衰加剧及寿命缩短。因此必须要加强对 LED 散热系统的设计，使 LED 散热板上的温度不超过 60℃。

理论上计算灯具散热的情况有许多困难，主要困难是传导和对流同时对热传导起作用，对流是在密闭空腔内的对流，边界条件十分复杂；传导也是要通过多层导热物质、多层界面，并且截面积通常又是不等的，导致热流线分布的情况很难在计算之前就能通过分析得到，因此在产品出厂前必须加强老化测试工作，发现问题及时纠正。

散热是影响台灯LED使用的主要因素，大功率LED应用过程中，器件和灯具的散热显得很重要。对LED封装和二次散热进行充分设计时，保证提高所有环节的散热性能。可以设计二次散热装置来降低器件的热阻，整体考虑导热、散热特性，以获得良好的整体热特性。

104. LED台灯的整体结构有何要求？

优秀的灯具不仅需要有高品质的LED、高品质的电器组件、高效能的反射器、合理的结构，还要有好的产品造型设计。在大功率LED台灯产品设计时就充分利用大功率LED的特点和优势，在满足实用需求和最大限度发挥光源光效的前提下，对灯具进行小型化设计，将灯具整体设计成小巧精致，使它可以适合不同的使用场所。对灯具采用工业造型设计，使灯具在外观造型上具有美观、舒服、耐用等美学效果又能够和环境相协调。灯具的结构件全部采用金属材质，金属材料给人以结实耐用和高档次的感觉，体现出产品的档次和现代感。由于LED本身的优势以及高品位的灯具结构，将大功率LED台灯定位为高档台灯产品，广泛适用于办公和学习场所。

105. LED台灯的能效是多少？

表6-29给出了LED台灯与传统白炽台灯耗电比较，从表中可以明显看出使用LED台灯所带来的利益。使用LED台灯，不但省电，而且省去光源更换维护费用。图6-80所示是常见LED台灯外形。

表6-29 LED台灯与传统台灯耗电比较

项目	传统白炽台灯	LED台灯
消耗功率/W	60	5
每天使用时间/h	10	10
使用天数/天	30	30
每月耗电量	60W×10h×30天/1000=18kW·h	5W×10h×30天/1000=1.5kW·h
每月电费/［元/（kW·h）］	18	1.5
使用寿命/h	5000	50000
光源更换费用/元	60	0

图6-80 常见LED台灯外形

106. LED 台灯的光源配置有何要求？

LED 台灯作为局部照明，如读书写字之用，要求的照度和照度均匀度比较高，需要把许多发光二极管以串联或者串并联结合使用，这就涉及光源的分布问题。由于 LED 具有发光强度集中、发光角度小（可通过透镜进行调节）以及体积小等的特性，因此可以组成点、线、面大组合，可以把多个 LED 按照一定阵列整合在一块适当的电路板上，再安装在相应的造型结构中。从表面上看整个平面就形成一个发光面，故把装有 LED 的平板式结构称为 LED 发光板。

LED 属于低压直流器件，其正向导通电压的典型值为 3.0～4.0V。小功率 LED 的驱动电流一般为 20mA，大功率 LED 的驱动电流则典型分为 350mA 和 700mA。LED 作为电流型器件，根据 LED 伏-安特性可知，为了使 LED 工作在稳定、可靠的工作状态，则必须为 LED 提供恒定电流。

LED 台灯光源的方向性与传统白炽灯泡及荧光灯管的大面积照射不同。照度和照射范围与 LED 的光通量、使用数量和排列方式有关。

LED 环保节能台灯功率一般在 3～10W，如采用了 20 个 ϕ5mm LED 的 LED 台灯，其所耗的功率也仅为 1.6W 左右，远远比白炽灯和荧光灯低。当然，单个大功率 LED 的功率一般在 0.9～2.5W 之间，也可以用在台灯上。

LED 台灯与传统台灯结构构造最大的区别是光的重新分布部件，传统照明光源为白炽灯或荧光灯等，其发光特点是光辐射几乎占据整个空间，因此需要反射器将其他方向上的光收集起来投向要求的区域。通常采用的是抛物面反射器形成近似于平行的光束。而 LED 台灯往往根据 LED 发光强度不同，在其中分布几个至几十个 LED。由于 LED 发出的光线集中于一个较小的立体角范围，在某些场所已经可以满足局部照明的需要，但如果需要更大的照射范围，那就要使这些 LED 产生的光通过透镜来调整发光角度，而产生人们所要求的光分布。

107. LNK623-626 系列驱动芯片的特点是什么？

LNK623-626 是 LinkSwitch-CV 系列产品，带一次侧精确恒压（CV）控制的高能效、离线式开关驱动芯片。

LinkSwitch-CV 采用了革新的控制技术，无需光电耦合器和二次恒压控制电路，能提供极为严格的输出电压调节，因此可大大简化低功率恒压（CV）转换器的设计。专利的驱动芯片参数调整技术与 E-ShieldTM 变压器结构技术的完美结合，令使用 LinkSwitch-CV LNK623/4 进行 ClamplessSM 设计成为可能。

LinkSwitch-CV 能够对多路输出反激式电源应用（如 DVD 和机顶盒）提供出色的交叉稳压。新驱动芯片内集成了一个 700V 功率 MOSFET、开/关控制状态机、自偏置电路、频率调制电路、逐周期电流限制电路及迟滞热关断电路，产品特色为：

① 大大简化恒压转换器的设计。

② 省去光电耦合器和所有二次侧恒压控制电路。

③ 省去偏置绕组电源，驱动芯片自偏置。

先进的性能特性包括：

① 补偿外围元器件的温度漂移。

② 专利的驱动芯片参数调整技术，使得驱动芯片参数的公差非常严格。

③ 连续和（或）非连续导通模式工作，增强设计灵活性。

④ 频率调制技术极大降低了 EMI 滤波元件的成本。

⑤ 通过外部电阻的选择/调节实现更严格的输出容差。

先进的保护/安全特性包括：

① 自动重启动保护功能在输出短路及控制环路故障（元件开路和短路）状况下可将输出功率降低95%以上。

② 迟滞热关断——自动恢复功能可降低电源从故障现场的回收。

③ 无论是在PCB上还是在封装上，都保证高压漏极与其他所有引脚之间满足高压爬电距离要求。

高效节能包括：

① 在AC230V输入条件件下空载功耗低于200mW，使用可选外部偏置绕组时可低于70mW。

② 无需增加任何元器件，轻松满足全球所有的节能标准。

③ 开/关控制可在极轻负载时具备恒定的效率，是达到强制性EISA和“能源之星”2.0标准的理想选择。

④ 无需一次或二次电流检测电阻，即可提高效率。

108. LNK625的各引脚功能分别是什么？

图6-81所示是LNK625的引脚图，图6-82所示是LNK625的内部功能框图。LNK625各引脚功能为：

漏极（D）引脚：功率MOSFET的漏极连接点，在开启及稳态工作时提供内部操作电流。

旁路（BP）引脚：一个外部旁路电容连接到该引脚，用于生成内部6V的供电电源。

反馈（FB）引脚：在正常操作下，功率MOSFET的开关由此引脚控制。该引脚可检测偏置绕组上的AC电压。这种控制输入方式可根据偏置绕组上的反激电压来调节输出电压。

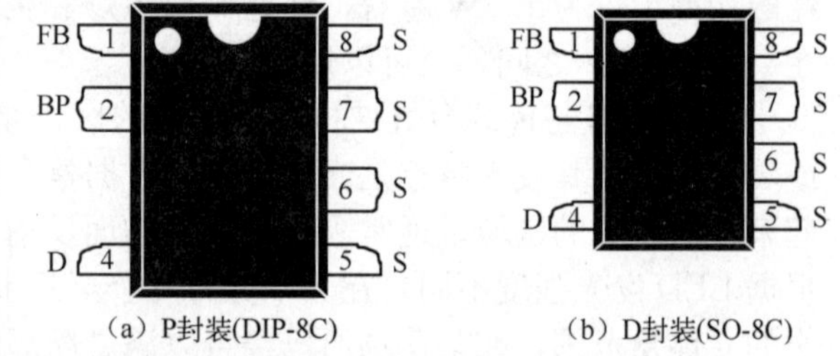

图6-81 LNK625的引脚图

源极（S）引脚：该引脚内部连接到MOSFET的源极，用于高压功率的返回节点及控制电路的参考点。

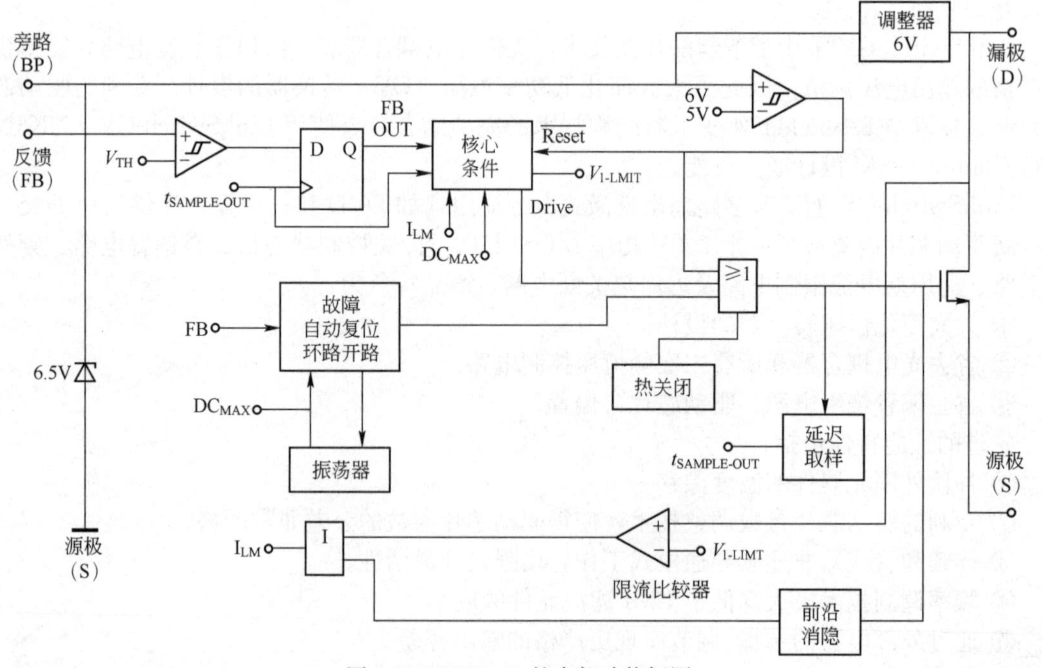

图6-82 LNK625的内部功能框图

109. LinkSwitch-CV的主要功能是什么？

LinkSwitch-CV在一个器件上集成了一个高压功率MOSFET开关及一个电源控制器，与LinkSwitch-LP和LinkSwitch-Ⅲ相似，它使用开/关控制方式来调节输出电压。LinkSwitch-CV控制器包括振荡器、反馈（检测及逻辑）电路、6V稳压器、过热保护电路、频率调制电路、电流限制电路、前沿消隐功能以及用于恒压控制的开/关状态机。

LinkSwitch-CV的详细技术参数可参考LinkSwitch-CV的数据表。

(1) 恒压（CV）工作方式 控制器使用开/状态机调节反馈引脚电压，使其维持在V_{FFISH}的水平。在高压开关关断2.5μs后，对反馈引脚电压进行采样。在轻载条件下，还会降低电流限流点，从而降低变压器磁通密度。

(2) 自动重启动和开环保护电路 一旦出现故障，例如在输出短路或开环情况下，LinkSwitch-CV会进入相应的保护模式，具体情况如下所述：

① 一旦反馈引脚电压在反激期间降低到$V_{FFISH}-0.3V$以下，而在反馈引脚采样延迟时间（约2.5μs）超过200ms（自动重启动导通时间）之前，转换器进入自动重启动模式，此时功率MOSFET被禁止2.5s（约8%的自动重启动占空比）。自动重启动电路对功率MOSFET进行交替使能和关闭，直到故障排除为止。

② 除了上述触发自动重启动的情况外，在工作周期的正激期间（开关导通时间），如果检测到反馈引脚电流低于120μA，转换器会将此“报告”为开环故障（电位分压器的顶部电阻开路或丢失），并将自动重启动时间从200ms降低到大约6个小时钟周期（90μs），同时使禁止周期维持在2.5s。这样可以将自动重启动占空比减小到0.01%以下。

(3) 过热保护电路 热关断电路检测结的温度。阈值设置在142℃并具备60℃的迟滞范围。当结温度超过阈值（142℃）时，功率MOSFET开关被禁止，直到结温下降60℃，MOSFET才会重新使能。

(4) 电流限流电路 电流限流电路检测功率MOSFET的电流。当电流超过内部阈值（I_{LBDT}）时，在该周期剩余阶段会关断功率MOSFET。在功率MOSFET开启后，前沿消隐电路会将电流限流比较器抑制片刻（t_{LED}）。通过设置前沿消隐时间，可以防止由电容及整流管反向恢复时间产生的电流尖峰引起导通的MOSFET提前误关断。

(5) 6V稳压器 只要MOSFET处在关闭状态，6V稳压器就会从漏极的电压吸收电流，将连接到旁路引脚的旁路电容充电到6V，旁路引脚是内部供电电压节点。当MOSFET开启时，器件使用存储在旁路电容中的能量。内部电路的极低功耗使LinkSwitch-CV可使用从漏极吸收的电流持续工作，一个1μF的旁路电容就足够实现高频度的去耦及能量存储。

110. 电容式触摸感应按键芯片TCH603的特点是什么？

触摸感应检测按键是近年来迅速发展起来一种新型按键，它可以穿透绝缘材料（如玻璃、塑料等）外壳，通过检测人体手指带来的电荷移动，而判断出人体手指触摸动作，从而实现按键功能。

电容式触摸感应按键不需要传统按键的机械触点，也不再使用传统金属触摸的人体直接接触金属片面带来的安全隐患以及应用局限。电容式触摸感应按键可靠耐用，美观时尚，材料用料少，便于生产安装以及维护，取代传统机械按键键以及金属触摸。

TCH603是一款高性价比的三通道触摸感应检测按键芯片，能提供多种输出方式，应用领域广泛。图6-83所示是TCH 603触膜控制方式示意图。TCH603是TCH60×系列中专门为触摸调光LED台灯等设计的专用芯片。

TCH603的主要特点如下：

① 超强抗 EMC 干扰，除能够防止手机等一般 EMC 干扰外，还能防止功率大到 5W 的对讲机发射天线靠近和接触干扰。

② 抗电源电压波动跌落干扰，触摸无误动作，系统正常输出。

③ 多达 32 级调光 PWM 信号输出。

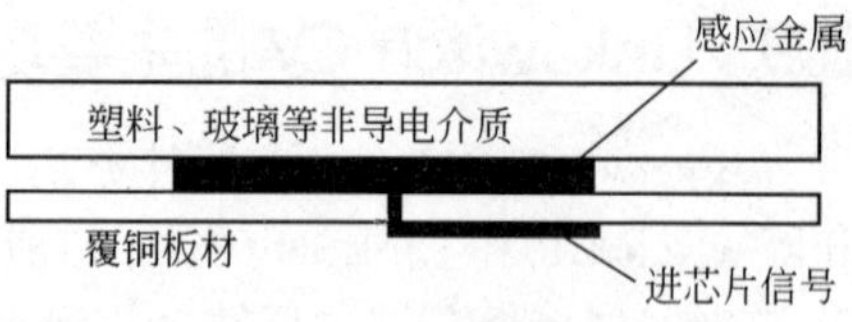

图 6-83　TCH603 触摸控制方式示意图

④ 工作电压为 4.0～5.5V，内置低电压复位。

⑤ 灵敏度自动适应，各按键引线如果因为长短不一造成寄生电容大小不同，能够自动检测并适应，不同按键灵敏度做到几乎完全一致。

⑥ 极简单外围电路，只需要一个振荡电容（如需要提高 ESD 和 EMC 则需接 1 个电阻）。

⑦ 环境温度湿度变化自动适应，环境缓慢适应技术的应用，使得芯片无限长时间连续工作不会出现灵敏度差异。

⑧ 可调灵敏度，可以通过电容来调整灵敏度。

⑨ 提供多个输出接口，可以灵活运用。

⑩ 上电快速初始化，在电源稳定后 0.2s 内芯片就可以检测好环境参数开始工作。

⑪ SOP-16L 小型封装。

111. TCH603 的各引脚功能分别是什么？

图 6-84 所示是 TCH603 引脚图，其各引脚功能见表 6-30。

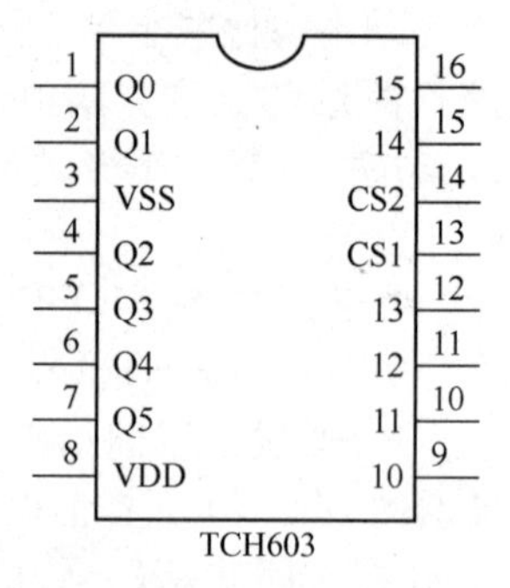

图 6-84　TCH603 引脚图

表 6-30　TCH603 引脚功能

引脚号	引脚名称	I/O 类型	引脚描述
1，2，4～7	Q0～Q5	OUT	输出脚
3	VSS	—	电源负端
13、14	CS1、CS2	I	感应灵敏度调整口
9～13、15、16	I0～I5	I	按键模式选择
8	VDD	—	电源正端

112. TCH603 的电气特性都包括哪些？

① 最大绝对额定值见表 6-31。

表 6-31　TCH603 最大绝对额定值

参数	符号	条件	数值	单位
工作温度	T_{OP}	—	−20～+70	℃
存储温度	T_{STG}	—	−50～+125	℃
电源电压	V_{DD}	T_a=25℃	V_{SS}−0.3～V_{SS}+5.5	V
输入电压	V_{in}	T_a=25℃	V_{SS}−0.3～V_{DD}+0.3	V
人体静电	ESD	—	>5	kV

② DC/AC 特性（测试条件为室温 25℃）见表 6-32。

表 6-32　DC/AC 特性

参数	符号	测试条件	最小值	典型值	最大值	单位
工作电压	V_{DD}	—	4.5	5	5.5	V
工作电流	I_{OP}	V_{DD}=5V，工作状态	—	2	—	mA
振荡电容	C_S	—	—	4700	—	pF
输入口	V_{IL}	输入低电压	0	—	0.2	V
输入口	V_{IH}	输入高电压	0.8	—	1.0	V
输出口灌电流	I_{OL}	V_{DD}=5V，V_{OL}=0.6V	—	2	—	mA
输出口拉电流	I_{OH}	V_{DD}=5V，V_{OH}=4.3V	—	−1	—	mA
低电压复位	V_{IVT}	—	2.8	3.2	3.8	V

③ 图 6-85 所示是 TCH603 基本应用电路示例。该芯片外围电路非常简单，在使用时要特别注意以下两点：

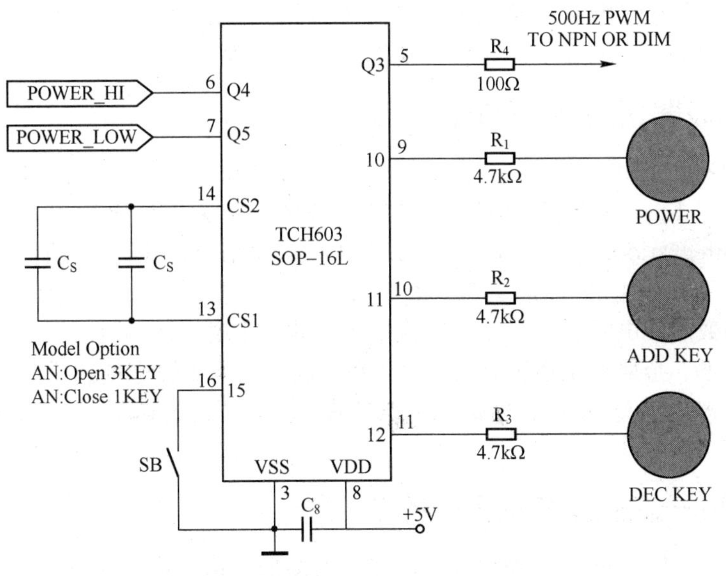

图 6-85　TCH603 基本应用电路示例

a. 灵敏度调整。触摸电极的大小、介质的厚度都会影响到灵敏度，所以具体应用需要用户来调节合适的灵敏度，TCH603 提供简单方便的调节灵敏度方法，如图 6-85 所示。在 CS1、CS2

端对地接一个（或两个）电容 C_5，C_5 容量越大，灵敏度越低；反之，若取消 C_5，则灵敏度最高。一般应用情况下，C_5 的值在 0～4700pF 之间。b. 按键模式。TCH603 提供两种不同的按键模式，用户可以通过选择引脚 16 的连接方式，得到需要的按键模式。若 AN 开路，则为 3 键模式，可实现开关，亮度增加或减少；若 AN 闭合，则为 1 键模式，只能实现开关的功能。

④ 应用注意事项如下：

a. 触摸 PAD 与绝缘外壳应压合紧密，保持平整。外壳与 PAD 板之间可以采用非导电胶进行黏合，例如压克力胶 3M HBM 系列。

b. 电源电压需要保持稳定，电源电压快速波动会造成错误输出。一般建议使用电源稳压芯片（如 78L05 等），除非难保证电源无任何快速波动。

c. 灵敏度与触摸面积成正比，与外壳厚度成反比，根据外壳厚度和尺寸选择合适的触摸面积［参考穿透 5mm 以上，触摸面积 10mm×10mm 或 15mm×15mm（最大）］。

d. PAD 灵敏度与 PAD 与地的初始电容有很大关系，初始电容越大则灵敏度越低。因此 PAD 的背面铺地会降低灵敏度，但同时会抑制干扰。建议在能够保证灵敏度的情况下，PAD 背面尽量铺地。同样 PAD 的周围铺地也会降低灵敏度，但也会抑制干扰。PAD 与周围铺地的间隙尽量大（推荐 0.5mm 以上），以降低初始电容。

113. 3W LED 台灯技术参数包括哪些？

型号：MJ-TGAS03；电源电压：AC100～240V/50～60Hz；LED 功率：3W：功率因数：≥0.7；光通量：冷白光≥240lm；暖白色≥180lm；功率可调范围：0.3～4.5W 连续可调：灯体由金属加工成型、表面镀铬或作喷塑防锈处理。

114. 3W 触摸开关 LED 台灯驱动器的工作原理是什么？

图 6-86 所示是基于 LNK625 组成 3W 触摸开关 LED 台灯驱动器原理图。该电路设计成单路输出一次侧稳压反激式电源。在通用输入电压范围（AC85～265V）内，它可以提供 7W 连续及 10W 峰值（受温度影响）输出功率在 AC115V/AC230V 输入条件下，转换效率超过 75%；在 AC230V 输入条件下，空载输入功率小于 140mW。

115. 输入滤波器是如何工作的？

AC 输入功率由二极管 VD_1～VD_4 进行整流。整流后的 DC 电压由大容量电容 C_1 和 C_2 进行滤波。电感 L_1、L_2、C_1 和 C_2 组成一个 π 形滤波器，对差模传导 EMI 噪声进行衰减。这种配置与 Power Integrations 变压器的 E-shieldTM 技术相结合，使得本设计在无需使用 Y 电容的情况下能够满足 EMI 标准 EN 55022B 级要求，并具有较大的余量。熔丝 FU 提供严重故障保护。负温度系数热敏电阻 RT 可以在首次交流上电时将浪涌电流控制在二极管 VD_1～VD_4 的最大额定值以下。金属氧化物压敏电阻 RV 在不同输入电压瞬态期间进行 AC 钳位，以便为输入元件提供保护并使 U_1 的峰值漏极电压维持在 700V 额定值以下。如果浪涌水平等于或小于 2kV，可以省去 RV。

116. LNK626 一次侧是如何工作的？

LNK625 器件（U_1）集成了功率开关器件、振荡器、恒压控制引擎、启动以及保护功能。集成的 700V MOSFET 在通用输入 AC 应用中可提供很大的漏极电压余量，可通过使用更大的变压器匝数比，提高可靠性，并减小输出二极管的电压应力。该器件可通过旁路引脚和退耦电容 C_4 完全实现自供电。本设计添加了一个偏置电路（VD_7、C_5 及 R_5），将空载输入功耗降至 140mW 以下。

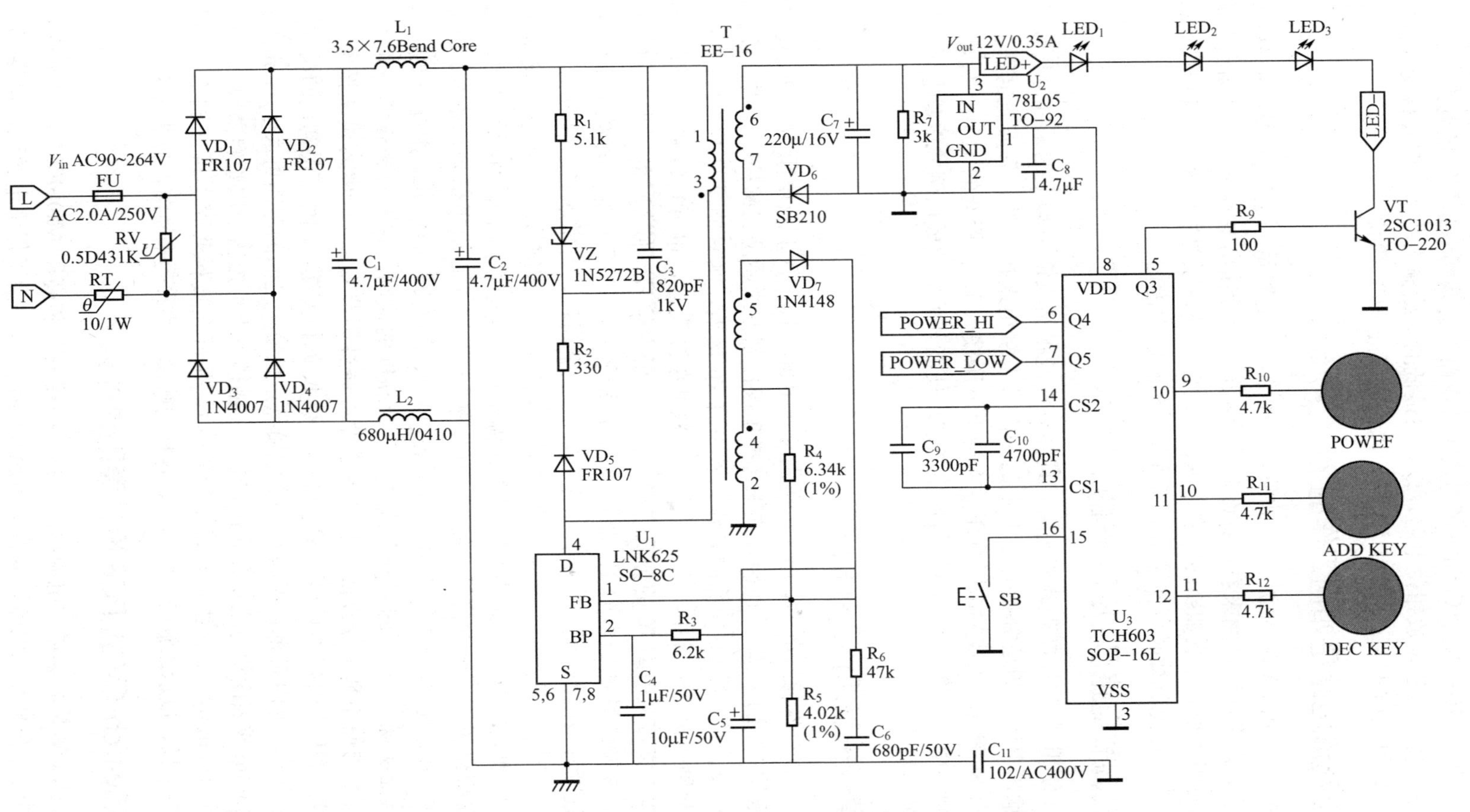

图 6-86　基于 LNK625 组成 3W 触摸开关 LED 台灯驱动器原理图

经整流及滤波的输入电压加在 T 一次绕组的一侧，U_1 中集成的 MOSFET 驱动变压器一次绕组的另一侧，VD_5、R_1、R_2、C_3 和 VZ 组成钳位电路，对漏感引起的漏极电压尖峰进行限制。本电路选用了稳压二极管泄放钳位电路，以获得最低的空载输入功率，但在接受较高空载输入功率的应用中，可以省去 VZ 并提高 R_1 值，以形成标准 RCD 钳位。

117. 输出整流电路是如何工作的？

变压器的二次侧由 VD_6 整流、C_7 滤波，应注意输出电容量一定要满足耐输出电流纹波的要求。从市场上许多实际产品来看，有许多设计人员在设计输出电容时没注意输出电流纹波对 LED 的长期使用带来如光衰加剧的影响。本设计的输出使用了肖特基势垒二极管以提高效率。R_7 充当假负载，在无负载时可使输出电压维持在各自的限度内。

118. 输出调节电路是如何工作的？

LNK625 使用开/关控制来调节输出，具体方法是根据反馈引脚上的采样电压使能或禁止开关周期。输出电压检测是由变压器 T 上的一次参考绕组来执行的，无需光电耦合器和二次检测电路。由 R_4 和 R_6 组成的电阻分压器将绕组电压馈入 U_1。标准的 1%电阻值用于将额定输出电压控制在中心位置。R_4 及 C_5 可产生与连续使能开关周期成比例的偏置电压，从而减少群脉冲现象的发生。

119. 触摸开关是如何工作的？

U_2、C_9 组成线性稳压电源，给 U_3 提供工作电源。U_3、VT 及电阻 R_9～R_{12} 组成触摸开关控制，可根据 U_3 的引脚 16 连接方式来选择单键控制方式还是三键控制方式。若引脚 16 悬空，可实现开关、亮度增加/降低的操作；若引脚 16 接地，则只能满足开关控制方式。引脚 10、11、12 分别外接一金属片，该金属片的面积可单独设计，也可直接利用台灯的金属外壳部分。当人体手指接触引脚 10 的金属片时提供一个触发信号，使 U_3 的引脚 5（Q3）产生一个脉冲输出，该输出脉冲经电阻 R_9 驱动外部晶体管 VT，VT 导通后点亮 LED，完成触摸“开”的控制过程；若触摸 U_3 的引脚 11 或引脚 12 的金属片，可实现亮度的增加或降低。其实 LED 发光亮度的增加或降低，是通过改变 U_3 引脚 5 的 PWM 信号占空比来实现的。利用 PWM 信号来实现亮度控制，能保持 LED 的色温稳定。当人体手指再次接触 U_3 的引脚 10 时，该端相当于又提供了一个触发信号，使 U_3 的引脚 5 产生一个低电平信号，使 VT 因无驱动电流而截止，VT 截止使 LED 回跳无电流而不亮，完成了“关”的任务。由此可见，每触摸一次触摸点，就能实现 LED 灯的“开”或“关”及亮度的控制。它对外也仅需三根（或一根）引出线，故安装与使用都十分方便。触摸灵敏度可通过调节 C_9、C_{10} 电容量来调节。U_3 的引脚 6（POWER _ HI）、引脚 7（POWER _ LOW）是 IC 的检测端，用作产品初期的调试。在 LED 台灯的底部面板上，可用双面 PCB 设计三个触摸点，触摸点之间的距离可大于 5mm，最小触摸点可设计成 ϕ8mm 或表面积与之相等的长方形。在触摸点上可覆盖一层塑料薄膜（或其他材料，最大厚度应小于 5mm，否则触摸灵敏度受影响），并可在塑料薄膜上可印刷上“ON/OFF”、“+”、“−”等字样，以示该触摸点的功能，这样的触摸开关看起来简洁，且非常美观。

120. LinkSwitch-CV 的 PCB 设计原则是什么？

LinkSwitch-CV 是高集成的电源解决方案，将控制器和高压 MOSFET 同时集成到一个晶片上。由于同时存在高开关电流、高开关电压和模拟信号，为了保证电源稳定可靠工作，遵循正确的 PCB 设计方法显得尤为重要（见图 6-87）。

在设计 LinkSwitch-CV 电源的 PCB 时，应遵循以下原则：

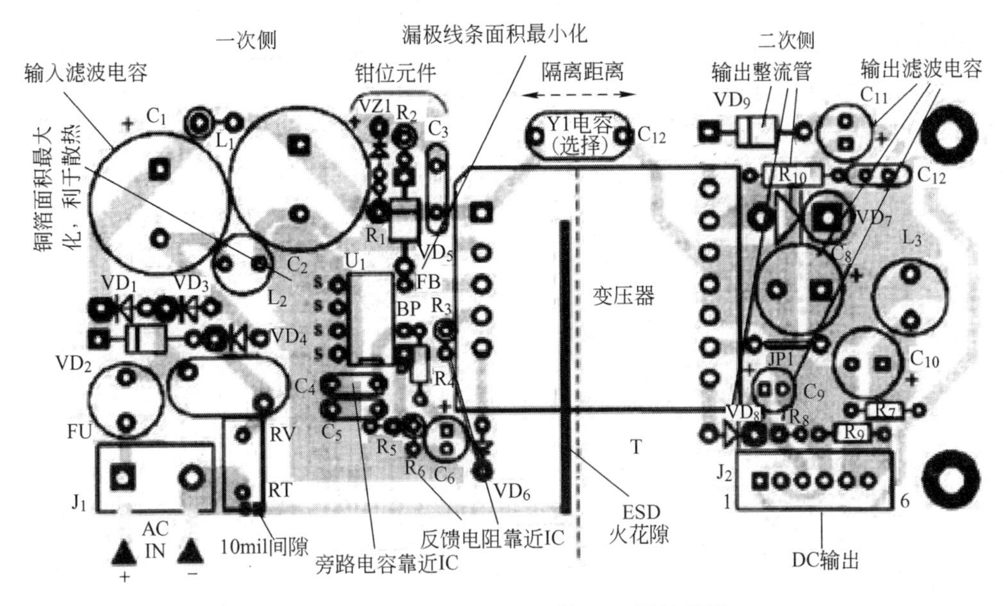

图 6-87 LinkSwitch-CV 的 PCB 设计范例

① 单点接地。LinkSwitch-CV 源极引脚的输入滤波电容负极端采用单点（Kelvin）L 连接到偏置绕组的回路，使电涌电流从偏置绕组直接返回输入滤波电容，增强了浪涌的承受力。

② 旁路电容。旁路引脚电容应放置在距离源极引脚和旁路引脚最近的地方。

③ 反馈电阻。直接将反馈电阻放在 LinkSwitch-CV 器件的反馈引脚处，这样可以降低噪声耦合。

④ 散热考量。与源极引脚相连的铺铜区域为 LinkSwitch-CV 提供散热。根据经验估计，LinkSwitch-CV 将耗散 10%的输出功率。预留足够的铺铜区域，使源极引脚温度维持在 110℃以下，以便为元件间的 R_{DSON}变化提供余量。

⑤ 二次环路面积。要最大程度上降低漏感和 EMI，连接二次绕组、输出二极管及输出滤波电容的环路区域面积应最小。此外，与二极管的阴极和阳极连接的铜箔区域面积应足够大，以便用来散热。最好在阴极留有更大的铜箔区域，阳极铺铜箔区域过大会增加高频辐射 EMI。

⑥ 静电放电火花隙。在充电器和适配器中，ESD 放电可能要施加到电源输出端。因此，建议在这些应用中增加火花隙设计。沿着绝缘带有一条引线，用于形成火花隙的一个电极。二次侧的另一个电极由输出返回节点形成。火花隙直接将 ESD 能量从二次侧引回一次侧 AC 输入。在 AC 输入附近设计一个 10mil 的火花隙。间隙可以退耦在放电带和 AC 输入间产生的任何噪声信号。从 AC 输入到火花隙电极的引线应与其他引线保持一定的间距，以免引起不必要的电弧以及可能的电路损坏。

121. 输入整流二极管与 EMI 的关系是什么？

选择好的整流二极管可以简化 AC/DC 转换器中的 EMI 滤波器电路并降低其成本。

要使 AC/DC 电源符合 EMI 标准，就需要使用大量的 EMI 滤波器，如 X 电容和 Y 电容。AC/DC 电源的标准输入电路都包括一个桥式整流器，用于对输入电压进行整流（通常为 50～60Hz）。由于这是低频 AC 输入电压，因此可以使用如 1N400X 系列二极管等标准二极管（另一个原因是这些二极管的价格是最便宜的）。

这些滤波器用于降低电源产生的 EMI，以便符合已发布的 EMI 限制。然而，由于用来记录 EMI 的测量只在 150kHz 时才开始，而 AC 线电压频率只有 50Hz 或 60Hz，因此桥式整流器中使用的标准二极管（见图 6-88）反向恢复时间较长且通常与 EMI 产生没有直接关系。

然而，过去的输入滤波电路中有时会包括一些与桥式整流器并联的电容，用来抑制低频输入电压整流所造成的任何高频波形。如果在桥式整流器中使用快速恢复二极管，就无需使用这些电容了。当快速恢复二极管之间的电压开始反向时，它们的恢复速度非常快（见图 6-89），这样通过降低随后的高频关断剧变以及 EMI，可以降低 AC 输入线中的杂散线路电感激励。由于两个二极管可以在每半个周期中实现导通，因此只需要两个是快速恢复类型即可。同样，在每半个周期进行导通的两个二极管中，只需要其中一个二极管具有快速恢复特性即可（VD_1、VD_2 采用了快恢复二极管，而 VD_3、VD_4 仍为普通整流二极管）。

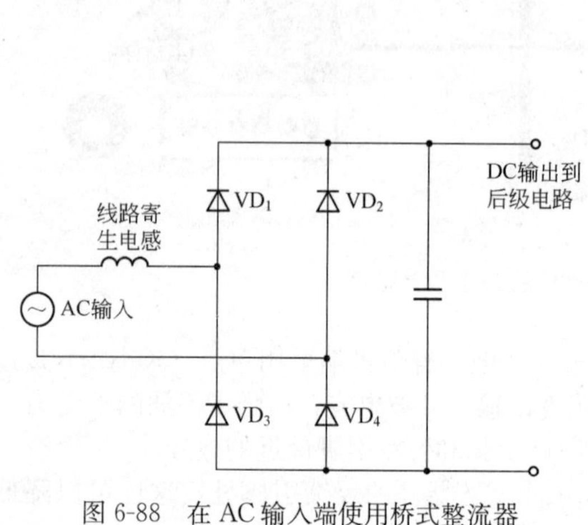

图 6-88　在 AC 输入端使用桥式整流器的 SMPS 的典型输入级

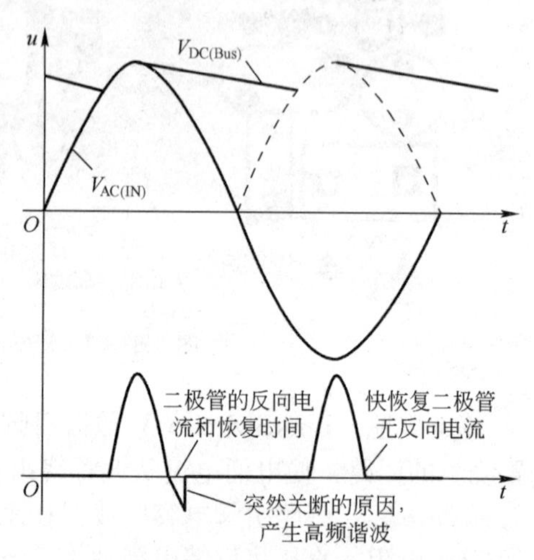

图 6-89　输入电压和电流波形显示了反向恢复结束时的二极管急变状态

122. 电路设计要点有哪些？

当内部 MOSFET 关闭时，反馈绕组上的电压应是二次绕组电压的精确反射。因此，漏感引起的任何振荡都会影响对输出的调节。

二极管 VD_6 放置于二次返回端，这样可以确保 T 中使用的屏蔽技术在降低传导 EMI 时是可重复和有效的。VD_5 选用快速阻断二极管（FR107），与 330Ω 的串联电阻配合使用，这样可以抑制会影响输出稳压的漏感振荡。反馈电阻 R_4 和 R_5 应具有 1%的容差值，以便将额定输出电压严格控制在中心位置。

123. 电容式传感的基本原理是什么？

电容式传感技术为开发人员提供了一种与用户互动的全新方式，在设计一个电容感应式触摸开关时，需要考虑许多不同的因素。从以往的使用经验来看，在各种不同的工作条件下，开关的灵敏性必须与多种情况相兼容。在设计电容感应式触摸开关 PCB 触点图形时，各种不同的排版设计对开关灵敏度的影响，包括电容式传感技术如何使器件具有更高的可靠性以及管理电容式传感技术的控制器如何通过提供更多功能为客户带来增值服务和降低维护成本。

机械开关比较容易磨损，甚至于磨坏产品外壳，导致缺口或裂口处侵入污染物。电容式传感器就不会发生损坏产品外壳的情况，也不会出现缺口粘连物，更不会出现磨损。因此，采用这种技术的开关器件是替代多种机械开关产品的理想选择。

如图 6-90 所示，电容式开关主要由两片相邻的电路极板构成，而根据物理原理，两片极板之间会产生电容。如果手指等导体靠近这些极板，平行电容（Parallel Capacitance）就会与传感器相耦合。将手指置于电容式传感器上时，电容量会升高；手指移开时，电容量则会降低，通过测量电容量就可以判断手指的碰触。

电容式传感器由两片电路极板及相互之间的一定空间所构成。这些电路极板可以是电路板的一部分，上面直接覆盖绝缘层。当然，也可以使极板顺应各种曲面的弧度。

构建电容式开关的要素包括电容器、电容测量电路系统、从电容值转换成感应状态的局部智能装置。

典型的电容式传感器电容值介于 10～30pF 之间。通常来说，手指经由 1mm 绝缘层接触到传感器所形成的耦合电容介于 1～2pF 的范围（越厚的绝缘层产生的耦合电容越低）。若要传感手指的触碰，必须实现能够检测到 1%以下电容变化的电容传感电路。

增量求和调制器是一种用于测量电容的高效、简单的电路，图 6-91 给出了典型的拓扑结构。相位开关使传感器电容向积分电容中注入电荷。该电压持续升高，直到大于参考电压为止。比较器转为高电压，使放电电阻开始工作，在积分电压降至参考电压以下时，该电阻停止工作。比较器提供所需的负反馈，使积分电压与参考电压相匹配。

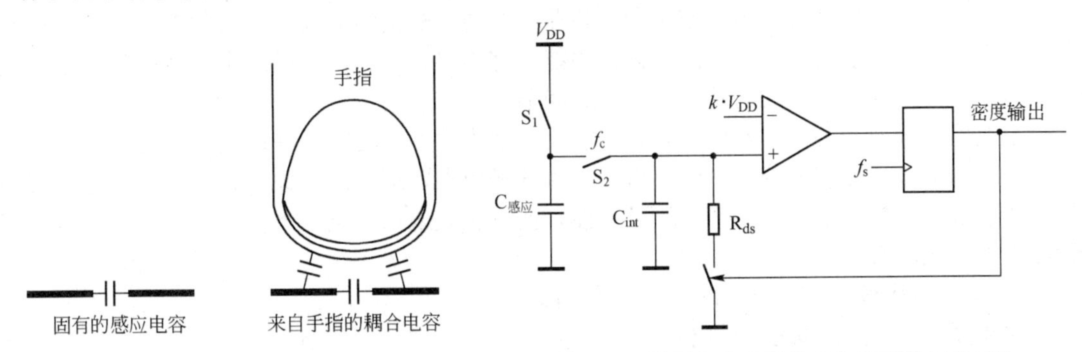

图 6-90　电容式传感器

图 6-91　检测电容的增量求和调制器拓扑结构

124. 传感器充电电流如何计算？

在第 1 阶段，传感电容（C_{momax}）的充电电压达到供电电压水平；在第 2 阶段，电荷被传输至积分电容（C_{int}）。反馈使积分电容上的电压接近参考电压（kV_{DD}）。每次启动该开关组合都会传输一定量的电荷。对于下式显示的充电电流而言，电荷传输速度与开关频率（f_c）成正比：

$$I_C = q_c f_c = (V_{DD} - kV_{DD}) C_{momax}$$

125. 放电电流如何计算？

放电电流通过电阻实现。在比较器高电压时，会启动开关以连接至放电电阻。比较器按一定比例在高、低间循环，以使积分电容电压等于参考电压。可将比较器为高电压时的百分比定义为“$Density_{out}$”，仅在这部分百分比的时间段放电，有关电流的计算为

$$I_D = \frac{kV_{DD}}{R_{ds}} \mathrm{Density}_{out}$$

在稳定状态下，充电电流与放电电流必须匹配，设置 I_C 使其与 ID 相匹配，则得到

$$C_{sensor} = \mathrm{Density}_{out} \frac{k}{1-k} \frac{1}{R_{dis}} \frac{1}{f}$$

传感器电容与密度成正比。已知采样频率、放电电阻以及参考电压（kV_{DD}），只需测量密度就能计算出传感器的电容。可使参考电压与供电电压成正比，这样供电电压就对电容/密度

的计算结果没有影响了，这也使得该电路对于电源具有较强的抗波动能力。

数字电路用于检测密度，图 6-92 给出了这种电路的范例。

该脉宽调制器（PWM）可控制密度输入至计数器（Enable Gate）。如果 PWM 的脉宽为“m”个周期，假设在这段时间中计数器积累了“n”个采样，那么密度则为 n/m；如果 PWM 的脉宽为 100 个周期，就会得到 1/100 的分辨率，这个时间再扩大 10 倍，则得到 1/10000 的分辨率。观测的周期数越大，分辨率也就越高。

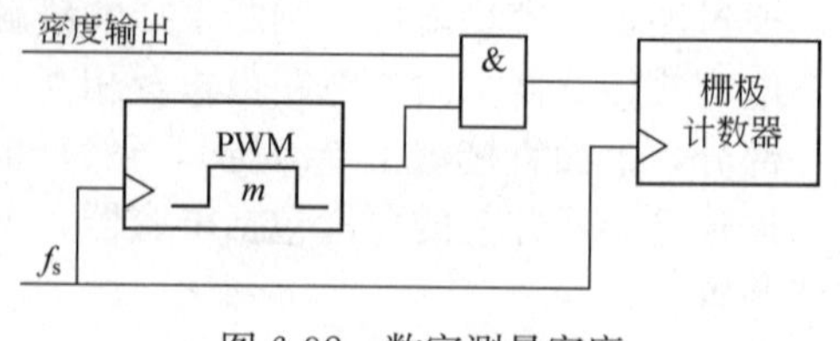

图 6-92　数字测量密度

电容式触摸传感电容不带任何机械部件，并能轻松顺应曲面应用的要求，因而能够成为当前各类产品应用的理想技术。利用动态再配置功能可实现硬件的重要使用，在不增加额外成本的情况下实现更多的系统功能。

126. 对开关灵敏度的影响有哪些？

光有一个触摸感应开关是不能使用的，除非系统能可靠测定开关所处的状态。使用机械开关来实现电气连接是没问题的，如果机械开关能合理连接，那么能正确决定开或关的状态。使用感应触摸开关时，开关所处的状态有时很难明显界定。

电容式感应触摸开关在实际应用时，可能会出现当使用者的手指在碰到触摸开关时，触摸感应开关端的电容还没有充分充电而手指已经离开触摸点，那这时开关的状态为不稳定状态因此当手指碰触时，为了增加检测开关的可靠性，使电容充电最佳化，下列几项内容对充电电容的性能参数影响较大。

① 尺寸、形状和在 PCB 上的开关放置位置。

② 连接在 PCB 和手指之间的材料。

③ 连接到开关与 MCU 之间连线参数。

上述这些条件，对触摸感应开关的灵敏度都有直接的影响，因此必须正确设计感应开关。

127. 触摸感应开关的 PCB 图形是什么？

为了获得“开关电容 PCB 图形”，图 6-93 给出了触摸感应开关的 12 种 PCB 设计图形。这些感应开关具有不同的形状与尺寸，此处将其排列成三列（A～C）、四行（1～4），其中 A 列与 C 列的尺寸是 20mm×20mm，B 列的尺寸是 15mm×15mm。

A 列与 B 列具有不同的尺寸，但是走线和距离是相同的；B 列与 C 列也具有不同的尺寸，但是它们的走线和间隔是按比例增加的。表 6-33 给出了不同尺寸与不同形状的 PCB 图形具有不同的感应电容值。对于触摸感应开关来说，一个好的开关应具有好的灵敏度和高的感应电容值，因为这样可将走线的寄生电容与电感的影响降到最低，对开关的影响最小。

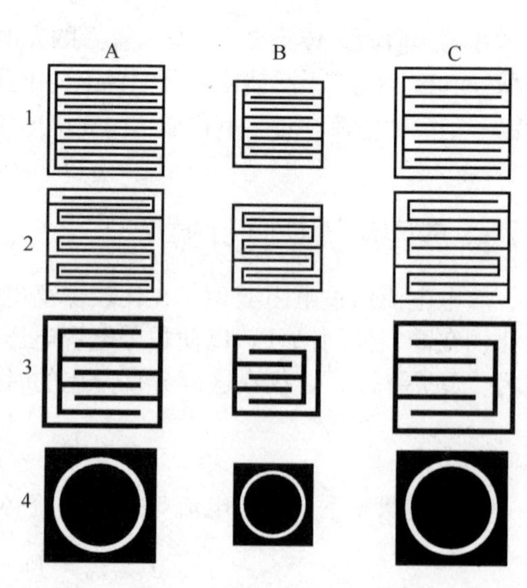

图 6-93　触摸感应开关的 12 种 PCB 设计图形

比较图 6-93 与表 6-33 中的数据可知，A 列与 C 列的 PCB 图尺寸相同，但电容量不同，这是因为在 A 列与 C 列的 PCB 图形中，在相同的 20mm×20mm 外框包围中其内部的走线密度不同。比较 A 列与 B 列可知，其感应电容量不同是由于其尺寸不同所致。

表 6-33 开关的静态感应电容量

行/列	A	B	C
1	8.4	4.8	6.4
2	8.4	4.8	6.4
3	3.9	2.5	3.1
4	2.2	1.1	1.9

在设计触摸感应开关电容时需要考虑两个主要因素，一个是开关电容的尺寸，另一个是其形状，当然与触摸感应开关连接的材料特性与厚度也有关系。

128. 不同材料的影响都有哪些？

在许多产品中，PCB 上的开关不能直接被使用者触摸到。从美观与对 PCB 的保护角度考虑，通常在 PCB 与使用者之间会隔着一层塑料制品或玻璃制品。

表 6-34 给出了在触摸感应开关与用户手指之间采用不同材料，不同厚度对感应电容影响的百分比。

表 6-34 触摸感应开关与用户手指之间采用不同材料、不同厚度对感应电容影响的百分比

材料	恒定的绝缘关系	厚度/mm
树脂玻璃	2.8	1.6
		5.0
		9.8
玻璃	7.5	3.2
		5.9
聚酯薄膜	3	0.35
		0.7
ABS 塑料	2.3	2
		4
FR4	4.5	1.6

从表 6-34 中可知，在 PCB 与用户手指之间放置不同材料，对感应电容影响效果是明显的。因此在设计该类产品时，可以按照下面的设计规则。

① 开关图形的设计。无论在静态与动态时，图 6-94 中的第 4 行、第 4 列展示出最好的电容特性，不但图形设计容易，而且开关特性安全可靠。

② 为了使 PCB 与手指间的感应电容改变最小，需要使用最薄的材料。

③ 为了使触摸感应开关具有绝对的电容量，所使用的材料需要具有更高的介电常数。相对于在开关与其他电容（如走线或其他电容）之间的更高电容值，在静态或动态时，MCU 能直接检测到电容量的改变。

129. 走线长度的影响有哪些？

连接在触摸感应开关与 MCU 之间走线的长度对开关是有影响的。走线越长对开关的寄生电容效用越明显，过大的寄生电容会使开关不能正常工作。如果寄生电容太大，当手指与触摸感应开关接触时，过大的寄生电容使 MCU 不能检测到开关状态的变化。通常，根据不同的开

关图形与所用的材料不同，触摸感应开关感应电容一般控制在 2～15pF 之间比较合理。

在设计触摸感应开关系统时，一个比较安全的准则是感应电容量改变 0.5％时，MCU 能检测到。必须仔细检查触摸感应开关 PCB 图形与走线，将感应电容设计到最小。因此，当手指碰触时典型的电容改变量控制在总电容量的 0.5％。

130. 从电电压 VDD 的影响有哪些？

VDD 电压的稳定性与 MCU 的安全可靠检测紧密相关，因为该电压直接影响了触摸感应电容的充电与放电开关特性。因此，在触摸感应控制芯片的 VDD 与 VSS（地）之间必须设置旁路电容，同时前级最好用三端稳压器供电，供电电源走线必须短而粗，切忌设计成细小或绕圈子的形式。

131. 触摸感应开关应如何设计？

在设计触摸感应开关时要考虑使用许多通用材料，如玻璃、树脂塑料和 ABS 塑料等。为了实现有效控制和能采用多种材料，选择图 6-93 中的 4C 开关电路图形。即使电路开关具有最低的静态电容，它同样具有足够高的寄生电容和同样好的开关特性。图 6-94 所示是最佳的开关电路尺寸与图形。

为了防止在每个开关节点之间产生的耦合，两个相邻开关之间的距离至少要大于 10mm。如果间距小于 10mm，那么检测将可能发生问题，但是更合理的设计必须经过计算。

如果在开关前面覆盖一个面板，特别要考虑其稳定性。在开关与面板之间必须紧密接触，不能有任何缝隙存在，因为缝隙同样能改变静态电容与动态电容。如果系统需要多个开关，图 6-95 给出了最佳的 PCB 设计方案。虚线为顶层走线，按键同样设计在顶层，实线为底层走线，这种排列方式能减少走线之间的寄生电容量。

为了减少走线之间的寄生电容量，在 PCB 布板应按照以下方式：

① 走线宽度不要超过 0.3mm。

② 避免信号线与地线平行。

③ 保持信号线之间的距离大于 1mm。

④ 避免信号线穿越地平面。

⑤ 避免信号线接近高频或高变化率的电路。

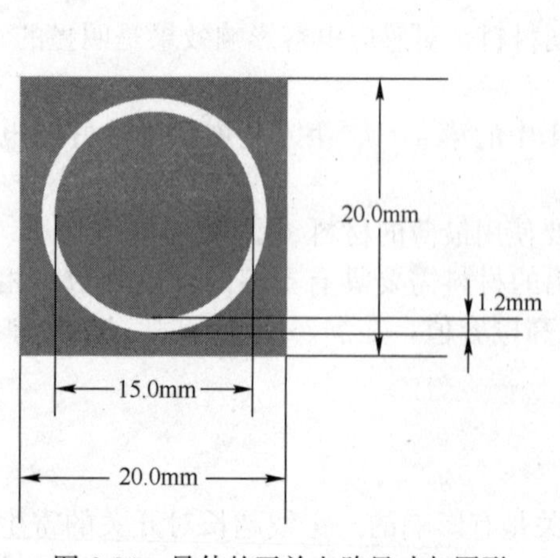

图 6-94　最佳的开关电路尺寸与图形

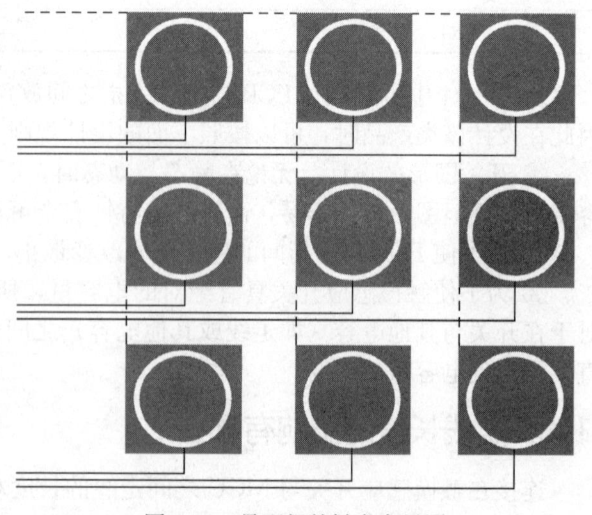

图 6-95　最理想的键盘布局图

132. 驱动芯片 SD484×有何功能？

SD484×P67K65 是用于离线式开关电源集成电路。电路含有高压功率 MOSFET、优化的栅极驱动电路以及电流模式 PWM 控制器。PWM 控制器包含振荡频率发生器及各个保护功能。振荡电路产生的频率抖动可以降低 EMI。内置的软启动电路减小了电路启动时变压器的应力。在轻载时，电路采用“打嗝”模式，可以有效地降低电路的待机功耗。保护功能包括欠电压锁定、过电压保护、过电流保护和温度保护等功能。电路的前沿消隐功能保证 MOSFET 的开通有最短的时间，消除了由于干扰引起的 MOSFET 误关断。使用 SD484×P67K65 可以减少外围元器件，增加效率和系统的可靠性，可用于正激式转换器和反激式转换器。

133. SD484×的各引脚功能分别是什么？

图 6-96 所示是 SD484×引脚排列，图 6-97 所示是 SD484×内部功能框图。SD484×的各引脚功能为：

引脚 1（SGND）：控制电路地。

引脚 2（PGND）：MOSFET 地。

引脚 3（VCC）：供电脚。

引脚 4（FB）：反馈输入脚。

引脚 5（NC）：空脚。

引脚 6、7、8（Drain）：漏极。

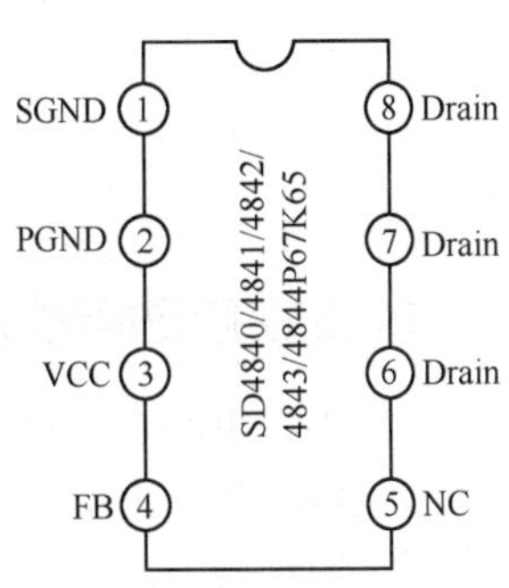

图 6-96　SD484×引脚排列

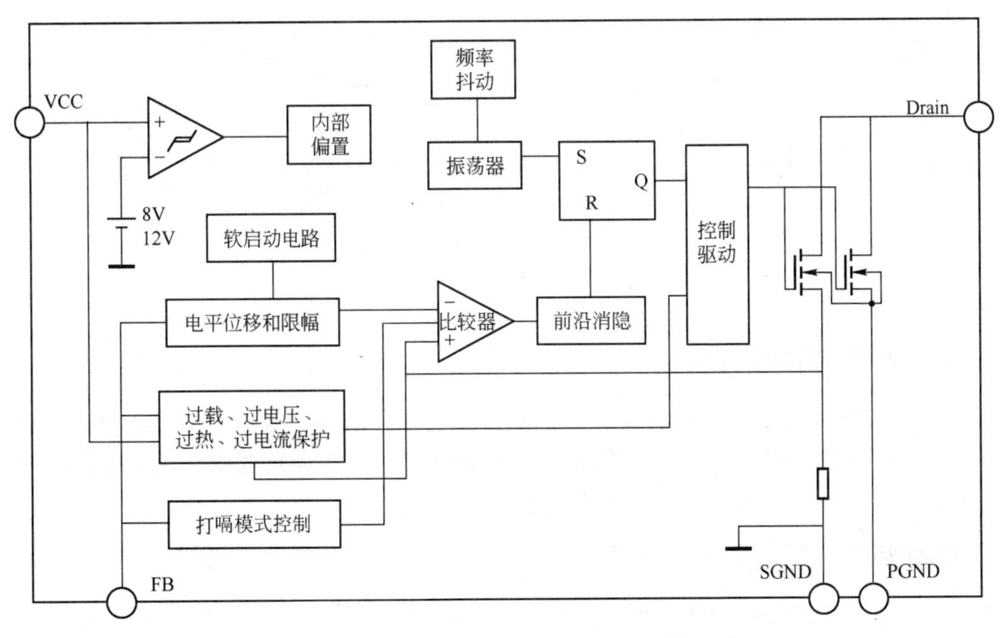

图 6-97　SD484×内部功能框图

134. 欠电压锁定和自启动电路的工作原理分别是什么？

开始时，电路由高压 AC 通过启动电阻对引脚 VCC 的电容充电。当引脚 VCC 电压充电到 12V 时，电路开始工作。电路正常工作以后，如果电路发生保护，输出关断。由于电路此时供电电压由辅助绕组提供，V_{CC}开始降低。当 V_{CC} 低于 8V，控制电路整体关断，电路消耗的电流变小，又开始对引脚 VCC 的电容充电，启动电路重新工作。图 6-98 所示是 SD484×的启动时序图。

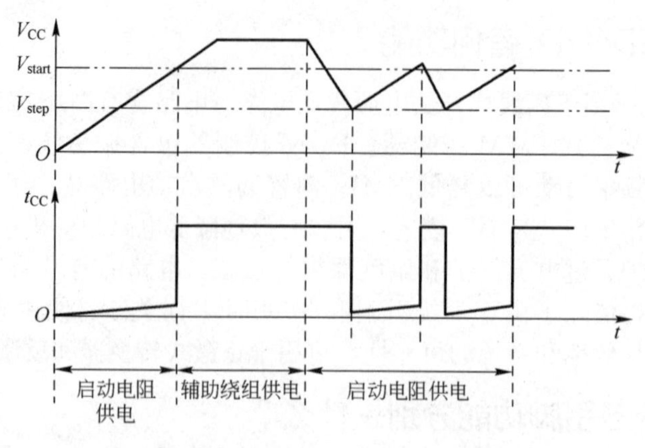

图 6-98 SD484×的启动时序图

135. 内置软启动电路的工作原理是什么？

为了减小在电路启动过程中变压器的应力，防止变压器出现磁饱和，使得输出电流的最大值启动后缓慢增加。上电时，使反馈电压值（决定输出电流的峰值）由内部决定，缓慢增加，从而决定了内部的最大限制电流缓慢增加，经过约 15ms，软启动电路结束工作，对正常工作不影响。SD484×的软启动电路如图 6-99 所示。

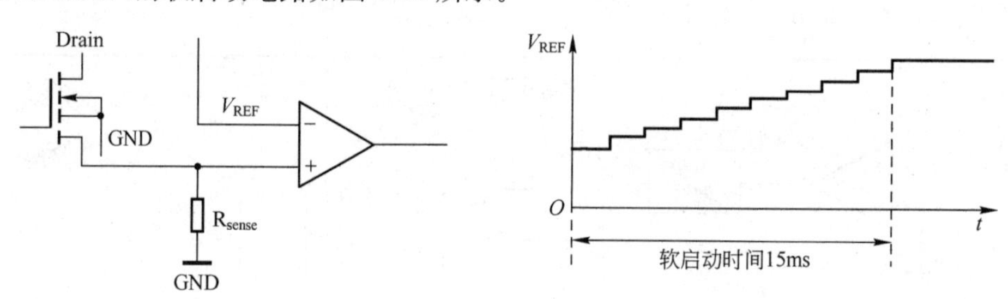

图 6-99 SD484×的软启动电路

136. 频率抖动的要求是什么？

为了降低 EMI，本电路使得振荡频率不断变化，减小在某一个单一频率的对外辐射。振荡频率在一个很小的范围内变动，从而简化 EMI 设计，更容易满足要求。频率变化的规律是：在 4ms 内由 65～69kHz 变化，共有 16 个频率点。

137. 轻载模式的原理是什么？

该方式可有效降低待机功耗。当 V_{FB} 大于 500mV 时，电路正常工作。当 350mV＜V_{FB}＜500mV 时有两种情况，一种情况是 V_{FB} 由低到高，此时与低于 350mV 情况一样，开关不动作；另一种情况是 V_{FB} 由高到低。为了减小开关损耗，避免开关导通时间过短，此时调高电流比较器的比较点，延长导通时间。

在轻载条件下，开关调节情况为：轻载时，V_{FB} 在 0.5V 以下，当 V_{FB} 由高到低变化时，由于电流比较器的比较点较高，输出功率较大，输出电压升高（升高的快慢取决于负载的大小），使得 V_{FB} 下降，直至 V_{FB} 低于 350mV；当 V_{FB}＜350mV 时，开关不动作，输出电平下降（下降的快慢取决于负载的大小），使得 V_{FB} 升高。当负载较轻时，以上动作重复变化，输出间断脉冲，减少了开关次数，实现了较低的功耗。图 6-100 所示是 SD484×工作在轻载（待机）

模式波形图。

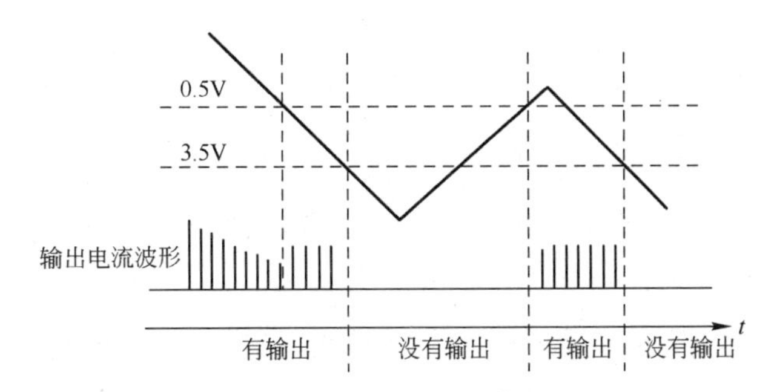

图 6-100 SD484×工作在轻载（待机）模式波形图

138. 前沿消隐的功能是什么？

在 SD484×的电流控制环路中，当开关导通瞬间会有脉冲峰值电流。如果此时采样电流产生错误触发动作，前沿消隐则用于消除这种动作。在开关导通之后的一段时间内，采用前沿消隐消除这种误动作。在电路有输出驱动以后，PWM 比较器的输出要经过一个前沿消隐时间才能控制关断输出。图 6-101 所示是 SD484×前沿消隐示意图。

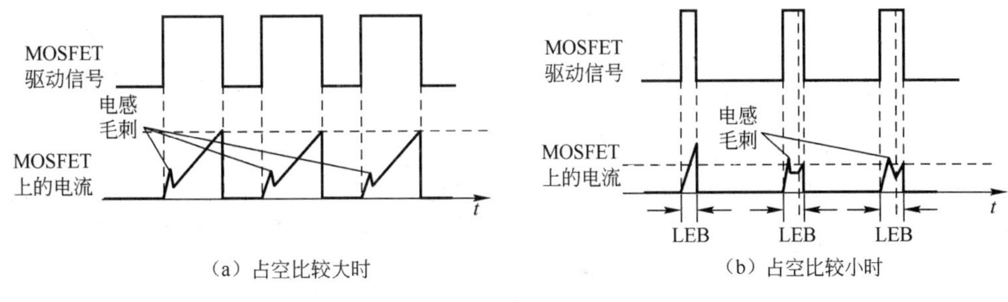

图 6-101 SD484×前沿消隐示意图

139. 过电压保护的功能是什么？

当引脚 VCC 上的电压超过过电压保护点电压时，表示负载上发生了过电压，此时关断输出。该状态一直保持，直到电路发生上电重启动。

140. 过载保护的功能是什么？

当电路发生过载时，会导致引脚 FB 电压升高。当引脚 FB 电压升高到反馈关断电压时，输出关断。该状态一直保持，直到电路发生上电重启动。

141. 逐周期峰值电流限制的功能是什么？

在每一个周期里，峰值电流由比较器的比较点决定，该电流不会超过峰值电流限制值，保证 MOSFET 上的电流不会超过额定电流值。当电流达到峰值电流后，输出功率就不能再变大，从而限制了最大的输出功率。如果负载过重，会导致输出电压变低，反映到 FB 端则导致 V_{FB}升高，发生过载保护。

142. 异常过电流保护的功能是什么？

如果二次侧二极管短路或变压器短路，会引起该现象。此时，不管前沿消隐（LEB）时间，一旦过电流，过350ns立即保护动作且对每一周期都起作用。在电流检测电阻上的电压达到1.6V时，过电流保护动作。当发生该保护动作时，输出关断。该状态一直保持，直到发生欠电压后，电路再次启动。

143. 过热保护的功能是什么？

如果电路发生过热，为了保护电路不会损坏，电路会发生过热保护动作，关断输出。该状态一直保持，直到发生欠电压后，电路再次启动。

144. 基于SD4843的8W带小夜灯LED驱动器的主要元器件如何设计？

图6-102所示是基于SD4843的8W带小夜灯LED驱动器原理图。下面分析电路主要元器件的设计。

（1）输入整流滤波电容整流后的电压　对于输入电压为AC100/115V（最小输入电压为AC85V）的电源，输入整流滤波电容可按3μF/W的比例来选择；对于输入电压为AC230V（最小输入电压为AC180V）的电源，输入整流滤波电容可按1μF/W的比例来选择。图6-103给出了AC整流后在C_2上的电压波形。

整流后的最小输入DC电压为

$$V_{min}=\sqrt{2V_{AC(min)}^2-\frac{2P_o\left(\frac{1}{2f_L}-t_c\right)}{\eta C_{DC}}}$$

整流后的最大DC电压为

$$V_{max}=\sqrt{2}V_{AC(max)}$$

式中，f_L是输入AC的50Hz或60Hz频率；C_{DC}为输入电容；P_o为输出功率；η为转换器效率；t_c是整流的导通时间（一般取3ms）；$V_{AC(min)}$是AC输入的最小电压有效值；$V_{AC(max)}$是交流输入的最大电压有效值。

（2）确定最大占空比（D_{max}），确定MOSFET的耐压值　对于连续模式，为了防止产生次谐波振荡，一般最大占空比D取42%～45%。

因此可由下式求出反射电压值，即

$$V_R=\frac{D_{max}}{1-D_{max}}V_{min}$$

MOSFET的漏极电压值为

$$V_{dmcax}=V_{max}+V_R$$

相对MOSFET的漏极电压，MOSFET的耐压应有足够的余量，同时还要考虑到漏感产生的尖峰电压叠加。

（3）确定变压器的一次电感值L_p　在满载后最低输入电压条件下，计算确定一次电感值L_p为

$$L_p=\frac{(V_{min}D_{max})^2}{2P_i f_{SW} K_{RF}}$$

式中，f_{SW}是开关频率；K_{RF}是纹波系数（对于DCM模式，$K_{RF}=1$；对于CCM模式，$K_{RF}<1$。对于通用型输入，可以取K_{RF}在0.3～0.5之间）。

MOSFET上的峰值电流为

$$I_{max}=I_{odc}+\frac{\Delta I}{2}$$

MOSFET上的电流有效值为

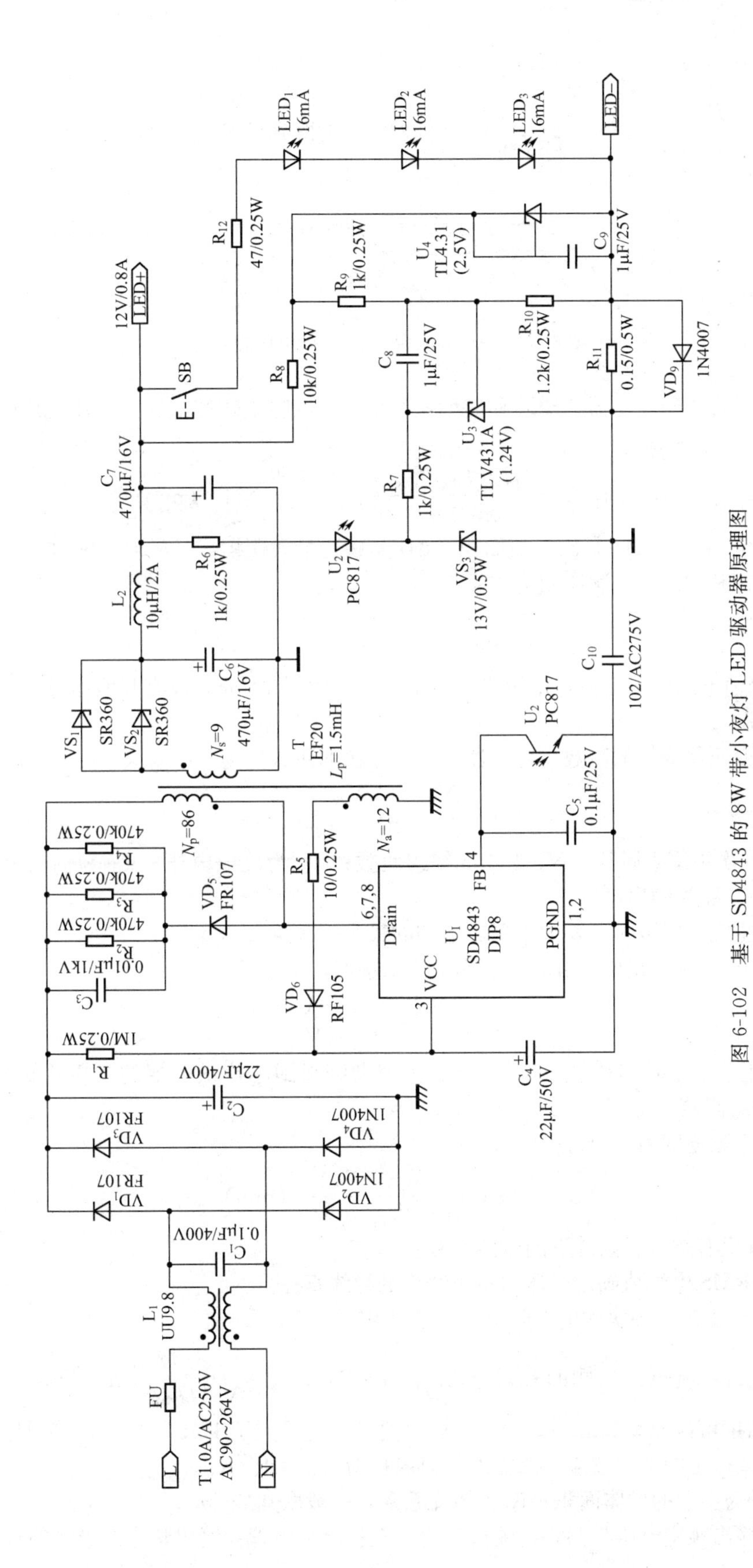

图 6-102　基于 SD4843 的 8W 带小夜灯 LED 驱动器原理图

$$I_{\max}=\sqrt{\left[I_{\text{odc}}^2+\frac{\Delta I^2}{12}\right]D_{\max}}$$

式中，$I_{\text{odc}}=\dfrac{P_{\text{i}}}{V_{\min}D_{\max}}$，$\Delta I=\dfrac{V_{\min}D_{\max}}{L_{\text{p}}J_{\text{SW}}}$，要确保上式得到的峰值电流小于给定电路的峰值电流。

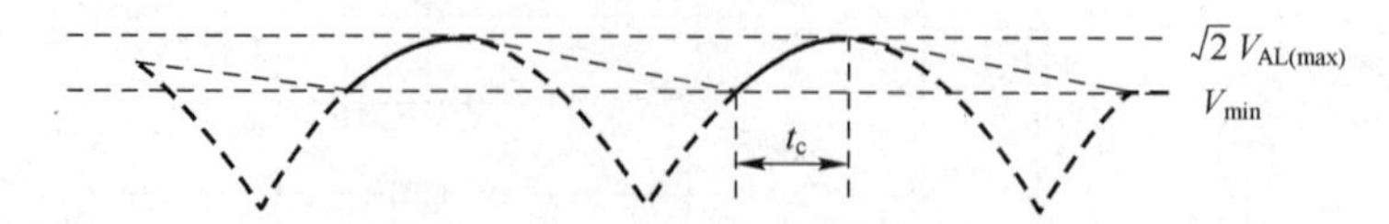

图 6-103　AC 整流后在 C_2 上的电压波形

（4）确定适合用于变压器的磁芯和最小一次匝数，以防止磁芯饱和　采用 AP 法来计算磁芯窗口大小为

$$A_{\text{p}}=A_{\text{m}}A_{\text{c}}=\left(\frac{L_{\text{m}}I_{\text{PK}}I_{\max}\times10^4}{450\times0.2\Delta B}\right)^{1.143}\times10^4(\text{mm}^4)$$

式中，A_{m} 为窗口面积；A_{c} 是磁芯截面积；ΔB 是磁通最大摆幅，一般取 ΔB 为 0.3～0.5T。

防止磁芯饱和的最小一次匝数为

$$N_{\text{p(min)}}=\frac{L_{\text{m}}I_{\text{im}}}{B_{\text{sat}}A_{\text{c}}}\times10^6$$

式中，I_{im} 为峰值电路的限流值，由规格书给出；B_{sat} 为饱和磁通，没有其他参考时可以取 B_{sat} 为 0.35～0.4T。

（5）确定变压器绕组的匝数　变压器一次与二次的匝数比为

$$n=\frac{N_{\text{p}}}{N_{\text{s}}}=\frac{V_{\text{R}}}{V_{\text{o}}+V_{\text{d1}}}$$

式中，$N\text{p}$ 为一次主绕组匝数；N_{s} 为二次绕组匝数；V_{R} 为反射电压；V_{d1} 为输出整流二极管的正向电压降；V_{o} 为输出电压。

选取一次主绕组匝数时，要大于磁芯饱和的最小一次匝数 $N_{\text{p(min)}}$。

辅助绕组 $N_{\max}$ 由输出电压和 V_{CC} 工作电压来选取，即

$$n_{\max}=\frac{N_{\text{p}}}{N_{\text{s}}}=\frac{V_{\text{CC}}+V_{\text{d2}}}{V_{\text{o}}+V_{\text{d1}}}$$

式中，V_{CC} 为正常工作时芯片供电电压；V_{d2} 为辅助绕组到芯片供电端的二极管正向电压降；$N_{\max}$ 为辅助绕组匝数。

磁芯的空气隙宽度为

$$G=40\pi A_{\text{c}}\left(\frac{N_{\text{p}}^2}{1000L_{\text{m}}}-\frac{1}{A_{\text{L}}}\right)(\text{mm})$$

式中，A_{L} 是在没有空气隙条件下的电感系数。

（6）根据 RMS 电流值确定变压器每个绕组的导线直径

① 一次绕组由流过一次侧的有效电流 $I_{\max}$ 决定。

② 二次绕组由流过二次侧的有效电流 $I_{\max}$ 决定，$I_{\max}=\sqrt{\dfrac{1-D_{\max}}{D_{\max}}}n$。当导线长度大于 1m 时，电流密度可以取 5A/mm^2；当电流较大时，如直径大于 1mm，应使用多股导线并联组成，以降低导线产生的集肤效应。所需的窗口面积为 $A_{\text{w}}=A_{\text{c}}/K_{\text{o}}$。

式中，A_{c} 为实际的导体面积；K 为填充系数，一般取 0.2～0.3。

（7）根据输出额定电压与额定电流值确定二次整流二极管　输出整流二极管的最大反向电

压为

$$V_{DR}=V_o+\frac{V_{max}}{\eta}$$

（8）根据电压与电流纹波确定二次输出滤波电容　输出电容的纹波电流为

$$I_{cps}=\sqrt{I_{max}^2-I_o^2}$$

式中，I_{max}为二次电流的有效值；I_o为输出电流。

输出电压纹波为

$$\Delta V_o=\frac{I_oD_{max}}{C_of_{SW}}+\frac{I_{PK}R_c}{n}$$

式中，C_o为输出电容量；R_c为输出电容的ESR。

由于电解电容存在较大的ESR，为了满足纹波的规格要求，有时后面会加上 LC 滤波器。LC 滤波器的转折频率一般设置为开关频率的 1/10～1/5。

（9）设计 RCD 缓冲网络　RCD 用来钳位变压器漏感尖峰产生的漏感电压，保证 MOSFET 的漏极电压不会超过其耐压值。

RCD 可以用来降低噪声和提高 EMI 性能。由于降低了电流变化速率，可以提高 EMI 性能。其中二极管的选择原则是：二极管的恢复时间太短，会产生过高的漏极振荡而导致 EMI 恶化；稍长的恢复时间可以把电容上的能量传回到二次回路，从而提高效率。

RCD 上缓冲电阻的功耗为

$$P_{inss}=\frac{V_{SC}^2}{R_{SR}}=\frac{1}{2}L_{lk}I_{PK}^2f_{SW}$$

式中，V_{SC}为缓冲电容上的电压，一般设计比反射电压高 50～100V；R_{SR}为缓冲电阻的阻值；L_{lk}为一次侧的峰值电流；f_{SW}为开关频率。

RCD 上缓冲电容的纹波为

$$\Delta V_{SC}=\frac{V_{SC}}{C_{SC}R_{SR}f_{SW}}$$

在瞬态冲击下，缓冲电容的最大电压值为 $V_{SC(max)}=\sqrt{\frac{1}{2}R_{SC}L_{IN}I_{sim}}$，由此得到 MOSFET 的最大电压值为 $V_{dis(max)}=V_{max}+V_{SC(max)}$，要保证 MOSFET 的耐压值有一定的余量。

（10）恒压/恒流（CV/CC）实现　图 6-104 所示的 CV/CC 实现方式与其他采用光电耦合器＋放大器或光电耦合器＋晶体管电路不同，采用了光电耦合器＋稳压二极管（VS_3）与 TLV431A 相结合的模式，其 CV/CC 控制工作原理如下。

CV 控制为 R_6、U_2、VS_3 组成 CV 控制电路，当输出电流未达到恒流点时，输出工作在恒压模式。

CC 控制为 R_6～R_{11}、U_2～U_4 及 C_8、C_9 组成 CC 控制电路，R_{11}是输出电流检测电阻，输出电流在 R_{11}上的电压降为右正左负，电压降为 $V_{P1}=I_oR_{11}$。U_4 采用 TL431A，其基准电压为 2.5V，由 R_8 与 U_4 组成 2.5V 的电压基准，该基准电压经 R_9、R_{10}分压，分压电压设定在 1.36V（该电压具体设定值，可根据输出电流作适当调整），给 U_3 的 R 端提供一个偏置电压。U3 采用 TLV431A，其内部基准电压为 1.24V，因此在 U_3 的 R 端是上述电压与 VR_{11} 叠加，这样可以降低在 R_{11}（单纯由 R_{11}作电流检测电阻）上产生的功耗，提高转换效率。在开机瞬间可能会对 R_{11}产生较大的冲击电流，因此用 VD_9 来旁路开机产生的冲击电流。由于在 R_{11}上的电压降小于 0.7V，因此稳态时 VD_9 对恒流精度无影响。

采用两个 TL431 的好处主要是简化了采用放大器电路周围元器件多的烦琐，提高了采用

图 6-104　8W LED 台灯驱动器实物图

晶体管方式的恒流电流控制精度。

SB、R_{12}、LED_1～LED_3 组成小夜灯功能，在夜晚当主灯关闭时，按下按钮开关可以点亮由三个 ϕ5mmLED 组成的小夜灯。LED 的电流设定在约 16mA，每个 LED 约提供 6 lm 的光通量，因此总共 18 lm 基本可以满足小夜灯的照明要求。当然，如果不需要小夜灯功能，只要不安装此部分元器件即可。

图 6-105 所示是图 6-102 PCB 图。BOM 见表 6-35。

表 6-35　BOM

名称	类型、数值	名称	类型、数值
C_1	电容，0.1μF/AC400V，RAD0.4	FU	熔断器、T1.0A/AC250V，FU0.2
C_2	电解电容，22μF/400V，RB2/5	L_1	电感，UU9.8，22mH
C_3	电容，0.01μF/1kV，RAD0.2	L_2	电感，ϕ8×12，10μH/2A
C_4	电解电容，22μF/50V，RB1/2	T	变压器，EF20（卧式），L_p=1.5mH
C_5	电容，0.1μF/25V，0805	VD_1、VD_3	快恢复二极管，FR107，Diode0.2
C_6、C_7	电解电容，470μF/16V，RB2/3	VD_2、VD_4	二极管，1N4007，Diode0.2
C_8、C_9	电容，1μF/25V，0805	VD_5	快恢复二极管，FR107，Diode0.2
C_{10}	电容，1000pF/AC400V，DIP	VD_6	快恢复二极管，FR105，Diode0.2
VS_1	肖特基二极管，SR360，Diode0.2	R_9	电阻，1kΩ/0.125W，0805
VS_2	肖特基二极管，SR360，Diode0.2	R_{10}	电阻，1kΩ/0.125W，0805
VD_9	二极管，1N4007，Diode0.2	R_{11}	电阻，0.15Ω/0.5W，DIP
VS_3	稳压二极管，13V/0.5W，Diode0.2	U_1	SD4843，DIP8
R_1	电阻，1MΩ/0.25W，1206	U_2	PC817，DIP4
R_2～R_4	电阻，470kΩ/0.25W，1206	U_3	TLV431A（1.24V），SOT-23
R_5	电阻，10Ω/0.25W，1206	U_4	TL431A（2.5V），SOT-23
R_6、R_7	电阻，1kΩ/0.125W，0805	LED_1～LED_3	ϕ5mm 白光 LED
R_8	电阻，10kΩ/0.125W，0805		

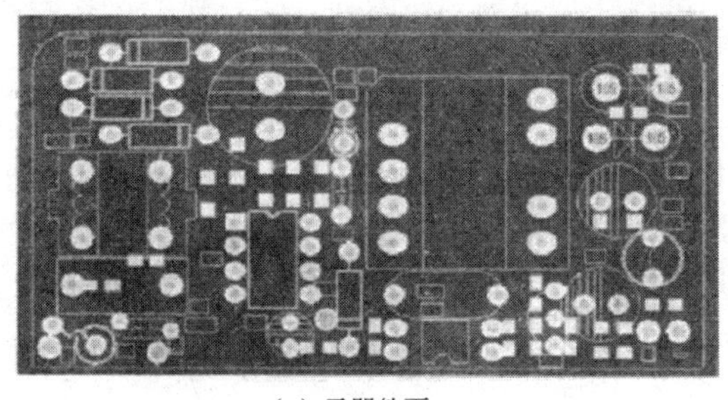

（a）元器件面

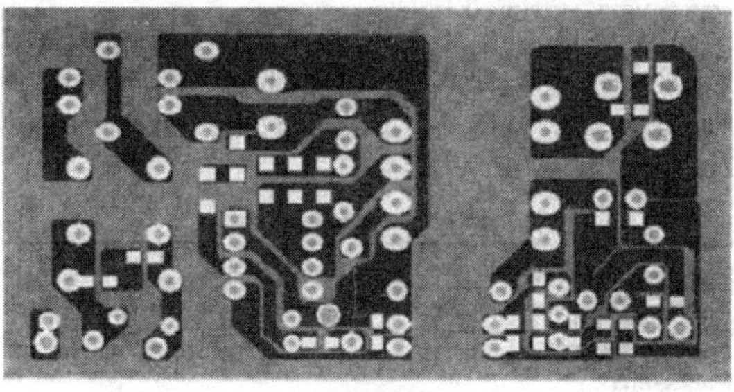

（b）焊接面

图 6-105　图 6-102 的 PCB 图

145. 分割地线如何设计？

应把功率地和信号地分开。SGND 脚、FB 外置电容的地脚、控制电路 VCC 电容的地脚应连接在一起，然后与 PGND 相连接。可防止在电路开关过程中，由于功率地上的大电流而导致 SGND 脚、FB 外置电容的地脚、控制电路 VCC 电容的地脚电位不相同，以保证电路正常工作。如图 6-106 所示，应严格地区分功率地和信号地。

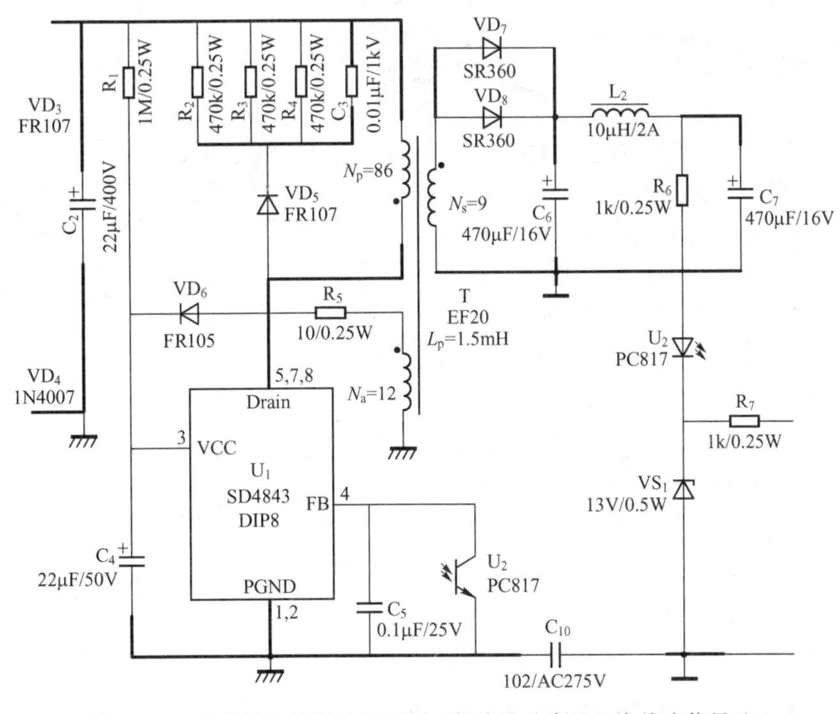

图 6-106　功率地和信号地的区别（粗线为功率地，中线为信号地）

146. 如何设计 PCB 及变压器？

开关电源中高频变压器性能不仅对电源效率有较大影响，而且直接关系到电源的其他技术指标和电磁兼容性。为此，一个高效率的高频变压器应符合直流损耗和交流损耗低、漏感小、绕组本身的分布电容及各绕组之间的耦合电容小等条件。变压器应采用夹层绕组结构（俗称三明治绕法）以降低漏感。为防止高频变压器的泄漏磁场对相邻电路造成干扰，可以把一铜片环绕在变压器外部以构成屏蔽带，并将屏蔽带接地。该屏蔽带相当于短路环，能对泄漏磁场起到抑制作用，有效降低输出纹波。

在连接芯片 U_1、输入电容 C_2、高频变压器一次绕组的引线上有高频开关电流通过，容易引起共模电磁干扰，因此上述引线应尽量短，以使 PCB 尺寸与环路面积最小。漏极钳位保护电路的 C_3、R_2～R_4、VD_5 与变压器一次绕组的引线要尽量短。连接于高频变压器二次绕组的输出二极管和输出滤波电容的回路面积应最小。此外，在二极管阳极、阴极端的铜箔面积应足够大，以承受较大的电流并有利于散热；光电耦合器的引脚和源极脚走线应尽量短，可使耦合噪声最小。

147. LED 橱柜灯的功能是什么？

在商场的货柜和展示柜、公司文件柜或是在宾馆、家庭中的橱柜、衣柜中，都会使用背灯光。传统的背灯光主要以 MR16 卤素灯为主，不但耗电高，使柜内温度很高，存在使柜中存储物损坏的可能，而且由于卤素灯使用寿命短，需经常更换，增加了维护成本。现在随着 LED 产品生产工艺提高及价格下降，逐渐使用 LED 用作橱柜灯，并且得到普遍推广。

LED 橱柜灯产品特点是：将传统的灯具与最新型节能的环保光源相结合，选用 ϕ5mm 小功率 LED、SMD LED 或单个 1W 大功率 LED 作光源；采用金属散热结构设计，灯面采用单面喷砂优质玻璃制作，透光率高达 93％以上。LED 橱柜灯可作为家庭、商业办公场所、楼宇公共场所、家具、酒店、商店橱窗、娱乐场所照明中的辅助照明，其应用十分广泛。

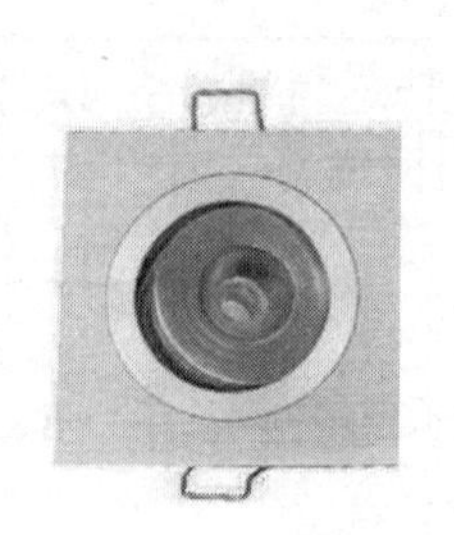

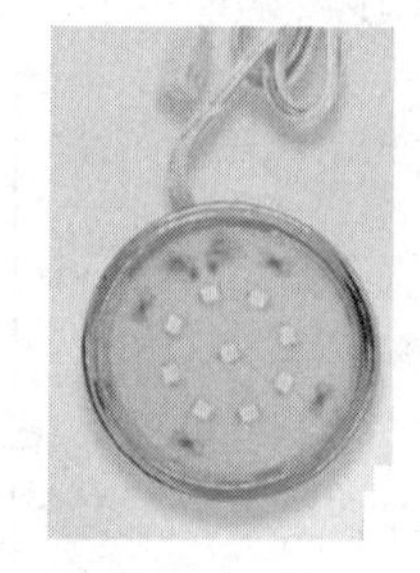

图 6-107　LED 橱柜灯的灯具形式

使用 LED 橱柜灯，不但能满足传统的灯光照射与控制要求，而且可以采用红、绿、蓝色 LED，起到渲染效果的作用。LED 橱柜灯的主要特点为：突破传统照明盲区，提高现代家居生活质量，特别的光影构造环境新气氛。LED 橱柜灯的两种灯具形式如图 6-107 所示，表 6-36 是常用 LED 橱柜灯的主要技术参数。

表 6-36　常用 LED 橱柜灯的主要技术参数

产品型号	工作电压/V	发光颜色	色温/K	光通量/lm	照度/lx
CN75IP07-001	12	暖白色	2700～3500	50	25
CN75IP07-002	24	日光色	4100～5500	70	30

148. LED 橱柜灯具驱动电路方案如何选择？

LED 橱柜灯具有广泛的用途，无论用在厨房中，还是作为衣柜、展示柜的灯光照射，其共同的特点是上述柜子的位置相对固定且柜子本身的尺寸相对较大，一旦在上述柜子中安装完毕后不会轻易移动，因此要求整个 LED 橱柜灯的可靠性较高。LED 橱柜灯的主要组成只有 LED 灯具及驱动电源，而根据橱柜灯的使用条件来看，LED 灯具的使用时间通常是断续的，如 3～5min，AKG 2～3h，不具备长时间连续性（当然，对于 LED 柜灯以外的则另当别论），因此 LED 灯具的散热不是主要因素，那么影响整个 LED 橱柜灯的可靠性就由驱动电源来承担。

能满足 10W 左右输出功率的 LED 驱动器方案可选择性较多，既可用单片集成式控制器，如 Powerint 公司的 TOP 系列、TNY 系列和 ST 公司的 Viper22、Viper50 等，也可采用 PWM＋MOSFET 的驱动方式，如 Fairchildsemi 公司的 FAN7554 和 Onsemi 公司的 NCP1216 等。在本案中综合了驱动芯片的性能、价格、可靠性、控制的灵活性及货源获取的及时性，而采用了 Onsemi 公司的 NCP1271＋2A/600V N 沟道 MOSFET 的组合方式。

149. NCP1271 的功能是什么？

NCP1271 是安森美公司新推出的改进型版本，有 DIP-8 和 SO-8 两种封装形式。它是对 NCP12××控制器性能的提高版本，与该系列版本引脚完全兼容。NCP1271 控制器充分考虑到了待机功耗问题，采用软跳跃模式具有非常低的待机功耗，并且内部集成了高电压启动 MOSFET。这种拥有专利的、性能卓越的软跳跃功能可减低噪声，允许使用者采用便宜的变压器和钳位网络的电容。内置频率抖动、斜坡补偿、基于定时故障检测和输入电压锁定功能。选用 NCP1271 控制器作转换器既方便，又能节省材料成本。

150. NCP1271 引脚排列及引脚功能分别是什么？

图 6-108 所示是 NCP1271 的引脚图，其各引脚功能见表 6-37。图 6-109 所示是 NCP1271 内部电路结构。

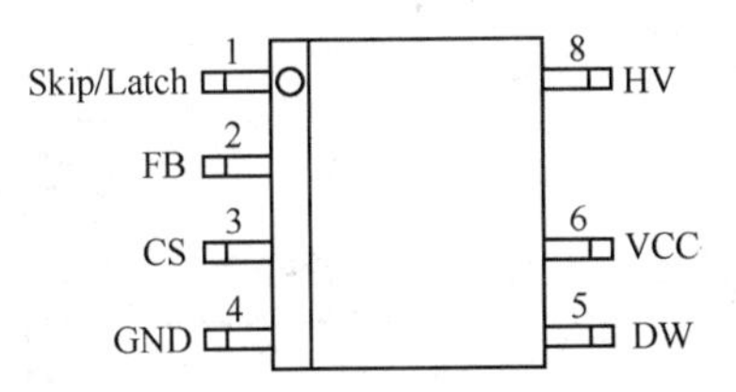

图 6-108　NCP1271 引脚图（顶视图）

表 6-37　NCP1271 引脚功能

引脚号	引脚名称	功能	引脚描述
1	Skip/Latch	跳跃调节或锁定关闭	在该引脚与地之间用一个电阻可调节待机时跳跃值。此外，如果上拉电压大于 8.0V，控制器锁定，无驱动输出
2	FB	反馈	光电耦合器集电极直接连接到该引脚作调整。如果该引脚的电压小于跳跃电压时，那么驱动器完成软跳跃模式；如果该引脚开路（>3V）或大于 130ms，那么控制器进入故障模式
3	CS	电流侦测	该引脚侦测 PWM 调节器一次电流。最大一次电流可由 1.0V/R_{CS} 限制，R_{CS}是电流检测电阻。此外，一个斜坡电阻 R_{tmmp}连接在电流侦测电压与该引脚之间，用以斜坡补偿改善稳定性
4	GND	IC 地	—
5	Drv	驱动输出	NCP1271 具有强大的驱动能力，能驱动具有大栅极电容 Q_g 的外部 MOSFET
6	VCC	给 IC 供电	这是正电压供电装置。工作电压范围在 10～20V 之间，UVLO 启动开始电压为 12.6V（典型值）
8	HV	高压	该引脚提供：①无损启动时序；②双“打嗝”故障模式；③记忆锁定关闭；④如果 V_{CC}短路到地，提供设备保护

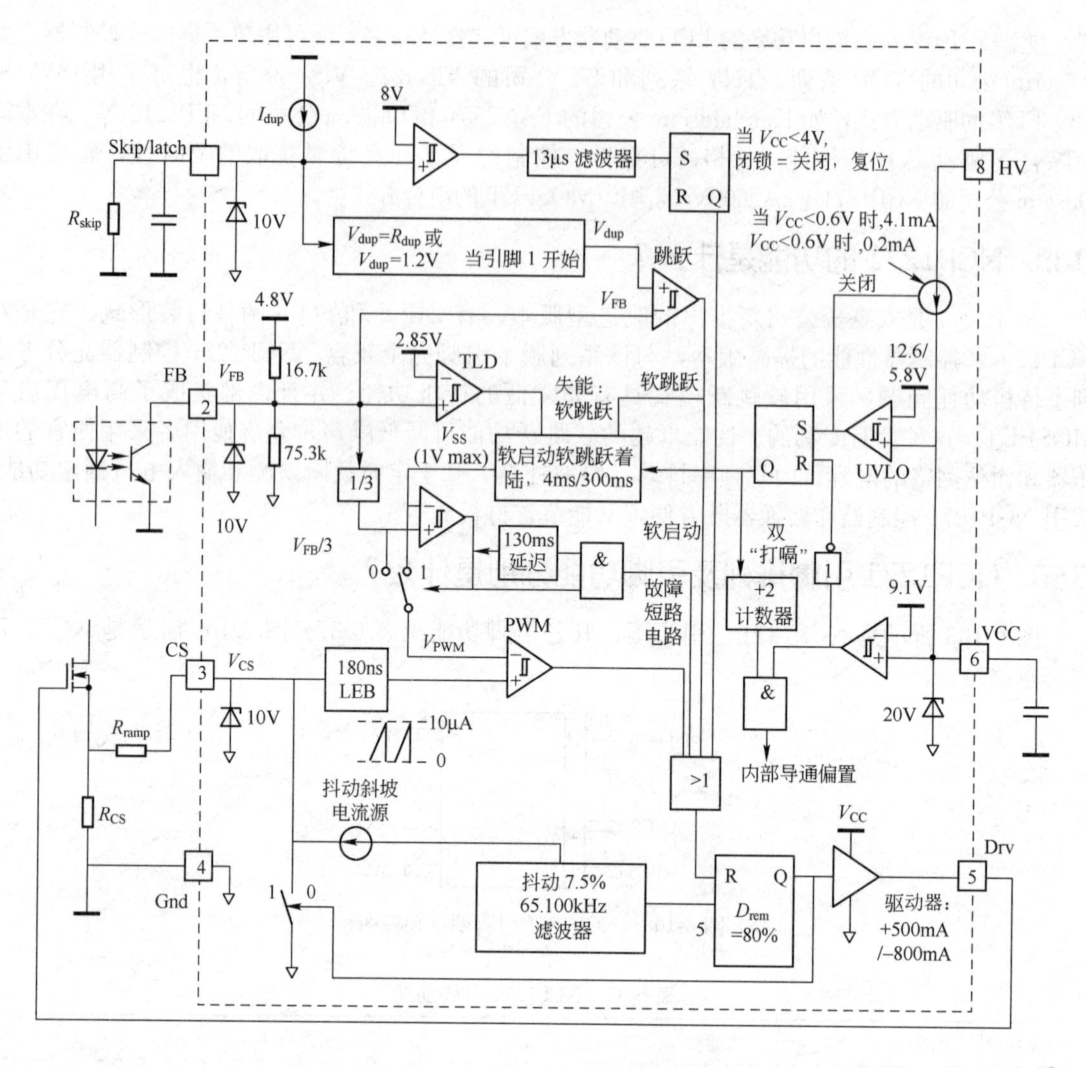

图 6-109 NCP1271 内部电路结构

151. NCP1271 噪声退耦电容如何设置？

NCP1271 有三个引脚可能需要设置外部退耦电容，它们是：

(1) Skip/Latch（引脚 1）。如果在该引脚上的电压大于 8.0V，那么电路将进入闭锁关闭状态。因此，在该引脚上设置一个退耦电容能改善并抑制噪声。另外，在该引脚与地之间设置一个电阻，可防止因噪声导致引脚 1 电平超过闭锁关闭值。

(2) FB（引脚 2）。FB 引脚具有高阻抗，特别是在电路工作时，非常容易受外界噪声的干扰。

(3) VCC（引脚 6）。当 V_{CC} 大于 $V_{CC(off)}$（典型值为 9.1V）时，维持电路的供电；但是，如果 V_{CC} 低于 $V_{CC(off)}$，因为存在开关噪声，电路可能会受到干扰信号而进入故障状态。因此，在引脚 VCC 加滤波电容和退耦电容对电路的稳定工作是非常重要的。

152. 基于 NCP1271 10W LED CC/CV 驱动器转换器电路是如何工作的？

图 6-110 所示是基于 NCP1271 10W LED CC/CV 驱动器电路，图 6-111 所示是图 6-110 的 PCB 图。

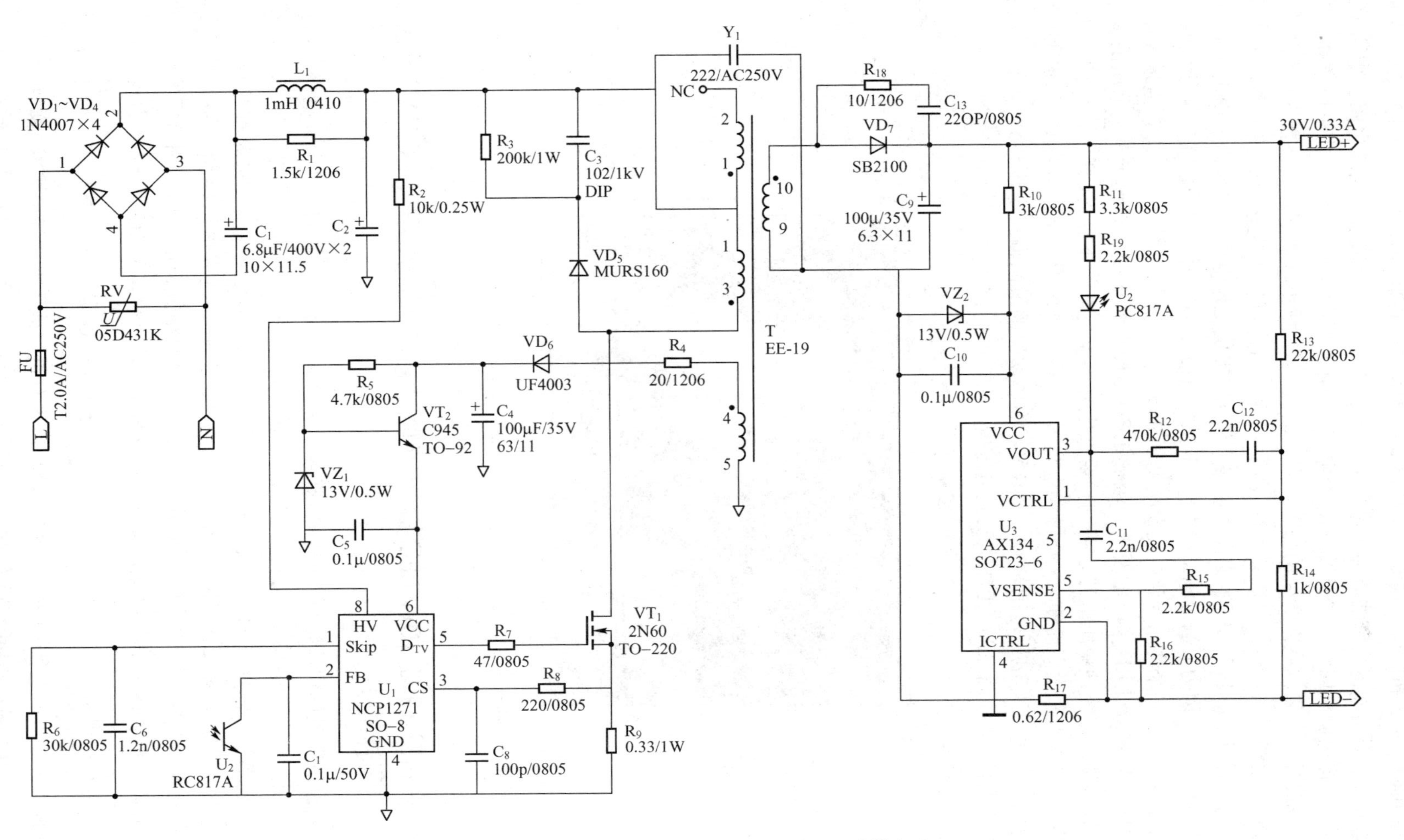

图 6-110　基于 NCP1271 10W LED CC/CV 驱动器电路

RV是压敏电阻，可抑制电网中存在的过冲电压对后级电路的损坏。选择RV是要满足压敏动作电压与耐瞬间冲击功率的能力。电容C_1、C_2和电感L_1组成输入滤波电路，电阻R_1与L_1并联为L_1提供放电回路。二极管VD_5、电容C_2和电阻R_3组成初级缓冲钳位电路，以抑制来自于一次绕组和复位绕组产生的漏感，当开关管VT_1截止时，VD_5将磁能返回到电路中。变压器T1辅助绕组（4-5）、二极管VD_6和电阻R_4、电容C_4组成整流滤波电路，电阻R_5、晶体管VT_2和稳压二极管VZ_1组成稳压电路，给U_1提供工作电压。之所以采用由VT_2组成的线性稳压电路，是因为要满足输出端LED串联数量改变的需要。驱动器在实际使用时LED串联数量可能在1～10个之间变化，而V_{CC}电压的设计首先满足使用一个LED，但最高输出电压则要满足最大10个LED串联的要求，因此LED串联数量的变化导致了V_{CC}电压的大范围变化，所以必须采用线性稳压电路；否则，要么电路因V_{CC}电压不够无法启动，处于“打嗝”状态，要么因V_{CC}电压太高而使U_1烧毁。电阻R_{10}、稳压二极管VS_2、电容C_{10}组成U_3的辅助供电电路。U_3的工作电压范围是DC3～18V，而驱动器的最高输出电压达到DC30V，为保证U_3安全工作，必须确保U_3工作在安全电压内。

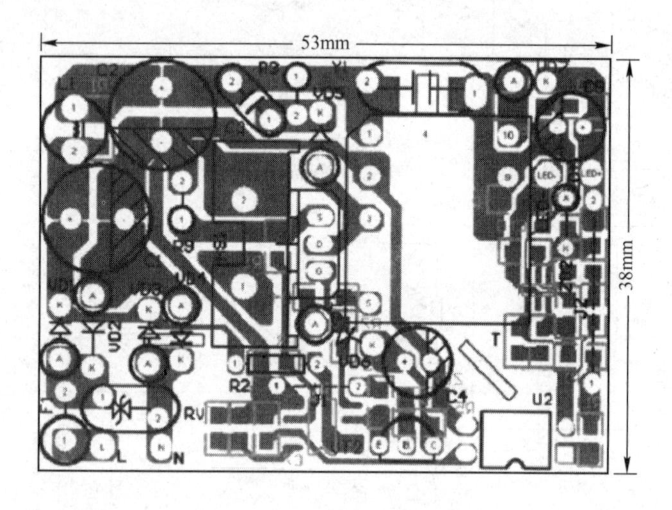

图6-111　图6-110的PCB图

153. 基于NCP1271 10W LED CC/CV驱动器的恒流/恒压（CC/CV）电路是如何工作的？

为提高输出电流的恒流精度，提高转换器的效率，恒流/恒压（CC/CV）电路采用放大器的电路形式。U_3（AX134）为内置两个误差放大器和一个1.21V的电压基准，采用SOT23-6封装形式，因此体积小，比使用LM358占用PCB板面积小且将基准集成在内部，因此使用较为方便。电阻R_{13}、R_{14}和U_3的引脚1、引脚3组成恒压控制电路，电阻R_{12}、电容C_{12}为电压误差放大器的反相输入端与输出端之间的相位补偿元件，调节阻容值可改变放大器的增益。恒压输出控制电路的走向为VOUT→R_{11}→U2A→U2K→U_3引脚3→U_3引脚2构成回路，输出电压V_{OUT}由电阻R_{13}、R_{14}分压比来设定，$V_{OUT}=1.21\left(1+\frac{R_{13}}{R_{14}}\right)$。从输出电流侦测电路可知，在$R_{17}$上得到的电压降是右正左负，该正电压经电阻$R_{16}$送到$U_3$的5脚（放大器的反相输入端），而同相输入端由$U_3$内部设置在200mV，该放大器的输出端控制$U_2$发光二极管的K极。

恒流输出控制电路的走向为 VOUT→R_{11}→U2A→U2K→U3 引脚 5→U3 引脚 2 构成回路。电阻 R_{15}、电容 C_{11} 为电流误差放大器的反相输入端与输出端之间的相位补偿元件，调节阻容值可改变放大器的增益；电阻 R_{17} 为输出恒流电阻调整电阻，$R_{17}=\frac{200\text{mV}}{I_{\text{LED}}}$。为确保输出电流的恒流精度，电阻 R_{17} 宜采用 1%精度的电阻且在 PCB 设计时加大其包围的铜箔面积，保证具有足够的散热面积。

154. RCD 钳位缓冲电路的功能是什么？

单端反激式开关电源具有结构简单、输入/输出电气隔离、电压升/降压范围宽、易于多路输出、可靠性高、造价低等优点，广泛应用于中小功率场合。然而，由于漏感影响，反激式变换器的功率开关管关断时将引起电压尖峰，必须用钳位电路加以抑制。由于 RCD 钳位缓冲电路比有源钳位电路更简洁且易实现，因而在小功率变换场合更有实用价值。

155. 漏感抑制如何设计？

变压器的漏感是不可消除的，但可以通过合理的电路设计和绕制使之减小。设计和绕制是否合理，对漏感的影响是很明显的。采用合理的方法，可将漏感控制在一次电感的 2%左右。

设计时应综合变压器磁芯的选择和一次匝数的确定，尽量使一次绕组可紧密绕满磁芯骨架一层或多层。绕制时绕线要尽量分布得紧凑、均匀，这样线圈和磁路空间上更接近垂直关系，耦合效果更好。另外，一次和二次绕线要尽量靠得紧密。

156. 消除驱动电源关闭时 LED 存在微亮措施如何解决？

从很多 LED 照明案例中发现一个现象，即当驱动电源关闭时，LED 微亮一小段时间后再熄灭。其实存在上述现象是因为在 LED 驱动器输出端总会加上输出滤波电容，正因为滤波电容的储能作用才导致驱动电源关闭时 LED 存在微亮的状态。只要在 LED 驱动器的输出滤波电容上并联上合适的电阻，就能释放掉当驱动电源关闭时输出电容上的电压。在设计该并联电阻阻值时应注意合理性，阻值太小会引起转换效率的下降且使驱动器的待机功耗上升；阻值太大仍可能存在上述现象，要与实际负载与电容量配合。由于驱动电源关闭时 LED 存在微亮现象属于人的感官，因此很难用公式直接给出答案，而是需要边试验边确定的。

157. LED 冷柜灯的恒流原理是什么？

因为 LED 冷柜灯一般采用多个小功率 LED 串/并联的形式，LED 的工作电流通常设定在小于 20mA。为了保持每串 LED 工作电流相同，可以采用线性稳压恒流控制方式（当然可以采用恒流二极管的方式）。图 6-112 所示是 LED 冷柜灯的恒流原理图。

用晶体管、电阻等元器件构成、具有两个引出端且能维持负载中电流稳定的有源电路称为两端恒流源电路，如图 6-112 所示。其中，晶体管的基极电压由稳压二极管 VZ 提供，其发射极电阻 R_2 起负反馈作用，虚线框内的 VT、VZ 和 R_1、R_2 构成一个具有恒流功能的组件。

由图 6-112 可见，通过负载 R_L 的电流可按下式计算：

$$I_L=I_C+I_W=\frac{V_W-V_{dc}}{R_1}+I_Z$$

若 $V_W \gg V_{dc}$ 和 $I_L \gg I_Z$，则有

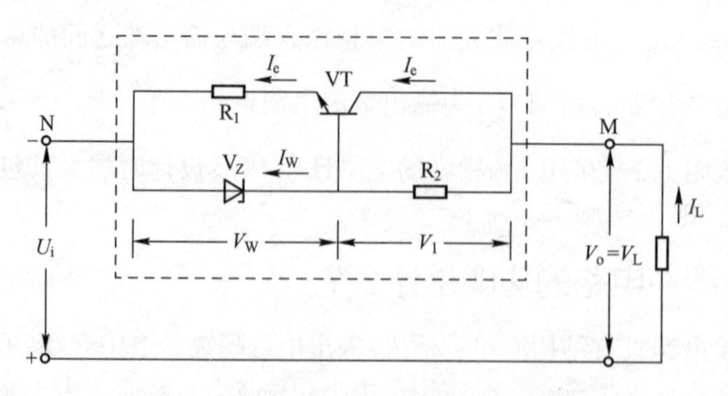

图 6-112　LED 冷柜灯的恒流原理图

$$I_L \approx \frac{V_Z}{R_1}$$

上式说明，负载电流仅由稳压二极管的稳定电压 V_Z 和发射极电阻 R_2 决定，而和输入电压 V_i 电压、负载电阻 R_L 基本上没有关系，故可作为恒流源。

在负载的变动范围确定后，可求得两端恒流源基本电路的最小输入电压 $V_{i(max)}$ 和最大输入电压 V_{imax}。

当负载电阻 R_L 最大时，其上的电压 $V_L = I_L R_{max}$ 也是最大，这时要求输入电压 V_i 和 V_L 之差不能低于两端恒流源的起始电压 V_S（即恒流源开始进入恒流工作状态时的电压），由于

$$V_S = V_Z + I_{Z(min)} R_2$$

所以，使恒流源正常工作的最小输入电压为

$$V_{i(min)} \geqslant V_L + V_Z + I_{Z(min)} R_2$$

而当 $R_L = 0$ 时，则由于电源电压完全加到恒流源的两端，因此这时的输入电压不能高于恒流源的击穿电压 V_B，由图 6-112 可知：

$$V_B = V_{max} + V_Z - V_{dc}$$

其中 V_{max} 是 $I_C \approx I_L$ 时的集射极最高允许电压（它比晶体管的 BUno 要小）。由此可确定两端恒流源的最高输入电压 $V_{i(max)}$ 为

$$V_{i(max)} < V_{on(max)} + V_Z - V_{dc}$$

在设计两端线性恒流控制方式元器件时，一定要注意稳压二极管、晶体管的最高工作电压与最大工作电流，防止因参数设计不当而使 LED 工作在非恒流区，造成 LED 损坏。

158. LED 冷柜类 PCB 如何设计？

LED 冷柜灯应用场合非常广泛，在设计 PCB 图时一定要注意：

① 在每个 LED 之间必须设计成等距离，这样能确保整个灯光显示面亮度的一致性。

② 在 PCB 的两端必须都设置输入电压接点或插座，这样在接线时便于边接与拓展。

③ 在 PCB 的板边至少要留出 1mm 空间不得设置铜箔，因为 LED 冷柜灯在使用时一般直接插入固定槽中。若固定槽采用铝合金等材质，一旦 PCB 上铜箔与金属接触容易造成短路现象，而引起不必要的故障。

④ 在 PCB 上的 LED 灯之间可适当加开散热孔（见图 6-113），这样可使 LED 存在局部的空气对流。尽管空气对流量可能非常微弱，但是若存在微弱空气对流量，对 LED 的散热也非常有效。实践证明，采用加散热孔的方式对降低 LED 发热从而延长使用寿命非常有利。

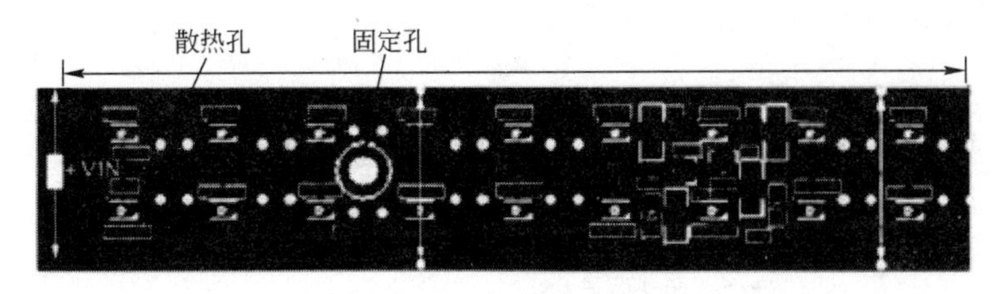

图 6-113 PCB图（局部图）

159. MT7920的特点是什么？

MT7920是一款离线式低功耗、高精度LED驱动芯片，输入电压宽（AC85～265V），工作于恒流、动态PWM模式。美芯展专利技术的源极端电流感应算法精确控制LED的电流，无需光电耦合器。MT7920自然支持高PFC方案，外围电路十分简单，PFC在全电压范围可以达到0.9以上。MT7920内置过电压检测电路，一旦过电压（如LED开路情况），自动进入打嗝模式。同时，MT7920包括欠电压锁定电路、限流电路及过热保护电路等，进一步提高系统的可靠性。

该款芯片采用SOP-8封装，如图6-114所示。

图 6-114 MT7920外形图

MT7920具有以下性能特点：

① 输入电压范围为AC85～265V。

② 高精度LED恒流电流精度为±2%。

③ 最高可达30W的驱动能力。

④ 内置欠电压、过电压及过热保护功能。

⑤ 内置V_{DD}过电压保护和LED开路/短路保护。

⑥ 初级端电流、电压感应技术，无需光电耦合器。

⑦ 可调节输出电流及功率设置。

⑧ 支持高PFC架构，PFC最高超过0.99。

⑨ 具有上电软启动功能。

⑩ 支持开机/关机4挡位调光（可选项），而无需调光器。

MT7920支持无电解电容方案，解决了LED照明方案中LED灯珠长寿命与电解电容短寿命的矛盾，极大地提高了LED照明方案的使用寿命。该款芯片将大量用于AC/DC LED驱动、通用恒流源、信号及装饰用LED照明驱动以及E14、E27、PAR30、PAR33、GU10LED灯和LED荧光灯。

160. 基于MT7920的无电解电容LED驱动器电路是如何工作的？

LED照明灯作为一半导体器件，其寿命长达50000h以上。而LED照明驱动器中普遍用到电解电容，其寿命则为5000～10000h。这样，电解电容的短寿命与LED照明灯的长寿命之间有一个巨大的差距，削弱了LED的优势互补，因而无电解电容LED驱动器受到市场青睐。

基于MT7920的无电解电容LED驱动解决方案如图6-115所示。在该方案中，在全桥堆之后，采用容值较小的C_{RB}高压陶瓷电容或薄膜电容取代高压电解电容，同时提高了功率因数（在AC85～265V范围可以高于0.9）。而输出电容C_8和C_9可以用陶瓷电容替代电解电容，从而实现了完全无电解电容。

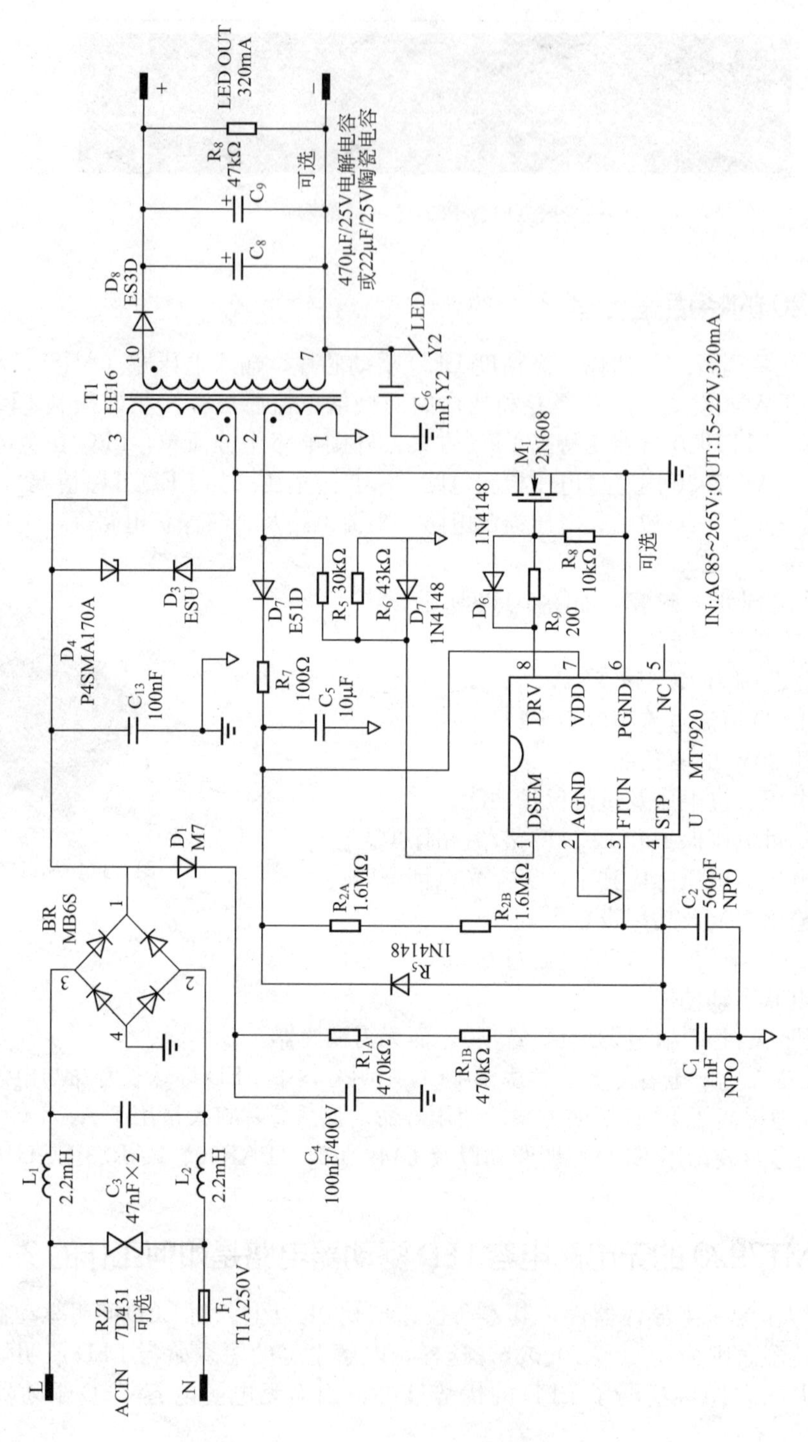

图 6-115 基于MT7920的无电解电容隔离式LED驱动方案

第 7 章

LED路灯和隧道灯的设计

1. LED 路灯由哪些部分组成？

LED 路灯由 LED 模组、驱动电源、散热装置、光学系统及外壳等组成。

2. 道路照明相关指标有哪些？

由于道路照明的主要目的是为机动车驾驶员提供安全舒适的视觉条件，因此评价道路照明的所有质量指标，都是从驾驶员的角度来考虑的。道路照明的主要评价指标如下所述。

(1) 路面平均亮度和平均照度　从驾驶员的视觉功能来考虑，驾驶员对于路面情况的判断很大程度上取决于路面的平均亮度和平均照度。由于人眼在夜晚处于中间视觉状态，对物体颜色差异的敏感性减弱，主要依靠物体与背景之间的亮度来分辨，因此路面亮度影响着驾驶员视觉的对比灵敏度和物体相对于路面的亮度对比度。

(2) 路面亮度（或照度）的均匀度　合适的路面亮度或照度均匀度，对视觉功能和视觉舒适性都是非常重要的。如果路面亮度均匀度不能保证，视觉区域中过高的路面就可能产生眩光，而太暗区域则可能出现视觉暗区，使驾驶员无法辨认该区域中的障碍物，容易产生安全隐患。

(3) 眩光限制　眩光是因为在视觉范围内出现了非常高的亮度或者亮度对比度而产生的。眩光一般分为“失能眩光”和“不舒适眩光”两种类型。前者影响人体的正常视觉功能，但人眼不一定感觉到不舒适；而后者相反，它不一定影响人眼的视觉功能，但让人眼感觉到不舒适。

(4) 环境比（SR）　环境比（SR）也称为环境照明系数，它是用来评价道路与周边环境亮度状况的一个指标。SR 定义为相邻两灯杆之间路边 5m 宽区域内的平均照度与道路内由路边算起 5m 宽区域的平均照度的比值。如果路宽小于 10m，则取道路的一般宽度来计算。在通常情况下，要求 SR≥0.5。

驾驶员的视觉状态主要取决于路面的平均亮度，但道路周边环境的亮暗会干扰眼睛的一般适应状态。当道路环境较亮时，人眼的对比灵敏度会下降，这就需要提高路面的平均亮度；而在较暗的环境下，驾驶员适应了较亮的道路区域，其视觉难以接受周围黑暗区域的物体。在此情况下，照明需要兼顾路边的相邻区域，并降低眩光。

(5) 高觉诱导性　视觉诱导（或视觉引导）是为驾驶员和行人在道路最大允许速度下和一定距离内，快速认知前方道路走向而采取的措施。在夜晚未被照亮的道路上，视觉引导被局限于汽车前照灯所照射的范围内。为了提高视觉引导性，一般沿着道路走向紧密地布置道路照明，有助于道路使用者的安全和便利。对于有很多弯道和交叉的道路来说，良好的视觉引导更为重要。

为防止错误引导，在进行道路照明设计时，需要注意以下几点：

① 在有中央隔离带和分隔车道的道路上，宜将灯杆布置在中央隔离带上，以有利于视觉引导。

② 在弯道处，灯杆宜布置在弯道外侧，以有助于清楚地显示道路走向。

③ 在不同道路上采用颜色特性不同的光源进行照明，可以清楚地指示出不同的道路，从而提高引导性。

3. 道路照明的相关标准是什么？

关于道路照明，国际照明委员会（CIE）对机动车道、交叉道路及人行道等都制定了相应的标准，对每项质量指标都有明确的要求。

我国目前所使用的道路照明标准主要是 CJJ 45—2006《城市道路照明设计标准》。该行业标准于 2006 年 12 月 19 日发布，实施日期为 2007 年 7 月 1 日，原标准 CJJ 45—1991《城市道路照明设计标准》同时废止。CJJ 45—2006 标准对我国的道路照明、道路照明所使用的光源灯具及其附属装置和照明方式 3 个方面都制定了相应的标准。

4. 机动车道路照明标准有哪些？

（1）CIE 标准　CIE 根据不同的机动车道路按照道路性质、交通密度以及道路的交通控制或者分隔好坏对所有的机动车道路进行了分类。一般来说，道路车速越快，交通密度越大，交通控制或者分隔越不好，道路等级越高。CIE 对照明指标作了相应的规定，具体划分见表 7-1。

表 7-1　CIE 机动车道路分段

道路说明	交通密度或复杂程度	道路照明等级
有分隔带的高速公路，无交叉路口，如高速路、快速干道等	交通密度及道路复杂性 ——高 ——中 ——低	M1 M2 M3
高速公路，双向干道	交通控制或分隔 ——不好 ——好	M1 M2
重要的城市交通干道，地区辐射道路	交通控制或分隔 ——不好 ——好	M2 M3
次要道路，社区道路，连接主要道路的社区道路	交通控制或分隔 ——不好 ——好	M4 M5

CIE 道路照明标准见表 7-2。

表 7-2　CIE 对不同等级道路的照明标准

道路照明等级	所有道路			较少有交叉口的道路	带人行道的道路
	平均路面亮度 L_{avg}/（cd/m²）	整体均匀度 U_o	阈值增量 TI	车道均匀度 U_L	环境照明系数（SR）
M1	2	0.4	10	0.7	0.5
M2	1.5	0.4	10	0.7	0.5

续表

道路照明等级	所有道路			较少有交叉口的道路	带人行道的道路
	平均路面亮度 L_{avg}/（cd/m²）	整体均匀度 U_o	阈值增量 TI	车道均匀度 U_L	环境照明系数（SR）
M3	1	0.4	10	0.5	0.5
M4	0.75	0.4	15	—	—
M5	0.5	0.4	15	—	—

（2）我国的道路照明标准　相比 CIE 道路照明标准，目前我国的标准要求相对较低。我国目前将城市道路分为快速路、主干路、次干路、支路和居住区道路。

① 快速路：城市中距离长、交通量大，对向车行道之间设有中间分车带。

② 主干路：连接城市各主要分区的干路，采用机动车与非机动车分隔形式，如三幅路或四幅路。

③ 次干路：与主干路结合组成路网，起集散交通作用的道路。

④ 支路：次干路与居住区道路之间的连接道路。

⑤ 居住区道路：居住区内的道路及主要供行人和非机动车通行的街巷。

在机动车道路照明中，主要分为快速路与主干路、次干路、支路 3 级，见表 7-3。

表 7-3　我国道路照明标准

级别	道路类型	路面亮度			路面照度		眩光限制阈值增量 TI 最大初始值	环境比 SR 最小值
		平均亮度 L_{avg} /（cd/m²）	总均匀度 U_o 最小值	纵向均匀度 U_L 最小值	平均照度 E_{avg}（维持值）/lx	均匀度 U_E 最小值		
Ⅰ	快速路、主干路（含迎宾路，通向政府机关和大型公共建筑的主要道路，位于市中心或商业中心的道路）	1.5/2.0	0.4	0.7	20/30	0.4	10%	0.5
Ⅱ	次干路	0.75/1.0	0.4	0.5	10/15	0.35	10%	0.5
Ⅲ	支路	0.5/0.75	0.4	—	8/10	0.3	15%	—

注：1. 表中所列的平均照度仅适用于沥青路面。若系水泥混凝土路面，其平均照度值可相应降低约 30%。

2. 计算路面的维持平均亮度或维持平均照度时应根据光源种类、灯具防护等级和擦拭周期，按照标准的附录 B 确定维护系数。

3. 表中各项数值仅适用于干燥路面。

4. 表中对每一级道路的平均亮度和平均照度给出了两挡标准值，“/”的左侧为低挡值，右侧为高挡值。

5. 道路交会区照明标准是什么？

对于道路交会区域而言，无论对于机动车驾驶员，还是非机动车驾驶员，或者是行人，整个区域的照度都是很重要的。这时，一般将照度作为标准的要求指标。

由于在道路交会交通的复杂性提高，交通事故发生的可能性也相应较高。为达到降低交通事故率的目的，提高道路交会区的照明标准要求是非常必要的。同时，为了防止眩光，交会区的照明标准还针对眩光限制提出了要求。

不同类型道路形成的交会区类型都有不同的平均照度要求，见表 7-4。

表 7-4　不同类型道路交会区照明标准

交会区类型	路面平均照度 E_{avg}（维持值）/lx	照度均匀度 U_E	眩光限制
主干路与主干路交会	30/50	0.4	在驾驶员观看灯具的方位角上，灯具在80°和90°高度角方向上的光强分别不得超过30cd/1000lm和10cd/1000lm
主干路与次干路交会			
主干路与支路交会			
次干路与次干路交会	20/30		
次干路与支路交会			
支路与支路交会	15/20		

注：表中对每一类道路交会区的路面平均照度给出了两挡标准值，“/”的左侧为低挡照度值，右侧为高挡照度值。

6. 人行道照明标准是什么？

人行道照明主要是为行人提供一个安全的照明环境，使得行人在夜晚行走时能看清道路和周围情况，以保证其安全，或者说能辨别路面存在的障碍物或者察觉可能逼近的危险。人行道照明对于均匀性的要求并不严格，但是对于路面最小照度有要求，具体要求见表 7-5。同时，为了帮助行人看清道路上的障碍物，对于垂直照度也有相应的要求。

表 7-5　不同人行道类型的照明标准

夜间行人流量	区　域	路面平均照度 E_{avg}（维持值）/lx	路面最小照度 E_{min}（维持值）/lx	最小垂直照度 E_{min}（维持值）/lx
流量大的道路	商业区	20	7.5	4
	居住区	10	3	2
流量中的道路	商业区	15	5	3
	居住区	7.5	1.5	1.5
流量小的道路	商业区	10	3	2
	居住区	5	1	1

7. 节能标准是什么？

道路照明除了要满足照度、均匀度、眩光及环境比等性能指标的要求外，还必须要满足一定的节能指标。机动车交通道路照明应以照明功率密度（LPD）作为照明节能的评价指标，其值不应大于表 7-6 的规定。

表 7-6　机动车交通道路的照明功率密度值

道路级别	车道数/条	照明功率密度值（LPD）/（W/m²）	对应的照度值/lx
快速路	≥6	1.05	30
主干路	<6	1.25	20
	≥6	0.70	
	<6	0.85	
次干路	≥4	0.70	15
	<4	0.85	
	≥4	0.45	10
	<4	0.55	

续表

道路级别	车道数/条	照明功率密度值（LPD）/（W/m²）	对应的照度值/lx
支路	≥2	0.55	10
	<2	0.60	
	≥2	0.45	8
	<2	0.50	

注：1. 本表仅适用于高压钠灯，当采用金属卤化物灯时，应将表中对应的LPD值乘以1.3。
2. 本表仅适用于设置连续照明的常规路段。
3. 设计计算照度高于标准值时，LPD值不得相应增加。

8. 光源、灯具及其附属装置应符合哪些要求？

道路照明光源、灯具及附属装置的选择应符合下列要求：

① 光源及灯具的性能指标应符合国家现行有关能效标准规定的节能评价值要求。

② 路灯长期暴露于室外，其防护等级一般不得低于IP54。

③ 对于四周无建筑物的道路、快速路和主干路，必须采用截光型灯具，从而使得道路的亮度高、均匀度好，而且几乎无眩光；对于一般的城市道路、次干路或者周围有建筑物的道路，必须采用半截光型灯具；而支路或者周围场所明亮的情况，则应使用非截光型灯具。

所谓截光型灯具就是最大光强方向与灯具向下垂直轴夹角为0°～65°，90°和80°方向上的光强最大允许值分别为10cd/1000lm和100cd/1000lm的灯具，且不管光源光通量的大小，其在90°方向上的光强最大值不得超过1000cd。

所谓半截光型灯具就是最大光强方向与灯具向下垂直轴夹角为0°～75°，90°和80°方向上的光强最大允许值分别为50cd/1000lm和100cd/1000lm的灯具，且不管光源光通量的大小，其在90°方向上的光强最大值不得超过1000cd。

而非截光型灯具就是最大光强方向不受限制，90°方向上的光强最大值不得超过1000cd的灯具。

④ 选择灯具时，在满足灯具相关标准以及光强分布和眩光限制要求的前提下，常规道路照明灯具效率不得低于70%，泛光灯效率不得低于65%。

⑤ 气体放电灯线路的功率因数不应小于0.85。

⑥ 除居住区和少数有特殊要求的道路以外，在深夜宜选择下列措施降低路面亮度（照度）：采用双光源灯具，深夜时关闭一个光源；采用能在深夜自动降低光源功率的装置；关闭不超过半数的灯具，但不得关闭沿道路纵向相邻的两盏灯具。

⑦ 应选择合理的控制方式，并应采用可靠度高和一致性好的控制设备。

⑧ 应制订维护计划，宜定期进行灯具清扫、光源更换及其他设施的维护。

9. 常见的照明方式有哪些？

根据不同道路和场所的特点，道路照明应当选择不同的照明布置。常规照明灯具的布置可分为单侧布置、双侧交错布置、双侧对称布置、中心对称布置和横向悬索布置5种基本方式，如图7-1所示。采用常规照明方式时，应根据道路横断面形式、宽度及照明要求进行选择。

由不同的照明布置方式、灯具配光类型、安装高度等情况，决定路灯间距，见表7-7。

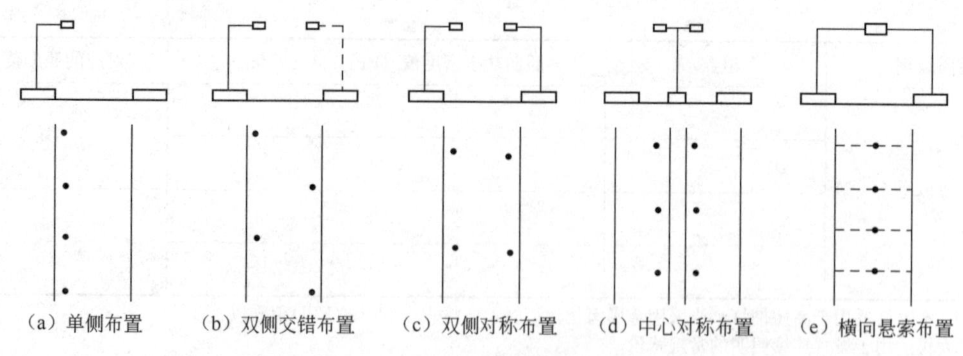

图 7-1 常见的道路照明布置方式

表 7-7 不同布置方式、灯具配光类型、安装高度对应的路灯间距

配光类型	截光型		半截光型		非截光型	
布置方式	安装高度 H/m	间距 S/m	安装高度 H/m	间距 S/m	安装高度 H/m	间距 S/m
单侧布置	$H \geqslant 1.0W$	$S \leqslant 3H$	$H \geqslant 1.2W$	$S \leqslant 3.5H$	$H \geqslant 1.4W$	$S \leqslant 4H$
双侧交错布置	$H \geqslant 0.7W$	$S \leqslant 3H$	$H \geqslant 0.8W$	$S \leqslant 3.5H$	$H \geqslant 0.9W$	$S \leqslant 4H$
双侧对称布置	$H \geqslant 0.5W$	$S \leqslant 3H$	$H \geqslant 0.6W$	$S \leqslant 3.5H$	$H \geqslant 0.7W$	$S \leqslant 4H$

10. 中国内地的 LED 路灯相关标准是什么？

目前可供 LED 路灯参考使用的关于道路照明灯具的国家标准如下：

① GB 7000.5—2005《道路与街道照明灯具安全要求》。

② GB 7000.1—2007《灯具 第 1 部分：一般要求与试验》。

③ GB/T 24827—2009《道路与街道照明灯具性能要求》。

④ GB 17743—2007《电气照明和类似设备的无线电骚扰特性的限制和测量方法》。

⑤ GB 17625.1—2003《电磁兼容 限值 谐波电流发射限值（设备每相输入电流≤16A）》。

⑥ GB 17625.2—2007《电磁兼容 限值 对每相额定电流≤16A 且无条件接入的设备在公用低压供电统中产生的电压变化、电压波动和闪烁的限制》。

⑦ GB/T 18595—2001《一般照明用设备电磁兼容抗扰度要求》。

对于 LED 路灯的评价和要求首先应考虑 LED 路灯的安全性。LED 路灯在安全性方面除了常规的耐压、绝缘电阻、接地电阻、防触电保护、耐热、耐燃、耐漏电和电磁兼容等要求外，针对其使用场合的特殊性还应重点对其防尘、防水、雷击、风压、气候等方面的要求进行考核。另外，由于 LED 光源对热的敏感性，还应重点考核其热试验，对一些主要部件进行温升试验的测试。现有相关标准虽然适用于 LED 路灯，但是并未考虑 LED 路灯不同于传统路灯这一情况。

对于道路照明，由于路面面积不同、灯杆高度不同，因此对路灯在空间光分布的要求也有所不同，这就使路灯的配光性能和配光测试显得尤其重要。关于灯具的光度测量已有相应的国家标准 GB/T 9468—1998《道路照明灯具光度测量》。针对产业的发展，通过对 GB/T 9468—1988 进行修改，从 2009 年 5 月 1 日开始实施国家标准 GB/T 9468—2008《灯具分布光度测量的一般要求》。但是对于灯具进行光度测量后得到的光分布测量结果如何进行评价，目前还没有对应的国家标准，使得灯具的好坏没有一个统一的评判尺度。

目前，有几个省市已出台 LED 路灯地方标准，举例如下：

① 山东省地方标准 DB37/T 1229—2009《发光二极管路灯灯头通用技术条件》。

② 福建省地方标准 DB35/T 813—2008《道路照明用 LED 灯具》。

③ 广东省地方标准 DB44/T 609—2009《LED 路灯》。

11. 中国台湾地区 LED 路灯标准是什么？

中国台湾地区于 2006 年 10 月修正公布了《CNS 10799 道路照明》标准，在 2008 年 3 月修正分布了《CNS 9118 道路照明灯具》标准。中国台湾工业技术研究院于 2008 年 8 月发布了《发光二极管道路照明灯具标准》（草案），该标准草案是根据中国台湾既有路灯相关标准，同时参考国际上 IEC 和美国 DOE“能源之星”以及 ASSIST 等组织的 LED 灯具规范制定的，自其发布之后，就被应用于中国台湾的 LED 道路照明示范。该标准草案的内容如下所述。

（1）适用范围　本规范适用于室外使用的 LED 道路照明灯具（以下简称 LED 路灯），包含电源供应器、散热装置、光学设计及相关机械结构。

（2）测量条件

① 温度。无特别规定时，在不直接对待测 LED 路灯送风，仅有自然对流的热平衡状态下环境温度在测量期间为 25℃±2℃。

② 湿度。无特别规定时，相对湿度为 60％±20％。

③ 稳定状态。待测 LED 照明灯具自灯体点亮，经 60min 后稳定的测量值。

④ 试验用电源。试验用电源电压变动范围为±0.5％，电源频率变动范围为±0.5％。

⑤ 发光强度或光通量测量应注意事项如下：

a. 测量距离大于 LED 照明灯具尺寸 10 倍以上。

b. 样品测试台的暗室背景照度不得大于 0.05 lx。

c. 光强度计能量范围至少需涵盖 1～5000cd。

d. 光强度计分辨率小于或等于 0.1％。

e. 光强度计视效函数精确度小于或等于 3％。

（3）规格

① 绝缘电阻。方法试验，其绝缘电阻施需 5MΩ 以上。

② 绝缘压耐电压。方法试验，必须能耐施加电压 1min，漏电流必须小于 10mA 且无异状。

③ 枯化点灯。方法试验，枯化点灯后其光通量必须在点灯前光通量 97％（含）以上。

④ 基本特性。方法试验，LED 路灯的功率因子（功率因数）必须在 0.9 以上，且其功率因子测试值必须在标示值 95％以上，总电路功率需在厂商标示值±110％以内，输入电流谐波失真不得超过表 7-8 规定值，且电流总谐波失真不得大于 33％，LED 光源之色温分级见表 7-9。

表 7-8　谐波容许值

谐波次数/次	容许谐波最大值 （以输入电流基本波的百分比表示）
2	2％
3	30％η
5	10％
7	7％
9	5％
$11 \leqslant \eta \leqslant 39$	3％

注：η 为功率因子。

表 7-9　色温分段　K

正常 CCT	CCT
2700	2725±145
3000	3045±175
3500	3465±245
4000	3985±275
4500	4503±243
5000	5028±283
5700	5665±355
6500	6530±510

⑤ 配光特性。方法试验，LED 灯具光度分布必须符合表 7-10 要求（见图 7-2），LED 路灯初始发光效率不得低于表 7-11 之规定。

表 7-10　灯具配光特性　发光强度(cd)/灯具光通量(klm)

灯具形式		铅直角 90°	铅直角 80°	铅直角 70°	铅直角 65°	铅直角 60°
		水平角 95°	水平角 90°	水平角 65°～95°	水平角 65°～95°	水平角 65°～95°
二方向（型）	遮隔型	10 以下	30 以下	—	—	180 以上
	半遮隔 A 型	30 以下	120 以下	—	90 以上	—
	半遮隔 B 型	60 以下	150 以下	—	150 以上	—
	无遮隔型	100 以下	—	150 以上	—	—
全周（型）	遮隔型	10 以下	30 以下	—	—	—
	半遮隔型	60 以下	150 以下	—	—	—
	无遮隔型	—	—	—	—	—

表 7-11　灯具之初始发光效率

等　级	发光效率/(lm/W)
1	75
2	60
3	50

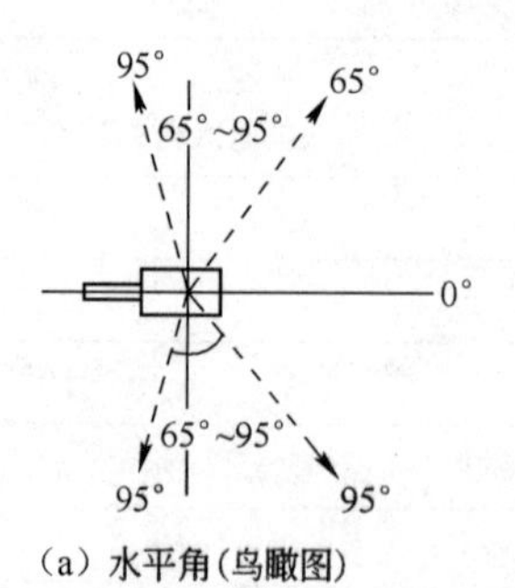

(a) 水平角(鸟瞰图)

(b) 铅直角(前视)

图 7-2　光度角度示意图

⑥ 电压变动率。方法试验，LED 路灯必须能够在额定输入电压±10%范围之 AC 电源下操作，中心发光强度漂移必须在±5%以内。

⑦ 温度循环。方法试验，LED 路灯必须在环境温度−5～50℃下正常动作，且所有元器件均不得有裂痕或其他物理性的损害，任一 LED 不得有失效情形。

⑧ 开关试验。方法试验，LED 路灯正常工作状态至少能承受 1200 次开关次数，于试验完成后 LED 路灯不得有任何失效。

⑨ 耐久性试验。方法试验，LED 路灯必须在通电及 60℃±2℃环境温度下能正常动作，所有元器件均不得有裂痕或其他物理性的损害，且经过温度循环、开关试验及耐久性试验后 LED 路灯光通量不得低于原光通量的 90%。

⑩ 耐温开关。方法试验，LED 路灯必须在温度 40℃±2℃、相对湿度 90%～98%RH 下正常动作，且所有元器件均不得有裂痕或其他物理性的损害，任一 LED 不得有任何失效情形。

⑪ 突波保护。方法试验，LED 路灯必须具有电压突波保护设计，需符合 CNS 14676-5《电磁兼容　测试与量测技术　第 5 部：突波免疫力测试》的规定，于试验后能正常动作。

⑫ 电磁。方法试验，LED 路灯必须符合 CNS 14115 的规定。

⑬ 防尘防水，方法试验，LED 路灯必须符合 CNS 14165 IP65 规定。若电源供应器为外置式，电源供应器必须符合 IP54 要求。

⑭ 风洞试验。方法试验，LED 路灯不得有变形、松扣、脱落、龟裂等现象。

（4）试验方法

① 绝缘电阻试验。将所有带电部分集合于非带电金属（外壳材料为合成树脂者，用导电金属包覆）间，以 DC500 V 绝缘电阻计测定两端子与非带电金属间的绝缘电阻。

② 绝缘耐电压试验。绝缘电阻试验后进行此项试验，于带电部分与非带电金属部分施加 1500V 测试电压，必须能耐施加电压 1min 而无异状。

③ 枯化点灯。LED 路灯于输入端子间施加额定输入频率的额定电压点灯，在室内自然无风状态下持续点灯 1000h。枯化点灯后以配光曲线测量灯具光通量，定义为灯具初始光通量。

④ 基本特性试验。LED 路灯经过枯化点灯 1000h 后，于输入端子间施加额定输入频率的额定电压，待稳定后测量灯具总消耗功率、功率因子、总谐波失真及色温。

⑤ 配光试验。LED 路灯经过枯化点灯 1000h 后，于输入端子间施加额定输入频率的额定电压，以配光曲线测量设备测定灯具光度分布曲线与总光输出，并以下列所示方程式计算灯具发光效率。

灯具发光效率（lm/W）＝灯具总光输出（lm）/灯具总消耗功率（W）。

⑥ 电压变动率试验。LED 路灯进行配光特性测量时，在输入端子间额定输入频率下的 90%额定电压与 110%额定电压，测量 LED 路灯的中心发光强度。

⑦ 温度循环试验。LED 路灯必须经过温度循环试验，在操作状态下从室温上升至 50℃±2℃，停留 16h 后降温至−5℃±2℃，停留 16h 后再升至室温，如此重复两次，而升降温速度为 0.5～1℃/min。

⑧ 开关试验。LED 路灯于输入端子间施加额定输入频率的额定电压，依通电 30s、切断 30s 频率，进行 1200 次开关次数。

⑨ 耐久性试验。LED 路灯经过枯化点灯 1000h 后，必须在通电及 60℃±2℃环境温度下能连续工作 360h，试验后于室温放置 4h 后测量灯具光通量，LED 路灯光通量不得低于初始光通量的 90%。

⑩ 耐湿开关试验。LED 路灯于环境温度 40℃±2℃、相对湿度 90%～98%RH 下，在输入端子间施加额定输入频率时的额定电压进行开关点灭，点灯 15min、熄灯 75min，依此条件持续进行 20 天。

⑪ 突波保护试验。测试仪器需依照 CNS 14676-5《电磁兼容　测试与量测技术　第 5 部：突波免疫力测试》的规定，具有 1.2/50μs 开路电压波形及 8/20μs 短路电流波形的组合波，其试验电压为 4kV，切换电极极性重复试验 3 次。

⑫ 电磁噪声试验。LED 路灯依照 CNS 14115 规定测试方法试验。

⑬ 防尘防火试验。依 CNS 14165《电器外壳保护分类等级（IP 码）》的规定，对 LED 路灯进行试验。

⑭ 风洞试验。将灯具在 16 级风［51.5～56.4（m/s），强烈台风］状态下，以最大投影面积方向吹试 20min 后，检视测试工作不得有变形、松扣、脱落、龟裂等现象。

⑮ 振动试验。将灯具以 x、y、z 3 个互相垂直方向振动，各 12min 共 36min，依正弦波频率 300～1200 次/分，每周期 3min，全振幅 2mm 循环实施对数扫描后，检视测试工作不会有变形、松扣、脱落、龟裂等现象。

12. LED 路灯的光学要求是什么？

如何配光才能达到道路照明路面亮度和照度、均匀度的要求，是 LED 路灯光学设计的一大难题。

北美照明学会（IESNA）标准将路灯分为 5 类，其中的 2 类和 3 类是道路照明中最常用的。

SSL“能源之星”标准对 LED 路灯的配光作了更为详尽的描述，对室外 2 类和 3 类灯具配光要求如下：

① 最大光强值在 55°～65°区间内。

② 在 0°～25°区间内的光强值应为最大光强值的 10%～35%。

③ 在 25°～45°区间内的光强值应为最大光强值的 35%～60%。

④ 在 65°～75°区间内的光强值应为最大光强值的 35%～95%。

⑤ 在 80°～90°区间内的光强值应为最大光强值的 5%。

根据这个标准要求，最理想的 LED 路灯配光就是蝙蝠翼配光（见图 7-3），采用这样的配光有利于路面的均匀度，而近似朗伯型的配光灯具难以达到良好的均匀度。对路灯而言，其垂直下方与路面距离最近，越远则距离越大。根据平方反比定律，照度与距离的平方成反比，即

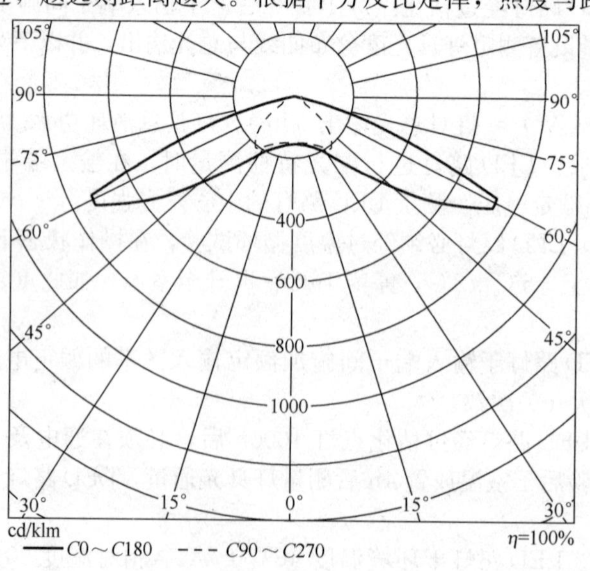

图 7-3　理想的 LED 路灯配光

光强度相同的情况下，距离越远，照度越小，因而与垂直的角度越大，则光强度越大，但在大于 75°的角度区间内，考虑到眩光的影响，其光强度应尽可能小。

目前人们常见的快速路主干道路灯灯杆间距多为 35m，要实现 CJJ 45—2006 标准规定的平均照度（20lx/30lx）、均匀度（0.4）和环境比（0.5）的要求，LED 路灯的光强输出必须为图 7-4 所示的蝙蝠翼形曲线。道路类型不同，配光曲线形状也就存在一定的差异。

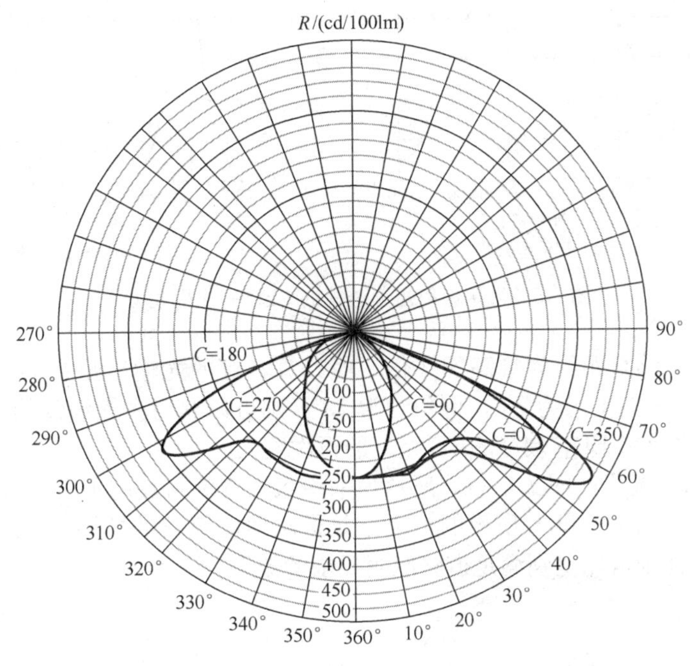

图 7-4 蝙蝠翼形光强输出曲线

13. LED 路灯光学系统设计由几部分组成？

在配光方面，LED 路灯的光学系统设计通常由一次光学设计、二次光学设计和三次光学设计 3 部分组成。

14. LED 的配光方案由几部分构成？

LED 光源本身的配光属于灯具的一次光学设计。如果所选择的 LED 配光方案不当，就为灯具的二次光学设计增加了难度。因此，LED 路灯的光学设计必须从单个 LED 的配光设计着手。

（1）LED 的光输出特性　大功率 LED 透明封装材料（即透镜）的形状设计通常被作一次光学设计。同样的芯片经过不同的封装工艺，其出光角和光强分布是不同的。图 7-5 所示为 LED 几种主要类型的光强输出特性曲线。

在大功率白光 LED 光强输出特性方面，朗伯型、蝙蝠翼型和聚光型应用较多，但是并不能将其直接应用到路灯中，必须通过再次配光设计得到满足道路照明要求的灯光输出特性。

（2）LED 的配光方案

① LED 的一次配光方案。在大功率 LED 制作中，封装采用透镜工艺，由此可以考虑将 LED 的封装透镜工艺与路灯需要的光输出特性结合起来形成大功率 LED 的一次配光方案。

a. 斜射矩形透镜封装配光。透镜装配在 LED 支架上，支架上固有大功率 LED 晶片，透镜的表面上可以增镀增透膜，在透镜与晶片间的空腔采用耐高温硅胶灌封，以减少光线在空腔中的多次反射，直接通过透镜折射出去。这种封装透镜顶部为倒圆角的矩形，矩形面呈圆弧状，与水平方向保持一定的角度，对LED芯片的光输出方向可以发生可控的改变。此款透镜相对于常规LED透镜来说，起到偏光增透作用，相当于二次光学透镜与一次透镜融为一体，提高了出光率。图7-5为主要类型的光强输出特性曲线。

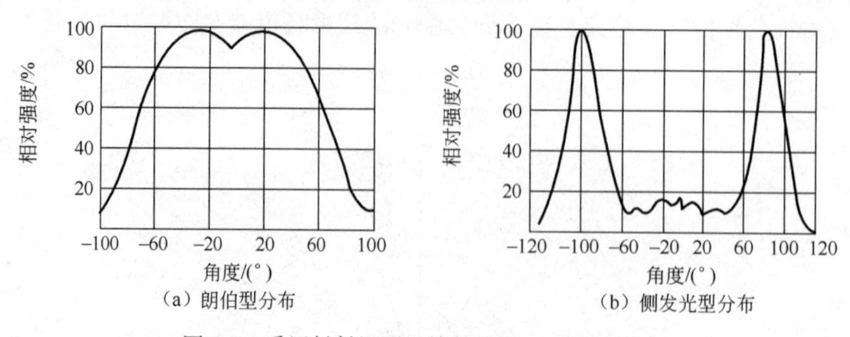

图7-5 采用斜射矩形透镜的LED一次配光方案

在通常情况下，路灯距约为灯高的3倍。经计算，灯的光输出角在C0/C180方向上约为140°，在C90/C270方向上约为80°，仰角约为10°，则可以获得令人满意的道路照明效果。采用斜射矩形透镜封装的LED，易于LED路灯的再次配光。

b. 双头透镜封装配光。图7-6（a）所示为采用双头透镜封装的LED一次配光示意图，其光输出特性被改造为图7-6（b）所示的可以满足道路照明要求的蝙蝠翼形。这样，通过LED路灯的再次配光设计则可以得到满足道路照明要求的效果。

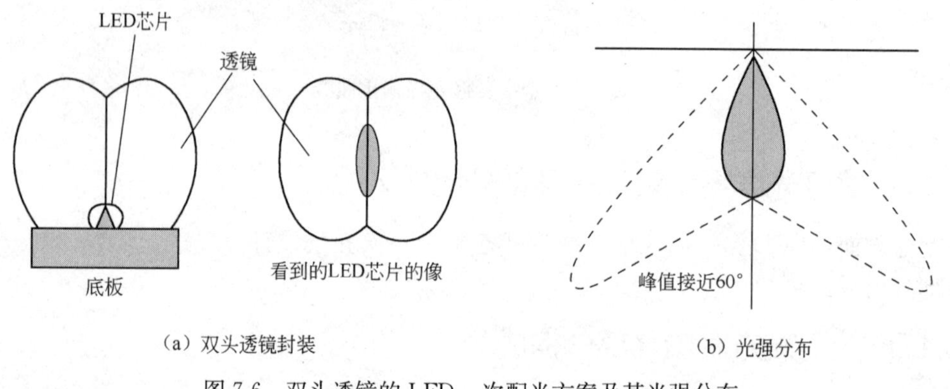

图7-6 双头透镜的LED一次配光方案及其光强分布

② LED的二次配光方案。在现有大功率LED上再次采用透镜及反射器配光，即为LED的二次配光方案。LED的二次配光方案有很多，举例如下。

a. 全反射透镜的LED二次配光。单个LED采用全反射透镜的二次配光如图7-7所示。轴对称型全反射透镜中间为一平凸非球面透镜，将LED射出的与光轴夹角为±64°的光均匀分布在±30°范围之内，剩余的光通过侧柱反射也集中在±30°范围内，最后得到±30°范围内的光均匀输出，光强的远场分布呈蝙蝠翼形。通过路灯的配光设计，对于常用的10m高度的路灯，将在所要照射的路面上形成长为35m、宽为10m的均匀矩形光照效果。

b. 自由曲面透镜的LED二次配光。图7-8所示为一种自由曲面透镜的LED二次配光方案。透镜的自由曲面在x、y轴上为非对称的长方形，在x轴上产生±60°的均匀分布配光，满足道路长度方向上的照明要求；在y轴上产生±30°的均匀分布配光，得到具有矩形光照效果的LED蝙蝠翼形配光。灯具的配光只需将单个LED单元的光输出进行简单的叠加，直接由

LED 的二次配光来完成，满足道路的照明要求。对于不同的道路，只要根据具体要求，改变 LED 的数量和灯具的高度即可。

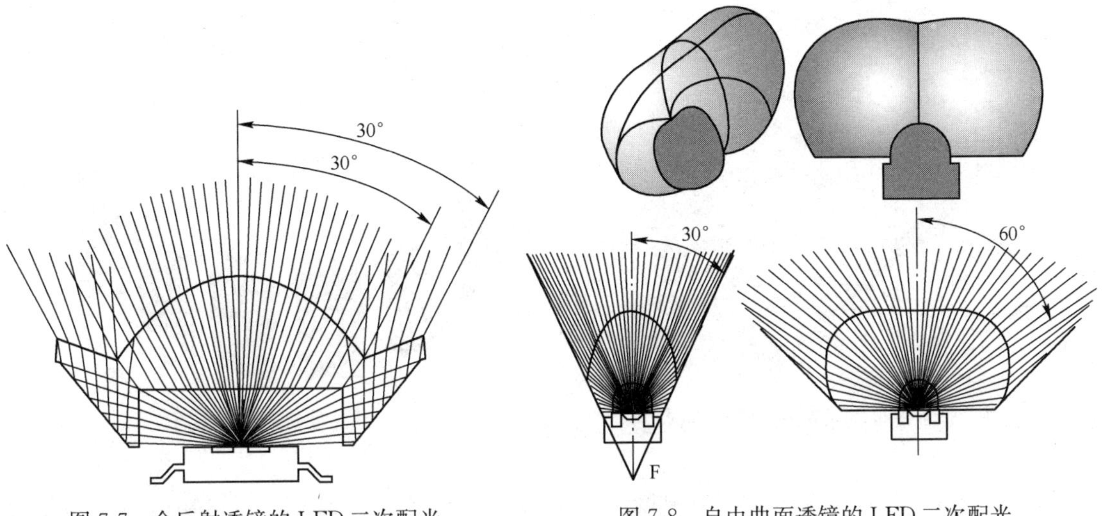

图 7-7　全反射透镜的 LED 二次配光

图 7-8　自由曲面透镜的 LED 二次配光

c. 外置透镜和反射器的 LED 二次配光。图 7-9 所示为外置透镜和反射器的 LED 二次配光结构。只要有针对性地选择 LED，设计合适的透镜，正确选择反射器的曲率，就可以获得满足要求的 LED 二次配光的光输出。

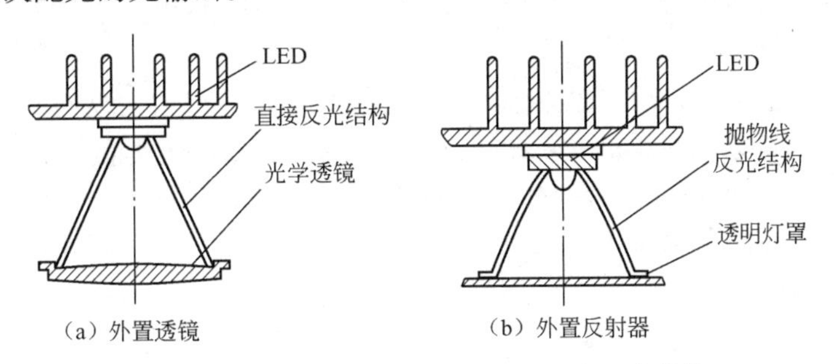

（a）外置透镜　　（b）外置反射器

图 7-9　外置透镜和反射器的 LED 二次配光结构

15. LED 路灯的配光方案有几种？

（1）平面式配光　LED 路灯的平面式配光是将若干个已经经过一次或二次配光，其光输出为蝙蝠翼形的 LED 均匀排布安装在一个平面上。由于 LED 的尺寸相对于 8～10m 的路灯安装高度来说可以视作点光源，因而采用多个 LED 平面排布的路灯配光与单个 LED 的配光基本一致。在平面式配光方式中，灯具的作用只是将单个 LED 的光输出进行简单的叠加，通常不需要再次进行配光就可以得到满意的道路照明效果。从散热性能、加工复杂程度和可靠性方面来说，平面排布方式是 LED 路灯发展的趋势，除了 LED 一次配光用斜射透镜和双头透镜以及二次配光自由曲面透镜外，适用于路灯平面式配光的透镜已被陆续开发出来。欧司朗光电半导体公司推出的 Golden Dragon Oval Plus LED 采用的一次硅树脂透镜，具有理想的配光性能，无需搭配二次光学元件，即可提供节能型高均匀度的道路照明。有些透镜厂商针对欧司朗光电半导体公司、科锐公司和 Lumilede 公司等生产的 LED，成功开发出二次光学透镜，都可以用于 LED 达到蝙蝠翼形配光。

图 7-10 所示为平面排布型配光的 LED 路灯灯具。

图 7-10 平面排布型配光的 LED 路灯灯具

图 7-11 圆柱面灯配光结构示意图

(2) 圆柱面式配光 圆柱面式灯具配光结构示意图如图 7-11 所示。将窄输出角（如范围为±30°的全反射透镜）的 LED 安装排列成一圆柱弧形，使灯在弧面方向形成约±60°的配光。根据不同灯的安装高度、与水平面的仰角以及灯与灯之间的距离，通过调整圆弧的曲率、改变圆弧方向上 LED 的排列密度，在道路上可以获得的照明效果为一沿道路纵向近似的矩形面，能够达到道路照明标准相关要求。但是，这种配光方案也存在一定的问题，主要表现在单个 LED 的散热平面与安装的圆弧面结合性不好，这就增加了 LED 路灯散热器以及外壳的加工难度，而且灯体厚度也较大。

(3) 多折面式配光 将 LED 颗粒安装在 V 形底板上，可以增大纵向照明区域，提高纵向光照的均匀度。但是，采用简单的 V 形排列方式，其照射效果和出光均匀度的提高受到限制，改进时可以采用图 7-12 所示的多折面配光方案。该方案是将路灯中的每组大功率 LED 分别安装在不同的平面上，通过相对的不同角度来合成路灯的光输出特性，在路面上获得近似矩形的照明效果，可以满足道路照明设计标准中规定的亮度和照度均匀度要求。

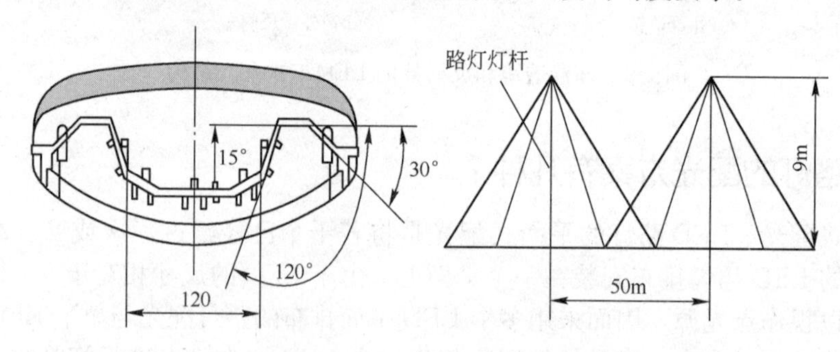

图 7-12 多折面灯的三次配光结构及效果图示意图

(4) 模块折线形配光 模块折线形配光方案与多折面式配光有相似之处，该配光方案是将路灯需要的 LED 分别排布在几个模块上，每一个模块倾斜一定的角度，安装在同一灯具支架上，通过多个模块的组合得到近似于蝙蝠翼形的配光曲线。常见的 LED 路灯模块折线形配光灯具结构如图 7-13 所示。

(5) 三维曲面形配光 图 7-14 所示为三维曲面形配光 LED 路灯灯具。三维曲面形配光方法是通过在每个 LED 上配以二次光学透镜或反光环，得到较窄束的配光，然后再将多个 LED

排布在一个三维曲面上，组合形成一个整体的蝙蝠翼形配光。

图 7-13　模块折线形配光 LED 灯具结构

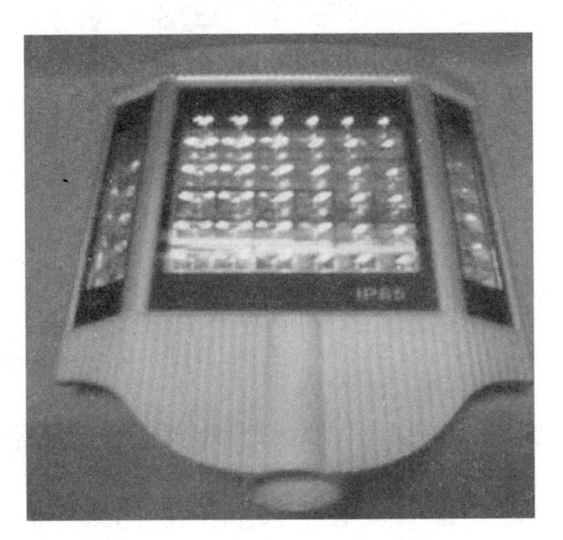

图 7-14　三维曲面形配光灯具结构

(6) 反射器配光　在以高压钠灯为代表的传统道路照明灯具中，利用反射器来改变光输出特性是普遍被采用的配光方法。在 LED 照明中，由于 LED 具有光输出定向好的特点，有些人则主张少用或不用反射器。但在大功率 LED 路灯设计中，为了充分利用 LED 的周边泄漏光线，改变 LED 的光输出特性，利用反射器与单个 LED 的配光相结合，可以获得满意的路灯灯光的输出特性。

在 LED 路灯设计中，采用大角度出光的功率 LED，每个 LED 在 x、y 轴方向上单独设计非对称反射器（见图 7-15），可以获得光输出接近蝙蝠翼形的配光曲线，减少由于透镜的引入而导致的光输出损失。

采用符合 LED 发光特点的反射器配光是一种可行的方案，图 7-16 所示为国内某企业生产的采用反射器配光的 LED 路灯灯具。

图 7-15　LED 单独设计的非对称反射器配光

图 7-16　采用反射器配光的 LED 灯具

根据光线反射原理，将反射器设计成聚光式凹槽结构，每一个凹槽对应一个 LED 光源[见图 7-17（a）所示]，可以提高出光效率，有效控制出光角度和光强分布，提高路面的照度和亮度的均匀度。图 7-17（b）所示为软件模拟效果。

除了以上列举的几种 LED 路灯配光方案外，市场上还出现了一种基于传统路灯光学设计

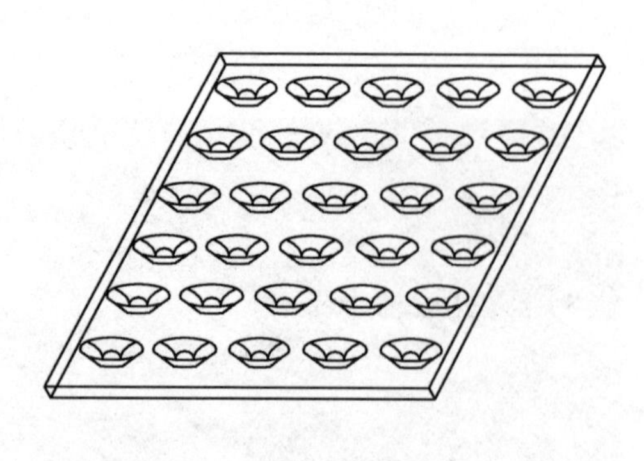

(a) 反射腔结构

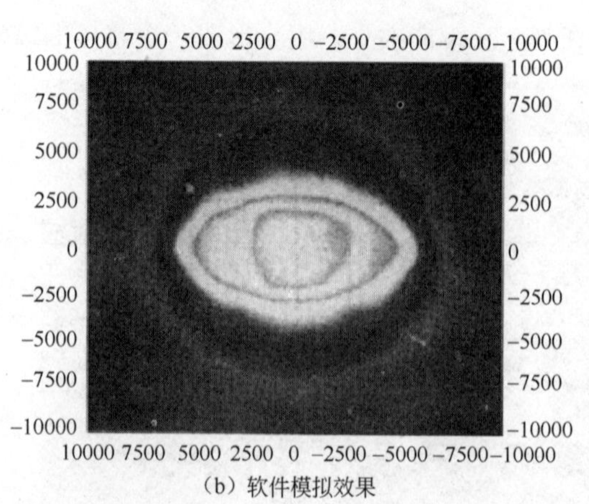

(b) 软件模拟效果

图 7-17 反射腔结构和软件模拟效果图

思路的 80～120W 集成式 LED 路灯。这种路灯是把多个 LED 集成在直径一定的圆形区域内，使这一区域的光输出密度接近于高压钠灯，再利用灯具反射器通过二次光学设计来达到配光要求。但是，这种设计方案由于在一个很小的区域内集成了高密度的 LED，势必会严重影响 LED 的散热，从而影响 LED 和路灯的使用寿命。

通过 LED 的排列方式来改变不同方向上光强的方法有很多，图 7-18 所示是一种比较典型的方案。LED 被排布在一个曲面上，共设有 4 个不同的照射方向，且外面两侧的 LED 功率比中间照明的 LED 功率大。用多种功率组合的 LED 模块组成的 LED 路灯，利用其光的导向性可以有效地控制光线的分布范围。这种方式虽然能得到较好的照明均匀度，但是灯体散热结构较为复杂，并且采用不同功率的 LED，甚至还需要配用多个不同的透镜，给 LED 路灯的设计带来很多不便之处，而且成本也较高。

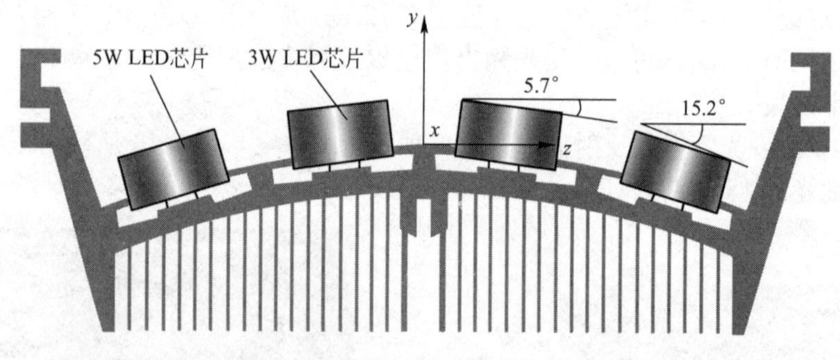

图 7-18 通过一定的排列方式来得到满足要求的光强分布

16. LED 路灯散热设计的一般原则是什么？

通过对 LED 路灯灯具的热分析可知，在 LED 光源选定之后，LED 路灯二次散热设计的一般原则如下：

① 散热材料的热导率越大越好。

② 散热路径上的结构层越少越好。

③ 层的厚度越薄越好。

④ 层的面积越大越好。

⑤ 面积一定时，长方形和环形较好。

17. LED 灯具散热器应如何设计？

LED 灯具二次散热设计的材料和部件主要有散热基板、黏结层材料和散热装置 3 种。

散热基板的作用是与 LED 内部的热沉相连接，将热量导出和散发掉，是为了解决单元 LED 之间的电路连接与散热通道相互独立的问题而采取的技术手段。散热基板有金属 PCB 和金属基复合材料板两种类型。常见的金属 PCB 是金属低温绕结陶瓷基板，优点是成本较低，但是存在膨胀系数大和相对密度大等问题。金属基复合材料为金属 PCB 的改进型，具有热导率高、相对密度小和膨胀系数可调节等特点。

LED 芯片与热沉的黏结材料有导热胶、导电银浆和锡浆 3 种。导热胶的硬化温度低于 150℃，热导率低，导热效果较差；导电银浆的硬化温度低于 200℃，具有良好的导热性和较好的黏结强度；锡浆的导热性优于上述两种黏结材料，导电性能也很好，因此被广为采用。

散热器材料的选择原则如下：

① 导热性能好。

② 易于加工，延展性好，高温相对稳定。

③ 价格相对低廉，易于采购。

目前所使用的散热器材料均为金属，表 7-12 给出了一些常用材料及其热导率。

表 7-12 散热器常用材料及热导率

金属材料	热导率/［W/（m·K）］	金属材料	热导率/［W/（m·K）］
金	317	AA6061 型铝合金	155
银	429	AA6063 型铝合金	201
铜	401	ADC12 型铝合金	96
铝	237	AA1070 型铝合金	226
铁	48	AA1050 型铝合金	209

铝作为地壳中含量最高的金属，因热导率较高、密度小、价格低而受到青睐，成为了散热器加工的理想材料选择；但由于纯铝硬度较小，在各种应用领域中通常会掺加各种配方材料制成铝合金，以获得许多纯铝所不具备的特性。各种铝合金不同的成型、加工方式，应用于不同的领域。表 7-12 中列出的 5 种不同铝合金中，AA6061 与 AA6063 具有良好的热传导能力与加工性，适合用于挤压成型工艺，在散热器加工中被广为采用。ADC12 适合用于压铸成型，但热导率较低，因此散热器加工中通常采用 AA1070 铝合金代替。AA1050 则具有较好的延展性，适合用于冲压工艺，多用于制造细薄的鳍片。

为了增加散热效果，即增加散热器表面与空气的接触面积，散热器的外表面可被制成鳍片状。鳍片的形状也有多种多样，并且鳍片的数量、位置、尺寸大小、倾斜角度及厚薄等都需要进行认真研究。除了常见的直线形外，还有波浪形、螺旋形、圆柱形和锥台形等，不一而足，目的是为了便于空气对流、雨水冲刷，以获得最佳的散热效果。

散热器的制作工艺主要是铝挤压工艺，图 7-19 所示为采用这种工艺制作的散热器。铝挤压工艺技术相对简单，适合用于大批量生产。铝挤压散热器的鳍片（也称作腮片）高度 Pin 与两邻的两枚鳍片间的距离 Fin 之比（Pin-Fin 比）越大，散热器的有效散热面积也就越大，代表铝挤压技术越先进。高档散热器的 Pin-Fin 比高达 18。

散热器还可以采用切割工艺制作。切割后的散热鳍片既薄又密，从而增加了散热面积，如图 7-20 所示。但是，切割工艺的技术要求高，加工难度大，一般很少采用。

图 7-19　通过铝挤压工艺制作的散热器

图 7-20　通过切割工艺制作的散热器

为使散热器能够满足吸热快、热阻小和散热快的要求，除要求散热器性能优良外，还要求散热器与 LED 模块接触部分的吸热底紧密结合，不留缝隙，并要求吸收热底有足够的厚度，以增加横向热传导能力。

图 7-21 所示为 LED 二次散热设计流程。在二次散热设计时，首先计算热阻和结温，看能否满足 LED 的散热要求，如果可以满足散热要求就直接输出结果；如果不能满足 LED 的散热要求，就要进行散热器设计。然后看设计能否满足 LED 的散热要求，如果能够满足散热要求就需要下一步的优化设计；如果不能满足要求就必须进行散热器设计，直到能够满足要求为止。

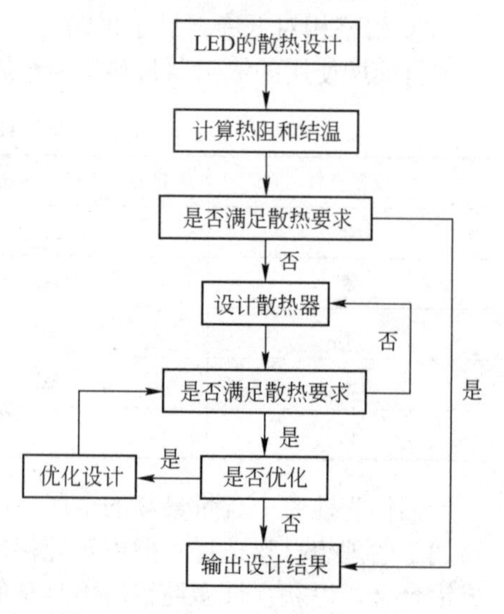

图 7-21　LED 二次散热设计流程

18. 被动式散热的特点是什么？

被动式散热不需要消耗额外的能源，因此不影响 LED 路灯灯具的总体效率，在低功率的 LED 道路照明灯具中是一种主要的散热方案。

（1）依靠散热器，通过空气对流自然散热　目前比较普遍的是将 LED 路灯灯具的外壳设计成散热器，既可以保证达到 IP 防护等级要求，又可以得到比较大的散热面积。该散热方案的关键是要求散热器凸凹纹或鳍片设计科学合理，确保灰尘和飞虫等杂物能够被自然的风吹雨淋所清洁，否则，散热器上就会堆积一些灰尘，严重影响散热。

为了增加散热面积，可以将散热面做成柱状或多面形锥体，如图 7-22 所示。此类方案在增加散热面积、保证散热效果的前提下，解决了不同方向上风和雨对灰尘和飞虫自然冲刷的有效性。

（2）热管散热　热管是一种优良的导热元件，它充分利用了热传导原理与制冷介质的快速热传递性质，依靠内部工作液体的相变将发热物体的热量迅速传递到热源外，其导热能力远越过任何已知金属的导热能力，热导率是金属良导体的 10^3～10^5 倍。热管最早主要应用于航空领域，近几年才被引入到制造业。

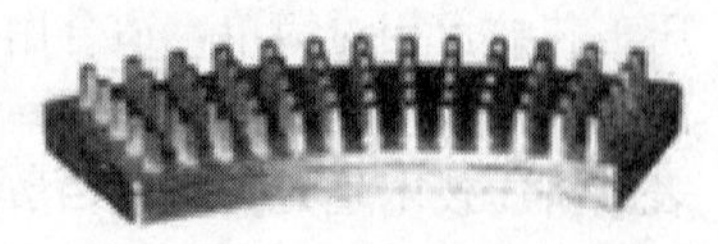

图 7-22　散热面

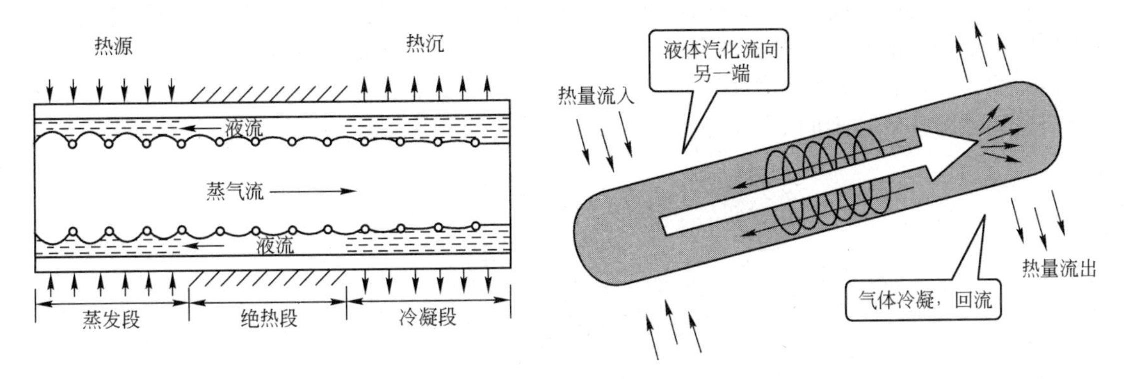

图 7-23 热管工作原理示意图

热管并不耗电，它利用热源本身的能量将热量转移到冷端。热管利用蒸发制冷，使得热管两端的温差很大，热量能够快速传导。热管由管壳、吸液芯、冷凝液和端盖组成。制作时将热管内部抽成负压，然后充入适量的沸点很低、容易蒸发的液体。热管一端为蒸发段，另一端是冷凝段，中间为绝热段，如图 7-23 所示。

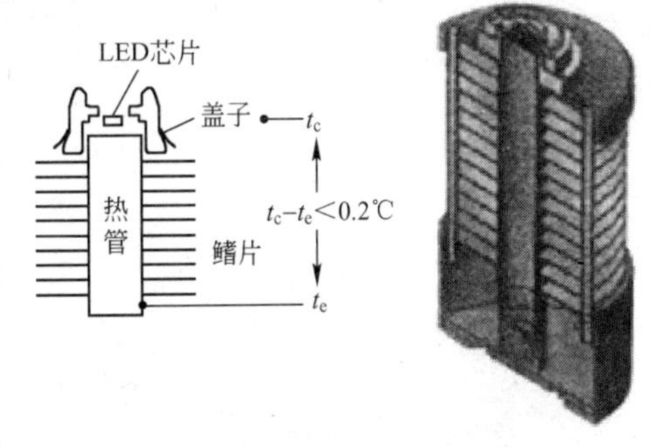

图 7-24 LED 芯片放置在热管吸热段顶部

LED 芯片通常直接安装在热管吸热段的顶部，如图 7-24 所示。当热管吸热段受热时，毛细管中的液体迅速蒸发，蒸汽在微小的压力下流向热管的另一端释放出热量，重新凝结成液体，液体再通过多孔材料毛细管的作用回流至蒸发段，如此循环不止，热量被不断地传导出来。在热管上加装很多金属鳍片，可以加强与空气间的对流散热。

在其他条件不变的情况下，热阻随热管长度和直径的增大而迅速减小，LED 能够耗散的功率也将快速增大，见表 7-13。

表 7-13 热管的散热性能

序 号	热管长度/mm	圆翼直径/mm	热阻/（℃/W）	耗散功率/W
a	50	20	18.8	6.0
b	66	20	14.5	8.0
c	80	20	12.0	10.0
d	110	20	9.9	12.0
e	66	30	10.0	12.0
f	80	30	9.1	13.0
g	110	30	6.6	18.0
h	80	48	5.6	21.5
i	110	48	4.2	28.5
j	110	75	2.9	42.0

（3）回路热管（LHP）散热　回路热管（LHP）由蒸发器、回流管和冷凝器组成，其工作原理示意图如图 7-25 所示。回路管道将 LED 芯片的热量由蒸发器传给管内的介质，介质吸

收热量后蒸发并流向冷凝器，尔后借助蒸发器多孔材料的毛细管回流到蒸发器。回路热管容易将热量传递到较远的易于散热的部位，效率更高，应用方便灵活。回路热管蒸发器的热阻为0.15～0.2℃/W，总体热阻约为0.5℃/W，寿命达10年，量产单位成本小于10美元。图7-26所示为采用回路热管技术的LED灯具。

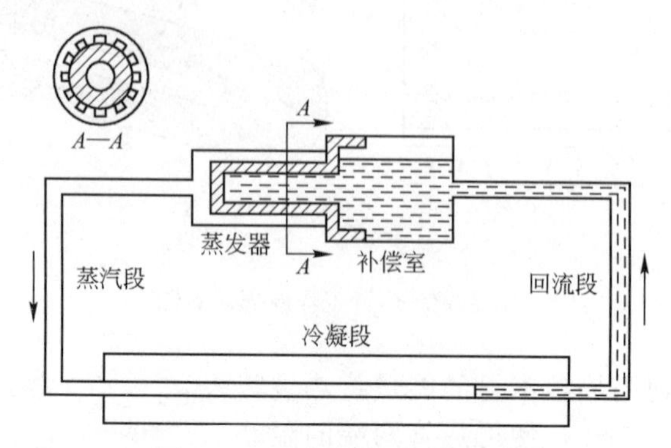

图7-25　回路热管原理示意图

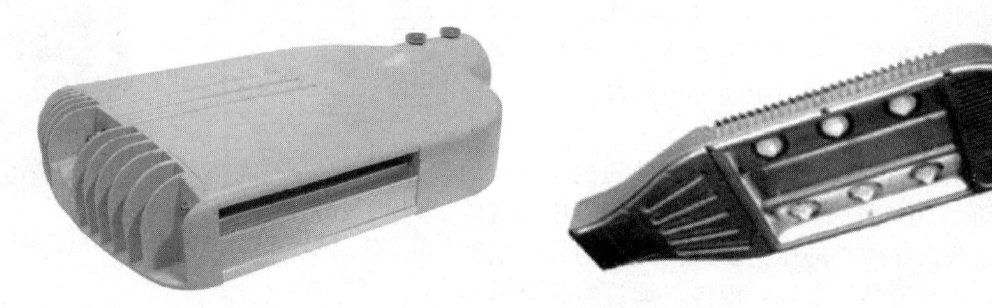

图7-26　采用回路热管散热的LED路灯灯具

19. 主动式散热的特点是什么？

LED路灯的主动式散热需要消耗附加的电能，适用于较大功率LED光源的散热，散热效果远优于被动式散热，但会引起灯具总效率的下降。

（1）散热器加温控风扇　当LED路灯功率较大时，单靠散热器自然热不能够将热量及时散发出去，将LED结温控制在允许的范围之内。在此情况下，采用散热器加电风扇的强制散热方式是一种可行的方案之一。考虑到灯具的IP防护要求和风扇的防水问题及室外使用的可靠性，一般都采用带有灯壳的内置式散热器，并且根据LED的工作温度、散热器温度及不同季节室外气温，将风扇设计为控温型，这样既可以节能，又能够延长风扇的使用寿命。这种散热方案的散热器不污染，散热效果比较好（见表7-14），存在的问题是散热风扇的寿命有限，而且会消耗额外的电能。

表7-14　采用风扇与不采用风扇的散热效果比较

样品		结温/℃	灯具散热器温度/℃	金属空腔外壳温度/℃	室温/℃	相对于室温的PN结温升/K
1	有风扇	69.3	59.2	46.5	29.6	39.7
	无风扇	102.3	90.7	52.3	29.9	72.4
2	有风扇	75.3	66.4	54.3	29.5	45.8
	无风扇	110.1	99.7	53.6	29.0	81.1

（2）热管加温控风扇　对于200W以上的LED路灯，采用带鳍片的热管加温控风扇的散热方案，可以减小散热设计的物理尺寸，使用较小的热管即可获得良好的散热效果。该方案的缺点同样是风扇要消耗电能，其使用寿命是个问题。

（3）半导体制冷散热　半导体制冷是利用半导体材料的帕尔帖效应工作的，其工作原理如图7-27所示。将N型和P型半导体用金属接成一个电偶，当接通直流（DC）电源时，就有电流通过PN结，这样就会发生帕尔帖效应。冷端（上端）将LED芯片产生的热量吸收，热端（下端）将冷端吸收的LED芯片热量通过外置散热器散发掉。这种散热方案的优点是结构简单，体积小，设计灵活，无噪声，无污染；其缺点是需要消耗额外的电能，影响系统效率。

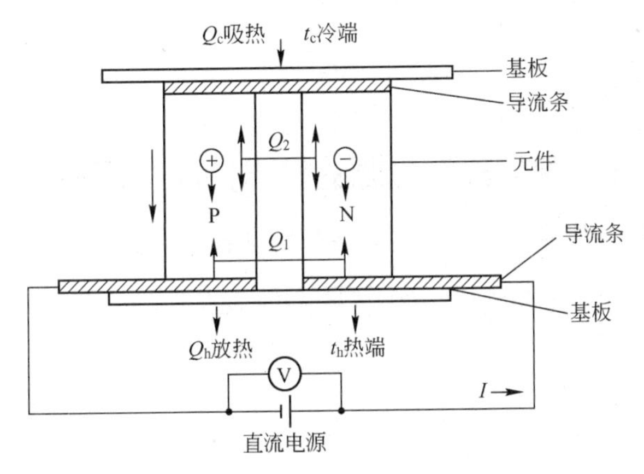

图7-27　半导体制冷散热原理示意图

还有一些可以采用的LED路灯散热方式，如微通道热沉散热和余热回收散热等，都是可以进行深入研究的课题。

无论LED路灯采用哪一种散热方案，都必须与配光方案有机组合在一起。散热方案不能影响路灯的光学性能，而且在成本上必须考虑用户能否接受。鉴于目前LED路灯主要应用于次干道上的照明，功率不是很大，因此采用散热器被动式散热是一种主要的散热方案。

下面从散热角度来考虑LED功率的选择和LED的排布。

① 在单个LED选择上，并不是功率越大越好。LED功率越大，在工作时芯片温升比小功率LED高得多，光通量下降也越严重。兼顾光效和总光通量，单个LED功率选择1W左右为宜。

② 由于LED灯具的尺寸主要取决于散热器尺寸，紧密排列的LED并不能减小灯具尺寸，并且会增加光学设计难度，还会增加眩光，因此分散排列的LED排列是比较合理的组合方案。

20. LED路灯的主要技术指标是什么？

目前，LED照明技术日趋成熟，大功率LED光源功率已经达到70 lm/W以上，这使得城市路灯照明节能改造成为可能。LED路灯特别是大功率LED路灯，正以迅猛速度冲击传统路灯市场。

大功率LED路灯顾名思义是指功率大于30W以上，采用新型LED半导体光源的路灯，它在新型城市照明中有非常好的应用前景，对深度的调光且颜色和其他特性不会因调光而变化。

21. 目前LED路灯的通用标准是什么？

① 光的转化率为17%（每平方太阳能为1000W，实际利用效率为170W）。

② 目前市场路灯透镜材料为改良光学材料，透过率≥93%，耐温为−38～+90℃。

③ LED路灯透镜主要用于LED路灯的透镜，光斑为矩形，材料是PMMA光学材料，透光率≥93%，耐温为−38～+90℃，抗UV紫外线黄化率30000h无变化等。

④ 路面照度均匀度（Uniformity of Road Surfaceilluminance）的平均照度为0.48，光斑比值为1∶2。

⑤ 符合道路照度（实际1/2中心光斑达到25 lx，1/4中心光强达到15 lx，16m远的最低光强为4 lx，重叠光强约为6 lx）。

⑥ 它在新型城市照明中有非常好的应用前景。对深度的调光，且颜色和其他特性不会因调光而变化。

⑦ 适应湿度：≤95%。

⑧ 品质保证：2年。

22. 目前LED路灯光源与其他光源的技术性能有何不同？

目前LED路灯光源与其他光源的技术性能对比见表7-15。

表7-15 目前LED路灯光源与其他光源的技术性能对比

描述	LED电网路灯	金属卤化物灯电网路灯	钠灯电网路灯
供电	电网AC100～240V	电网AC220V	电网AC220V
发光源	LED灯 型号：ASL1W-96W	金属卤素灯（属节能灯）	高压钠灯
功率	96W（节能>80%）	500W（节能>30%）	500W
发热	冷光源	中等	发热严重
色温（CCT）/K	3000～10000 （太阳色至亮白光）	4000～8000 （白色）	2700～5000 （黄色）
光源照度衰减	小于10%	大于30%	大于40%
发光源寿命	40000h （10年）	5000h （1年多）	3000h （1年）
无功损耗	极小	有	有
垂直地面路灯中心照度（10m高度）	22lx以上	22lx以上	22lx以上
照度均匀度	0.43，优	>0.35，良	>0.40，优
照射范围（均匀度）	半径12m以上	半径12m以上	半径12m以上
眩光限制	截光型，最大光强方向小于60°，极好	截光型，最大光强方向大于60°，不好	截光型，最大光强方向大于60°，不好
穿透性	穿雾性极好	穿雾性差	穿雾性差
高压镇流器等配件	无，不怕破坏	有，灯杆底，怕破坏	有，灯杆底，怕破坏
环境保护	无闪烁，冷光源	发热，外壳容易发黄	发热，外壳容易发黄
防火等级	94V-0	94V-0	94V-0
灯壳反光罩	不需要（节约成本）	需要	需要
安装	方便		

23. LED 路灯驱动电源的基本要求是什么？

LED 路灯驱动电源实际上是 LED 的控制装置，LED 路灯的寿命和总工作效率都与 LED 驱动电源有着很大关系。与室内应用 LED 照明灯具比较，LED 路灯驱动电源有着更高的要求，主要体现在以下几个方面。

(1) 功率要求大　LED 路灯驱动电源功率一般不低于 100W，具体有 100W、150W、200W、250W 和 300W 等。如此大的电源功率，要求其必须满足电流谐波限制标准和输入功率因数相关标准与规范的要求。

(2) 效率要求高　效率是电源能效的一个重要指标，LED 路灯的效率在很大程度上取决于驱动电源的效率。“能源之星”2.0 版规范要求外部电源的效率为 87%。虽然“能源之星”规范是非强制性的，但是符合“能源之星”规范的产品才会有竞争力。为使 LED 驱动电源有较高的效率，必须采用开关电源（SMPS）拓扑结构，为 LED 提供恒流驱动。

(3) 寿命要求长　目前 LED 路灯的寿命只有超过 3 万小时才能与高压钠灯路灯竞争。对于 LED 光源本身而言，只要是知名品牌，均可达 3 万～5 万小时。但是，LED 路灯驱动电源的寿命有的只有 2 万小时，甚至不足 1 万小时，这将影响 LED 路灯的大规模应用。

(4) 对安全性要求高　对于 LED 路灯来说，其室外使用环境决定了对防水和防雷电要求特别严格，尤其是对感应雷电的防护。

雷电对 LED 路灯驱动电源的干扰分为差模干扰和共模干扰两种。

当雷电发生时，会向空中发射一个广谱的无线电波，这一电波被架空的电源线接收。我国的三相四线制供电网络采取零线接地，在两根架空供电线感应到闪电无线电波的瞬间，由于两根供电线对地的瞬时阻抗不同而使两根供电线之间产生一个差模雷电脉冲干扰电压信号。这一瞬态差模干扰电压可达数百伏乃至 3000 多伏，往往会击穿驱动电源电路中的整流二极管和 PCB 上的不同极性电极间的电气间隙，使驱动电源损坏。为了解决这一问题，必须在 LED 驱动电源的 AC 输入端接一个快速响应的压敏电阻，为雷电感应的差模干扰信号的泄放提供吸收通路。此外，在电源输入端连接的 EMI 滤波器，其 LC 网络对闪电产生的感应信号也起到一定的抑制作用。

两根电源线对闪电发射的无线电波会产生一个共模干扰信号，这个共模干扰信号对地的电压可达数百伏乃至数千伏，很容易击穿驱动电路的 EMC 接地容或较小的对地（对外壳）电气间隙，造成驱动电源的损坏。对于雷电的共模干扰信号，可以在每根电源线与地之间连接一个压敏电阻来进行防护。但是，防雷电元件或电路的接入，不能破坏整个控制装置的基本绝缘和防触电要求。

防雷电措施只是针对感应而言的，如果是被直击雷电击中，是无法防止电路损坏的。

控制装置的有关标准针对控制装置内部的爬电距离、电气间隙及抗电强度的一般（二级污染）要求如下：

① 输入两导线之间，在没经过熔断器及 LC 电路前，爬电距离应保持在 2.5mm 以上，电气间隙应大于或等于 1.7mm，无抗电强度要求。

② 输入电路及与之相连接的电路与地（壳）之间，爬电距离大于或等于 2.5mm，电气间隙大于或等于 1.7mm，应承受 $2U+1000V$ 的抗电强度试验（U 为工作电压）。

③ 对于输出为安全特低电压（SELV）或隔离式输出电路，其输入/输出之间的爬电距离和电气间隙应大于或等于 6.5mm（这一要求不仅体现在电路板上，还体现在隔离变压器引脚和隔离变压器内部以及元器件的引脚之间），抗电强度为 3750V。对于输入/输出间的隔离绝缘层厚度，应大于或等于 0.5mm。

④ 输出电路对地之间，如果输出电压小于或等于 50V（有效值），爬电距离大于或等于

1.2mm，电气间隙大于或等于 0.2mm，如果输出电压小于或等于 42V（有效值），抗电强度为 500V。

如果输出电压大于 50V 但小于上一挡的电压值，可采用直线插入法来确定爬电距离和电气间隙，抗电强度为 $2U$+1000V（这里的 U 为输出电压）。

从目前国家电光源质量监督检验中心和国家灯具质量监督检验中心检测的结果看，绝大部分 LED 路灯的控制装置基本都不能全面满足上述要求。目前 LED 路灯的寿命受驱动电源寿命的制约。为了方便 LED 路灯的后期维护，在 LED 路灯的结构设计上，应当考虑电源损坏后的更换方便性问题。

24. LED 驱动有几类？

LED 驱动包括数字技术驱动和模拟技术驱动两类。数字技术驱动是指利用数字电路产生驱动信号，包括数字调光控制和 RGB 全彩变幻等；模拟技术驱动指应用模拟电路驱动，包括 AC/DC 恒流开关电源和 DC/DC 恒流控制电路。驱动电路主要由电子元器件组成，包括半导体器件、电阻、电容、电感等。这些元器件都有使用寿命，任何一个元器件失效都会导致整个电路失效或者部分功能失效。LED 的理论使用寿命是 5 万～10 万小时，按 5 万小时，若每天连续点亮 8h 则有近 6 年的寿命。开关电源的寿命是很难达到 8 年的，市面上出售的开关电源质保期一般是 2～3 年，达到 6 年质保的电源是军品级别的，价格是普通电源的 4～6 倍，一般的灯具厂是很难接受的，所以 LED 灯具的故障多为驱动电路故障。

25. LED 路灯驱动电源有几种结构？

就 LED 路灯驱动电源的电路结构来说，主要有两种类型，即反激式拓扑和 LLC 拓扑。反激式拓扑结构适用功率一般在 150W 以下；而 150W 以下的 LED 路灯电源，通常采用半桥式 LLC 电路拓扑。

26. 由 FAN7554 构成的 30W LED 路灯驱动电源的特点是什么？

30W LED 路灯的主要适用场合是地区性道路、花园路、庭院路、居住小区等。由于输出功率较低，因此整灯的售价较低。尽管 LED 驱动器在整个路灯成本结构中所占的比例较低，但是受整灯售价的限制，所以在设计电路拓扑时应充分考虑电路成本。在电路结构上若采用单片式 MOSFET 和 PWM 控制器集成在同一芯片组成单片开关电源集成电路时，外围元器件较少，制作生产简便。与选用控制芯片与 MOSFET 分立式电路在成本上相比，还是相差 3～5 元人民币，省下的这些元器件成本对 LED 驱动器企业来讲就是纯利润。因此，30W LED 路灯被大量使用。综合考虑电路结构与成本因素，该 30W LED 路灯驱动器方案采用 Fairchildsemi 公司的 FAN7554，外加功率 MOSFET 组成单级反激式 PFC+DC/DC 转换电路。

27. FAN7554 引脚功能分别是什么？

图 7-28 所示是 FAN7554 的引脚排列图，各引脚的功能如下。

引脚 1（FB）：PWM 比较器反相输入端，还具有 ON/OFF 控制与过功率（OLP）侦测功能。

引脚 2（S/S）：软启动。

引脚 3（IS）：PWM 比较器同相输入端，过电流侦测端。

引脚 4（RT/CT）：振荡频率设置端。

引脚 5（GND）：IC 内部逻辑地。

引脚 6（OUT）：驱动电压输出端。

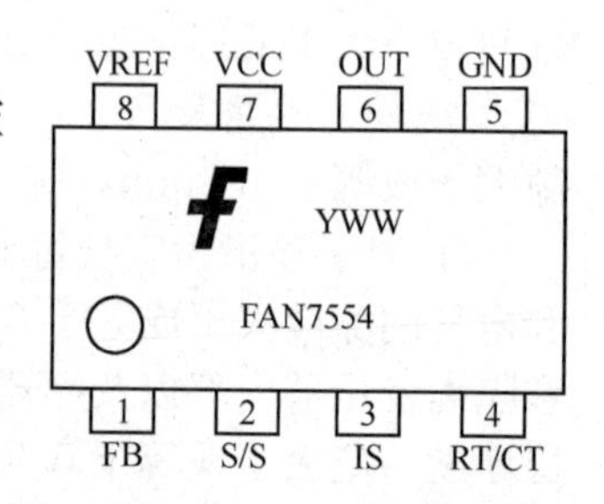

图 7-28 FAN7554 的引脚排列

引脚7（VCC）：IC工作电源供电端。

引脚8（VREF）：输出5V基准电压。

图7-29所示是FAN7554的内部功能框图。由引脚图与内部功能框图可见，FAN 7554功能与UC284×基本相同，只是比UC284×多了软启动等功能。

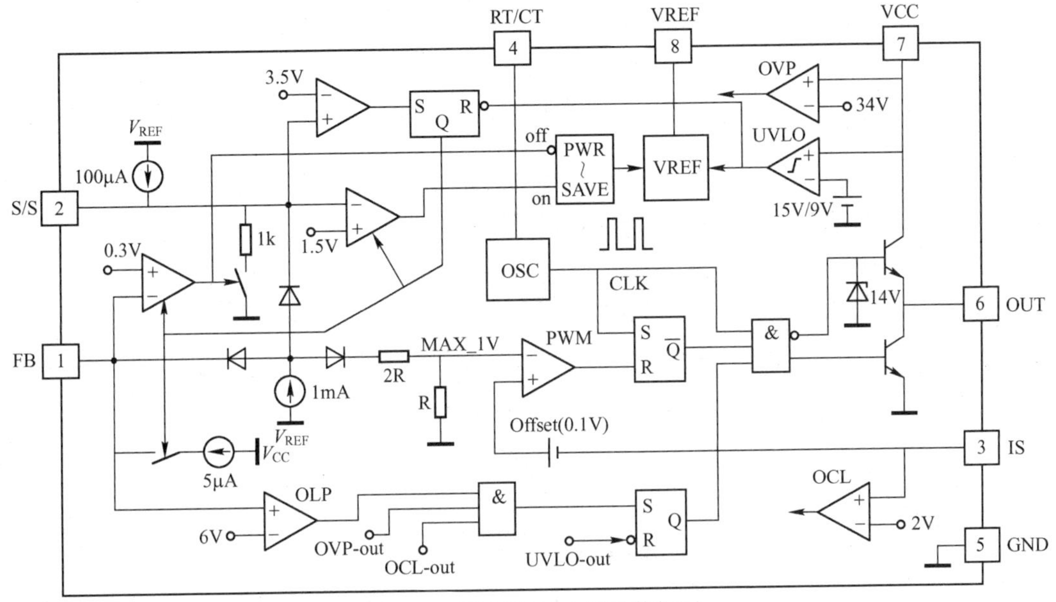

图7-29　FAN7554内部功能框图

28. 由NCP1652构成的90W LED路灯驱动电源的特点是什么？

NCP1652是一个集成度非常高的控制器，适用于实现PFC和隔离、降压式单级DC/DC转换器，这是一种低成本和减少零件数的解决方案。这个控制器比较适合用于笔记本适配器、电池充电器和离线式应用，理想的功率范围在75～150W之间，单级式是基于反激式转换器和工作在连续模式（CCM）或断续模式（DCM）。

NCP1652是一个高效的系统整合，集成的第二个驱动器可调节延时时间，可用于二次侧的同步整流驱动、一次侧的有源钳位或其他应用。此外，控制器还拥有专利的“软跳跃”特色，用以减少在轻载时的音频噪声。NCP1652还包括高压启动电路、电压前馈、掉电检测、内置过载定时器、输入闭锁和高精度乘法器。

29. 由PLC810PG构成的150W LED路灯驱动电源的适用范围是什么？

美国IR公司推出的PLC810PG单片控制芯片是一种集成了半桥驱动器的PFC与LLC组合离线控制器。该控制器支持PFC和电感-电感-电容（LLC）谐振变换器电路拓扑，适用于150～600W的LED路灯、32～60in的LED TV电源及PC主电源和工作站电源。

30. LLC谐振变换器工作原理是什么？

当电源输出功率大于150W时，半桥LLC串/并联谐振变换器电路比单开关反激式变换器拓扑具有许多优势。图7-30所示为半桥LLC谐振变换器基本电路结构。

LLC电路拓扑的工作原理如下：

在图7-30中，VT_1和VT_2为半桥上/下开关，L为谐振电感，C_t为谐振电容，L_m为变压器励磁电感。L_r、L_m和C_r构成LLC谐振网络，C_r同时还起隔DC电容作用。

LLC谐振变换器（以下简称LLC）有两个本征谐振频率。由 L_r 和 C_r 发生谐振的频率 f_r 为

$$f_r=1/(2\pi\sqrt{L_rC_r})$$

L_r、L_m 和 C_r 发生谐振的频率 f_m 为

$$f_m=1/(2\pi\sqrt{(L_r+L_m)C_r})$$

LLC电路的开关频率为 f_{SW}。在变换器工作在 $f_m<f_{SW}<f_r$ 频率范围内时，用SABER软件进行仿真的主要波形如图7-31所示。

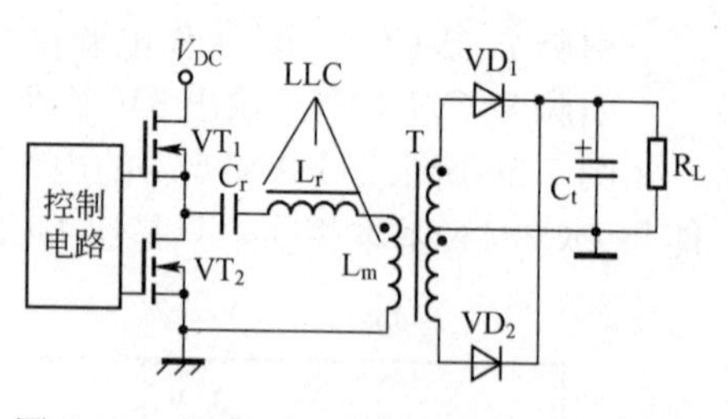

图7-30 半桥LLC谐振变换器基本结构

在图7-31所示波形中，v_{Cr}是 C_r 两端的电压，v_{DSL}是 VT_1 漏-源电压，i_{OUT}为输出电流，i_r 和 i_m 分别是谐振电流和变压器一次侧励磁电流。

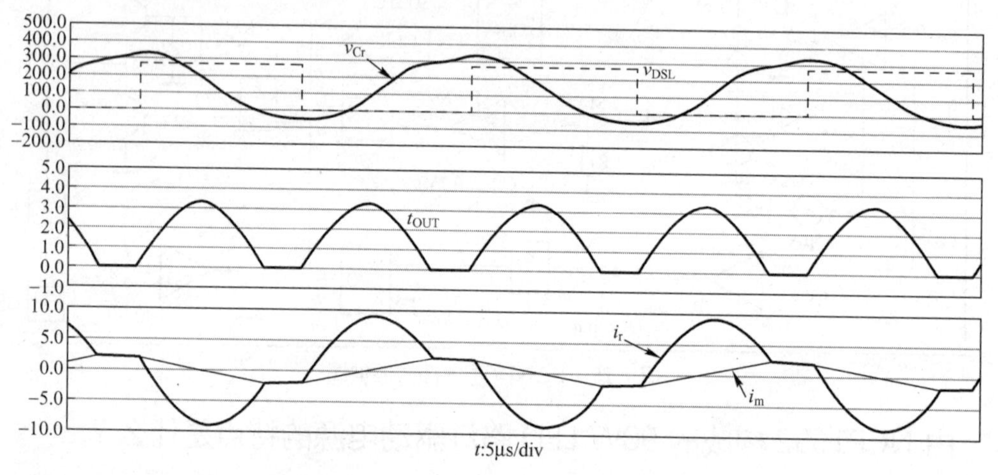

图7-31 额定负载下 $f_m<f_{SW}<f_r$ 频率范围内的主要仿真波形

电路的工作过程可分为以下两个阶段。

① 传输能量阶段：L_r 和 C_r 流过正弦电流，并且 $i_r>i_m$，能量通过变压器传递到二次侧。

② 续流阶段：在 $i_r=i_m$ 时一次侧停止向二次侧传送能量，L_r、L_m 和 C_r 发生谐振，整个谐振回路的感抗较大，变压器一次侧电流以相对缓慢的速率下降。

通过合理设计可以使半桥MOSFET在零电压导通，变压器二次侧整流二极管电流在 $i_r=i_m$ 时降至零，实现零电流关断，从而降低开关损耗，提高变换器效率。LLC工作在 $f_m<f_{SW}<f_r$ 频率范围内时是较为有利的。在实际的LLC电路中，一般是将 L_r 合并到变压器一次绕组电感中，谐振电路仅由 C_r 和变压器一次侧励磁电感构成。

31. PLC810PG芯片电路如何组成？各部分的功能分别是什么？

PLC810PG芯片集成了连续电流模式（CCM）PFC控制器和PFC开关（MOSFET）驱动器、半桥LLC谐振控制器及半桥高低端MOSFET驱动器，如图7-32所示。

（1）PFC控制器　PLC810PG的CCM PFC控制器只有4个引脚（除接地端外），是目前引脚最少的CCM PFC控制器。这种PFC控制器主要是由运算跨导放大器（OTA）、分立电压可编程放大器（DVGA）和低通滤波器（LPF）、PWM电路、PFC电路、MOSFET驱动器（在引脚GATEP上输出）及保护电路组成的。PFC控制器有两个输入引脚，即引脚ISP（引脚3）和FBP（引脚23）。

引脚FBP是PFC升压变换器输出DC升压电压的反馈端，连接OTA的同相输入端。OTA输出可视为PFC控制器等效乘法器的一个输入。OTA在引脚VCOMP上的输出，连接

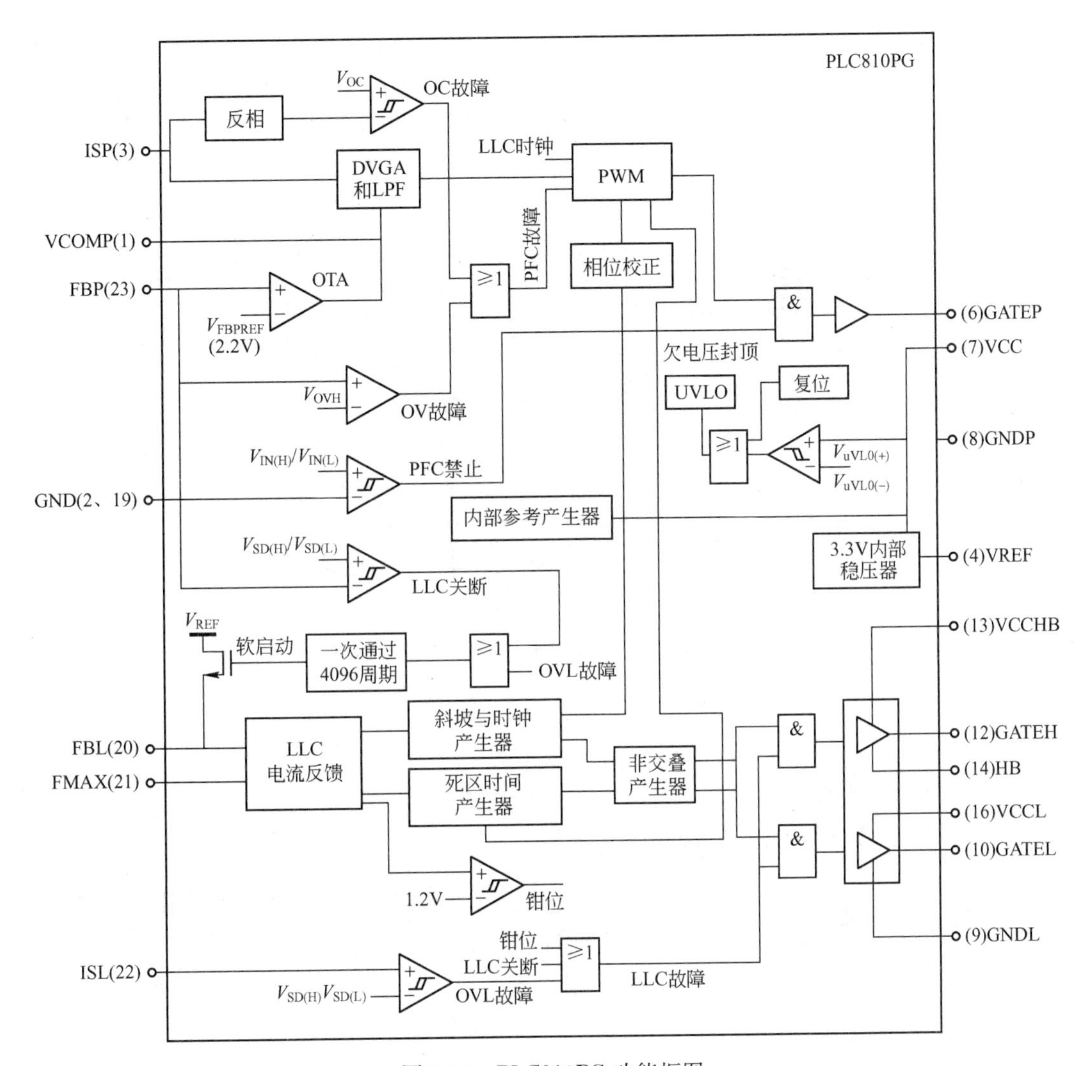

图 7-32 PLC810PG 功能框图

频率补偿元件。反馈环路的作用是执行 PFC 输出 DC 电压调节和过电压及电压过低保护。PLC810PG 的引脚 FBP 的内部参考电压 $V_{FBPREF}=2.2V$。如果引脚 FBP 上的电压 $V_{FBP}>V_{OVH}=1.05\times2.2V=2.31V$，PLC810PG 则提供过电压保护，在引脚 GATEP 上的输出阻断；如果电压不足，使 $V_{FBP}<V_{INL}=0.23\times2.2V=0.506V$，PFC 电路则被禁止；如果 $V_{FBP}<V_{SDL}=0.64\times2.2V=1.048V$，LLC 级将关闭。

PLC810PG 的引脚 ISP 是 PFC 电流感测输入端，用作 PFC 算法控制并提供过电流保护。PFC 的引脚 ISP 上的过电流保护电平是−480mV。

(2)LLC 控制器 半桥 LLC 谐振控制器的 FBL 引脚是反馈电压输入端。流入引脚 FBP 的电流越大，LLC 变换器的开关频率则越高。LLC 级最高开关频率由连接在引脚 FMAX 与引脚 VREF(3.3V)之间的电阻设定，可达正常工作频率(100kHz)的 2～3 倍。引脚 FBL 还提供过电压保护。引脚 ISL(引脚 22)为 LLC 级电流感测输入端，提供快速和慢速(8 个时钟周期)两电平电流保护。死区时间电路保护外部两个 MOSFET 不会同时导通，并实现零电压开关(ZVS)。

PFC 和 LLC 频率和相位同步化，从而减小了噪声和 EMI。PFC 电路不需要 AC 输入电压感测作为控制参考，这是区别于其他同类控制器的标志之一。PLC810PG 的引脚 VCC（引脚 7）导通门限是 9.1V，欠电压关闭门限是 8.1V。V_{CC}电压可选择 12～15V。

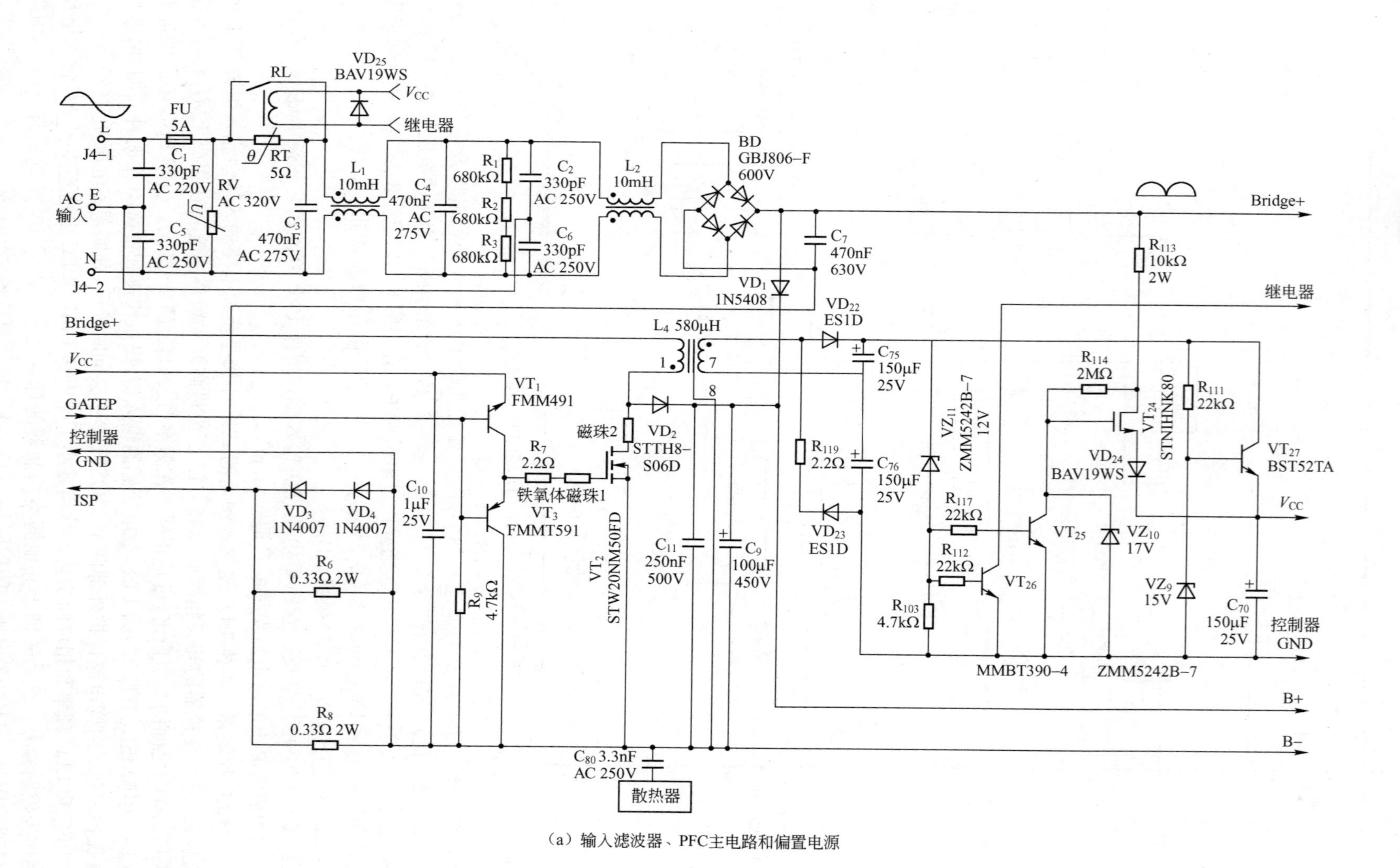

（a）输入滤波器、PFC主电路和偏置电源

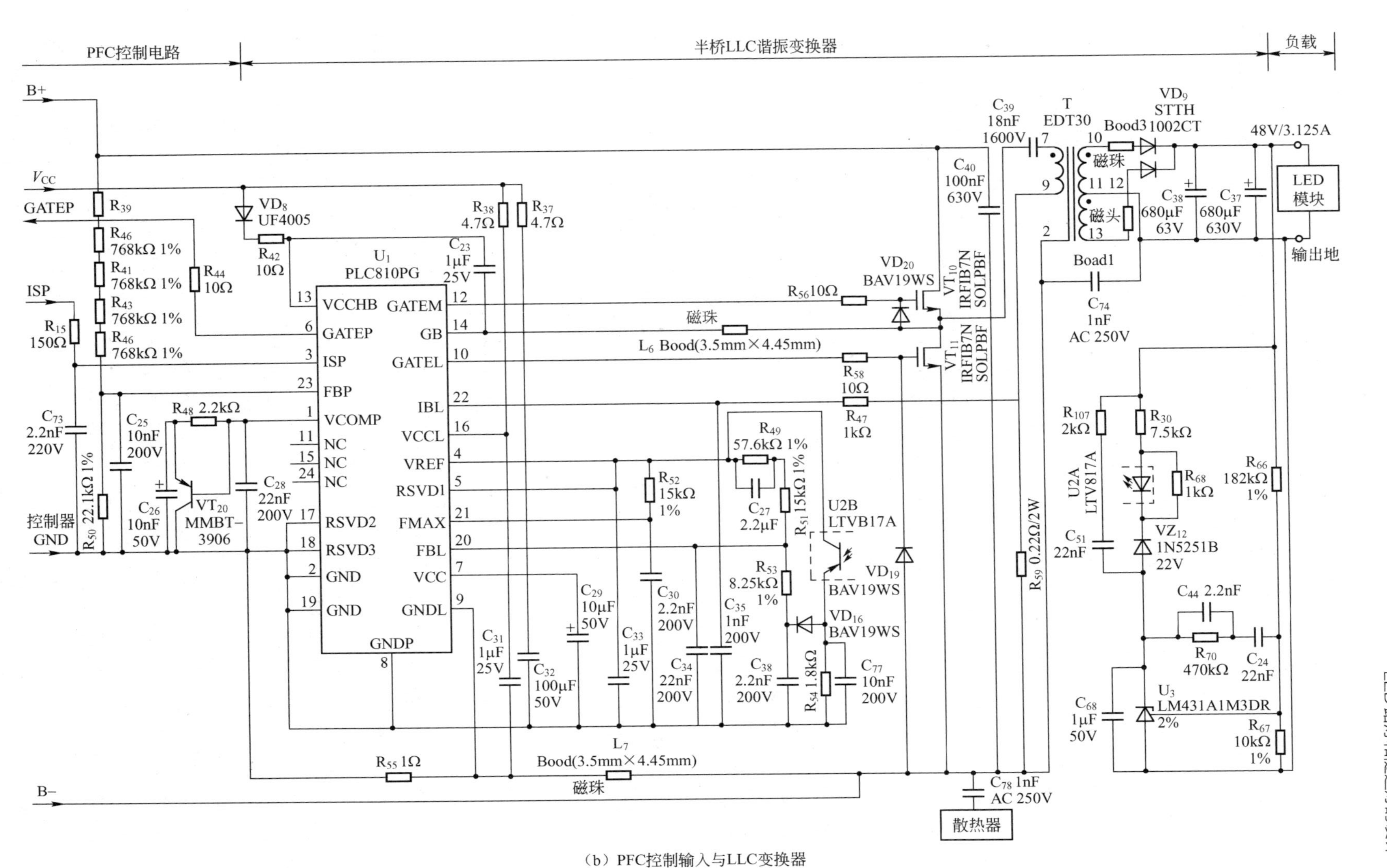

（b）PFC控制输入与LLC变换器

图 7-33　基于 PLC810PG 的 150WLED 路灯驱动电源电路

32. 采用PLC810PG控制器的150W LED路灯驱动电源电路是如何组成的？

采用PLC810PG控制器的150W LED路灯驱动电源电路如图7-33所示。该电路的AC输入电压范围是140～265V，DC输出是48V/3.125A，线路功率因数$PF \geqslant 0.97$，在满载时的系统总效率>92%，PFC级和LLC级的效率均大于95%。

33. PFC电感和LLC级变压器应如何选择？

(1) PFC电感L_4选择　PFC升压电感L_4电气图如图7-34所示。其中WD_1为主绕组，作为PFC升压电感使用；WD_2为偏置绕组，用作U_1引脚VCC上偏置电源电路的高频电压源。

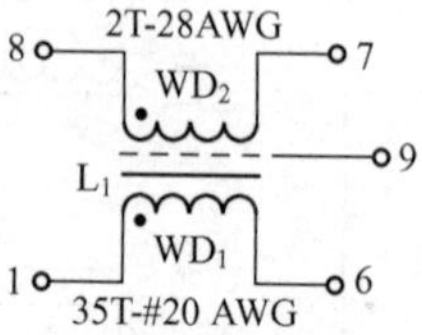

2T-28AWG
8　7
WD_2
9
L_1
WD_1
1　6
35T-#20 AWG

图7-34　PFC升压电感电气图

L_4选用TDK PQ32/20磁芯和12引脚配套骨架。图7-35所示为PFC升压电感结构示意图。

L_4的主绕组WD_1使用20AWG（美国线规，线径约为$\phi 0.87$mm）绝缘磁导线，从引脚1开始绕35匝，到引脚6结束，在100kHz和0.4V时的电感值是580μH。

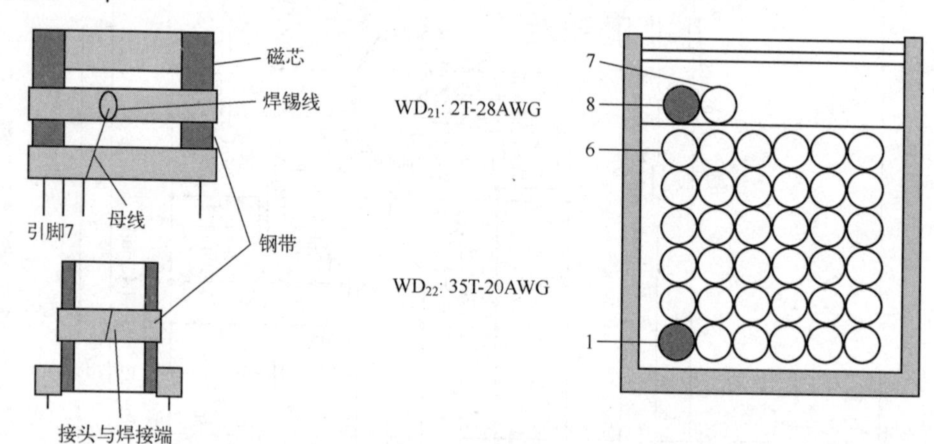

图7-35　PFC升压电感结构示意图

在主绕组外面，用一层7.5mm宽的聚酯薄膜覆盖，再绕偏置绕组。偏置绕组使用28AWG9（线径约为$\phi 0.36$mm）磁导线，从引脚8开始绕2匝，到引脚7终止，然后绕3层7.5mm宽的聚酯膜，屏蔽层使用6.5mm宽的薄铜带（型号为3 M 1350F-1），并连接到引脚9。

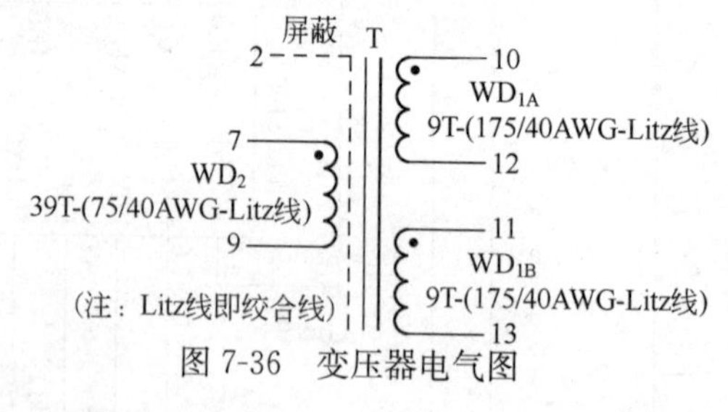

图7-36　变压器电气图

(2) LLC级变压器T选择　LLC谐振变换器中的变压器T电气图如图7-36所示。图中，WD_2为一次绕组，WD_{1A}/WD_{1B}为二次绕组。图7-37所示为变压器绕组示意图。

T选用ETD39磁芯和18引脚配套骨架。在制作过程中先绕二次绕组，用175股40AWG（线径约$\phi 0.08$mm）即绞合线，先从引脚10开始绕9匝，到引脚12结束；再从引脚11开始绕9匝，到引脚13终止，并覆盖2层10.6mm宽的聚酯膜。

一次绕组使用75股40AWG绞合线，从引脚7开始绕39匝，到引脚9结束，再绕2层聚酯膜。一次绕组电感值为820μH（±10%）(100kHz/0.4V)，漏感为100μH（±10%），谐振频率≥700kHz，将分成两部分的磁芯插入骨架中对接在一起，在磁芯外面用10mm宽的铜皮

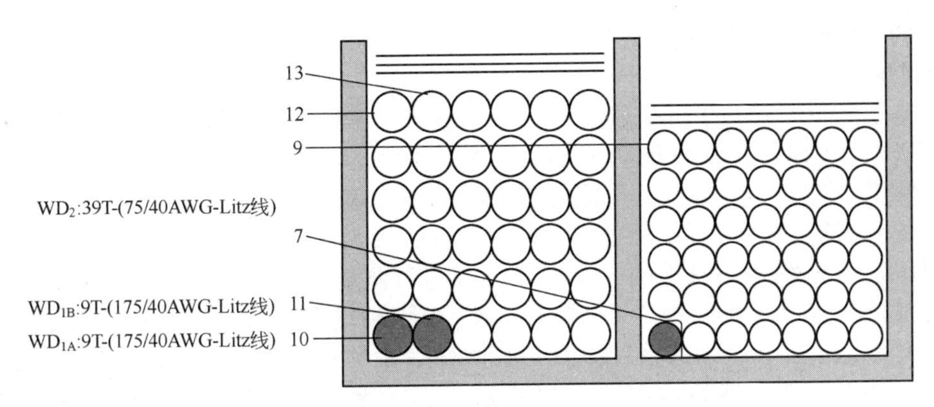

图 7-37　变压器绕组示意图

绕一层，并用焊锡将接缝焊牢，再在铜皮与引脚 2 之间焊接一段铜线（ϕ0.5mm），铜皮外部用聚酯膜覆盖。

变压器从引脚 1～9 到引脚 10～18 之间的电气强度为 AC 3000V（60s，60Hz）。

34. 基于 PFC 控制器 FAN6961 和 FSFR100 的 200W LED 驱动电源电路如何工作？

基于飞兆（Fairchild）半导体 PFC 控制器 FAN6961 和 LLC 谐振变换器控制器 FSFR100 的 200W LED 路灯驱动电源电路如图 7-38 所示。该离线式 LED 路灯驱动电源的 AC 输入电压范围为 90～265V，有 6 路输出，每路输出可达 0.7A/48V。

图 7-38 所示的电源基本架构为两级，即 PFC 加谐振半桥 LLC 变换器，两级架构与单级 PFC 电源相比，能够支持大得多的功率。

（1）输入级电路　在图 7-38（a）中，VD_{94}～VD_{97} 为桥式整流器，LF_1 和电容 C_{914}、C_{95} 以及 LLC 变换器一次侧地与二次侧地之间连接的 Y2 电容 C_{95}[见图 7-78(b)]组成 EMI 滤波器。

（2）基于 FAN6961（IC91）的 PFC 升压变换器　FAN6961（IC_{91}）、T_{91a}/T_{91b}、VD_{92} 和 C_{99a}/C_{99b} 等组成 PFC 预调节器，如图 7-78（a）所示。

在 IC_1（FSFR2100）启动后，开始带一个由 R_{107} 确定的频率，尔后由于 C_{107} 充电下降至正常的工作频率。频率降低的斜度由 C_{107} 电容值设定。IC_1 的半桥输出，驱动由 L_{101}、T_1 和 C_{102b} 与 C_{102a} 组成的 LLC 网络。在 T_1 二次侧上的电压经 VD_{201}～VD_{204} 和 C_{201} 整流滤波，产生 48V 的 DC 输出 V_{OUT}，第二个输出 DC 电压 V_{DD} 为 LED 驱动电路中的 PWM 控制器 SG6858 供电。在三端线性稳压器 IC_2 输入端上的整流滤波电压，通过 R_{202} 等施加到 IC_3（FOD2741）。R_{204}、R_{207}、R_{205} 和 IC_3 等组成输出电压 V_{OUT} 的反馈电路。

IC_3 由光电耦合器和可编程并联参考元件 KA431 组成，其中光电耦合器的电流传输比（*CTR*）为 100%～200%。IC_3 采用 8 引脚封装，是一种典型的隔离式误差放大器。IC_3 中的光耦晶体管与 R_{104} 形成一个可变电阻器，与 R_{105} 相并联，设定最低工作频率，并且根据运行情况对操作频率进行调节。

在启动时，电容 C_{96} 通过 R_{93a} 和 R_{93b} 充电。只要 C_{96} 上的充电电压达到 IC_{91} 引脚 VCC 上的启动门限，IC_{91} 则开始工作，PFC 开关 VT_{91} 进入开关状态。T_{91a} 辅助绕组上的电压经 R_{94}、C_{913} 和 VD_{91} 为 IC_{91} 引脚 VCC 施加电流。稳压二极管 VD_{93} 将 V_{CC} 电压钳位在一个适当的电平上。在 IC_{91} 引脚 7 上，产生一个电压信号驱动 VT_{91}。在 AC 输入电压的半周期内，VT_{91} 的导通时间总是固定的，但关断时间是可变的，具体由 T_{91a}/T_{91b} 的退磁确定。T_{91a} 二次绕组还为 IC_{91} 引脚 5 提供过零检测信号。405V 的输出电压经电阻分压器 R_{910a}、R_{910b} 和 R_{97} 分压，被反

馈到 IC_{91} 的引脚 INV。C_{97} 决定交越频率。为得到高功率因数，交叉频率必须低于线路频率（50Hz/60Hz）的二分之一。

（3）基于 FSFR2100 的 LLC 谐振 DC/DC 转换器　基于飞兆电源开关（Fairchild PowerSwitch，FPS™）FSFR2100 的 DC/DC 转换器如图 7-78（b）所示。

在正常工作期间，IC_1 的工作电流由 T1 偏置绕组、VD_{105}、R_{108} 和 C_{105} 组成的辅助电源电路提供，IC_1 中的高端驱动器电源电压由 R_{106}、VD_{101} 和 C_{106} 组成的自举电路产生。

通过 IC_1 中下面 MOSFET 的电流，依靠 R_{101} 进行测量。在 R_{101} 上的电流感测信号经 R_{102} 和 C_{102} 滤波，馈送到 IC_1 的引脚 CS(引脚 4)。IC_1 引脚 CS 接受一个相对于芯片地的负信号。如果该引脚上的电压为－0.9V，IC_1 将被关闭，只有在芯片上的 V_{CC} 电压降至 5V 以下时才会复位。

(4)基于 PWM 控制器 SG6858TZ 的 LED 恒流驱动器　基于 SG6858TZ 的 LED 恒流驱动器如图 7-78(c)所示。6 个 LED 驱动器的输出均可达 0.7A/48V，总输出功率约为 200W。

SG6858TZ 是一种电压模式 PWM 控制器，采用 6 引脚 SOT-26 或 8 引脚 DIP 封装，启动电流是 9μA，工作电流为 3mA，在 90～264V 的通用 AC 输入范围内提供恒定输出功率限制、逐周电流限制和短路保护。为了保护外部功率 MOSFET，SG6858TZ 的输出驱动器被钳位在 17V。

在基于 SG6858TZ（IC_{92}～IC_{97}）的降压式 LED 恒流驱动器中，通过电感（L_{102}～L_{107}）的电流利用电阻（R_{13}～R_{16}、R_{17} 和 R_{22}）来检测，并将电流感测信号馈送到 SG6858TZ 的引脚 Sense。SG6858TZ 可以使峰值电感电流不变，因此变换器的输出电流保持恒定。电阻 R_7～R_9 和 R_{17}、R_{20}、R_{23} 设置 LED 驱动器的工作频率，电阻 R_{10}～R_{12}、R_{18}、R_{21} 和 R_{25} 设置电流感测电平。欲将输出电流从 700mA 降为 350mA，电流感测电阻的电阻值应增加 1 倍。

从 J_7 施加一个约为 200Hz 的低频 PWM 信号，可以对 LED 进行调光。

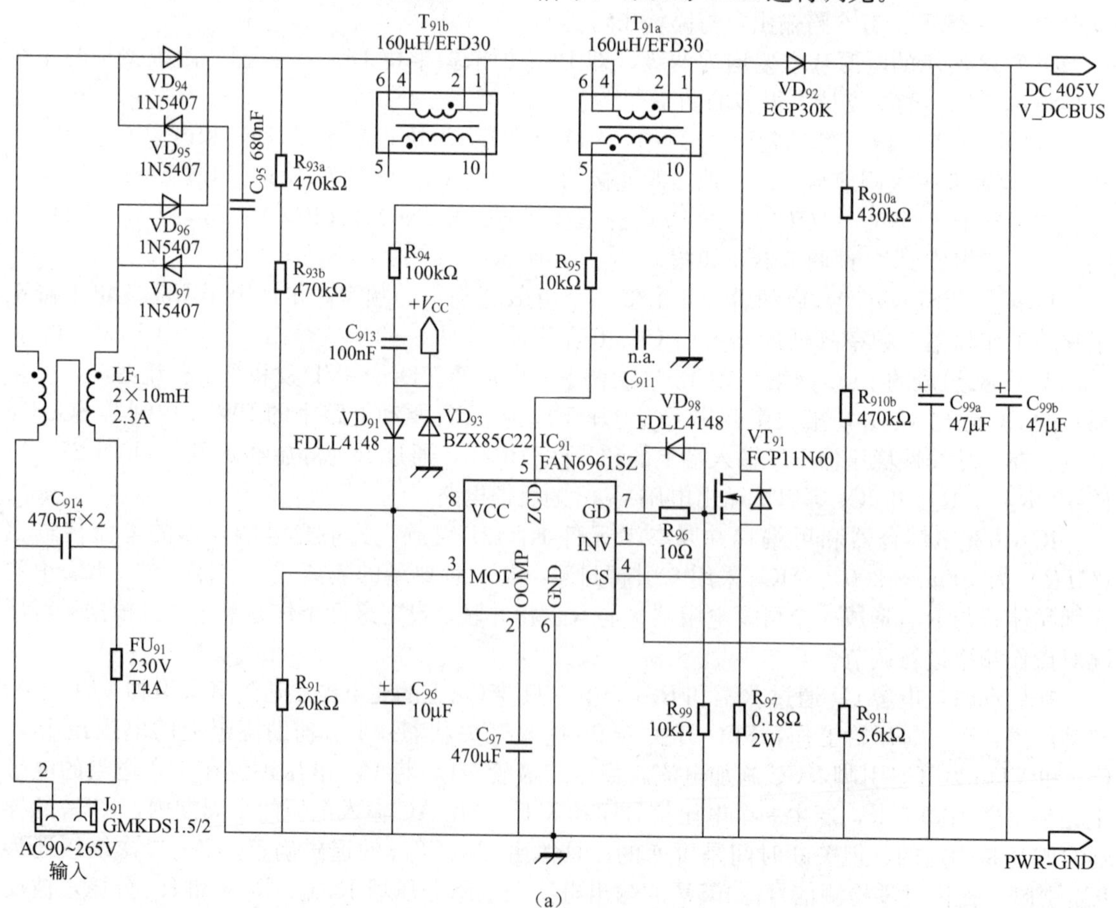

(a)

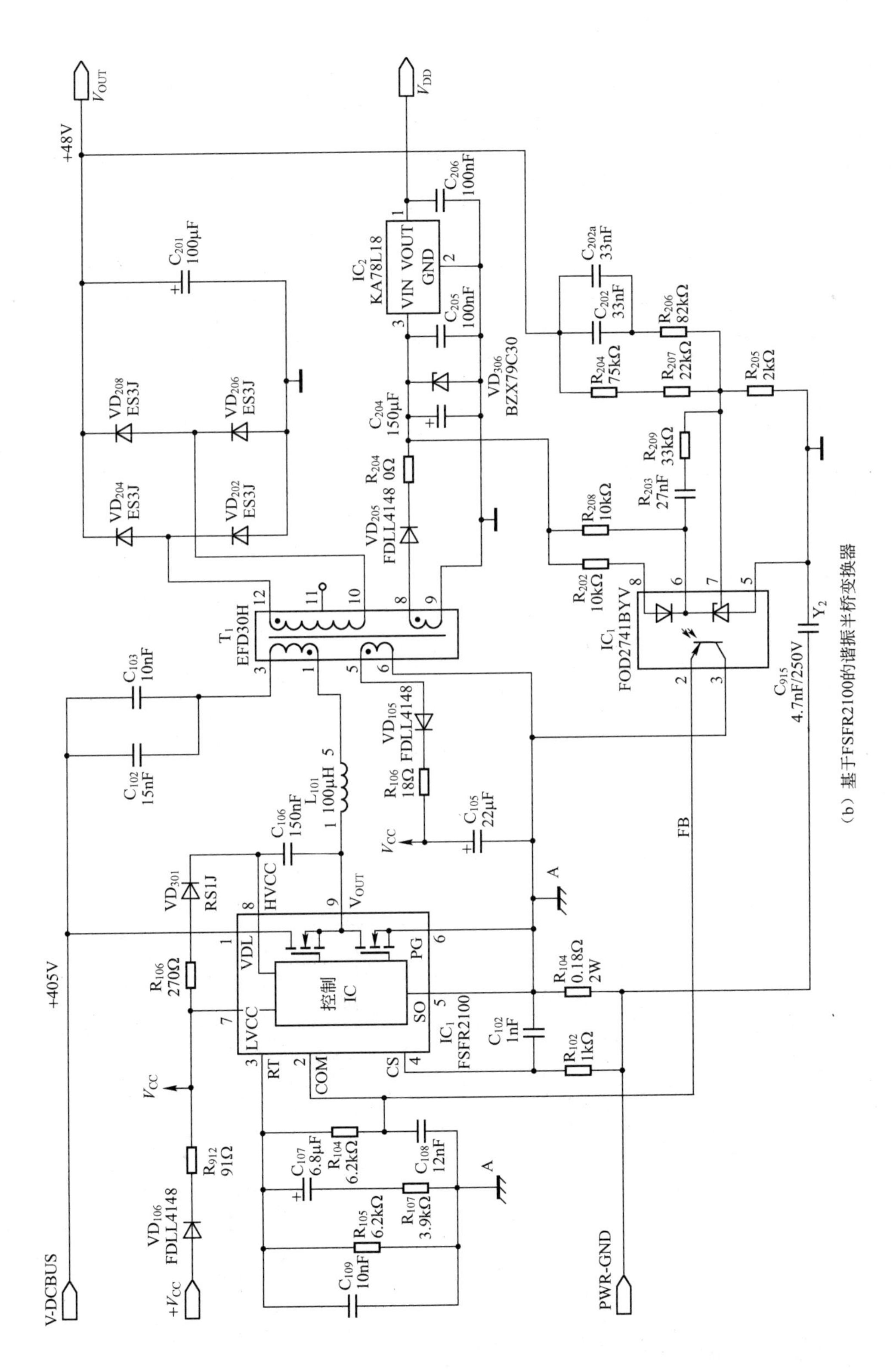

（b）基于FSFR2100的谐振半桥变换器

图 7-38

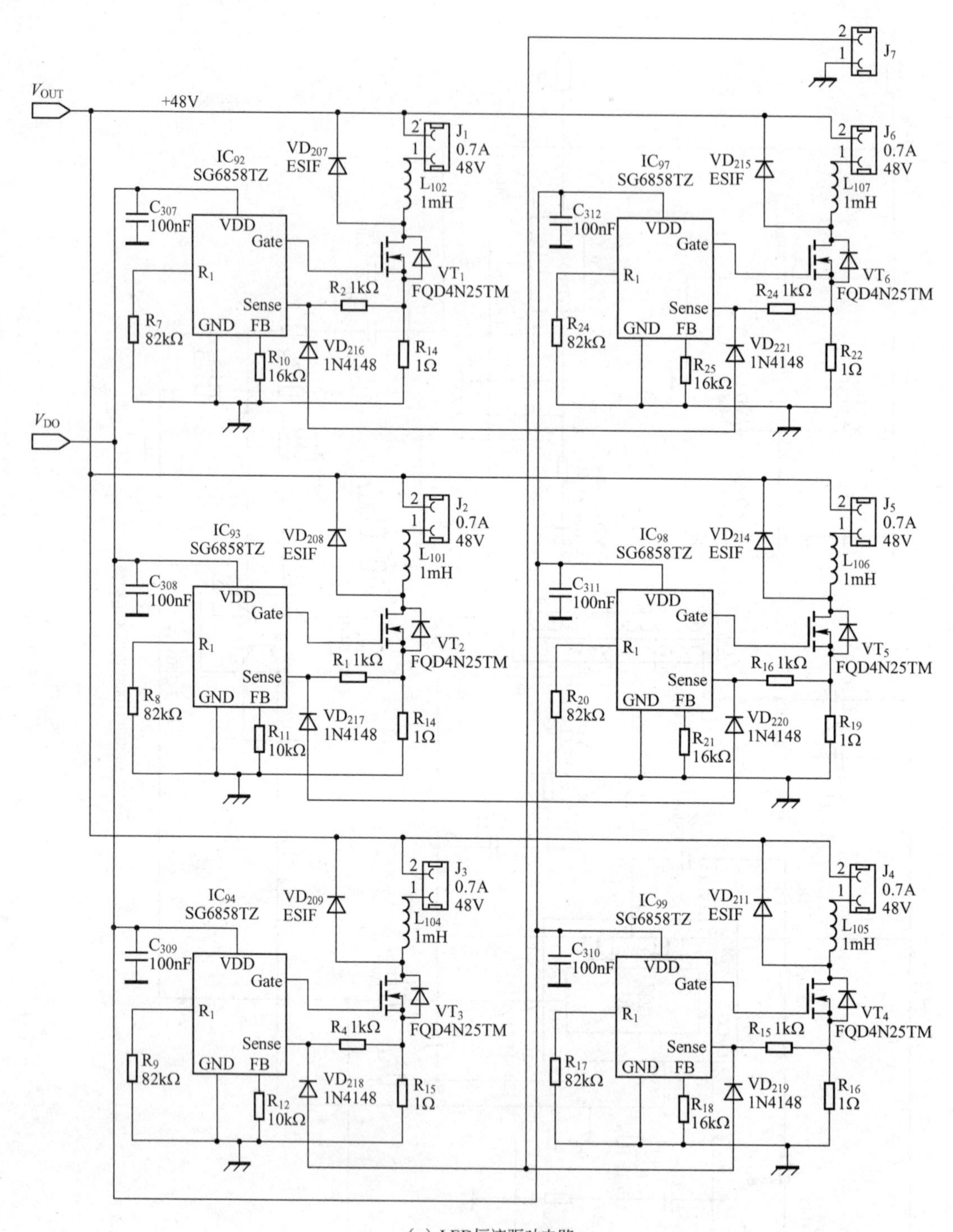

（c）LED恒流驱动电路

图 7-38　通用 AC 输入 6 路恒流输出 200W LED 路灯驱动电源电路

35. 太阳能 LED 路灯由哪些部分组成？

太阳能 LED 路灯主要由太阳能电池板、控制系统、蓄电池组、LED 光源（模块）、灯具外壳和灯杆等部分组成。图7-39所示为高端太阳能LED路灯系统组成框图。其中，太阳能电池板通常安装在灯杆顶上并朝向太阳，控制电路和蓄电池安放在灯杆底部的控制箱内，驱动电路和LED光源都安装在灯具内。

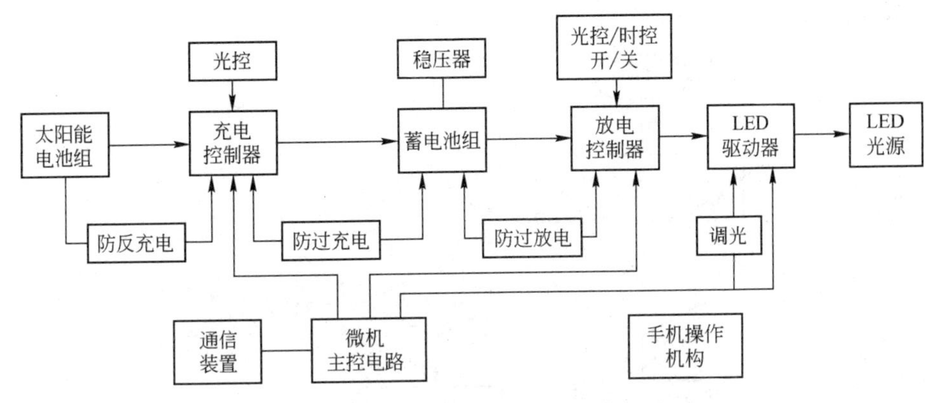

图7-39 高端太阳能LED路灯系统组成框图

如果在太阳能电池板与蓄电池之间设置超级电容作为中间储能装置，可以有效提高系统发电效率。太阳能电池板利用其光伏效应，将太阳能转换成电能，供负载使用或存储在蓄电池中备用。控制系统的作用是为蓄电池提供充电和放电控制及过充电、过放电、防反充电与过热保护，同时为LED提供分时、分压亮度控制。

36. 太阳跟踪控制的原理是什么？

目前的太阳能利用率比较低，除了太阳能电池的光/电转换效率不高外，还有一个因素就是太阳能电池板不能对太阳实时跟踪。一天中太阳辐射能量的最大时刻是在正中午，这时太阳处在正南方，因此很多太阳能电池板被固定朝向南方，但是，这样就不能够持续捕获最大的辐射能量。

主动追踪太阳控制方案有很多，其中之一是使用光敏传感器的主动太阳追踪方法。该方法基于光伏模块的开路电压与相应的辐射能量成线性关系的特性来追踪太阳运动轨迹。

由于太阳总是由东向西运动，运动轨迹改变相对较慢，同时上升角的变化幅度在10°之内，这样太阳能电池板的倾斜角就没有必要改变，以简化机械调整的复杂度。图7-40所示为根据电池板模块的开路电压信息。用同步电动机控制太阳能电池板跟踪太阳运动轨迹的控制流程图。

在图7-40中，V_{oc}（n）和V_{oc}（$n-1$）分别代表当前的和上一次的开路电压值，ΔV_{oc}表示开路电压的变化量。由于一天中太阳总是由东向西运动，因此使太阳能电池板在单位时间t_r顺时针移动单位角度，就可以改变开路电压值，由此可以根据开路电压值的变化趋势来调节太阳能电池板的旋转方向，从而捕获最大的太阳能。如果$\Delta V_{oc}<0$，在t_r时间内逆时针旋转单位角度，然后等待t_w时间，进入下次顺时针旋转；如果$\Delta V_{oc}=0$，等待t_w时间，进入下次顺时针旋转。等待时间t_w非常重要，它可以有效减少旋转时消耗的电能。

当选定单位旋转角为30°、$t_r=2s$、$t_w=30s$、太阳能电池板倾斜角为23°并且使用东芝公司生产的同步电动机控制太阳能电池板旋转时，采用主动式太阳能跟踪装置的电池板比固定式电池板的输出功率可以增加15%。

太阳能电池板太阳追踪装置也可以业余制作，其控制电路如图7-41所示。

在图7-41中，光敏电阻RL_1、RL_2和电阻R_1～R_4组成光信号检测电路。RL_1和RL_2被置入测光圆筒内，并且RL_1和RL_2对称地安装在隔板的两侧，如图7-42（a）所示。当圆筒正对太阳能光线直射入时［见图 7-42（b）］，RL_1 和 RL_2 接收的光强是均匀的，故两者的电阻值相等，输出电压为电源电压 V_{CC} 的一半，即 $0.5V_{CC}$；若光线偏向 RL_2 射入［见图 7-42（c）］，RL_2 阻值则小于 RL_1 阻值，A 点输出电压 $V_A < 0.5V_{CC}$；若光线偏向 RL_1 射入［见图 7-42（d）］，则 $V_A > 0.5V_{CC}$。

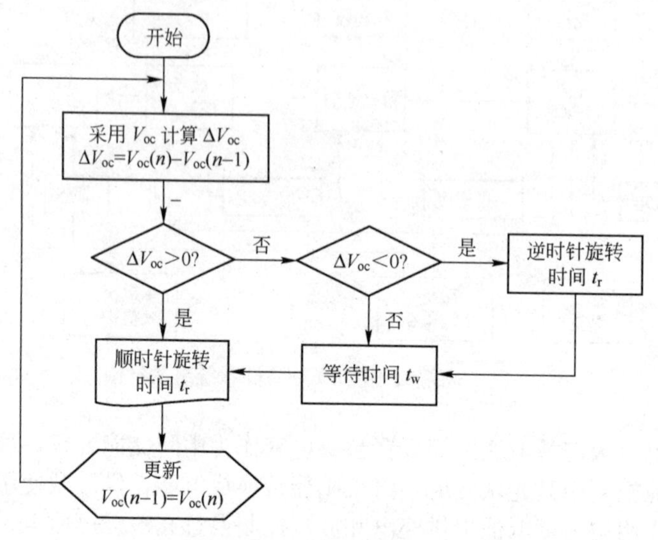

图 7-40　主动追踪太阳运动轨迹控制流程图

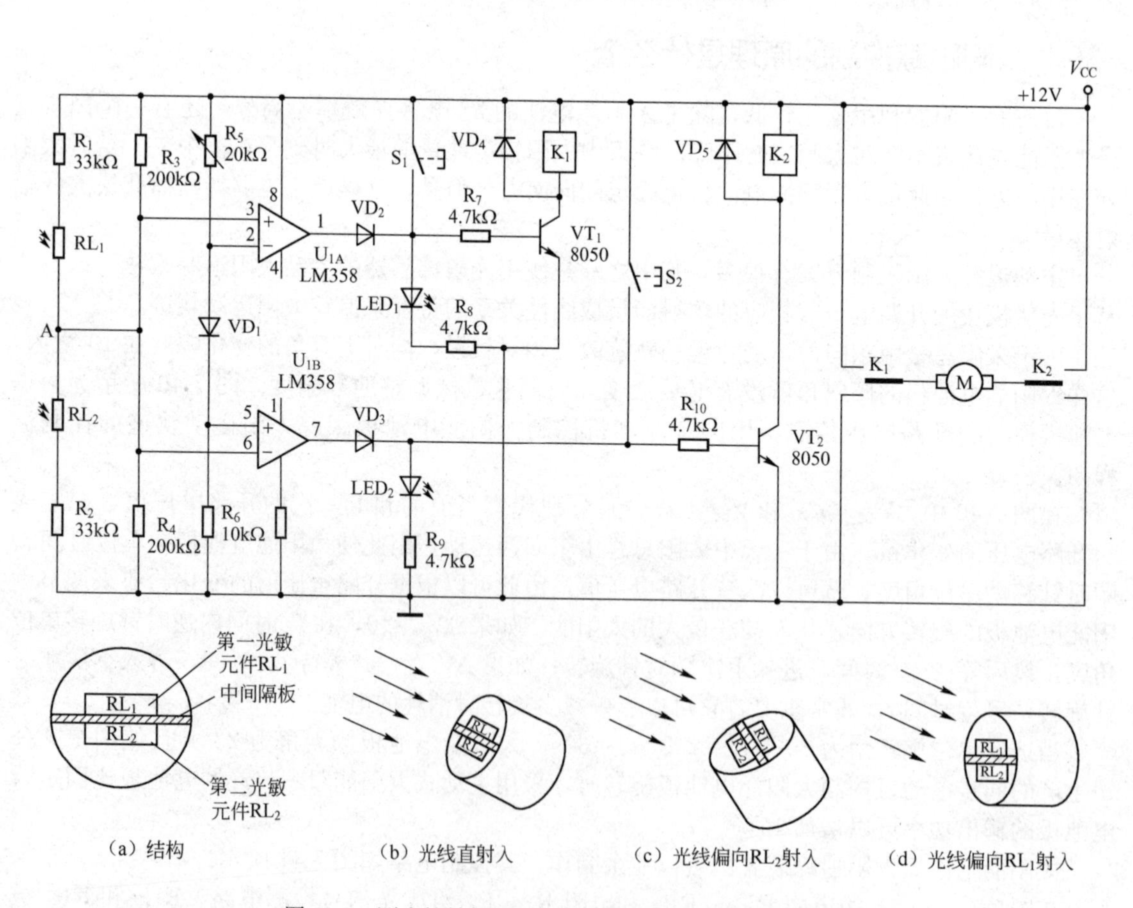

图 7-42　测光筒结构及光线以不同角度射入时的示意图

LM358（U_{1A}/U_{1B}）、二极管 VD_1 和电阻 R_5、R_6 组成方向识别电路。由于二极管 VD_1 的接入，U_{1A} 和 U_{1B} 的基准电压相差约 0.6V 的 PN 结电压降。通过调节 R_5，可使 U_{1A} 正端上的基准电压为 $0.5V_{CC}+0.3V$，U_{1B} 负端上的基准电压为 $0.5V_{CC}-0.3V$。因此只有当 $V_A>0.5+0.3V$ 或 $V_A<0.5V_{CC}-0.3V$ 时，比较器 U_{1A} 和 U_{1B} 才会输出高电平，否则将输出低电平。

当光线直射或无光照时，$V_A=0.5V_{CC}$，U_{1A} 和 U_{1B} 均输出低电平；当光线偏向 RL_1 射入时，RL_1 阻值变小，RL_2 阻值增大，V_A 升高，超过 U_{1A} 的参考电平，从而使 U_{1A} 输出高电平，而 U_{1B} 输出仍为低电平；当光线偏向 RL_2 射入时，由于 RL_2 阻值变小，V_A 将低于 U_{1A} 的参考电平，从而使 U_{1A} 输出低电平，而 U_{1B} 输出高电平。

二极管 VD_1 的存在，使两个比较器的基准电压产生了约 0.6V 的差值，从而避免了控制信号在临界位置的频繁翻转而出现的抖动现象。

晶体管 VT_1、VT_2 和继电器 K_1、K_2 等组成电动机驱动电路。当太阳光线直射时，RL_1 和 RL_2 受光均匀且电阻值相同，U_{1A} 和 U_{1B} 均输出低电平，VT_1 和 VT_2 截止，K_1 和 K_2 不吸合，电动机不动作；当光线偏向 RL_1 射入时，A 点电位升高，当 $V_A>0.5V_{CC}+0.3V$ 时，U_{1A} 输出高电平，U_{1B} 输出低电平，VT_1 导通，VT_2 截止，K_1 吸合，电动机运转；当光线偏向 RL_2 射入时，$V_A<0.5V_{CC}-0.3V$，U_{1A} 输出低电平，U_{1B} 输出高电平，VT_1 截止，VT_2 导通，K_2 吸合，电动机反方向运转，即向 RL_2 端的方向运动。当通过调整电动机连线方式使机构转到光线直射位置时，VT_1 和 VT_2 均截止，K_1、K_2 释放，电动机停止动作。

S_1、S_2 是为防止系统出现意外而设置的手动按钮。当按下 S_1 时，VT_1 导通，电动机向一个方向运转；当按下 S_2 时，VT_2 导通，电动机向另一个方向运转。隔离二极管 VD_2、VD_3 可以防止手动按钮按下时的高电平影响 U_{1A}、U_{1B} 输出低电平信号；LED_1 和 LED_2 用作驱动方向指示；K_1、K_2 为单刀双掷继电器触点，用作控制电动机的正反转。控制电路既可以实现太阳自动跟踪，也可以通过手动操作来控制。

37. 太阳能电池板最大功率跟踪（MPPT）控制的原理是什么？

太阳能电池的输出功率不但与光照强度有关，还与温度和负荷电流有关。在一定的温度下，太阳能电池存在一个最大的功率点（Maximal Power Point，MPP）。为了获取当前日照下最多的能量，就必须采取措施使太阳能电池的负载特性能自动跟踪气候的变化条件。太阳能电池的最大功率跟踪（MPPT）技术就是针对这个实际问题提出的。

为最大效率地利用太阳能，必须设计主一个电路在蓄电池电压和太阳能电池峰值功率电压不停变化时能够自适应，使太阳能电池板始终处于最大功率处。考虑到太阳能电池峰值电压随温度和太阳辐射强度而变化，而系统中的蓄电池规格可以是 12V，也可以是 24V，因此采用只具有升压（BOOST）或降压（BUCK）单一功能的电路拓扑并不能满足上述要求，而既能升压又能降压的拓扑结构是最佳选择。既能升压又能降压的电路拓扑主要有 BUCK-BOOST 变换器、CuK 变换器和 SPEIC 变换器 3 种类型。其中 BUCK-BOOST 变换器和 CuK 变换器的输出电压与输入电压极性相反，而只有 SPEIC 变换器的输入与输出同极性。由于系统中的 MCU 由蓄电池供电，并且需要经常检测太阳能电池板的电压，若太阳能电池板输出电压与蓄电池电压极性相反，会给系统设计带来许多不便，因此选择 SPEIC 电路拓扑是适宜的。图 7-43 所示为基于 MCU 的 SPEIC 变换器充电电路子系统原理图。

对于图 7-43 所示的 SPEIC 变换器，在忽略 VD 电压降时的传递函数为

$$V_{OUT}=V_{IN}\frac{D}{1-D}$$

式中，V_{IN} 为太阳能电池板的峰值功率处电压；V_{OUT} 为蓄电池电压；D 为开关占空比。

由上式得

$$D=\frac{V_{OUT}}{V_{IN}+V_{OUT}}$$

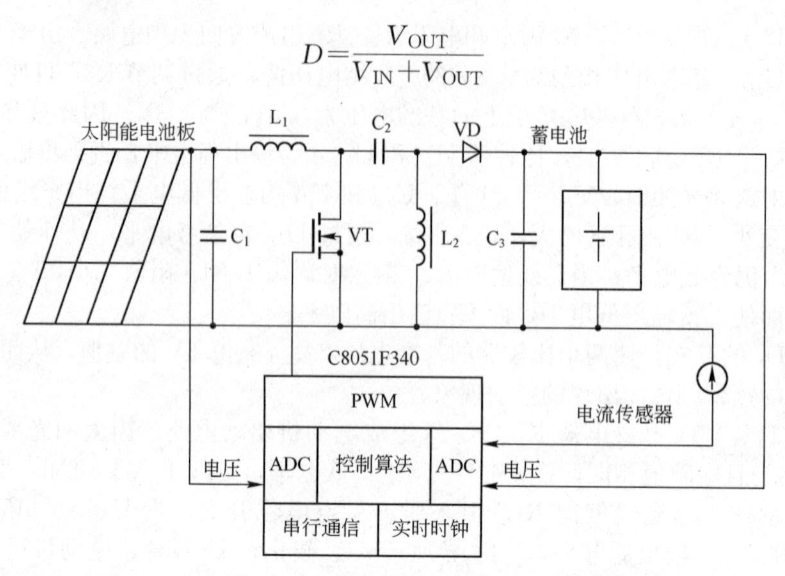

图 7-43　基于 MCU 的 SPEIC 变换器充电电路子系统原理图

电感 L_1 和 L_2 的电感量利用下式计算：

$$L_1=L_2=\frac{V_{IN}}{\Delta I_L f_{SW}}$$

式中，ΔI_L 为电感纹波电流，可按最大充电电流的 20%来选择；f_{SW} 为开关频率，通常选取 100kHz。

太阳能电池板最大功率跟踪控制策略有很多，如开路电压法、恒定电压法、功率微分法、数控匹配法、扰动观测法、增量电导法、模糊逻辑法及人工神经网络法等。在这些控制方法中，扰动观测法具有成本低和控制精度高等优势。

扰动观测控制方法是一种基于实时控制最大功率跟踪控制算法。它通过对电路施加某一幅度的扰动，改变太阳能光伏电池的工作状态，同时观察并计算太阳能电池板实际输出功率的大小。得到当前时刻值后，将其与前一时间值进行比较，通过对比结果确定下一次的扰动方向，最终得出目标值，从而使太阳能电池板的输出能够稳定在最大功率点附近。

传统的充电电路是将太阳能电池通过一个二极管对蓄电池充电，二极管的单向导电性可以阻止在太阳能电池电压低于蓄电池电压时蓄电池对太阳能电池板的反向充电，这种二极管充电方案虽成本很低，但在充电时对太阳能的利用率非常低，并且无法对充电过程进行控制，导致蓄电池使用寿命缩短。采用带有最大功率跟踪功能的充电电路则可以避免直接利用二极管对蓄电池充电所存在的不足。

38. 太阳能路灯控制的原理是什么？

太阳能照明系统的优化设计是保证系统长期运行的前提，系统容量可根据当地的地理位置、气象条件和负载状况做出优化设计。但是在同一个地方，冬天的太阳辐射量比夏天少得多，例如哈尔滨一年中 6 月份的日均辐射是 12 月份的近 5 倍，太阳能在冬天产生的电量比夏天少，可是冬天照明需要的电能远比夏天多，从而使照明系统的发电量与需电量形成反差，难以平衡月发电量盈余和耗电量亏损。为了提高照明系统发电量的利用度，克服系统缺电带来的问题，可以实施“按需照明”的供电策略，通过编程可在任意时间段内通过 PWM 等方式实现开关控制。例如，对前半夜和后半夜的亮度进行控制；开启单边路灯策略，即道路一边的路灯由蓄电池现有电量供电，另一边路灯关闭；并夜灯策略，即前半夜开灯，后半夜关灯，蓄电池现有只供前半夜照明使用；太阳能与 AC 市电电源结合供电，即在太阳能不能提供足够能量的情况下转为市电供电。

城市路灯系统经历了手工控制、自动定时/光电控制和计算机程序控制的发展过程。用计算机来实现城市太阳能路灯系统的自动控制，对于提高城市的现代化管理水平，节省人力和物力，都具有良好的经济效益和社会效益。

39. LED 路灯驱动电路的调光方式是什么？

LED 路灯驱动电路由蓄电池组供电，因此是一种 DC/DC 变换器，LED 路灯恒流驱动电路都选择开关型 DC/DC 电路拓扑，可供选择的驱动器 IC 有很多。LED 路灯的调光通常采用 PWM 方式，PWM 信号可由微控制器提供，也可以由 PWM 信号发生器产生。

40. 由 STM32F101RXT6 构成的太阳能 LED 路灯的系统结构是什么？

基于微控制器 STM32F101RXT6 的太阳能 LED 路灯结构示意图如图 7-44 所示。该方案能自动检测环境光以控制路灯的工作状态，保证最大太阳能电池板效率，并带有蓄电池状态输出以及用户可序曲定 LED 工作时间等功能。

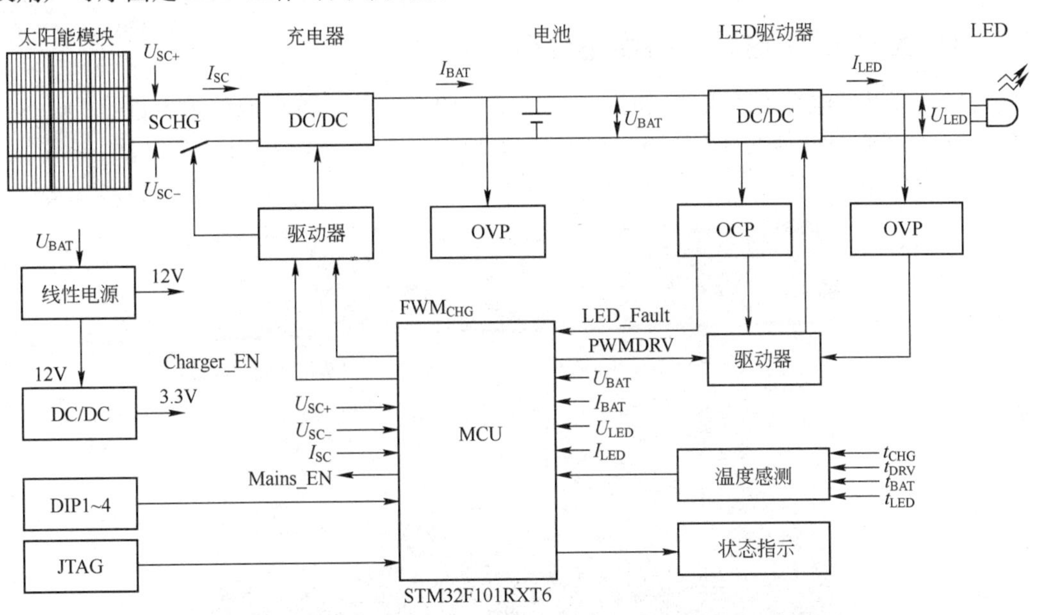

图 7-44 基于微控制器 STM21F101RXT6 的太阳能 LED 路灯结构示意图

太阳能电池板在太阳光的照射下所产生的 DC 电流流入控制器，会以某种方式给蓄电池充电。蓄电池在白天的时候会接受充电，而在晚上则会提供能量给 LED，LED 是通过控制器进行的。连续阴天以及蓄电池电能不足的情况下，控制器会发出控制信号来启动外部的市电供电系统，保证 LED 的正常工作。外部的市电供电系统只是作为后备能源，只有在蓄电池电能不足的情况下才会被使用。蓄电池的充电完全是通过太阳能来实现的，以确保最大限度使用太阳能。

太阳能电池板电压进来后会首先经过一个开关 MOS 管 SCHG 连接到 DC/DC 变换器（蓄电池充电电路），此变换器的输出连接到蓄电池两端（实际电路里会先通过一个熔断器再连到蓄电池上）。加上 SCHG 有两个作用：一是防止太阳能电池输出较低时由蓄电池返回来的反充电流，二是当太阳能电池板极性接反时起到保护电路的作用。DC/DC 变换器采用降压拓扑结构，拓扑结构的选择不仅得考虑太阳能电池板最大功率点电压和蓄电池最大电压，而且得兼顾效率和成本。蓄电池和LED之间也是通过一个DC/DC变换器，对LED要采用恒流控制方式，考虑到蓄电池电压的波动范围以及LED的工作电压范围。设计电路中采用反激式拓扑结构来保证恒流输出。反激式拓扑的效率一般没有简单的升压或者降压电路高，如果要提长系统的效率，可以通过优化蓄电池电压与LED电压的关系来采用升压或者降压电路，以提升效率并可能进一步减低成本。

整个控制器的控制是通过一个MCU来实现的，MCU的主要工作包括以下几点：一是采用最大功率跟踪（MPPT）算法来优化太阳能电池板的工作效率；二是针对蓄电池的不同状态采用合适的充电模式；三是保证LED驱动电路的恒流输出；四是判断白天或黑夜并切换蓄电池充电和放电模式，最后就是提供监控保护、温度监测、状态输出和用户控制输入检测（DIP1～DIP4）等功能。MCU的选择最主要是满足ADC、GPIO和外部中断的需要，不需要单纯追求速度。考虑到扩展的需要，主控芯片使用的是STM32F101RXT6。

控制器辅助电源直接从蓄电池变换而来，蓄电池输入通过线性电源（L78L12）得到12V，供给逻辑电路和用于PWM开关信号放大；3.3V通过12V接开关电源（L5970D）而来，主要给MCU和周边电路供电，之所以用开关电源是为了提高转换效率（减少蓄电池耗电）以及在以后扩展系统时可以提供足够的负载。当然，为了减少成本，完全可以用线性电源来实现。

41. 风光互补LED路灯的特点是什么？

使用风光互补发电系统的LED路灯，可以不使用逆变器对蓄电池的输出进行DC/AC逆变。风光发电设备的杆体与LED路灯灯杆互相独立，并且可以共用一个底座，如图7-45所示。

图7-45　风光互补道路照明系统实景

风光互补LED路灯非常适合在铺设电缆不便、用灯数量不多或供电形势紧张的城市或地区使用。

42. 隧道可以分为几类？

公路隧道按长度可分为特长隧道、长隧道、中隧道和短隧道，见表7-16。

表7-16　公路隧道分类

m

隧道分类	特长隧道	长隧道	中隧道	短隧道
隧道长度 L	$I>3000$	$3000\geqslant L\geqslant 1000$	$1000>L>250$	$L\leqslant 250$

43. 隧道照明可以分为几段？

隧道照明通常分为入口照明、内部照明和出口照明。在不同标准中对隧道分段划分是不一样的。国际照明委员会（CIE）将隧道入口照明从隧道口开始分为阈值段照明和过渡段照明。阈值段照明是为了消除“黑洞”现象，让驾驶员能在洞口看清障碍物；过渡段照明是为了避免阈值段照明与内部照明之间的强烈变化而设置的，其照明亮度进一步下降。而在日本的隧道照明标准中将隧道入口照明分为引入段照明、适应段照明和过渡段照明，如图 7-46 所示。

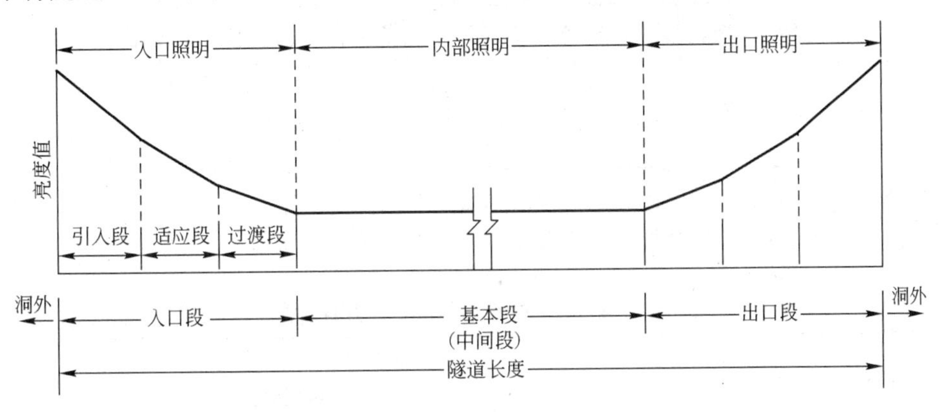

图 7-46　隧道分段及其亮度渐变示意图

如果隧道为双向运行，可以使出口照明与入口照明保持对称布置。出口照明在隧道最后 60m 区段的亮度一般为内部基本段亮度水平的 5 倍。

44. 隧道照明标准是什么？

2004 年出版的《公路隧道和地下通道照明指南》以等效光幕亮度为基础确定了视域范围内的隧道入口段的亮度。在白天，隧道出口段和入口段的照明亮度，应比隧道内部基本照明亮度水平高 5 倍。而在夜间则相反，隧道入口段和出口段亮度应低于隧道内部基本照明亮度值。当隧道外设有路灯照明时，隧道内部亮度值不得低于露天亮度值的 2 倍。

图 7-47 所示为 CIE 规定的隧道中亮度的降低曲线。根据这个曲线，可以计算出隧道内理想的亮度梯次分布。图中的亮度变化可以逐级进行，但前一级亮度和后一级亮度之比不得超过 3，更不能低于图中虚线门限值。

表 7-17 和表 7-18 列示了 CIE 及相关标准中对基本照明、夜间照明的亮度要求及对隧道内部段照明的推荐亮度。

表 7-17　基本照明及夜间照明亮度

设计车速/（km/h）	路面平均亮度/（cd/m²）	换算平均照度/lx	
		混凝土路面	沥青路面
80	4.5	60	100
60	2.3	30	50
40	1.5	20	35
20 及以下	1.0	15	20

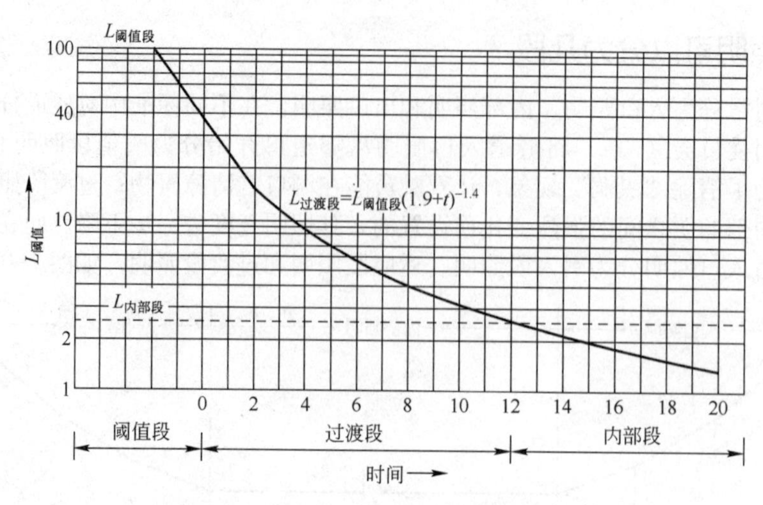

图 7-47 CIE 规定的隧道中亮度的降低曲线

表 7-18 CIE 对隧道内部段照明的推荐

cd/m²

制动距离/m	交通密度/（辆/h）		
	＜100	100＜交通密度＜1000	＞1000
60	1	2	3
100	2	4	6
160	3	10	15

在 2000 年以前，我国隧道照明主要遵循《公路隧道设计规范》（JTJ 026—1990）来设计隧道的照明系统。这个标准给出了隧道内各照明区段的长度及路面的最低亮度，见表 7-19。

表 7-19 区段照明长度及路面最低亮度

设计车速/（km/h）	引入段		适应段		过渡段		入口照明区间总长度/m
	距离/m	亮度/（cd/m²）	距离/m	亮度/（cd/m²）	距离/m	亮度/（cd/m²）	
80	40	80	40	80～46	40	46～4.5	120
60	25	50	30	50～30	30	30～2.3	85
40	15	30	20	30～20	20	20～1.5	55
20 及以下	1.0			1.0		1.0	

根据表 7-19，白天照明渐变梯度曲线如图 7-48 所示。

我国在 JTJ 026—1990《公路隧道设计规范》的基础上，借鉴国外公路隧道的先进技术和成功经验，于 2000 年 1 月颁布了《公路隧道通风照明设计规范》（JTJ 026.1—1999）。该规范在照明系统构成、洞外亮度和减光、隧道各照明段的长度与亮度、照明总均匀度、调光分级、光源分级、灯具及布置、照度与亮度计算推荐方法等方面都作出详细说明。但是，该行业标准并未充分考虑隧道照明节能评价指标——照明功率密度（LPD），给隧道照明节能工作的开展和落实带来了困难。

照明功率密度是指单位面积上的照明功率，单位是 W/m²。2004 年发布的国家标准《建筑照明设计标准》和 2006 年发布的行业标准《城市道路照明设计标准》都规定了部分建筑场所的道路照明的功率密度值。尽快制定隧道照明节能标准，是目前隧道照明工程中的一项重要

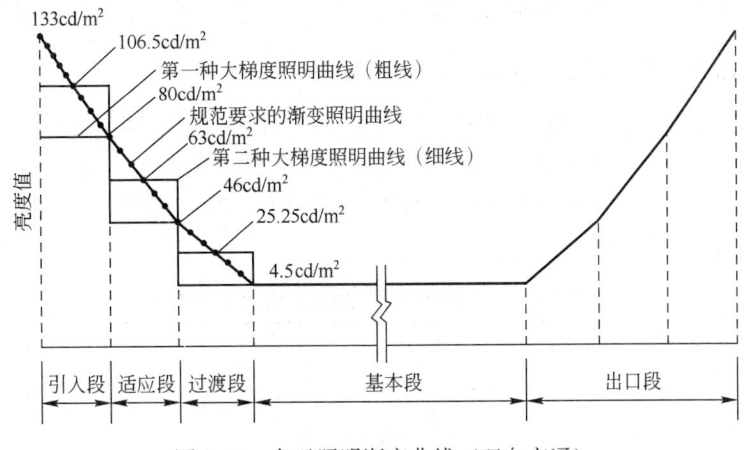

图 7-48　白天照明渐变曲线（双向交通）

任务。

45. 对隧道照明光源和灯具的要求有哪些？

我国现行的行业标准《公路隧道通风照明设计规范》（JTJ 026.1—1999）对隧道照明光源和灯具提出了如下要求：

① 一般情况下宜选择效率高、透雾性能好的光源。

② 短隧道、柴油车较少的城镇附近隧道、应急停车带、人行横通道、车行道可选用显色指数较高的光源。

③ 光源的使用寿命应不小于 10000h。

④ 灯具的防护等级应不低于 IP65。

⑤ 灯具应具有适合公路隧道特点的防眩装置。

⑥ 灯具结构应便于更换灯泡和附件。

⑦ 灯具零部件应具有良好的防腐性能。

⑧ 灯具配件安装应易于操作，并能调整安装角度。

⑨ 灯具不得侵入隧道建筑界限。

⑩ 中间段的灯具布置应满足低于 2.5Hz 或高于 15Hz 的闪烁频率。

46. 照明灯具的 CIE 分类有几类？

按照明器向上、下两个半空间发出光通量的比例来分类的方法，将照明器分为 5 类。

（1）直接型照明器　此类照明器绝大部分光通量（90%～100%）直接照向下方，所以照明器光通量的利用率最高。但因反射面的形状、材料与处理差异很大，或出口面上的装置不同，出射的光线分布有的很宽、有的集中，变化很多。

（2）半直接照明器　此类照明器大部分光通量（60%～90%）是射向下半空间，小部分射向天棚或上部墙壁等上半空间，向上射的分量将改善室内各表面的亮度比。

（3）漫射型或直接-间接型照明器。此类照明器向上、向下的光通量几乎相同（各占 40%～60%）。

（4）半间接型照明器　照明器向上光通量占 60%～90%，它的向下分量往往只用来产生与天棚相称的亮度，此分量过多或分配不恰当也会产生直接或间接眩光等缺陷。

（5）间接型照明器　此类照明器的绝大部分光通量（90%～100%）向上。若设计得好，全部天棚成为一个照明光源，达到柔和无阴影的照明效果。由于照明器向下光通量很少，只要布置合理，直接眩光与反射眩光都很小。此类照明器的光通量利用率比前面 4 种都低。

47. 直接型照明器按光强分布分类有几类？

带有反射罩的直接型照明器使用很普遍，它们的光分布变化范围很大，从集中于一束到散开在整个下半空间，光束扩散程度的不同带来截然不同的照明效果。按光分布的窄宽进行分类，直接型照明器依次命名为特狭照型、中照型、广照型、特广照型 5 类，并用它们的最大允许距高比 s/h 来表示，见表 7-20。

表 7-20 直接型照明器按最大允许距离比分类

分类名称	距高比 s/h	1/2 照明度 θ
特狭照型	$s/h \leqslant 0.5$	$\theta \leqslant 14°$
狭照型（深照型、集照型）	$0.5 < s/h \leqslant 0.7$	$14° < \theta \leqslant 19°$
中照型（扩散型、余弦型）	$0.7 < s/h \leqslant 1.0$	$19° < \theta \leqslant 27°$
广照型	$1.0 < s/h \leqslant 1.5$	$27° < \theta \leqslant 37°$
特广照型	$1.5 < s/h$	$37° < \theta$

48. LED 隧道灯类型如何选择？

从表 7-20 可以看出，在 LED 隧道照明中，LED 隧道灯应是直接型照明器中的广照型和特广照型，因为它们的灯距与灯高之比大于 1，比较符合隧道照明的特点和要求。

49. LED 隧道灯配光设计应注意哪些问题？

在隧道设计中，隧道灯按功能分为加强照明灯具、基础照明灯具和应急照明灯具 3 类。这 3 类灯具的配光设计应不同。目前常见的配光分布形式有聚光型配光、侧射型配光、朗伯型配光及蝙蝠翼型配光等。

对于隧道入口段和出口段的亮度要求比较高，布灯间路小，有的仅为 1～2m。在设计灯具配光时，需要考虑的是如何加强路面亮度，同时还需要考虑隧道内部的亮度和均匀度。因此，加强照明灯具的亮度不能为蝙蝠翼型配光或朗伯型配光，而应采用聚光型配光或侧射型配光。在长隧道的中间段，灯具间距比较大，为 4～6m。在设计灯具配光时，需要考虑的是隧道内的亮度和均匀度，因此中间段照明灯具的配光不能为正光型或侧射型配光，而应采用蝙蝠翼型配光或朗伯型配光。对于长度大于 1000m 的隧道必须设置应急照明系统，并要求照明中断时间不超过 0.3s，维持时间不短于 3min。启动应急照明，洞内路面亮度不应小于中间亮度的 10% 和 0.2cd/m^2，因此应急灯布灯间距较大，达 8～10m，应急灯配光设计应为蝙蝠翼型。

50. LED 光源在隧道照明中的应用情况是什么？

在国外，有很多 LED 应用于隧道照明的成功案例。德国 A71 高速公路上的一条隧道采用了 LED 照明，成为欧洲最长的一条采用 LED 照明的隧道。隧道灯采用的 LED 都为欧朗公司的产品，在控制方面采用了 Dellux 公司的 LED 效率下降补偿专利技术，安装照明灯具的耗电量比普通 70W 的高强度放电（HID）灯降低 30%。隧道灯亮度可控，白天隧道亮度为 4.65cd/m^2，夜间为 0.8cd/m^2；白天 LED 灯具的平均耗电量为 70W，夜间仅需要 12W 的耗电量，LED 的工作电流为额定电流的 85%，标称灯具寿命达 15 年以上。

我国首例 LED 隧道照明应用是 2006 年在贵黄高速公路上的东苗冲隧道右洞安装完成的，隧道内共安装了 204 盏 LED 隧道灯，使东苗冲隧道成为我国首座全部采用 LED 照明的隧道。

上海长江隧道为双向 6 车道，全长 8955m，出入口照明和中间段基本照明总长 8100m。在基本照明中全部采用了 LED 隧道灯，灯具数量达 5786 套。在隧道照明中，实现了无级调光、灯具自动故障检测和灯具自动光衰检测三大功能。

目前采用 LED 照明的隧道有很多，如北京德胜口隧道、蔡家关隧道、青岛胶州湾隧道和广州龙头山隧道等。

51. LED 光源在隧道照明应用中存在的问题有哪些？

尽管目前我国已有多个重要的隧道照明工程使用 LED 隧道灯，并且取得了显著效果，但是仍然存在一些问题。在 LED 隧道灯存在的问题中，有一些与 LED 路灯存在的问题是相同的，如散热问题、驱动电源和配光设计问题以及价格太高、可靠性差、使用寿命短、维护困难等。

目前 LED 隧道灯在照明工程中的技术要求，主要参照以高压钠灯为主要光源的隧道灯相关规范，还没有制定以 LED 为光源的相关标准。由于缺少统一的标准规范，各个厂家灯具形状各异，采用的技术方案和实现途径各不相同，配件之间缺乏兼容性，产品没有相互替代性。灯具一旦损坏，只有更换，致使维护成本很高。已损坏的灯具原生产厂家不一定还继续生产，也不一定还有库存，这就给更换新灯带来一个难题。因此，制定 LED 隧道灯及 LED 隧道照明设计的相关规范已迫在眉睫。

第8章

LED景观照明驱动电路

1. LED埋地灯驱动电源设计的特点是什么？

LED埋地灯（LED Buried Lamp）采用超高亮LED制作而成，是新型的光电照明产品。LED埋地灯的优越性为：高效率、低能耗；LED光源寿命长，产品的使用寿命也更长；控制方便，可实现七彩变色及更多种变化效果；冷光源，工作时温升小；绿色光源，无有害光线；灯具具有良好的防水、防尘功能，防水密封圈采用高质量的硅胶，防护等级为IP67。

2. LED埋地灯的控制形式有哪些？

LED埋地灯有外控和内控两种控制方式，内控无需外接控制器可内置多种变化模式，而外控则要配置外接控制器方可实现颜色变化，目前市面上以内控居多。

3. LED埋地灯的安装形式是什么？

LED埋地灯主要有两种安装形式，即明装与暗装。明装的安装顺序是：预埋筒→灯体→驱动电源→LED灯体→导光材料（一般是钢花玻璃）→面板（通常采用不锈钢）；暗装的安装顺序是：预埋筒→LED埋地灯整灯（灯体、驱动电源、导光材料及面板已组装为一体）。明装的好处是安装灵活，连接方便，但由于LED埋地灯属于工程灯具，因此安装人员在锁灯体面板与电源线连接时不按照施工流程操作很容易使灯体进水而损坏。若发生因灯体进水而损坏的现象，很难界定是灯具本身的质量有问题，还是由于安装不到位而引起的损坏。因此，现在LED埋地灯生产商基本都要求在施工时采用暗装的方式。

图8-1所示是五角星放射变化LED埋地灯外形，主灯体采用压铸铝，面板为不锈钢。图8-2所示是暗装LED埋地灯接线图。

4. LED埋地灯的供电方式是什么？

目前LED埋地灯主要有两种供电方式，即交流电（AC24V、AC110V、AC230V）与直流电（DC12V、DC24V）。究竟采用交流供电方式还是直流供电方式，视产品的需要与生产商对供电电源与控制功能的要求而定。LED埋地灯主要以室外工程运用（如花园、步道等场合）为主，若采用AC23V供电，万一因灯具质量问题使灯体漏电而发生人身触电事故，在处理类似事件时很难得到双方满意的结果。因此，从人身安全的角度考虑，还是倾向于使用低压直流电源。

5. LED埋地灯的安装注意事项有哪些？

① 不管是采用交流供电方式还是直流供电方式，在灯体内部已经对电源极性作处理，如

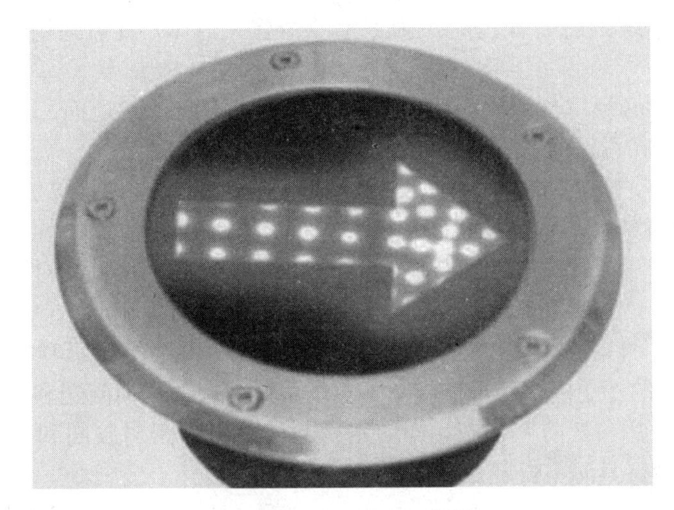

图 8-1　LED 埋地灯外形

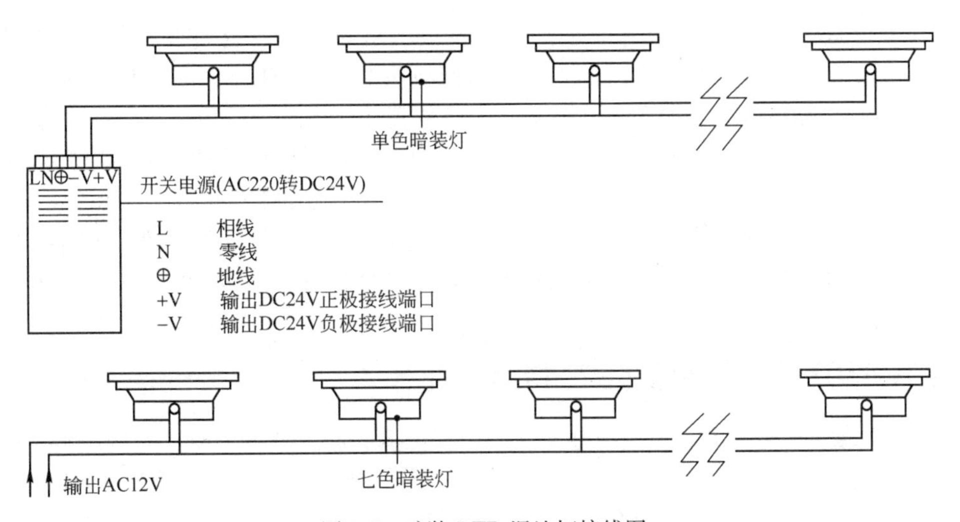

图 8-2　暗装 LED 埋地灯接线图

DC24V 正负线可以不区分正负极分别接到灯饰的两根电源输入线上即可。

② 初步预算所需暗装灯的数量，然后根据预算数量与单个暗装灯的额定功率，计算出总功率并设计配电方案。现场安装时必须按工程布线常规独立布线，独立控制，不得与电感性负载阻抗类的强电大功率灯具（如金卤灯、钠灯等）共用一线供电线路。

③ 暗装灯的消耗功率有多种，如红色：9W（红色暗装灯）、7W（绿色暗装灯）、7W（蓝色暗装灯）、7W（暖白、正白暗装灯）和 8W（七彩暗装灯）。使用开关电源连接时，注意不要让电源满负荷工作。例如功率为 350W 开关电源最大可接 102 个红色暗装灯（按理论上计算，应最多能接 120 个红色暗装灯，但不能让电源满负荷工作，要留 5%～10%的功率余量，即实际上电源可用功率为 97W，这样才能保证电源及灯饰的长时间正常工作）。

④ 注意灯饰的工作电源不同，单色暗装灯使用 DC24V 电源，七彩暗装灯使用 AC12V 电源。若电源接错，导致灯饰不亮、微亮或太亮甚至烧毁灯饰。若七彩暗装灯接成直流电源，则有可能一种颜色亮而不变色。

⑤ 特别注意，暗装灯连接到电源时，接线头务必作防水处理，否则易从两芯电源线的线间渗水入灯具，进而烧毁灯饰或电源接头触水，导致电源短路烧毁电源。最佳处理方式为：灯

具电缆连接应选用防水分线盒，以防水汽从护套夹层渗入灯体，并且采用环氧树脂将接线盒全部灌胶密封。

⑥ 埋放预埋件时必须将预埋件上边口与地坪齐平，不能低于地面。为确保排水畅通，建议安装于粗碎石中，碎石深至200～300mm。

⑦ 如果灯具烫手，非正常使用状况时（如灯具进水、表面玻璃损坏等），应立即切断电源及时与供应商联系维修，以免造成LED及恒流电源损坏。

⑧ 在拆开包装使用前，应查实暗装灯有没有存在运输过程所造成的损坏。如果出现损坏，应立即通知供应商并不要使用该产品，产品在完好条件下才可使用。

⑨ 为了保证产品的完好状态和使用安全，应遵守说明书上的指示和提醒。由于不遵循说明书而致使产品损害的不予以赔偿，供应商不负责由此引起的任何问题和缺陷。

⑩ 埋地灯具已采用“三防”措施，即防水密封胶、防水密封胶圈和防水接线头，防护等级可为IP67。在安装灯具时不得随意破坏上述“三防”措施。

6. LED埋地灯驱动器驱动芯片如何选型？

若要满足10W左右的输出功率、实现调光控制、可靠性高、材料成本最小且加工方便、容易，这种驱动芯片的可选择性少。如采用控制器与功率MOSFET集成一起的形式，虽然可选择性很多，但是较难满足驱动功率的要求。因此从实际使用及今后功率扩展性上考虑，采用驱动芯片与功率管分开的方式比较适合。从实际使用情况来分析，MAX16820倒是不错的选择，其采用高边电流检测，最高开关频率可高达2MHz，调光频率可达到20kHz，但成本较高。另外，一款具有类似功能的国产驱动芯片如UTC4170（与UTC4170功能相同，引脚相同的驱动芯片还有QX5241、KF5241，这三款驱动芯片可直接替换），从使用情况来看效果令人满意。

7. UTC4107的功能是什么？ 特点是什么？

UTC4170是一款连续电流模式的开关型降压、恒流、高效率的LED驱动控制器。输入电压范围为5.5～36V，特别适合宽输入电压范围的应用。由于采用外接功率MOSFET，因此输出可以驱动单个或多个串、并联组合的大功率LED，也可以驱动上百个串、并联组合的普通LED，具有很高的应用灵活性。

UTC4170的外围电路非常简单，仅需通过一个外接电阻设定输出电流，同时只需很少的外接元器件。电路最高工作频率可达到2MHz，有利于采用低量值、小体积的功率电感和滤波电容，配合其SOT23-6的小型封装，可以大大缩小电路板的体积空间。

UTC4170采用高端电流检测方式，其精度达到±5%，足以满足一般显示及照明的亮度稳定性要求。通过引脚DIM可以实现PWM模式的亮度控制功能。由于采用滞环控制方式，UTC4170对负载瞬变具有非常快的响应速度，对输入电压的波动具有较高的抑制能力。

芯片的工作温度范围为－40～＋125℃。

8. 基于UTC4170构成的10W LED埋地灯驱动器主要元器件如何选择？

图8-3所示是基于UTC4170构成的10W LED埋地灯驱动器原理图，图8-4是图8-3的PCB图。该电路工作原理较为简单，因此不作详细介绍。下面对主要元器件选择方式作简单介绍。

(1) 输出电流设定（选电阻R_{SENSC}）　输出电流通过连接在VIN、CSN引脚之间的电流采样电阻R_{SENSE}来设定，即

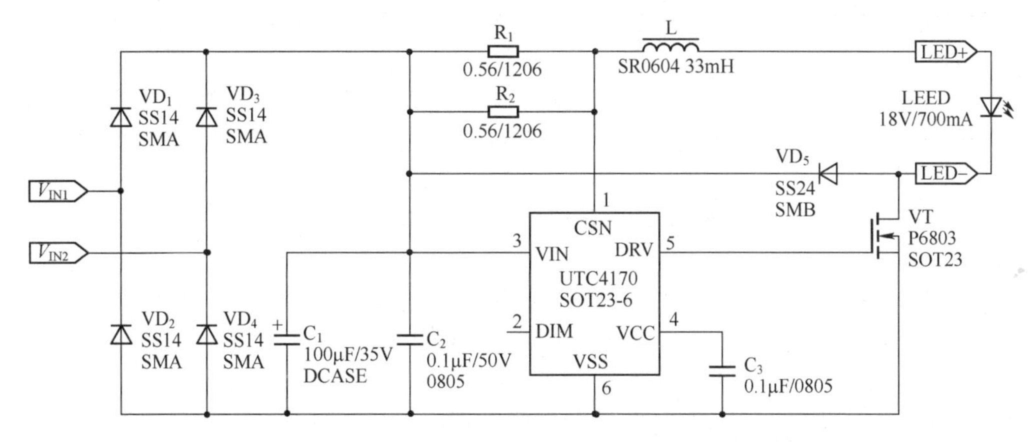

图 8-3　基于 UTC4170 构成的 10W LED 埋地灯驱动器原理图

$$I_{LED}=\frac{0.2}{R_{SENSC}}$$

为保证产品输出电流的一致性，建议该电阻采用 1%的精度，同时应注意该电阻的耗散功率有足够的富余量。

(2) 功率电感的选择　功率电感量会影响工作频率，电感量越小则工作频率越高。工作频率为

$$f_{sw}=\frac{(V_{IN}-nV_{LED})\ nV_{LED}R_{SENSC}}{V_{IN}\Delta VL}$$

式中，n 是串联 LED 的数量；V_{LED}是单个 LED 的正向导通电压；$\Delta V=V_{SNHL}-V_{SNLO}$。

特别应注意的是，由于 UTC4170 的工作频率比较高，而一般廉价功率电感所用的磁性材料只能工作于几十千赫频率之下，所以应注意选用高频铁氧体材料制作的功率电感，以减少高频损耗。

另外，UTC4170 工作时流过功率电感的峰值电流可高达安培级以上，所选用的功率电感必须具有足够的 DC 工作电流，否则电感会发生磁饱和，造成电路效率大大下降，甚至不能正常输出稳定电流。同时，在重负载条件下，功率电感上的等效串联电阻（ESR）不可忽视，它会极大地影响转换效率。综合以上考虑，如果需要提高重负载下的工作效率，就需要采用高频铁氧体材料、较粗的导线绕制功率电感（一般来说意味着较大的磁性元件体积）。

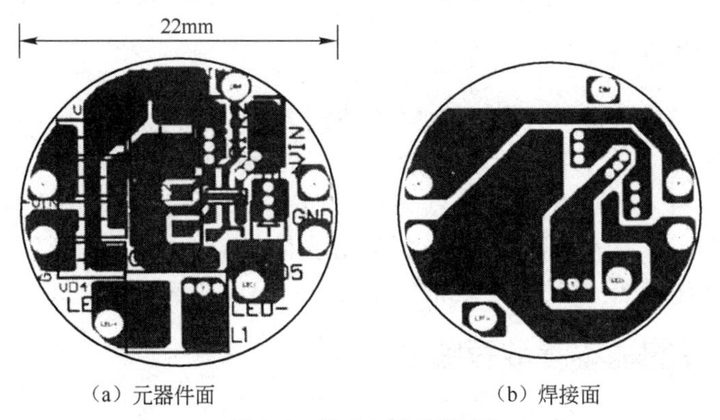

(a) 元器件面　　(b) 焊接面

图 8-4　图 8-3 的 PCB 图

(3) 肖特基二极管的选择　用于整流的二极管对电路效率的影响很大，所以应采用正向导通电压低、响应时间快的肖特基二极管。该二极管的工作电流应至少大于 LED 驱动电流的 2

倍，并且耐压也应在输入电压的 2 倍以上。常用的肖特基二极管型号有 1N5819、1N5822、SB160、SB260、SB360 等。

（4）亮度控制　引脚 DIM 是亮度控制输入端。引脚 DIM 接低电平则 DRV 输出低电平，功率 MOSFET 关闭。引脚 DIM 接高电平则引脚 DRV 按照一定占空比正常输出开关信号，驱动功率 MOSFET 工作。

如果无需亮度控制功能，则可将该引脚悬空或者将引脚 DIM 与 LDO 的输出引脚 VCC 短接。

（5）功率 MOSFET 的选择　功率 MOSFET 的耐压值应高过最大输入电压的 2 倍。选择导通电阻 R_{DSON} 小的功率 MOSFET 有助于提高转换效率。

（6）LDO 输出端　UTC4170 的内部 LDO 可对外提供最大 5mA 的输出电流。片内 LDO 的输出端 VCC 引脚需接一个大于等于 1μF 的陶瓷滤波电容。该滤波电容的位置要尽量靠近 VCC 引脚。

（7）输入滤波电容的选择　为了使电路能够稳定工作，输出低纹波、低噪声的电流，建议在 UTC4170 的电源输入端（引脚 VIN）加上一个低 ESR 的 10μF 以上的滤波电容。该滤波电容的位置要尽量靠近引脚 VIN，电容的耐压值应高于最大输入电压。

（8）最低工作电压　UTC4170 的最低工作电压取决于输出所串联驱动的 LED 数量，必须满足下式：

$$V_{MIN} \geqslant nV_{LED} + V_{DP} + V_{CS} + I_{LED}R_L \approx nV_{LED} + 3V$$

式中，n 是串联 LED 数量；V_{LED}是单个 LED 的正向导通电压；R_L 是功率电感内阻；I_{LED}是 LED 电流；V_{CS}是输出电流的检测电压（0.2V）；V_{DP}是功率 MOSFET 的管压降。

9. 基于 UTC4170 构成的 10W LED 埋地灯驱动器 PCB 如何设计？

① 输入滤波电容 C_1、C_2 要尽量靠近 UTC4170 的引脚 VIN，特别是 C_2 的位置更重要，否则会导致大电流输出时系统稳定性下降。

② C_3 的位置也应务必靠近 UTC4170 的引脚 VCC。

③ 功率电感 L 的电感量与尺寸、输出电流纹波系数密切相关。在空间允许的情况下，可适当地选择体积较大、电感量大的电感，这样不但有利于散热，而且可降低输出电流纹波。

④ 在 PCB 布板时，一定要在板的两端各放置输入焊盘，这样在实际安装时便于操作。

⑤ 尽量加大外置 MOSFET 漏极与源极 PCB 铜箔的面积，这样有利于 MOSFET 散热。

⑥ 将底层多余的铜箔面作为地线，对 EMI 的处理比较有利。

10. 什么是 LED 洗墙灯？

洗墙灯是用来照墙的（其实不然，它的用处很多）。据说洗墙灯是一个德国人叫出来的，源自于英文 Wash Wall，译成中文就成了洗墙灯。LED 洗墙灯又称线形 LED 投光灯等，因为其外形为长条形，也有人将之称为 LED 线条灯。LED 洗墙灯主要用作建筑装饰照明，还用来勾勒大型建筑的轮廓，其技术参数与 LED 投光灯大体相似。相对于 LED 投光灯的圆形结构，LED 洗墙灯的条形结构散热装置显得更加好处理。

11. LED 洗墙灯的基本参数有哪些？

现在应用较多的 LED 洗墙灯基本上选用 1W 大功率 LED 管（每个 LED 管会带有一个由 PMMA 制成的高光效透镜，其主要功用是二次分配 LED 管发出的光），呈单线排列（两线或多线排列的可将其归为 LED 投光灯）。大多数 LED 洗墙灯的 LED 管都共用一个散热器，有的厂家是每一个 LED 管安置一个小型散热器，其发光角度一般有窄（20°左右）、中（50°左右）、宽（120°左右）三种。目前，大功率 LED 洗墙灯（窄角度）的最远有效投射距离为 15～20m，其常用功率大概有 8W、12W、24W、27W、36W 等几种，而它们常用外形尺寸一般为 300mm、500mm、600mm、1000mm 等几种。可以按实际工程应用选择相同的长度和功率密度。纵观整个行业，大功率 LED 洗墙灯的应用要稍稍超过大功率 LED 投光灯。表 8-1 是乐雷公司一种 LED 洗墙灯的技术参数。

表 8-1　乐雷公司一种 LED 洗墙灯的技术参数

产品型号	F3011B 系列（专业型）
LED 芯片	美国 Lumileds/Cree，原装高亮度发光二极管（LED）
单颗 LED 功率	3W
LED 寿命	理论 10 万小时，实际 5 万小时
LED 数量	6 个单色，9 个全彩
LED 颜色（单色）	Lumileds：红、绿、蓝、白、琥珀；Cree：红、绿、蓝、白、暖白
LED 颜色（全彩）	1670 万种 RGB 合成真彩色
光束角	Lumileds：15°（单色），30°×15°（全彩） Cree：15°（单色），45°×25°（全彩）
外壳材质	6063 铝，铝挤型灯体、压铸铝端盖，阳极氧化表面处理
玻璃材质	5mm 钢化玻璃，钻石银表面处理
输入电源	AC100～240V，±10%，50/60Hz
LED 驱动方式	700mA 恒流
系统功率	18W（单色）、27W（全彩）（LED 全亮时）
防护等级	IP66
防雷击 ESD 保护	IEC 61000—4（4 级）
电气安全等级	Ⅰ类
控制	适用 DMX512（RS485）
环境温度	－20～＋55℃
净重	1. 5kg

12. LED 洗墙灯的控制形式有几种？

大功率 LED 洗墙灯有外控和内控两种控制方式。内控无需外接控制器，可以内置多种变化模式（最多可达 6 种）；而外控则要配置外控控制器方可实现颜色变化，目前市面上的应用也以外控居多。

13. LED 洗墙灯的主要应用场合及可实现的效果分别是什么？

LED 洗墙灯通过内置微芯片的控制，在小型工程应用场合中可无控制器使用，能实现渐变、跳变、色彩闪烁、随机闪烁、渐变交替等动态效果；也可以通过 DMX 的控制，实现追逐、扫描等效果。目前，LED 洗墙灯主要的应用场所有：单体建筑、历史建筑群外墙照明；大楼内光外透照明、室内局部照明；绿化景观照明、广告牌照明；医疗、文化等专门设施照明；酒吧、舞厅等娱乐场所气氛照明等。目前，在工程中用 LED 洗墙灯来勾勒建筑物轮廓的案例很多。

LED洗墙灯采用独特的超高亮扁形聚光LED，配合独特设计的弧形聚光透明外管，可以达到很高的亮度、均匀的洗墙效果，适合在娱乐场所等场合应用。

优质的洗墙灯首先要发光强度高，一般直射能在5m的距离产生明亮的光斑；其次要聚光好，发光角度严格控制在35°以内；最后要均匀照射，光线照射在物体上要均匀透亮，绝对不能产生暗斑和暗纹。只有满足这些条件，才算是优质的洗墙灯。图8-5所示是一种LED洗墙灯的外形与尺寸。

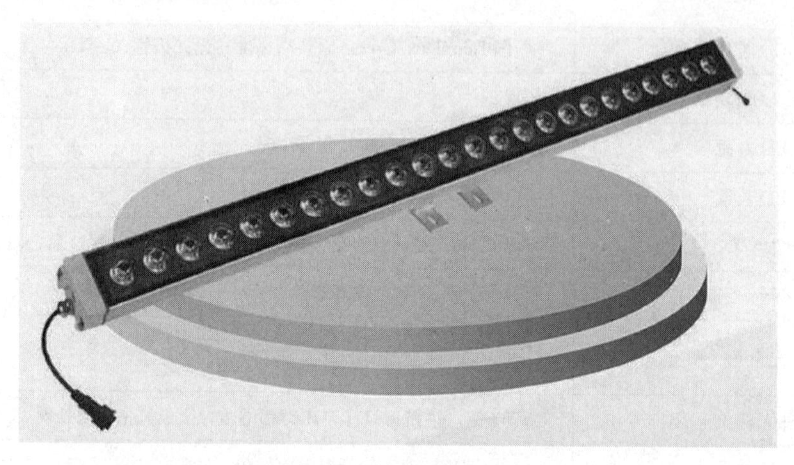

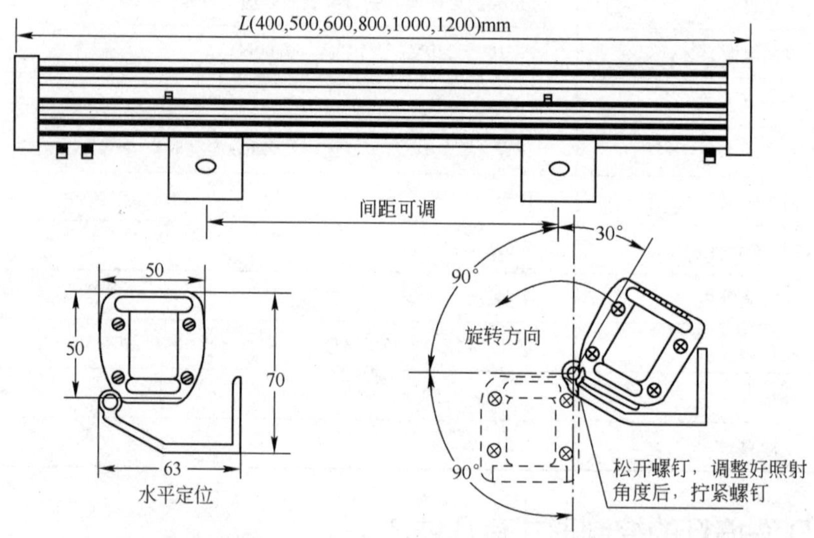

图8-5 一种36W LED洗墙灯的外形与尺寸

LED洗墙灯主要为勾勒建筑物的立体面效果，也有叫LED投射灯的。在应用LED洗墙灯时应注意以下几点：

① 斜管放置特别为洗墙效果设计，可满足特殊角度照明的需要，使其灯具的光束不会直射旁观者的眼睛，但可在不减少光通量的情况下有效地照亮一定范围的空间。

② 灯泡内藏于灯体内且可调30°～40°斜角，优质铁材经静电喷粉组合成型。

③ 镜面铝反光罩备有金色、银色两种选择。

④ 适用场合为酒店、走廊、服装店等。

产品可选项如下。

表面玻璃可选颜色：钻石银、碧玉黑。

光束角可选角度（单色）：对于 Lumileds，15°、30°、45°；对于 Cree：8°、15°、25°、40°、60°。

光束角可选角度（全色）：对于 Lumileds，15°、30°、45°；30°×15°；对于 Cree：15°、25°、40°、60°、45°×25°。

输入电压：可根据客户需求定制 DC24V 输入电压。

14. 36W LED 洗墙灯驱动器的技术参数有哪些？

36W LED 洗墙灯驱动器技术参数见表 8-2。

表 8-2　36W LED 洗墙灯驱动器技术参数

项目	符号	最小	典型	最大	单位	注释
输入电压	V_{IN}	70	—	276	V	两线输入
输入频率	f_{IINE}	47	50/60	64	Hz	
输出电压	V_{OUT}	—	24	28	V	20MHz 带宽
输出电流	I_{OUT}	—	1.5	—	A	
恒流精度	I_{OUT}	—	±2.5	—	%	
输出功率	P_{OUT}	—	36	—	W	
效率	Efficiency	—	84	—	%	
功率因数	PF	—	0.95	—		
传导 EMI	满足 EN 55015B					
安规	满足 IEC 950，UL 1950					
浪涌	—	1	—	—	kV	—
环境温度	T_{AMB}	0	—	50	℃	—

15. 36W 电路控制芯片应如何选择？

要实现带 PFC 的 36W 输出功率，对于开关电源来说，要满足表 8-2 中技术参数可选择的控制芯片公司很多，如 Onsemi、TI、Infineon、Powerint、St、Fairchildsemi、National、NXP 等公司都有类似产品，我们之所以选择 NXP 公司的 SSL1750，主要是兼顾了产品的创新性、可靠性与未来功率的扩充性。做产品开发就需要创新性，不然所设计的产品人云亦云，那只有靠残酷的价格竞争才能生存。当然，也不能否定以往的控制芯片不好，目前还有许多经典的控制芯片（如 384X、3525 系列等）。被广泛使用但 LED 驱动器本来就属于一个新兴产业，更应实现产品的技术升级与创新。

16. 主转换器能效的改善可以通过几种方式？

要提高主转换器能效可以采用以下几种方式：一是通过降低导通阻抗（开关损耗较高）或减小一次侧峰值电流和均方根电流来降低一次导通损耗，二是考虑采用软开关技术降低开关损耗，三是通过减少整流器压降（使用低正向压降二极管或 PET 整流器）来降低二次损耗；四是采用更好的磁芯材料来降低磁芯损耗。表 8-3 列出了主要软开关的拓扑结构，可供设计时参考。

表 8-3　主要软开关拓扑结构

项目	准谐振	双电感加单电容谐振	有源钳位
常见拓扑结构	反激式	半桥	正激式
功率范围	＜200W	200～1000W	200～1000W
优　势	(1) 易于设计 (2) 成本低	(1) 高能效 (2) 无需输出电感 (3) MOSFET 中等电压	(1) 高能效 (2) 易于实现二次侧同步整流 (3) 低输出纹波 (4) 良好交叉稳压

第 9 章

汽车LED照明设计

1. 车用 LED 照明驱动电路是如何工作的？

汽车电池的工作电压范围为 9～16V，通常情况下为 12V。但是，当汽车冷启动时蓄电池的电压可跌落到 4V；而当蓄电池缺损由发电机直接供电时，此电压可达到 36V 的高压。因此，对于车用 LED 灯具而言，要可靠地恒流驱动 LED 串，驱动控制器必须具备精确的电压以及电流调节、保护电路和调光功能。因此，设计一种稳压性能良好而又恒流输出的驱动电路十分必要。目前，车用 LED 驱动器采用控制正向电流的方法都不能充分体现 LED 所具有的优越性。为了克服现有车用 LED 驱动器的缺点，出现了车用 LED 阵列的高效智能驱动方法。该方法采用了半桥式 DC/DC 转换技术、全波整流技术、光电耦合技术等，确保了整个驱动电路的工作效率；提出了基于嵌入式系统的智能控制方案。此方案采用智能 PWM 稳流控制和调光控制，具有负载开路/短路保护和过电流、过电压保护功能。图 9-1 所示为 LED 阵列智能驱动试验电路。

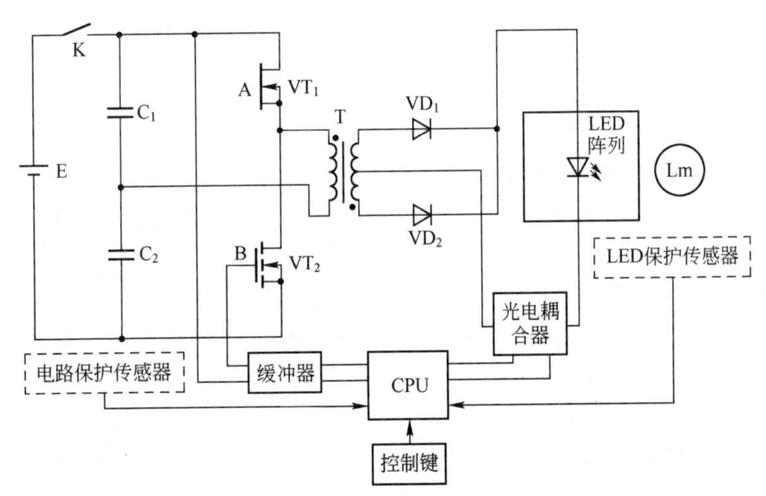

图 9-1　LED 阵列智能驱动电路

如图 9-1 所示，CPU 输出两路完全倒相对称的 PWM 信号 A 和 B，分别作用在开关器件上，使其轮流导通；通过高频变压器 T 将能量耦合到二次侧，再经快恢复二极管 VD_1、VD_2 进行全波整流，以实现对 LED 阵列的驱动。LED 阵列驱动回路的光电耦合器，完成对 LED 阵列驱动电流的监测，并反馈到 CPU，形成一种智能电流负反馈的闭环控制系统，以确保驱动电流稳定的可靠性。

车用LED驱动电路的集成化和智能化程度越来越高，类似PMU（电源管理单元）的芯片及封装的小型化将逐渐取代多个单一功能电路进行组合的方法，以适应板级空间非常有限的车载应用。同时，由于单片机、DSP等控制芯片以及嵌入式技术的不断发展，可通过软件技术实现车用照明系统的自动化，这样LED的恒流驱动精度以及亮度的自动调节会更加准确。智能化控制已经成为新一代车用LED驱动器的设计理念。

2. 汽车照明对LED驱动芯片的要求有哪些？

汽车环境对电子产品而言是非常苛刻的。任何连接到12V蓄电池上的电路都必须工作在9～16V的标称电压范围内，其他需要应对的问题包括负载突降、冷车发动、噪声和极宽的温度范围（－40～125℃）。在负载突降时，交流发电机的输出电压迅速升高到接近30V的高电压；冷车发动指的是在低温时启动汽车，会引起电池电压下降至9V或更低。考虑到汽车电子系统由大电流电动机、继电器、螺线管、车灯和不断颤动的开关触点组成，因此不可避免会出现噪声问题。简言之，汽车电子系统的特点是：供电电源是蓄电池，且要求宽输入范围、高输入电压电路；对噪声比较敏感，尤其是导航系统、无线电路和AM收音机；要求LED驱动芯片的外围元器件尽可能简单，以降低系统复杂度和节省空间。因此，对应用于汽车照明系统的高亮度LED，其驱动芯片必须满足以下设计要求：

① 具有宽输入电压范围，以保护芯片不受抛负载和冷启动过程中巨大瞬变的影响。

② 低噪声和较弱的EMI，对其他电路的干扰小。

③ 具有－40～125℃的宽工作温度范围。

④ 电流精度高，以保证多个LED并联使用时各LED之间的电流相匹配，亮度均匀。

⑤ LED的最大电流$I_{LED(max)}$可设定，具有亮度调节功能。

⑥ 低功耗，静态电流小，在关闭状态时耗电小。

⑦ 有完善的保护电路，如过温保护、短路保护或过电流保护。

⑧ 要求外围元器件少而小，并采用小尺寸封装，以减小印制板的面积。

⑨ 使用方便，价位低。

3. 汽车前照灯的功能是什么？

组合前照灯在整辆车的前部，它主要起照明和信号作用。前照灯发出的光可以照亮车体前方的道路情况，使驾驶员可以在夜间安全行车。随着大功率LED性价比的提高，输出光通量的增加，使LED应用在汽车前照灯成为可能。在输入电压在10～14V之间变化，负载采用8个700mA大功率白光LED的条件下确定驱动方式、拓扑结构和调光方式，设计一种基于LTC3783芯片PWM控制LED亮度的恒流LED汽车前照灯驱动电路。该电路输入电压在10～14V变化时，输出电流均值为710 A，有0.7%纹波的电流，电流精度为2.1%，输出电压为28.6V，输出功率为20W，电路转换效率为91%。当有PWM信号输入时，电路输出一个与PWM信号相同占空比的电流，通过调节PWM信号的占空比实现LED亮度的控制。

4. 汽车前照灯的设计要领是什么？

由于汽车前照灯在行车安全中具有重要的作用，因此LED前照灯是最难也是最后投入使用的。以前，LED前照灯只应用在概念车上，随着LED照明技术以及汽车产业的不断发展，LED前照灯的应用范围已从概念车、豪华车向中档车甚至一般车型过渡，并且照明发光强度已达到白炽灯的水平。

汽车前照灯包括远光灯和近光灯。在夜间行驶时，远光灯应保证照亮车前100m、高2m处范围内的物体，且亮度均匀；近光灯不但要保证车前40m驾驶员能看清障碍物，而且不能让迎面而来的驾驶员或行人产生眩目光，以确保汽车在夜间交会车行驶时的安全。传统汽车前照灯输出近光和远光两种功能的光束，且每种光束分布模式均呈静态分布，具体的光照分布也都符合国家标准。但在实际应用中，此系统射出的光束分布于有限的角度范围，在一些较为复杂的情况下（如转弯）极易产生视觉盲区。另外，传统汽车前照灯系统不具备自动调整光束分布的功能，近光光束和远光光束之间的变换需驾驶员手动操作实现，这样在来往车辆频繁的行车环境下，车辆之间容易产生眩目光。为了克服传统汽车前照灯的上述缺点，自适应前照灯系统（AFS）应运而生。

AFS 是一个能使驾驶员更好地适应各种速度、道路类型和天气条件的变化，提高驾驶安全性的前照灯系统。AFS 工作原理如下：当汽车进入特殊的道路状况（如弯道）时，由于方向盘和速度发生变化，角度传感器和速度传感器传输到电控单元（ECU）的信号就相应地发生变化。ECU 捕捉到这些信号变化，同时判断车辆进入了哪种弯道，并发出相应的指令给前照灯的控制单位，控制单元根据收到的指令操控装在 AFS 灯体内部的微电机带动发光三色管绕相应的旋转轴旋转，从而使汽车在非常规路面及天气下行驶时改变照明方式，提供更好的安全保障。

随着白光 LED 技术的发展及空气动力学和汽车造型的需求，汽车前部位置越来越低且呈流线型，为前照灯预留的空间越来越小。为了满足汽车照明智能化和人性化的需求，AFS 与 LED 灯的结合已经成为现代汽车前照灯系统的发展趋势。

5. LED 的亮度和前照灯的尺寸如何确定？

光源的发光强度在汽车前照灯系统中显得格外重要，因为近光灯要求发光强度达到 2000～30000cd，而远光灯要求发光强度至少达到 50000cd。光源在一个给定方向的发光强度取决于光源的发光部分在该方向的亮度，换句话说，取决于光源中许多小发光体的亮度的总和。在此小发光体就是组成光源的众多 LED。LED 光源的亮度需要考虑光线在各个光学部件的反射和传输中的衰减。在一个典型的前照灯系统中，光在各个光学元件包括外透镜在内总的衰减是 25%～40%。根据物理学的观点来看，光学元件不可能放大光源的亮度，因而对光源亮度的要求就决定了前照灯表面面积的下限，如图 9-2 所示，这里的表面面积是指从前方看过来的发光面积。而设计一个实际的前照灯，为了形成漫射光线及考虑系统其他元件的性能，这个面积的数值要变成原来的 2～3 倍。目前使用 LED 最大亮度是 $4cd/mm^2$，这显然是不够的。考虑到汽车前照灯的实际尺寸，对于近光灯，LED 的亮度至少要提高到目前的 2 倍，而远光灯的亮度就要求提高到 3 倍。

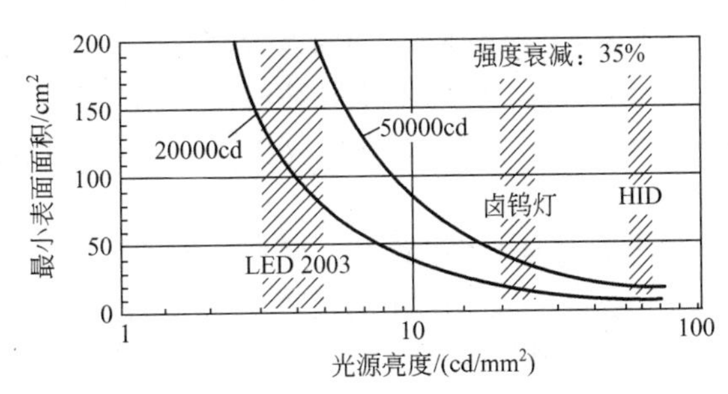

图 9-2　光源亮度与汽车前照灯的最小表面面积的关系曲线

6. 由 LTC3783 构成的 LED 汽车前照灯驱动设计方案如何选择？

汽车电气是由铅酸蓄电池供电的，典型值为 12V，但实际电压在 12V 左右不断变化。如何利用电压值低且变化的汽车电源设计一种电流精度高、亮度可调、低功耗的驱动电路是LED汽车前照明灯的关键技术，在输入电压为汽车电源电压，负载采用8个700mA大功率白光LED的条件下，设计一种基于LTC3783芯片PWM控制LED亮度的恒流LED汽车前照灯驱动电路。该电路输出电流稳定、精度高、电路转换效率高。

（1）驱动方式　LED驱动方式分为恒压源驱动和恒流源驱动。恒压源驱动的负载一般采用LED多支路并联，每个支路都要串联一个有一定阻值的镇流电阻，要求高电流输出时电路的转换效率较低。由于LED是电流型器件，即使电压发生微小变化也可引起电流的大幅度变动，恒压源驱动将影响LED的发光质量和稳定性。恒流源驱动能控制输出电流稳定，LED发光质量好，一般采用串联连接，只有一个小阻值的检测电阻，效率相对较高，适用于汽车前照灯LED驱动。恒流源串联驱动时，一般每个LED并联一个稳压二极管，防止某个LED烧坏导致整个电路开路。

（2）拓扑结构　LED驱动电路可分为线性稳压器电路和开关型变换器电路。线性稳压驱动电路虽然比较简单，但是在芯片和限流电阻上的功耗比较大，效率非常低。开关型变换器驱动又分为电荷泵驱动和电感式驱动。电荷泵驱动器是利用电容将电流从输入端传到输出端，整个方案不需要电感，具有体积小、设计简单的优点。但它只能提供有限的输出电压范围，不适用于多个大功率LED串联，所以设计中采用了电感式升压驱动。

在图9-3电路中，当MOSFET导通时，电感电流增加，开始储能，LED开始发光，续流二极管由于承受反向电压而关闭。当MOSFET关断时，电感电流减小，开始释放能量，通过肖特基二极管续流。

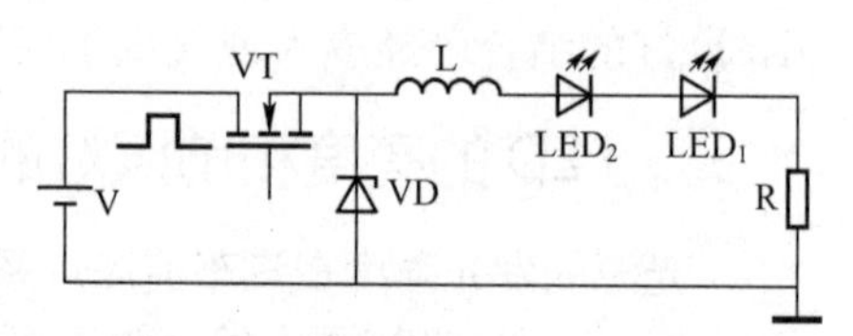

图9-3　电感式升压驱动原理图

（3）调光方式　在汽车前照灯系统中，通过控制LED亮度可以实现近光和远光的转换，而在自适应前照灯系统中，调节LED的亮度配合LED阵列不同位置LED的亮灭，可实现照射光束不同的照明距离和偏转角度，适应不同的路况信息。当输入电压有波动时，LED电流也随着波动，通过电流反馈，可以进行调光控制，保证流过LED的电流不变。另外，LED亮度调节还可以应用在热调节电路上，代替传统的体积较大的散热片装置。能够准确、高效地实现LED调光也是驱动电路考虑的重要因素之一。

通常情况下，可采用外部SET电阻、线性调节和PWM调节等技术来控制LED亮度。在LED驱动器外部使用SET电阻的方式缺乏灵活性，无法进行动态调节。线性调节可动态控制LED亮度，但会降低LED效率，并引起白光LED向黄色光谱的色彩偏移。相比较而言，PWM调节技术的优势十分明显，当PWM脉冲为有效高电平或低电平时，LED输入电流分别为最大或0，其导通时间受控于引脚PWM输入脉冲的占空比。由于LED始终工作于相同的电流条件下，通过施加一个PWM信号来控制LED亮度的做法，可以在不改变颜色的情况下实现对LED亮度的动态调节。

为保证PWM调光不被人眼察觉，PWM调光频率一般要大于100Hz，但过高的频率会增加MOSFET的动态损耗。该设计中取PWM调光频率为120Hz。

（4）设计规格　LED恒流驱动电路的设计规格见表9-1。

表9-1　LED恒流驱动电路的设计规格

属　性	参　数
输入电压	DC10～14V
输出电流	700 mA

续表

属 性	参 数
LED 负载	120 灯，8 个串联
PWM 调光频率	120Hz
PWM 调光占空比	1%～100%

7. 前照灯驱动主电路如何组成？

前照灯驱动主电路主要是由 LTC3783、MOS 管 VT_1 和 VT_2、电感 L、续流二极管 VD_9，检测电阻 R_9、输出电容 C_4 及大功率 LED 串组成的升压型电感式电流控制模式驱动电路。主电路如图 9-4 所示。

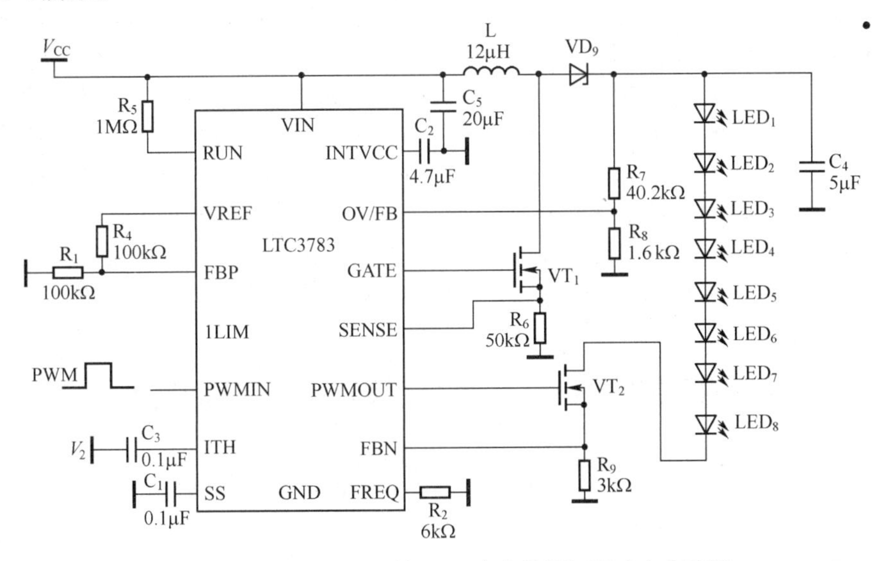

图 9-4 基于 LTC3783 的 LED 汽车前照灯驱动主电路图

通过改变芯片引脚 FREQ 外接电阻的大小来决定芯片的高频控制信号频率 f。引脚 GATE 输出一个峰值为 7V 的脉冲信号，它是引脚 PWMIN 接收的 PWM 控制脉冲和芯片 LTC3783 高频控制输出脉冲的“与”。引脚 GATE 驱动 MOS 管 VT_1，控制功率 MOS 管 VT_1 的通断，引起流过电感 L 电流的变化，产生一个压降，它与输入电压的和作为输出电压。PWMOUT 引脚输出一个与引脚 PWMIN 相同的 PWM 控制脉冲信号，驱动 MOS 管 VT_2，PWM 脉冲的占空比决定 LED 串电流的占空比，进而控制 LED 串的亮度。引脚 FBN 接收检测电阻 R_9 反馈的电压信号，当输出电流因输入电压发生变化时，调整电路占空比，保持输出电流恒定。

8. MOSFET、续流二极管如何选取？

MOSFET 漏极电压为输出电压，等于 28.6V。假设用高额定电压的 30%来计算漏极峰值电压，那么 MOSFET 漏极的最大电压为 38V。流过 MOS 管 VT_1 的最大电流 $I_{IN(max)}$ 为 1.8A，VT_2 的最大电流为 700mA 左右，一般选取实际电流的 3 倍为 MOSFET 的额定电流。所以，选取耐压值为 60V、最大正向电流为 7.5A、内部为 11mΩ 的 N 沟道 MOSFET，型号为 SI4470EY。

VD_9 的电压与 MOS 管 VT_1 的电压相同，最大电压为 38V，流过 VD_9 的电流等于负载输出电流 700mA，所以选择耐压值为 40V、最大正向电流为 1.16A 的肖特基二极管，型号为

ZETEX 公司生产的 ZLLS1000。

这里使用白色 LED 作为汽车前照灯的光源，这样它们的优越性就可以得到充分展示。这种新系统比通常使用的卤素灯要明亮，与 HID 前照灯的亮度差不多。但是，考虑到 LED 光源特有的优越性，如质量轻、安装深度小、耗能低、寿命更长、没有环境污染等，因此它们非常适合作为下一代汽车前照灯系统的光源。此外，白色 LED 的使用还可以使整辆车的设计变得更加灵活。

9. 电感型升压驱动器的优点是什么？

LED 照明系统需要借助于恒流供电，目前主流恒流驱动设计方案利用线性或开关型 DC/DC 稳压器结合特定的反馈电路为 LED 提供恒流供电。根据 DC/DC 稳压器外围电路设计的差异，又可以分为电感型 LED 驱动器和开关电容型 LED 驱动器。电感型升压驱动器方案的优点是驱动电流较高，LED 的端电压较低、功耗较低、效率保持不变，特别适用于驱动多个 LED 的应用。在大功率 LED 驱动器设计中，主要采用开关电容型 LED 驱动方案，其优点是 LED 两端的电压较高、流过的电流较大，从而获得较高的功效及光学效率。先进的开关电容技术还能够提高效率，因而在大功率 LED 驱动中应用广泛。所以当驱动功率较大时，选用开关电容型 LED 驱动器。本设计由于驱动 10 个左右的 LED，所以选择电感型 LED 驱动器。

目前，世界上知名的半导体设计企业几乎都有针对 LED 的恒流驱动芯片，而且芯片功能很全，应用范围相当广，节约了设计人员的时间和精力，缩短了产品的开发时间，大大减少了所需的外部元器件数。在驱动芯片和外部元器件的选择上，由于是汽车工业级标准，所以参数要求比较严格，需要－40～125℃的工作温度范围。

10. MAX16832 的功能是什么？ 各个引脚的功能分别是什么？

MAXIM 公司的 MAX16832 芯片是一种高电压、大功率、恒定电流 LED 驱动器，MAX16832 内置模拟调光和 PWM 调光。该 LED 驱动器集成浮置的 LED 电流检测放大器以及调光 MOSFET 驱动器，可大幅度减少元器件数量，并满足采用高亮度（HB）LED 的汽车和通用照明应用的高可靠性要求。

MAX16832A/MAX16832C 工作在－40～＋125℃汽车级温度范围，采用增强散热型 8 引脚 SO 封装。如图 9-5 所示。MAX16832A/MAX16832C 引脚功能见表 9-2。

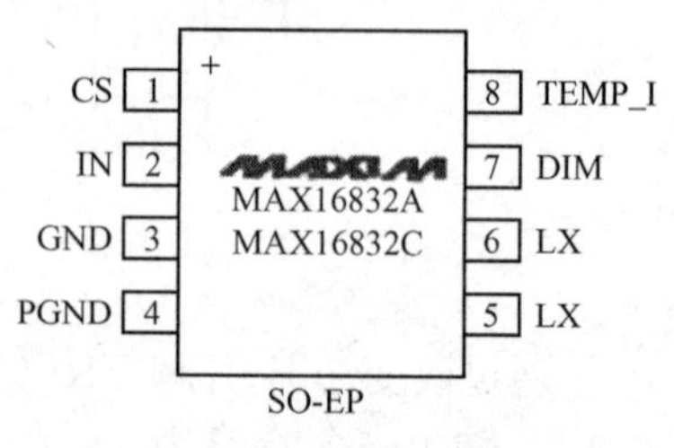

图 9-5 MAX16832 引脚图

表 9-2 MAX16832A/MAX16832C 引脚功能

引脚号	引脚名	功 能
1	CS	电流检测输入，在 IN 与 CS 之间连接一个电阻设置 LED 电流
2	IN	正电源电压输入，通过一个 1μF 或更大电容旁路至 GND
3	GND	地
4	PGND	功率地
5，6	LX	开关节点
7	DIM	逻辑电平亮度调节输入。拉低 DIM，关闭电流调节器；拉高 DIM，使能电流调节器
8	TEMP_I	折返式热管理和线性亮度调节输入，如果使用折返式热管理或模拟亮度调节，则用一个 0.01μF 的电容
—	EP	电容旁路至 GND

MAX16832A/MAX16832C 工作在＋6.5～＋65V 输入电压范围，最高工作温度达到＋125℃时，输出电流最高可达 700mA；输出电流可由高边电流检测电阻调节，独特的 PWM 输入可支持较宽的脉冲调节 LED 亮度范围。这些器件非常适合宽输入电压范围的应用。高边电流检测和内部电流设置减少了外部元器件的数量，并可提供精度为±3%的平均输出电流。在负载瞬变和 PWM 亮度调节过程中，滞回控制算法保证了优异的输入电源制和快速响应特性。MAX16832A 允许 10%的电流纹波，而 MAX16832C 允许 30%的电流纹波，这两款器件的开关频率高达 2MHz，从而允许使用小尺寸元件。MAX16832A/MAX16832C 提供模拟亮度调节功能，输出电流，通过在 TEMP _ I 和 GND 之间加载低于内部 2V 门限电压的直流电压实现这种调节。TEMP _ I 还可向连接在 TEMP _ I 和 GND 之间的负温度系数（NTC）热敏电阻输出 25μA 电流，提供折返式热管理功能，当 LED 串的温度超出指定温度时能够降低 LED 电流。此外，器件还具有热关断保护功能。MAX16832 的内部结构图如图 9-6 所示。

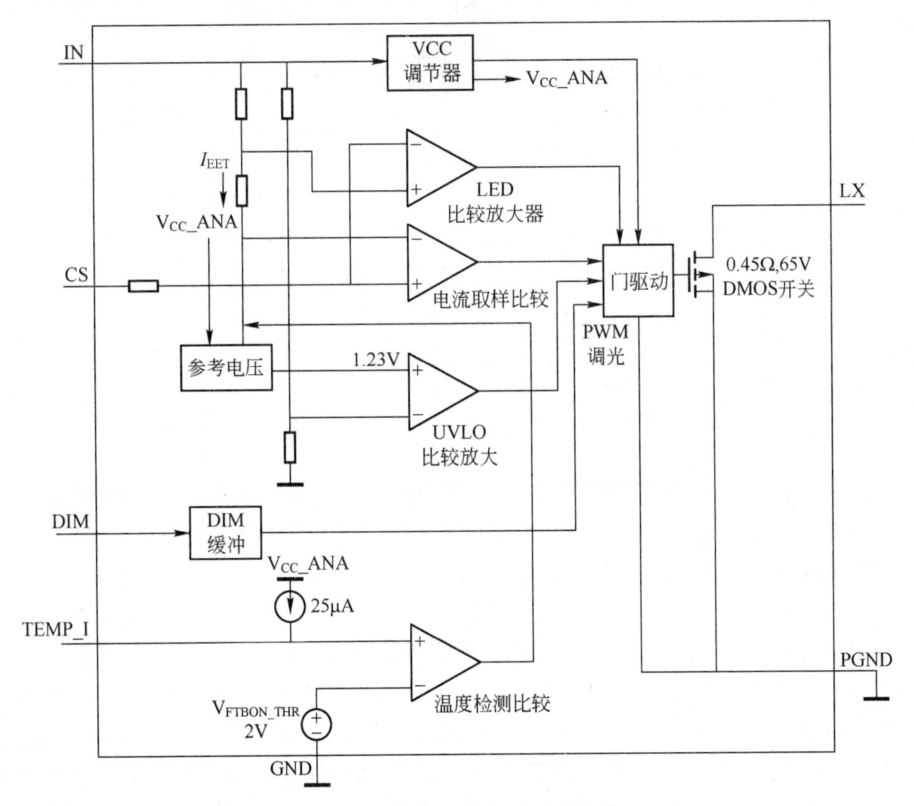

图 9-6 MAX16832 内部框图

从上述分析可知，MAX16832 完全符合汽车前照灯设计要求。该芯片选择不同的外部电路可以工作在升压、降压和降压-升压等多种模式，下面介绍开关电源工作在升压模式的工作原理图如图 9-7 所示。

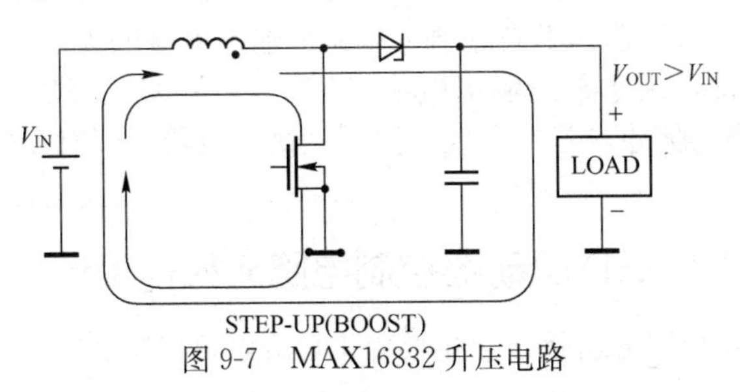

图 9-7 MAX16832 升压电路

MOSFET 的导通和关断状态将 SMPS 电路分为两个阶段，即充电阶段和放电阶段，分别表示电感中的能量传递状态。充电期间电感所储存的能量，在放电期间传递给输出负载和输出电容。电感充电期间，输出电容为负载供电，维持输出电压稳定。根据拓扑结构不同，能量在电路元件中循环传递，使输出电压维持在适当的值。在每个开关周期，电感是电源到负载能量传输的核心。如果没有电感，MOSFET 切换时，SMPS 将无法正常工作。如图 9-7 所示的升压电路，在 MOS 管导通期间，电源对电感充电，负载通过电容工作；在 MOS 管关断期间，电感和电源同时给负载供电，达到升压的目的。

11. 由 MAX16832C 芯片组成的驱动电路的电路结构和原理分别是什么？

由 MAX16832C 芯片组成的驱动电路如图 9-8 所示。

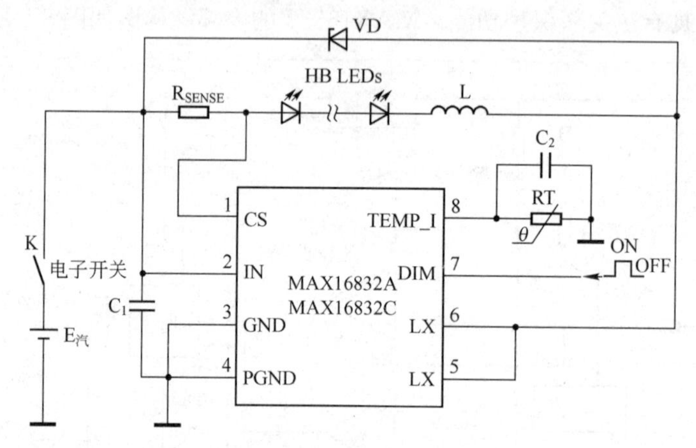

图 9-8　MAX16832C 芯片组成的驱动电路

工作原理：当加入一个直流输入电压后，芯片的引脚 CS 和引脚 IN 之间会有一个 200mV 的电压，它们之间的 R_{SENSE}就能确定输出电流的大小。芯片的引脚 LX 是芯片内部一个大功率 NMOS 管的漏极，只有当 NMOS 管的栅极电压为高电平时，NMOS 管导通，电路形成的回路为 VIN→R_{SENSE}→LED→L。这个回路是电源直接向 LED 供电，并且此过程向电感 L 蓄能。当 NMOS 管的栅极电压为低电平时，此时形成的回路为 L→VD→R_{SENSE}→LED。引脚 DIM 可以通过外接一个方波用以调节 LED 亮度；引脚 TEMP _ I 外接一个热敏电阻，即可实现外部电路的过热关断功能；芯片自身带有低压锁存、过电压保护的功能，当输入电压低于 65V 或高于 65V 时，芯片停止工作；过电流保护功能由芯片的引脚 CS 与引脚 IN 之间的电压差值反馈实现，当流过 R_{SENSE}的电流偏大时，引脚 CS 与引脚 IN 之间的电压增大，由芯片内部反馈电路反馈到 NMOS 管的驱动电路，调节 NMOS 管的导通时间，使流过 R_{SENSE}上的电流回到正常状态。

C_1 和 C_2 为输入滤波电容，用于滤出与前一级电路之间连线的干扰信号，确保芯片稳定工作。陶瓷电容是最好的选择，因为具有高纹波电流额定值、寿命长、温度性能良好等优点。R_{SENSE}为电流采样电阻，通过选择不同的值可以调节输出电流的大小，电阻的要求是功率误差越小越好。L 为储能元件，用于平滑输出电流。VD 为肖特基二极管，在电路中起续流作用。引脚 DIM 可接 PWM 调光脉冲，若要实现模拟调光接电位器，同时要在引脚 DIM 与电压输入引脚 IN 之间接电阻。

12. 基于 UC1843 的 LED 驱动器控制电路应如何设计？

控制电路如图 9-9 左半部分所示，它主要由 UC1843 和 LM2904 两个部分组成。

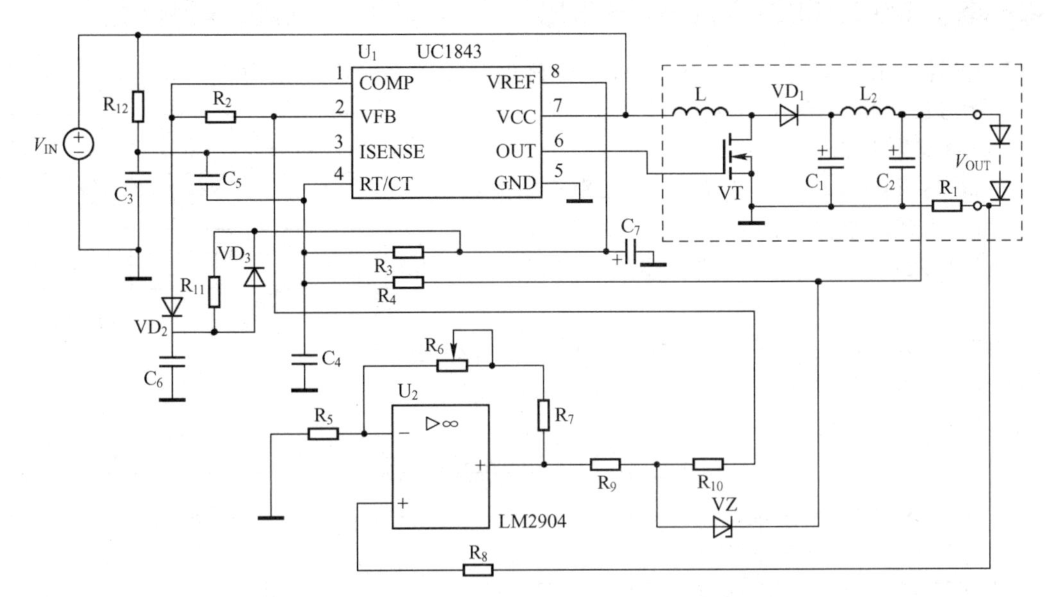

图 9-9　基于 UC1843 的车载大功率 LED 驱动电路

运算放大器 LM2904 可以稳定地工作在 5～30V 供电条件下，并且具有低功耗的特点。LM2904 与电阻 R_5～R_7 组成同相比例运算电路，电路的放大倍数为 $1+(R_6+R_7)/R_5$。当额定输出为 500mA 时，电阻 R_1 电压为 0.11V。当 UC1843 的引脚 2 所需要的反馈电压为 2.5V 时，需要同相比例运算电路的放大倍数为 22.7。根据放大倍数可确定电阻 R_5～R_7 的取值，选取 $R_5=10\text{k}\Omega$、$R_7=180\text{k}\Omega$、$R_6=50\text{k}\Omega$ 的滑动变阻器。

为了使输出电压在未接负载时稳定在某一设计的数值，电路中加入了电阻 R_9、R_{10} 和稳压二极管 VZ。当输出电压超过稳压二极管稳压值加 2.5V 时，稳压二极管被击穿，由稳压二极管向 UC1843 提供稳定工作所需要的 2.5V 的反馈电压。这样设计的好处是不会由于输出开路时没有电流反馈信号而使输出电压不断增加。这部分电路称为过电压保护电路。

对车载大功率 LED 驱动器进行设计时，采用高效率的 BOOST 电路作为主电路。控制电路中没有对主功率场效应管的电流进行检测。针对恒流输出的要求设计了由 LM2904 组成的电流反馈电路，并设计了过电压保护和软启动电路。试验结果表明，本 LED 驱动器输出电流恒定，电流稳定性高，转换效率可达 93%。

13. LED 汽车日行灯驱动电路的特点是什么？

早期的汽车日行灯多半采用卤素灯泡，虽然耗电量不大，但是亮度普通，不能对汽车照明起到很好的帮助。随着科技的进步，现在汽车设计师所设计的日行灯多采用更高亮度的 LED 配置，不仅能降低 35%的电力，还可延长蓄电池的寿命，且最长寿命达 8000h，几乎等同于车辆的使用年限。从周围环境角度看，设专门日光灯可提高可见度，同时使机动车的形状更明显，这项为在白天使用而专门研究的技术比现有照明装置更直接和有效。根据已有研究，如果装有日行灯，道路的使用者（包括行人、骑自行车的人和机动车驾驶员）能更早、更好地察觉和识别机动车。在夜间驾驶员如果打开普通车灯，则日行灯自动关闭。高亮度 LED 用于汽车大灯是未来的发展方向，其中 HB LED 日行灯已作为产品应用于一些高档轿车。

14. 基于MAX16831的LED汽车日行灯实际电路设计过程是什么？

（1）设计要求　输入电压为6～19V，标称值为12V，输出电压为40～37V，PWM调光频率为100Hz（其占空比可调为5%～100%），输出LED电流恒定为160mA。

（2）电路框图　将整个电路划分为若干功能模块，确定其相互关系，如图9-10所示。这个电路由直流输入电路、LED驱动电路、输出电路、控制电路和PWM调光电路构成。

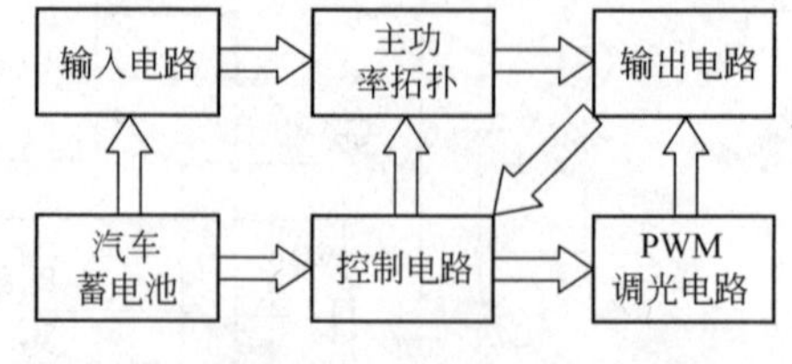

图9-10　LED汽车日行灯电路结构框图

根据上述电路框图，对每个模块进行设计，得到电路原理图，如图9-11所示。

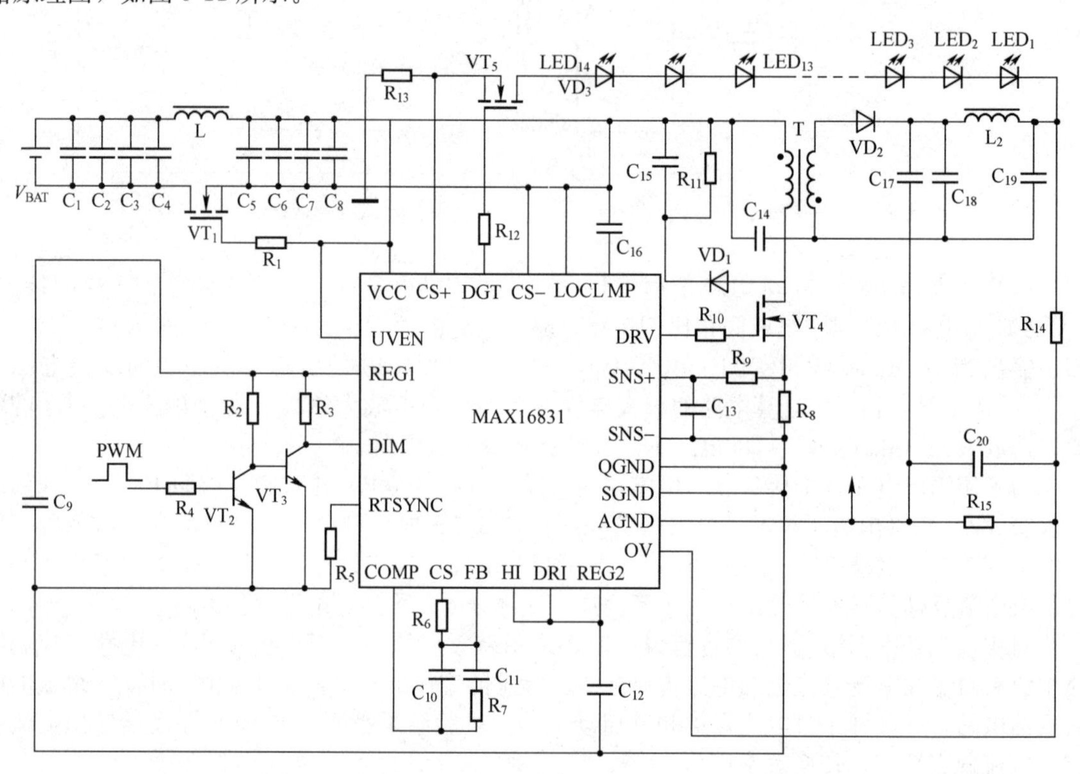

图9-11　基于MAX16831 LED汽车日行灯电路原理图

（3）输入电路　对蓄电池输入端进行滤波，给芯片和功率电路供电，以及通过MOS管VT_1作电源防反接保护；当电源正接时，VT_1导通，电路正常工作；当电源反接时，VT_1截止，电路不工作，从而使电路得到保护。

（4）主功率拓扑　按设计要求，BOOST是最简单也是最理想的选择。但经试验发现，该款芯片的最大占空比只有0.6左右，即最大升压比过小。显然，在低输入电压条件下，单靠BOOST的占空比无法达到所要求的高输出电压，所以必须引进变压器，利用其匝数比分担一部分升压比，减小占空比的负担。于是，反激式变换器成了比较理想的选择，鉴于电路在低压直流电下工作，故可以采用非隔离的反激式电路，既简化电路又节约成本。反激式电路工作于CCM模式，变压器绕制时需尽量减小漏感。

（5）输出电路　为减小输出铝电解滤波电容ESR的影响，并联一只ESR较小的SBB电容；同时为减小输出纹波，输出端再加一级LC滤波。LED负载串联，低端串联电流检测电阻

R_{12}，以其电压作反馈实现恒流驱动。

（6）PWM 调光电路　调光 MOS 管 VT_5 串联在 LED 负载低端，通过控制门极驱动占空比线性调节 LED 平均电流，实现 PWM 调光。为符合芯片的要求，DIM 前端电路的作用是将原始 PWM 方波的低电平信号变得足够低，高电平信号变得足够高，使逻辑匹配。

（7）控制电路　MAX16831 芯片的控制方式为峰值电流模式，芯片内置斜坡补偿。此外，电路还有输入欠电压、输出过电压、输入过电流和热关断等保护功能，保证电路安全可靠工作。

15. 基于 LM5022 构成的 LED 汽车日行灯驱动电路的设计过程是什么？

（1）设计要求　输入电压为 6～19V，标称值为 12V，输出电压为 40～57V，PWM 调光频率为 100Hz，其占空比可调范围为 5%～100%，HB LED 灯输出 LED 电流为 200mA（恒定）。

（2）电路框图与原理图　将整个电路划分为若干功能模块，确定其相互关系，如图 9-12 所示。

根据电路框图，对每个模块进行设计，得到整个电路原理图，如图 9-13 所示。输入电路包括输入端滤波以及通过 MOS 管 VT_1 作电源防反接保护。

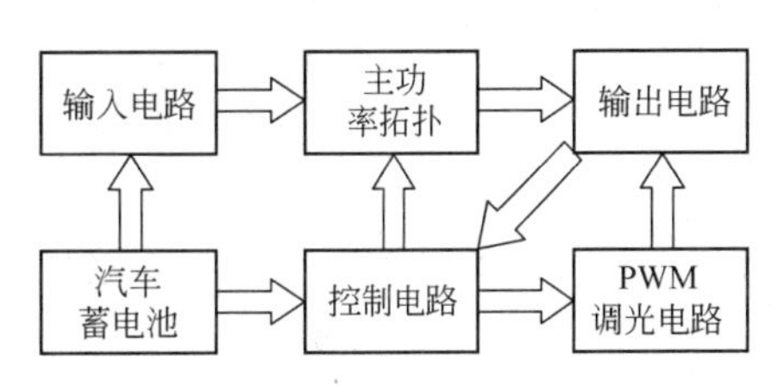

图 9-12　汽车日行灯电路结构框图

（3）电路分析　主功率拓扑采用的是 BOOST 电路，工作在 CCM 模式。

输出电路：LC 滤波电路减小输出纹波，LED 负载串联，低端串联电流检测电阻 R_{21}，以其电压作反馈实现恒流驱动。

PWM 调光电路：调光 MOS 管 VT_4 串联在 HB LED 负载低端，通过控制门极驱动占空比线性调节 LED 平均电流，实现 PWM 调光。门极驱动电路主要为 VT_4 提供足够的驱动电压和电流，同时也为控制电路提供与 PWM 调光同相的信号。

控制电路：以 LM5022 为核心元件，控制方式为峰值电流模式，芯片内置斜坡补偿。电路还有输入欠电压、输出过电压、输入过电流和热保护等。PWM 调光的控制电路是整个设计的关键。

16. 基于 LM5022 构成的 LED 汽车日行灯调光电路设计过程是什么？

（1）LM5022 的 PWM 调光控制　LM5022 的 PWM 调光控制电路如图 9-14 所示。

当 VT_1 导通时，COMP 端接地，主电路停止工作，C_2 和 C_3 不会保持之前恒流工作时的电荷状态。当 VT_1 再次关断时，C_2 和 C_3 要经过重新调整才能达到所设电流值的稳态，否则会影响输出电流方波的上升沿，以及影响调光 HB LED 和调光效果。

（2）改进的 PWM 调光控制　改进后的 PWM 调光控制电路如图 9-15 所示。

当 VT_4 仍关断时，控制电路要完成两个任务：开关 S_2 快速切断反馈回路，反馈环上的电容 C_{11} 和 C_{12} 保存电荷，记忆恒流控制状态，从而当 VT_4 再次导通时，LED 电流无需调整，直接稳定工作。通过开关 S_1 切换，使芯片的引脚 SS 通过 R_4 接地，主开关管 VT_3 截止，BOOST 主电路停止工作，电路不会因空载而输出过电压。同时软启动电容 C_{10} 处于悬空状态，故 C_{10} 上电荷得到保存。当 VT_4 再次导通时，S_2 接通，切换 S_1 使 C_{10} 接地，电路不需经过软启动重新建立。这样，输出方波电流的上升沿就很陡，调整时间较短，可实现较高的调光 HB LED 和较好的调光效果。

（3）相关件的选择　两个开关 S_1 和 S_2 的选择非常重要。电容需要充放电通道，开关的双

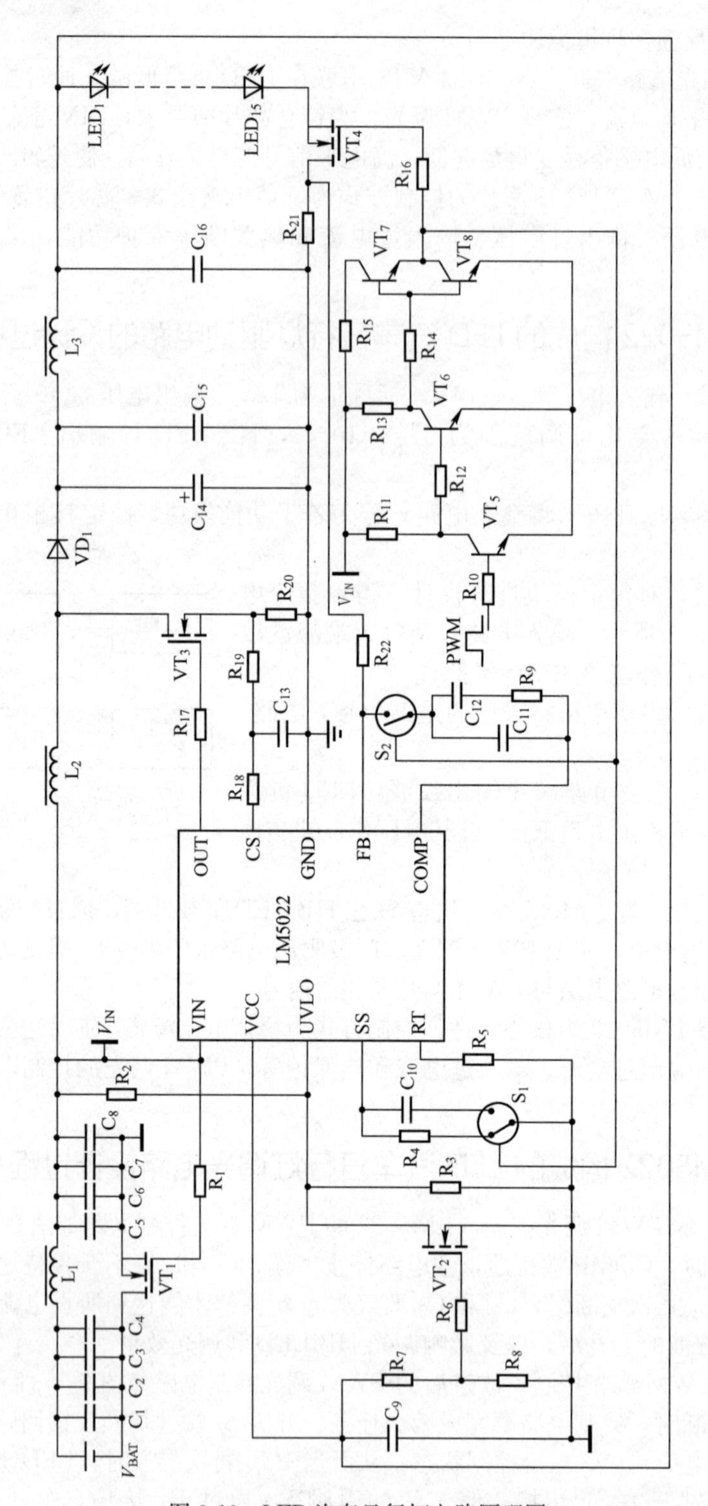

图 9-13　LED 汽车日行灯电路原理图

向都要求能通过电流，漏电流要很小，响应时间要很快，电流通道阻抗越小越好。综上所述，比较合适的选择是模拟开关，S_1 为单刀双掷模拟开关，S_2 为单刀单掷模拟开关。

（4）调光信号的时序问题　为了确保调光的顺利实现，即相关电容上的电荷在 VT_4 关断期间能尽量保持，需要特别注意以下几个信号的时序问题：芯片的引脚 SS 动作的边沿信号、

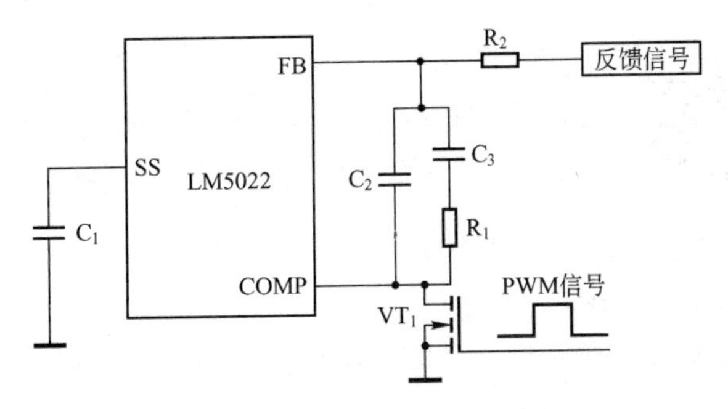

图 9-14 PWM 调光电路

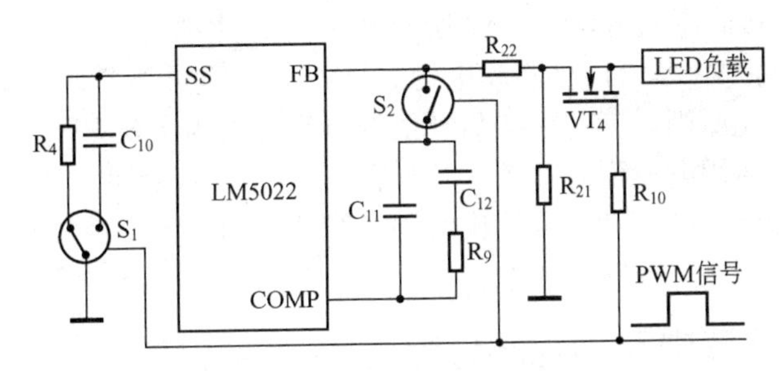

图 9-15 改进后的 PWM 调光电路

单刀单掷模拟开关动作的边沿信号、调光 MOS 管动作的边沿信号，为表述方便，分别将其切换时间记为 t_{SS}、$t_{反馈环}$和 $t_{调光管}$。对于较好的工作过程，理论上希望有以下关系：

导通时刻 $t_{调光管}<t_{SS}<t_{反馈环}$

关断时刻 $t_{反馈环}<t_{SS}<t_{调光管}$

并且三者的间隔时间越小，电路调光效果越好，可实现的调光比越高。

用图 9-16（a）、（b）表示上述关系。由于这三个信号的脉冲宽度一个比一个大，因此需要添加特殊的延时电路来实现，这样操作起来就会很复杂，而且影响调光精度。经过试验研究比较，发现只要这三个边沿信号的时间间隔足够短（本例中小于 5μs），三者的顺序不必严格遵守上述排列，电路的正常工作不会受到影响，而且 HB LED 较容易实现。这是因为，如果时间间隔足够短，即使相关电容有放电，损失电荷也极少，需要恢复调整的时间也就极短，对电路工作影响较小。当然，时间间隔越短，时序关系越正确，调光比也就越高。

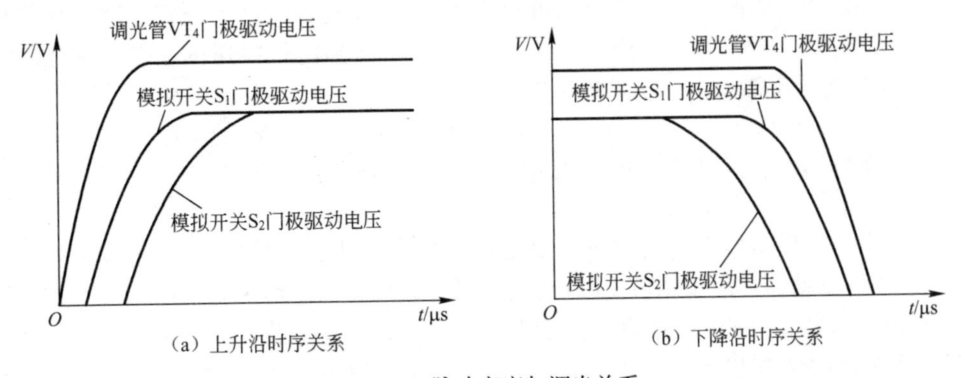

图 9-16 脉冲宽度与调光关系

（5）关于调光比 对 PWM 调光而言，调光比是一个较重要的指标，下面作相关分析说明：

① 调光比$=\frac{1}{调光占空比}=\frac{1}{t_{ONPWM}t_{PWM}}$

② 调光频率越低则调光比越大（最低频率一般不低于100Hz）。

③ BOOST频率越高则调光比大，但会增加开关损耗，一般有：

$$t_{ONPWM}=\frac{3}{f_{sw}}$$

式中，f_{sw}为BOOST主开关频率。

④ 一般情况下，输出电容值越大，主电感值越小，肖特基二极管的反向漏电流越小，则调光比会越大。

⑤ 调光信号的时序越正确，间隔越小，则调光比越大。

(6) PWM调光的其他控制方法　不是所有的通用芯片都有引脚SS，但调光原理是相通的。其他引脚如RT、主MOS管门极驱动电源、UVLO、Enable等，只要可以使能和禁止芯片输出，并符合上述调光原则，就有可能与补偿网络配合控制实现PWM调光。

该设计实现了基于通用电流型芯片的汽车日行灯HB LED驱动电路，在输入/输出电压范围很宽的情况下，稳态精度高，动态响应快，调光线性度和恒流特性较好，电路简单。在满足性能要求的基础上，有可能降低整机成本。

17. LED尾灯驱动器电路由几部分组成？各部分的功能分别是什么？

LED尾灯驱动器电路由4部分电路组成：输入保护电路与输入选择器电路、10%占空比发生器、抛负载和双电池检测电路、LED驱动电路，如图9-17所示。

(1) 输入保护电路　输入保护主要由金属氧化物变阻器MOV_1和MOV_2提供。设计中，采用了Littelfuse公司的V18MLA1210H（EPCOS公司也提供高质量的MOV器件）。根据具体应用环境选取不同的保护参数。

(2) 输入选择器电路　输入电压建立后，除非刹车灯/转向灯输入端作用有效电源，否则输入选择器将电源切换到尾灯节点。一旦电源为刹车灯/转向灯输入供电，输入选择器将自动屏蔽尾灯输入电流。这种架构将为刹车灯/转向灯输入提供600mA电流，指示RCL功能。当LED驱动器发生故障或者LED本身发生故障时，MAX16823ATE将彻底关断所有LED，此时只有不足5mA的电流流出刹车灯/转向灯。灯的输出级电路能够成功检测到这一低电流，根据设计要求发出报警信号。

(3) R_5与R_{16}组成检测电路　当尾灯输入节点电压为9V或更高电压，并且刹车灯/转向灯输入节点接地或为高阻时，该检测电路断开VT_4。输入电压通过二极管VD_3加载到VIN，提供LED驱动器的主电源。当刹车灯/转向灯输入电压达到尾灯电压的2V以内时，VT_4断开，VIN通过二极管VD_4供电。R_{17}提供2.1kΩ对地电阻，确保此节点的最大阻抗。R_{17}在双电池条件下（24V）功率达到270mW，所以必须选取功率为0.5W的电阻。这个电路的主要限制是：当刹车灯/转向灯和尾灯同时工作时，假设刹车灯/转向灯输入电压与尾灯输入电压的差值在2V以内。

(4) 10%占空比发生器　10%占空比发生器产生占空比为10%的方波信号，该信号送入MAX16823 LED驱动器，用于调节LED高度。只要尾灯输入端提供有效电压，调光电路将有效工作。R_{10}和D2提供5.1V稳压源，用于U_3（ICM7555ISA）供电。在双电池条件下，由于功耗可能达到44mW，所以R_{10}必须选取功率为0.25W的电阻。定时器U_3配置为非稳态振荡器，导通时间由通过VD_1和R_{11}对C_4充电时间决定[$t_{on}=0.693R_{11}C_4=0.48$ms(典型值)]；关断时间由通过$R_{12}$对$C_4$放电时间决定[$t_{off}=0.693R_{12}C_6=3.8$ms(典型值)]。导通时间与关断时间之和构成周期约为237Hz的方波信号，占空比为9.9%。图9-18所示为占空比周期。

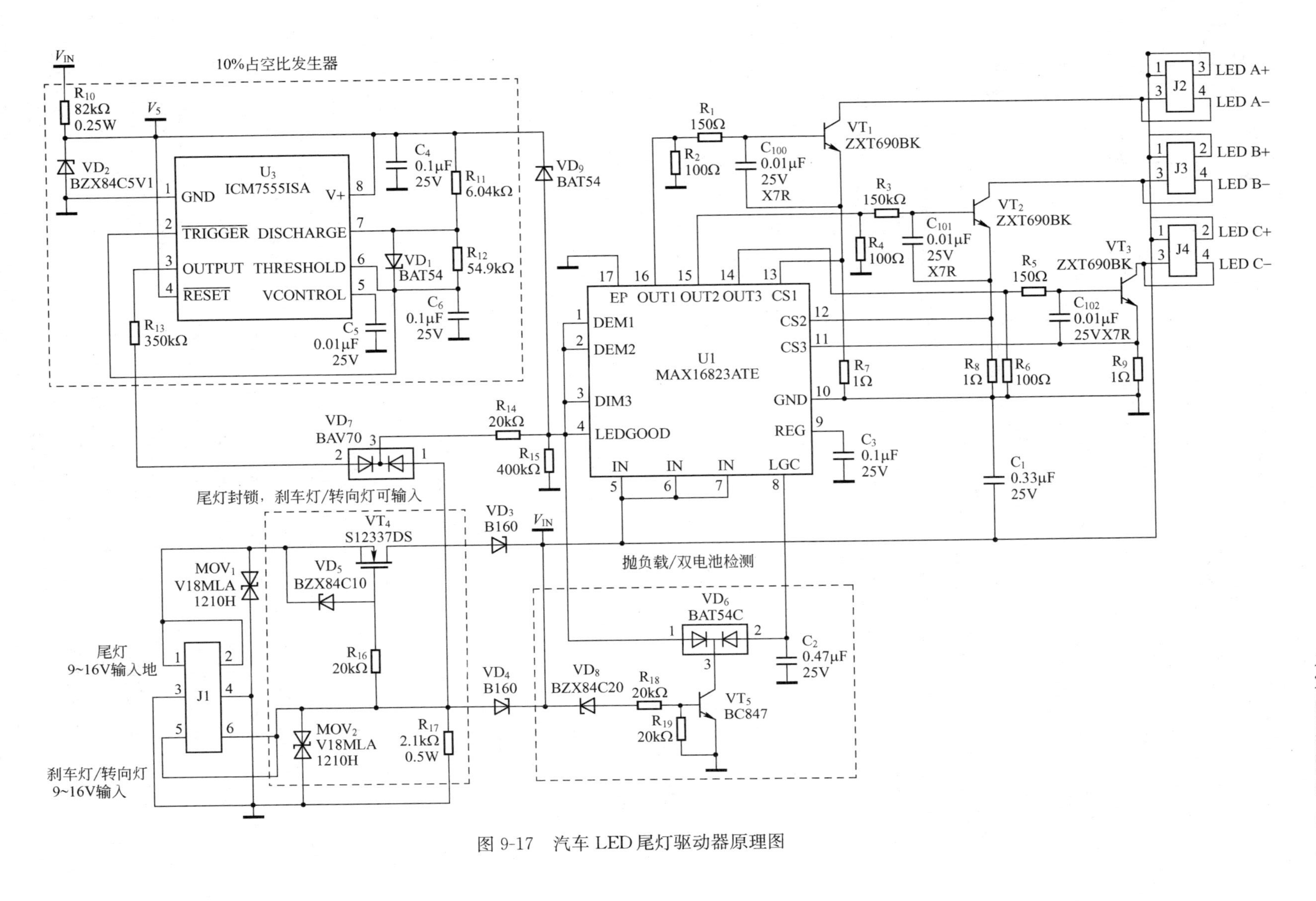

图 9-17　汽车 LED 尾灯驱动器原理图

电阻 R_{13} 提供限流保护，降低该开关节点可能产生的 EMI 辐射。R_{13} 的物理位置应尽量靠近 U_3，以降低 EMI。占空比为 10%的方波信号通过 VD_7 和 R_{14} 耦合至 U_1。只要刹车灯/转向灯没有有效电源，VD_7 提供的逻辑“或”电路将允许 10%占空比脉冲通过，这种配置在尾灯输入作用有电源电压时，提供较低的 LED 亮度，而当刹车灯/转向灯输入作用有效电压时，VD_7 将电压提供至引脚 DIM1、DIM2 和 DIM3 输入，使 LED 亮度达到 100%（高 LED 亮度）。因为 LEDGOOD 信号不能超出 6V，电阻 R_{14} 将电流限制在 2mA 以内，VD_9 和 VD_2 提供电压钳位，避免过高的节点电压。

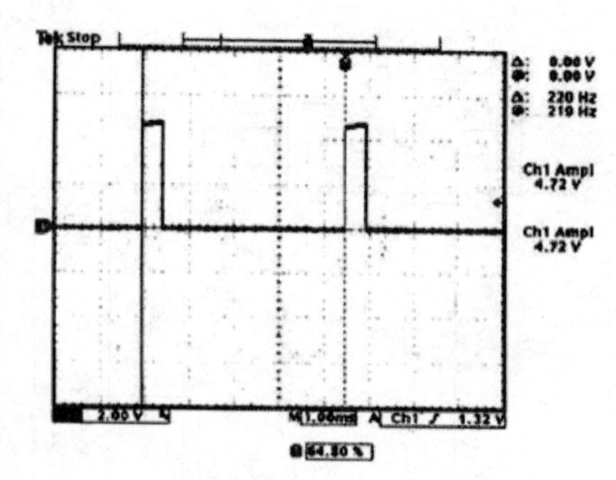

图 9-18　振荡器输出的占空比周期

（5）抛负载和双电池检测电路　抛负载和双电池检测电路决定逻辑“或”输入电压是否超过 21V。输入电压超过 21V 意味着发生抛负载（400ms）或双电池条件（无时间限制），这将在 3 个 LED 驱动晶体管上产生过大的功耗。因此，检测电路将引脚 DIM×输入拉低，关闭输出驱动器。另外，检测电路还将 LGC 电容（C_2）拉低，以避免可能发生的错误检测。由于引脚 DIM×和引脚 LGC 电压被控制在 10V 以内，VT_5 和 VD_6 的额定电压并不严格。检测电压是 VD_8 击穿电压与 R_{18} 对电压的总和，约为 22V。当电阻为 20kΩ 时，R_{18} 将在 VT_5 导通之前产生 20μA 的旁路漏电流。

（6）LED 驱动器　LED 驱动器的核心芯片是 MAX16823ATE，引脚 IN 输入电压最高为 45V，芯片从引脚 OUT × 提供电流驱动 LED。使用检流电阻对电流进行检测，MAX16823ATE 调节引脚 OUT×的输出电流，根据需要将引脚 CS 的电压保持在 203mV。因为芯片本身的每个输出通道只能提供 70mA 输出，可在每串 LED 上增加了外部驱动，为每串 LED 提供 200mA 的驱动电流，并有助于解决散热问题。晶体管 VT_1～VT_3（ZXT690BKTC）提供所需的电流增益。这些晶体管采用 TO-262 封装，为管芯提供良好的散热。

VT_1～VT_3 为 45V/2A 晶体管，当 IC/IV 增益为 200 倍时具有低于 200mV 的饱和压降 $V_{CE(SAT)}$。因为最小输入电压（9V）和 LED 串最大导通电压（3×2.65V=7.95V）之间的压差只有 1.05V，所以 $V_{CE(SAT)}$ 的额定值非常重要，必须留有足够的设计余量，以满足 VT_4 和 VD_3 的压降，以及 VT_1～VT_3 的 $V_{CE(SAT)}$ 要求。

电阻分压网络 R_1/R_2、R_3/R_4 和 R_5/R_6 保证每个 OUT×的输出电流不小于 5mA，从而确保芯片稳定工作。在设计步骤中，分析晶体管基极电流的最小值和最大值，这些电流流经电阻 R_1、R_3 和 R_5。电阻压降、晶体管的 V_{BE} 以及检流电阻压降之和为 R_2、R_4 和 R_6 两端的电压。合理选择这些电阻，以保证流过电阻的电流与晶体管基极电流之和不小于 5mA。另一方面，OUT×的输出电流必须小于 70mA（额定电流）。

（7）散热考虑　本设计中调整管需要耗散的功率达到 6W，为了降低晶体管的温升，将晶体管焊盘通过多个过孔连接到 PCB 的底层，并通过电绝缘（但导热）的粘胶垫将热量传递到铝散热器上。散热器耗散 6W 功率时自身温度上升 31℃。虽然 Zetex 公司的晶体管没有给出结到管壳的热阻，但可以参考其他晶体管供应商提供的 TO-262 封装的热阻，约为 3.4℃/W。该热阻表示每个晶体管内部的温度会比管壳高出 5.4℃。总之，在最差工作条件下，结温比环境温度高出 35～40℃。本设计实际测量的温度大约高出 30℃。

（8）瞬态响应　图 9-19 和图 9-20 给出了尾灯供电的晶体管的瞬态响应。测试时，振荡器输出 10%占空比的脉冲信号对 MAX16823 进行脉宽调制，驱动外部晶体管导通/关断。图 9-19

中下冲持续时间为 3μs，图 9-20 中过冲持续时间为 100μs，均不会引起任何问题。

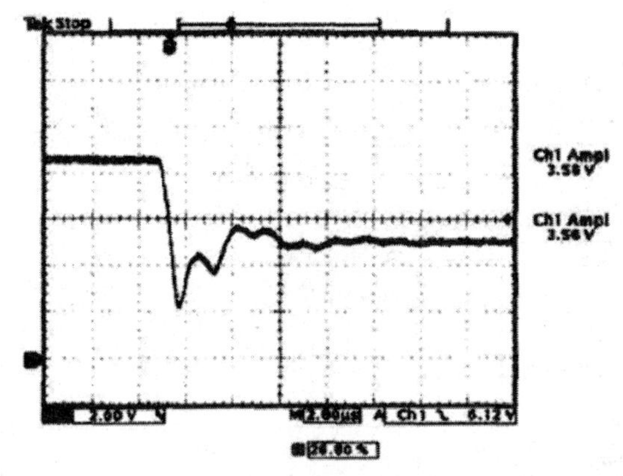

图 9-19　晶体管导通时，VT_1 集电极的波形（V_{IN}=12.5V）

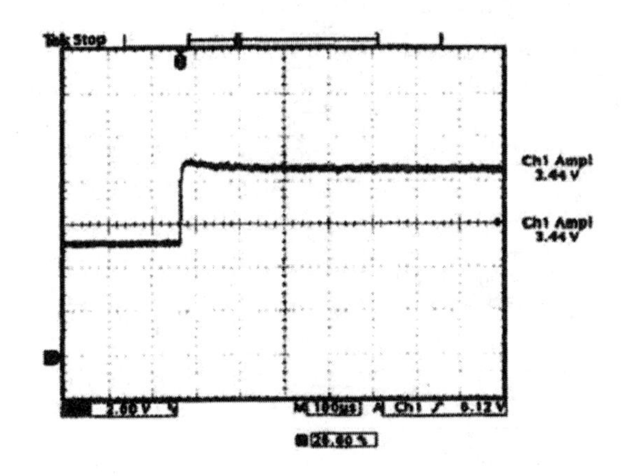

图 9-20　晶体管关断时，VT_1 集电极的波形（V_{IN}=12.5V）

18. 基于 MAX16823 的汽车转向灯驱动电路如何构成？

基于车用驱动芯片 MAX16823 搭建开关电源升压电路（BOOST）的驱动电路，设计出一种汽车高亮度 LED 转向灯恒流驱动电路。设计要求：驱动电路工作电压范围为 6～36V，输出电压为 30～36V，输出 LED 电流恒定达到 350mA，以满足高亮度要求；能发出明暗交替的闪光信号，闪光频率应控制在 80 次/min 且闪光频率可调；具有 LED 点阵电路工作状态检测和保护功能。

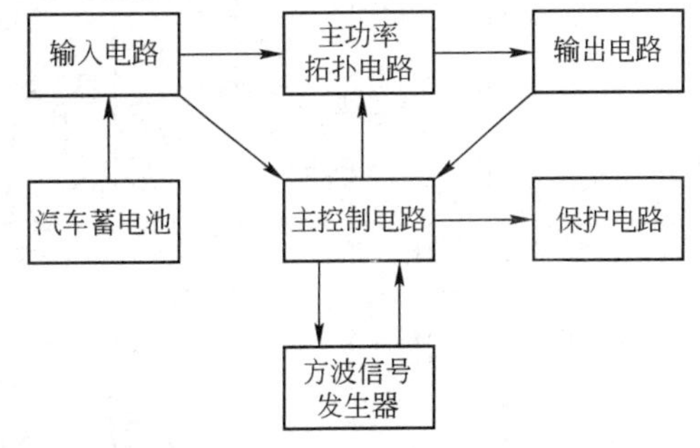

图 9-21　转向灯驱动电路框图

转向灯驱动电路框图如图 9-21 所示。本驱动电路的设计主要由 6 个模块组成，分别是主控制电路、主功率拓扑电路、输出电路、方波信号发生器、输入电路和保护电路。

设计总体思路是采用通用集成芯片车用 LED 驱动芯片 MAX16823、主功率拓扑 BOOST 升压电路和方波信号发生器，共同实现对 LED 点阵电路的驱动。输出电路采用两串两并(2S2P)架构，将两组 LED 分别代替汽车左、右转向灯，同时设计汽车内部左、右转向指示灯的功能，利用方波信号发生器输出脉冲信号，控制 LED 末端晶体管的通断，实现 LED 交替闪烁。

基于 MAX16823 的汽车转向灯驱动电路原理图如图 9-22 所示。

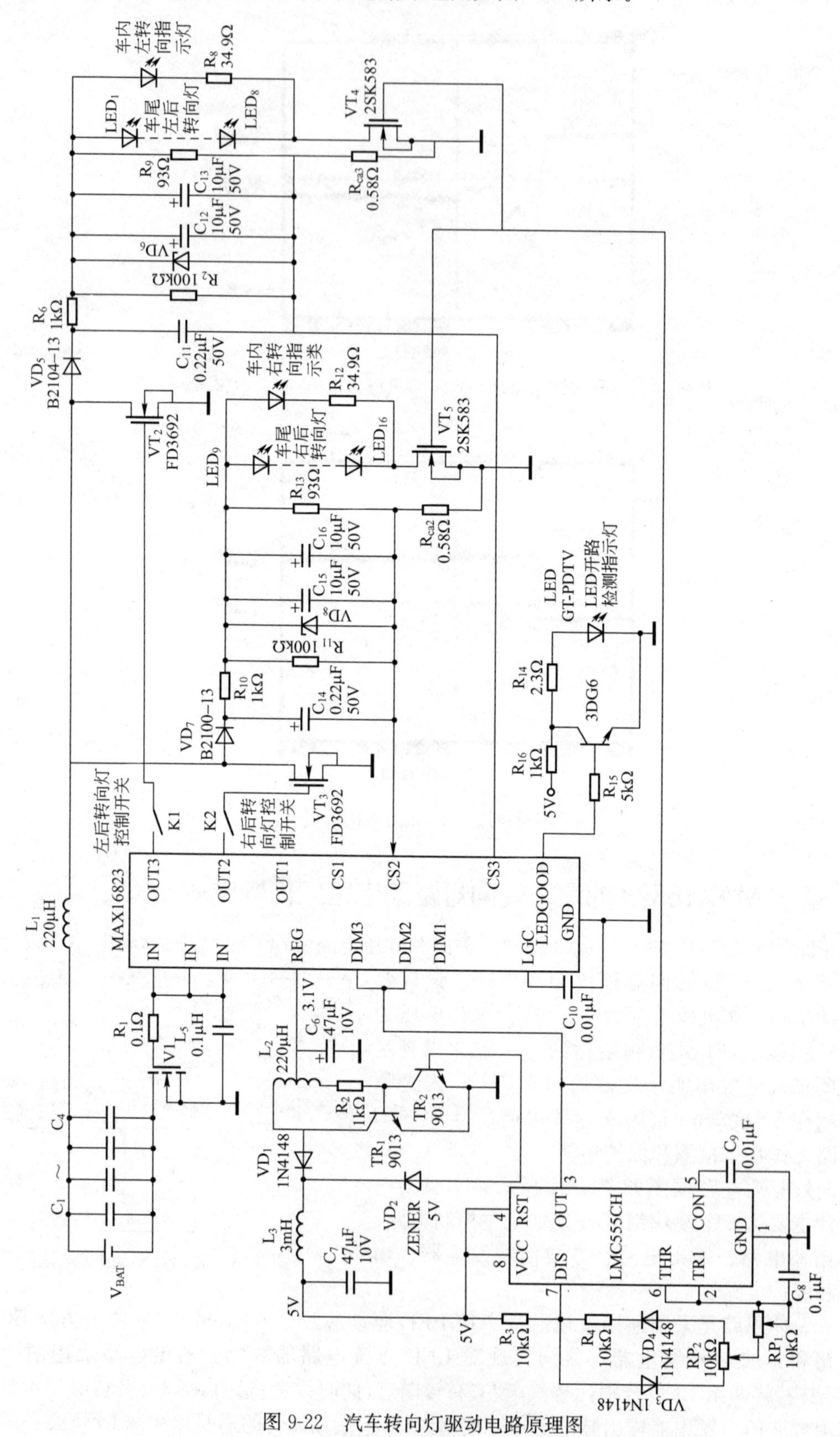

图 9-22　汽车转向灯驱动电路原理图

19. 车用内外部 LED 照明的决定因素是什么？

每种汽车 LED 应用采用哪种 DC/DC 转换器集成电路及拓扑电路由以下因素决定：

① 拓扑。LED 电压与电池电压范围之间的关系决定采用降压型拓扑、升压型拓扑还是降压-升压型拓扑，所采用的拓扑必须能在整个电池电压范围内控制 LED 电流，使其保持恒定。

② 调光。大比例 LED 调光必须在所有亮度等级上保持颜色特性不变，并避免人眼可看出的波动或振荡。

③ 效率。在驱动高亮度 LED 时，DC/DC 转换器的高效率工作和低功耗是关键要求，因为功率损耗在不工作期间会导致电池电量的消耗；而在工作期间，功率损耗会转化成热量，给散热压力很大的汽车环境造成更大压力。

20. 顶灯和阅读灯的设计原理是什么？

汽车内白光顶灯和阅读灯可以使用单个 3W LED，产生 75～100lm 的亮度。这种 LED 一般正向电压范围为 3～4.5V，最大电流为 1～1.5A。最简单的 LED 驱动器设计是在整个汽车电池电压范围内采用单个降压型稳压器驱动 LED。

汽车电池的典型工作电压范围为 9～16V。一个电量耗光的电池在汽车启动前可能降低至 9V，而交流发电机在发动机运行的同时将其充电至 14.4V。伴随着一些尖峰和过冲，这种典型的直流电池电压最高可达 16V。在通常情况下，当发动机不工作时，充好电的汽车电池电压为 12V。在冷车发动时，汽车电池电压可能降至 5V 甚至 4V，关键的电子产品必须能在这么低的电压下保持工作，但是内部照明不必如此。

在汽车电池中，高瞬态电压也很常见。从电池到底盘上不同地方的长电缆和汽车环境中的电子噪声总会导致大的电压尖峰。在为汽车设计选择开关稳压器时，典型的 36V 瞬态电压必须考虑。在大多数情况下，用简单的瞬态电压抑制器或 RC 滤波器就可以滤掉更高的电压尖峰。

图 9-23 中的 LT3474 是一种高压、大电流降压型 LED 转换器，具有宽 PWM 调光范围，能以高达 1A 的电流驱动一个或更多 LED。因此非常适合在汽车环境中驱动 LED。LT3474 引脚和外形结构如图 9-24 所示。

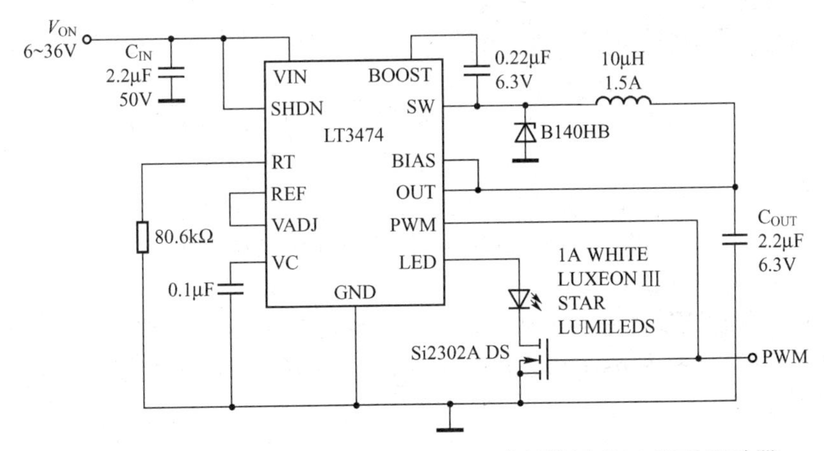

图 9-23　具 250：1PWM 调光比的 LT3474 高压降压型 1A LED 驱动器

LT3474 是一个专用 LED 驱动器，具有一个片上高压 NPN 电源开关和一个内部电流检测电阻，可最大限度地缩小占板空间，减少组件数并简化设计，同时保持高效率。4～36V 的宽输入电压范围允许该 LED 驱动器在所有情况下都可直接用电池工作，同时保持恒定的 LED 电流。低压内部电流检测电阻去除了对昂贵的外部运算放大器的需求，在电流检测电阻通路上提供了一个低压基准。

LT3474的降压型稳压器设计和可调高频范围使输出电流的纹波极小，甚至在采用尺寸非常小和低成本陶瓷输出电容时也是这样。推荐使用X5R或X7R高温度系数的陶瓷电容。

单个LT3474 LED降压型稳压器在输入电压为12V、LED电流高于200mA时，其效率高于80%，用引脚VADJ实施模拟控制，随着LED电流和亮度的降低，效率也会下降，但是功耗仍然保持很低。LT3474是为汽车和由电池供电的应用而定制的，当置于停机状态时，它消耗低于2μA（典型值为10nA）的电流。停机还可以像物理按钮或微控制器集成电路那样，起到LED接通/断开按钮的作用。

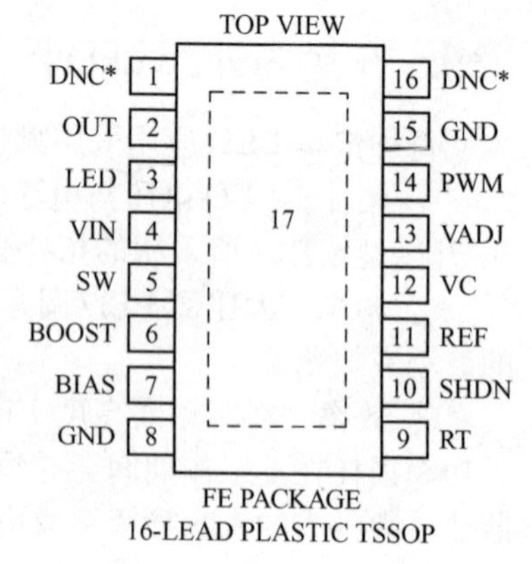

图9-24　LT3474引脚图

21. PWM调光和亮度控制如何设计？

LED亮度可以在LT3474上控制，将一个模拟电压输入到引脚VADJ，或将一个数字PWM信号接到PWM调光MOSFET的栅极和引脚PWM上即可。模拟亮度控制通过降低内部检测电阻电压，将恒定LED电流从1A降至更低值。这种降低LED亮度的方法确实简单易行，但是在更低电流时LED电流的准确度也降低了，而且LED光线的颜色也会变化。LT3474的PWM调光LED电流波形如图9-25所示。图9-26中的曲线显示了LT3474的典型LED电流随引脚VADJ电压变化的情况。在1A时，准确度的典型值为2%，但是在200mA时，准确度仅为3.5%。但比实际限制在10∶1左右。

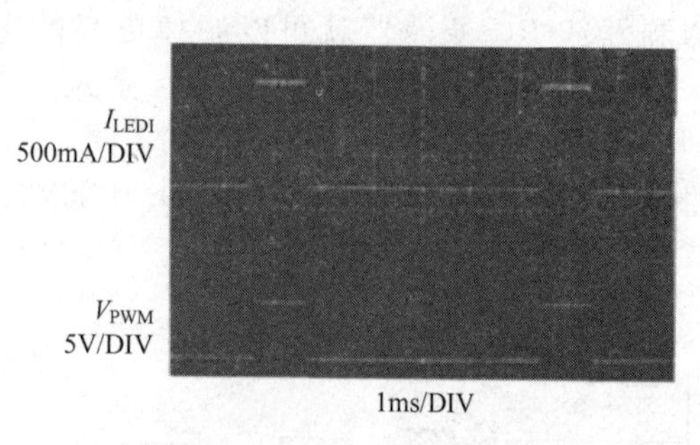

图9-25　调光LED电流波形

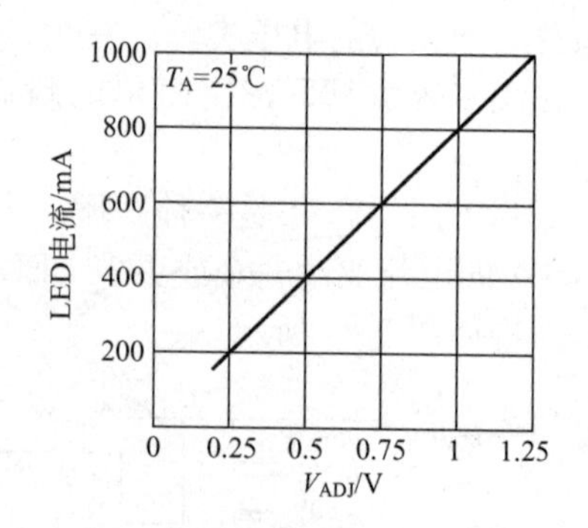

图9-26　LT3474 PWM电流与引脚VADJ电压

另一种降低LED亮度的方法是数字PWM调光。在PWM接通期间，LED和PWM MOSFET接通时，可以非常好地对电流进行调节。在PWM断开期间，电流为零。这样，任何LED的颜色和真彩特性都可以保持不变，同时降低了亮度。

由于PWM功能在该集成电路内部实现，所以在让LED回归到编程电流时，PWM的响应速度非常快。LT3474有40μs的最短调光接通时间，提供250∶1的数字PWM调光比，这对内部照明是足够的。

22. LT3486的功能是什么？

在豪华型汽车和主流消费类车型中，安装GPS导航和车内娱乐显示器越来越流行。在日光下，这些LCD显示器需要恒定和明亮的LED串照明，而在夜间工作时需要宽调光范围。与单只LED顶灯相比，LED串带来了不同的挑战。在这些显示器中，6～10个LED组成多个

LED 串的电流通常是较低的（<150mA），因为 LED 较小，但是累计电压比汽车电池电压高（>20V）。就这些监视器而言，具有高效率和高 PWM 调光能力的大功率升压型 DC/DC LED 驱动器是必需的。

Linear Technology 公司提供的双通道升压 LT3486，可以以恒定电流驱动 16 只白炽灯 LED（每通道 8 只串行 LED），它除了可提供 PWM 调光外，亦可保持 LED 的固定发光颜色。它适合便携式电子设备与汽车的显示屏幕背光等应用场合。

23. 前照灯、尾灯及指示灯应如何设计？

外部信号指示灯、尾灯和前照灯需要功率最大的 DC/DC LED 驱动器，因为它们使用的 LED 最亮，数量也最多。尽管由于热量和稳流限制，极亮的 LED 前照灯尚不常见，但是红色和黄褐色的刹车灯及信号指示灯由于其卓越的美感和耐用性而越来越普遍。驱动大功率黄褐色和红色 LED 串对内部照明和照明微调带来了类似的挑战，但挑战的艰巨性是不同的。

一般情况下，高调光比不是必需的，但是简单的接通/断开和高/低亮度功能很有用。大功率 LED 串的电压通常超出了汽车电池的电压范围，因此需要一个同时具有升压和降压能力的 LED 驱动器。

图 9-27 所示的 LT3477 降压-升压型 LED 驱动器以 1A 电流驱动两个大功率 LED。这些 LED 不需以地为基准，连接的两个端子一般是转换器的输出和电池输入。LT3477 拥有两个独特的、100mV 浮动电流检测输入引脚，连接到不以地为基准的电流电阻上，该电阻与 LED 串联。在汽车电池的工作电压范围内以及低于这个范围，在电流直到 1A 时都可以实现准确的 LED 稳流。LT3477 的停机引脚用于车灯的接通/断开，以及在未工作时将输入电流降低至 1μA（典型值为 100nA）。引脚 IADJ 用于面向刹车灯和尾灯应用并高于 10∶1 的模拟调光，如后部信号指示灯和刹车灯。真彩 PWM 调光就这些应用而言不是必需的。

降压-升压型 LT3477 以 80%的效率驱动刹车灯和信号指示灯 1ALED 串。

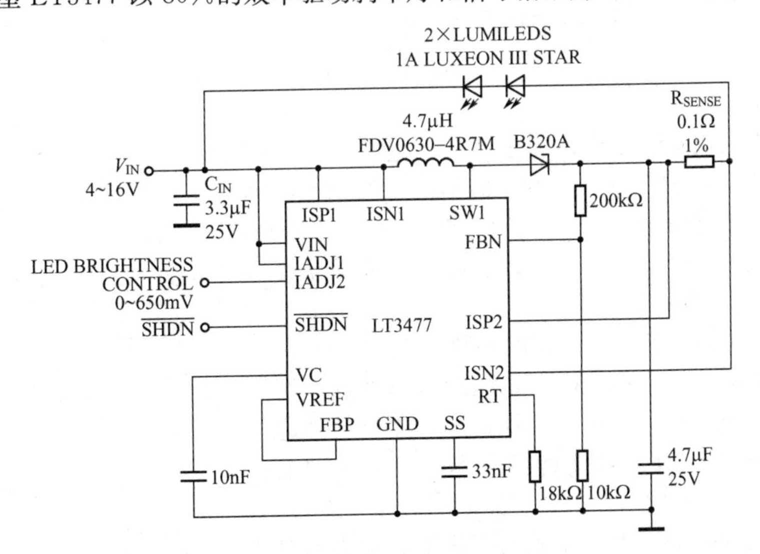

图 9-27 基于 LT3477 的刹车灯和信号指示灯电路

汽车尾灯使用更红的 LED，电流达 1. 5A。由 6～10 个 LED 组成的 LED 串在各种车灯中相当常见，每个 LED 可产生高达 140lm 的亮度，每个 LED 串的亮度约为 1000lm 或更高。这些车灯不仅需要非常大的电流，而且需要高电压。它们直接由汽车电池驱动，不可能因高瞬态电池电压而出故障。这些车灯离电池非常远，输入电压的变化范围非常大。

如图 9-28 所示，大功率 LED 驱动器 LTC3783 采用降压-升压型拓扑，驱动 6～10 个 3W 的红光 LED。外部开关 MOSFET 和开关电流检测电阻为大功率和高压 LED 驱动器设计提供了大的设计灵活性。如果电池电压降至低于 9V，那么 9～36V 的输入和在 1.5A 时高达 25V 的 LED 串输出需要一个额定值为 100V 的开关以及高于 8A 的峰值开关电流能力，恒定的 1.5A 电池电流在整个汽车电池电压范围内是稳定的。就刹车灯和尾灯调光而言，在 100Hz 时将 PWM 信号直接连接到 LTC3783 的引脚 PWM，就可将 LED 电流降低至实现 200∶1 的调光比。在 1kHz 时，调光比降至 20∶1，但是就尾灯应用而言已足够。调节引脚 ILIM 也可以降低 LED 电流。

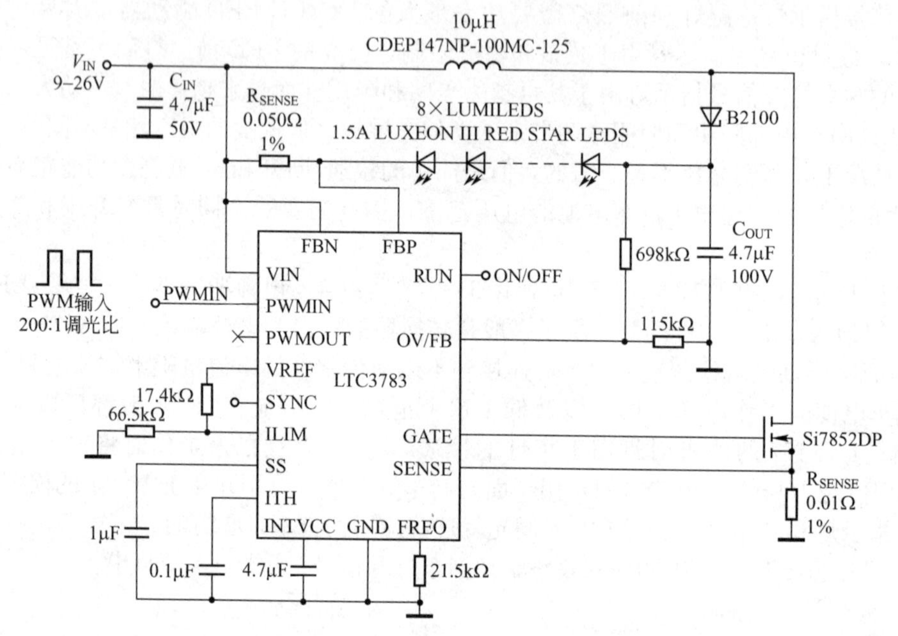

图 9-28　LTC3783 刹车灯 LED 驱动器

在最大功率的汽车应用中，高效率是最重要的。在这种应用中，如果输出高达 36W，那么如图 9-29 所示，93%的效率在刹车时会降低对电池的消耗，尤其是在汽车没有运行时，更是如此。用于刹车灯接通/断开控制的引脚 RUN 将 LED 电流降低至 20μA。

LTC3783 降压-升压型 8×1.5A 红光 LED 驱动器具有 93%的效率，如图 9-29 所示。

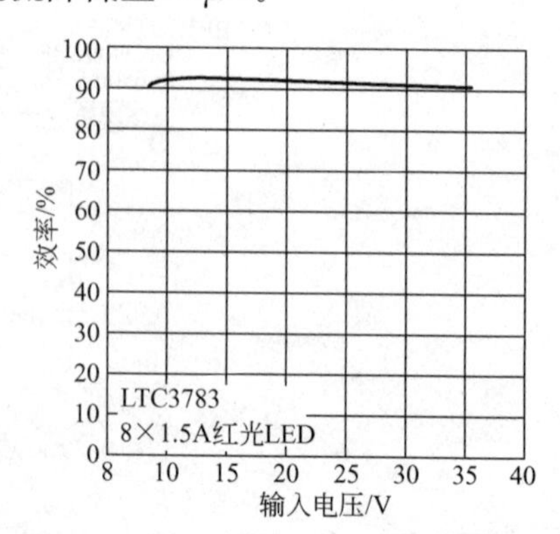

图 9-29　LTC3783 红光 LED 驱动器效率

LTC3783 大功率 LED 驱动器的使用非常灵活，它也可以用作大功率升压型稳压器，将 LED 串联接到地而不是引脚 VIN，就变成了升压型拓扑，这可以驱动高达 60W 的更高电压 LED 串。在这种情况下，LED 串的电压要求高于 36V 的最高电池电压，而且在车灯关闭时，LED 的断接是通过引脚 PWM 完成的。采用非常亮的白光 LED 高光通量前灯应用很快就会采用大功率 LED 的升压型拓扑驱动方式。

有很多不同的汽车 LED 应用需要专用的大功率且简单和高效的 LED 驱动器。根据应用的不同有不同的 LED 组合，但是各种组合都需要在断开时具有低电流消耗、高 PWM 和模拟调光比以及卓越的 LED 稳流能力。

参 考 文 献

[1] 赵学敏．新编家用电器原理与维修技术．北京：中国科学技术出版社，2001.
[2] 孙艳．电子测量技术实用教程．北京：国防工业出版社，2010.
[3] 张冰．电子线路．北京：中华工商联合出版社，2006.
[4] 杜虎林．用万用表检测电子元器件．沈阳：辽宁科学技术出版社．1998.
[5] 华容茂．数字电子技术与逻辑设计教程．北京：电子工业出版社，2000.
[6] 王永军．数字逻辑与数字系统．北京：电子工业出版社，2000.
[7] 祝慧芳．脉冲与数字电路．成都：电子科技大学出版社，1995.